Auf einen Blick

D1678255

Zellbiologie

Helmut Plattner
Joachim Hentschel

5. überarbeitete Auflage

400 Abbildungen

Georg Thieme Verlag
Stuttgart • New York

Prof. Dr. Helmut **Plattner**
Universität Konstanz
Fachbereich Biologie
78457 Konstanz
Deutschland
helmut.plattner@uni-konstanz.de

Dr. Joachim **Hentschel**
Universität Konstanz
Fachbereich Biologie
78457 Konstanz
Deutschland
joachim.hentschel@uni-konstanz.de

Bibliografische Information
der Deutschen Nationalbibliothek
Die Deutsche Nationalbibliothek verzeichnet diese Publikation in der Deutschen Nationalbibliografie; detaillierte bibliografische Daten sind im Internet über http://dnb.d-nb.de abrufbar.

1. Auflage 1997
2. Auflage 2002
3. Auflage 2006
4. Auflage 2011

Ihre Meinung ist uns wichtig! Bitte schreiben Sie uns unter

www.thieme.de/service/feedback.html

Legende zum Titelbild: Paramecium Zellen wurden mit zwei Antikörpern markiert: Die grüne Markierung zeigt die Verteilung von Tubulin an, die rote eine Isoform des Mikrodomänen-bildenden Membranassoziierten Proteins Stomatin. Dieses ist bis hinauf zum Menschen mit der Anordnung und der Aktivität von mechano-sensitiven Ionenkanälen verbunden, welche der Osmoregulation dienen. Solche Mikrodomänen befinden sich an der Zellmembran (linkes Bild) neben den Basalkörpern von Cilien (grün), an Fressvakuolen (Phagolysosomen) im mittleren Bild und am kontraktilen Vakuolen-System (rechtes Bild). Dieses präsentiert sich als Mikrotubuli-gestütztes System von Radiärarmen, deren Membranen im zentral zusammenlaufenden Teil Stomatin enthalten. Hier zeigt sich die Kolokalisation von Tubulin und Stomatin durch die Mischfarbe gelb. Zusätzlich wurde gezeigt, dass durch Stilllegung der Stomatin Gene die entsprechenden Funktionen gestört werden. Aus Reuter, A. T., C. A. O. Stuermer, H. Plattner: Eukaryotic Cell 12 (2013) 529-544

© 1997, 2017, Georg Thieme Verlag KG
Rüdigerstr. 14
70469 Stuttgart
Deutschland
www.thieme.de

Printed in Italy

Zeichnungen: Ruth Hammelehle, Kirchheim; Karin Baum, Paphos, Zypern
Umschlaggestaltung: Thieme Verlagsgruppe
Umschlagfoto: Alexander Reuter, Konstanz
Satz: SOMMER media GmbH & Co. KG, Feuchtwangen
gesetzt aus Arbortext APP-Desktop 9.1 Unicode M180
Druck: L.E.G.O. s.p.A., in Lavis (TN)

DOI 10.1055/b-004-139 120

ISBN 978-3-13-240227-0 1 2 3 4 5 6

Auch erhältlich als E-Book:
eISBN (PDF) 978-3-13-240228-7
eISBN (epub) 978-3-13-240229-4

Geschützte Warennamen (Warenzeichen ®) werden nicht immer besonders kenntlich gemacht. Aus dem Fehlen eines solchen Hinweises kann also nicht geschlossen werden, dass es sich um einen freien Warennamen handelt.
Das Werk, einschließlich aller seiner Teile, ist urheberrechtlich geschützt. Jede Verwendung außerhalb der engen Grenzen des Urheberrechtsgesetzes ist ohne Zustimmung des Verlages unzulässig und strafbar. Das gilt insbesondere für Vervielfältigungen, Übersetzungen, Mikroverfilmungen oder die Einspeicherung und Verarbeitung in elektronischen Systemen.

Vorwort zur 5. Auflage

Die Biologie der Zelle findet zunehmend Interesse, nicht nur von der Seite der Grundlagenforschung sondern auch von der praktischen Seite, insbesondere der Medizin. So haben Genetik und gentechnische Möglichkeiten viele neue Experimente auch in der Zellbiologie ermöglicht. Das Repertoire an Möglichkeiten, gezielt in das Zellgeschehen einzugreifen, hat sich explosiv erweitert. Dabei kommen neue biologische Aspekte zunehmend in den Fokus, insbesondere die Epigenetik, die sich mit Steuermechanismen durch extra- und intrazelluläre Faktoren und Randbedingungen befasst. Die steten Veränderungen in der Mikro-Umgebung der vielen Stammzellen, über die unser Körper verfügt, ermöglichen die Differenzierung von Geweben, Ersatz von Zellen für regenerative Prozesse – und leider auch die Bildung von Krebs. Die Epigenetik präsentiert sich nun wie ein Kurzzeitgedächtnis, das dem Genom als Langzeitgedächtnis überlagert ist. Diese Entwicklung erforderte neue Abschnitte.

Auch in der Entwicklung neuer Methoden wurde in den letzten Jahren beachtlicher Fortschritt erzielt. Darunter sind neue gentechnische Methoden, „big data handling" von genetischen Informationen mit Methoden der Informatik, die Zugänglichkeit solcher Daten im internationalen Rahmen über „data bases" (Sammlung genomischer, epigenetischer und proteomischer Daten), Daten zu zeitvariabler Genexpression („expression profiling"), verfeinerte lichtmikroskopische Abbildungsmethoden mit erheblich verbesserter zeitlicher und räumlicher Auflösung, die sich langsam jener des Elektronenmikroskops annähert. Dies wird insbesondere der Entwicklung neuer Fluoreszenzfarbstoffe und neuer Gerätetechniken geschuldet, mit denen man auch viel schneller arbeiten kann als bisher.

Damit haben wir einen kurzen Ausblick gegeben, welche Änderungen bzw. Ergänzungen für die neue Auflage notwendig erschienen. Bei jeder neuen Auflage – und so auch hier wieder – betonen wir, dass dieser Leitfaden der Zellbiologie hauptsächlich als Einführung für jene gedacht und gemacht ist, die das Fach zwar studieren wollen, aber als Anfänger oft den Wald vor lauter Bäumen nicht sehen oder auch schon an der fachspezifischen Terminologie scheitern. Sei es, dass es an chemischen, physikalischen oder biologischen Grundlagen hapert, wir versuchten, aus unserer langjährigen Erfahrung als Hochschullehrer hier eine Brücke zu bauen und an dieses wunderbare Fach mit der Zelle als Bau- und Funktionseinheit aller Organismen heranzuführen.

Besonders hinweisen wollten wir auf die Zusammenstellung von vertiefender Literatur, die auch für Seminare in höheren Semestern geeignet ist und die wir über die letzten Jahre stetig nach Relevanz, Kompetenz und Aktualität gefiltert und gesammelt haben. Sie kann für jedes Kapitel über den

Verlagsserver des Thieme Verlages abgerufen werden, soweit zugänglich sogar als pdf.

Schließlich ist es uns ein Herzensanliegen, unseren Betreuerinnen beim Thieme Verlag, Frau Marianne Mauch, Frau Dr. Karin Hauser und Frau Judith Rolfes, für ihre kompetente und unermüdliche Hilfe, auch wiederum bei dieser 5. Auflage, zu danken. Frau Dr. Hauser hat bereits Struktur und Profil der 4. Auflage wesentlich mitgeprägt, worauf wir dieses Mal gut zurückgreifen konnten. Ebenso dankbar sind wir Frau Prof. Claudia Stuermer und Herrn Dr. Klaus Hensler für konstruktiv-kritische Anmerkungen zur alten und neuen Auflage und insbesondere auch Frau Dr. Tanja Waldmann und Herrn Prof. Martin Simon für die Durchsicht neuer Abschnitte.

Helmut Plattner
Joachim Hentschel

Konstanz, im Januar 2017

Inhaltsverzeichnis

1 Der lange Weg der Zellenlehre zur modernen Zellbiologie – eine kurze Geschichte

Zusammenfassung

Die Entwicklung der Zellbiologie ist von einem steten Wechselspiel zwischen methodischer Entwicklung und Formulierung neuer Probleme gekennzeichnet. Dabei werden sehr verschiedenartige Methoden aus Physik, Chemie, Immunologie, Genetik etc. kombiniert, um zu einem integrierten Verständnis der Zelle als elementarem Baustein des Lebens zu gelangen. In diesem Zusammenhang können sich Ergebnisse einer zweckfreien Grundlagenforschung, deren Auswirkungen zunächst kaum vorhersehbar sind, zum Motor des Fortschrittes entwickeln. Auf diese Weise hat die Entwicklung der Zellbiologie die menschlichen Lebensbedingungen nachhaltig beeinflusst.

Großen Entdeckungen gehen meistens große Erfindungen voraus. Da Zellen im Allgemeinen zu klein sind, als dass man sie mit bloßem Auge sehen könnte, bedurfte ihre Entdeckung der Erfindung des **Mikroskops** – oder wenigstens der Lupe. So konnte in den 60er Jahren des 17. Jahrhunderts **Robert Hooke** in Oxford an dünn geschnittenem Korkgewebe von Pflanzen erstmals *little boxes* (kleine Kammern) oder auf Latein „cellulae" wahrnehmen (▶ Abb. 1.1). Eigent-

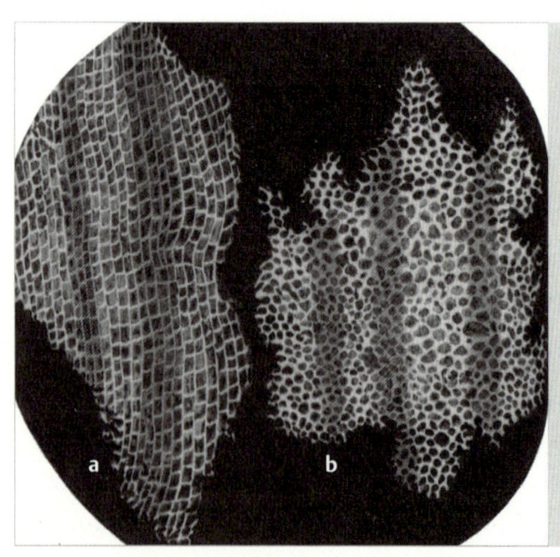

Abb. 1.1 Die „cellulae" von pflanzlichem Korkgewebe: **a** Längsschnitt, **b** Querschnitt, wie sie Robert Hooke 1665 erstmals in seinem Werk „Micrographia" abgebildet hat.

by the help of Microſcopes, there is nothing ſo ſmall, as to eſcape our inquiry; hence there is a new viſible World diſcovered to the underſtanding.

It ſeems not improbable, but that by theſe helps the ſubtilty of the compoſition of Bodies, the ſtructure of their parts, the various texture of their matter, the inſtruments and manner of their inward motions, and all the other poſſible appearances of things, may come to be more fully diſcovered

Abb. 1.2 Textausschnitt aus der „Micrographia“ (1665) von Robert Hooke. Seine Weitsicht ließ ihn bereits erkennen, wie bedeutsam die enge Verflechtung von strukturellen und funktionellen Aspekten (inward motions) einmal sein würde. Damit hat er ein immer noch gültiges Grundanliegen der Zellbiologie vorweggenommen.

lich waren die Strukturen, die er sah, nur die toten Hüllen der Pflanzenzellen, nämlich die verkorkten Zellwände. Immerhin reichten die gesammelten Beobachtungen für ein Buch, welches Hooke 1665 unter dem Titel „Micrographia“ in London publizierte (▸ Abb. 1.2).

Eigentlich sollte Hooke Luftpumpen für seinen Chef, einen ernsthaften Physiker, bauen – der Mikroskopbau war nur sein Hobby. Zwei Linsen hatte er in einer Röhre in geeignetem Abstand angebracht, ganz wie dies heute noch beim „zusammengesetzten Mikroskop“ üblich ist, und erreichte so eine ca. 30-fache Vergrößerung. Hooke war nicht der Erste, der auf die Idee gekommen war, ein Vergrößerungsgerät aus zwei Linsen anzufertigen. So baute **Galileo Galilei** nicht nur Fernrohre für die Beobachtungen der Planeten und deren Monde, sondern er hatte bereits 1624 ein Mikroskop vorgestellt, „per vedere da vicino le cose minime“ (um die kleinsten Dinge aus der Nähe zu sehen). Verwendung aber fanden diese Geräte bestenfalls bei reichen Leuten, um nachzusehen, wie jene Marterwerkzeuge von lästigen Stechinsekten aussehen, von denen sie geplagt wurden. Lupen und Mikroskope dienten also zu jener Zeit lediglich als „Flohgläser“. Die Zeit war noch nicht reif, nach Bausteinen des Lebens zu suchen, das Problem war noch nicht erkannt und niemand stellte die entscheidenden Fragen. Fast niemand.

▸ Beobachtung erster lebender Zellen: Protozoen, Blutzellen und Spermien. Eine Ausnahme war der holländische Leinenhändler **Antony van Leeuwenhoek** (Löwenhuk gesprochen) in Delft, ein Zeitgenosse Hookes. Sein Mikroskop war nur eine einfache Linse aus Eigenfertigung, allerdings nach sorgsam gehütetem Geheimnis so geschliffen, dass der Farbfehler (chromatische Aberration) bereits weitgehend korrigiert war und eine ca. 100-fache Vergrößerung erreicht werden konnte. Die wenige Millimeter große Linse war in der Bohrung eines Blechstücks befestigt und darüber war eine einfache Objekthalterung angebracht. Van Leeuwenhoek war wohl der Erste, der lebende Zellen wahrgenommen hat: Protozoen (aus Tümpelwasser), Blutzellen und Samenzellen (Spermatozoen). Er beobachtete, wie diese sich mit ihrem Schwanz schlängelnd fortbewegen und nannte sie „animalculae" (Tierchen). Unübersehbar war, dass diese Zellen mit einem Saft gefüllt sind. Gelegentlich konnte er eine kompaktere Innenstruktur, den Zellkern, wahrnehmen. Van Leeuwenhoeks Beobachtungen fanden ein offenes Ohr bei der Britischen Royal Society und in ihrem Publikationsorgan (Proceedings) kam van Leeuwenhoek häufig zu Wort.

Erstaunlich ist dann die absolute Funkstille über mehr als 150 Jahre. Erst ab 1838 kann man eigentlich vom Beginn der Zellenlehre sprechen. Der deutsche Botaniker **Matthias Schleiden** erkannte, dass Pflanzen aus Zellen aufgebaut sind, aus einer Unzahl von Zellen, da diese nur ca. 20 bis 50 µm groß sind. Wieder kam, wie schon in den Uranfängen, die klare Umgrenzung der pflanzlichen Zellen durch eine Zellwand dem Beobachter zu Hilfe. An tierischen Geweben war Derartiges noch nicht gesichtet worden – noch nicht, aber die Vermutung lag nahe. So überzeugte Schleiden einen Kollegen aus der Zoologie, die Allgemeingültigkeit seiner Hypothese vom zellulären Bau der Organismen an tierischen Geweben zu überprüfen (▶ Abb. 1.3).

▶ **Schwann's Zellentheorie.** Schon 1839 konnte **Theodor Schwann** sein Werk vorlegen, welches den Titel trägt: „Mikroskopische Untersuchungen über die Übereinstimmungen in der Struktur und dem Wachsthum der Thiere und Pflanzen". Die Hypothese war zur Theorie gereift – die **Zellentheorie**. Bald wurde die Zelle als Bau- und Funktionseinheit der Organismen im modernen Sinn definiert. So schrieb **Max Schultze** im Jahre 1861: „Die Zelle ist ein mit den Eigenschaften des Lebens begabtes Klümpchen Protoplasma, in welchem ein Kern liegt".

Es ist aus heutiger Sicht unverständlich, wie leicht man damals mit dem Begriff „Leben" umging. Immer noch dominierte die Ansicht, einfaches Leben – also auch die Zelle – könnte jederzeit in fauligem Wasser oder in Abfall spontan entstehen (Urzeugung, „generatio spontanea"). Nichts hatten die Einwände einiger scharfsinniger Denker gefruchtet, wie etwa die des französischen Gelehrten **Voltaire**, welcher sich im Kapitel über die Wissenschaften in seinem Werk „Le siècle de Louis XIV" bereits 1751 mit erstaunlicher Sicherheit geäußert hatte: „Die Fäulnis gilt nicht mehr als Erzeuger der Tiere und Pflanzen".

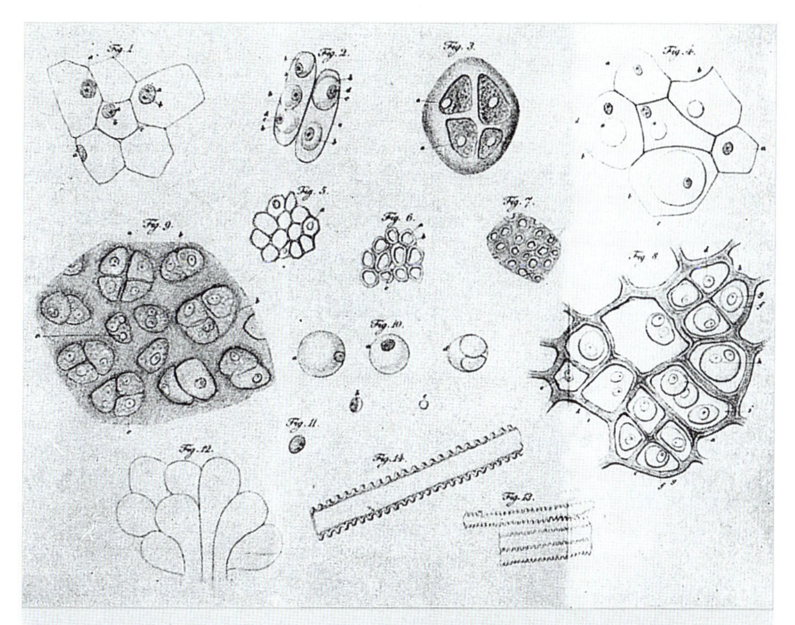

Abb. 1.3 Abbildung aus Theodor Schwanns Werk (1839), in dem er erstmals dokumentierte, dass tierische ebenso wie pflanzliche Gewebe aus Zellen aufgebaut sind.

▸ **Jede Zelle entsteht aus einer Zelle.** Erst das Diktum des deutschen Mediziners **Rudolf Virchow**: „omnis cellula e(x) cellula" (jede Zelle entsteht aus einer Zelle) brachte 1855 die endgültige Trendwende. Das Mikroskop gestattete nun auch, Bakterien von verschiedener Form und Größe, allerdings oft knapp an der Auflösungsgrenze, zu erkennen. Auch wurden Bakterien erstmals als pathogene Keime realisiert. Aber immer noch schwelte die Vorstellung von der spontanen Entstehung wenigstens von „primitivem" Leben, als welches man etwa Würmer und schon gar die von Leeuwenhoek gesichteten kleinen Einzeller angesehen hatte. Man glaubte immer noch, sie entstünden ganz einfach, wenn ein Kadaver verfault oder wenn eine Fleischbrühe verdirbt: „Man kann doch zusehen..."

▸ **Keime sind in der Luft.** Nun galt es, den Gegenbeweis zu erbringen. **Louis Pasteur** trat an. Er argumentierte leidenschaftlich vor großem Publikum in Paris, dem er seine Experimente vorführte, nicht ohne auch seine Kontrollexperimente zu zeigen: Ein offenes Gefäß mit Fleischbouillon zersetzte sich binnen weniger Tage in eine stinkende Brühe. Dieselbe Bouillon, ausreichend erhitzt

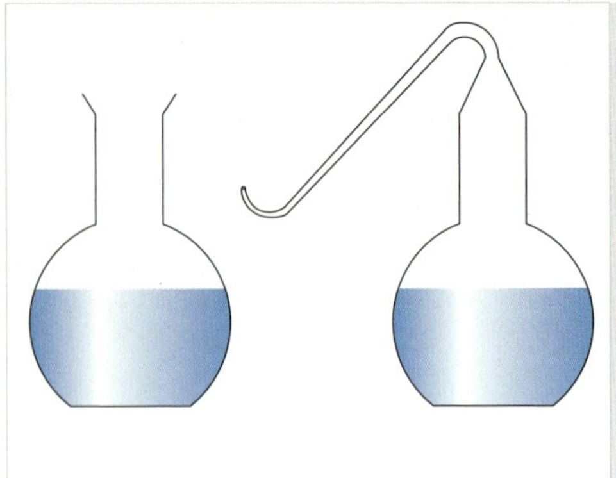

Abb. 1.4 Louis Pasteurs Versuchsanordnung aus Glaskolben mit Nährbouillon. Mit dieser Anordnung hat er um 1850 endgültig die spontane Entstehung von fäulniserregenden Mikroorganismen widerlegt. Die Bouillon im offenen Gefäß links zersetzte sich, nicht dagegen jene im Gefäß rechts, dessen lang ausgezogener Hals zwar die Luftzufuhr, nicht jedoch den Zutritt von Bakterien erlaubte.

und aufbewahrt in einem geschlossenen Gefäß, war noch nach Tagen appetitlich. Noch heute wenden wir das Prinzip des **Pasteurisierens** an, etwa um Frischmilch haltbar zu machen. Am Luftabschluss konnte es nicht gelegen haben, denn Pasteur konnte „seinen" Effekt auch mit Glasgefäßen zeigen, welche oben nicht ganz verschlossen, sondern in ein langes, offenes, schräges Rohr ausgezogen waren, den Zutritt von Bakterien erschwerend (▶ Abb. 1.4). Daraus leitete er folgende Schlüsse ab: In der Luft schwirren „Keime" herum, welche sich in geeignetem Substrat vermehren. Diese Keime entstehen nicht spontan. Also stand es auch für Bakterien fest, dass es eine spontane „Urzeugung" nicht gibt.

▶ **Die Naturwissenschaft soll dem Menschen nutzen.** Damit hätte man sich zufrieden geben können. Inzwischen aber hatte man gelernt, aus dem naturwissenschaftlichen Fortschritt Nutzen zu ziehen. Der Boden war schon um 1600 durch den englischen Philosophen des Empirismus, **Francis Bacon**, mit seinem Leitmotiv „Knowledge is power" gelegt worden. Je mehr sich in den folgenden zweieinhalb Jahrhunderten die Kenntnisse über die Natur anreicherten, desto mehr trachtete man, die Früchte zu ernten. So erkannte **Justus von Liebig** ab 1804, allerdings unter anderen Namen, Proteine (Eiweiße), Lipoide (Fettstoffe) und Polysaccharide (Zucker), als wichtige Stoffklassen der Organismen und vergrößerte den Einfluss der chemischen Denkweise in der Biologie durch seine wichtigen Untersuchungen zum Mineralstoffbedarf der Pflanzen. Das Resultat war Mineralstoffdünger für größere landwirtschaftliche Erträge. Im Jahre 1859 verkündete der Physiologe **Hermann Helmholtz** bei einem Tagungsvortrag zum Thema „Über das Ziel und die Fortschritte der Naturwissenschaft" in Innsbruck: „Das schon geleistete mag die Erreichung weiterer Fortschritte verbürgen… Dass diese Richtung des wissenschaftlichen Strebens eine gesunde ist, haben namentlich ihre praktischen Folgen deutlich erwiesen". Damit meinte er die neue, messende, experimentelle Biologie mit dem Einsatz neuer physikalischer und chemischer Methoden. Man versuchte also ab damals systematisch, naturwissenschaftliches Wissen in die Praxis umzusetzen, auch in der Biologie. Ja, die Gesellschaft erwartete dies geradezu als „Bringschuld der Naturwissenschaften" – ein Schlagwort, das allerdings erst in unserer Zeit von einem bekannten deutschen Politiker geprägt wurde. Die wissenschaftlichen Voraussetzungen und die gesellschaftliche Akzeptanz waren gegeben. Fortan erblühte die Zellbiologie, neue Forschungsstätten wurden gegründet.

▸ **Praktischer Erfolg der Zellbiologie: Nachweis und Bekämpfung von Pathogenen.** Wir können für die beachtlichsten Früchte, welche es nun zu ernten gab, vor allem zwei Wissenschaftler als Kronzeugen anführen: Den bereits erwähnten Louis Pasteur (nach welchem ein großes Forschungsinstitut in Paris benannt ist) und **Robert Koch** in Berlin (mit gleichnamigem Institut). 1865 gelang Pasteur der erste Nachweis, dass ein Mikroorganismus pathogen sein kann. Zwar handelte es sich „nur" um die Pébrine-Krankheit der Seidenraupe (welche damals allerdings für Südfrankreich bedeutsam war), doch folgte bereits ab 1876 Koch mit dem Erreger des Milzbrands (*Bacillus anthracis*) und den Tuberkulose-Bazillen (*Mycobacterium tuberculosis*). Milzbrand kann sowohl Haustiere als auch Menschen infizieren und töten (humanpathogen, letal) und Tuberkulose ist gerade in unserer Zeit wieder im Zunehmen. Man erkannte fortan, dass auch Typhus und Cholera nicht in schlechten Bodenausdünstungen ihren Ursprung haben, sondern in **pathogenen Bakterien**. Nun konnte man etwas unternehmen: Die hygienischen Bedingungen wurden verbessert und die Versorgung mit sauberem Trinkwasser wurde in Großstädten ab ca. 1870 vorangetrieben. Dies war ein früher praktischer Erfolg der Zellbiologie.

▸ **Wissenschaftlicher Fortschritt, ein zweischneidiges Schwert.** An dieser Stelle wollen wir kurz einhalten und uns etwas Grundsätzliches überlegen: Die Zellbiologie wurde also ab der Mitte des 19. Jahrhunderts ein Fortschrittsträger. Doch zu welchem Preis? Konnte man nicht unlängst noch lesen, der Milzbranderreger sei als „biologische Waffe" einsatzbereit von wenigstens einer der Großmächte gespeichert worden? (Hier kam ganz klar – wie so oft – die menschliche Bosheit *vor* dem wissenschaftlichen Verständnis der komplexen Wirkung der komplexen **Anthrax**-Toxine, in die wir erst um die Jahrtausendwende Einblick gewonnen haben.) Und welche Nebeneffekte hatte die Bekämpfung von Krankheiten auf der Grundlage der zellbiologischen Erkenntnisse seit ca. 1870? Ohne Zweifel bewirkte sie auch die Bevölkerungsexplosion, durch verbesserte Abwehr von pathogenen Keimen (Hygiene). Dies erfolgte durch den systematischen Einsatz der **Chemotherapie** ab der Jahrhundertwende (**Paul Ehrlich**, **Gerhard Domagk**, Nobelpreise 1908, 1939) und durch die Entdeckung des ersten **Antibiotikums**, Penicillin, durch den Briten **Alexander Fleming** im Jahre 1928 (Nobelpreis 1945). Die Zunahme der Bevölkerung zu steuern und ihre Verelendung in weiten Teilen der Welt zu unterbinden, ist bis heute nicht geglückt. Eine solche Steuerung wurde aber möglich auf der Grundlage zeitgenössischer Entwicklungen der Hormonforschung, ebenfalls unter Einbeziehung der Zellbiologie. Wir sollten daher immer beides im Auge behalten, den Fortschritt im Sinne einer Verbesserung der menschlichen Lebensbedingungen und die Nebeneffekte des Fortschritts. Dies ist eine Herausforderung für alle jene, die naturwissenschaftlich arbeiten ebenso wie für jene, welche die Positionen durch Folgenabschätzung stets von neuem zu klären und die Gesellschaft darüber aufzuklären haben. Fortschritt ist immer ein zweischneidiges Schwert gewesen – in Biologie, Chemie und Physik. Man denke an die unheilige Allianz der ABC-Waffen.

▸ **Rasante Entwicklung der Mikroskopie führt zu immer besserer Auflösung der zellulären Strukturen.** Einen starken Schub erfuhr die Zellbiologie insbesondere auch im Hinblick auf technisch-methodische Entwicklungen, ebenfalls ab ca. 1870. Immer wieder erlauben derartige Innovationen, anstehende Forschungsprobleme einer Lösung zuzuführen. So war die Entwicklung eines leistungsfähigen **Mikrotoms** (1870) zur Herstellung sehr feiner Gewebeschnitte unmittelbare Voraussetzung für die Entdeckung der Chromosomen und ihrer systematischen Umverteilung während der Zellteilung sowie der Keimbahn durch **August Weissmann** (ab 1873 in Freiburg/Br.). Nur mit der neuen Ausrüstung war es zu schaffen, die komplexen Strukturdetails mikroskopisch zu analysieren. Ab 1873 erfolgte auch die entscheidende Verbesserung der Mikroskope selbst, indem der deutsche Physiker **Ernst Abbe** die Theorie der optischen Abbildung entwickelte. Erst 1932 erfand der holländische Physiker **Frits Zernicke** das **Phasenkontrast-Mikroskop**, mit welchem man auch lebende Zellen untersuchen kann (Vitalbeobachtungen). Mit großer Zeitverzögerung (1953) wurde seine Entwicklung mit dem Nobelpreis belohnt. Ähnliches gilt für den Berliner **Ernst Ruska**, der ab 1932 mit der Erfindung des **Elektronenmikroskops** ganz neue Dimensionen, bis in den molekularen Bereich hinein, eröffnete, aber erst 1986 mit dem Nobelpreis ausgezeichnet wurde (▸ Abb. 1.5, ▸ Abb. 1.6). Was er und die mit ihm assoziierten Biologen anfangs an zellulären Strukturen zu sehen bekamen, war äußerst bescheiden. Jahrzehntelange methodische Verbesserungen, auch auf dem Sektor der Präparationstechniken, waren erforderlich, um die Kapazität immer besser werdender Elektronenmikroskope auch nur annähernd nutzen zu können.

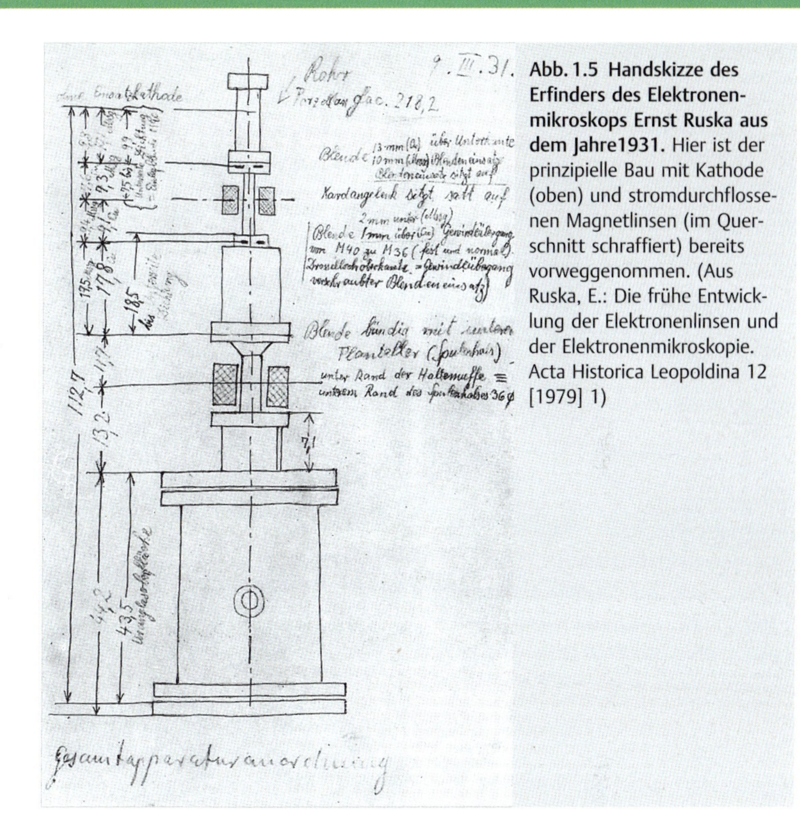

Abb. 1.5 Handskizze des Erfinders des Elektronenmikroskops Ernst Ruska aus dem Jahre1931. Hier ist der prinzipielle Bau mit Kathode (oben) und stromdurchflossenen Magnetlinsen (im Querschnitt schraffiert) bereits vorweggenommen. (Aus Ruska, E.: Die frühe Entwicklung der Elektronenlinsen und der Elektronenmikroskopie. Acta Historica Leopoldina 12 [1979] 1)

Ohne alle diese Entwicklungen wäre die moderne Zellbiologie nicht zu denken. Durch die verbesserten lichtmikroskopischen Techniken waren z. B. der Italiener **Camillo Golgi** und der Spanier Santiago **Ramón y Cajal** in der Lage, ihre grundlegenden Arbeiten auf dem Gebiet der Neurobiologie zu machen. Beide erhielten dafür 1906 den Nobelpreis für Medizin.

▸ **Die Ultrazentrifuge als Meilenstein der Zellfraktionierung.** Ebenso wichtig war der Versuch, Zellen in ihre Komponenten zu zerlegen (**Zellfraktionierung**). Um 1943 erzielte der Belgier **Albert Claude** die ersten Erfolge. Eine unentbehrliche methodisch-technische Voraussetzung war die Entwicklung der **Ultrazentrifuge** durch den schwedischen Physiker **Theodor (The) Svedberg** ab 1940 (Nobelpreis 1926 für andere Arbeiten). Bereits ab ca. 1960 konnten auf diese Weise wichtige Funktionsabläufe einzelnen Zellkomponenten zugeordnet werden, deren strukturelle Identität im Elektronenmikroskop leicht festzustellen

Abb. 1.6 Zusammenbau des ersten Elektronenmikroskops durch Ernst Ruska und seinen Lehrer Max Knoll an der Technischen Hochschule Berlin. (Aus Ruska, E.: Die frühe Entwicklung der Elektronenlinsen und der Elektronenmikroskopie. Acta Historica Leopoldina 12 [1979] 1)

war. So klärten der aus Rumänien stammende US-Forscher **George Palade** den zellulären Ablauf der Bildung und Ausschleusung von Sekreten und der belgische Biochemiker Christian de Duve den Mechanismus der intrazellulären Verdauung in Lysosomen auf. Claude, de Duve und Palade wurden 1974 mit dem Nobelpreis für Medizin bedacht.

Nicht nur Elektronenmikroskop und Ultrazentrifuge waren als neue Werkzeuge unabdingbar für den Fortschritt der Zellbiologie, sondern auch die Entwicklung der Fächer Biochemie, Biophysik und Molekulargenetik.

▸ **Entwicklung biochemischer und biophysikalischer Analysemethoden.** Halten wir uns beispielsweise den langen Weg vor Augen, der zu durchschreiten war, allein um das Phänomen der Zellatmung (fast) abschließend zu klären. Noch vor dem ersten Weltkrieg hatte in Berlin **Otto Warburg** (Nobelpreis 1931) festgestellt, dass eine „atmungsaktive Partikelfraktion" für den Sauerstoff-Verbrauch durch Zellen verantwortlich sei. Man machte sich auf die Suche nach Enzymen als Biokatalysatoren für die Zellatmung, d.h. für die für das

Überleben notwendige Energiegewinnung. Doch dazu mussten erst biochemische Analysemethoden entwickelt werden.

Die Emigration hoch qualifizierter Chemiker, Biologen und Mediziner aus Deutschland und Österreich in den 30er Jahren nach Großbritannien und in die USA trug dort wesentlich zur Entwicklung von Biochemie, Biophysik und Molekulargenetik bei. So entschlüsselte noch in den 30er Jahren der deutschstämmige **Sir Hans Krebs** den nach ihm benannten **Krebs- oder Tricarbonsäure-Zyklus** in den Mitochondrien. Das sind die von Warburg als atmungsaktive Partikel erkannten Zellbestandteile (Organellen). Dafür erhielt Krebs 1953 den Nobelpreis. Die strukturelle Identifikation dieser Mitochondrien ließ aber noch eine Forschergeneration lang auf sich warten. Erst mussten die Techniken der Zellfraktionierung und der Elektronenmikroskopie erfunden werden (s. o.). Als es so weit war, wurden Mitochondrien in ihrem Feinbau von G. Palade richtig erkannt, doch hatten andere Forschergruppen beim Versuch, innerhalb der mitochondrialen Membranen auch noch feinere Details elektronenmikroskopisch aufzuklären, weit über das Mögliche hinaus interpretiert. Ein falsches Membranmodell war die Folge, denn in molekularen Dimensionen ist das, was man sieht, nicht immer das, was es ist. Biophysikalische Grundlagen der Methodik sind gefragt, denn auch die Resultate der Zellbiologie sind nur so viel wert, wie sie vom methodischen Ansatz her interpretierbar sind.

▶ **Entdeckung des Protonengradienten als Schlüssel zur Bioenergetik.** Einen entscheidenden Durchbruch brachte erst wieder die Aufklärung der Elektronentransportkette durch US-Amerikaner. Sie waren zum Teil – wie erwähnt – emigriert und manche hatten technisches Know-how aus dem Dienst bei den US-Streitkräften eingebracht. Hier profitierten Biophysik und Zellbiologie von der Kriegsforschung, ganz wie Heraklith (ca. 500 v. Chr.) und später in ähnlicher Weise Leonardo da Vinci (um 1500) meinten: „Der Krieg ist der Vater der Dinge" – gemeint ist: des Fortschritts. Allerdings scheint in der Geschichte häufig auch die Umkehrung dieses Satzes zuzutreffen (Milzbrand-Erreger, s. o.). Einen zunächst unglaublichen Durchblick legte in den 60er Jahren der Brite **Peter Mitchell** an den Tag, als er den Schlüssel zur Bioenergetik in einem Gradienten von Protonen fand (Protonen = H^+, positiv geladene Wasserstoff-Atome). Nach vielfacher Verifikation wurde die Hypothese (wissenschaftlich begründete Vermutung) zur Theorie (wissenschaftlich fundierte Erklärung) und Mitchell zum Nobelpreisträger (1978) gekürt.

Hypothesen und Theorien können also nicht nur aus einer Summe von faktischen Einzelbeobachtungen herauskristallisieren, sondern es gibt auch den Visionär, der Voraussagen über zu erwartende Fakten wagt. Eine wissenschaftliche Aussage ist insofern wissenschaftlich, als sie falsifizierbar, d. h. widerlegbar ist. Wegen der endlichen Zahl an möglichen experimentellen Beobachtungen ist eine endgültige Verifizierung prinzipiell nicht möglich.

▸ **Elektrophysiologie.** Derlei Hypothesen- und Theorienbildungen spielten auch bei der Erforschung biologischer Grenzflächen, z. B. der Zellmembran, welche jede Zelle umhüllt, eine große Rolle. Welch ein langer Weg von der ersten Feststellung, dass jede Zelle von einer dünnen Zellmembran umhüllt ist! Die **Elektrophysiologie** hat ihre Anfänge in den Arbeiten des Berliner Physiologen **Emil DuBois-Reymond** um 1840. Erst später erreichte sie das zelluläre Niveau, auf welchem elektrophysiologische Prozesse, wie die Reizleitung in Nerven, eigentlich erklärbar wurden. Die letzten methodischen Entwicklungen führten zur Messung von einzelnen Ionenkanälen mit der **„Patch-clamp"-Methode**, für deren Entwicklung die beiden Deutschen, **Erwin Neher** und **Bert Sakman**, 1991 mit dem Nobelpreis geehrt wurden. Damit hat sich der Anspruch der Elektrophysiologie auf Aussagen bis zum molekularen Niveau erweitert.

▸ **Genetik.** Einen ebenso langen Weg hatte die Genetik zu durchschreiten, bis sie – abgesehen von ihren spezifischen, autonomen Leistungen – auch zum Fortschritt der Zellbiologie beitragen konnte. Schon 1869 hatte der Schweizer **Friedrich Miescher** das Vorkommen von Nukleinsäuren (lat.: nucleus, Kern) in Spermien entdeckt. Dies blieb jedoch ohne weitere Konsequenzen, bis die Lokalisierung im Zellkern erfolgte. Dies gelang mit der von **Robert J. W. Feulgen**, aus Essen-Werden gebürtig, im Jahre 1924 entwickelten DNA-Färbung (Feulgen-Reaktion) und durch den Einsatz der mikroskopischen UV-Absorptionsspektroskopie von **Torbjörn O. Caspersson** (1936).

▸ **Aufklärung der DNA-Struktur.** Schließlich war das Rüstzeug geschaffen, um die chemische Natur der Erbsubstanz aufzuklären. Konzeptionell entscheidend war dabei eine Arbeit des US-Amerikaners **Oswald Avery** und Mitarbeitern, 1944, in welcher sie zeigten, dass der Transfer von DNA von einem Bakterium in ein anderes genetische Veränderungen hervorrufen kann. Die Aufklärung der DNA-Struktur selbst war ein teils faszinierender, teils problematischer Wettlauf von persönlichem Ehrgeiz, wissenschaftlichen Konzepten und methodischen Entwicklungen. Ab den 40er Jahren fand in den USA der aus Österreich stammende Biochemiker **Erwin Chargaff** das Prinzip des DNA-Aufbaus aus vier Arten von Nukleotiden. Während der 50er Jahre gelang es dem Amerikaner **Arthur Kornberg**, den Synthesemechanismus der DNA, dem Spanier **Severo Ochoa**, den der RNA in vitro, aufzuklären und beide wurden 1959 mit dem Nobelpreis für Physiologie und Medizin ausgezeichnet. 1953 schlugen der US-Amerikaner **James Watson** und der Brite **Francis Crick** (beide Nobelpreis 1962) – weitgehend intuitiv geleitet – das **Doppelhelix-Modell der DNA** vor und Anfang der 60er Jahre wurde vom Amerikaner **Marshall W. Nirenberg** und dem Inder **Har G. Khorana** u. a. die molekulare Sprache der Erbsubstanz als **Triplett-Kode von Nukleotiden** entziffert (Nobelpreis 1968).

Noch musste geklärt werden, wie der über 2 m lange Faden der **DNA-Doppelhelix** in einem Zellkern von nur ca. einem Millionstel seiner Größe (denn der Zellkern ist nur wenige Mikrometer groß) verpackt werden kann. Den Schlüssel hierzu lieferte die biophysikalische Methode einer verfeinerten quantitativen Elektronenmikroskopie (**Elektronenbeugung**). Dafür erhielt der in Großbritannien forschende **Aaron Klug** zu Anfang der 80er Jahre den Nobelpreis. Er stellte fest, dass die DNA im Zellkern als komplexe Struktur von DNA-Protein-Komplexen, als so genanntes **Chromatin** vorliegt, wobei die DNA wie ein dünner Faden in vielen kleinen Spulen um Histon-Proteine aufgewickelt ist. Dies ist das Geheimnis der kompakten Verpackung einer enormen Menge DNA in jeder Zelle. Untereinheiten dieser Art, Nukleosomen, hatten die Elektronenmikroskopiker schon lange abgebildet; sie wurden jedoch – weil nicht in das damalige Konzept passend – als Artefakte abgetan.

▸ **Keine Molekularbiologie ohne Restriktionsenzyme und PCR.** Erst nach der Entdeckung der **Restriktionsenzyme** durch den Schweizer **Werner Arber** (Nobelpreis 1978) konnte man darangehen, Genabschnitte aus dem Genom herauszuschneiden und zu transplantieren. Damit war der Weg frei, die Molekulargenetik (Molekularbiologie) in den Dienst der zellbiologischen Grundlagenforschung zu stellen. Die Methode wurde jedoch erst effizient und praktikabel, als auch eine Möglichkeit gefunden wurde, Genabschnitte zu vervielfältigen. Diese Gen-Amplifikation kann durch die relativ einfache Methode der **Polymerase-Ketten-Reaktion** (PCR, *polymerase chain reaction*) erfolgen, welche die US-Amerikaner **Kary Banks Mullis** und **Fred Faloona** 1983 entwickelt haben. Seitdem lassen sich Fremdgene oder veränderte Gene zum Funktionstest relevanter DNA-Abschnitte bzw. der von ihnen kodierten Proteine in Zellen einführen (Transfektion). Die Zellbiologie hat damit endgültig molekulares Niveau erreicht. **K. Mullis** erhielt 1993 den Nobelpreis.

▸ **Antikörper, das Werkzeug der Immunologie.** Auch die Immunologie leistete einen entscheidenden Beitrag zum Fortschritt der Zellbiologie. Die Produktion von monoklonalen Antikörpern durch den in Basel tätigen Deutschen **Georges Köhler** und den Engländer **César Milstein** (beide Nobelpreis 1984) gestattete es, an Proteine heranzukommen, die man zunächst nicht isolieren konnte – ja mehr noch, sie haben sich zu einem Schlüssel entwickelt, mit dem man sogar an die zugrunde liegenden Gene herankommt. Heute lassen sich, um ein typisches Szenario zu schildern, Proteine identifizieren, die bestimmte Zellfunktionen steuern. Man kann sie in der Zelle elektronenmikroskopisch lokalisieren. Auch ist es möglich, ihre funktionelle Relevanz zu testen, indem man sie durch Antikörper selektiv ausschaltet oder indem man die zugrunde liegenden Gene gezielt verändert.

Das Endziel der Zellbiologie ist ein integratives Verständnis der Zelle in ihrem Gesamtgefüge, also weit über die einzelnen Struktur- und Funktionsdetails hinaus. Auf der Basis dieses Konzeptes wurden bereits zahlreiche Krankheitsbilder auf molekularem Niveau aufgeklärt.

▶ **Aus der Zellenlehre wurde die Zellbiologie.** Im Rückblick stellen wir fest, dass – wie eingangs gesagt – häufig neue Methoden erforderlich sind, um neue Erkenntnisse zu ermöglichen. Wir beobachten auch, wie enorm der Aufwand steigt, je kleiner die Dimensionen werden, in die wir vordringen. Schließlich wird klar, dass am ehesten die Kombination mehrerer Methoden zum Durchbruch verhilft. Lassen wir hierzu den aus Deutschland stammenden Evolutionsforscher und Philosophen **Ernst Mayr** zu Wort kommen. Er schreibt in seinem Buch „The growth of biological thought“ 1982: „Es gibt verschiedene mögliche Ursachen, warum ein Problem noch nicht für eine Lösung reif sein kann: Die technischen Werkzeuge für ihre Analyse mögen noch nicht geschmiedet sein und gewisse Konzepte, besonders dann, wenn sie die Nachbargebiete betreffen, mögen vielleicht noch nicht genügend entwickelt sein“. Beides, konzeptionelle und methodisch-technische Entwicklungen, haben in der Tat entscheidend den Erkenntnisfortschritt auch in der Zellbiologie geprägt.

So wurde aus der Zellenlehre (Cytologie) von einst die Zellbiologie von heute – als unentbehrlicher Zweig der biologischen und medizinischen Grundlagenforschung. Ein aktuelles Beispiel hierzu: Die Identifikation jener Viren, die Gebärmutterhals-Krebs (= Cervix-Karzinom) auslösen können und jener, welche AIDS verursachen (acquired immuno-deficiency syndrome = erworbene Immunschwäche), wurde 2008 mit dem Nobelpreis gekrönt (**Harald zur Hausen**, Heidelberg; **Françoise Barré-Sinoussi** und **Luc Montagnier**, Paris). 2012 wurde ein Nobelpreis an die US-Forscher **Robert Lefkowitz** und **Brian Kobilka** für die Erforschung einer GTP-vermittelten Signaltransduktion (**trimere G-Proteine**) von Rezeptoren in der Zellmembran ins Innere der Zelle vergeben; vgl. ▶ Abb. 12.10 und den Abschnitt über die Signaltransduktion in Kap. 12.3.2 (S. 276). Etwa die Hälfte der heutigen Pharmaka wirkt auf dieser weit diversifizierten Signalschiene. 2015 erging der Nobelpreis für Physiologie (Medizin) an die US-Forscher **James Rothman**, **Randy Schekman** und den Deutsch-Amerikaner **Thomas Südhof** für die Aufklärung der molekularen Interaktionen bei der Wechselwirkung zwischen Biomembranen und deren Fusion; vgl. Molekularer Zoom (S. 269). Für die Aufklärung des Abbauprozesses von überschüssigen, überalteten bzw. fehlerhaften Proteinen, also sozusagen der „Müllbeseitigung“ über **Autophagie**, erhielt 2016 der Japaner **Y. Ohsumi** den Nobelpreis. Die in den letzten beiden Jahren gewürdigten Arbeiten sind sehr relevant für das Verständnis des normalen und des pathologisch entgleisten Zellgeschehens (Alzheimer und Parkinson Krankheit).

Zellpathologie

Molekulare Krankheiten

Die systematische Entwicklung der Zellbiologie ging unübersehbar mit medizinischem Fortschritt einher. Einerseits ermöglichte das Verstehen rationaler Zusammenhänge die Aufklärung von Krankheitsursachen und deren Bekämpfung, anderseits erbrachte die medizinische Forschung neue Einsichten in grundlegende zellbiologische Zusammenhänge. **R. Virchow** gilt als Begründer der Zellpathologie im 19. Jahrhundert, indem er mikroskopische Veränderungen feststellte, wie Schwellungen von Zellkomponenten, deren Identität er noch nicht kennen konnte. Inzwischen sind viele molekulare Details verschiedener Krankheiten aufgeklärt. So entwickelte sich die **„molekulare Medizin"**. Häufig wird eine Krankheit als **„Syndrom"** charakterisiert, das ist die Kombination von Merkmalen bzw. Störungen (Symptome), die z. B. auf eine Mutation im Erbgut (Genom) zurückgehen und eine Krankheit charakterisieren. Zum Beispiel können sich verschiedene molekulare Defekte in der intrazellulären Speicherung von Glukose als Glykogen bzw. dessen Mobilisierung durch verschiedene Symptome auswirken – verschiedene Ursachen, verschiedene Symptome. Dies gilt nicht nur für Glykogen-Speicherkrankheiten (S. 314) sondern beispielsweise auch für **lysosomale Speicherkrankheiten**, vgl. Zellpathologie-Box (S. 298), und viele andere Krankheiten. Das Umgekehrte aber gibt es auch – verschiedene Ursachen, mit denselben oder ähnlichen Symptomen, z. B. bei *Innenohr-Schwerhörigkeit*, vgl. Zellpathologie-Box in Kap. 16.4 (S. 348). Häufig gibt es also sehr verschiedene, voneinander unabhängige molekulare Ursachen für eine Krankheit, basierend auf verschiedenen Störungen im Zellgeschehen. Insbesondere molekulare Erkrankungen erlaubten in den letzten Jahren bis Jahrzehnten die Aufklärung kausaler Zusammenhänge in Zellen sowie neue therapeutische Lösungsansätze. Allerdings gilt dies bei weitem nicht für all die Tausende inzwischen bekannter genetischer Störungen.

▸ Literatur zum Weiterlesen

siehe www.thieme.de/go/literatur-zellbiologie.html

2 Größenordnungen in der Zellbiologie – ein weiter Bereich

Zusammenfassung

Die Größe der Objekte zellbiologischer Forschung reicht vom molekularen Auflösungsniveau des Elektronenmikroskops bis in den Arbeitsbereich der Lichtmikroskopie. Je nach Fragestellung ist es wichtig, die richtige Methodik einzusetzen, um mit geringstem Aufwand ans Ziel zu gelangen.

Aus dreierlei Gründen kommen wir in der biologischen Forschung nicht umhin, uns die Dimensionen klarzumachen, mit denen wir bei jeder Problemstellung konfrontiert sind:

1. Wir brauchen das richtige Suchbild.
2. Wir müssen uns für das richtige Instrument zur Untersuchung entscheiden.
3. Wir sollten unsere Resultate und Anschauungen möglichst quantitativ dokumentieren.

Um sich die praktische Arbeit zu vereinfachen, vermeidet man gerne Exponentialgrößen, sondern bevorzugt griechische Vorsilben zur Angabe von Größenordnungen. Sie gehen in Stufen des Faktor 1000 vom Astronomischen bis ins Subatomare (► Tab. 2.1).

Ein Mikrometer (µm) entspricht demnach 10^{-6} Meter (m) oder 10^{3} Nanometer (nm). Daneben halten sich alte Dimensionsangaben, wie 1 Å = 0,1 nm. Å ist die Abkürzung von **Ångström**, so benannt nach einem schwedischen Physiker. Megabyte kennen wir z. B. als Angabe der Speicherkapazität von Computern, Kilovolt (kV) vom Elektronenmikroskop.

Mit welchen **Größenordnungen** also hat es der Zellbiologe zu tun? Eine Bakterienzelle ist im Durchschnitt etwa 0,1 µm bis 1 µm groß, eine „höhere" Zelle 10 bis 50 µm. Natürlich sind das keine Naturkonstanten, sondern Richtwerte. Sich einige davon einzuprägen, ist ratsam, damit man am Mikroskop oder Elektronenmikroskop weiß, was man – falls überhaupt – sehen sollte.

Tab. 2.1 Größenordnungen und ihre Bezeichnung

10^{18}	10^{15}	10^{12}	10^{9}	10^{6}	10^{3}	$10^{0} = 1$	10^{-3}	10^{-6}	10^{-9}	10^{-12}	10^{-15}	10^{-18}
exa	peta	tera	giga	mega	kilo	–	milli	mikro	nano	pico	femto	atto

▸ **Transmissions-Elektronenmikroskop: Auflösung bis in atomare Dimensionen.** Das Transmissions-Elektronenmikroskop bietet eine Auflösung bis in atomare Dimensionen; die erreichbaren Werte liegen bei der Größe des Wasserstoff-Atoms (0,1 nm = 1 Å). Alkali- (Na^+, K^+ etc.) und Erdalkali-Ionen (Ca^{2+}, Mg^{2+}) haben eine mehrfache Größe, für Nukleotide und Aminosäuren kann man einen Richtwert von 0,5 nm angeben. Bei komplexeren Molekülen, wie Phospholipiden oder gar bei Proteinen, ist bei der Größenangabe die Form zu berücksichtigen. Während ein Phospholipid an seinem Kopfteil nur ca. 0,3 nm dick ist, beträgt seine Länge ca. 2 nm. Proteine können bei einem Molekulargewicht (MG) von 10 000 bis ca. 5 000 000 in einem Größenbereich zwischen 1 und 30 nm (bei Kugelgestalt) liegen. Die Werte für das **Molekulargewicht** sind Relativwerte in Bezug auf die Masse des **Wasserstoff-Atoms** mit der definierten Masse von 1. Man sagt auch, die relative molekulare Masse eines Proteins beträgt 10 oder 5 000 KiloDalton (kD, kDa). Für eine Aminosäure kann man im Durchschnitt 110 Dalton veranschlagen. Weiß man die molekulare Masse eines Proteins, so kann man grob abschätzen, aus wie vielen Aminosäuren es aufgebaut ist. Später werden wir sehen, dass man die Masse eines Proteins auch nach seinem **Sedimentationsverhalten** beim Zentrifugieren abschätzen und in „S-Einheiten“ angeben kann; vgl. Kap 11.1.2 (S. 237). Extremfälle sind die Nukleinsäuren mit nur 2 nm Durchmesser, aber mit über große Länge linear angeordneten Nukleotiden. Da es auf die in den Nukleotiden sitzenden Basen als Träger der genetischen Information ankommt, gibt man hier die Länge oft als Zahl von Basen, besser noch in Kilobasenpaaren (kbp) an. Große Moleküle in der Art der Proteine und der DNA nennt man Makromoleküle.

▸ **Die Struktur ist nur sichtbar, wenn die Probe richtig präpariert wird.** Dass ein Molekül oder irgendeine Struktur über dem Auflösungswert des Elektronenmikroskops liegt, heißt noch lange nicht, dass man die Struktur auch sehen kann. Dazu müssen wir uns mit der Theorie der Bildentstehung bei verschiedenen elektronenmikroskopischen Methoden vertraut machen, ebenso wie mit den notwendigen Präparationsmethoden; s. dazu Kap. 3 (S. 36). Sowohl der präparative als auch der analytische Ansatz müssen der jeweiligen Problemstellung angepasst werden.

Mit den makromolekularen Proteinen, den Phospholipid-Aggregaten in biologischen Membranen und den Nukleinsäure-Protein-Komplexen der Chromosomen sind wir bereits in Dimensionen, für welche sich der Zellbiologe interessiert. Es ist die klassische Dimension der **Elektronenmikroskopie**. Auch komplexe Strukturen höherer Ordnung fallen darunter, wie Viren, mit Dimensionen von 10 bis 100 nm, deren Existenz und schon gar deren Feinstruktur (Ultrastruktur) mit dem Lichtmikroskop nicht zu erfassen war. Dies gelang ebenso wenig für distinkte Zellkomponenten (Organellen), wie etwa Mitochondrien und Chloroplasten von etwa Bakteriengröße. Mit der Ultrastruktur der Chromosomen im Zellkern werden wir ein Beispiel kennen lernen, das zeigt, wie sehr die Strukturauflösung von den Präparationsbedingungen und molekulares Verstehen vom strukturellen Erfassen abhängt.

▸ **Die Auflösung ist abhängig von der verwendeten Wellenlänge.** Abbilden bedeutet in den meisten Fällen eine Wechselwirkung elektromagnetischer Strahlung mit einem Objekt und die auflösbaren Strukturdetails können nicht kleiner sein als die Wellenlänge des zur Beobachtung verwendeten Lichtes. Mit welchen **Wellenlängen** (λ) haben wir es hierbei zu tun? Die ▸ Tab. 2.2 gibt darüber Auskunft. Sie bezieht größerer Vollständigkeit halber Infrarot mit ein.

Wie wir in Kap. 3 (S. 36) sehen werden, hängt die mit einem Abbildungssystem (z. B. Mikroskop) erzielbare Auflösung im Allgemeinen direkt von der Wellenlänge des verwendeten Lichtes ab. Das bloße Auge kann nur Strukturen bis 0,3 mm auflösen. Das konventionelle **Lichtmikroskop** vermag bis zu Größenordnungen von 200 nm (0,2 µm), das **Elektronenmikroskop** sogar bis zu 0,1 nm, also bis zum Größenbereich des Wasserstoff-Atoms, vorzudringen. Dieses ist die jeweilige „Geräteauflösung". Von dieser kann man allerdings nur insoweit Nutzen ziehen, als durch eine geeignete Präparation (Fixation, eventuell Kontrastierung) die zu beobachtenden Strukturen stabilisiert und beobachtbar gemacht werden können; vgl. Technik-Box (S. 48). Man könnte dies die „präparative Auflösung" nennen. Die zur Bildentstehung notwendigen Voraussetzungen werden in Kap. 3 (S. 36) beschrieben.

In der Realität will der Zellbiologe weder Wasserstoff-Atome noch einzelne Ionen, Zuckermoleküle oder Aminosäuren sehen, deren Durchmesser jeweils unter 1 nm liegt. Dagegen sind Makromoleküle für den Zellbiologen insofern interessant, als ihre molekulare Struktur etwas über ihre Funktion auszusagen vermag. Damit beansprucht der Zellbiologe bereits voll die Möglichkeiten der Elektronenmikroskopie. ▸ Abb. 2.1 gibt eine Übersicht über den Einsatzbereich von Licht- und Elektronenmikroskopie zur Erfassung biologischer Strukturen verschiedener Größenordnungen.

Tab. 2.2 Übersicht über elektromagnetische Schwingungen, die teilweise für Abbildungszwecke verwendet werden

Art der Strahlung	Wellenlänge [nm]
stark beschleunigte Elektronen (bei 100 kV)	0,0038
Röntgenstrahlen	<0,01 bis >1
ultraviolettes Licht (UV)	<380
sichtbares Licht	380–780
Infrarot	>780

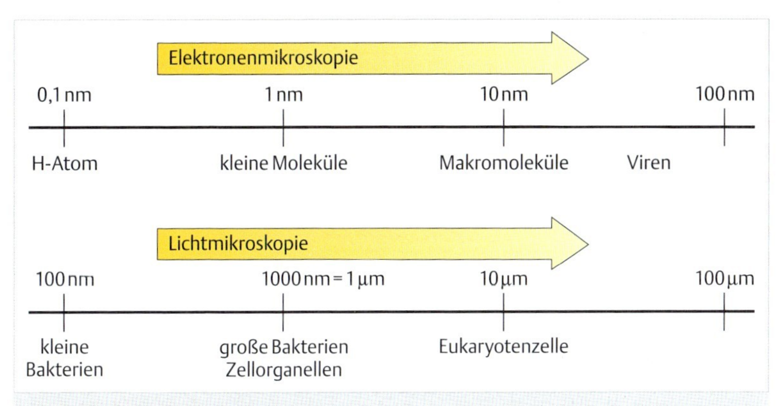

Abb. 2.1 Dimensionen zellbiologischer Objekte und Einsatzbereich der Licht- und Elektronenmikroskopie.

▶ **Die Größe und das Molekulargewicht von Proteinen kann berechnet werden.** Weiß man die genaue **Aminosäure-Zusammensetzung** (Primärstruktur) eines Proteins, so kann man bei einem mittleren MG von ca. 110 pro Aminosäure und einem spezifischen Gewicht von Proteinen von ca. 1,2 leicht ausrechnen, wie groß das Protein sein muss. Kleine Proteine aus 100 Aminosäuren (MG von ca. 11 000) haben einen Durchmesser von 2 nm, Proteine aus 1000 Aminosäuren (MG von ca. 110 000) hätten einen Durchmesser von 8 nm. Wie erwähnt, kann man dies über ihr **Sedimentationsverhalten** in der Ultrazentrifuge überprüfen. Der Haken dabei ist jedoch, dass man aus einer Aminosäurenkette ebenso ein kompaktes Kugelprotein wie ein lang gestrecktes oder ein „flauschig" gebautes Protein aus lockeren Schleifen formen kann. Die wahre Struktur kann jedoch mit dem **Elektronenmikroskop** enthüllt werden. Zusätzlich gibt es alternative Methoden aus der Kristallographie, wie die Röntgenbeugung (die hier nicht besprochen wird), für welche die Makromoleküle allerdings kristallisiert werden müssen. Auf diesem Wege wurde erstmals die molekulare Struktur der DNA als Doppelhelix aufgeklärt. Obwohl sie nur 2 nm dick und fast beliebig lang ist, bildet sie in unserem Genom durch Assoziation mit Histon-Proteinen ca. 11 nm dicke Stränge aus Nukleosomen. Diese Strukturen bedurften ihrerseits wieder der Elektronenmikroskopie zur Aufklärung.

▶ **Erst die Elektronenmikroskopie brachte Aufschluss über feinste Strukturen.** Zwar konnten Bakterien und viele geformte Elemente in der höheren Zelle bereits lichtmikroskopisch wahrgenommen werden, über Details konnte man jedoch nur rätselraten, bis die Elektronenmikroskopie auf einen geeigneten Standard gebracht worden war. Ähnlich konnte man die Existenz und Größe von Viren voraussagen, volle Gewissheit brachte jedoch wiederum erst die Elektronenmikroskopie, mit deren Hilfe es auch gelang, die quasi-kristalline Anordnung viraler Strukturkomponenten und damit ihre Entstehung aufzuklären.

Viren sind zwar keine lebenden Zellen, beanspruchen aber dennoch das Interesse des Zellbiologen; vgl. Kap. 25 (S. 513). Sie sind meist zwischen 0,01 und 0,1 µm groß. Mit 0,1 µm Durchmesser ist das inzwischen ausgerottete menschliche **Pockenvirus** so groß wie die kleinsten echten Zellen. Siehe dazu auch Kap. 4 (S. 55). Andererseits können Bakterien, mit einer durchschnittlichen Größe von 0,1 bis 1 µm an Größe wiederum an die kleinsten unter den „höheren" Zellen heranreichen. Dazu gehören gewisse **Grünalgen** des marinen Planktons, die nur 1 µm Größe erreichen. Auch nach oben hin gibt es Extremfälle (▶ Tab. 2.3), z. B.

Tab. 2.3 Richtwerte für die Größenordnungen zellbiologischer Komponenten

zellbiologische Komponente	Durchmesser bzw. Größenbereich
Wasserstoff-Atom (H), Proton (H^+)	0,1 nm
Kationen (Na^+, K^+, Ca^{2+}, Mg^{2+} etc.)	0,1 nm, mit Hydrathülle (H_2O): 0,4–1,1 nm
Anionen (Cl^-, PO_4^{3-}, etc.)	0,2–0,5 nm
Aminosäuren	0,3 nm
Zuckermoleküle	0,3 nm
Nukleotide	0,5 nm
Proteine	<2 bis >15 nm
DNA	2 nm Durchmesser, ≥ 5 cm Länge in einzelnen Chromosomen
Viren	0,01–0,1 µm
Bakterien	0,1–1 µm
höhere Zelle (in meisten Fällen)	10–50 µm
menschlicher Erythrocyt	7,5 µm Durchmesser
menschliches Spermatozoon	6 µm (Durchmesser des Kopfteils) 30 µm (Länge des Schwanzteils)
menschliche Eizelle	150 µm
Extremformen der höheren Zelle	5 cm Durchmesser (Eizelle von Vögeln) einige Meter Länge (Motoneurone, Giraffe)
Subzelluläre Strukturen	
Ribosomen (RNA-Protein-Komplex)	23–25 nm
Elemente des Cytoskeletts, Dicke	6–25 nm
membranumhüllte Organellen	0,01 bis >5 µm
Zellkern	5 µm
Chromosomen, Länge	1–5 µm

die **Eizelle** des Vogeleis (Eidotter). Ein anderer Extremfall sind die **Motoneurone** (Nervenzellen), deren Zellkörper im Rückenmark lange Fortsätze zu den Muskeln aussenden, die bis zu einigen Metern lang sein können – denken wir nur an die Giraffe. Auch manche sesshaften Grünalgen können extreme Größe erreichen; sie sind metergroß und bestehen nur aus einer einzigen vielfach verzweigten Zelle. Ansonsten kann man für die durchschnittliche Größe höherer tierischer oder pflanzlicher Zellen ca. 10 bis 50 µm veranschlagen. Warum schlichtes Mittelmaß zumeist bevorzugt wird, liegt u. a. wohl im Vorteil begrenzter Transportwege in der Zelle.

In der Praxis begleitet den Zellbiologen neben dem Elektronenmikroskop fast immer auch das Lichtmikroskop, nicht nur des geringeren Aufwandes wegen, sondern auch deshalb, weil nur das Lichtmikroskop die Beobachtungen an lebenden Zellen erlaubt. Für **Vitalbeobachtung** siehe Kap. 3.1.1 (S. 39).

▸ Literatur zum Weiterlesen

siehe www.thieme.de/go/literatur-zellbiologie.html

3 Zelluläre Strukturen – Sichtbarmachung mithilfe mikroskopischer Techniken

Zusammenfassung

Um Strukturen und Moleküle in Geweben und Zellen nachzuweisen, stehen dem Zellbiologen verschiedene Techniken zur Verfügung. Will man diese Dinge sichtbar machen, so muss man zu mikroskopischen Techniken greifen. Seit seiner Erfindung im 17. Jahrhundert ist daher das Mikroskop eines der wichtigsten Arbeitsgeräte im Zelllabor. Durch die Wechselwirkung von Beleuchtungsstrahlen mit einem Gegenstand und der Verwendung von Linsen kann man ein Abbild dieser Objekte erstellen. Je nach Art der verwendeten Strahlung und der entsprechenden Linsen variiert auch die Vergrößerung bzw. Auflösung dieser Abbildungen. Hauptsächlich finden zwei große Gruppen von Mikroskopen Verwendung, das **Licht**- und das **Elektronenmikroskop** (**LM** und **EM**). Lichtmikroskope verwenden den Lichtbereich des elektromagnetischen Spektrums (Wellenlängen von 200 – 700 nm) und erreichen so eine laterale Auflösung von ca. 0,2 µm. Moderne Geräte der neuesten Generation (**STED** = **St**imulated **E**mission **D**epletion) besitzen sogar Auflösungen jenseits dieser Grenze, wobei sie durch gerätetechnische Parameter das Abbe'sche Wellenlängenlimit umgehen. Elektronenmikroskope haben eine weitaus höhere Auflösung (Angström-Bereich), da sie als Beleuchtung Elektronen mit sehr kleinen Wellenlängen (ca. 0,004 nm) benutzen. Das wiederum bedeutet aber, dass der Strahlenverlauf im EM in einem Vakuum erfolgen muss und als Linsen elektromagnetische Felder benutzt werden. Das Elektronenmikroskop gibt es grundsätzlich in zwei Ausführungen. Man kennt das **T**ransmissions-**E**lektronen-**M**ikroskop (**TEM**) und das **R**aster-**E**lektronen-**M**ikroskop (**REM**, engl. **SEM** = **S**canning **E**lectron **M**icroscope). Richtwerte für die Auflösung der verschiedenen Mikroskoptypen sind wie folgt: Konventionelles LM: ca. 200 nm, STED: ca. 50 nm, REM: < 10 nm, TEM: 0,3 nm.

3.1 Das Lichtmikroskop

Das Lichtmikroskop ist seit seiner Erfindung Mitte des 17. Jahrhunderts als Standardlaborgerät eines Zelllabors nicht mehr wegzudenken. Durch Kombination verschiedener Glaslinsen (Projektionslinsen = Objektiv und Lupenlinse = Okular) entsteht durch zweistufige (zusammengesetzte) Vergrößerung ein stark vergrößertes Abbild eines Gegenstandes auf der Netzhaut des Beobachters (▶ Abb. 3.1). Man unterscheidet bei einem konventionellen Lichtmikroskop je nach angewendeter Technik sechs Mikroskop-Grundtypen (▶ Tab. 3.1). Gemeinsam ist ihnen allen eine „flächige“ Beleuchtung des abzubildenden Präparates. Sie werden daher auch zu der Gruppe der **Weitfeld-(wide-field)-Mikroskope** zusammengefasst. Moderne Lichtmikroskope (**CLSM** = **C**onfocal **L**ASER **S**canning **M**icroscope, **STED** = **St**imulated **E**mission **D**epletion etc.) benutzen als Lichtquelle einen punktförmigen **LASER** (**L**ight **A**mplification by

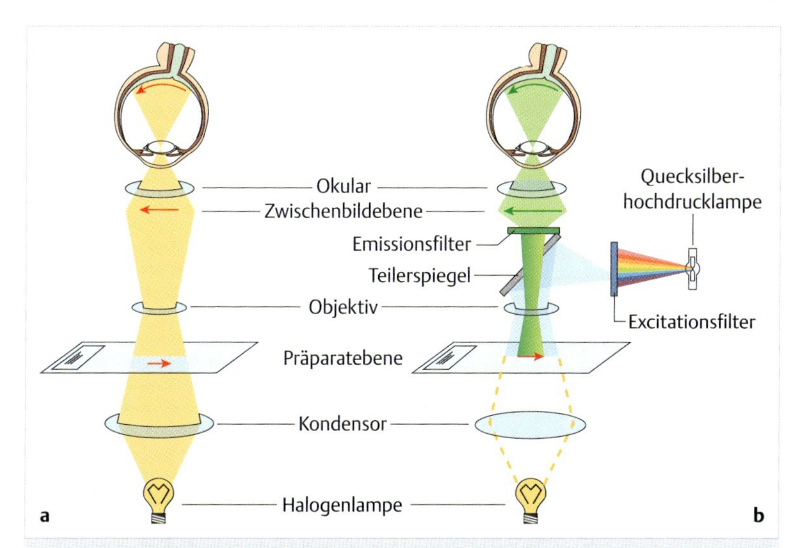

Abb. 3.1 Schematisierter Aufbau zweier Lichtmikroskoparten. a Schema eines konventionellen Lichtmikroskops. Sichtbares Licht wird durch einen Kondensor gebündelt auf ein Präparat (roter, nach rechts gerichteter Pfeil) geworfen. Die erste Vergrößerungsstufe – das Objektiv – stellt von diesem ein umgekehrtes, reelles Bild (roter, längerer, nach links gerichteter Pfeil) in der Zwischenbildebene her. Dieses wird von der zweiten Vergrößerungsstufe – dem Okular – zu einem virtuellen, gleich orientierten Bild nachvergrößert. Dieses wird von der Augenlinse auf die Retina projiziert. **b Strahlengänge im Fluoreszenzmikroskop.** Durch einen Anregungsfilter (Excitationsfilter) wird aus dem sichtbaren Spektrum eine dem Fluorochrom entsprechende Wellenlänge herausgefiltert (hier blaues Licht), über einen Teilerspiegel umgelenkt und durch das Objektiv auf das mit diesem Farbstoff markierte Präparat (roter, nach rechts gerichteter Pfeil) geworfen. Die so auf ein höheres Energielevel gehobenen Farbmoleküle emittieren über eine gewisse Zeit längerwelliges Licht (hier grünes Licht). Dieses wird vom Objektiv aufgenommen, passiert den Teilerspiegel und wird durch einen Emissionsfilter nochmals in seinem Spektrum eingeengt. Das Abbild der mit den Fluorochromen markierten Präparatstellen (grüner, nach links gerichteter Pfeil) entsteht – wie im Fall **a** in der Zwischenbildebene, um dann durch das Okular nachvergrößert zu werden.

Tab. 3.1 **Übersicht über verschiedene Mikroskoptypen**, deren Arbeitsweise und Anwendung

Mikroskoptyp	Arbeitsweise	Anwendung
Konventionelle Mikroskope		
Hellfeldmikroskop	Lichtabsorption	dicke Präparate (> 1 µm); kontrastreiche (gefärbte) Präparate; totes Material
Dunkelfeldmikroskop	Lichtbrechung an Phasengrenzen	dünne, transparente Objekte mit unterschiedlich dichten Strukturen; kleine Strukturen
Phasenkontrastmikroskop	Kontraststeigerung durch Phasenverschiebung	lebende, kontrastarme (ungefärbte) Objekte, dünne Präparate (< 1 µm)
Polarisationsmikroskop	Interferenz von polarisiertem Licht	Anordnung und Ausrichtung von Strukturen; Mineralogie, Kristallografie; biologische Materialien wie Glukose, Zellulose, Stärke etc.
Differenzial-Interferenzkontrast-Mikroskop	Interferenz von polarisiertem Licht	lebende, ungefärbte Objekte, dünne sowie dicke Präparate
Fluoreszenzmikroskop	Lichtexcitation u. -emission	selbst-„leuchtende" Präparate (Autofluoreszenz) wie z. B. Chlorophyll; mit Fluoreszenzfarbstoffen markierte Präparate zur Lokalisierung feiner Strukturen
Konfokale Mikroskope		
Laserrasterlichtmikroskop	„optisches Zerlegen" des Präparates in einzelne (konfokale) Ebenen durch punktförmig fokussierten Strahl	dicke Präparate; fluoreszierende Präparate; Abbildung kleiner Strukturen
STED-Mikroskop	Reduzierung des Emissionsspots durch zweiten hochenergetischen Anregungsstrahl	fluoreszierende Präparate; Abbildung kleiner Strukturen mit maximaler Auflösung

Stimulated Emission of Radiation), der – um ein vollständiges Abbild einer Probe zu erstellen – über das Objekt bewegt („gerastert") werden muss. Diese Mikroskope werden auch häufig als **Nahfeld-**(**near-field**)**-Mikroskope** bezeichnet. Solche Geräte ermöglichen eine sowohl laterale als auch vertikale Auflösungssteigerung. Dies stellt einen Vorteil vor allem bei dickeren biologischen Proben dar.

3.1.1 Konventionelle Lichtmikroskopie

Das **Hellfeldverfahren** ist die gängigste Lichtmikroskopiemethode. Durch unspezifische und spezifische Färbungen des Präparates wird eine unterschiedlich starke Lichtabsorption erreicht, die sich auch in einer Kontraststeigerung auswirkt (▶ Abb. 3.2a). Vor allem für histologische Präparate mit einer Dicke von 1–15 µm ist dieses Verfahren die Methode der Wahl. Voraussetzung für eine Färbung ist jedoch das Fixieren, Einbetten und Schneiden der Präparate, somit kann also nur „totes" Material mikroskopiert werden.

Bei der **Dunkelfeldmikroskopie** wird das Objekt mit einem Licht-Hohlkegel beleuchtet, der so konzipiert ist, dass kein Licht in das Objektiv fällt. Erst wenn

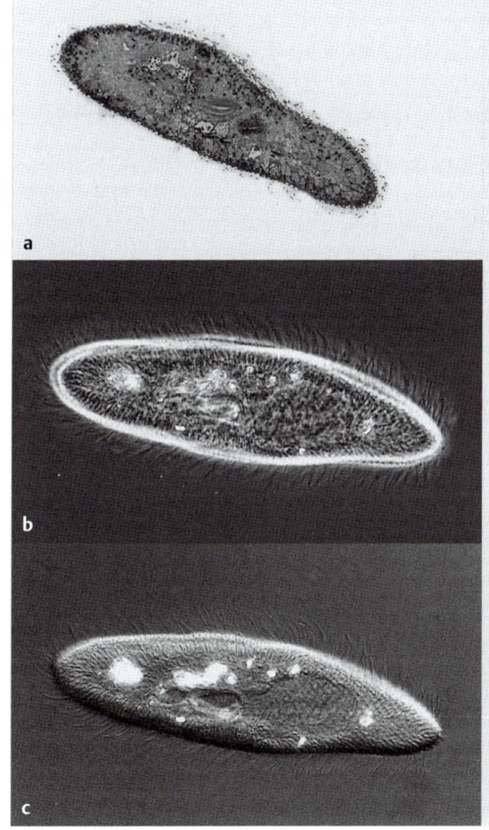

Abb. 3.2 Unterschiedliche lichtmikroskopische Aufnahmen von *Paramecium*-Zellen. a Hellfeld-Aufnahme eines mit Methylenblau gefärbten Schnittes durch eine *Paramecium*-Zelle, deren äußere Form durch den deutschen Namen „Pantoffeltier" gut beschrieben wird. In der Zelle sind verschiedenartige Organellen sichtbar. Vergr. 700-fach. **b Phasenkontrast-Aufnahme einer lebenden *Paramecium*-Zelle.** Mit dieser Technik treten vor allem die dünnen Cilien an der Zelloberfläche in Erscheinung. Der helle Saum ist durch Beugungsphänomene der abgerundeten Zelle zu erklären. Vergr. 700-fach. **c Differenzial-Interferenzkontrast-Aufnahme einer lebenden *Paramecium*-Zelle.** Deutlich tritt die Dreidimensionalität auch von dünnen Strukturen wie der Cilien zutage. Die stark leuchtenden Strukturen sind kristalline Zelleinschlüsse. Vergr. 700-fach. (Aufnahme: J. Hentschel)

ein Objekt im Strahlengang durch unterschiedlich dichte Strukturen die Lichtstrahlen so bricht, dass sie vom Objektiv aufgefangen werden können, sind diese Strukturen vor dunklem Hintergrund sichtbar.

Mit der **Phasenkontrasttechnik** kann lebendes, ungefärbtes Material beobachtet werden (▸ Abb. 3.2b). Diese Methode, für deren Entwicklung der holländische Physiker **Frits Zernicke** 1953 den Nobelpreis bekam, ist ein sogenanntes Kontraststeigerungsverfahren. Es beruht auf dem Einbringen spezieller Ringblenden in den Strahlengang des Mikroskopes, mit denen durch zusätzliche Phasenverschiebungen zwischen dem vom Präparat beeinflussten und dem unbeeinflussten Licht der Kontrast gesteigert wird. Das Ergebnis ist eine erhebliche Kontraststeigerung und dadurch eine Sichtbarmachung von lebenden, kontrastarmen Objekten, wie Kleinstlebewesen, Zellkulturen etc.

Das **Polarisationsmikroskop** arbeitet mit polarisiertem Licht. Fällt solches Licht auf doppelbrechende Strukturen – das sind Strukturen, die aus immer wiederkehrenden Einheiten aufgebaut sind, wie z. B. Kristalle, aber auch einige biologische Moleküle – dann wird es in zwei Teilstrahlen aufgespalten. Diese, zur Interferenz gebracht, lassen doppelbrechende Objekte dann vor schwarzem Hintergrund aufleuchten.

Das **Differenzial-Interferenz-Verfahren** verwendet ebenfalls polarisiertes Licht, das jedoch, schon bevor es auf das zu mikroskopierende Objekt fällt, durch spezielle Prismen in zwei Teilstrahlen aufgespalten wird. Diese erzeugen vom Präparat zwei gleiche Bilder, die – etwas verschoben – nach erneuter Zusammensetzung ein pseudo-dreidimensionales Abbild des Präparates ergeben (▸ Abb. 3.2c). Es wird – ebenso wie die Phasenkontrastmikroskopie – bei lebenden Objekten angewandt.

Fluoreszenzmikroskope (▸ Abb. 3.1, ▸ Abb. 3.3, ▸ Abb. 3.4) machen sich die Eigenschaft bestimmter Substanzen zunutze, die darauf beruht, dass sie – wenn mit einer bestimmten Wellenlänge angeregt – längerwelliges Licht einer ebenfalls diskreten Wellenlänge abstrahlen. Der Nachteil dieser Methode liegt in der Schwierigkeit, diese – oft toxischen – Substanzen in das biologische Objekt einzubringen. Der Vorteil allerdings ist, dass man diese Fluoreszenzstoffe mit Antikörpern kombinieren und so spezielle Teile der Zelle oder des Gewebes markieren und damit lokalisieren kann. Es ist ebenfalls möglich, sehr kleine Strukturen, die unter der Abbe'schen Auflösungsgrenze liegen, abzubilden. Allerdings werden diese nicht in ihrer realen Größe, sondern immer größer abgebildet, da die mit den Strukturen verbundenen Fluorochrome in alle Richtungen abstrahlen. Alle modernen Lichtmikroskope – vor allem die neueren, hochauflösenden Typen – beruhen auf diesem Fluoreszenzverfahren (s. Kap. 3.1.2). Molekularbiologische Methoden erlauben es auch, kleine fluoreszente Proteine, wie das „green fluorescent protein“ (GFP), einzubauen und dann solche GFP-Proteine in vivo zu beobachten; s. auch Kap. 8.4 (S. 202).

Es gibt eine Reihe der unterschiedlichsten Fluoreszenztechniken wie **FRAP** (**F**luorescence **R**ecovery **A**fter **P**hotobleaching), **FRET** (**F**luorescence **R**esonance **E**nergy **T**ransfer), **TIRF** (**T**otal **I**nternal **R**eflection **F**luorescence) etc. Diese alle zu besprechen würde den verfügbaren Rahmen sprengen. Daher sei beispielhaft auf die FRET-Technik in der Box Molekularer Zoom (S. 44) verwiesen.

3.1.2 Neue Entwicklungen in der Lichtmikroskopie

Brachte schon die Einführung der Fluoreszenztechnik eine wesentliche Verbesserung in Abbildung und Auflösung der Lichtmikroskopie, so wurde diese durch die Entwicklung der „konfokalen" Mikroskopie nochmals gesteigert. Beruhend auf frühen Arbeiten von **Paul Nipkow** (Nipkow-Scheibe 1883) und **Marvin Minsky** (Punkt-Scanner 1955) konstruierten **David Egger** und **Paul Davidovits** 1969 das erste **konfokale LASER-Raster-Lichtmikroskop** (**CLSM** = **C**onfocal **L**ASER **S**canning **M**icroscope). Dieser Gerätetyp ist seit Mitte der 80er Jahre des vorigen Jahrhunderts kommerziell erhältlich. Herzstück eines CLSM sind Lochblenden, sogenannte „Pinholes", die in den Beleuchtungs- und Abbildungsstrahlengang eingebracht werden. Zusammen mit einem feinen, intensiven LASER-Strahl distinkter Wellenlänge, der Punkt für Punkt und Zeile für Zeile das Präparat abtastet, ist man in der Lage, dieses in getrennt abbildbare Fokusebenen (konfokale Ebenen) optisch zu zerlegen (▶ Abb. 3.3). Auf diese Weise erreicht man eine höhere Auflösung vor allem in der Z-Ebene (Präparatdicke!).

Eine Besonderheit in der Generation der modernen Fluoreszenzmikroskope stellt das **STED-Mikroskop** (**STED** = **S**timulated **E**mission **D**epletion) dar (▶ Abb. 3.4). Für die Entwicklung dieser hochauflösenden Fluoreszenztechnik bekam **Stefan Hell** 2014 zusammen mit den US-Amerikanern **Eric Betzig** und **William Moerner** den Nobelpreis für Chemie. Das Prinzip beruht auf zwei gleichzeitig stattfindenden Strahlverläufen. Der erste punktförmige Beleuchtungsstrahl mit adäquater Anregungswellenlänge (Excitation) lässt die mit dem entsprechenden Farbstoff markierte Struktur einen längerwelligen Detektionsstrahl (Emission) aussenden. Bis hierhin ist alles „normale Fluoreszenzmikroskopie". Im STED-Mikroskop wird jedoch nun ein zweiter, hochenergetischer Hohlstrahl diesem ersten Anregungsstrahl hinterhergeschickt. Dieses hat zur Folge, dass die angeregten Fluoreszenzmoleküle im Randbereich des überstrahlenden Emissionsstrahls aufgrund der hohen Energie dieses zweiten Strahls wieder „abgeregt", also in ihren Grundzustand zurückversetzt werden und nicht mehr leuchten. Dieses „Ausbleichen" reduziert so den Durchmesser des Detektionsstrahls, vergrößert also die laterale Auflösung.

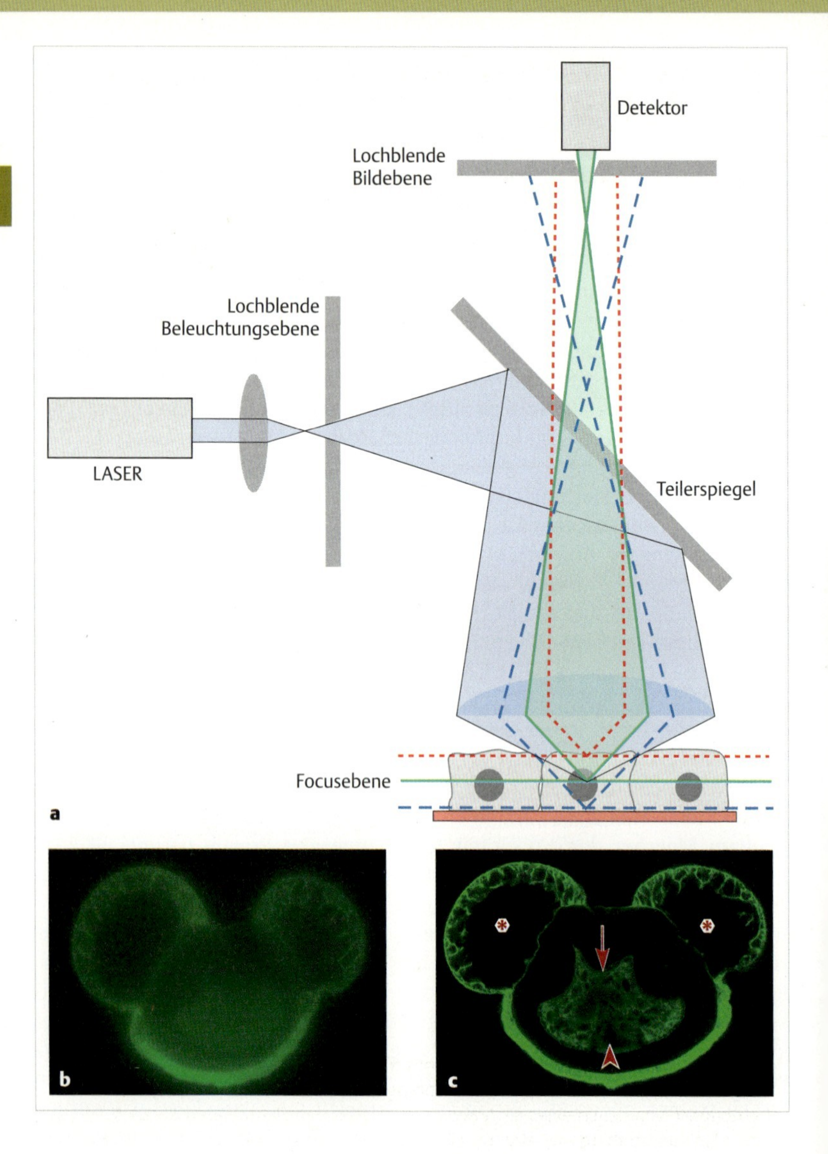
Detektor
Lochblende
Bildebene
Lochblende
Beleuchtungsebene
LASER
Teilerspiegel
Focusebene
a
b
c

◂ **Abb. 3.3 Konfokale Laser-Raster Lichtmikroskopie (CLSM). a Schematische Darstellung des Strahlengangs.** Die vor der Lichtquelle positionierte Lochblende ermöglicht das Fokussieren des Beleuchtungslichtes in einer Ebene des Präparates (grüne Linie). Eine zweite Blende vor dem Detektor lässt nur diejenigen Bildstrahlen durch, die aus dieser Präparatebene stammen. Strahlen aus anderen Bereichen des Präparates (rote und blau gestrichelte Linien) werden von dieser Blende abgefangen. Nicht im Schema eingezeichnet ist das Ablenksystem, das den punktförmigen Lichtstrahl über das Objekt bewegt. **b – c Fluoreszenzmikroskopische Aufnahmen eines gefärbten Pollenkorns eines Nadelbaum-Pollens. b Aufnahme mit einem konventionellen Fluoreszenzmikroskop. c Konfokale Aufnahme desselben Pollenkorns.** Deutlich sichtbar ist hier die verbesserte Auflösung durch Ausblendung der nicht im Fokus befindlichen Ebenen. Die inneren Hohlräume (Sterne) der beiden Luftsäcke sowie Einzelheiten der generativen (Pfeil) und vegetativen Zellen (Pfeilkopf) sind klar zu erkennen. Vergr. b und c 560-fach. (Aufnahme: Ch. Schlatterer, Konstanz)

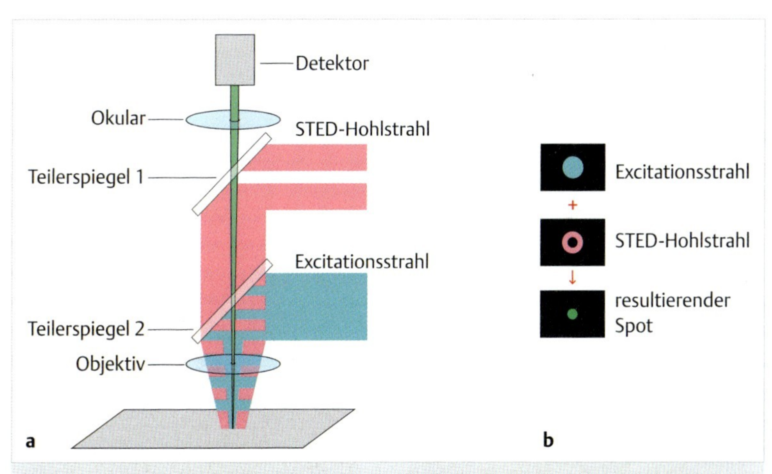

Abb. 3.4 Aufbau und Wirkungsweise eines STED-Mikroskops. a Schematischer Längsschnitt. Kernstück dieses Mikroskoptyps sind zwei übereinander projizierte Lichtbündel, von denen eines als Anregungsstrahl für den Fluorochrom (blau) dient und einen Emissionstrahl (grün) erzeugt. Ein hochenergetischer Hohlstrahl (rot) blendet die Randbereiche des Emissionsstrahls aus. Dadurch wird der Emissionsstrahl „eingeengt“, im Querschnitt also kleiner, was die laterale Auflösung verbessert. **b Querschnitte des Anregungs- und Hohlstrahls sowie des resultierenden Emissionsspots.**

Molekularer Zoom

Auflösung besser als die Physik erlaubt

Fluoreszenzresonanz-Energietransfer (FRET). Der biologische Hintergrund ist folgender. Um miteinander reagieren zu können, müssen sich Interaktionspartner, z. B. Proteine, eng einander annähern. Eine solche Interaktion kann viele verschiedene Proteine – gleichartige oder verschiedenartige – betreffen. Ein Beispiel sind manche Rezeptoren der Zelloberfläche. Hier ist das Beispiel der Dimerisierung von Rezeptoren dargestellt, welche 7 Transmembran-Domänen besitzen. (Nicht gezeichnet ist, dass an sie trimere GTP-Bindeproteine angekoppelt werden können [GPCR = G-protein coupled receptors], was zu einer ebenso

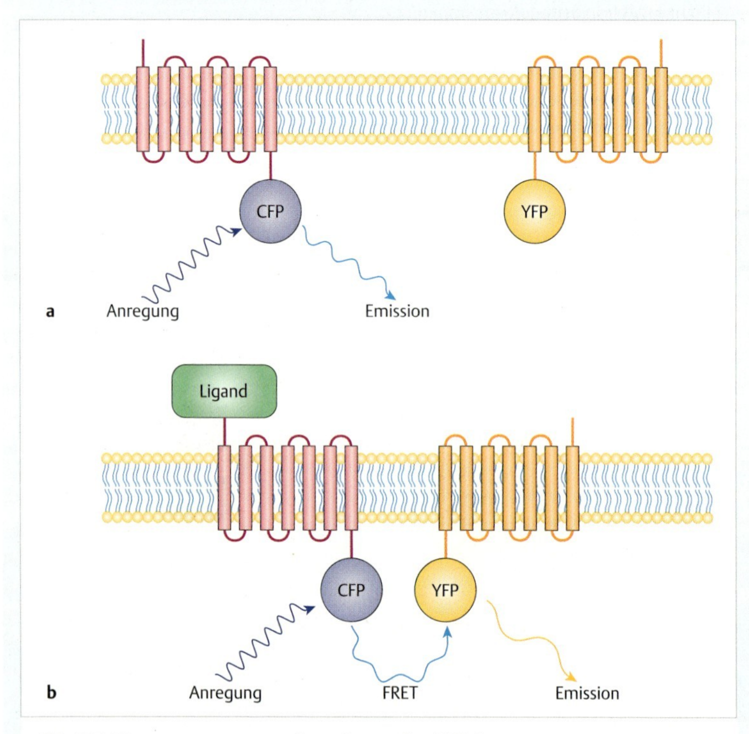

Abb. 3.5 Fluoreszenzresonanz-Energietransfer (FRET).
(Modifiziert nach Szidonya et al.: J. Endocrinol. 196 [2008] 435)

wenig gezeichneten Signaltransduktion führt.) Die Fragestellung ist hier: Wie kann man nachweisen, dass die Rezeptormoleküle miteinander in Wechselwirkung treten? De facto wurde mit der FRET Methode gezeigt, dass GPCR-Moleküle nach Bindung geeigneter Aktivatormoleküle (Liganden) an der Außenseite der Zelle Dimere bilden. Liganden können sein: definierte Hormone, Neurotransmitter, Pharmaka etc., je nach Art des Rezeptors.

Der Nachweis verläuft wie folgt. Die zwei Typen von Rezeptoren werden mittels gentechnischer Methoden (S. 183) teils mit dem Fluorochrom **CFP** (**cyano fluorescent protein**) und teils mit **YFP** (**yellow fluorescent protein**) kovalent markiert. CFP gibt bei Anregung mit Licht der Wellenlänge $\lambda = 440$ nm eine Fluoreszenzstrahlung von $\lambda = 480$ nm ab. Diese Fluoreszenzstrahlung kann nun YFP zur Emission von gelbgrüner Fluoreszenzstrahlung von $\lambda = 530$ nm anregen (Fluoreszenzresonanz-Energietransfer). Dies ist aber nur dann möglich, wenn sich die beiden Interaktionspartner, also Rezeptor1-CFP und Rezeptor2-YFP, genügend nahe kommen, und zwar innerhalb des sog. Förster-Radius von ca. 5 nm. Ansonsten sieht man keine gelbgrüne Fluoreszenz.

3.2 Das Elektronenmikroskop (EM)

Durch die zeitgleiche Entdeckung des Elektrons 1897 durch den britischen Physiker **Joseph John Thomson** (1906 Nobelpreis für Physik) und den deutschen Physiker **Emil Wiechert**, sowie die Arbeiten des Franzosen **Louis de Broglie** (1929 Nobelpreis für Physik) über die Welleneigenschaften dieser neu entdeckten Teilchen und die Begründung der Elektronenoptik durch den Deutschen **Hans Busch** (1884–1973) waren die Voraussetzungen gegeben, einen neuen, besser auflösenden Mikroskoptyp zu entwickeln. Es war zwei jungen, deutschen Elektroingenieuren, **Ernst Ruska** und **Bodo von Borries** aus der Arbeitsgruppe des Physikers **Max Knoll** vorbehalten, das „Elektronenmikroskop" zu erfinden; s. auch Kap. 2 (S. 30). Seit 1938 werden solche Mikroskope serienmäßig gebaut und gehören bis heute zu den leistungsfähigsten Geräten im Zelllabor. Diesen Mikroskoptyp gibt es grundsätzlich in zwei Ausführungen: Das **Transmissions-Elektronenmikroskop** (**TEM**) wird zur Abbildung von durchstrahlbaren Schnittpräparaten, kleinen Partikeln bis hin zu einzelnen Molekülen verwendet. Das **Raster-Elektronenmikroskop** (**REM**, engl. **SEM** = **S**canning **E**lectron **M**icroscope) dient zur Abbildung von Oberflächenstrukturen kompakter Präparate. Die neueste Generation von Elektronenmikroskopen, die **Crossbeam-Workstations**, verschmelzen mittlerweile die Durchstrahlungstechnik der TEMs mit den oberflächenabbildenden Eigenschaften eines REMs; vgl. **FIB**-Technik (S. 54).

Grundsätzlich gelten für das LM und das EM ähnliche Aufbauprinzipien sowie dieselben Gesetze der Auflösung und Vergrößerung. Der grundlegende Unterschied zwischen LM und EM ist jedoch die Verwendung von Elektronen statt Photonen als „Beleuchtungsstrahlen". Dies hat weitreichende Konsequenzen für (1) den Aufbau und (2) die Leistung eines Elektronenmikroskops sowie auch für (3) die Probenpräparation der zu beobachtenden Objekte.

(1) Um eine Kollision der Elektronen mit Fremdpartikeln (z. B. Luftmoleküle) und dadurch eine unerwünschte Ablenkung zu verhindern, muss der Strahlverlauf und somit die Objektbeobachtung im Vakuum erfolgen. Dieses wiederum hat Konsequenzen für die zu beobachtenden Objekte. Da biologische Proben vorwiegend aus Wasser bestehen, müssen diese nach einer vorhergehenden Stabilisierung (Fixierung) entwässert werden, s. auch Technik-Box (S. 48), da das Zellwasser im Vakuum des EMs ansonsten explosionsartig verdampfen und sämtliche Strukturen zerstören würde. Des Weiteren müssen für die Abbildung statt Glaslinsen elektromagnetische Linsen verwendet werden, um die abbildenden Eigenschaften von Elektronen zu nutzen. Diese elektromagnetischen Linsen sind Strom-durchflossene Metalldrahtspulen, die so in ihrem inneren Hohlraum ein elektromagnetisches Feld aufbauen, welches die Elektronen beeinflusst.

(2) Leistungsmäßig müsste die durchschnittliche Wellenlänge der in einem 100-kV-EM zur Verwendung kommenden Elektronen von $\lambda = 0{,}004$ nm im Vergleich zum sichtbaren Licht zu einer ca. 10^5-fachen Steigerung der Auflösung führen. Allerdings ist aus bautechnischen Gründen die numerische Apertur der elektromagnetischen Linsen so klein, dass die Auflösungsverbesserung nach dem Abbe'schen Auflösungstheorem nur ca. das 10^3-fache beträgt.

$$d_{min} = \frac{\lambda}{n \cdot \sin\alpha}$$

Das Abbe'sche Auflösungstheorem beschreibt die Abhängigkeit der Auflösung d_{min}, das ist der geringstmögliche Abstand zweier getrennt darstellbaren Punkte, von der Wellenlänge des Beleuchtungslichts, des Brechungsindex n des Mediums, welches die Strahlen durchfahren und des Sinus des Öffnungswinkels α einer optischen Linse. Der Ausdruck „$n \cdot \sin\alpha$“ wurde von **Ernst Abbe** als „numerische Apertur“ eines optischen Systems bezeichnet.

(3) In einem Transmissions-Elektronenmikroskop werden die Elektronen bei ihrem Durchtritt durch die abzubildende Probe auf unterschiedlichster Weise gestreut, d. h. abgelenkt. Da biologische Objekte jedoch überwiegend aus leichten Elementen niedriger Ordnungszahlen bestehen, ist diese Streuung sehr gering und das zu beobachtende Abbild im EM sehr kontrastarm. Es müssen daher während der Probenpräparation (S. 48) Schwermetalle in die Probe eingebracht werden, um diese Streuung und damit den Kontrast des Abbildes zu er-

höhen. Im Raster-Elektronenmikroskop durchdringen die Elektronen die Probe nicht, tasten aber ihre Oberfläche ab. Durch diesen Primärelektronenbeschuss lädt sich die Probenoberfläche auf, was zu Störungen bei der Abbildung führt. Es werden daher die Probenoberflächen mit einem dünnen Film aus ableitenden Materialien überzogen.

3.2.1 Das Transmissions-Elektronenmikroskop

Über den Aufbau eines Transmissions-Elektronenmikroskops gibt ▶ Abb. 3.6 Aufklärung. Die aus der Kathode herausgelösten Elektronen werden durch die positiv geladene Anode beschleunigt, um von dem Kondensorsystem fokussiert auf das Präparat geworfen zu werden. Elektronen können entweder das Präparat ungehindert passieren oder durch Wechselwirkungen mit den Probenatomen mehr oder weniger stark abgelenkt werden. Diese gestreuten Elektronen werden durch eine nachfolgende Kontrastblende aus dem Beleuchtungsstrahl „ausgeblendet“ (▶ Abb. 3.6). Dies resultiert in einem Hell-Dunkel-Kontrast im

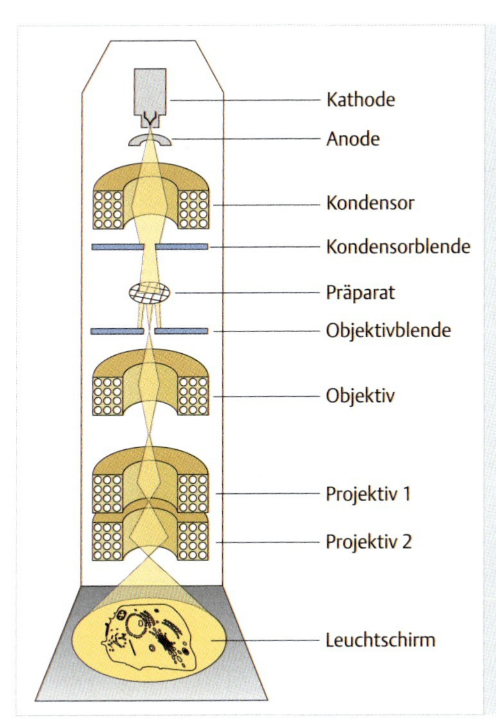

Abb. 3.6 Schematischer Längsschnitt durch ein Transmissions-EM. Die von der Kathode erzeugten Elektronen werden durch die positiv geladene Anode beschleunigt, durch ein elektromagnetisches Kondensorsystem gebündelt und auf das Präparat geworfen. Beim Durchstrahlen des Präparates werden die Elektronen unterschiedlich stark „gestreut“, d. h. aus ihrer ursprünglichen Bahn abgelenkt. Durch die nachfolgende Kontrast- oder Objektivblende werden dann besonders stark abgelenkte Elektronen ausgefiltert. Nur die diese Blende passierenden Elektronen können vom Objektiv- und Projektivsystem zur Abbildung auf einen Leuchtschirm gebracht werden.

Abbild auf dem phosphoreszierenden Leuchtschirm. Die Vergrößerung wird von einem mehrstufigen Objektiv- und Projektivsystem übernommen, adäquat zu dem Objektiv-Okular-System des Lichtmikroskops. Moderne EMs verwenden selbstverständlich digitale Kamerasysteme, um das Abbild aufzuzeichnen.

Moderne EMs sind nicht nur rein bildgebende Mikroskope. Sie können mit Hilfe verschiedener Zusatzgeräte zu einem vollanalytischen Werkzeug ausgebaut werden. So kann man neben der Struktur einer Probe auch Informationen über ihren Aufbau und ihre Zusammensetzung sammeln. In erster Linie sind hier röntgenmikroanalytische Detektoren zu nennen, die es dem Beobachter ermöglichen, die Elementzusammensetzung seiner Proben zu untersuchen (**EDX** = **E**nergy **D**ispersive **X**-ray spectroscopy). Diese Technik beruht darauf, dass beim Elektronenbeschuss einer Probe elementspezifische Röntgenstrahlung entsteht, die mit solchen Detektoren erfasst werden kann. Durch bestimmte Abbildungstechniken, wie z. B. die **Elektronenbeugung** oder **Diffraktion**, können Kristallstrukturen aufgeklärt werden. Mit modernen Kryomethoden in ihrem in-vivo-Zustand eingefrorene Proben können mit der entsprechenden Ausstattung mikroskopiert und die Bilder anschließend per Computerauswertung zur Erstellung von 3-D-Modellen von nicht chemisch präparierten Zellen herangezogen werden (**Kryotomographie**).

Technik

Präparation von Zellen und Geweben für das Transmissions-EM (TEM) nach der Ultradünnschnitt-Technik

Für die Untersuchung im Transmissions-EM müssen Proben aus folgenden Gründen sehr dünn und außerdem wasserfrei sein:

1. Elektronen können nur dünne Schichten störungsfrei durchdringen, bei organischem Material etwa 100 nm. Ist ein Präparat zu dick, so verlieren Elektronen mehr und mehr Energie, d. h. sie bekommen unterschiedliche Wellenlängen und dadurch wird die Abbildung unscharf (chromatische Aberration).
2. Da man im Vakuum arbeitet, würden die Proben zu kochen anfangen, hätte man sie nicht entwässert.
3. Die Strahlenschäden würden in wässrigen Systemen über die „indirekte Wirkung“ ionisierender Strahlen noch höher sein als in trockenen Proben.

All dies setzt voraus, dass die Zellstruktur genügend chemisch stabilisiert, d. h. fixiert wird, bevor man Zellen entwässern und dann zum Herstellen ultradünner Schnitte mit Kunststoffen (Epoxide oder Methacrylate) imprägnieren und auf diese Weise härten kann. Dazu kommt noch die Notwendigkeit, über den Einbau von Schwermetall-Atomen wie Osmium (Os), genügend elastische Elektronenstreuung an Zellstrukturen zu erzielen, um sie so sichtbar zu machen. Osmium wird als Osmiumtetroxid (OsO_4) appliziert. Im Falle des OsO_4 werden dabei auch Lipide einer Fixation unterzogen. Meistens wird eine Stabilisierung der Proteine über Quervernetzung (Fixation) durch Aldehyde vorausgeschickt. Daraus ergibt sich das nebenstehende Präparationsschema (▶ Abb. 3.7).

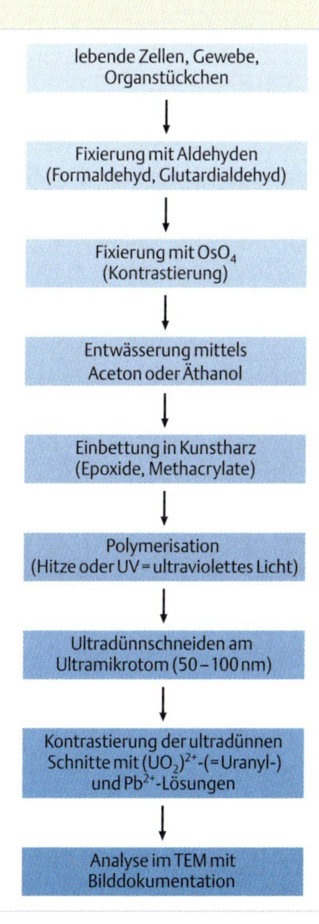

Abb. 3.7 Fließschema der konventionellen Präparation für die Transmissions-EM-Analyse.

Neben der chemischen Fixierung, die eine gewisse Gefahr der Artefakt-Bildung in sich birgt, hat sich in weiterer Folge auch die **Kryofixierung** durchgesetzt. Dies ist eine physikalische Fixierungsart, bei der Zellen bzw. Gewebe in Bruchteilen von Millisekunden auf ca. –195 °C abgekühlt und somit alle biologischen

Prozesse – auch sehr schnelle – im wahrsten Sinne des Wortes „eingefroren“ werden; s. Technik-Box „Gefrierbruch“ (S. 146). Insbesondere für schwer fixierbare, z. B. pflanzliche Gewebe, hat sich dieses Verfahren durchgesetzt; vgl. ► Abb. 20.1.

Die Technik der **Negativkontrastierung** (*negative staining*) (► Abb. 3.8) ist nur an kleinen Objekten, wie Makromolekülen (vgl. ► Abb. 5.7), Viren (vgl. ► Abb. 25.2), isolierten Membranen oder Organellen und in beschränktem Umfang an Bakterien (vgl. ► Abb. 4.10) anwendbar, weil sie die Durchstrahlbarkeit der Objekte voraussetzt. Bei der Technik der Negativkontrastierung werden Schwermetallatome nicht in Strukturen eingebaut, vielmehr werden feine Objektdetails durch Anlagerung bzw. durch Umhüllung mit Schwermetallsalzen sichtbar gemacht. Man verwendet Salze von Wolfram, Molybdän und Uran. Durch deren Anlagerung erscheinen molekulare Details der Objekte hell mit dunkler Umrandung, also in einem negativen Kontrast.

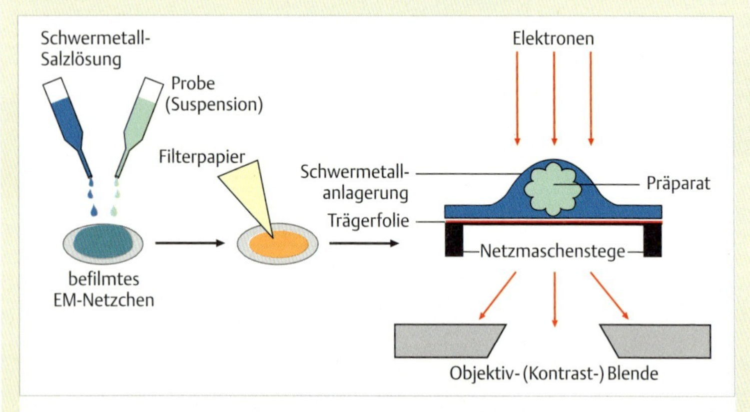

Abb. 3.8 Die Technik der **Negativkontrastierung.** Eine Suspension von im wässrigen Medium schwebenden Partikeln wird auf ein EM-Trägernetzchen aufgetropft, das mit einer dünnen Kunststofffolie befilmt ist. Dann wird eine Schwermetall-Salzlösung zugetropft und der Überschuss an Flüssigkeit abgesogen. Das verbleibende Schwermetallsalz umhüllt die Oberflächendetails eines Moleküls, das dadurch über elastische Elektronenstreuung im Transmissions-EM sichtbar wird.

3.2.2 Das Raster-Elektronenmikroskop (REM)

Auch das REM arbeitet mit einem Elektronenstrahl-Erzeugersystem (Kathode, Anode) und elektromagnetischen Linsen (Aufbau eines REM s. ▶ Abb. 3.9). Wie im TEM muss aufgrund des Elektronenstrahls im Vakuum gearbeitet werden und daher auch hier das Objekt in der Regel fixiert und entwässert, normalerweise aber nicht in Kunstharz eingebettet werden, da das „Zerschneiden" der Proben in dünne, zu durchstrahlende Objekte entfällt. (Eine Ausnahme ist die FIB-Technik, dafür siehe letzten Abschnitt dieses Kapitels.) Stattdessen erfolgt nach der Fixierung und Entwässerung eine Trocknung der Proben. Um statische Aufladungsphänomene zu vermeiden, muss jedoch die Präparatoberfläche mit einer dünnen, leitenden Metallschicht belegt werden. Zum Einsatz kommen diverse Schwermetalle wie Chrom, Gold oder andere, aber auch Kohle.

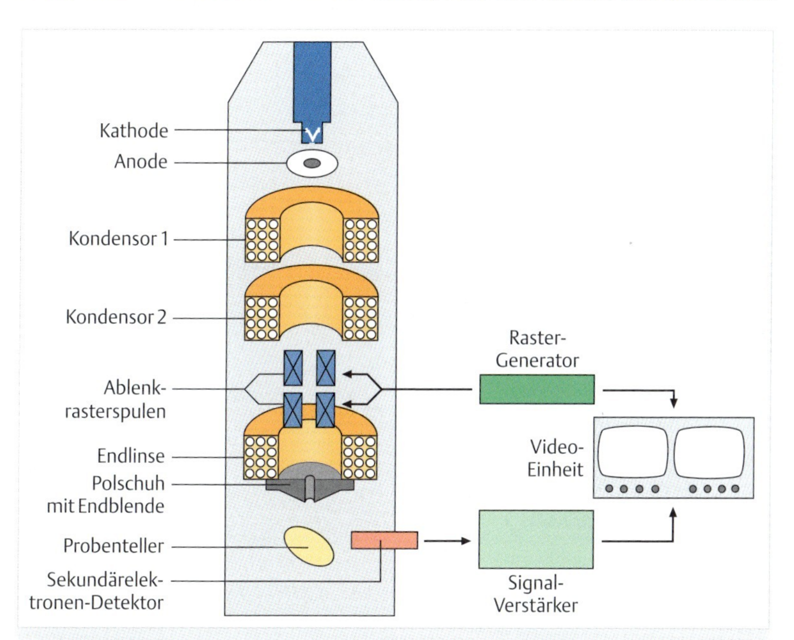

Abb. 3.9 Schematischer Längsschnitt durch ein Raster-EM (REM). Die Beleuchtungserzeugung ähnelt der im Transmissions-EM. Wegen der Notwendigkeit einer punktförmigen Bündelung des Primärstrahls sind mehrere Kondensorlinsen hintereinander geschaltet. Objektiv- und Projektivlinsen fehlen völlig. Die Bildentstehung erfolgt über Auswertung der von der metallbedampften Probenoberfläche stammenden Sekundärelektronen, die in Lichtsignale umgewandelt und mittels Fernsehtechnik auf einen Bildschirm ausgegeben werden.

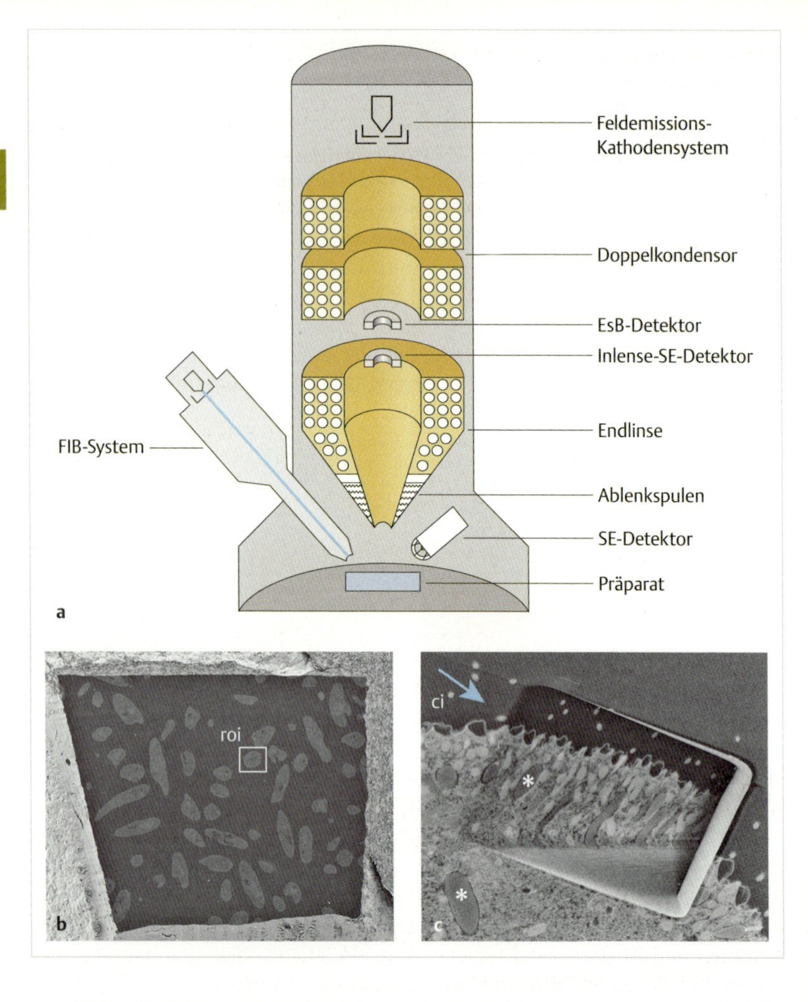

Das REM erlaubt es, massive Proben, also ganze Zellen, Gewebe, Organoberflächen oder -anschnitte zu untersuchen. Seine Auflösung ist gegenüber dem TEM etwas geringer. Die Aufgabenstellung des REM unterscheidet sich daher von jener des TEM.

Im Gegensatz zum TEM fehlen dem REM Objektiv- und Projektivlinsen. Es ist nur ein mehrstufiges Kondensorlinsensystem vorhanden, dessen Endlinse häufig als „Objektiv" bezeichnet wird. Diese Bezeichnung ist der Tatsache geschuldet, dass diese Endlinse für die starke Bündelung des primären Elektronen-

◂ **Abb. 3.10 Aufbau und Arbeitsweise eines hochauflösenden Raster-EMs mit FIB-Technologie. a Schematischer Längsschnitt.** Kernstück eines solchen Gerätes sind zwei getrennte Strahlverläufe, die dem Gerät seinen Namen „Crossbeam" geben. Ein Feldemissions-Kathodensystem generiert einen im Querschnitt sehr feinen Primärelektronenstrahl. Dieser erzeugt auf der Probenoberfläche unter anderem Sekundärelektronen, die von einem konventionellen SE-Detektor oder zur Auflösungssteigerung von einem Inlense-SE-Detektor aufgefangen werden. Zusätzlich werden höher energetische, elementspezifische Rückstreuelektronen vor allem von in der Probe befindlichen Schwermetallen erzeugt. Diese werden von einem EsB-Detektor (EsB = Energy selective Backscattered Detector) zu einem TEM-ähnlichen Bild verarbeitet. In einem Winkel von ca. 45° zum Primärstrahl angebracht ist die FIB-Quelle, die einen hochenergetischen Ionenstrahl produziert, mit dessen Hilfe Teile der Probe weggeätzt und so tiefer gelegene Präparatstellen freigelegt werden können. **b und c Wirkungsweise einer Crossbeam-Workstation. b Aufnahme einer in einem Ultramikrotom angeschnittenen in Kunstharz eingebetteten *Paramecium*-Suspension.** In der Anschnittfläche deutlich erkennbar mehrere *Paramecium*-Zellen. Das weiße Quadrat (roi = region of interest) bezeichnet die Zelle, die mit dem FIB weiter bearbeitet wurde. Vergr. 70-fach. **c Ausschnitt aus der in b markierten Zelle.** Deutlich erkennbar ist die durch den FIB freigeätzte Präparatstelle; der hellblaue Pfeil gibt die Einstrahlrichtung an. Ci = Cilien; Stern = Trichocysten (Sekretvesikel). Vergr. 2500-fach. (Aufnahmen b und c: M. Laumann und J. Hentschel, Konstanz)

strahls benötigt wird, dessen Querschnitt im REM die zu erzielende Auflösung bestimmt. Die Auflösung eines REM hängt also in erster Linie nicht von der Wellenlänge der Beleuchtungsstrahlen ab. Der punktförmige Primär-Elektronenstrahl tastet (= „rastert") Punkt für Punkt und Zeile für Zeile die Präparationsoberfläche ab. Durch Wechselwirkung mit der Probe werden aus dieser sekundäre Elektronen herausgelöst, die von einem elektrostatisch geladenen Kollektor gesammelt und in einem Photomultiplier in Lichtsignale umgewandelt und verstärkt werden. Die Signale werden Punkt für Punkt und Zeile für Zeile synchron mit dem Primärstrahl auf einen Fernsehschirm übertragen. (Diese zeitsequentielle Bildübertragung wurde aus der Fernsehtechnik übernommen und ist der Grund für den langen Zeitraum zwischen dem Bau des ersten Prototypen im Jahre 1938 durch **Manfred von Ardenne** und der Erstellung eines serienreifen REM 1965.) Der Kontrast im REM entsteht durch die verschiedene Signalausbeute als „topographischer Kontrast". Die Menge der Sekundär-Elektronen hängt nämlich an jedem Präparatpunkt unter anderem auch von der jeweiligen Oberflächen-Geometrie und -Beschaffenheit ab.

Komplizierte Prozesse wie die amöboide Bewegung und die dynamischen Veränderungen der Struktur der Gesamtzelle (vgl. ▸ Abb. 17.9 und ▸ Abb. 17.13), wie bei Transformation und der Umbildung in Krebszellen, lassen sich günstig mit dem REM untersuchen. Durch die dreidimensionale Oberflächenabbildung mit großer Schärfentiefe einerseits und durch die Auflösung bis in den Nanometerbereich andererseits, deckt das REM den Vergrößerungsbereich vom Stereomikroskop bis zum TEM ab.

In neuerer Zeit wurden auch spezielle REMs entwickelt, die zum einen die Beobachtung von in-vivo-Proben ermöglichen (**ESEM** = **E**nvironmental **S**canning **E**lectron **M**icroscope), zum anderen durch eine bestimmte Technik in Proben hineinschauen können, um so TEM-ähnliche Bilder von dem Probeninneren zu erstellen. Diese „**Crossbeam-Workstation**" (▸ Abb. 3.10) genannten Mikroskope verfügen über ein zweites, sehr energiereiches Strahlsystem, den „**FIB**" (**F**ocussed **I**on **B**eam), mit dem eine kompakte Probe lagenweise abgetragen wird, um in ihr Innerstes schauen zu können. Dazu müssen biologische Proben einer TEM-ähnlichen Probenpräparation unterzogen werden; d. h. nach Fixierung, Einbringung von Schwermetallen und Entwässerung erfolgt eine Einbettung in Kunstharz. Bei der TEM-Mikroskopie erfolgt nun die Ultramikrotomie, d. h. die Zerlegung der Proben in einzelne, ca. 100-nm-dicke, im TEM durchstrahlbare Schnitte, um diese dann abzubilden. Bei der FIB-Technik wird von einer angeschnittenen Probe zunächst mit speziellen Detektoren ein Oberflächenbild erstellt, um dann mit dem zweiten, energiereichen Ionenstrahl eine dünne Lage – ähnlich dem Ultradünnschnitt – von der Probe abzuätzen, um dann wiederum von der neuen Oberfläche ein Abbild zu erzeugen. Im Vergleich zur Ultramikrotomie mit anschließender TEM-Abbildung ist die FIB-Technik eine verlustbehaftete Methode, da die Probe „scheibchenweise" zerstört wird und am Ende nur die Bilder der einzelnen Lagen vorliegen, während man bei der TEM-Technik sich die einzelnen Schnitte immer wieder anschauen kann.

▸ Literatur zum Weiterlesen

siehe www.thieme.de/go/literatur-zellbiologie.html

4 Grundbaupläne – ein Überblick über zelluläre Organisationsformen

Zusammenfassung

Zunächst stellen wir uns die Frage, welche Kriterien eine Zelle als lebendigen Elementarorganismus auszeichnen. Anschließend sehen wir, dass es prinzipiell zwei Kategorien von Zellen gibt, solche ohne Zellkern (**Prokaryoten** = Bakterien) und solche mit klar abgegrenztem Zellkern (**Eukaryoten** = höhere Zellen). Dann lernen wir den grundsätzlichen Bauplan von Pro- und Eukaryoten kennen. Letztere zeigen eine Untergliederung in zahlreiche Innenräume, die optimale Reaktionsabläufe durch Konzentration der beteiligten Moleküle auf kleinstem Raum gewährleisten. Insgesamt ist in der Evolution beim Übergang von den Pro- zu den Eukaryoten eine beträchtliche Zunahme der strukturellen und funktionellen Komplexität zu beobachten, welche durch die Zunahme des genetischen Materials (des Genoms) möglich wurde.

4.1 Kennzeichen einer lebenden Zelle

Alle Organismen sind aus Zellen aufgebaut, und sei es nur aus einer einzigen (Einzeller, wie Bakterien, Protozoen und manche Algen). Für alle Zellen, „niedere“ (Bakterien) wie „höhere“ (nicht bakterielle) Zellen, lassen sich gemeinsame Charakteristika feststellen:

- Zellen entstehen immer aus Zellen.
- Jede Zelle hat einen kompletten Satz an Erbanlagen, **Genom** genannt (aus DNA, Desoxyribonukleinsäure), als Informationsspeicher für Bau und Funktion einer jeden Zelle.
- Das zentrale „**Dogma der Molekularbiologie**“ besagt, dass der Informationsfluss immer in der Richtung **DNA** → **Proteine** verläuft.
- Das Genom ist befähigt zur identischen Selbstvermehrung (**Replikation**).
- Zellen sind differenzierungsfähig.
- Ihre Abgrenzung nach außen erfolgt durch eine **Zellmembran**.
- Zellen sind komplexer organisiert als ihre Umgebung.
- Zellen sind „offene Systeme“ im **Fließgleichgewicht**.
- Die Energiespeicherung erfolgt in Form von **ATP** (Adenosintriphosphat).
- Konsequenzen: Stoffwechsel, Wachstum, Reaktionsfähigkeit (Reizbarkeit), Bewegungsfähigkeit.

Im Folgenden werden diese Charakteristika lebender Zellen weiter ausgeführt.

▶ **Zellen entstehen immer aus Zellen.** Heutzutage ist dies eine triviale Feststellung. Wie schwer man sich zu dieser Erkenntnis, besonders für Bakterien, durchgerungen hat, wurde schon früher dargelegt. Vgl. „omnis cellula e(x) cellula" von **Rudolf Virchow** (S. 19). Zellen stellen durch Teilung ihre Vermehrung sicher. Schätzungsweise bauen bis zu 10^{14} Zellen unseren Körper auf. Allein unsere Großhirnrinde hat ca. 10^{10} Nervenzellen, die in ihrer Gesamtlänge fast bis zum Mond reichen würden.

▶ **Jede Zelle hat einen kompletten Satz an Erbanlagen.** Jede Zelle enthält ihren eigenen Bauplan, der in Form der Gene kodiert vorliegt. Die Summe der Gene einer Zelle wird als **Genom** bezeichnet. Die Gene sind aus einem polymeren Kettenmolekül, der DNS (*D*esoxyribo*n*uklein*s*äure), aufgebaut. Zur internationalen Vereinheitlichung verwendet man durchwegs die Abkürzung **DNA** (*deoxyribonucleic acid*). Das „Rückgrat" des DNA-Moleküls besteht aus Ribose-Molekülen, welche über eine Phosphatgruppe linear vernetzt sind. Ribose ist eine Pentose (5 C-Atome mit Ringschluss), welche in der DNA jedoch ein O-Atom weniger hat als üblich (Desoxy-Form). Die Phosphatgruppe (PO_4^{3-}) bewirkt den Säurecharakter der DNA. Hervorzuheben ist die Vernetzung von Purin- und Pyrimidinbasen (S. 105) in linearer Abfolge entlang der DNA. Je eine Dreiergruppe solcher Basen, wie sie am Ribose-Phosphat-Rückgrat aneinander gereiht sind, also ein **Triplett** von Basen, bildet den Kode für eine bestimmte Aminosäure (▶ Tab. 7.1). In jeder Zelle kommt die DNA als ein in sich gewundener Doppelstrang vor, die **Doppelhelix**. Nur ein Strang davon dient als Informationsträger, der **kodierende Strang**. Entsprechend diesem Kode können Proteine (Eiweiße) mit spezifischer Abfolge von Aminosäuren in der Zelle zusammengebaut werden. Die spezifische Abfolge von Aminosäuren bedingt ganz spezifische Funktionen für einzelne Proteine. Diese sind unter anderem „Biokatalysatoren" (**Enzyme**) für chemische Reaktionen, andere Proteine dienen der Strukturgebung, Festigung, Bewegung etc. Beispiele wird es hierfür später genügend geben. Die DNA dient also als Informationsspeicher (S. 167), als „Bau- und Betriebsanleitung" für die Zelle. Der Informationsgehalt beträgt zwischen 10^7 (Bakterien) und 10^9 bis 10^{11} bytes (Eukaryotenzelle) – und dies auf kleinstem Raum, wie es die Computertechnik nur träumen kann. Es bleibt festzuhalten, dass zwar jede Zelle denselben Bauplan enthält, dass aber nicht in jeder Zelle alle Proteine „gebaut" werden, sondern je nach funktionellen Bedürfnissen eine Auswahl getroffen wird (**genetisches Programm**). Diese erfolgt im Zuge der **Differenzierung** in verschiedene Zelltypen.

▶ **Das zentrale Dogma der Molekularbiologie.** Es besagt, dass dieser Informationsfluss immer nur von der DNA in Richtung Proteine läuft. Es gibt keine Rückwirkung der Syntheseprodukte (Proteine) auf den Bauplan (DNA). Dies gilt für alle Zellen.

▶ **Identische Replikation des Genoms.** Wenn Zellen immer nur durch Teilung aus ihresgleichen entstehen (s. o.), so setzt dies voraus, dass sich auch die DNA teilt. Bei der Vermehrung der DNA weichen ihre beiden Einzelstränge auseinander und es wird jeweils an jedem Einzelstrang ein **komplementärer Strang** mit entsprechender Abfolge von Basen nachgebaut. Da die neuen DNA-Doppelstränge jeweils aus einem alten und einem aus den komplementär angelagerten Nukleotiden neu gebildeten Strang bestehen, spricht man von semikonservativer Replikation (S. 158). Erst danach teilen sich die Zellen als ganzes und jede Tochterzelle erhält einen identischen Satz des Genoms.

Dieser Mechanismus arbeitet mit einer gewissen Fehlerrate. Im Durchschnitt wird pro 10^9 Basenpaare eine falsche Base eingebaut. Dies ist ein Beispiel für die chemische Grundlage von Mutationen. **Mutationen** führen zum Einbau einer anderen Aminosäure in das kodierte Protein. Meistens ist eine Mutation ungünstig, wenn nicht sogar letal, für das Überleben einer Zelle oder eines Organismus. Andererseits führt dieses willkürliche Spiel die Möglichkeit herbei, dass unter geänderten Außenbedingungen eine Mutante eventuell besser überleben kann als die ursprüngliche Form (**Selektion**). Mutation als zelluläres Phänomen, kombiniert mit Selektion, bildet die Grundlage der **Evolution**. Bei vielzelligen Organismen kommt dieses evolutionäre Prinzip allerdings nur zum Tragen, wenn die Mutation in einer Keimzelle erfolgte, aus welcher sich ein Organismus bildet. Mutationen in Körperzellen (**somatische Mutationen**) können eine Rolle bei der Krebsentstehung (S. 464) spielen.

▶ **Zellen sind differenzierungsfähig.** Eine befruchtete Eizelle teilt sich und es bilden sich sehr verschiedenartige Zellverbände (Gewebe) und aus diesen Organe heraus. Gewebe sind ein Zusammenschluss von Zellen, Organe ein Zusammenschluss von Geweben für Leistungen von jeweils höherer Komplexität. Trotz des identischen Genoms in allen unseren Körperzellen können diese sehr verschiedenartig aussehen und jeweils spezielle Funktionen ausüben. Man denke nur an Nervenzellen, welche der raschen Reizverarbeitung und -weiterleitung dienen oder an Muskelzellen mit ihrer ausgeprägten Kontraktionsfähigkeit etc. Dementsprechend werden bei der Zelldifferenzierung spezifische Proteine, welche entweder der Reizleitung oder der Kontraktion etc. dienen, von der Zelle gebildet (exprimiert). Entsprechende Proteine können in anderen Körperzellen entweder ganz fehlen, obwohl die Gene vorhanden sind, oder nur in geringer Stückzahl gebildet werden. Die Differenzierung läuft nach einem „genetischen Programm“ ab.

▶ **Fälle von Entdifferenzierung zeigen Omnipotenz des Zellkerns.** In einigen Fällen kann dieses Programm sozusagen auf den Startpunkt zurückgedreht werden. Eine Karotte lässt sich in einzelne Zellen zerlegen und aus diesen lassen sich im Reagenzglas (in vitro) einzelne kleine Karotten heranziehen. Bei tierischen Organismen ist es schwieriger, die Omnipotenz des Zellkerns nachzuweisen. So konnte beispielsweise beim Frosch aus einer Epithelzelle des Dünndarms der Zellkern mit einer Mikronadel entnommen und in eine Eizelle übertragen werden (**Mikroinjektion**), welche vorher entkernt (denukleiert) worden war. Im neuen Milieu steuert dann der fremde Zellkern die Bildung aller zelltypischen Strukturen bzw. Proteine, für welche er offensichtlich die komplette DNA besitzt, sodass sich ein komplexer Organismus bilden kann. Damit sind Karotte und Frosch frühe Beispiele für das Klonieren eines Organismus aus einer Zelle. Derzeit – ein halbes Jahrhundert später – wird im Zusammenhang mit menschlichen Zellen wieder viel darüber diskutiert.

Bei Pflanzen wie bei Tieren gibt es Gewebe, welche zunächst von der Differenzierung ausgenommen bleiben und so während Entwicklung und Wachstum einen Zellpool für spätere Differenzierung bilden. Bei Pflanzen sind dies **Meristem**-Gewebe, etwa im Bastgewebe (Phloem) an der Grenze zwischen Holz (Xylem) und Rinde. Bei der Entwicklung von Tieren, während der sich das Ektoderm und das Entoderm (äußeres und inneres Keimblatt) entwickelt, sondert sich eine Zwischenschicht (Mesoderm) oder ein Haufen von Zellen (**Mesenchym**) heraus, welche besonders differenzierungsfähig sind. ▸ Abb. 4.1 gibt eine Übersicht über die Differenzierung einiger Zelltypen des Säugetierorganismus.

Durch Störung des genetischen Programms kann Krebs entstehen. Das genetische Programm kann allerdings auch ungewollt auf den Startpunkt zurückspringen. Spontan oder durch Umwelteinflüsse (energiereiche Strahlung, toxische Chemikalien etc.) kann sich im Gewebeverband eine Zelle wieder entdifferenzieren, meist gefolgt von starker Zellteilungsaktivität. So kann eine **Krebswucherung** (S. 464) entstehen. Von besonderer Wichtigkeit ist dabei die Veränderung von Proteinen der Zellmembran, die normalerweise für „gut nachbarschaftliche Beziehungen" sorgen. Indem das genetische Programm gesprengt wird, wird die normale Integration in normales, gesundes Gewebe gestört.

▸ **Abgrenzung durch eine Zellmembran.** Jede Zelle, vom Bakterium bis zum Menschen, ist von einer dünnen Grenzschicht umhüllt (vgl. ▸ Abb. 4.5 und ▸ Abb. 4.17). Diese **Zellmembran** (**Plasmamembran** oder **Plasmalemma**) besteht aus einer Doppelschicht von Phospholipiden mit ein- und angelagerten Proteinen (**Membranproteine**). Sie ist ca. 6 nm dick und hat nach der elektronenmikroskopischen Standardpräparation, also nach Schwermetallbehandlung (Osmium), ein einheitliches Aussehen mit einer Dunkel-Hell-Dunkel-Bänderung (**Elementarmembran**, *unit membrane*).

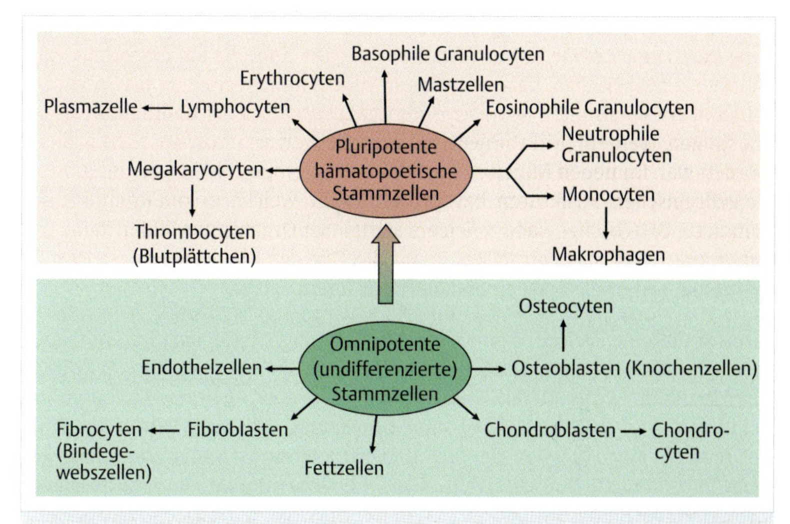

Abb. 4.1 Differenzierung ausgewählter tierischer Zelltypen aus Stammzellen des Embryos. Aus einer Stammzelle können sich Vorläuferzellen verschiedener Art differenzieren, die sich dann endgültig in fertig ausdifferenzierte Zelltypen entwickeln. Die noch nicht voll ausdifferenzierten Vorläuferzellen tragen oft die Bezeichnung „-blast", wie Fibroblast, der sich dann in den fertigen Fibrocyten (Bindegewebszelle) differenzieren kann. Ähnliches gilt für Osteoblasten und Chondroblasten, welche Knochen bzw. Knorpelzellen bilden. Endothelzellen kleiden Blutgefäße aus. Als ausführliches Beispiel einer weiteren Differenzierung ist die Blutzelldifferenzierung in der oberen Hälfte der Abbildung gezeigt (rot unterlegt). Hämatopoetische Stammzellen bilden die breite Palette von Blutzellen, nämlich rote Blutkörperchen (Erythrocyten), weiße Blutkörperchen (Lymphocyten und verschiedene Formen von Granulocyten). Megakaryocyten zerbrechen in Zellfragmente, die als Thrombocyten bezeichnet werden und der Blutgerinnung dienen. Fresszellen vom Typ der neutrophilen Granulocyten und der Makrophagen dienen der Beseitigung verletzter Zellen oder von Krankheitserregern (pathogene Keime), die sie aufnehmen (fressen) und verdauen. De facto ist unser Körper aus ca. 240 Zelltypen aufgebaut. Zu Stammzellen vgl. Abschnitt 23.5 (S. 474).

Die Zellmembran bildet eine Barriere für den Eintritt und Austritt von Substanzen von kleinem (z. B. Ionen) oder großem Durchmesser (z. B. Makromoleküle). Eingelagerte Membranproteine können eine selektive Durchlässigkeit (selektive Permeabilität) erzeugen. Die Zellmembran gewährleistet somit die Aufrechterhaltung eines typischen und funktionell notwendigen „inneren Milieus". In Kap. 6 (S. 114) werden wir uns ausführlich mit diesen Aspekten befassen.

▸ **Zellen sind komplexer organisiert als ihre Umgebung.** Dazu ist die Abgrenzung durch eine Zellmembran Voraussetzung. Die Komplexität einer Zelle wird dadurch gewährleistet, dass ihr Genom einen umfangreichen Informationsgehalt darstellt, also den Bauplan eines Gefüges, welches viel komplexer ist als das sie umgebene Milieu. Dieses wird augenfällig, wenn man etwa die zahlreichen Proteine einer Zelle mit den relativ wenigen vergleicht, welche im Blutserum gelöst sind. Die Wahrung solcher Komplexität entgegen dem thermodynamischen Gleichgewicht, das dem Zerfall bzw. maximaler Unordnung zustrebt, hat Konsequenzen in Bezug auf die Energetik der Zelle (s. u.): Um zu existieren, bedarf die Zelle einer dauernden Energiezufuhr.

Viren sind keine Zellen. Wenn die Zelle so definiert wird, dass sie komplexer sei als ihre Umgebung, so schließt man **Viren** aus. Zu Viren vgl. Kap. 25 (S. 513). Viren erfüllen zwar andere Kriterien einer Zelle, aber nicht das Kriterium der höheren Komplexität gegenüber ihrer Umgebung, d. h. ihrer Wirtszelle. Trotz des Besitzes eines eigenen Genoms und trotz einer Membranumhüllung aus einer Phospholipid-Doppelschicht oder einer Proteinhülle, die man bei manchen Viren vorfindet, können sie sich nur vermehren, indem sie in bestimmten Entwicklungsabschnitten die komplexe Synthese- und Energiemaschinerie echter Zellen benutzen. Unabhängig vom viel komplexeren System einer echten tierischen, pflanzlichen oder bakteriellen Zelle können Viren also nicht existieren. Viren, die Bakterien befallen, nennt man Bakteriophagen.

Viren sind also keine Zellen, keine Lebewesen. Dementsprechend ist ihr Genom um Größenordnungen kleiner.

▸ **Zellen sind „offene Systeme“ im Fließgleichgewicht.** Zellen sind nicht nur auf dauernde Energiezufuhr, sondern auch auf ständige Zufuhr von Stoffen angewiesen. Damit meint man nicht nur Stoffe, deren chemische Energie ausgebeutet wird (wie Zucker), sondern auch solche, welche für Funktionsabläufe (Vitamine) oder für den Aufbau körpereigener Substanz (Aminosäuren) notwendig sind, und des Weiteren bestimmte Ionen.

Zellen sind „offene Systeme“, weil sie Energie und Materie sowohl aufnehmen als auch abgeben. Insofern stehen sie mit ihrer Umgebung nicht in einem starren Gleichgewicht, sondern in einem **Fließgleichgewicht**. Diese Begriffe stammen aus der Regeltechnik (Kybernetik) und werden auch von der Computertechnik zur Beschreibung komplexer Systeme gebraucht. Man könnte sagen, Zellen sind offene Systeme im Fließgleichgewicht, mit Input und Output sowie mit einer Hardware und Software.

Im Klartext heißt dies: Es sind viele zelluläre Funktionen miteinander vernetzt. Es gibt Sollwerte für viele Parameter, wie z. B. für die Konzentration der in der Zelle gelösten Calcium-Ionen (Ca^{2+}). Ihr Ruhewert (Sollwert in kybernetischen Begriffen) kann, wenn eine Zelle gestört oder aktiviert wird

(▸ Abb. 4.2), auf das >10-fache ansteigen (Stellwert). Zur Entaktivierung muss wieder auf den Ruhewert zurückgeregelt werden. Die Regelung erfolgt über biochemische Prozesse, welche ebenfalls der Regelung unterliegen. Die Zelle ist aus der Sicht der Kybernetik eine Art Automat, jedoch von einer Komplexität, die jeden vom Menschen konstruierten Automaten überbietet. Dazu kommen Regelprozesse auf höherem Niveau, wie in Geweben und Organen und im gesamten Organismus.

Man kann diesen Aspekt sogar global sehen, indem alle Zellen mit der sie umhüllenden Atmosphäre (Biosphäre) im Gleichgewicht stehen, und zwar nach dem Schema in ▸ Abb. 4.3.

Pflanzen produzieren den Sauerstoff für die gesamte Zellatmung. Dementsprechend nehmen Pflanzen Strahlungsenergie der Sonne (**Primärenergie**) auf und binden diese als chemische Energie (**Photosynthese** in Verbindung mit

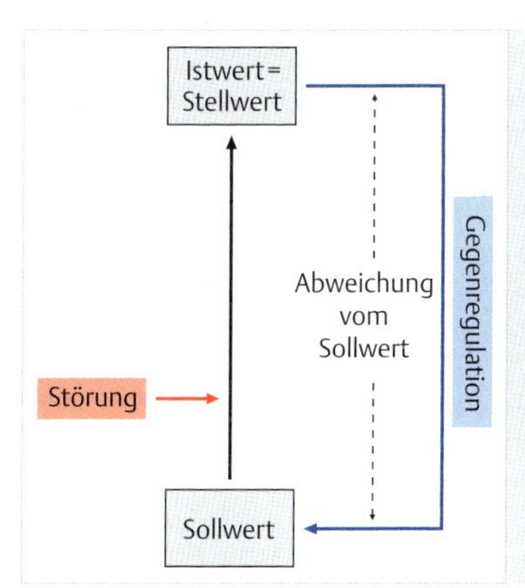

Abb. 4.2 Dieses einfache regeltechnische Schema zeigt die Gegenregulation nach einer Störung, wenn ein System auf einen bestimmten Sollwert zurückgebracht werden soll. Auf die Zelle übertragen kann als „Störung" der Anstieg eines bestimmten Ions (z. B. Ca^{2+}) oder eines Stoffwechselprodukts angesehen werden. „Störung" kann Aktivierung bedeuten, der gegengesteuert werden muss, soll die Zelle nicht im „Dauerrausch" permanenter Aktivierung verharren und weiterhin steuerbar sein. Soll- und Ist-Wert können daher in einer Zelle dem Ruhe- und Aktivierungswert entsprechen.

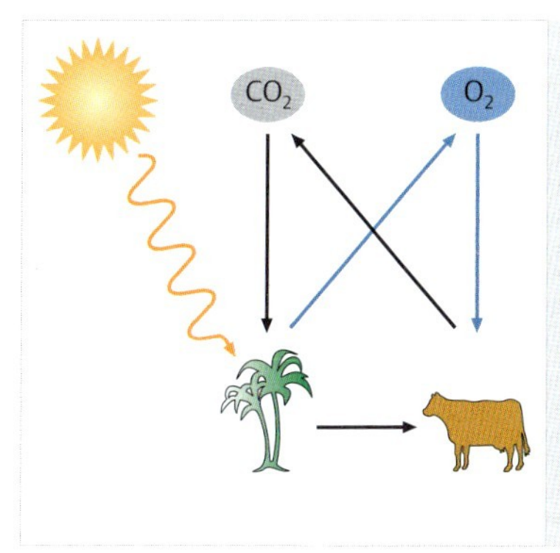

Abb. 4.3 Pflanzliche und tierische Organismen stehen miteinander über die Biosphäre in einem globalen Gleichgewicht (ebenso wie die hier nicht berücksichtigten Bakterien). Pflanzliche Zellen binden in der Photosynthese die Primärenergie des Sonnenlichts und gewährleisten so neben ihrer eigenen Energieversorgung auch jene der Tiere. Pflanzen binden dabei CO_2 aus der Atmosphäre und geben O_2 in diese ab. Tiere veratmen O_2 und geben dabei CO_2 ab. (Obwohl letzteres auch für pflanzliche Zellen gilt, geben sie netto O_2 ab und nehmen netto CO_2 auf.)

Assimilation von Kohlenstoff). Die Umsetzung der Primärenergie beinhaltet die Spaltung von Wasser (Photolyse des Wassers):

$$2\,H_2O \rightarrow 4\,H^+ + 4\,e^- + O_2$$

wobei Sauerstoff (O_2) in die Biosphäre entweicht, Protonen (H^+) und freie Elektronen (e^-) energetisch umgesetzt werden. Die bei der Verarbeitung von H^+ und e^- verfügbare Energie dient der Bindung von Kohlendioxid (CO_2) in eine zelleigene Substanz, entsprechend der eigentlichen Bedeutung von **Assimilation**, nämlich in Glukose (Traubenzucker, $C_6H_{12}O_6$). Pauschal verläuft dies nach folgender Formel:

$$6\,H_2O + 6\,CO_2 \rightarrow C_6H_{12}O_6 + 6\,O_2$$

Der gesamte Prozess läuft in Chloroplasten ab, Strukturen, die sich nur in der Pflanzenzelle finden. Ihre grüne Farbe stammt vom „Blattgrün“ (**Chlorophyll**), das der Umsetzung der Primärenergie des Sonnenlichts dient.

Das entweichende O_2 dient den Tieren (aber auch den Pflanzen selbst) zur Atmung, indem O_2 in der Zellatmung verbraucht wird, wenn Glukose in der Zelle unter Energiefreisetzung zu CO_2 abgebaut wird. CO_2 wiederum tritt in den biosphärischen Kreislauf ein, gemäß ▶ Abb. 4.3.

Die heutige Erdatmosphäre hat sich im Laufe von Milliarden Jahren in stetem Wechselspiel mit allen Zellen entwickelt, die es je gegeben hat. Die **Biosphäre** existiert also auch in einem Fließgleichgewicht – in einem sehr empfindsamen sogar. Vgl. hierzu auch das Kap. 26 über die „Evolution der Zelle“ (S. 524).

▶ **Energiespeicherung als ATP (Adenosintriphosphat).** Wie jeder Staat seine Währung hat, mit der für alle Bedürfnisse bezahlt werden kann, so auch die Zelle. Alle Zellen verfügen über dieselbe Einheitswährung, das **ATP** (Adenosintriphosphat) mit folgender Formel:

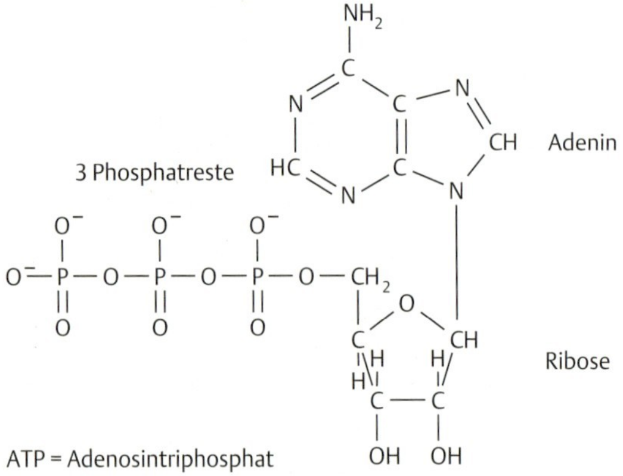

3 Phosphatreste

Adenin

Ribose

ATP = Adenosintriphosphat

Adenosin gehört zu den **Nukleosiden**. Ein **Nukleotid** besteht aus einer Purinbase (hier Adenin) oder einer Pyrimidinbase und einem Zucker-Rest mit 5 C-Atomen (Pentose, hier: Ribose), an welchem Phosphat-Reste angehängt sind. Phosphat-Reste kürzt man als P_i ab (i steht für *inorganic*, also anorganisch, weil es so auch im Boden und im Meerwasser auftritt).

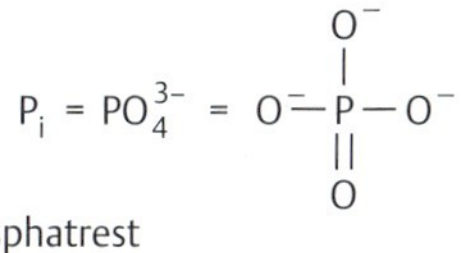

$$P_i = PO_4^{3-} = O^- - \overset{\displaystyle O^-}{\overset{|}{\underset{\underset{\displaystyle O}{||}}{P}}} - O^-$$

Phosphatrest

Allgemein gilt:

Base + Pentose	=	Nukleosid	
Nukleosid + P_i	→	Monophosphat	Nukleotide
Nukleosid + 2 P_i	→	Diphosphat	Nukleotide
Nukleosid + 3 P_i	→	Triphosphat	Nukleotide

Die Bindung zwischen dem äußersten und dem mittleren Phosphoratom ist besonders energiereich. Wird diese Bindung gelöst, so werden 44 kiloJoule (kJ) pro Mol ATP freigesetzt. (Ein Mol Substanz enthält definitionsgemäß immer 6×10^{23} Moleküle):

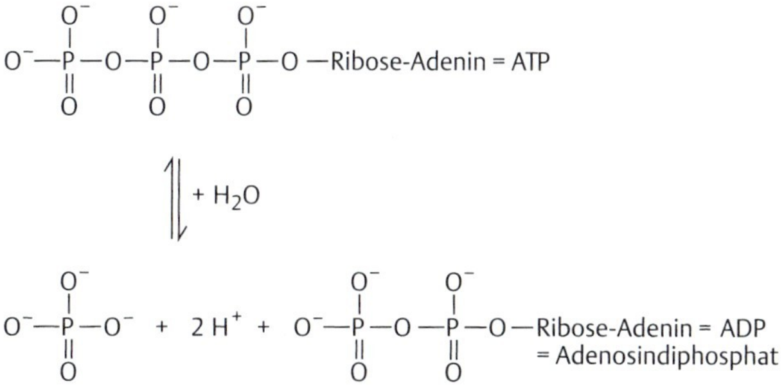

$$O^- - \overset{\displaystyle O^-}{\overset{|}{\underset{\underset{\displaystyle O}{||}}{P}}} - O - \overset{\displaystyle O^-}{\overset{|}{\underset{\underset{\displaystyle O}{||}}{P}}} - O - \overset{\displaystyle O^-}{\overset{|}{\underset{\underset{\displaystyle O}{||}}{P}}} - O - \text{Ribose-Adenin} = \text{ATP}$$

$$\rightleftharpoons \; + H_2O$$

$$O^- - \overset{\displaystyle O^-}{\overset{|}{\underset{\underset{\displaystyle O}{||}}{P}}} - O^- \; + \; 2\,H^+ \; + \; O^- - \overset{\displaystyle O^-}{\overset{|}{\underset{\underset{\displaystyle O}{||}}{P}}} - O - \overset{\displaystyle O^-}{\overset{|}{\underset{\underset{\displaystyle O}{||}}{P}}} - O - \text{Ribose-Adenin} = \text{ADP} = \text{Adenosindiphosphat}$$

$$\text{d. h. ATP} \longrightarrow \text{ADP} + P_i + 44\ \text{kJ/Mol}$$

Nun ist mit frei werdender Energie noch nichts geleistet, sie könnte ja auch als Wärme ungenützt verpuffen. Die Zelle hat aber die Fähigkeit, die **ATP-Spaltung** direkt mit der Durchführung von Arbeit zu koppeln. Sie hängt den Phosphat-Rest zum Beispiel an eines ihrer zahlreichen Proteine, welches dadurch seine **Konformation** (Gestalt) ändert, d. h. im Nanometer-Bereich oder darunter eine

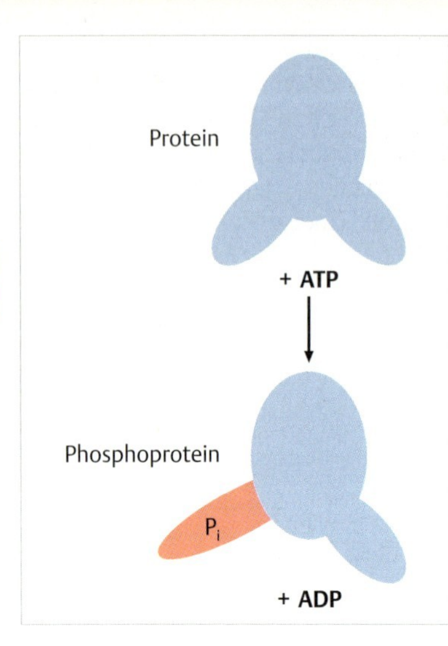

Abb. 4.4 Bei der Spaltung von ATP in ADP + Pi kann ein Protein durch Bindung eines Phosphat-Restes (P_i) energetisiert werden (Protein-Phosphorylierung). Dies bedeutet, dass durch das Einbringen der negativen Ladung von P_i die Konformation eines Proteins verändert wird. Konformationsänderung bedeutet eine Bewegung, wenn auch nur im Nanometer-Bereich (hier übertrieben gezeichnet). Der Phosphat-Rest wird entweder adsorbiert (ionale oder heteropolare Bindung) oder häufiger kovalent an eine bestimmte Aminosäure (S. 93) angehängt (zumeist Tyrosin, Serin oder Threonin). Im Falle kovalenter P_i-Bindung spricht man von Protein-Phosphorylierung, die ein wichtiges Steuerungsprinzip zahlreicher zellulärer Funktionen darstellt.

Bewegung ausführt. Das Protein wird durch diese **Phosphorylierung** energetisiert (▸ Abb. 4.4).

Die **Konformationsänderung** (Arbeit) ergibt sich allein daraus, dass sich die Aminosäuren durch **kovalente Bindung** des negativ geladenen Phosphat-Rests (Protein-Phosphorylierung) gegeneinander verschieben, durch Abstoßung negativ geladener und Anziehung positiv geladener Aminosäuren im Protein. Ähnliches kann an manchen Proteinen ohne kovalente Bindung eines Phosphat-Restes, also ohne Phosphorylierung, erreicht werden, indem zwar ATP gespalten wird, P_i und ADP aber auf nichtkovalente Weise gebunden werden.

Von der Art des Proteins, an das P_i bindet oder welches phosphoryliert wird, hängt die in der Zelle bewirkte Aktivität ab. So können Zellen z. B. durch ATP-Spaltung zur **Kontraktion** befähigt (Muskelzellen) oder ihre Ionenpumpen in der Zellmembran aktiviert werden, um nur zwei Beispiele zu nennen. Letzteres ist z. B. für die **Reizleitung** an Nervenzellen Voraussetzung.

Woher die Zelle ihr ATP bezieht, haben wir noch nicht erwähnt. Die grünen Pflanzen produzieren aus der Primärenergie des Sonnenlichts Glukose als Sekundärenergie. Glukose wird dann abgebaut, zu einem Teil im **Cytosol** (S. 370), der Grundsubstanz der Zelle, in einem Prozess, den man **Glykolyse** nennt, und zum anderen Teil in den **Mitochondrien**, die man als die „Kraftwerke“ der Zelle bezeichnen könnte. Hierbei wird beim Abbau von Glukose unter Abgabe von CO_2 und Verbrauch von O_2 (**Zellatmung**) ATP synthetisiert. Dies gilt für pflanzliche wie für tierische Zellen. Die Synthese erfolgt durch komplexe Enzyme, die

ATP-Synthasen (oder Synthetasen). Das von der Zelle gebildete ATP bleibt in der Zelle, in der es gebildet wurde. Jede Zelle ist also – nicht nur genetisch, sondern auch energetisch – autonom. Die Zelle ist insofern ökonomisch autonom, als sie so viele „Münzen prägt" wie sie braucht. Dabei ist die „Münze" ATP der direkte Energielieferant für die Vielzahl verschiedenartiger energieabhängiger Prozesse. Versiegt die Zufuhr von „Betriebsstoff" (meist Glukose), so kann kein ATP mehr gebildet werden und die Zelle stirbt.

▸ **Konsequenzen: Stoffwechsel, Wachstum, Reaktionsfähigkeit (Reizbarkeit), Bewegungsfähigkeit.** Mit dem ATP hat die Zelle die Möglichkeit, Arbeit verschiedener Art zu leisten. Dies gilt für den **Stoffwechsel**, der vielfach energiebedürftige Prozesse beinhaltet. Es gilt selbstverständlich für den Aufbau zelleigener Strukturen beim **Wachstum**. Ebenso gilt es für die **Reaktionsfähigkeit** der Zelle auf Außenreize (Reizbarkeit). Ein Paradebeispiel sind die Nervenzellen. Der Reizaufnahme und Weiterleitung liegen elektrische Prozesse in Form von Ionenströmen zugrunde. Ionen strömen selektiv in die Zelle hinein (z. B. Na^+) oder aus ihr heraus (z. B. K^+). Dazu müssen sie vorher, also im Ruhezustand, in die Zelle hinein- (K^+) oder aus ihr herausgepumpt (Na^+) worden sein. Vergleiche dazu Kap. 6.1.3 (S. 114). **Pumpen** laufen aber nur mit Energiezufuhr. Die Na^+/K^+-Pumpe ist ein Protein in der Zellmembran und wird über Phosphorylierung angetrieben. Sie verbraucht bis zu ⅓ des gesamten ATP-Bedarfs der Zelle.

Noch ein anderes Beispiel: Für die **Bewegungsfähigkeit** von Zellen (S. 349) (Beispiel: Muskelzelle) werden Proteinfilamente in der Zelle gegeneinander verschoben, ebenfalls unter ATP-Verbrauch. Da alle Zellen zu diesen Leistungen in der Lage sind, wenn auch oft weniger ausgeprägt als die genannten Paradebeispiele, benötigen auch alle Zellen ATP.

Viren haben keinen eigenen Energiestoffwechsel, sie schmarotzen in echten Zellen auch in Hinblick auf ihre Energiebedürfnisse. Auch deshalb stellen sie keine Zellen dar (s. o.).

4.2 Die zwei Kategorien von Zellen

Bei allen Gemeinsamkeiten gibt es doch zwei Kategorien von Zellen mit wesentlichen Unterschieden. Wir unterscheiden:

1. die Zelle ohne einen im Mikroskop sichtbaren Zellkern („niedere" Zelle, Protocyte, **Prokaryotenzelle**, Bakterium)
2. die Zelle mit Zellkern („höhere" Zelle, Eucyte, **Eukaryotenzelle**). Dazu gehören alle Organismen, tierische wie pflanzliche, außer den Bakterien.

4.2.1 Die Prokaryotenzelle im Vergleich zur Eukaryotenzelle

Prokaryoten sind immer **einzellig**. Jedoch trifft dies auch für viele Eukaryoten zu, wie Protozoen und manche Algen und Pilze. Nur die „höhere Zelle" besitzt einen bereits im Lichtmikroskop erkennbaren **Zellkern**, in welchem das Genom (Erbanlagen) vom Rest der Zelle abgesondert ist, wogegen in der Bakterienzelle das Genom frei in der Zelle liegt. Zu den höheren Zellen gehören Algen, außer den heute als Cyanobakterien bezeichneten Blaualgen, und Protozoen. Diese werden mit den Algen als Protisten zusammengefasst. Des Weiteren gehören alle höheren Pflanzen und Tiere zu den Eukaryoten.

Bakterien sind meistens ca. 0,1 bis 1 µm groß, die Durchschnittsgröße der Eukaryotenzelle liegt bei 10 bis 50 µm. Allerdings gibt es Algen von nur 1 µm Zellgröße. Die Zellgröße ist daher kein allgemeines Kriterium für die Einstufung als „höhere" oder „niedere" Zelle, sondern nur der Besitz bzw. das Fehlen eines morphologisch sichtbaren Zellkerns. Daneben gibt es noch weitere Unterschiede zwischen „niederer" und „höherer" Zelle: Ein Organismus wie der menschliche Körper besteht aus einer Vielzahl von Zellen mit unterschiedlichster Struktur und Funktion. Derlei **Differenzierungen** gibt es bei Bakterien nicht. Der prinzipielle Bau der Bakterienzelle geht aus den ▸ Abb. 4.5 und ▸ Abb. 4.6 hervor.

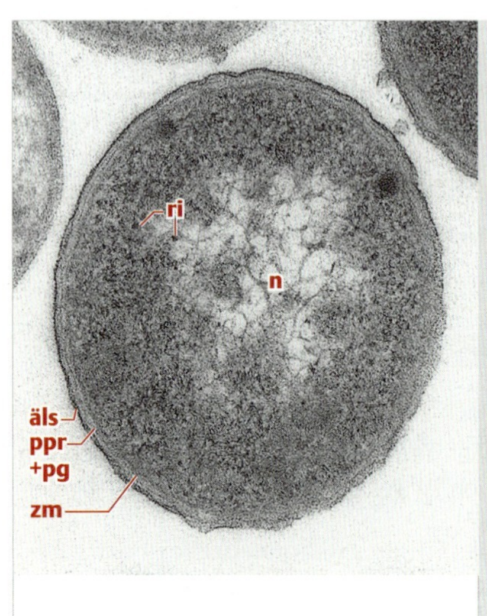

Abb. 4.5 Elektronenmikrographie einer quergeschnittenen Zelle von *Escherichia coli*. Das Transmissions-EM-Bild zeigt die nackte DNA, die im Nukleoid (Kernäquivalent, **n**) in vielfach verzwirbelter Form vorliegt, außerdem Ribosomen (**ri**) und die Zellmembran. Das Mesosom ist eine (allerdings nur unter bestimmten Bedingungen sichtbare) Einfaltung der Zellmembran, an der die DNA befestigt ist. Ganz außen liegt eine weitere (äußere) Lipiddoppelschicht (**äls**). Zwischen dieser und der Zellmembran (innere Lipiddoppelschicht, **zm**) liegt ein schmaler periplasmatischer Raum (**ppr**), in dem eine dünne Peptidoglykanschicht (**pg**) eingelagert ist. Da diese sehr dünn ist, wird *E. coli* mit der Gram-Färbung nicht angefärbt. Vergr. 70 000-fach. (Aufnahme: J. Schlepper-Schäfer, Konstanz)

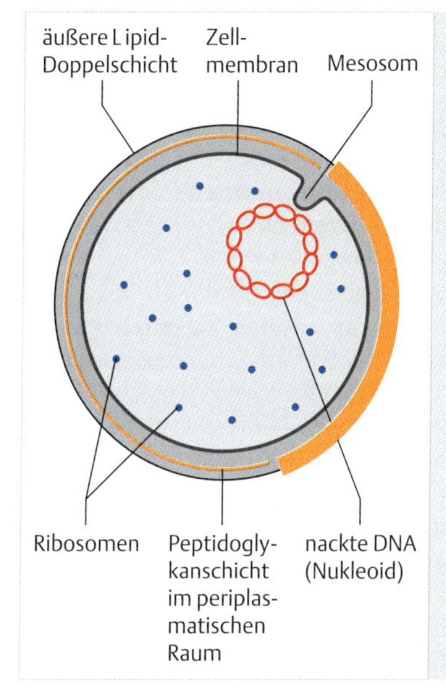

Abb. 4.6 Schema einer Gram-positiven (rechts) und einer Gram-negativen (links) Bakterienzelle. Die Bezeichnung gibt an, ob eine Färbung nach der „Gram-Methode" anschlägt oder nicht. Dies hängt davon ab, ob eine dicke Zellwand (= verdickte Mureinschicht) oder nur ein dünner Murein-Sacculus ausgebildet wird (in letzterem Falle mit einer außen angelagerten „äußeren Lipid-Doppelschicht" zur Verstärkung). Weitere Anhänge und eine eventuell ganz außen aufgelagerte Kapsel sind hier nicht eingezeichnet. Murein = Peptidoglykan.

Weitere Unterschiede zwischen der Prokaryoten- und der Eukaryotenzelle sind:

- Das Fehlen einer inneren Kammerung bei Prokaryotenzellen. Sie bestehen also nur aus einem einzigen Raum (**Cytoplasma**), der von der Zellmembran umhüllt ist. Dagegen enthält das Cytoplasma der Eukaryoten zahlreiche, jeweils von einer Membran umhüllte Kammern (**Kompartimente**, membranumhüllte Organellen) mit abgegrenzten Funktionsabläufen.
- Das Fehlen eines **Cytoskeletts** bei Prokaryoten, wogegen Eukaryoten tubuläre und filamentäre Strukturen (Cytoskelett) zur Verstärkung und zur Kontraktion enthalten.

4.2.2 Die Bakterienzelle

Die soeben erwähnten Charakteristika sind in ▸ Abb. 4.5 am Beispiel von *Escherichia coli* (*E. coli*) illustriert. Davon ist das Schema in ▸ Abb. 4.6 abgeleitet.

Das Fehlen eines mikroskopisch sichtbaren Zellkerns bei Bakterien beruht ebenfalls auf dem Fehlen eines echten Endomembran-Systems. Das Genom liegt frei im Cytoplasma als Aggregat von ringförmigen DNADoppelsträngen (▸ Abb. 4.5 und ▸ Abb. 4.6). Bei den Bakterien sind keine Proteine an die DNA gebunden. Dieses DNA-Aggregat nennt man **Nukleoid** oder **Kernäquivalent**, manche nennen es auch das Bakterien-Chromosom, obwohl echte Chromosomen nur den Eukaryoten zu Eigen sind.

Frei im Cytoplasma der Bakterien liegen auch die **Ribosomen**. Dabei handelt es sich um makromolekulare Aggregate aus Ribonukleinsäure (RNA) und Proteinen. Sie vollziehen die Synthese von Proteinen, auch von jenen der Ribosomen selbst.

▸ **Bakterien sind nicht alle gleich aufgebaut.** *E. coli* ist ein so genanntes **Gram-negatives Bakterium** (s. u.), das einerseits unseren Dickdarm (Colon) besiedelt, andererseits in absolut ungefährlichen Stämmen in der **Gentechnik** (S. 200) zur Expression von Fremdgenen verwendet wird. Man hat *E. coli* daher auch das „Haustier" der Molekulargenetiker genannt. Auffallend ist, dass neben der (inneren) Zellmembran noch eine äußere Lipiddoppelschicht vorkommt. Im dazwischenliegenden periplasmatischen Raum liegt eine sehr schwach ausgebildete, dünne Peptidoglykanschicht (Verbindung aus Peptiden = vernetzte Aminosäuren, aber kürzer als in Proteinen, und Zucker-Resten; s. weiter unten in diesem Kapitel).

Allerdings weisen auch manche Bakterienzellen eine Art inneres Membransystem auf, welches jedoch stets aus Einfaltungen der Zellmembran hervorgeht (▸ Abb. 4.7). Dementsprechend steht der bei der Einfaltung entstehende Hohlraum zunächst mit dem die Zelle umgebenden Außenraum in Verbindung, er ist nach außen hin offen. Bei Eukaryoten dagegen handelt es sich stets um geschlossene Hohlräume. Solche Einfaltungen dienen bei Prokaryoten:

1. der Anheftung der DNA und deren Verteilung auf die Tochterzellen bei der Zellteilung. Diese Einfaltungen, die erst bei der EM-Präparation sichtbar werden, nennt man Mesosomen;
2. bei manchen Bakterien der Photosynthese, denn sie enthalten Chlorophyll (▸ Abb. 4.7).

Zu den **photosynthetisch aktiven Bakterien** gehört u. a. – wie erwähnt – die entwicklungsgeschichtlich (phylogenetisch oder evolutiv) alte Gruppe der Cyanobakterien. Vergleiche hierzu auch das Kap. 26 (S. 524) über die Evolution der Zelle.

Auch die Bakterienhüllen außerhalb der Zellmembran sind sehr variabel. Die am einfachsten organisierten Bakterien sind die **Mycoplasmen**. Diese sind relativ klein, mit 0,1 µm Durchmesser sogar kleiner als die größten Viren (z. B. Pockenviren) und besitzen keinerlei weitere Hülle als ihre Zellmembran. Mycoplasmen leben entweder als Fäulnisbewohner (Saprophyten) im Boden oder sie sind pathogene Keime (Krankheitserreger), insbesondere im Atemtrakt als Erreger einer Form von Lungenentzündung.

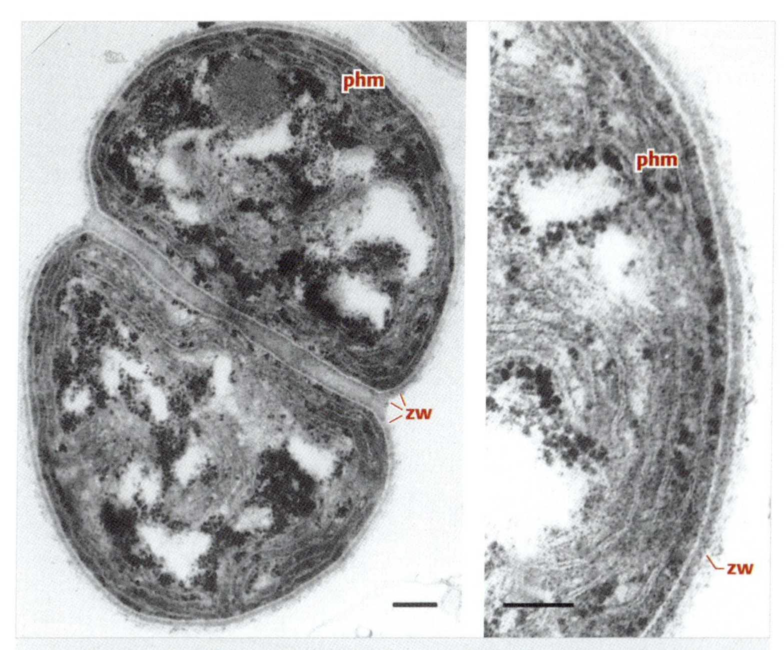

Abb. 4.7 In Teilung befindliches Cyanobakterium, wobei die Auftrennung der Tochterzellen durch die sich dazwischen schiebende Zellwand (**zw**) erfolgt (**a**). Die photosynthetisch aktiven flachen Membransäcke (**phm**) sind noch deutlicher in der Detailabbildung erkennbar (**b**). **a** Vergr. 33 000-fach, **b** 86 000-fach. (Aus Westermann, M., A. Ernst, S. Brass, P. Böger, W. Wehrmeyer. Arch. Microbiol. 162 (1994) 222)

Andere Bakterienzellen sind nach außen hin von einer dicken Zellwand aus polymeren Polysacchariden (Zucker) verstärkt: Als Zellwand außerhalb der Zellmembran liegt, wie erwähnt, als dicke Schicht ein ausgeprägter **Mureinsacculus** aus **Peptidoglykan** ▸ Abb. 4.6 (S. 67). Mit einer nach dem dänischen Forscher **Hans Gram** benannten Färbemethode kann man zwischen möglichen pathogenen, oftmals **Gram-positiven**, und teilweise harmlosen **Gram-negativen** Bakterien unterscheiden – eine grobe Klassifizierung, von welcher in der mikrobiologischen Diagnose häufig Gebrauch gemacht wird. So ist *E. coli* Gram-negativ, dagegen sind Eiter-Erreger wie *Streptococcus*- (▸ Abb. 4.8) und *Staphylococcus*-Arten Gram-positiv. Es gibt aber auch Gram-negative pathogene Bakterien, sodass weitere Kriterien beobachtet werden müssen. Manche Antibiotika wirken jeweils gegen Gram-positive bzw. -negative Bakterien.

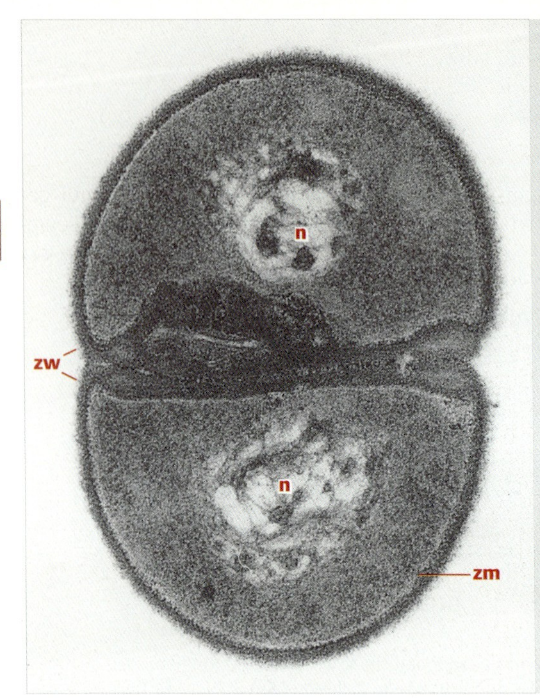

Abb. 4.8 In Teilung befindliche *Streptococcus*-Zelle. Wiederum erkennt man die DNA des Nukleoids (**n**) und die Zellmembran (**zm**). Die Zellwand (**zw**) erscheint als die Anlagerung einer dicken Peptidoglykanschicht bei diesem Gram-positiven Bakterium sehr dick. Vergr. 50 000-fach. (Aufnahme: J. Schlepper-Schäfer, Konstanz)

Manche Bakterien sind von einer **Schleimkapsel** umgeben, wofür ▶ Abb. 4.9 ein Beispiel zeigt. Die innerste Umgrenzung einer jeden Bakterienzelle ist immer die Zellmembran.

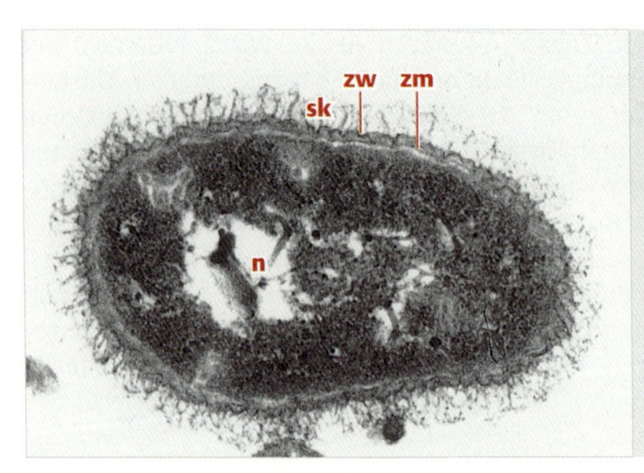

Abb. 4.9 Bakterium mit Schleimkapsel (**sk**), gefolgt von Zellwand (**zw**) und Zellmembran (**zm**). **n** = Nukleoid. Vergr. 40 000-fach. (Aufnahme: H. Plattner)

▶ **Zellfortsätze bei Bakterien.** Ein Bakterium kann aber auch verschiedene Zellfortsätze tragen (▶ Abb. 4.10, ▶ Abb. 4.11):

- die Geißel oder das Flagellum
- Pili (Mehrzahl von Pilus)
- Geschlechtspili

Die Geißel eines Bakteriums hat mit der Geißel der Eukaryotenzelle nur gemeinsam, dass beide Strukturen der Fortbewegung dienen. Aufbau und Bewegungsprinzip sind aber völlig verschieden. Die **Geißel** eines Bakteriums ist ein

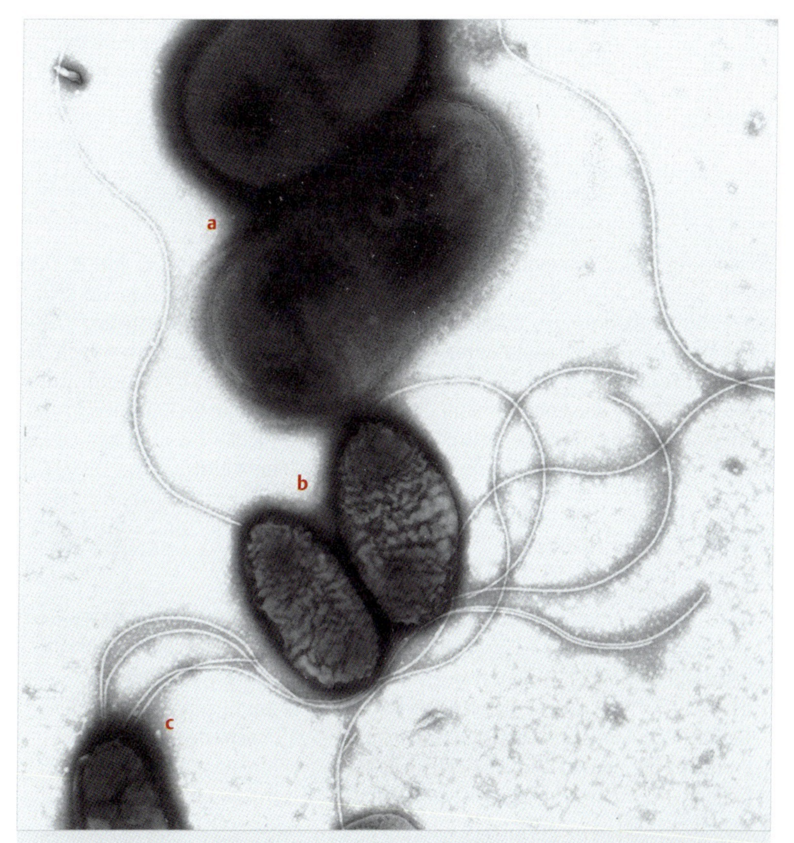

Abb. 4.10 Gemisch verschiedener Bakterienarten, wovon **a** keine Fortsätze, **b** die andere je eine Geißel und **c** eine weitere mehrere Geißeln erkennen lässt. Abbildung nach dem Negativkontrastierungs-Verfahren. Vergr. 21 000-fach. (Aufnahme: H. Plattner)

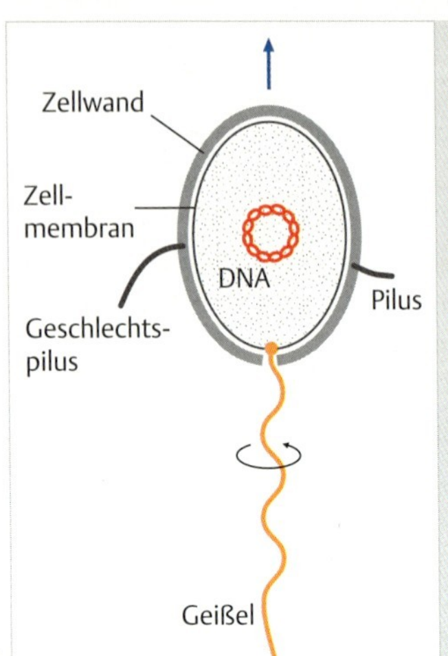

Abb. 4.11 Mögliche Fortsätze, die an Bakterienzellen vorkommen können. Pili dienen der spezifischen Anheftung an Wirtszellen; an ihnen können auch Bakteriophagen (bakterienspezifische Viren) „andocken". Über Geschlechtspili treten Bakterien in sexuelle Interaktion (DNA-Austausch). Die Bakterien-Geißel reicht durch die Zellwand hindurch und ist mittels einer Drehscheibe aus Proteinen in der Zellmembran verankert. Durch die Rotation der Geißel (runder Pfeil) wird das Bakterium wie von einer Schiffsschraube in der flüssigen Umgebung vorwärts getrieben (Pfeil).

lineares Aggregat von einem Protein (**Flagellin** mit variablem MG von 20 000 bis 55 000), ca. 20 nm dick, ohne Membranumhüllung. Die Bakterien-Geißel ist mit einer kreisförmigen Proteinplatte in der Zellmembran verankert. Diese dient als Rotorplatte, rotiert unter ATP Verbrauch und bringt dadurch auch die Geißel in Rotation; vgl. Molekularer Zoom (s. u.). So wird das Bakterium vorangetrieben. Lange Zeit meinte man, die Natur habe fast alle technischen Prinzipien im Laufe der Evolution erfunden, nur das Rad nicht – bis man den Bewegungsmechanismus der Bakterienzelle zu durchschauen lernte.

Molekularer Zoom

Motor und Schiffsschraube schon bei Bakterien

Bewegung der Geißel eines Bakteriums. Dieser Zellanhang ist in den äußeren Schichten (äußere Lipid-Doppelschicht, Peptidoglykanschicht sowie eigentliche Zellmembran) der Bakterienzelle verankert. Dies erfolgt jedoch nicht starr, sondern so, dass die Geißel rotieren kann. Das Antriebsystem sitzt in der Basis der **Geißel (Flagellum)** und besteht aus den im Schema verschieden eingefärbten Proteinkomponenten. Um die Geißel (aus **Flagellin**-Proteinen) zum Rotieren zu bringen, muss das Bakterium als Vorleistung erst Protonen (H^+, Wasserstoff-Ionen) mit Hilfe einer H^+-Pumpe (nicht abgebildet) aktiv, d. h. unter Energieverbrauch, aus dem Zellkörper in den Außenraum transportieren. Dadurch ergibt sich ein Gradient der **Protonen**-Konzentration (H^+), wie in ► Abb. 19.5 (S. 383) für Mitochondrien erklärt wird. Dessen Energie kann wie der Fluss aus einem

Stausee zum Antrieb des Flagellen-Motors benutzt werden. Aber wie wird hier potentielle in kinetische Energie umgesetzt? Die Protonen können nur über den Basisteil des Flagellums zurück in das Cytoplasma strömen (geschlängelte Linie). Dabei induzieren sie eine Änderung der Konformation (Form) des Komplexes aus Motorprotein A und B, welche sich dabei – wie in der Detailzeichnung hervorgehoben – jeweils alternativ nach oben bzw. nach unten bewegen. (Sie rotieren also nicht, sondern dienen als **„Stator"**.) Die mechanische Energie der Auf- und Abbewegung, welche durch die Konformationsänderung der Motorproteine A und B hervorgerufen wird, wird von der zahnradartigen Struktur des C-Ringes des **Rotor**-Systems aufgenommen und in eine rotierende Bewegung

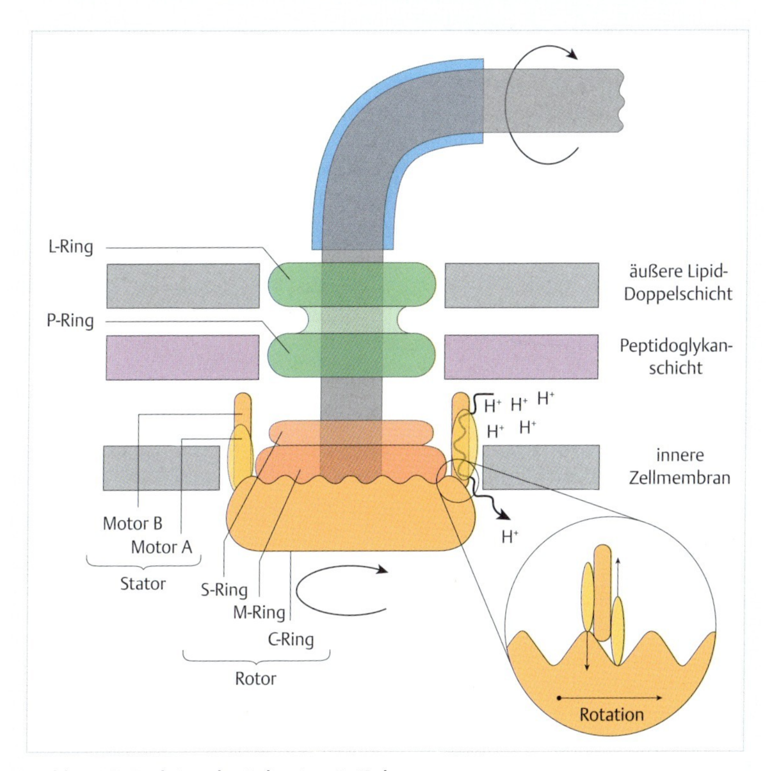

Abb. 4.12 Funktion der Bakterien-Geißel.
(Abbildung konzipiert nach H. C. Berg: Annu. Rev. Biochem. 71 (2003) 19 und K. Namba: 2004 Japan Nanonet Bulletin 11th Issue)

transformiert (▸ Abb. 4.12). Damit wird der gesamte Komplex zur Rotation gebracht, die Geißel dreht sich und treibt die Bakterienzelle auf Grund ihres rotierenden Schlages voran. Die Bakterienzelle hat also früh in der Evolution mehrere technische Meisterleistungen vollbracht: Ausnutzung der Energie eines (Protonen-)Stausees, das Rad, einen rotierenden Motor und eine Art Schiffsschraube.

Filmdarstellungen findet sich unter folgender Adresse:
http://www.fbs.osaka-u.ac.jp/eng/labo/09a.html

In den **Pili**, die ebenfalls aus Protein bestehen, zeigt sich oft eine für den Menschen negative Seite mancher Bakterien. Pili erkennen bestimmte Zucker in der Glykokalyx, dem „Zuckerbelag“ auf der Außenseite der Zellmembran von Eukaryotenzellen. Proteine, die bestimmte Zucker oder Gruppierungen von Zuckern in Polysacchariden erkennen, nennt man allgemein Lektine (S. 254). Das Pilus-Protein einer Bakterienart ist also ein Lektin. Durch die recht spezifische Bindung der Lektine an die Glykokalyx kann ein pathologischer Prozess eingeleitet werden, der mit der Anlagerung des Bakteriums an die höhere Zelle beginnt und schließlich zur Aufnahme (Phagocytose) des Bakteriums führt.

Auch Bakterien zeigen schon eine simple Art von Sex. Stämme vom Plus- und Minus-Typ (Männchen und Weibchen wäre zu viel gesagt) erkennen sich an ihren **Geschlechtspili** und tauschen DNA aus. Man nennt dies **Konjugation**. Ihre Beobachtung erbrachte in den 40er Jahren den ersten Nachweis, dass die DNA (S. 26) der Träger der Erbinformation ist.

4.2.3 Die Eukaryotenzelle

Von ihnen ist im vorliegenden Buch immer dann die Rede, wenn nicht ausdrücklich auf Bakterien verwiesen wird. Im Laufe der Evolution wurde die Zelle größer und komplexer. Höhere Komplexität erfordert aber ein bis zu 1000-fach größeres Genom. Wird so viel DNA in eine Zelle hineingepackt, dann wird es schwierig, die DNA zu entwirren und gleichmäßig auf die Tochterzellen zu verteilen. Diese Probleme wurden in der Evolution wie folgt gelöst:

- Kondensierung der DNA durch Bindung von Histon-Proteinen (S. 163);
- Auftrennung des Genoms in die Koppelungsgruppen der **Chromosomen**;
- Abgrenzung des Genoms, d. h. der Chromosomen in einem eigenen membranumhüllten Kompartiment, dem **Zellkern** (▸ Abb. 4.13).

Auf diese Art und Weise lässt sich viel mehr DNA in einer Zelle unterbringen, ohne dass alles wirr verknäuelt wird. Es kann eine größere Zahl verschiedener Proteine mit vielfältigen strukturellen oder enzymatischen Aufgaben und damit eine effizientere Zelle gebaut werden. Darüber hinaus bleibt, bei gleichem Genom in allen Zellen eines vielzelligen Organismus, viel Spielraum für die Differenzierung in verschiedenartige Zellen. Dieser Übergang von der Prokaryoten- zur Eukaryotenzelle fand vor ca. 1,8 Milliarden (= $1{,}8 \times 10^9$) Jahren statt; vgl. ▶ Abb. 26.9.

▶ **Kompartimentierung macht die Eukaryotenzelle effizienter.** Unter anderem bildet die Eukaryotenzelle in ihrem Inneren zahlreiche **Organellen** (▶ Abb. 4.14, ▶ Abb. 4.15, ▶ Abb. 4.16 und ▶ Abb. 4.17), und zwar solche mit Membranumhüllung (= Kompartimente) oder ohne (z. B. Cytoskelett-Aggregate). Die Membranumhüllung kann einfach sein (Peroxisomen, Endoplasmatisches Retikulum, Lysosomen, Golgi-Apparat sowie die mit diesem assoziierten Vesikel), sie kann aber auch doppelt sein (Chloroplasten, Mitochondrien). Auch den Zellkern könnte man als ein Organell, also als ein Kompartiment mit doppelter Membranumhüllung bezeichnen. In der Praxis verwendet der Zellbiologe die in ▶ Abb. 4.14 gezeigte Nomenklatur.

Details dieser Kompartimentierung, wie sie bei zunehmender elektronenmikroskopischer Vergrößerung sichtbar werden, sind aus den ▶ Abb. 4.15, ▶ Abb. 4.16 und ▶ Abb. 4.17 zu ersehen. ▶ Abb. 4.18 gibt eine schematische Zusammenfassung. Durch die **Kompartimentierung** wird die höhere Zelle noch effizienter, weil z. B. Enzymmoleküle mit dem Substrat, das sie umsetzen, mit höherer Chance zusammentreffen, als wenn sie in einem großen Volumen verdünnt wären. Die Größenzunahme gegenüber der Protocyte beträgt ein Vielfaches von Hundert. Dies bedarf allerdings der Stützung, entweder von außen (durch die Zellwand bei Pflanzenzellen) und von innen (durch das Cytoskelett). Ein Teil des Cytoskeletts wird in Zellfortsätze verpackt und dient der Bewegung (Cilien und Flagellen) der Eukaryotenzelle. Wie sich das alles im Laufe der Evolution herausgebildet haben könnte, wollen wir im Kap. 26 (S. 524) besprechen.

▶ **Die Organellen der Eukaryotenzelle.** Ein System innerer Membranen, die Endomembranen, teilt die Eucyte in distinkte Funktionsräume auf, Kompartimente genannt (vgl. ▶ Abb. 4.15, ▶ Abb. 4.16, ▶ Abb. 4.17 und ▶ Abb. 4.18). Wie erwähnt gibt es Kompartimente mit doppelter und mit einfacher Membranumhüllung.

Organellen mit doppelter Membranumhüllung. Der **Zellkern**, der Träger des Erbgutes (Genom), ist mit einer doppelten Kernmembran vom Cytoplasma abgegrenzt (▶ Abb. 4.16). Im Zellkern ist häufig ein Kernkörperchen, der Nukleolus erkennbar (▶ Abb. 4.15).

An Organellen mit doppelter Membranumhüllung besitzt die tierische Zelle neben dem Zellkern nur noch die **Mitochondrien** (▶ Abb. 4.16, ▶ Abb. 4.17). Diese dienen der Bildung von ATP (das für energieverbrauchende Prozesse ins Cytosol abgegeben wird) hauptsächlich aus dem Abbau von Glukose. Häufig

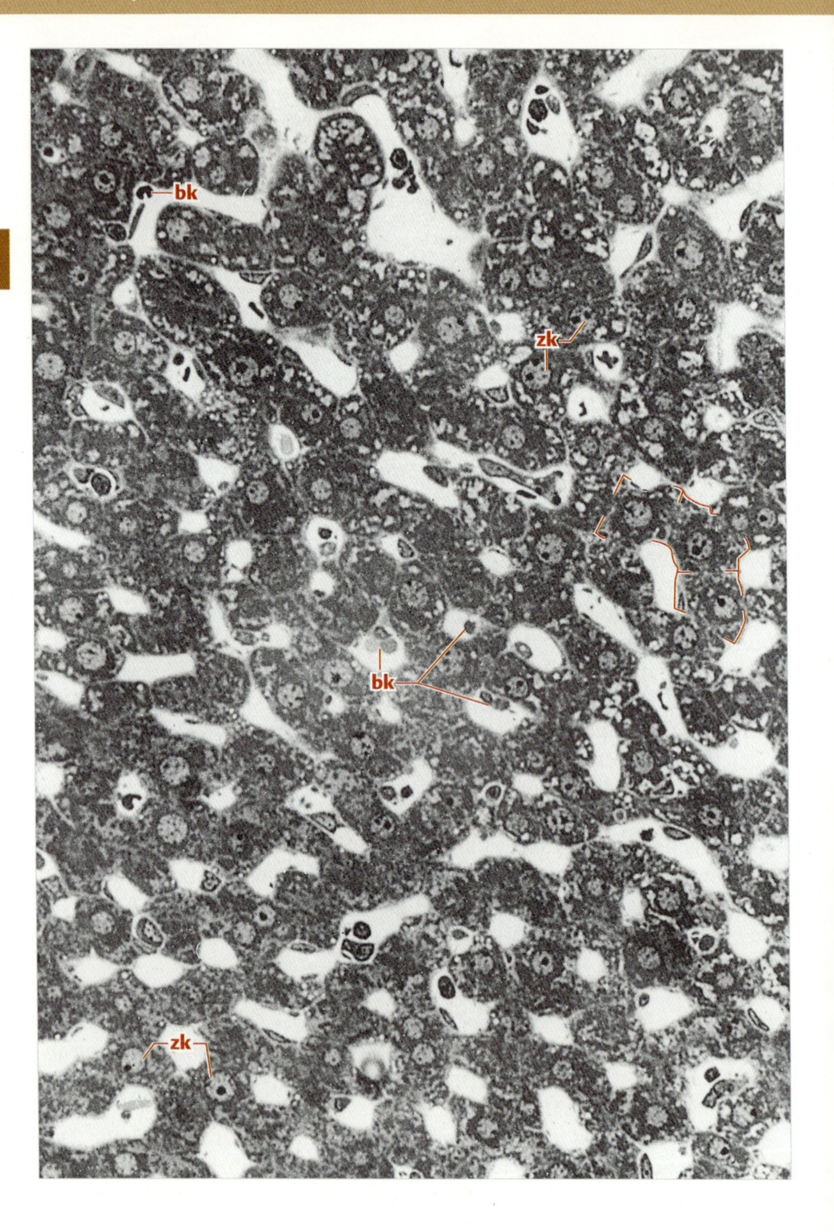
bk
zk
bk
zk

◀ **Abb. 4.13 Zelluläre Gliederung am Beispiel des Lebergewebes.** Die Zellen sind hier als Epithel angeordnet, in Form sich verzweigender Zellplatten (z. B. im umrandeten Bereich). Die Grenzen der einzelnen Zellen sind weniger deutlich zu erkennen als der Zellkern (**zk**) einzelner Zellen. **bk** = rote Blutkörperchen (Erythrocyten) im Lumen der Blutgefäß-Kapillaren, die das Lebergewebe intensiv durchdringen. Vergr. 265-fach. (Aufnahme: H. Plattner)

werden Mitochondrien daher als „Kraftwerke" der Zelle bezeichnet. Die Glukose wird mit der Nahrung aufgenommen. Sie entstammt letztlich der Photosyntheseleistung pflanzlicher Zellen. Zu diesem Zweck enthalten letztere (neben den Mitochondrien) eine zweite Art von Organellen mit doppelter Membranumhüllung – die **Chloroplasten** (S. 393). Hier wird CO_2 zu Glukose (C_6-Körper) assimiliert. Dieser C_6-Körper muss dann in 2 C_3-Körper zerlegt werden, um weiter ins Cytosol zu gelangen. Erst auf diesem indirekten Weg können die Abbauprodukte der Glukose in den Mitochondrien der pflanzlichen Zelle (wie bei tierischen Zellen auch) zur ATP-Synthese weiter energetisch genutzt werden. Nur die Chloroplasten haben die Fähigkeit Primärenergie (Sonnenenergie) zu fixieren. Man könnte sie also als die „Solarkollektoren" der

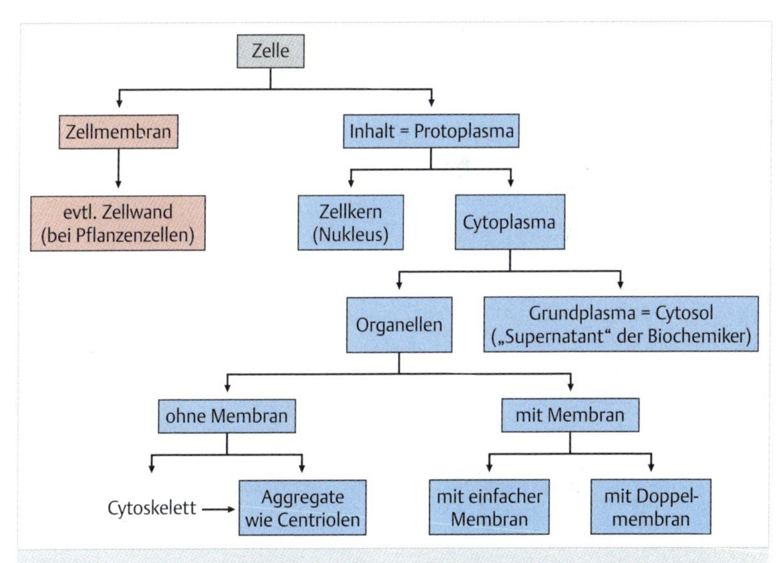

Abb. 4.14 Gliederung der höheren Zelle in Zellkern und Cytoplasma, das seinerseits in Cytosol und Organellen gegliedert ist. Unter den Organellen gibt es solche ohne bzw. solche mit einfacher oder doppelter Membranumhüllung.

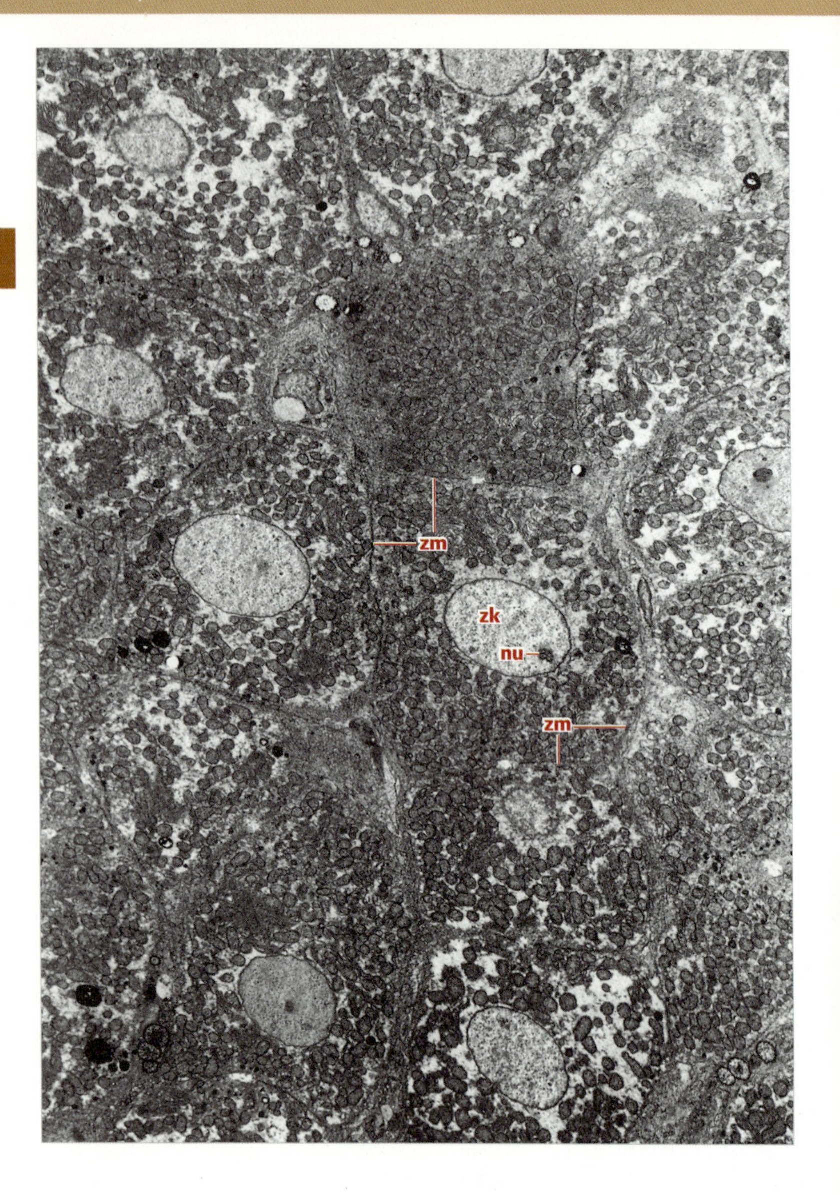
zm
zk
nu
zm

◀ **Abb. 4.15 Kompartimentierung der eukaryotischen Zelle.** Bereits bei schwacher elektronenmikroskopischer Vergrößerung werden die Membranumhüllung sowohl des Zellkerns (**zk**) als auch der gesamten Zelle sichtbar (**zm** = Zellmembran), ebenso wie verschiedene Organellen. Für deren genauere Identifikation bedarf es jedoch einer stärkeren Vergrößerung (vgl. ▶ Abb. 4.16 und ▶ Abb. 4.17). Zellkerne lassen häufig einen Nukleolus (**nu**) erkennen. Vergr. 1000-fach. (Aufnahme: H. Plattner)

Zelle apostrophieren. Sowohl bei Mitochondrien als auch bei Chloroplasten beobachtet man, dass die innere der beiden Membranen reichliche Einfaltungen hervorbringt.

Organellen mit einfacher Membranumhüllung. Im Prinzip unterscheiden sich tierische und pflanzliche Zellen nicht in ihrer weiteren Ausstattung mit Organellen (abgesehen von den Chloroplasten). Solche mit einfacher Membranumhüllung sind zahlreich: Das **raue Endoplasmatische Retikulum** (▶ Abb. 4.16, ▶ Abb. 4.17) dient der Proteinsynthese, das **glatte Endoplasmatische Retikulum** (▶ Abb. 4.17) synthetisiert Lipide und ist mit Entgiftungsprozessen befasst. Der **Golgi-Apparat** (▶ Abb. 4.17) ist eine Art Drehscheibe für den Transport von Vesikeln, die sich vom Endoplasmatischen Retikulum (ER) abschnüren und dem Golgi-Apparat zugeführt werden. Die Proteine im Inhalt solcher Vesikel werden dabei verschieden modifiziert und dementsprechend in verschiedene Vesikel mit einfacher Membranhülle abgepackt, die vom Golgi-Apparat aus auf verschiedene Wege „versandt" werden. Man kann den Golgi-Apparat also auch mit einem Verschiebebahnhof vergleichen. Dies betrifft **Sekretvesikel** und **Lysosomen** (▶ Abb. 4.17). Erstere werden an die Zellmembran angeliefert, mit der sie verschmelzen, um so ihren Inhalt aus der Zelle abzugeben (**Exocytose**). Lysosomen dagegen dienen der intrazellulären Verdauung, wobei komplexe Moleküle in einfache Bausteine zerlegt und diese aus den Lysosomen abgegeben werden. Man könnte ihre Aufgabe am ehesten mit einer modernen „Müll-Recycling-Anlage" vergleichen, in der die Rohstoffe wiedergewonnen werden. Material wird in die Lysosomen nicht nur aus dem Inneren der Zelle, sondern über **Endocytose** von außen eingeschleust. Dazu schnüren sich Vesikel mit einfacher Membranhülle von der Zellmembran ab. Pflanzenzellen besitzen oft ein besonders großes Lysosom, die **Vakuole**, deren Hauptaufgabe die eines „Wasserreservoirs" ist. Schließlich sind an Organellen mit nur einer Membran noch die **Peroxisomen** zu erwähnen (▶ Abb. 4.16). Man kennt viele ihrer Teilfunktionen, wie ihre Teilnahme am Fettstoffwechsel bzw. die Mobilisierung von Reservestoffen beim Auskeimen von Pflanzensamen.

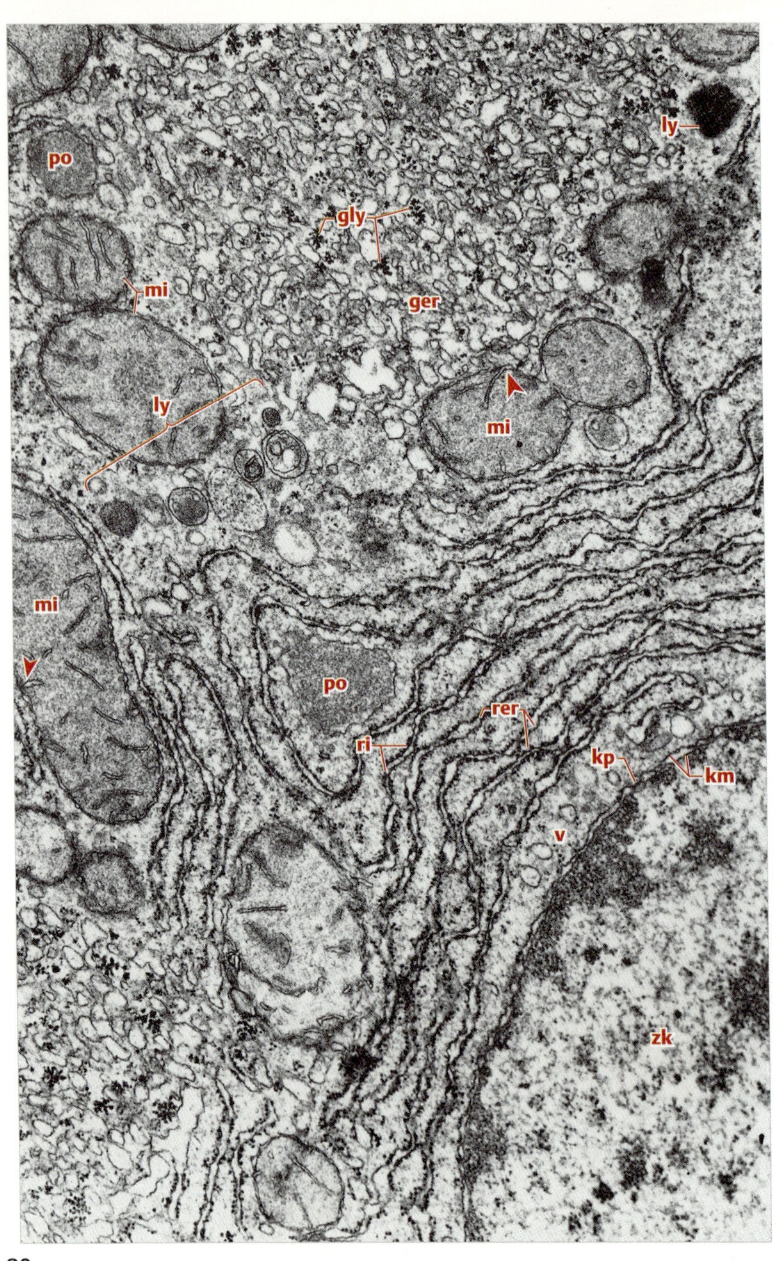
ly
po
gly
mi
ger
ly
mi
mi
po
rer
ri
kp
km
v
zk

◂ **Abb. 4.16 Die Organellen der Eukaryotenzelle.** Bei höherer elektronenmikroskopischer Vergrößerung wird am Zellkern (**zk**) die doppelte Kernmembran (**km**, mit lokalen Unterbrechungen, die Kernporen, **kp**) und die doppelte Membranumhüllung der Mitochondrien (**mi**) sichtbar, in letzteren auch Membraneinfaltungen (Pfeilspitzen). Einfache Membranumhüllung besitzen die Elemente des glatten Endoplasmatischen Retikulums (**ger**), des rauen Endoplasmatischen Retikulums (**rer**) sowie die Peroxisomen (**po**, mit homogenem Inhalt), die Lysosomen (**ly**, Organellen von recht unterschiedlichem Aussehen, häufig mit elektronendichtem Inhalt) und zahlreiche oft nicht genauer identifizierbare Vesikel. Durch die Anlagerung von Ribosomen leicht identifizierbar sind die langen flachen Säcke („Zisternen") des rauen ER. Im Bereich des glatten ER liegen rosettenartige Glykogen-Aggregate (**gly**), die Speicherform von Glukose in tierischen Zellen. Vergr. 23 000-fach. (Aus Plattner, H.: Progr. Histochem. Cytochem. 5/3 (1973) 1)

Organellen ohne Membranumhüllung. Unter den Strukturen ohne Membranumhüllung stechen Aggregate des **Cytoskeletts** hervor (▸ Abb. 4.17): **Mikrofilamente**, **Mikrotubuli** und **Intermediär-Filamente**. Bei solch kleinen Strukturen kann man nur willkürlich eine Grenze zwischen Organellen und Makromolekülen ziehen. Dies gilt etwa für die **Ribosomen** (▸ Abb. 4.17) mit einem Durchmesser von 25 nm. (Sie vollziehen nach „Instruktionen" aus dem Zellkern die Synthese von Proteinen.) Es gilt auch für das **Glykogen**, eine hochmolekulare Speicherform der Glucose. Sicherlich kann man aber Aggregate von zytoskelettalen Elementen als Organellen bezeichnen, z. B. die Centriolen, Cilien und Flagellen der Eukaryotenzelle; vgl. Kap. 16 (S. 320).

Das Cytosol. Der ungeformte Restinhalt der Zelle heißt Grundplasma oder **Cytosol**. Auch hier sind spezifische Funktionen, wie die Glykolyse – für eine einfache Energieversorgung in beschränktem Ausmaß – und einige andere Funktionen lokalisiert. Das Cytosol wahrt die erforderlichen Ionenkonzentrationen und einen fast neutralen pH-Wert. Über das Cytosol werden viele Substanzen in der Zelle verteilt, sodass es eine geeignete Matrix für verschiedene Funktionsabläufe in der Zelle darstellt.

In ▸ Abb. 4.18 ist die Gliederung der tierischen Zelle zusammengefasst. ▸ Tab. 4.1 soll einen Eindruck vermitteln, wie eine „typische" tierische Zelle quantitativ organisiert ist. Es wäre sinnlos, sich derlei Zahlen einzuprägen, weil verschiedene Zelltypen je nach ihren funktionellen Bedürfnissen bzw. Möglichkeiten weitgehend verschieden strukturiert sein können. Auffällig ist jedoch die unterschiedliche Häufigkeit verschiedener Organellen und ihr unterschiedlicher Volumenanteil, die enorme Zahl an Ribosomen des rauen ER sowie die enorme Fläche innerer Membransysteme im Vergleich zur Zelloberfläche.

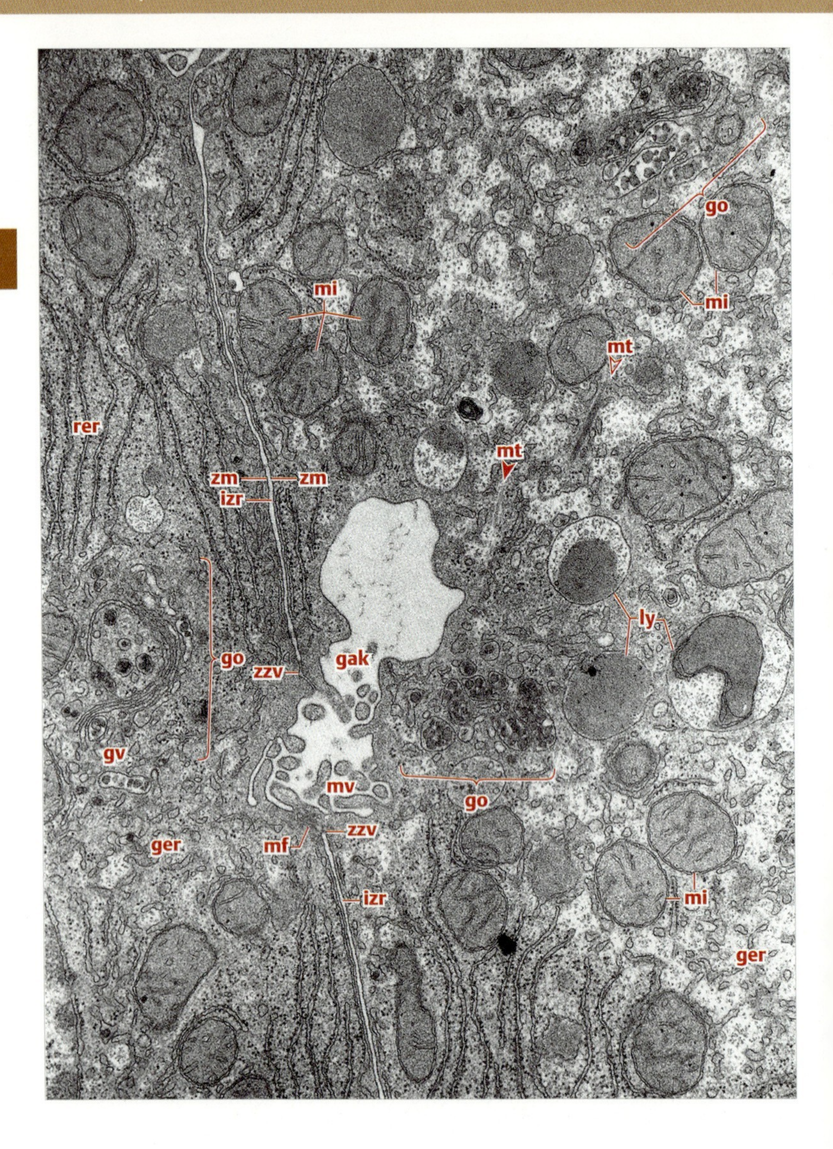

go
mi
mi
mt
rer
mt
zm
zm
izr
ly
go
zzv
gak
gv
mv
go
ger
mf
zzv
izr
mi
ger

◄ **Abb. 4.17 Zwei benachbarte Leberzellen (Hepatozyten) lassen deutlich ihre Begrenzung durch ihre jeweilige Zellmembran (zm) erkennen.** Dazwischen liegt ein konstant schmaler Interzellularraum (**izr**), der nur im Bereich einer Gallenkapillare (**gak**) erweitert ist. Diese dient dem Abfluss der von den Hepatozyten ausgeschiedenen Galle. In das Lumen der Gallenkapillaren ragen Fortsätze hinein, die Mikrovilli (**mv**, Mikrozotten). Diese sind wie die gesamte Zelloberfläche von der kontinuierlichen Zellmembran überzogen und beinhalten ein feines filamentäres Material (**mf**, Mikrofilamente), das auch die gesamte Gallenkapillare als eine bei dieser Vergrößerung nicht weiter strukturierte (amorphe) Schicht umgibt. Am Rande sind die Gallenkapillaren durch Zell-Zell-Verbindungen (**zzv**) deutlich vom restlichen Interzellularraum abgegrenzt, um den Austritt von Galle zu unterbinden. Vereinzelt liegen Mikrotubuli (**mt**) im Cytosol. Neben sich verzweigendem glattem Endoplasmatischem Retikulum (**ger**) und rauem Endoplasmatischem Retikulum (**rer**) erkennen wir wieder Mitochondrien (**mi**) und Lysosomen (**ly**). Hierzu kommen die Membranstapel des Golgi-Apparats (**go**), der öfters von Sekretvesikeln umgeben ist (**gv**, mit globulärem Sekretprodukt). Vergr. 21 000-fach. (Aus Plattner, H.: Biologie Aktuell II (1983) 89)

Tab. 4.1 Anteil verschiedener Komponenten an einer „typischen" Säugetierzelle, den Hepatocyten der Rattenleber (nach Stäubli, W. et al.: J. Cell Biol. 42 [1969] 92)

Zellbestandteile	absolutes Volumen [μm³]	Anteil am Zellvolumen [%]	Anzahl der Strukturen [Absolutwerte]	Oberflächen [μm²]
Gesamte Zelle	**4940**	**100**	(1)	**1740**
Zellkern	300	6	1	
Cytoplasma	4640	94		
Grundplasma und restliche Komponenten	2656	53,8		
Peroxisomen	67	1,4	370	
Mitochondrien	1070	21,7	1665	
Endoplasmatisches Retikulum (ER)	756	15,4		63 000
raues ER (rER)	467	9,5		37 900
rER-gebundene Ribosomen		ca. 2	$1{,}27 \times 10^7$	
glattes ER	289	5,9		25 100
Golgi-Stapel	< 50	< 1	mehrere	
Lysosomen	41	0,8	ca. 10^2	

► Literatur zum Weiterlesen

siehe www.thieme.de/go/literatur-zellbiologie.html

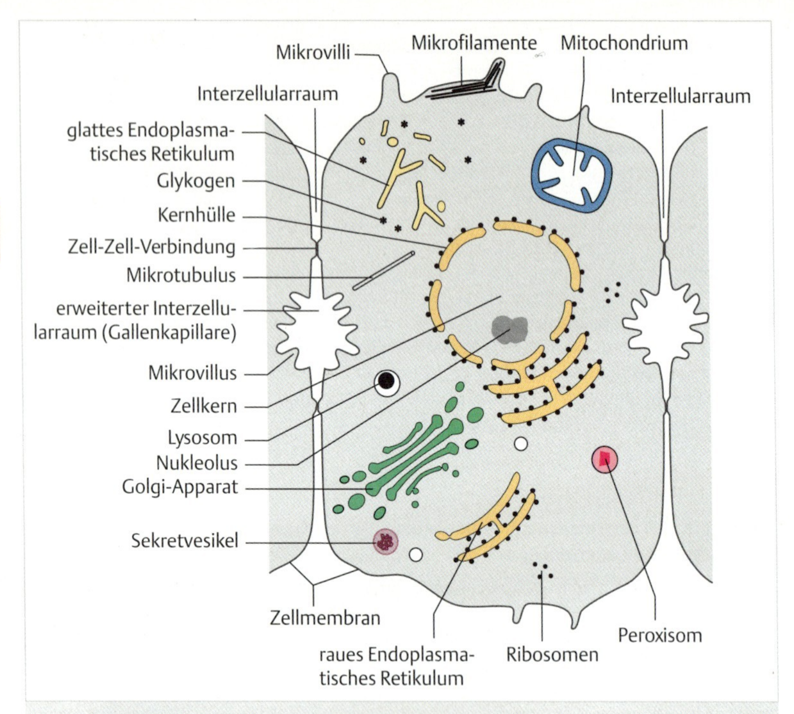

Abb. 4.18 Gliederung der tierischen Zelle (Beispiel: Leber). Die Zellmembranen benachbarter Zellen lassen einen Interzellularraum frei, der nur an Zell-Zell-Verbindungen unterbrochen ist. Der Interzellularraum kann lokal erweitert sein, im Falle der Leber insbesondere im Bereich der Gallenkapillaren. Diese und andere Bereiche der Zellmembran tragen Mikrovilli als lokale fingerförmige Ausfaltungen. Solche Regionen enthalten Mikrofilamente angereichert. Weitere Elemente des Cytoskeletts sind die Mikrotubuli. Andere makromolekulare Aggregate sind die Glykogenrosetten und die Ribosomen, von denen manche frei im Cytosol liegen. Der Zellkern birgt (neben dem genetischen Material in den Chromosomen, die hier nicht berücksichtigt sind) den Nukleolus. Der Zellkern hat eine doppelte Membranhülle, die gelegentlich mit dem rauen ER in Verbindung steht. Dementsprechend können an der äußeren Kernmembran, wie am rauen ER, Ribosomen angeheftet sein. Die Elemente des rauen wie des glatten ER können sich vielfältig verzweigen (Retikulum = Netzwerk). In Nähe des Golgi-Apparats verliert das raue ER einseitig seinen Ribosomenbesatz. Der Golgi-Apparat besteht aus glatten Membranstapeln und zahlreichen Vesikeln. In seiner Nähe liegen auch häufig Sekretvesikel, die von ihm gebildet werden. Weitere Organellen mit einfacher Membranumhüllung sind Lysosomen und Peroxisomen. Mitochondrien dagegen weisen eine doppelte Membranumhüllung mit Einfaltungen der inneren Membran auf.

5 Der „Stoff“, aus dem die Zellen sind – molekulare Bausteine

Zusammenfassung

Zellen bestehen – neben Wasser und darin gelösten Salzen – überwiegend aus Proteinen, Lipiden, Nukleinsäuren (DNA und RNA) und Polysacchariden. Die Kenntnis dieser molekularen Bausteine und ihrer Komponenten soll im Folgenden kurz umrissen werden, weil dies eine Voraussetzung für das Verständnis zellulärer Strukturen und Funktionen ist. **DNA** dient als Informationsspeicher, der mit Beteiligung von **RNA** als Botenstoff (messenger-RNA) in **Proteine** übersetzt wird, welche ihrerseits vielfältige Aufgaben wahrnehmen. Dazu gehören Funktionen von strukturgebender bis hin zu katalytischer Art (Enzyme). **Lipide** dienen in der Form von Phospholipiden dem Aufbau biologischer Membranen, **Polysaccharide** u. a. als Speicher für die Energie-Freisetzung.

5.1 Pauschale Zusammensetzung von Zellen

Die durchschnittliche Eucyte besteht zu 80–85 % aus Wasser. Den größten Anteil an Festsubstanz stellen die Proteine (Eiweiße), gefolgt von Lipiden (Fettstoffe), Salzen, Polysacchariden (Zucker) und Nukleinsäuren (▸ Tab. 5.1).

Salze liegen überwiegend in dissoziierter Form als Ionen vor (positiv geladene Kationen, negativ geladene Anionen). **Proteine** sind zum Teil gelöst, zum Teil treten sie als strukturformende Komponenten (z. B. Cytoskelett) oder als Komponenten der Biomembranen auf. Letztere bestehen überwiegend aus **Lipiden**, deren Anteil an der gesamten Zelle entsprechend variieren kann, je nachdem

Tab. 5.1 Richtwerte für die chemische Zusammensetzung einer durchschnittlichen tierischen Zelle

	Prozentanteil am Gewicht
Wasser	80–85
Proteine	10–15
Lipide	2–5
DNA	0,5
RNA	0,5
Polysaccharide	0,1–1,0
Salze (Ionen)	1,5

wie reichlich die inneren Membransysteme (Endomembranen) ausgebildet bzw. wie stark die äußere Zellmembran durch lokale Auffaltungen und Erhebungen vergrößert ist und wie viel Lipide als Nährstoffe in der Zelle gespeichert sind. Auch der Anteil an **Polysacchariden** ist sehr variabel, denn nicht alle Zellen speichern Zucker in gleichem Ausmaß. Relativ stabil ist der absolute Gehalt an **DNA** (Desoxyribonukleinsäure), denn jede unserer Körperzellen hat den gleichen Satz an Erbmaterial (Genom). Die **RNA** (Ribonukleinsäure) ist in ihren verschiedenen Formen mit der Umsetzung des Genoms in DNA-kodierte Moleküle befasst. Da Zellen diesbezüglich sehr unterschiedlich aktiv sind, ist ihr RNA-Gehalt auch recht variabel.

Alle diese Komponenten sind wiederum innerhalb der Zelle unterschiedlich verteilt. So ist die DNA (fast) ausschließlich im Zellkern lokalisiert, RNA im Nukleolus (Kernkörperchen) und im Cytoplasma, Lipide in Membranen etc. Cytoskelettale Proteine können im Extremfall beinahe den gesamten Raum des Cytoplasmas einnehmen, wie in Muskelzellen. Um aktiv zu sein, muss die Zelle genügend Wasser und gelöste Ionen enthalten. Ein Teil davon ist allerdings auch an Makromoleküle adsorbiert.

5.2 Phospholipide

Phospholipide bilden das Grundgerüst der **Biomembranen**. Ihr prinzipieller Aufbau ist in ▶ Abb. 5.1 zu sehen.

Glycerin (= Glycerol) ist ein dreiwertiger Alkohol, d. h. ein aliphatischer (linear gebauter) Kohlenwasserstoff, in welchem jedes der C-Atome eine Hydroxyl-Gruppe (Alkohol-Gruppe) trägt:

$$\overset{|}{\underset{|}{\mathrm{HC}}}-\mathrm{OH}$$

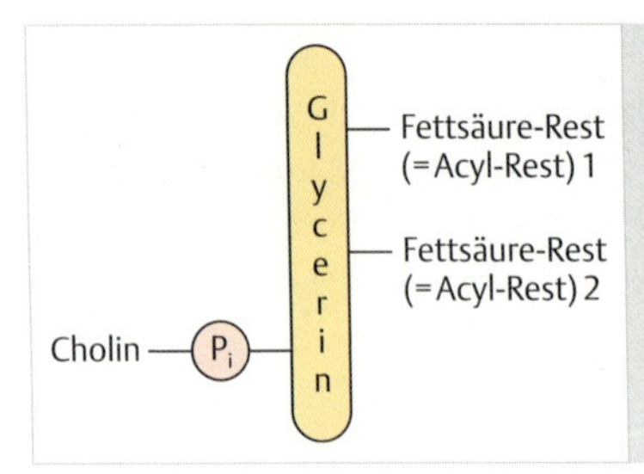

Abb. 5.1 Aufbau eines Phospholipid-Moleküls. Ein Glycerin-Molekül ist dreifach verestert, zweimal mit je einem Fettsäure-Rest (Acyl-Rest) und einmal mit einem Phosphat-Rest, der seinerseits mit einem weiteren Rest verestert ist (z. B. mit Cholin).

Glycerin ist also ein „**C_3-Körper**". Seine Formel ist:

Reihung der C-Atome:

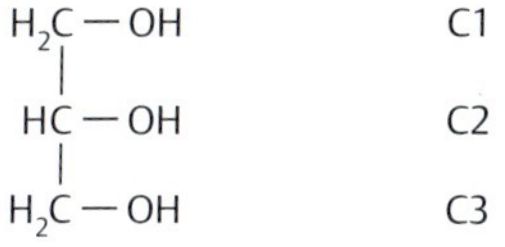

$$\begin{array}{ll} H_2C-OH & \quad C1 \\ \;\;| & \\ HC-OH & \quad C2 \\ \;\;| & \\ H_2C-OH & \quad C3 \end{array}$$

Fettsäuren (Acyl-Reste) sind Säuren, weil sie die **Carboxyl-Gruppe**

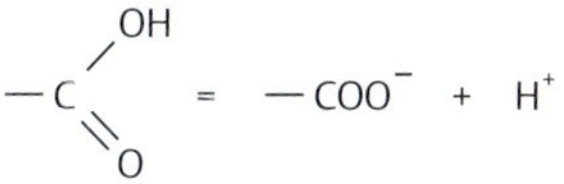

$$-C\begin{matrix} \diagup OH \\ \diagdown\!\!\diagdown O \end{matrix} \quad = \quad -COO^- \quad + \quad H^+$$

tragen, welche Protonen (H^+) abgeben können. Jede Substanz, die das kann, ist eine Säure. Die Carboxyl-Gruppe ist auch protonierbar, d. h. sie kann Protonen aufnehmen.

Rufen wir uns in Erinnerung, dass auch der **Phosphat-Rest** das Anion einer Säure ist, nämlich der (ortho-)Phosphorsäure. In den Summenformeln sieht das so aus:

$$H_3PO_4 = H_2PO_4^- + 1\,H^+ \rightleftharpoons HPO_4^{2-} + 2\,H^+ \rightleftharpoons PO_4^{3-} + 3\,H^+$$

PO_4^{3-}, oft abgekürzt als P_i, kann also verschieden viele Protonen gebunden haben. Die verschiedenen Grade der Protonierung stellen sich in den Strukturformeln folgendermaßen dar:

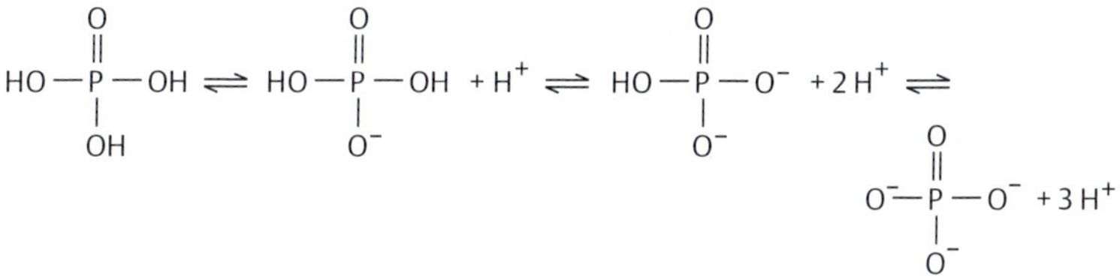

$$HO-\overset{\overset{\displaystyle O}{\|}}{\underset{\underset{\displaystyle OH}{|}}{P}}-OH \rightleftharpoons HO-\overset{\overset{\displaystyle O}{\|}}{\underset{\underset{\displaystyle O^-}{|}}{P}}-OH + H^+ \rightleftharpoons HO-\overset{\overset{\displaystyle O}{\|}}{\underset{\underset{\displaystyle O^-}{|}}{P}}-O^- + 2\,H^+ \rightleftharpoons O^- -\overset{\overset{\displaystyle O}{\|}}{\underset{\underset{\displaystyle O^-}{|}}{P}}-O^- + 3\,H^+$$

Hier sind die OH-Gruppen nicht an einem vierwertigen C-Atom, sondern an einem 5-wertigen P-Atom angeheftet und deprotonierbar. Diese OH-Gruppen sind also keine alkoholischen Gruppen. Das O-Atom ist zweiwertig (Valenz II, im Gegensatz zu Valenz I für H; III für Stickstoff (N); IV für C; V für P). Man sollte das voll **protonierte Phosphat** (Phosphorsäure) eigentlich so schreiben:

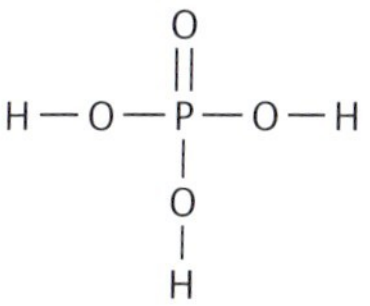

$$H-O-\overset{\overset{\displaystyle O}{\|}}{\underset{\underset{\underset{\displaystyle H}{|}}{\underset{\displaystyle O}{|}}}{P}}-O-H$$

Dann erkennt man die **Wertigkeit** (**Valenz**) von **O** und **H** besser. Die **Valenz** gibt die Bindungsfähigkeit der einzelnen Atome an und ergibt sich aus dem Aufbau der jeweiligen Atome, d. h. eigentlich dem ihrer äußeren Elektronenschalen (vgl. Lehrbücher der Chemie). Bei Abgabe eines Protons (H^+) geht jeweils eine positive Ladung ab, daher bekommt das verbleibende O-Atom eine negative Ladung (O^-).

Eine Säure kann sich mit einem Alkohol unter Wasseraustritt verbinden (**Veresterung**). Die entstehende Substanz nennt man einen **Ester**. Für **Glycerin** und **Phosphorsäure** ergibt sich **Glycerin-3-Phosphat**:

$$HO{-}P(=O)(O^-){-}OH + HO{-}CH_2{-}HC(OH){-}H_2C{-}OH \longrightarrow H_2O + HO{-}P(=O)(O^-){-}O{-}CH_2{-}HC(OH){-}H_2C{-}OH$$

mit dem Phosphat-Rest in endständiger Position (d. h. am 3. C-Atom). Aber auch die anderen Alkohol-Gruppen des Glycerins werden verestert, jedoch mit Fettsäure-Resten. Dazu gehört z. B. die **Palmitinsäure** $C_{16}H_{32}O_2$:

$$HO{-}C(=O){-}(CH_2)_{14}{-}CH_3$$

Stearinsäure = $C_{18}H_{36}O_2$ sollte sich demnach jeder selbst hinschreiben können. Komplizierter wird es bei der **Ölsäure**, $C_{18}H_{34}O_2$ (**Oleoyl-Rest**), denn sie hat in der Mitte folgende Gruppierung:

$$-HC{=}CH-$$

also eine Kohlenstoff-Doppelbindung. Sie bezeichnet man als **ungesättigte Fettsäure**. Eine Reihe solcher verschiedener **Acyl-Reste** können nun mit **Phosphoglycerin** unter Freisetzung von Wasser **verestern**, z. B.

$$H_2C{-}OH + HO{-}C(=O){-}(CH_2)_{14}{-}CH_3$$
$$HC{-}OH + HO{-}C(=O){-}(CH_2)_7{-}HC{=}CH{-}(CH_2)_7{-}CH_3$$
$$HO{-}P(=O)(O^-){-}O{-}CH_2$$

Aber auch der **Phosphat-Reste** kann weiter **verestert** werden, und zwar mit einer Vielfalt von Verbindungen mit einer **alkoholischen Gruppe**, von denen die wichtigsten folgende sind:

$$H_2N-CH_2-CH_2OH \quad = \quad \text{Ethanolamin} \quad \xrightarrow{+H^+} \quad H_3N^+-CH_2-CH_2OH$$

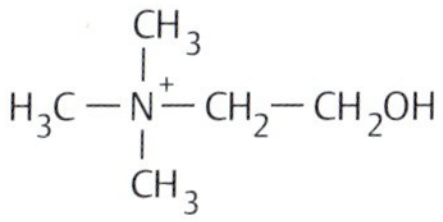

$$H_3C-N^+(CH_3)_2-CH_2-CH_2OH \quad = \quad \text{Trimethylethanolamin (= „Cholin")}$$

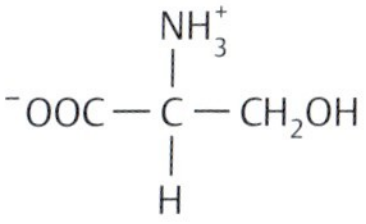

$$^-OOC-CH(NH_3^+)-CH_2OH \quad = \quad \text{Serin (= Seryl-Rest), eine Aminosäure}$$

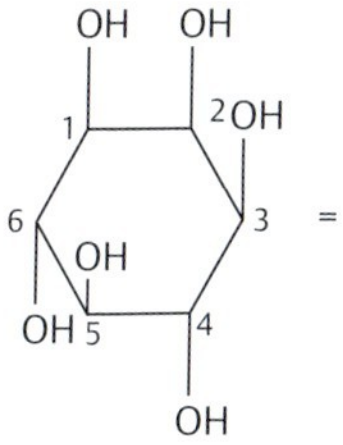

Inositstruktur (Sechsring mit C-Atomen 1–6, jeweils mit OH) = Inosit (mit 6 COH-Gruppen, also auch als 6-wertiger Alkohol zu bezeichnen)

Die **Veresterung** würde dann am Beispiel des **Ethanolamins** so erfolgen:

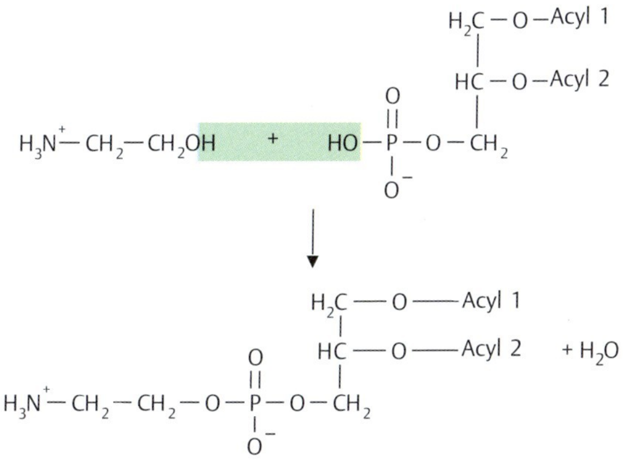

$$H_3N^+-CH_2-CH_2OH \quad + \quad HO-P(=O)(O^-)-O-CH_2-CH(O-\text{Acyl 2})-H_2C-O-\text{Acyl 1}$$

$$\downarrow$$

$$H_3N^+-CH_2-CH_2-O-P(=O)(O^-)-O-CH_2-CH(O-\text{Acyl 2})-H_2C-O-\text{Acyl 1} \quad + H_2O$$

Nun bauen wir uns ein fertiges **Phospholipid-Molekül** zusammen, etwa das am häufigsten vorkommende:

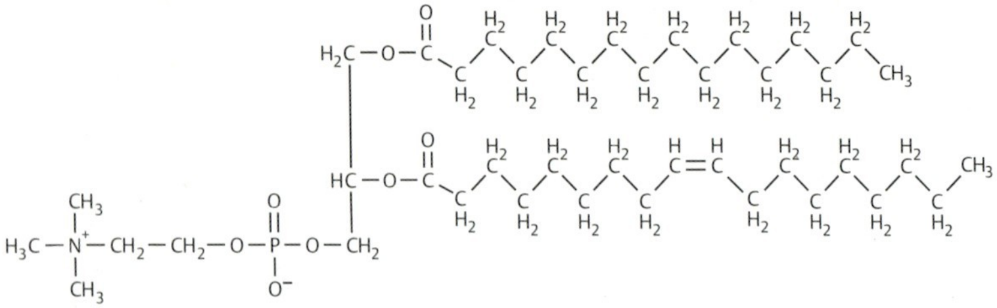

„Cholin" = Trimethylethanolamin | „Phosphatidyl" = Phosphat | „Di-Acyl" = Palmitoyl- + Oleoyl-Rest

Der korrekte Name dieses Phospholipids (sogar nach geringfügiger Vereinfachung) wäre, **Palmitoyl-Oleoyl-Glycerin-Phosphatidyl-Trimethylethanolamin**", oder einfacher **Di-Acyl-Glycerin-Phosphatidyl-Cholin.** Da diese Form mit einem Cholin-„Kopf" häufig in Biomembranen vorkommt, verwendet man gerne den noch einfacheren Trivialnamen **Lecithin.**

Dieses kleine Intermezzo in Chemie dient dazu, den Bau und die Funktion von Biomembranen zu verstehen. Es fehlt uns noch die **Struktur** des **Wasser-**Moleküls:

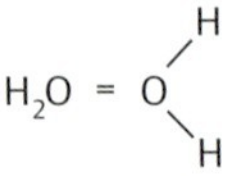

H_2O = O(H)(H)

Die Elektronen (negative Ladungen) werden im Wasser-Molekül nicht ganz gleichmäßig verteilt, sondern bevorzugt in Richtung des Sauerstoffs verschoben, wofür die Chemiker sich auf folgende Schreibweise geeinigt haben:

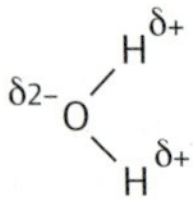

$\delta 2-$ O ($H^{\delta+}$)($H^{\delta+}$)

Man sieht, das Wasser-Molekül hat einen leicht positiven und einen leicht negativen Pol, also den Charakter eines **Dipol-Moleküls.**

Aus allem, was wir bisher kennengelernt haben, ergeben sich wichtige Konsequenzen. Betrachtet man ein **Phospholipid-Molekül**, so zeigt sich, dass die **linke Seite positive** und **negative Ladungen** trägt. Für die **rechte Seite** des Moleküls, die **Fettsäure-Schwänze**, trifft dies nicht zu. Freie Ladungen ziehen aber Wasser-Moleküle (Dipole) an,

```
         δ+
         H
          \    δ+
   CH3 δ2– O — H        O          H2C — O — Acyl 1
    |                   ||          |
    | +                 ||         HC — O — Acyl 2
H3C — N — CH2 — CH2 — O — P — O — CH2
    |                   |
   CH3                  O–
                              H — O δ2–
                             δ+   |
                                  H
                                  δ+
```

sodass die **linke Seite „hydratisiert“** wird (Wasserhülle, Hydrat). In anderen Worten, während diese Seite eines Phospholipids also Wasser anzieht, stößt es die andere ab. In vereinfachter Darstellung (▸ Abb. 5.2) zeigt dann das Lecithin folgende Struktur: Das Lecithin-Molekül hat also die Form einer Stimmgabel und andere Phospholipide sehen ihm sehr ähnlich. **Phospholipide** haben prinzipiell einen **hydrophilen Kopf-** und einen **hydrophoben Schwanzabschnitt**. Träufelt man Phospholipide auf eine Wasseroberfläche, so tauchen sie die hydrophilen Köpfchen in das Wasser und strecken die hydrophoben Acyl-Schwänze in die Höhe (▸ Abb. 5.3).

Umgekehrt kann man die Köpfchen **lipophob** und die Schwänze **lipophil** nennen, denn hier würden in einer geschlossenen Phospholipidschicht fettlösliche Substanzen jeweils ausgeschlossen bzw. angereichert werden. Ein Phospholipid hat auch aus dieser Sicht einen **amphipathischen** Charakter (**hydrophil**, polar und **lipophob** an einem und hydrophob, apolar und lipophil am anderen Ende).

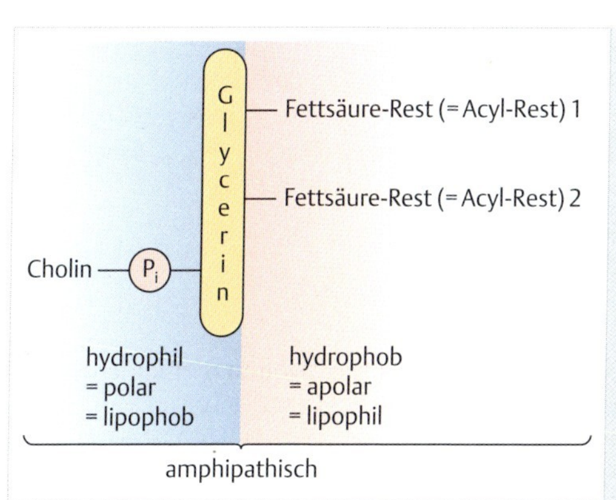

Abb. 5.2 Strukturbedingte Eigenschaften eines Phospholipid-Moleküls. Die Fettsäure-Reste weisen Wasser ab, sind also hydrophob (wasserscheu), der Kopfteil des Moleküls (mit einem Rest, z. B. Cholin, und einem Phosphat) ist hydrophil (wasseranziehend). Das Gesamtmolekül zeigt also zwei Bereiche mit sich deutlich widerstrebenden Eigenschaften: Es ist amphipathisch.

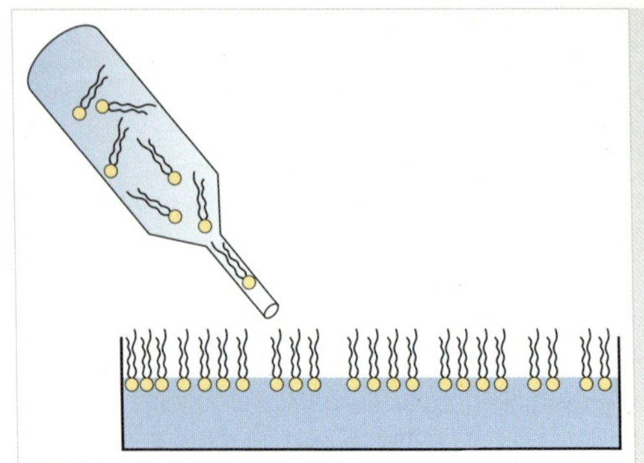

Abb. 5.3 Spontane Anordnung von Phospholipid-Molekülen beim Aufträufeln auf eine Wasseroberfläche. Die Phospholipid-Moleküle sind vereinfacht dargestellt, mit zwei hydrophoben Fettsäure-Schwänzen und einem hydrophilen Kopf, der allein spontan ins Wasser eintaucht.

Im wässrigen Milieu von **Zellen** und **Geweben** sind **Phospholipide** allseits von **Wasser** umgeben. Hier ordnen sich Phospholipide antiparallel in einer ca. 3 bis 4 nm dicken Doppelschicht an, sodass die **hydrophoben Schwänze zueinander** zeigen und nur die **hydrophilen Köpfe** mit dem **Wasser** in Berührung kommen. Diese Anordnung als **bimolekulare Schicht** (*bimolecular leaflet, lipid bilayer*) stellt sich spontan auch dann ein, wenn Phospholipide aus einer Lösung in Wasser hineinpipettiert werden (▸ Abb. 5.4). Eine derartige zwangsweise Zusammenfügung molekularer Bausteine aufgrund der physikochemischen Eigenschaften ihrer Bausteine nennt man **self assembly**, obwohl dieser Begriff von vielen Forschern auf das exakte Zusammenfügen von Protein-Bausteinen zu größeren Aggregaten beschränkt wird. Dies ist ein Prinzip, dem wir noch mehrfach begegnen werden.

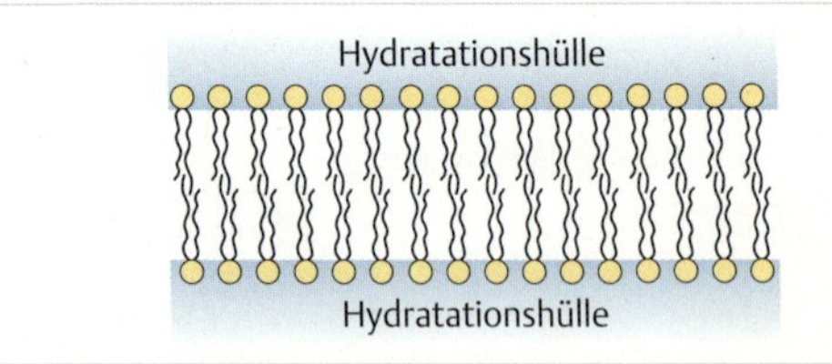

Abb. 5.4 Bildung einer Lipid-Doppelschicht. Werden Phospholipid-Moleküle in ein wässriges Medium eingebracht, so bilden sie spontan eine bimolekulare Schicht (bimolecular leaflet) dergestalt, dass die hydrophilen Köpfe dem Wasser zugewandt sind, das sie in einem dünnen Grenzbereich als Hydratationshülle binden. Die Fettsäure-Schwänze haben nur eine schwache hydrophobe Bindung, die dadurch entsteht, dass Wasser aus diesem Bereich ausgeschlossen wird.

5.3 Aminosäuren und Proteine

Unser Körper baut Proteine aus 20 Aminosäuren auf, von denen wir einige nicht selbst synthetisieren können (= essenzielle Aminosäuren). Allein unsere Leberzellen können an die 25 000 Proteine herstellen. Sie haben zum Teil strukturgebende, zum Teil katalytische Funktion (Enzyme), zum Teil sind es Transportmoleküle verschiedener Art oder sie haben noch andere Funktionen. Die spezifischen Leistungen einzelner Proteine und ihre Anordnung, z. B. in einer Membran oder als lösliche Proteine im Inneren der Zelle, hängen sehr davon ab, welche Aminosäuren in welcher Anordnung aneinander gefügt sind. Man nennt diese Anordnung der Aminosäuren die **Aminosäuresequenz** oder **Primärstruktur** eines Proteins.

Daher wollen wir uns nun einzelne Aminosäuren herausgreifen, welche in späterem Zusammenhang wichtig erscheinen und gleichzeitig verschiedene Typen vertreten.

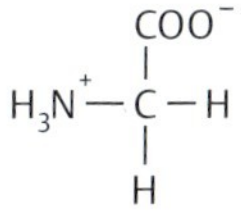

Glycin 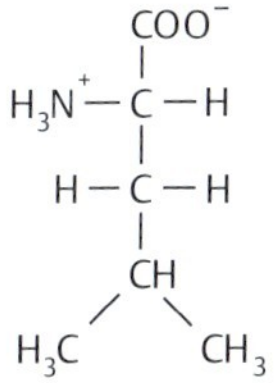 Leucin 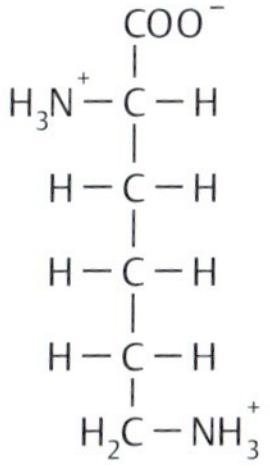 Lysin 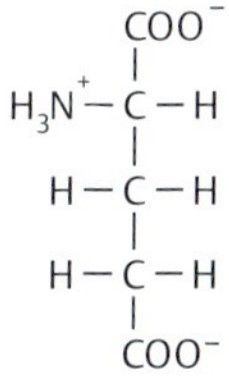 Glutaminsäure

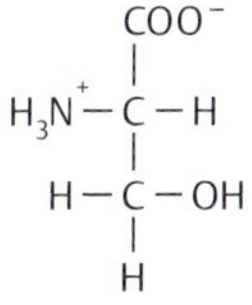

Serin 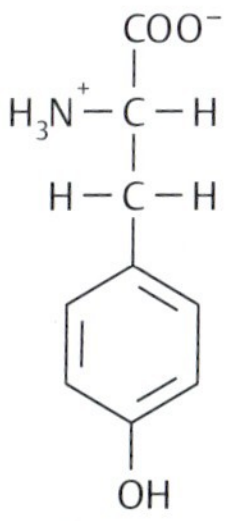 Tyrosin 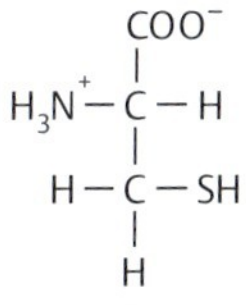 Cystein

Glycin ist die einfachste Aminosäure. Alle Aminosäuren enthalten eine **Carboxyl-Gruppe**,

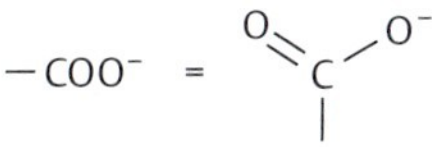

$-COO^- =$

die reversibel Protonen (H^+) aufnehmen kann:

$$-COO^- + H^+ \rightleftharpoons -COOH$$

Die **Carboxyl-Gruppe** ist also **protonierbar** und **deprotonierbar**, je nachdem wie viele Protonen in der Lösung vorhanden sind. Ist die Lösung neutral, so liegen in reinem Wasser 10^{-7} Mol H^+ pro Liter H_2O vor (pH = 7,0). In Säuren sind es mehr Protonen (> 10^{-7} Mol/Liter), in Basen weniger (< 10^{-7} Mol/Liter), sodass der pH-Wert < 7,0 in Säuren, > 7,0 in Basen beträgt.

Die **Amino-Gruppe** kann ebenfalls H^+ aufnehmen oder abgeben:

$$-NH_3^+ \rightleftharpoons -NH_2 + H^+$$

Also sind **Aminosäuren** mit **positiver** und **negativer** Ladung ausgestattet (**amphoterer** Charakter). Sie tragen sowohl eine **negativ** geladene (anionische, saure) **Carboxyl-Gruppe** als auch eine **positiv** geladene (kationische, basische) **Amino-Gruppe**. Eine Amino-Gruppe sitzt stets an jenem C-Atom, welches der Carboxyl-Gruppe folgt, man sagt am α-C-Atom. In unserem Körper gibt es praktisch nur L-Aminosäuren mit bestimmter sterischer Anordnung der Gruppen (wie oben wiedergegeben). Doch darauf wollen wir hier nicht weiter eingehen.

Nun gibt es Aminosäuren (S. 93), welche außer der positiven Ladung einer Aminosäure und der negativen Ladung einer Carboxyl-Gruppe keine weiteren geladenen (ionisierten) Gruppen tragen, z. B. Glycin und Leucin. Solche Aminosäuren nennt man **apolar**. Kommt dagegen eine weitere Amino-Gruppe oder eine weitere Carboxyl-Gruppe hinzu, so spricht man von einer basischen (z. B. Lysin) oder einer sauren (z. B. Glutaminsäure) Aminosäure. Solche Überschussladungen ziehen Wasser an, aus Gründen, die bei den Phospholipiden erläutert wurden. Die OH-Gruppe von Serin oder Tyrosin hat ebenfalls die Eigenschaft, Wasser anzuziehen, obwohl sie nicht ionisiert ist. Diese Aminosäuren nennt man **polar**. Eine Besonderheit ist auch das Vorkommen von zyklischen Komponenten in manchen Aminosäuren, wie z. B. im Tyrosin. Aus der Reihe tanzt das Cystein, ebenfalls eine apolare Aminosäure, die aber eine SH-Gruppe (Sulfhydryl-Gruppe) trägt. Vielfach verbinden sich in Proteinen zwei **Cystein-Reste** über ihre SH-Gruppen nach dem Schema

$$-\underset{H}{\overset{H}{\underset{|}{\overset{|}{C}}}}-SH + HS-\underset{H}{\overset{H}{\underset{|}{\overset{|}{C}}}}- \longrightarrow -\underset{H}{\overset{H}{\underset{|}{\overset{|}{C}}}}-S-S-\underset{H}{\overset{H}{\underset{|}{\overset{|}{C}}}}-$$

zu einer **Disulfidbrücke** (**-S-S-**). Dadurch werden benachbarte Bereiche eines kettenförmigen, in Schleifen gefalteten Proteins gegeneinander stabilisiert (vgl. ▸ Abb. 5.5).

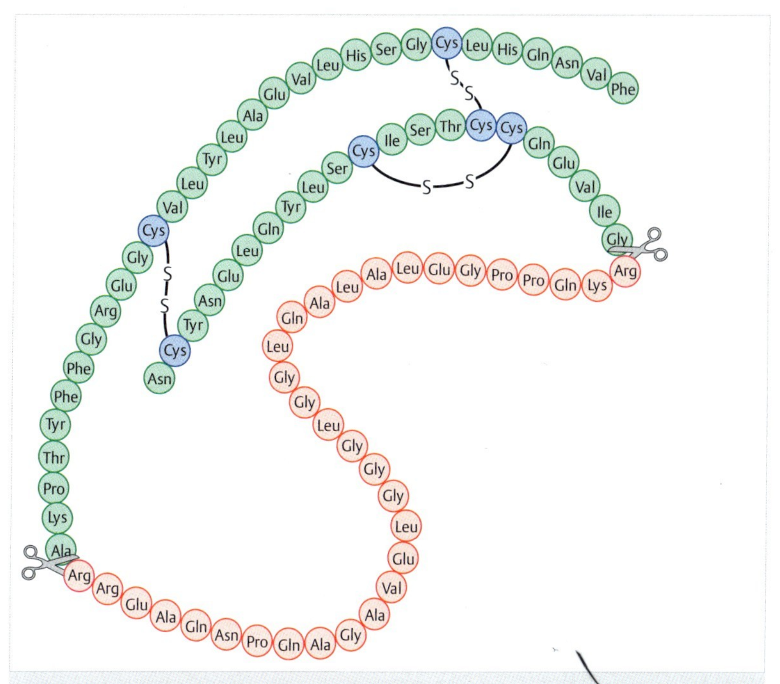

Abb. 5.5 Primärstruktur von (Schweine-) Insulin. Insulin ist ein Hormon (extrazellulärer Botenstoff), das von den „Inselzellen" der Bauchspeicheldrüse abgegeben wird. Es wird über die Blutbahn im Körper verteilt und verhindert einen zu starken Anstieg des Blutzuckerspiegels (Glukose). Diese Funktion hängt davon ab, dass nach der Synthese der rote Teil der Proteinkette herausgeschnitten wird. Noch in der „Inselzelle" erfolgt dies durch ein proteinspaltendes Enzym (Protease; limitierte Proteolyse). Das restliche, voll aktive Molekül zeigt zwei Aminosäureketten, die über Disulfidbrücken miteinander verbunden bleiben. Eine weitere Disulfidbrücke dient der Stabilisierung einer Teilkette. An diesem Beispiel lassen sich folgende Struktur- und Funktionsprinzipien von Proteinen erkennen:
1. Aus der genau festgelegten Aminosäuresequenz ergeben sich intramolekulare Bindungen und damit die Struktur eines Proteins, obwohl in dieser Zeichnung die funktionell wichtige Sekundär- und Tertiärstruktur nicht weiter berücksichtigt sind.
2. Limitierte Proteolyse ist ein weit verbreitetes Aktivierungsprinzip von Proteinen.

Tab. 5.2 Abkürzungs-Kode für Aminosäuren

Ein-Buchstaben-Kode	Drei-Buchstaben-Kode	Aminosäure
A	Ala	Alanin
C	Cys	Cystein
D	Asp	Asparaginsäure
E	Glu	Glutaminsäure
F	Phe	Phenylalanin
G	Gly	Glycin
H	His	Histidin
I	Ile	Isoleucin
K	Lys	Lysin
L	Leu	Leucin
M	Met	Methionin
N	Asn	Asparagin
P	Pro	Prolin
Q	Gln	Glutamin
R	Arg	Arginin
S	Ser	Serin
T	Thr	Threonin
V	Val	Valin
W	Trp	Tryptophan
Y	Tyr	Tyrosin

Für die einzelnen **Aminosäuren** wurden **Standard-Abkürzungen** aus **3 Buchstaben** gewählt. Seitdem die Molekularbiologen immer größere Sequenzabschnitte aufklären, werden zunehmend **Ein-Buchstaben-Abkürzungen** verwendet (▶ Tab. 5.2).

▶ Von der Aminosäure zum Protein. In einem **Protein** sind die **Aminosäuren** über eine **Säureamid-Bindung**, also durch **Verknüpfung** einer **Carboxyl-** mit einer **Amino-Gruppe**, miteinander verbunden:

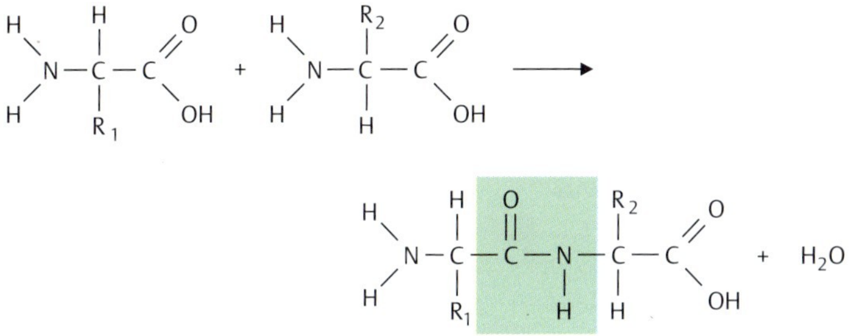

Unter Beteiligung vieler Aminosäuren ergibt sich daraus zunächst ein lineares Kettenmolekül:

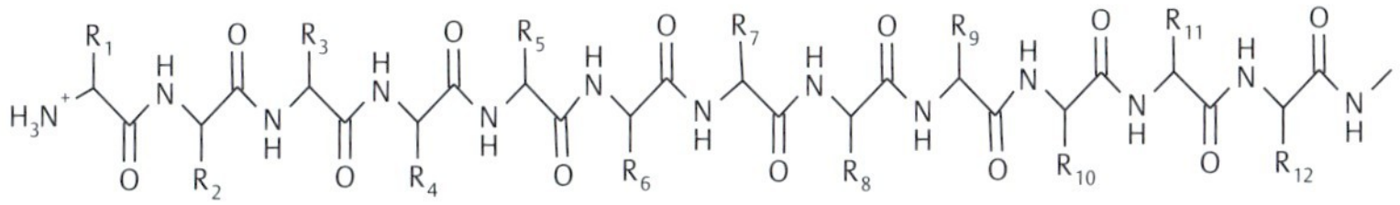

Diese Formel zeigt die **Grundstruktur eines Proteins**. Hervorgehoben ist hier die regelmäßige Abfolge von Peptidbindungen, die das „Rückgrat" eines jeden Proteins bilden. **R_1** bis **R_{12}** bezeichnen **Seitenketten**, die durch die jeweiligen Aminosäuren eines Proteins gebildet werden. Die **Säureamid-Bindung** wird in Proteinen auch **Peptidbindung** genannt. Als konkretes Beispiel wird in ▸ Abb. 5.5 das Insulin-Molekül gezeigt.

Kennt man die **Aminosäuresequenz** (**Primärstruktur**) eines Proteins, so weiß man noch nichts über seine Gestalt (**Sekundärstruktur**). Diese kann dreierlei sein (▸ Abb. 5.6):

1. random coil, d.h. willkürlich wie eine geworfene Schnur;
2. gestreckt, mit leichter Abwinkelung zwischen den Aminosäuren, wie ein Blatt, das vielfach leicht gefaltet wurde (**β-Faltblatt-Struktur**);
3. die Proteinkette kann schraubig verdrillt sein (**α-Helix-Struktur**).

Nun können innerhalb eines Proteinmoleküls Abschnitte mit verschiedener Sekundärstruktur (**Domänen**) miteinander abwechseln. Die Gesamtstruktur wird dann als **Tertiärstruktur** bezeichnet. Schließlich können **mehrere Proteine** (Untereinheiten) aneinander gelagert werden – die **Gesamtstruktur** eines derartigen oligomeren Proteins heißt **Quartärstruktur**. In der Zelle assoziieren manche Proteine, z.B. Enzyme, verschiedener Art zu **Multienzymkomplexen** (▸ Abb. 5.7). Dies gewährleistet höchste Effektivität wie bei einem Fließband, das schnelle Abläufe von Folgeschritten erlaubt.

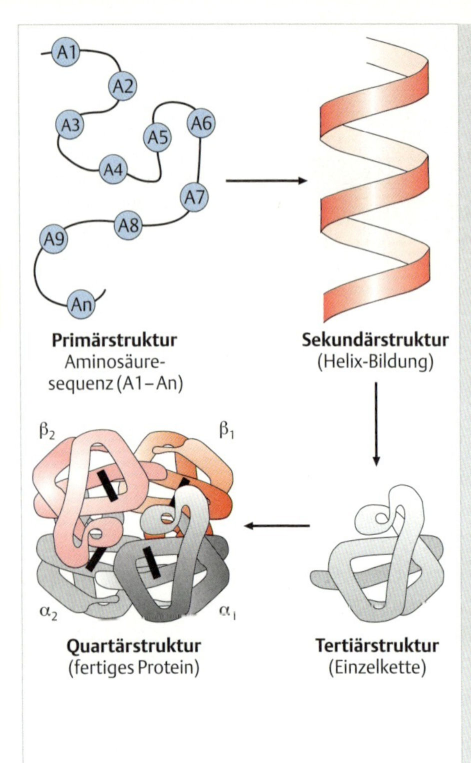

Abb. 5.6 Struktur von Proteinen. **Links oben:** Ungeordnete Struktur; Abfolge von Aminosäuren A1 – An. **Rechts oben:** Die funktionell wichtigste Sekundärstruktur ist die α-Helix. Hier sind die Aminosäuren schraubig (α-helikal) angeordnet. **Rechts unten:** Als Beispiel einer Tertiärstruktur ist eine Kette des roten Blutfarbstoffes Hämoglobin gezeigt, wobei die lange Proteinkette (mit nicht im Detail gezeigten α-helikalen Bereichen) vielfach verschlungen erscheint. **Links unten:** Vier solche Ketten treten zur Quartärstruktur eines Hämoglobin-Moleküls zusammen. In dieser Form liegt das Hämoglobin in den Erythrocyten vor. Hämoglobin ist also ein oligomeres, genauer ein tetrameres Protein, in dem jeweils zwei Ketten identisch sind. (Ihre Bezeichnung als α_1-, α_2-, β_1- und β_2-Kette ist alt und hat nichts mit ihrer Sekundärstruktur zu tun.) Der schwarze Balken kennzeichnet den eisenhaltigen Teil mit Fe^{2+}, an dem der O_2-Transport stattfindet.

▶ **Wechselwirkungen innerhalb von Proteinen und Protein-Aggregaten.** Proteine und Aggregate von Proteinen können ihre jeweilige spezifische Struktur, von der ihre Funktion weitestgehend abhängt, nur dadurch bewahren, dass verschiedene Abschnitte eines Proteins oder benachbarter Proteine miteinander in Wechselwirkung treten. Diese sind in ▶ Abb. 5.8 erläutert. Am stabilsten, aber gleichzeitig am wenigsten flexibel ist natürlich die **Disulfid-Verknüpfung** (▶ Abb. 5.8**b**). **Hydrophobe Seitenketten** (▶ Abb. 5.8**d**) erleichtern den Einbau von Proteinen in Biomembranen (S. 124). Am flexibelsten sind **ionale Bindungen** (▶ Abb. 5.8**c**) und **Wasserstoff-Brückenbindungen** (▶ Abb. 5.8**a**), die gleichzeitig zu den schwächeren Bindungen gehören.

▶ **Strukturelle Eigenschaften von Proteinen sind von großer funktioneller Bedeutung.** Von der Wichtigkeit dieser strukturellen Aspekte werden wir spätestens dann überzeugt sein, wenn wir konkrete Beispiele kennen lernen. So

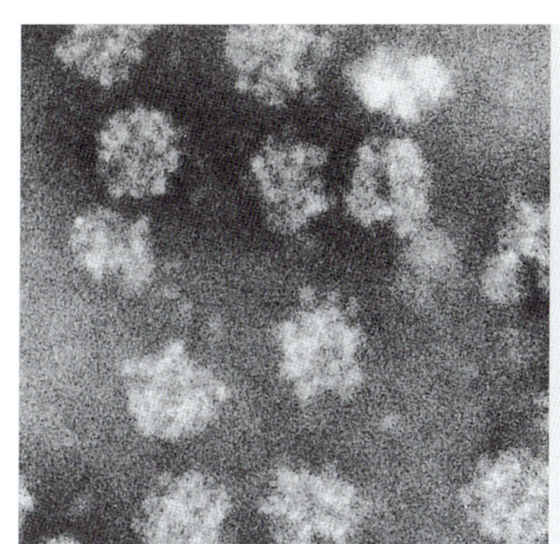

Abb. 5.7 Der Pyruvatdehydrogenase-Komplex aus Bakterien als Beispiel eines Multienzymkomplexes, in dem zwecks höherer Effizienz mehrere verschiedene Enzymproteine miteinander assoziiert sind. Die einzelnen Proteine werden im Negativkontrastierungs-Verfahren als kleine Kugeln sichtbar. Vergr. 300 000-fach. (Aus Junger, E., H. Reinauer: Biochim. Biophys. Acta 250 [1972] 478)

Abb. 5.8 Die Abschnitte eines Proteins oder Abschnitte benachbarter Proteine stabilisieren sich gegenseitig. Dabei können folgende Mechanismen beteiligt sein: **a** Wasserstoffbrücken-Bindung (durch „Verschmieren" der Elektronenwolken ähnlich wie auf S. 91 oben, **b** Disulfidbrücken (wie in ▶ Abb. 5.5 für Insulin gezeigt wurde), **c** ionale Bindung (Anziehung von positiven und negativen Ladungen) und **d** Aggregation hydrophober Seitenketten (nach dem Prinzip, das wir aus ▶ Abb. 5.4 bereits kennen). (aus Junger, E., H. Reinauer: Biochim. Biophys. Acta 250 [1972] 478)

„stecken" manche Proteine mit α-helikalen Domänen aus apolaren Aminosäuren in einer Membran, zeigen außerhalb des „membrandurchspannenden" Bereiches Domänen mit anderer Sekundärstruktur und aggregieren zu mehreren Untereinheiten. In manchen Fällen können diese einen polaren Kanal bilden, durch welchen nach geringfügigen Änderungen der Quartärstruktur im 0,1-nm-Bereich Ionen oder Nährstoffe durchgeschleust werden; vgl. Kap. 6.2

(S. 119). In ähnlicher Weise werden insbesondere jene Proteine „gesteuert", welche als Biokatalysatoren dienen (Enzyme). In eine Vertiefung eines Enzymmoleküls (**aktives Zentrum**) passt haargenau nur eine Art von Substratmolekül hinein, das dadurch gespalten oder sonst wie verändert wird. Dieses **Schlüssel-Schloss-Prinzip** funktioniert nur bei extremer Passgenauigkeit (eben im 0,1 nm-Bereich). Es ist auch nicht erstaunlich, dass die Effizienz von Enzymen von der Konzentration an Wasserstoff-Ionen (pH-Wert) abhängt – müssen sie doch großen Einfluss auf die lokale Ladungsverteilung in einem Protein und damit auf seine Struktur (Konfiguration) ausüben.

▶ **Proteine als Biokatalysatoren, Bedeutung von Konformationsänderungen.** Da viele Proteine als Enzyme wichtige Schlüsselfunktionen des Stoffwechsels, von Biosynthesen, Um- und Abbauprozessen steuern, sei hier ein Wort dazu angefügt. Fast keiner dieser Prozesse läuft spontan, also von selbst ab. Meistens bedarf es der Energie, welche entweder in der Ausgangssubstanz selbst steckt oder aber als ATP zugeführt werden muss. Die Spaltung von ATP in ADP + P_i kann bereits zu einer Änderung der Konformation eines Proteins führen. Vergleiche das Beispiel: Myosin des Muskels (S. 338). Diese ATP-Hydrolyse geht häufig mit der ionalen Bindung (bei Myosin) oder sogar der kovalenten Anheftung eines Phosphat-Restes einher (Proteinphosphorylierung; Beispiel Ionenpumpen). Auch hierbei bewirkt die lokale Ladungsänderung eine Änderung der Konformation eines Proteins; vgl. ▶ Abb. 4.4. Wenn diese auch noch so geringfügig ist, so bedeutet dies doch Bewegung, also Arbeit. Arbeit aber kann ohne Energiezufuhr (ATP) nicht geleistet werden. Der andere wichtige Aspekt in diesem Zusammenhang ist, dass chemische Reaktionen häufig sehr langsam ablaufen. Sie werden durch jeweils spezifische Enzymproteine beschleunigt. Manche Enzyme sind sehr träge (mit einem Umsatz von wenigen Substratmolekülen pro Minute), andere sind sehr schnell (mit einem Umsatz von einigen 10^4 Molekülen pro Sekunde). Wie unterschiedlich auch die Aktivität sein mag, so ist es doch in jedem Fall berechtigt, Enzyme als **Biokatalysatoren** zu bezeichnen.

▶ **Proteine sind sehr vielfältig und zahlreich.** In unserem Körper dürfte es fast an die 100 000 verschiedene Proteine geben. Bakterienzellen haben viel weniger. Dies hängt damit zusammen, dass wir ein viel größeres Genom haben, also viel mehr verschiedenartige Proteine als Genprodukte kodieren können.

Auch die Größe von Proteinen ist sehr verschieden. Am größten ist die Proteinkette des Titins (MG 3 000 000) von Muskelzellen, das nach den Titanen der griechischen Mythologie benannt ist. Für ein mittleres Protein des Menschen kann man ein MG = 55 000 ansetzen, also das 55 000-fache Gewicht eines H-Atoms, und es würde aus ca. 550 Aminosäuren (MG von 110 pro Aminosäure im Durchschnitt) bestehen.

5.4 Zucker

Zucker (Saccharide) sind **mehrwertige Alkohole** mit einer endständigen **Aldehyd-Gruppe**, seltener mit einer **Keto-Gruppe**. Die **Alkohol-Gruppe** sieht wie folgt aus:

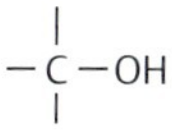

```
  |
— C — OH
  |
```

die **Aldehyd-Gruppe** so:

```
H     O
  \  //
   C
   |
```

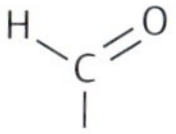

und die **Keto-Gruppe** wie folgt:

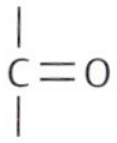

```
|
C = O
|
```

Es gibt Zucker mit 5, 6 oder mehr C-Atomen. Man spricht dann von **Pentosen** (**C_5**) oder **Hexosen** (**C_6**). Entlang der Kohlenstoffkette treten die OH-Reste in verschiedener Anordnung auf. Die wichtigsten Beispiele sind:

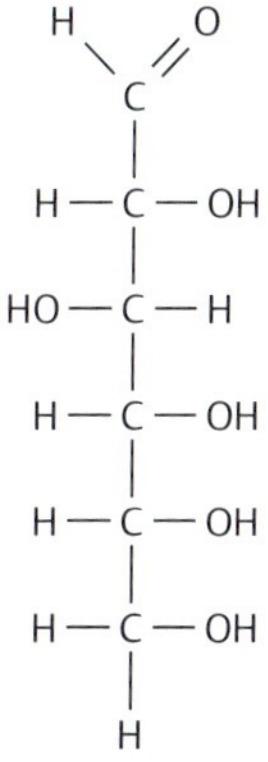

```
   H     O
     \  //
      C
      |
  H — C — OH
      |
 HO — C — H
      |
  H — C — OH
      |
  H — C — OH
      |
  H — C — OH
      |
      H
```

Glukose =
Traubenzucker
(C_6-Körper = Hexose)

```
      H
      |
  H — C — OH
      |
      C = O
      |
 HO — C — H
      |
  H — C — OH
      |
  H — C — OH
      |
  H — C — OH
      |
      H
```

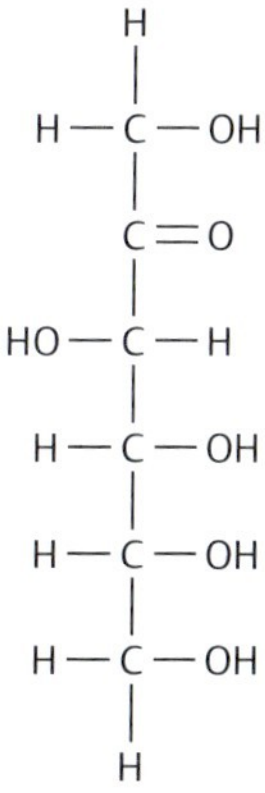

Fruktose =
Fruchtzucker
(C_6-Körper = Hexose)

```
   H     O
     \  //
      C
      |
  H — C — OH
      |
  H — C — OH
      |
  H — C — OH
      |
  H — C — OH
      |
      H
```

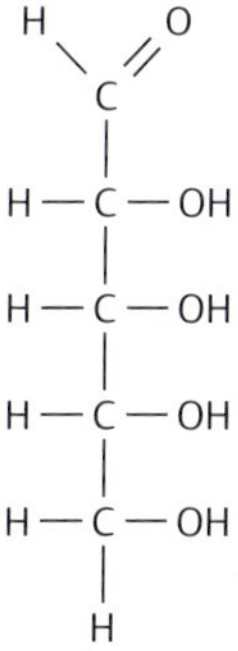

Ribose =
(C_5-Körper= Pentose)

Glukose hat also die typische **Aldehyd-Gruppe** am obersten C-Atom (am **C1-Atom**), **Fruktose** eine **Keto-Gruppe** am **C2-Atom**. Beide Zucker-Moleküle haben dieselbe Summenformel

$C_6H_{12}O_6$

und beide sind **Hexosen**. **Ribose** ist eine **Pentose** mit einer **Aldehyd-Gruppe** am **C1-Atom**. Die oben angeschriebenen offenen Kettenformen können sich zu einer Ringform schließen:

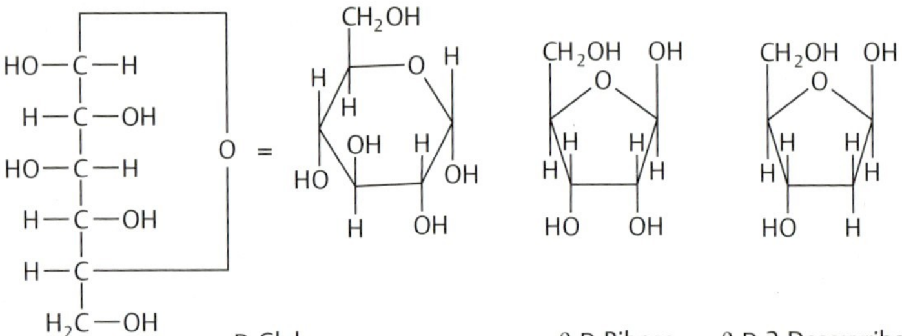

α-D-Glukose β-D-Ribose β-D-2-Desoxyribose

Auf die Vorsätze α, β, D wollen wir hier nicht eingehen, ebenso wenig wie auf die Nummerierung der C-Atome (vgl. Lehrbücher der Biochemie). In der **DNA** kommt Ribose in ihrer Desoxy-Form, und zwar als, **β-D-2-Desoxyribose** vor.

Ein Hexose-Molekül kann mit einem anderen Hexose-Molekül derselben oder einer anderen Art unter Ausbildung einer **glykosidischen Bindung** zu einem **Disaccharid** zusammentreten. So ergeben sich aus

Glukose + Glukose → **Maltose** (Malzzucker)

Glukose + Fruktose → **Saccharose** (Rohrzucker, *sucrose*)

Dabei wird bei der Maltose die glykosidische Bindung vom C1-Atom des einen zum C4-Atom des anderen Glukose-Moleküls geknüpft. Daher ist Maltose ein Disaccharid der Form Glukose-1,4-Glukose. Diese Ketten können verlängert werden zu **Oligo-** und **Polysacchariden**. Ein Poly-1,4-Glukosid ist die **Stärke** – eine Glukose-Speicherform der Pflanzen. In symbolischer Kurzschreibweise lässt sich das, wie in ▸ Abb. 5.9 gezeigt, darstellen:

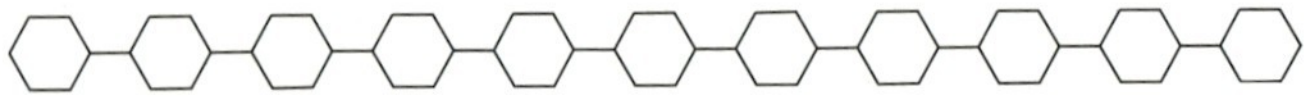

Abb. 5.9 Stärke-Molekül.

Auch die tierische Zelle produziert eine ähnliche Speicherform. Diese weist aber zusätzlich zu 1,4-glykosidischen Bindungen zwischen den kettenförmig angeordneten Glukose-Molekülen in gewissen Abständen auch noch 1,6-glykosidische Bindungen auf; einzelne H-Atome sind weggelassen.

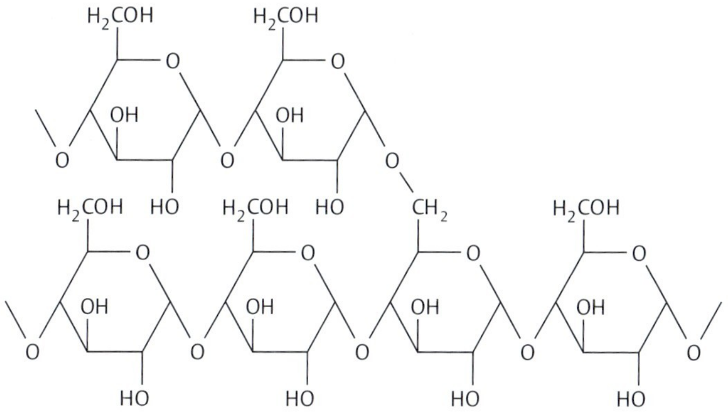

Das **Glykogen**-Molekül ist daher vielfach verzweigt. In symbolischer Kurzschreibweise lässt sich dieses **Polyglukosid** darstellen, wie in ▸ Abb. 5.10 gezeigt:

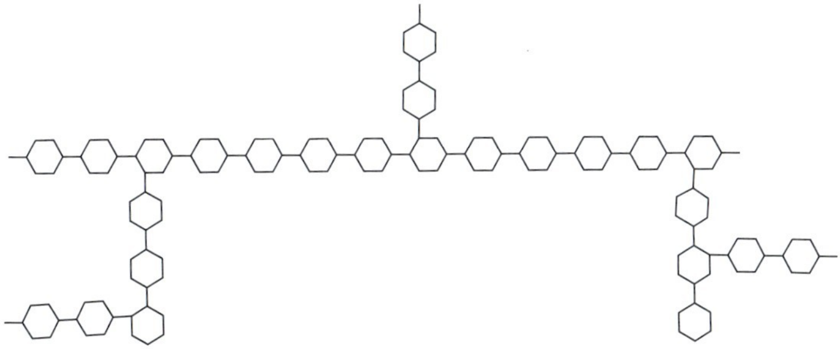

Abb. 5.10 Glykogen-Molekül.

Die **Zellwand** der Pflanzenzellen besteht zu einem Großteil aus **Zellulose** mit demselben Bindungsmuster wie **Stärke**, jedoch mit **1,4-β-glykosidischen** (anstatt 1,4-α-glykosidischen) Bindungen.

Wie wir in Kap. 6.4 (S. 133) sehen werden, sind an der **Zellmembran Zucker-Moleküle** angeheftet. Eine wichtige Komponente ist dabei die **Sialinsäure**, ein

Abkömmling der **Neuraminsäure**. Sie entsteht aus der kovalenten Verknüpfung des Aminozuckers Mannosamin mit Brenztraubensäure (Pyruvat), einem Zwischenprodukt des Energiestoffwechsels.

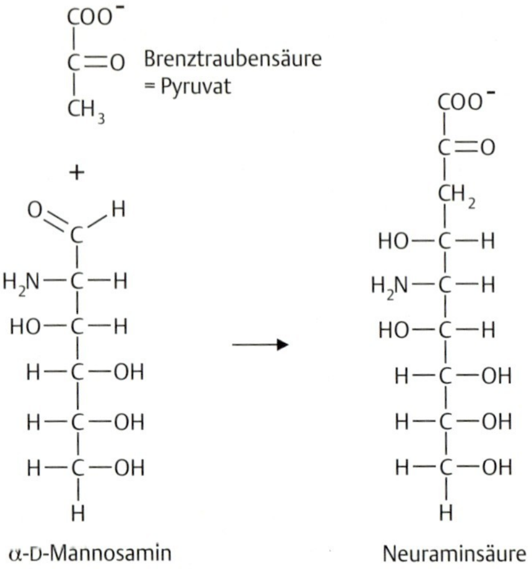

COO^- – C=O – CH_3 Brenztraubensäure = Pyruvat

+

α-D-Mannosamin

→

Neuraminsäure

5.5 Pyrimidin- und Purin-Basen der Nukleinsäuren

Beide Arten von Basen sind Komponenten der **DNA** und der verschiedenen **RNA-Formen**. Der Grundkörper des **Pyrimidins**

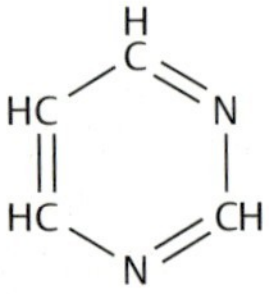

enthält zwei N-Atome in seinem Ring, ist also heterozyklisch. Vom **Pyrimidin** leiten sich ab:

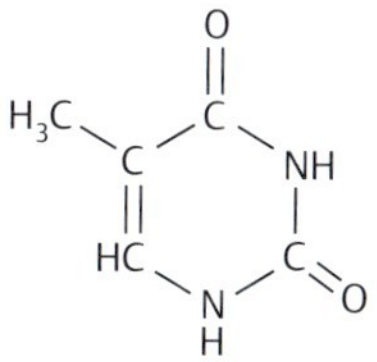

Thymin

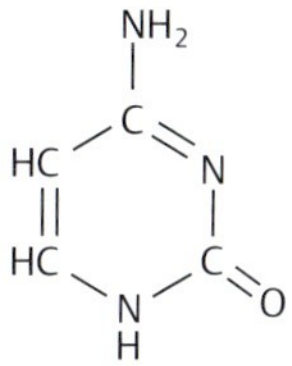

Cytosin

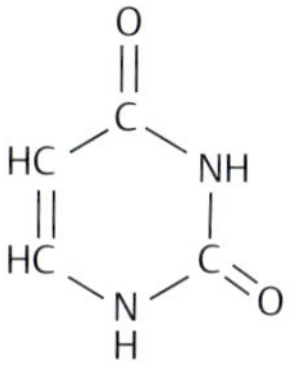

Uracil

Thymin und **Cytosin** kommen in der **DNA** vor, **Cytosin** auch in der RNA, **Uracil** ersetzt Thymin in der **RNA**.

Das **Purin** (der Grundkörper der Harnsäure)

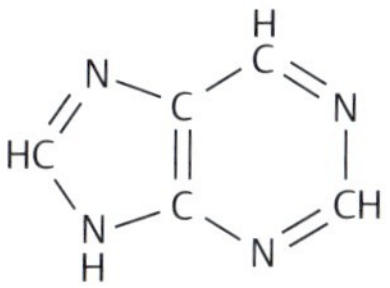

besteht aus zwei heterozyklischen Ringen (ein Fünfer- und ein Sechser-Ring, jeweils mit 2 N-Atomen). Daraus leiten sich die zwei **Purin-Basen** von **DNA** und **RNA** ab, **Adenin** und **Guanin**:

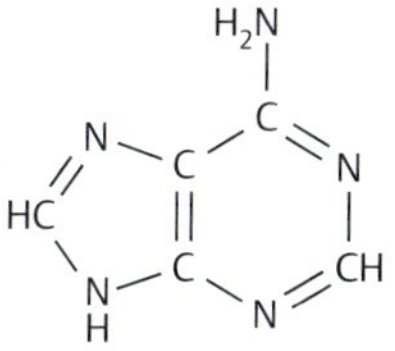

Adenin

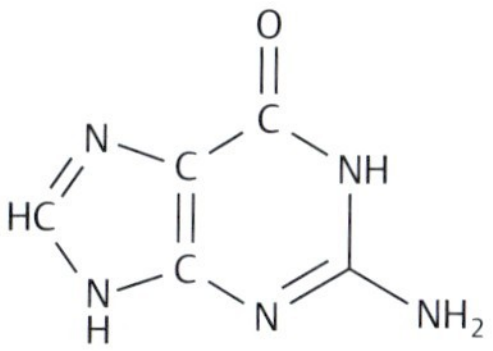

Guanin

Basen sind alle diese Verbindungen, weil sie positiv aufladbare Gruppen, entweder $-NH_2-$ oder >N-, tragen. Ihre kovalente Verknüpfung mit Ribose und Phosphat-Resten in DNA und RNA ist in ▸ Abb. 5.11 erläutert. In der DNA treten einander zwei solcher Ketten gegenüber. Dabei paart sich zwangsläufig **Adenin** mit **Thymin** (**A-T**) und **Guanin** mit **Cytosin** (**G-C**) über zwei bzw. drei **Wasserstoff-Brückenbindungen**. Die Abfolge der Basenpaare stellt die genetische Information dar.

Die **DNA** ist ein sehr langes **unverzweigtes Kettenmolekül** (▸ Abb. 5.12).

RNA-Moleküle sind ebenfalls **unverzweigt**. Sie treten als **Einzelstrang** auf, der gegebenenfalls durch Basenpaarung gepaarte Abschnitte mit Schleifenbildung formen kann; vgl. Kap. 7 (S. 151) bis Kap. 9 (S. 208).

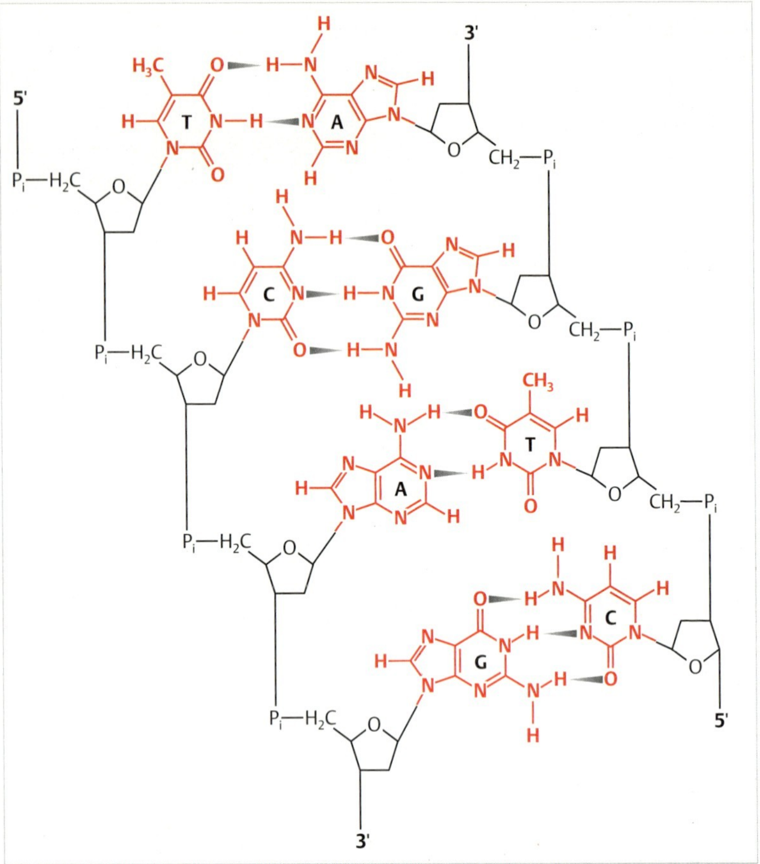

Abb. 5.11 Ausschnitt aus einem DNA-Molekül mit einem „Rückgrat" aus kovalent vernetzten Phosphat-Resten und Ribose, an die Adenin (A), Thymin (T), Guanin (G) oder Cytosin (C) kovalent angeheftet sind. Es stehen sich immer A-T bzw. G-C gegenüber, wobei die beiden Einzelstränge der DNA jeweils durch zwei bzw. drei Wasserstoffbrücken miteinander verbunden sind. Diese Bindungen können bei der DNA-Replikation leicht gelöst werden. Das 3'- und das 5'-Ende der Einzelstränge bekommen ihre Bezeichnung nach der Nummer des C-Atoms (nicht eingezeichnet) der Ribose. Zur Ribose gehört der Fünfer-Ring (mit O-Atom und C3-Atom) sowie die CH_2-Gruppe (C5-Atom der Ribose). Die Anordnung der beiden komplementären Einzelketten ist 5'→3' und 3'→5', also antiparallel. Wegen der spiraligen Drehung dieses Doppelmoleküls wird die DNA-Struktur als Doppelhelix bezeichnet.

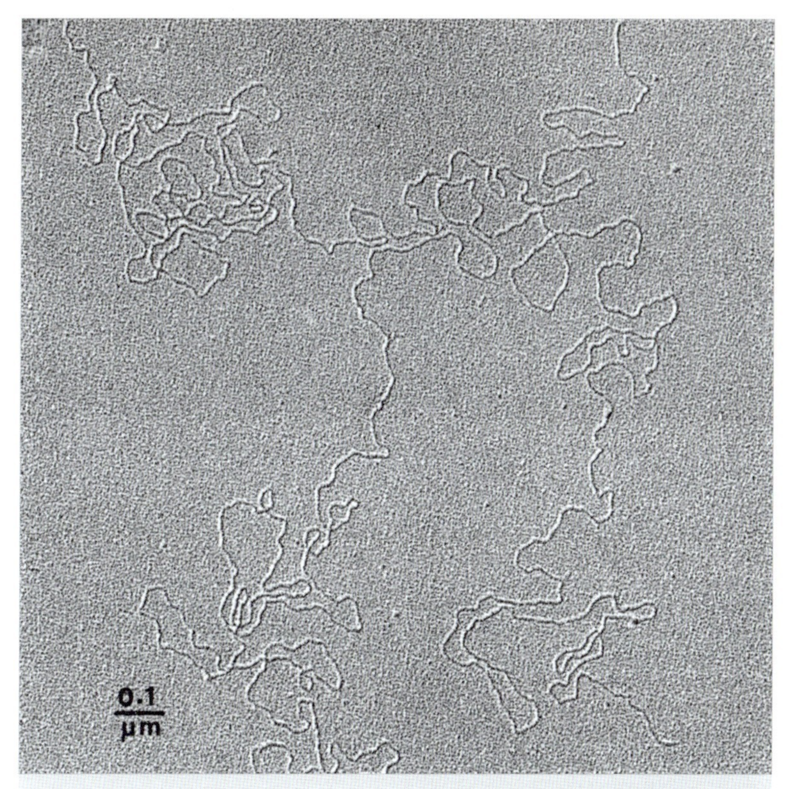

Abb. 5.12 Elektronenmikroskopische Aufnahme eines isolierten DNA-Moleküls. Durch Adsorption an einer Trägerfolie hat es beim Antrocknen willkürliche Schleifen gebildet. Die DNA wurde durch das Aufdampfen eines Schwermetalls in schrägem Winkel sichtbar gemacht (s. hierfür Technik des Gefrierbruchs) (S. 146), so dass sie viel dicker aussieht als sie in Wirklichkeit ist (2 nm). Klar erkennbar ist, dass die DNA ein lineares unverzweigtes Kettenmolekül darstellt. Vergr. 68 000-fach. (aus Abermann, R., M. M. Salpeter: J. Histochem. Cytochem. 22 [1974] 845)

▸ Literatur zum Weiterlesen

siehe www.thieme.de/go/literatur-zellbiologie.html

6 Biomembranen und das „innere Milieu“ der Zelle – was die Zelle zusammenhält

Zusammenfassung

Insgesamt ist die Zellmembran der Zelloberfläche zunächst eine Barriere, aber mit der Fähigkeit einer selektiven Schleuse und der Kommunikation mit der Umwelt. Sie ist wie ein Zaun, der nicht nur viele genau passende Türen, Schleusen und Transportsysteme enthält, sondern dazu auch noch Befehle aufnehmen und weitergeben kann. Die Zellmembran dient also als Barriere zur Wahrung ihres **inneren Milieus**, ist aber auch Umschlagplatz für Stoffe und Information. Zahlreiche pathogene Prozesse setzen bereits an der Zellmembran ein. Dabei spielen die in der Zellmembran integrierten Proteine eine herausragende Rolle. Zunächst wird die Bildung von Biomembranen durch self assembly (selbsttätiger Zusammenbau) aus Phospholipid-Molekülen zu einer Doppelschicht von ≥ 6 nm Dicke besprochen. Daraus resultiert das elektronenmikroskopische Bild (die 3-schichtige **Elementarmembran** im Transmissions-EM Bild eines Ultradünnschnittes). Zu dieser Grundstruktur gesellen sich **Proteine**, seien es an der Membranoberfläche liegende (Membran-assoziierte) oder in die Membran integrierte Proteine, deren funktionelle Aspekte dargelegt werden. Sowohl Proteine als auch Lipidkomponenten von zahlreichen Biomembranen können glykosyliert sein. Ein einführender Abschnitt zum Prinzip der intrazellularen **Signaltransduktion** ist fokussiert auf prinzipielle Aspekte der Ausbildung von *second messenger* Molekülen (**intrazelluläre Botenstoffe**), welche Signale von der Zelloberfläche in das Innere weiterleiten und so die Zellen zu verschiedenen Reaktionen veranlassen können.

Biologische Membranen (Biomembranen) sind die jede Zelle umhüllende Zellmembran (Plasmamembran, Plasmalemma) und das System der Endomembranen, durch welche Kompartimente (membranumhüllte Organellen) abgegrenzt werden. Alle Biomembranen bestehen aus einer nur ca. 6 nm dicken **Phospholipid-Doppelschicht** mit verschiedenartigen eingelagerten und angelagerten Membranproteinen. Zum Teil kommt noch ein „Zuckerguss“ auf einer Seite darüber, nämlich die Polysaccharide der **Glykokalyx** auf der Außenseite der Zellmembran. Das komplexe innere Milieu der Zelle, aber auch die Organellen des Eucyten, wäre nicht aufrechtzuerhalten, gäbe es nicht die Barriere der Membranstrukturen. Diese Barriere muss allerdings selektiv permeabel (**semipermeabel**) für einzelne Komponenten sein, denn die Zelle kann nur im Fließgleichgewicht mit ihrer Umgebung leben.

6.1 Biomembranen als selektive Barrieren

6.1.1 Semipermeabilität der Zellmembran

Obwohl das 6 nm dünne Häutchen der Zellmembran weit unter der Auflösungsgrenze des Lichtmikroskops (300 nm) liegt, wurde ihre Existenz aus indirekten Evidenzen schon vor über 100 Jahren von den Biologen postuliert, als von Zellbiologie im eigentlichen Sinne noch kaum die Rede sein konnte. Diese frühen Beobachtungen von Medizinern und Botanikern haben heute noch große Bedeutung. Zwei Beispiele: Warum brauchen Blutzellen eine „physiologische Lösung", will man sie, aus einem Blutgefäß abgezapft, vor Zerplatzen oder Schrumpfen bewahren? Und: Warum welken Pflanzen ohne Wasserversorgung? Es ist als ob sie ein innerer Druck in Form hielte. Diesen Druck gibt es tatsächlich; er heißt **osmotischer Druck** und wurde vom deutschen Botaniker **Wilhelm Pfeffer** studiert.

▸ **Pfeffersche Zelle.** Pfeffers Versuchsanordnung war einfach (▸ Abb. 6.1). In eine mit Wasser gefüllte Wanne bringt man ein dickes Glasrohr ein, an welches ein dünnes Glasröhrchen angeschweißt ist. Das dicke Rohr ist mit einer Lösung von Kupfersulfat ($CuSO_4$) gefüllt und an seinen offenen Enden mit einer für Wasser durchlässigen, aber für $CuSO_4$ undurchlässigen, also semipermeablen Membran abgedeckt. Nach den Gesetzten der Thermodynamik sollte nun ein Konzentrationsausgleich erfolgen. $CuSO_4$ kann aber nicht heraus, sondern nur Wasser in das Rohr hineindringen, durch einen Prozess, den man **Diffusion**

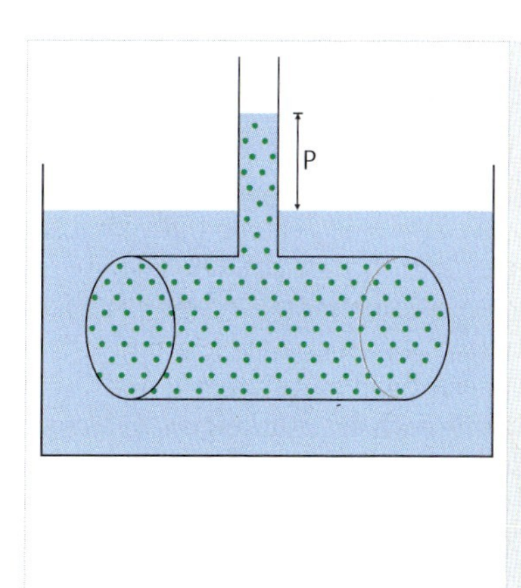

Abb. 6.1 Pfeffersche Zelle zur Demonstration des osmotischen Drucks. Ein beidseitig mit einer semipermeablen Membran (nicht gezeichnet) abgedecktes Glasrohr mit einem nach oben offenen dünnen Steigrohr wird mit einer Lösung von $CuSO_4$ (grüne Punkte) gefüllt und in ein Wasserbad eingebracht. Wasser kann zwar eindringen, das Kupfersulfat jedoch nicht austreten (Semipermeabilität = selektive Permeabilität der Membran). So kommt es durch Wasseraufnahme zu einem Konzentrationsausgleich bis zu dem Punkt, wo der Druck der Flüssigkeitssäule im Steigrohr der Wasseranziehungskraft (osmotischer Druck) in der Lösung entgegenwirkt. Die Höhe der Flüssigkeitssäule entspricht dann dem osmotischen Druck P der Lösung.

nennt (im Falle einer Membran: **Permeation**). So wird die $CuSO_4$-Lösung verdünnt und in das dünne Röhrchen hinaufgedrückt, bis die Flüssigkeitssäule eine bestimmte Höhe über dem Wasserbad erreicht hat. Ihr Druck verhindert das weitere Ansteigen der Flüssigkeitssäule. Diesen Druck nennt man den osmotischen Druck (P in ▶ Abb. 6.1):

$$P = k \cdot ([S_1] + [S_2] + \ldots + [S_n])$$

wobei k eine Konstante und [S] die jeweilige Konzentration verschiedener Substanzen (1, 2, ..., n) ist. Man kann sich vorstellen, dass bei Verwendung einer sehr konzentrierten $CuSO_4$-Lösung und einer sehr dünnen Membran diese durch Überlastung sogar zerreißen könnte.

▶ **Erythrocyten platzen in Wasser.** Genau dieses tritt ein, wenn man rote Blutzellen (**Erythrocyten**), die normalerweise scheibchenförmig abgeflacht aussehen und im Cytoplasma Ionen und Proteine in beträchtlicher Konzentration gelöst enthalten, in pures Wasser oder in verdünnte Salzlösung einbringt (▶ Abb. 6.2). Sie quellen auf, bis sie schließlich platzen (**Hämolyse**), weil sie

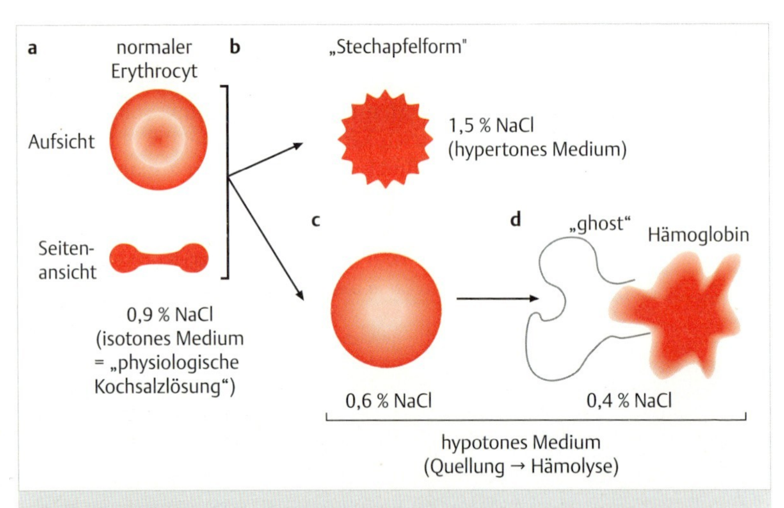

Abb. 6.2 Veränderung von Erythrocyten in einer hypertonen oder hypotonen Lösung von Kochsalz (NaCl). Ein Erythrocyt ist in seiner Mitte eingedellt, weil er in einem Reifungsprozess seinen Zellkern verloren hat. Diese Zellform wird nur in isotoner Lösung (physiologische Kochsalzlösung) gewahrt, wogegen er in hypertoner Lösung durch osmotischen Wasserentzug schrumpft („Stechapfelform“). Beim Einbringen in hypotone Lösung quillt der Erythrocyt zunächst auf Kugelform, bis er platzt (Hämolyse), sodass der rote Blutfarbstoff Hämoglobin austritt und nur die leere Zellmembran übrig bleibt („Ghost“).

dem steigenden Innendruck (Tonus durch Wasseraufnahme aus dem hypotonen Außenmedium nicht mehr standhalten kann. Offensichtlich ist eine den Erythrocyten umhüllende Grenzschicht, die unsichtbare Zellmembran, geplatzt.

Der osmotische Druck eines Erythrocyten entspricht einer 0,9 %igen Lösung von NaCl (isotone Lösung), in der sie sich nicht verformen (physiologische Kochsalzlösung). In der Praxis werden heute selbstverständlich komplexere Lösungen für die Konservierung von Blutzellen verwendet. Noch eine NaCl-Lösung von nur 0,4 % (hypotone Lösung) führt unweigerlich zum Zerplatzen. Der rote Blutfarbstoff (**Hämoglobin**) fließt aus den Erythrocyten heraus. Ist eine Suspension von Blutzellen zunächst trübe, so wird sie dann auf einmal ganz klar. Man kann die leeren Membranhüllen (*ghosts*) abzentrifugieren. Dies waren die ersten Zellmembranen, die man als reine Membranfraktion isolieren konnte. Auch das Hämoglobin ließ sich so in reiner Form leicht gewinnen, um seine molekulare Struktur aufzuklären.

Dagegen bewirkt eine hypertone NaCl-Lösung von beispielsweise 1,5 % das Schrumpfen der Zellen zu einer „Stechapfelform" (so genannt nach den Kapseln der Stechapfelpflanze *Datura stramonium*, einem Nachtschattengewächs).

▸ **Turgor pflanzlicher Zellen.** Wird ein pflanzliches Gewebe in eine isotone Lösung eingebracht, so halten die Zellen ihre Struktur (▸ Abb. 6.3). In hypertoner Lösung schrumpfen die Zellen, welche nun klein im Gehäuse der starren Zellwand liegen. Diesen Prozess nennt man **Plasmolyse** und meint damit (im Gegensatz zur Hämolyse) nicht die Auflösung der Zelle, sondern das Ablösen von der Zellwand. Die Plasmolyse ist umkehrbar, wenn man die hypertone durch eine isotone oder hypotone Lösung ersetzt. Bei Pflanzen nennt man den osmotischen Druck auch **Turgor**. Bei Wasserverlust welkt eine Pflanze. Bei ausreichender Wasserversorgung, also bei voller Turgeszenz, drückt der Turgor die Zelle wie einen aufgepumpten Fahrradschlauch an die Zellwand. Plasmolyse und Deplasmolyse führten auch hier zum Postulat einer Zellmembran.

Selektiv permeabel (= semipermeabel) ist aber nicht nur die Zellmembran, sondern sind auch die Endomembranen. Nur so kann das innere Milieu eines jeden Organells für optimale Funktionsabläufe gewährleistet werden.

6.1.2 Grundsätzliche Beobachtungen zum Aufbau der Zellmembran

Ebenfalls bereits vor ca. 100 Jahren machte **Charles E. Overton** ein entscheidendes Experiment. Er wollte wissen, warum manche Moleküle leicht, andere dagegen schwer in die Zelle eindringen. Die Ionen interessierten ihn weniger. Er beobachtete, dass gut fettlösliche schneller als schlecht fettlösliche Substan-

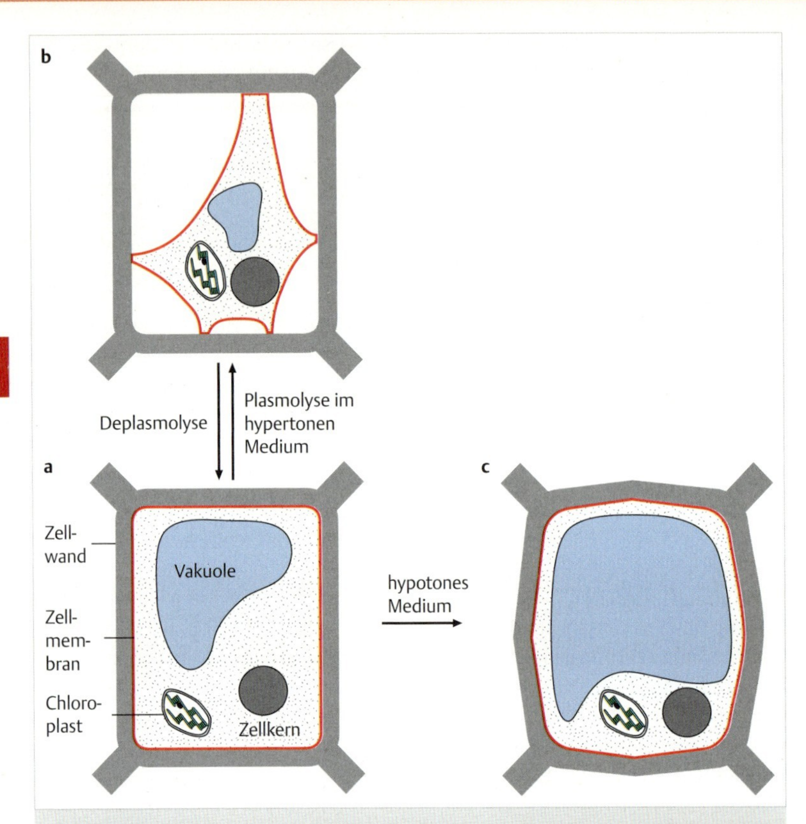

Abb. 6.3 Plasmolyse und Deplasmolyse bei Pflanzen. Wie alle Zellen reagiert auch die Pflanzenzelle auf osmotische Bedingungen. **a** Normale, isotone Bedingungen. **b** Plasmolyse: Die Zelle und in ihr die von einer Membran umhüllte, mit Flüssigkeit gefüllte Vakuole schrumpfen unter hypertonen Bedingungen. Dieser Effekt kann in hypotonem Medium rückgängig gemacht werden (Deplasmolyse). **c** Im hypotonen Medium wird einer Überkompensierung (mit Überdehnung und Zerplatzen der Zelle) durch den Gegendruck der starren, wenig deformierbaren Zellwand weitgehend entgegengewirkt.

zen aufgenommen werden. Könnte es sein, dass die Zellmembran aus Lipoiden (Lipide, Fette) besteht, welche die Aufnahme vermitteln oder verhindern?

Overton machte sich eine Liste für die Permeabilität verschiedener Substanzen (z. B. Glukose, Harnstoff, etc.). In einem Schütteltrichter wurde auf Wasser Öl geschichtet, dann die jeweilige Substanz dazugegeben. Nach kräftigem

Schütteln stellte er fest, wie viel von der Substanz (S) sich in Öl oder in Wasser gelöst hatte. So konnte er einen Verteilungskoeffizienten

$$Q = \frac{S_{Oel}}{S_{H_2O}}$$

und damit die Lipidlöslichkeit ermitteln. Beim Vergleich mit seiner Liste stellte er fest, dass hohe **Lipidlöslichkeit** im Allgemeinen mit hoher **Permeabilität** einer Substanz korreliert ist und zog den Schluss, dass die Zellmembran aus Lipiden besteht. Allerdings entdeckte man später, dass die Permeabilität verschiedener Substanzen nicht in allen Fällen der von Overton gefundenen Gesetzmäßigkeit folgt – es gibt selektive Schleusen, ja sogar Pumpen (s. u.).

▸ **Entdeckung der Lipid-Doppelschicht.** Was aber führte zur Annahme einer doppelten Schicht von Lipiden? Zwischen den beiden Weltkriegen extrahierten **Evert Gorter** und **François Grendel** die Lipoide von Erythrocyten-Ghosts und träufelten sie auf die Oberfläche eines Wasserbades (vgl. ▸ Abb. 5.3). Wie auf einer Pfütze konnten sie das schillernde Öl mit einem Stab zusammendrängen, bis ihnen die Interferenzfarbe (ein berechenbares Maß für Schichtdicken) anzeigte, dass alle Lipoidmoleküle eine geschlossene monomolekulare Schicht bildeten. Sie bestimmten deren Fläche (F_E, E steht für Extraktion). Dann berechneten sie aus Größe und Form der Erythrocyten die Fläche aller roten Blutzellen, aus denen die Lipoide extrahiert worden waren (F_Z, Z steht für Zellen). Ihre Berechnung ergab

$$F_E = 2 \cdot F_Z$$

Daraus war zu schließen, dass die Zellmembran aus einer Lipoid-Doppelschicht besteht. Ironischerweise verliefen die Experimente rein zufällig so glücklich, weil sich die zwei sehr ungenau bestimmten Parameter, F_E und F_Z, zufällig gegenseitig richtig kompensierten. Die wichtige Schlussfolgerung wurde aber bald durch elektrische Messungen bestätigt, die zeigten, dass Lipidschichten eine bestimmte, messbare elektrische Kapazität haben. Man kann sich jeden Erythrocyten als einen kleinen Kondensator vorstellen. Diese Experimente ergaben ebenfalls, dass die Zellmembran aus einer doppelten Lipoidschicht bestehen muss. Schließlich ergab sich derselbe Befund aus der Röntgenbeugung, deren Diagramme die geordnete Anordnung von Molekülen erkennen lässt. Aus Kap. 5.2 (S. 86) ist uns bereits bekannt, warum sich Lipide zwangsläufig als bimolekulare Schicht organisieren.

Einige Bemerkungen zur Forschung am Rande:

1. Essenzielle wissenschaftliche Aussagen, auch in der Zellbiologie, sollen möglichst mit unabhängigen Methoden bestätigt werden.
2. Der Wert einer wissenschaftlichen Aussage hängt vom Wert der Methode ab – es gilt das Prinzip der „Tauglichkeit der Mittel“.

3. Um neue Einsichten zu gewinnen, bedarf es der Weiterentwicklung von Methoden, wie wir bereits in Kap. 1 (S. 16) erörtert haben.

6.1.3 Das „innere Milieu“ der Zelle

Welches innere Milieu gilt es nun für die Zelle, möglichst konstant zu halten, oder – bei Aktivierung – gezielt zu verändern? Dazu müssen wir uns zunächst die Verteilung wichtiger Ionen außerhalb der Zelle und in ihr ansehen (▶ Tab. 6.1). Die Konzentrationen werden in Millimol/Liter (= millimolar = mM) angegeben. „1 molar“ (1 Mol/Liter) heißt, dass 1 Mol (6×10^{23} Moleküle) einer Substanz in 1 Liter Wasser gelöst ist.

Tab. 6.1 Konzentration wichtiger Ionen in und außerhalb der tierischen Zelle (Richtwerte)

Ion	Konzentration (Millimol/Liter)	
	intrazellulär, $[X]_i$	extrazellulär $[X]_e$
Na^+	10	150
K^+	150	5
Cl^-	5	100
Mg^{2+}	0,5	1
Ca^{2+} gesamt (Ca^{2+} frei + Ca^{2+} gebunden)	1	2
Ca^{2+} frei (Ruhewert)	10^{-4}	1
Ca^{2+} frei (Aktivierungswert)	10^{-3}–10^{-2}	1
PO_4^{3-}	1	1

Dieses sind Richtwerte für Säugetierzellen, die je nach Zell- und Gewebetyp verschieden sein können, insbesondere bezüglich der Chlorid-(Cl^--)Konzentration. Die eckigen Klammern bedeuten nach Übereinkunft, dass es sich um Konzentrationsangaben handelt. Auch sind die Werte für andere Organismen verschieden. Allgemein aber gelten folgende Gesetzmäßigkeiten (▶ Tab. 6.2):

Tab. 6.2 Pauschale Verteilung wichtiger Ionen in und außerhalb der tierischen Zelle (i = intrazellulär, e = extrazellulär)

innen - außen
$[Na^+]_i < [Na^+]_e$
$[K^+]_i > [K^+]_e$
$[Ca^{2+}]_{i\ frei} << [Ca^{2+}]_{i\ gesamt}$
$[Ca^{2+}]_{i\ frei} << [Ca^{2+}]_e$
$[Ca^{2+}]_{i\ frei}$ (Ruhewert) $< [Ca^{2+}]_{i\ frei}$ (Aktivierungswert)

Daraus ist folgendes abzuleiten: Alle Eukaryotenzellen benötigen ein definiertes Ionenmilieu für optimale Funktion. Tierische Zellen haben in ihrer Zellmembran eine **Na^+/K^+-Pumpe** (Na^+/K^+-ATPase), die gegen den **Konzentrationsgradienten** Na^+ aus der Zelle und gleichzeitig K^+ in die Zelle pumpt (s. u.). Man nennt diese universale Pumpe – obwohl es noch andere gibt – die „Transport-ATPase" schlechthin. Die charakteristische Na^+/K^+-Verteilung ist die Voraussetzung für das **Membranpotenzial** und damit für die **elektrische Erregbarkeit** vieler Zellen (z. B. Nervenzellen). Weiterhin zeigt sich, dass von den bivalenten Kationen weniger Mg^{2+} als vielmehr Ca^{2+} einer beachtlichen Regelung unterliegt.

▶ **Der intrazelluläre Botenstoff Ca^{2+}.** Zwar ist $[Ca^{2+}]_i$ insgesamt nur wenig geringer als $[Ca^{2+}]_e$, aber die freie Ca^{2+}-Konzentration im Inneren der Zelle ist mit 10^{-7} molar sehr gering. Dementsprechend fand man, dass ein großer Teil des intrazellulären Ca^{2+} in Kompartimenten, welche als **Ca^{2+}-Speicher** dienen, eingeschlossen und ein anderer Teil an **Ca^{2+}-Bindeproteine** gebunden ist. Werden Zellen stimuliert, so steigt die freie, d. h. in gelöster Form vorliegende Ca^{2+}-Konzentration, $[Ca^{2+}]_{i\ frei}$, auf das 10- bis 100-Fache an; vgl. Kap. 11.5.3 (S. 256). Wir werden sehen, dass das Ca^{2+} auf diese Weise als Botenstoff (intrazellulärer Messenger, **second messenger**) bei Stimulus-Kontraktions-Koppelung in Muskelzellen oder bei Stimulus-Sekretions-Koppelung dienen kann. Ca^{2+} kann durch spezielle Pumpen (Ca^{2+}-ATPasen) in der Zellmembran und in der Membran der intrazellulären Ca^{2+}-Speicher aus dem Cytosol wieder entfernt werden. Sicherlich ist dabei ein Vorteil, wenn nur geringe Mengen an Ca^{2+} unter Energieverbrauch gepumpt werden müssen. Ca^{2+} würde aber in zu hoher Konzentration auch die Phosphat-Ionen (P_i) ausfällen, denn Ca^{2+}-Phosphat, $Ca_3(PO_4)_2$, ist unlöslich. Die Zelle hatte aber während der Evolution bereits ihre Fähigkeit zur Energiespeicherung auf Phosphatbasis erfunden ($ADP + P_i \rightarrow ATP$). In der Tat stirbt eine Zelle aus mehreren Gründen, wenn sie von freiem, also ungebundenem Ca^{2+} überschwemmt wird. Natürlich muss das Ca^{2+}, im Gegensatz etwa zum Mg^{2+}, auch bestimmte Bindungseigenschaften an Proteinen aufweisen, um seiner Rolle als intrazellulärer Botenstoff gerecht zu werden.

6.2 Transportphänomene an Biomembranen

Die intrazellulären Ionenkonzentrationen sind also fein geregelt. Es gibt aber nicht nur Pumpen, sondern auch andere Transportmechanismen in der Zellmembran. Dazu gehören **Kanäle** und **Carrier**, welche den Austausch von Ionen und Substanzen sehr spezifisch regeln können. Von diesen soll nun die Rede sein.

Wir zeichnen uns eine pralle, runde „Modellzelle“ mit einer Zellmembran, aber ohne die Komplikationen eines Zellkerns und von Organellen. Sie enthält viel mehr K^+, aber viel weniger Na^+ als das extrazelluläre Medium: $[K^+]_i > [K^+]_e$ und $[Na^+]_i < [Na^+]_e$ ist also die Ausgangssituation (▶ Abb. 6.4). Wäre eine Zelle ohne Regulationsmechanismen, so würde entsprechend den Gesetzen der Thermodynamik das K^+ hinaus und das Na^+ in die Zelle hinein diffundieren (passive Diffusion), bis sich die Konzentrationen ausgeglichen haben. Die Situation wäre dann $[K^+]_i = [K^+]_e$ und $[Na^+]_i = [Na^+]_e$ und würde wie in ▶ Abb. 6.5 aussehen.

Dazu lässt es eine lebende Zelle aber nicht kommen. Sie transportiert mit ihrer **Na^+/K^+-Pumpe** unter ATP-Verbrauch stets überschüssiges Na^+ nach außen und gleichzeitig K^+ nach innen (▶ Abb. 6.6).

6

Durch diesen **aktiven Transport** gegen die jeweiligen Konzentrationsgradienten stellt sich die Ausgangssituation von ▶ Abb. 6.4 wieder ein.

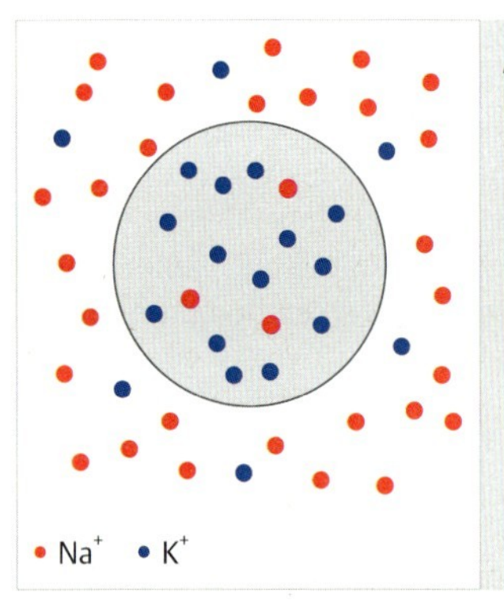

Abb. 6.4 Verteilung von K^+ und Na^+ in einer lebenden Zelle. K^+ ist intrazellulär, Na^+ dagegen extrazellulär stark angereichert.

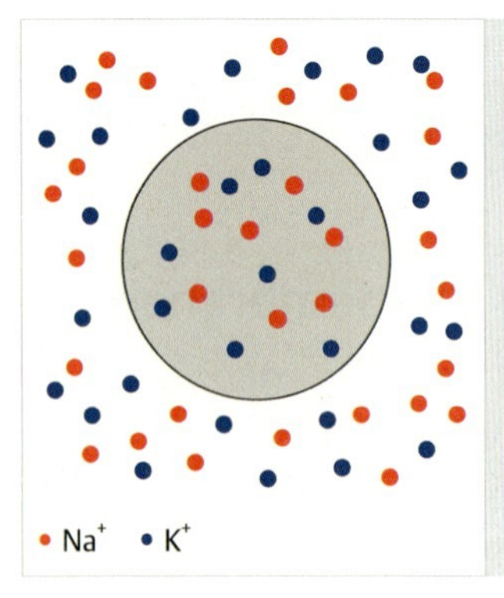

Abb. 6.5 Homogene Verteilung von K^+ und Na^+ wie sie sich durch passive Diffusion ohne aktive Kompensation einstellen würde.

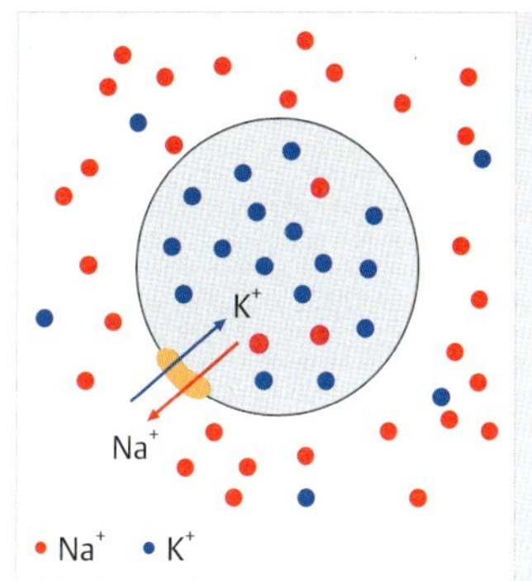

Abb. 6.6 Aktive Kompensation der passiven Diffusion durch einen Einwärtstransport von K^+ und einen Auswärtstransport von Na^+ gegen den jeweiligen Konzentrationsgradienten. Beides ist in einem Molekül der Na^+/K^+-ATPase (Na^+/K^+-Pumpe) miteinander gekoppelt.

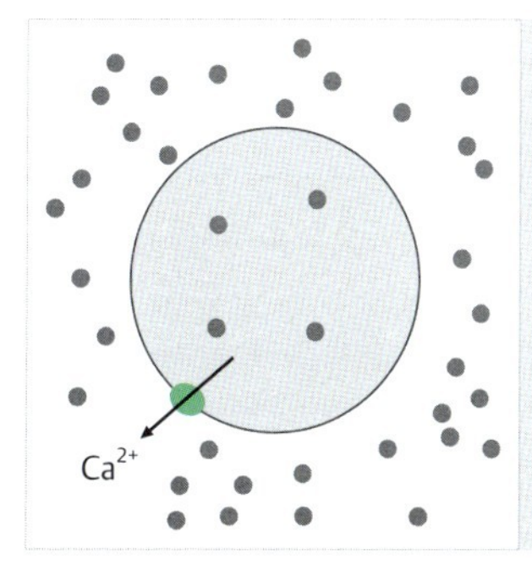

Abb. 6.7 Verteilung von Ca^{2+} in einer lebenden Zelle. Die Konzentration des freien Ca^{2+} wird in der Zelle durch aktiven Auswärtstransport (Ca^{2+}-ATPase) niedrig gehalten.

Beim freien Ca^{2+} würde die Regulation durch die **Ca^{2+}-Pumpe** (Ca^{2+}-ATPase) der Zellmembran wie in ▸ Abb. 6.7 ablaufen. Hier wird also nur einseitig Ca^{2+} gepumpt. Die molekulare Grundlage vermitteln ▸ Abb. 6.17 und ▸ Abb. 8.9.

▸ **Aufbau und Funktionsweise von Ionenpumpen.** Bei diesen Ionenpumpen wird die Hydrolyse des ATP zu ADP + P_i dazu verwendet, um Proteine der Pumpe zu aktivieren. Eine Pumpe besteht aus einer Proteinkette oder mehreren **Protein-Untereinheiten**, also aus mehreren, zu einem Aggregat zusammengelagerten Proteinen. Dadurch besteht die Möglichkeit, dass die Untereinheiten eine ionenselektive Schleuse bilden und die Öffnung der Schleuse variiert werden kann. Durch diese **Konformationsänderung** kann das zu transportierende Ion in den wässrigen Spalt zwischen den Transmembran-Bereichen eindringen, bewirkt damit das Umklappen der Protein-Ketten gegeneinander und damit die Freisetzung des Ions auf der anderen Seite. Der Vorgang wird bei den meisten Pumpen von einer **Protein-Phosphorylierung** begleitet, wie in ▸ Abb. 6.8 beispielhaft dargestellt ist.

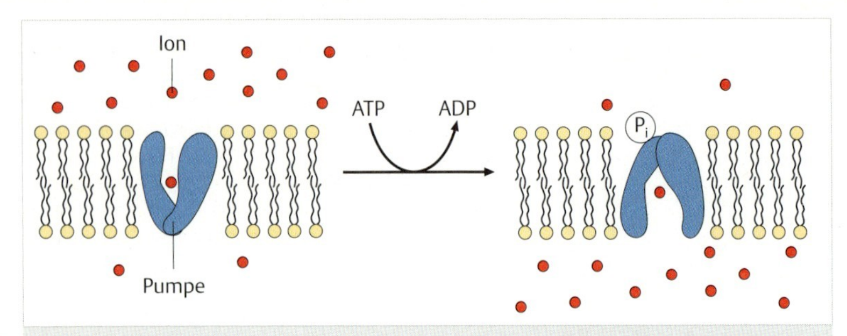

Abb. 6.8 Molekulares Schema einer Ionenpumpe. Die meisten Pumpen bestehen aus Untereinheiten von membranintegrierten Proteinen, wovon zwei hier gezeichnet sind. Die Phosphorylierung einer Untereinheit bewirkt eine Konformationsänderung der Untereinheiten, derzufolge ein Ion von einer Seite der Membran auf die andere gepumpt wird. (Manche Pumpen bestehen aus nur einer Polypeptidkette, die in sich eine Konformationsänderung macht.)

Das zu transportierende Ion muss sehr genau in den Transportspalt der Pumpe passen, deshalb sind solche Pumpen sehr selektiv. Nach jeder Pumpleistung muss die Phosphorylierung wieder rückgängig gemacht werden (Wechselspiel von Phosphorylierung/Dephosphorylierung).

Die Membranpumpen arbeiten in ihrer Gesamtheit so, dass im Endeffekt auf der Innenseite der Zellmembran weniger Kationen (positiv geladene Ionen) als auf der Außenseite vorkommen. Die Zelle hat also ein elektrisches Potenzial über die Zellmembran (Membran- oder **Ruhepotenzial**), sie ist elektrisch polarisiert. Würde man Innen- und Außenseite mit einem elektrisch leitenden Draht verbinden, so flösse ein messbarer Strom. Solch einen Stromfluss durch die Membran kann man bei Aktivierung elektrisch erregbarer Zellen tatsächlich messen.

▸ **Elektrische Erregung von Zellen über Ionenkanäle.** Bei Aktivierung, z. B. bei elektrischer Erregung einer Nervenzelle, aber auch bei anderen Aktivierungsmechanismen, stellte man mit Methoden der **Elektrophysiologie** fest, dass Na^+ (eventuell auch Ca^{2+}) sehr rasch (in Millisekunden) in die Zelle hinein und K^+ mit leichter Verzögerung aus der Zelle heraus dringt. Dazu gibt es eigene Ionenkanäle – wiederum aus einem Protein oder aus Untereinheiten (oligomere Proteine) – mit sehr genauer Passform für Na^+ oder Ca^{2+} oder K^+ (Na^+-Kanal etc.). Da Kanalproteine eine Eigenladung besitzen, verändert sich ihre Konformation je nach elektrischer Ladung der Umgebung; dadurch kann sich ihre Ionenleitfähigkeit ändern. Die unkontrollierte Passage der Phospholipid-Schicht der Zellmembran wäre so schnell nicht möglich. Der Funktionsablauf ist in ▸ Abb. 6.9 erläutert.

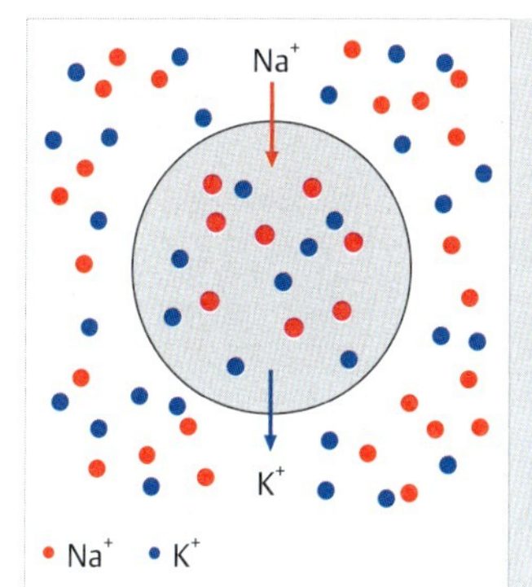

Abb. 6.9 Aktivierung einer elektrisch erregbaren Zelle durch Depolarisierung. Wirkt auf eine Nervenzelle (Neuron) ein spezifischer Stimulus ein, so führt dies zu ihrer sofortigen Aktivierung über die Depolarisierung ihres Zellmembran-Potentials. Wie die ▸ Abb. 6.10 zeigt, wird zunächst eine Depolarisierung über einen raschen Na^+-Einstrom aus dem extrazellulären Medium hervorgerufen. Durch einen folgenden K^+-Ausstrom aus der Zelle heraus wird eine Repolarisierung hervorgerufen. Diese Vorgänge werden von den in ▸ Abb. 6.10 gezeigten elektrischen Signalen begleitet.

Der Stromfluss durch die Ionenkanäle der Zellmembran hindurch führt zu einem Ausgleich des Membranpotenzials (**Depolarisierung**). Erst durch die unmittelbar einsetzende verstärkte Tätigkeit der Ionenpumpen wird die ursprüngliche Ionenverteilung wieder hergestellt und die Zelle wird wieder polarisiert und somit erregbar. Der Ablauf folgt dem Schema von ▸ Abb. 6.10.

▸ Unterschiedliche Transportmechanismen für alles, was die Zelle braucht. Keine Zelle lebt aber von den in ihr gelösten Salzen allein, sie braucht ja schon zur ATP-Synthese für den Betrieb ihrer Pumpsysteme „Treibstoff" (Glukose). Daneben braucht die Zelle auch **Aminosäuren** für ihren Auf- und Umbau, denn auch Pumpen und andere Proteinkomponenten verschleißen sich. Auch müssen sie für die Zellteilung neu produziert werden. Dazu kommen unter anderem noch Vitamine als Kofaktoren für bestimmte Prozessabläufe. Fettlösliche **Vitamine** (A, D, E, K) penetrieren leicht – ganz entsprechend Overtons alter Hypothese. Probleme hat die Zelle nur mit den wasserlöslichen Vitaminen (B-Komplex, C), den Bausteinen der Nukleotide, den Aminosäuren und den Zuckern. Die Evolution hat „Trägermoleküle" (Carrier), wiederum spezifische Proteine, erfunden, welche in die Zellmembran eingebaut werden. Auch sie können durch Konformationsänderung, sogar ohne direkten Energieverbrauch, Moleküle durch die Zellmembran hindurchschleusen, bis ein Konzentrationsausgleich zwischen dem Inneren und dem Äußeren einer Zelle erreicht ist. Dieser Prozess heißt **erleichterte Diffusion**. Das Funktionsprinzip kann verschieden sein (▸ Abb. 6.11).

Als Beispiel sei der spezielle Mechanismus der Aufnahme von Glukose aus dem Darm durch die resorbierenden Epithelzellen erwähnt. Hier kann Glukose nur gemeinsam mit Na^+aufgenommen werden (**Symport**). Obwohl kein ATP direkt benötigt wird, verbraucht es die Zelle indirekt, wenn sie den Überschuss an intrazellulärem Na^+ wieder hinauspumpt. Dieser Aufnahmemechanismus

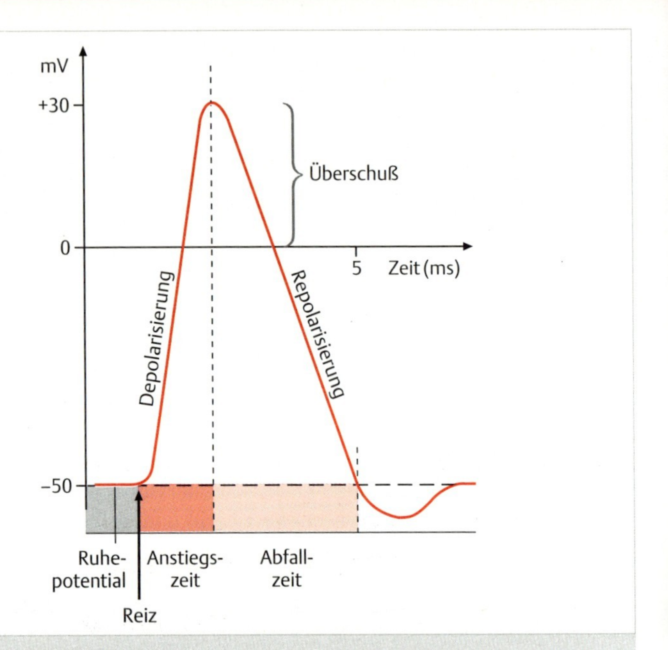

Abb. 6.10 Aktivierung einer elektrisch erregbaren Zelle (z. B. Neuron). Durch die ungleiche Verteilung von Ionen (Na^+, K^+) über die Zellmembran, also außerhalb und innerhalb der Zelle, hat diese im Ruhezustand ein negatives Potenzial (etwa –50 mV). Dieses Ruhepotenzial kann man mit zwei Elektroden, wovon eine in die Zelle eingestochen wird, messen (Elektrophysiologie). Trifft nun ein spezifischer Reiz auf die Zelle, so misst man im Zeitbereich von Millisekunden (ms) zunächst eine Depolarisierung. Dieser liegt der in ► Abb. 6.9 dargestellte Na^+-Einstrom zugrunde, sodass zunächst innenseitig positive Ladungen überwiegen. Erst dann folgt ein Ausgleich durch den Ausstrom von K^+, wodurch das Membranpotenzial wieder abfällt. Diese Ionenströme erfolgen über die durch die Stimulation aktivierten Na^+- bzw. K^+-Kanäle. Anschließend trägt die Aktivität der Na^+/K^+-Pumpe in der Zellmembran dazu bei, die ursprüngliche Ionenverteilung wiederherzustellen und die Zelle wieder auf Ruhepotenzial zu bringen, also zu repolarisieren.

der Glukose ist also ein **sekundär aktiver Transport**. ► Abb. 6.12 gibt eine Übersicht über Transportphänomene an Biomembranen, mit Ergänzung der Terminologie. Der Terminus „sekundär aktiv" steht im Gegensatz zum **primär aktiven Transport** der Ca^{2+}-Pumpe oder der Na^+/K^+-Pumpe. Erstere wird auch als **Uniport-**, letztere als **Antiport-System** bezeichnet, weil entweder nur ein Ion in eine Richtung oder aber zwei Ionen in entgegengesetzte Richtungen transportiert werden.

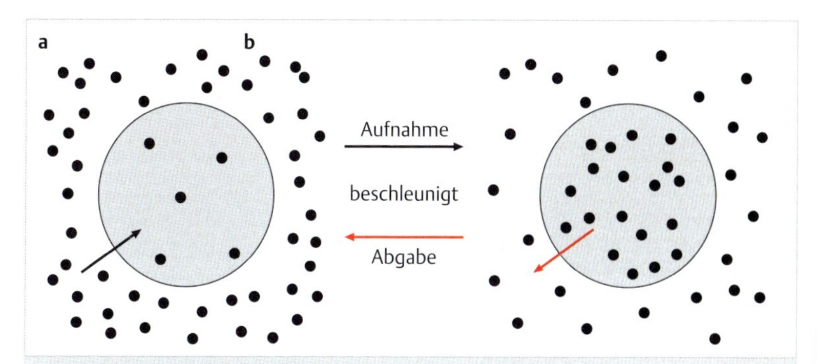

Abb. 6.11 Erleichterte Diffusion. Manche Moleküle, wie Nährstoffe und Vitamine, werden über Carrier-Proteine durch die Zellmembran hindurch transportiert. Diese können entweder die Aufnahme oder die Abgabe beschleunigen. Beispiele sind: **a** Die Aufnahme von Glukose aus dem Darminhalt in die Epithelzellen der Darmwand, **b** die Abgabe von Glukose aus den Darmepithelzellen in den Interzellularraum bzw. in die Blutbahn.

▶ **Konzentrationsausgleich geschieht über Carrier-Proteine.** Ein einfacher Carrier-Mechanismus tritt in Aktion, wenn die Darmepithelzellen die Glukose auf der Gewebeseite in den Interzellularraum abgibt, zum Transport über Blutgefäße in alle Körperteile bzw. in alle Körperzellen. Ein derartiger Carrier kann keinen Konzentrationsgradienten einer Substanz aufbauen, aber er beschleunigt den Konzentrationsausgleich, maximal bis $[S]_e = [S]_i$ (▶ Abb. 6.11).

Die molekulare Passform dieser CarrierProteine ist nicht sehr genau. Ein Glukose-Carrier (Glukose-Transporter) transportiert zwar sehr effizient α-D-Glukose, aber durchaus auch andere Zucker. Für Erythrocyten gelten etwa folgende **Transportraten**: D-Mannose > D-Galaktose > D-Glukose > L-Sorbose > D-Fruktose. Für andere Zelltypen kann die Reihenfolge der Präferenzen wieder anders sein. Für die 20 Aminosäuren stehen nur wenige Carrier-Typen zur Verfügung, welche jeweils chemisch ähnlich strukturierte Aminosäuren zu transportieren vermögen; vgl. Kap. 5.3 (S. 93).

Zusammenfassend gibt es also verschiedene Transportmechanismen für Ionen und niedermolekulare Substanzen durch die Zellmembran (▶ Abb. 6.12). Ähnliche Transportmechanismen findet man an Endomembranen.

▶ **Weitere Transportvorgänge.** Beispiele werden wir später kennen lernen: Protonen-Transport (H^+-ATPase), Elektronentransport, Transport von Ionen zwischen Nachbarzellen (elektrische Koppelung über *gap junctions*) sowie bei Exocytose, Endocytose und Transcytose. Bei den drei letztgenannten handelt es sich um eine Art Massentransport [Kap. 12 (S. 260), Kap. 13 (S. 280)].

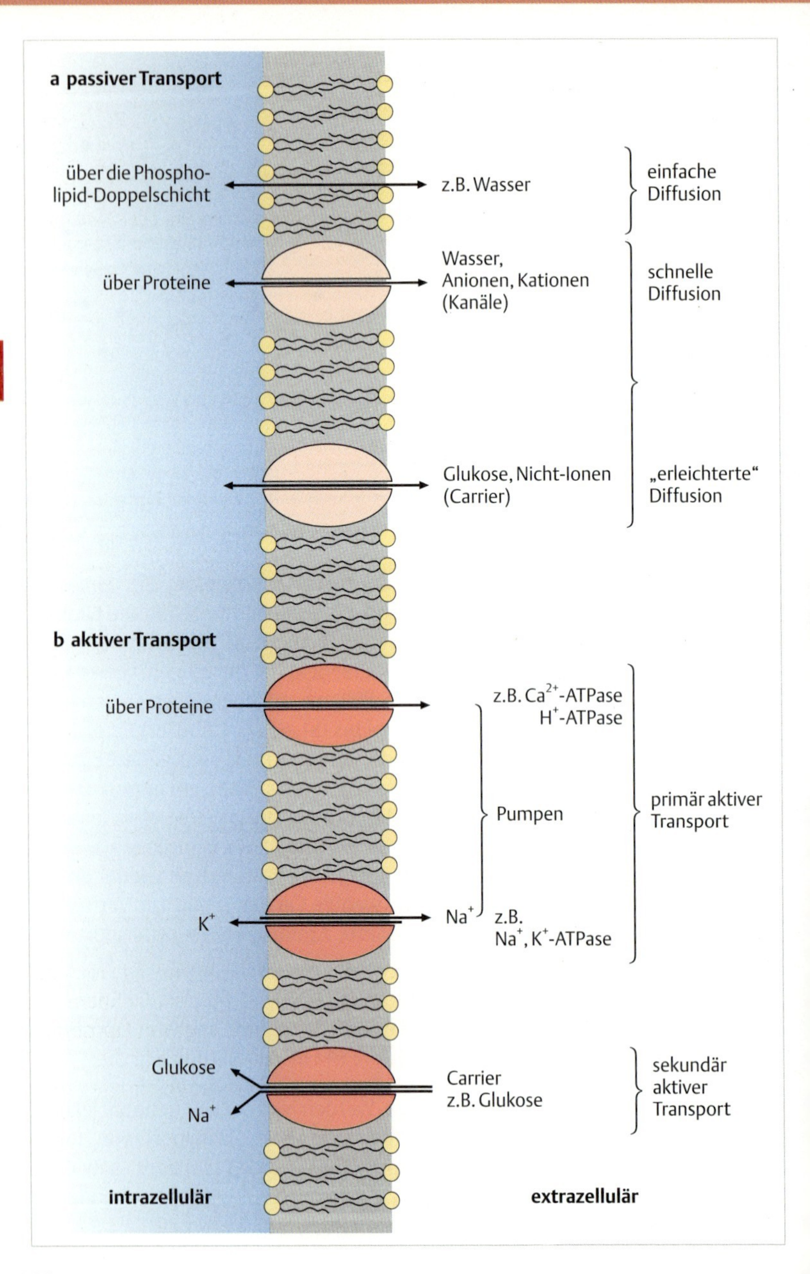

a passiver Transport
über die Phospho-lipid-Doppelschicht
z.B. Wasser
einfache Diffusion
über Proteine
Wasser, Anionen, Kationen (Kanäle)
schnelle Diffusion
Glukose, Nicht-Ionen (Carrier)
„erleichterte“ Diffusion
b aktiver Transport
über Proteine
z.B. Ca^{2+}-ATPase
H^+-ATPase
Pumpen
primär aktiver Transport
K^+
Na^+
z.B.
Na^+, K^+-ATPase
Glukose
Na^+
Carrier
z.B. Glukose
sekundär aktiver Transport
intrazellulär
extrazellulär

◂ **Abb. 6.12 Transportvorgänge an der Zellmembran. a** Passiver Transport durch Diffusion, entweder durch die Phospholipid-Doppelschicht oder durch integrale Membranproteine hindurch. Ein passiver Transport erlaubt lediglich den Ausgleich von Konzentrationen. **b** Aktiver Transport über ATP-verbrauchende Pumpen. Beim aktiven Transport werden Substanzen gegen ein Konzentrationsgefälle angereichert. Zwischen primär und sekundär aktivem Transport ist zu unterscheiden, je nachdem ob unmittelbar oder nur mittelbar ATP verbraucht wird. Kanäle dienen dem raschen Ein- oder Ausstrom von Ionen, Carrier dem Durchschleusen von Nicht-Ionen. Pumpen, Kanäle und Carrier sind (evtl. oligomere) membranintegrierte Proteine, deren Transportleistung auf einer Konformationsänderung beruht. Dabei kann eine Substanz in eine Richtung (Uniport) oder es können zwei Substanzen entweder in dieselbe Richtung (Symport) oder in jeweils entgegengesetzte Richtungen (Antiport) transportiert werden.

6.3 Struktur von Biomembranen

Betrachten wir nun in einer Zelle ihre Zellmembran oder ihre Endomembranen, so sind alle Membranen von wässrigem Medium umgeben. Daraus und in Kenntnis der in Kap. 5.2 (S. 86) geschilderten Experimente, die eine Phospholipid-Doppelschicht nachgewiesen hatten, resultiert die in ▸ Abb. 5.4 wiedergegebene Grundstruktur aller Biomembranen.

Sogar zur Erklärung der elektronenmikroskopisch sichtbaren Struktur von Membranen, natürlichen wie künstlichen, werden wir auf dieses einfache Schema der Phospholipid-Doppelschicht noch zweimal zurückkommen, (s. u.: Osmiumtetroxid, *unit membrane*, Gefrierbruch).

Künstliche Membranen sind nicht anders gebaut als biologische. Sie werden in zweierlei Form verwendet:

1. als **Black-lipid-Membran**, d. h. als planare Schicht, die zwischen zwei kleinen Kammern (mit wässrigem Medium) über eine Verbindungsöffnung gezogen werden kann oder
2. als **Liposomen**. Diese sind ca. 0,1 bis einige µm große Blasen (ähnlich Seifenblasen) mit einer Hülle aus einer Phospholipid-Doppelschicht (▸ Abb. 6.13). In Liposomen kann man Pharmaka oder kosmetisch als interessant erachtete Substanzen einschließen. Die Substanzen sind so geschützt und können – mit weiteren Tricks – eventuell über Fusion (Verschmelzung) von Liposomen mit der Zellmembran sogar in die Zelle eingeschleust werden. Für die Grundlagenforschung war bedeutsam, dass man definierte, gereinigte Proteine in beiderlei Arten von künstlichen Membranen einbauen und so die elektrophysiologischen Eigenschaften von einzelnen Pump-, Carrier- und Kanalproteinen untersuchen konnte (**Rekonstitutions-Experimente**; ▸ Abb. 6.18).

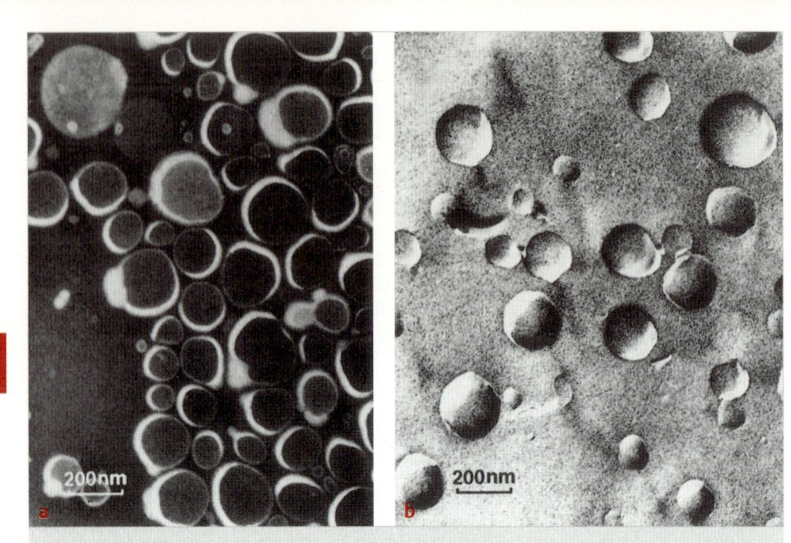

Abb. 6.13 Liposomen. Diese können künstlich als kleine Vesikel mit einfacher Phospholipid-Doppelschicht hergestellt werden. Sie lassen weder im Negativkontrastierungs-Verfahren **a** noch im Gefrierbruch **b** Membranpartikel erkennen. Vergr. 36 700-fach. (Aus Alpes, H., K. Allmann, H. Plattner, J. Reichert, R. Riek, S. Schulz: Biochim. Biophys. Acta 862 (1986) 294)

6.3.1 Die Proteine von Biomembranen

Bereits in den 20er Jahren gab es Beobachtungen, welche indirekt darauf hindeuteten, dass Biomembranen von Proteinen bedeckt sind. Später fand man, dass diese vielfach die weniger komplizierte *random coil*- und die β-Struktur (Faltblatt-Struktur) aufweisen. Solche Proteine sind mittels Überschussladungen von freien Amino-(NH_3^+) und Carboxylgruppen (COO^-) an entgegengesetzten freien Ladungen der Phospholipide ional, also elektrostatisch (heteropolar) gebunden. Mit konzentrierten Salzlösungen lassen sie sich von Membranen ablösen und heißen daher lösliche Membranproteine. Weil sie an der Oberfläche von Biomembranen liegen, nennt man sie auch periphere Proteine oder membranassoziierte Proteine. Somit lässt sich ein Membranschema zeichnen, wie in ▸ Abb. 6.14 gezeigt.

▸ **Das Biomembranmodell.** Dieses Membranmodell, das wir später noch zu verfeinern haben, nennt man nach ihren englischen Erfindern das Davson-Danielli-Modell. Die polare Schicht ist hier durch hydrophile Proteine weiter verdickt.

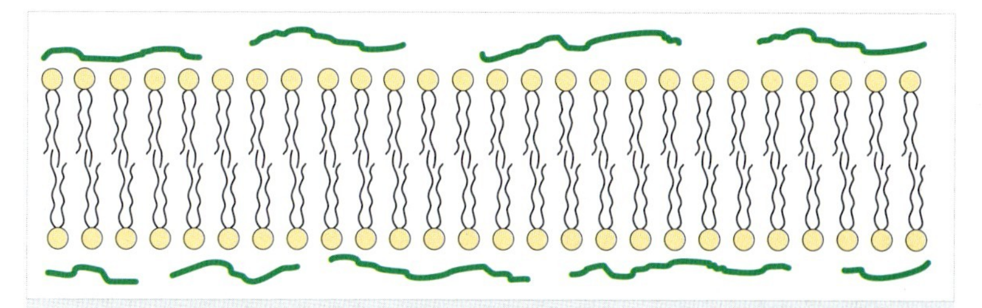

Abb. 6.14 Modell zum Aufbau von Biomembranen (nach Davson und Danielli). Mit der Phospholipid-Doppelschicht sind periphere Proteine (grüne Striche) assoziiert. Aus diesem Modell der 30er Jahre wurden mit zunehmender Erkenntnis die Membranmodelle von ▸ Abb. 6.16 und ▸ Abb. 6.23 entwickelt.

Gegen Ende der 50er Jahre formulierte der amerikanische Elektronenmikroskopiker **J. David Robertson** das Konzept der *unit membrane* (**Elementarmembran**). Es besagt, dass alle Biomembranen (ebenso wie künstliche Membranen) nach der üblichen Standardpräparation für das Transmissions-EM dieselbe Struktur aufweisen. Sie erscheinen ca. 8 nm dick und dreifach gebändert: schwarz-weiß-schwarz (▸ Abb. 6.15). Dabei wird eine Fixation mit **Osmiumtetroxid**, $OsO_4 = Os(VIII)O_4$ (d. h. Os mit Valenz VIII, ein starkes Oxidationsmittel) verwendet. OsO_4 vernetzt zunächst in Biomembranen benachbarte Acyl-Reste, soweit sie Doppelbindungen enthalten (ungesättigte Fettsäuren), in verkürzter Darstellung wie folgt:

$$
\begin{array}{lcccc}
 & \mathrm{H}\quad\mathrm{H} & & \mathrm{H}\quad\mathrm{H} \\
\text{Acyl 1} & -\mathrm{C}=\mathrm{C}- & & -\mathrm{C}-\mathrm{C}- \\
 & \mathrm{O}\quad\mathrm{O} & & \mathrm{O}\quad\mathrm{O} \\
 & \mathrm{Os} & \longrightarrow & \mathrm{Os}=\mathrm{O} \\
 & \mathrm{O}\quad\mathrm{O} & & \mathrm{O}\quad\mathrm{O} \\
\text{Acyl 2} & -\mathrm{C}=\mathrm{C}- & & -\mathrm{C}-\mathrm{C}- \\
 & \mathrm{H}\quad\mathrm{H} & & \mathrm{H}\quad\mathrm{H}
\end{array}
$$

Das Osmium wird dabei reduziert und wird sechswertig. Der Vorgang der Vernetzung ist praktisch eine **Fixierung**, d. h. Phospholipide lassen sich nach OsO_4-Behandlung auch mit Lipid-Lösungsmitteln (Alkohole, Aceton etc.) nicht mehr extrahieren. Daher müsste eine Membran im Transmissions-EM eigentlich doch genau umgekehrt aussehen, nämlich weiß-schwarz-weiß, was offensichtlich nicht der Fall ist. Chemische Analysen ergaben des Rätsels Lösung: An vielen, nicht allen Stellen, werden die Osmium-Brücken hydrolysiert; es entsteht an vielen Stellen $Os(IV)O_2$, bzw. als Anion $Os(IV)O_3^{2-}$. Als solches lagert es

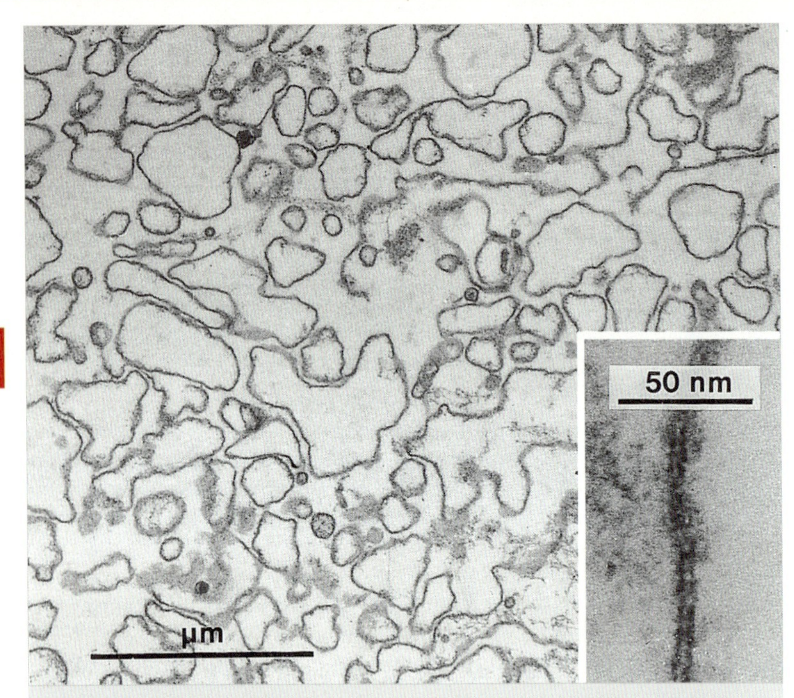

Abb. 6.15 Zellmembranfragmente, die aus der Leber isoliert wurden. Sie schließen sich vielfach spontan zu kleinen Vesikeln. Im Transmissions-EM zeigen Biomembranen das typische Erscheinungsbild einer *unit membrane* = „Elementarmembran" (Inset). Vergr. 30 500-fach bzw. 390 000-fach, Inset. (Aus Zingsheim, H. P., H. Plattner: Methods in Membrane Biology. 7 (1976) 1)

sich ional an beiden polaren Seiten von Membranen an und bewirkt die typische Struktur im Transmissions-EM (▸ Abb. 6.15). Bei der Kontrastierung ultradünner Schnitte wird der über elastische Elektronenstreuung zu erzielende Kontrast durch Pb^{2+} (Blei-Ionen) oder UO_3^{2+} (Uranyl-Ionen) weiter verstärkt. Sie werden ional an OsO_3^{2-} gebunden und verstärken so das typische Muster der *unit membrane*-Struktur.

▸ Unlösliche integrale Membranproteine haben charakteristische Eigenschaften. Die „Elementarmembran" ist lediglich ein ultrastrukturelles Konzept. In Wahrheit haben alle Biomembranen ihre jeweils typischen Phospholipide und insbesondere ihre spezifischen Proteine. In den 60er Jahren kam man nicht mehr umhin anzunehmen, dass allein für die verschiedenen Transportleistungen ein Teil der Proteine in den Biomembranen integriert sein muss. Diese integralen Membranproteine sind mit Salzlösungen nicht abzulösen (**unlösliche Membranproteine**), wohl aber mit Lipid-Lösungsmitteln.

Man fand für **integrale Membranproteine** mehrere wichtige Aspekte heraus:

- Sie durchspannen die Membran, häufig sogar mehrfach (daher auch ihr Name **Transmembran-Proteine**). Ein Beispiel wird im Molekularen Zoom (S. 128) in Form einer vorgestellt, deren Aufgabe es ist, Ionen durch eine Membran hindurch zu transportieren.
- Sie können schleifenartig auf beiden Seiten der Membran herausragen.
- Diese Abschnitte enthalten bevorzugt hydrophile (lipophobe) Aminosäuren, wogegen der transmembranäre Anteil bevorzugt hydrophobe (lipophile) Aminosäuren enthält.
- Man kann aus dem „**Hydrophobizitäts-Index**" nach Analyse der Aminosäuresequenz (Primärstruktur eines Proteins) geradezu vorhersagen, welcher Teil in der Phospholipid-Doppelschicht steckt (vgl. ▸ Abb. 8.9). Hydrophobe Abschnitte bewirken beinahe unumgänglich, dass sich Proteine von selbst korrekt in eine Membran einfügen. Dabei ist es möglich, dass sich manche Proteine zu großen Aggregaten aneinander lagern, dem sogenannten „self assembly".
- Transmembran-Proteine zeigen oft einen **α-helikalen Bau**. Die α-Helix ist eine kompliziertere Struktur als die β-Faltblatt- oder gar die Random-coil-Struktur der peripheren Proteine. Ihre kompliziertere Sekundärstruktur ermöglicht komplexere Funktionsleistungen. Mit Methoden der Röntgenbeugung und der molekularen Elektronenmikroskopie konnte die räumliche Gestalt (Tertiärstruktur) mancher Transmembran-Proteine aufgeklärt werden. Zahlreiche Transmembran-Proteine, die in Bakterien und in Mitochondrien (S. 376) und Chloroplasten (S. 393) dem Durchschleusen von anderen Proteinen dienen (Import aus dem Cytosol), haben eine β–Faltblattstruktur. Dabei sind „**β-sheets**" wie die Dauben eines Fasses um einen zentralen Freiraum angeordnet und durch diese Pore können Proteine durchgeschleust werden – daher der Name „**β-Barrel**" (Fass) für diese Proteinstuktur.
- Häufig lagern sich einige wenige Transmembran-Proteine zu einem Aggregat zusammen (**oligomere Proteine**), entweder gleichartige (Homo-Oligomere) oder häufiger verschiedenartige Proteine (Hetero-Oligomere), wie bei der Na^+/K^+-Pumpe oder bei vielen Rezeptoren oder Ionenkanälen. Die räumliche Anordnung von Untereinheiten (*subunits*) zueinander bezeichnet man als **Quartärstruktur**; vgl. ▸ Abb. 5.6 (S. 98). Wie wir gesehen haben, ändert sich diese bei Phosphorylierung, sodass über die erzielte Konformationsänderung in einem Kanal oder an einer Pumpe ein selektiver Ionentransport möglich ist.

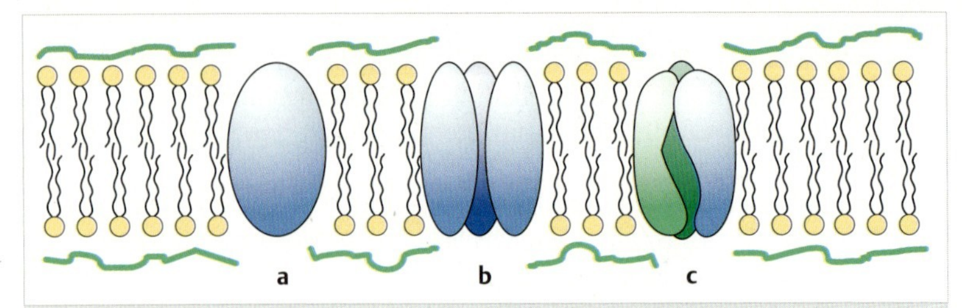

Abb. 6.16 Verfeinertes Schema einer Biomembran (vgl. ▸ Abb. 6.14). Hier sind neben peripheren auch integrale Membranproteine berücksichtigt. Diese können sein: **a** Monomere, **b** Homo-Oligomere **c** Hetero-Oligomere.

▸ **Erweitertes Biomembran-Modell mit integralen Membranproteinen.** Damit können wir in ▸ Abb. 6.16 das Schema vom Bau von Biomembranen weiter verfeinern. Ca. 30 % unserer Gene kodieren Membranproteine. Es wird zwischen monomeren, homo-oligomeren und hetero-oligomeren integralen (z. B. Cytochromoxidase der inneren Mitochondrien-Membran) Membranproteinen unterschieden. Als Beispiel für den molekularen Bau und die Funktion eines integralen Membranproteins wird im Molekularen Zoom die recht komplexe (obwohl monomere, d. h. aus nur einer Polypeptidkette aufgebaute) Ca^{2+}-Pumpe vom SERCA-Typ vorgestellt (▸ Abb. 6.17).

Molekularer Zoom:

Pumpen im Dauereinsatz

Molekularer Bau und Funktion der Ca^{2+}-ATPase vom Typ SERCA (Sarkoplasmatisches/Endoplasmatisches Retikulum Calcium-ATPase). Diese Ca^{2+}-Pumpe ist nach ihrem Vorkommen im ER und dessen Spezialform im Muskel, dem Sarkoplasmatischen Retikulum, benannt. Sie ist eine Pumpe vom **P-Typ**, was besagt, dass sie energetisiert wird durch eine punktuelle Phosphorylierung (an einem Asparagin-Rest), also ein **Phospho-Intermediat** bildet. Dem Schema **a** wird die Konformationsänderung in zwei extremen Funktionszuständen **b,c** gegenübergestellt. Das Schema **a** zeigt, dass das Molekül 10 Trans-Membrandomänen (M1 bis M10) aufweist und dass sowohl das Amino- als auch das Carboxy-terminale Ende auf der cytosolischen Seite liegt, zusammen mit mehreren schlaufenartigen Ausstülpungen. Die kleine Schlaufe rechts, zwischen M4 und 5 enthält die Phosphorylierungsstelle, die große Schleife die Bindedomäne für ATP. In **b** und **c** ist um den äußeren Teil des cytosolseitigen Kopfes des Moleküls eine Hülle gezeichnet, wogegen darunter α-helikale Abschnitte als Spiralen und als Zylinder (M1–10 [eine davon ist verdeckt] und anschließende Domänen) gezeichnet sind (▶ Abb. 6.17). Die Konformationsänderung steht mit dem Pumpvorgang, d. h. dem Durchschleusen von Ca^{2+}-Ionen in Zusammenhang (primär aktiver Transport).

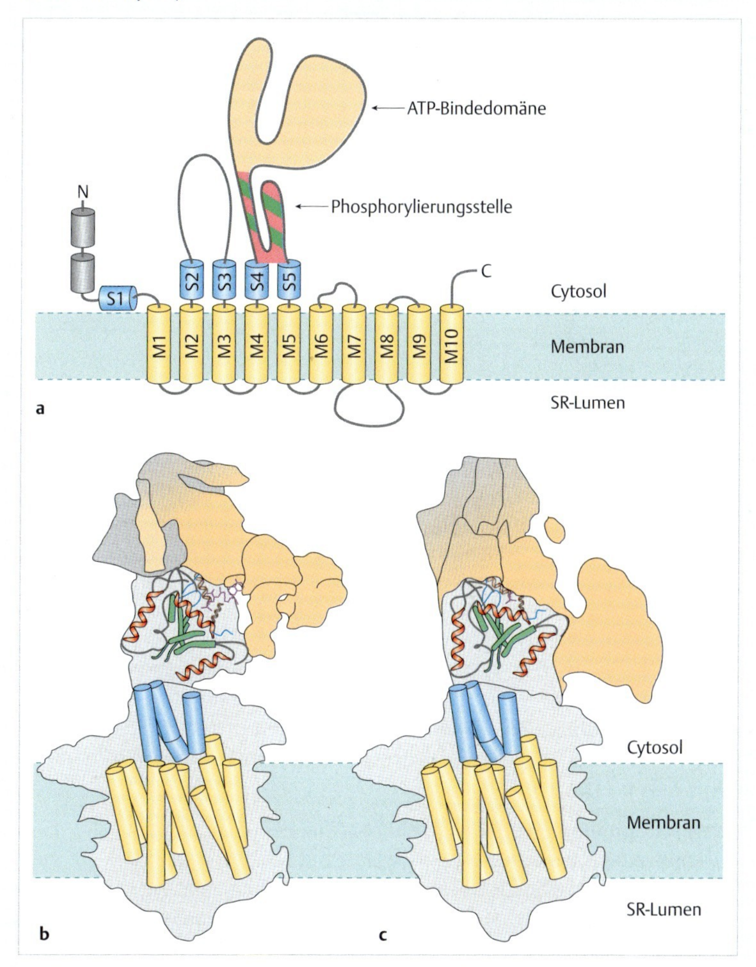

Abb. 6.17 Bau und Funktion der Ca^{2+}-ATPase (= Ca^{2+}-Pumpe). (Modifiziert nach D. L. Stokes, T. Wagenknecht: 2000 Eur. J. Biochem. 267 (2000) 5274)

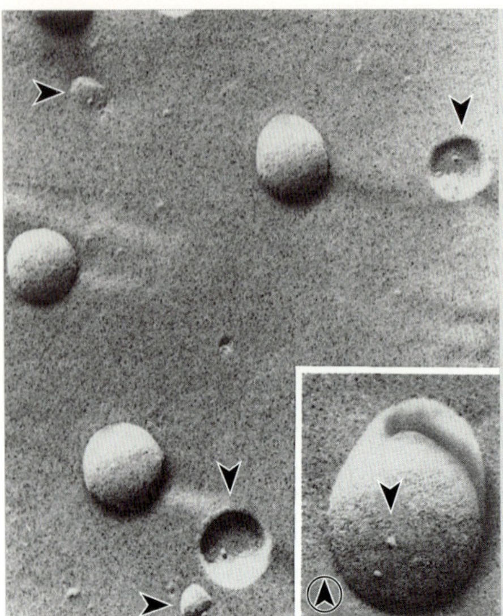

Abb. 6.18 Liposomen wie in ▶ Abb. 6.13, aber nach Einbau von Molekülen der Na^+/K^+-ATPase. Nach Rekonstitution werden im Gefrierbruch Membranpartikel von ca. 10 nm Größe bzw. entsprechende Löcher sichtbar (Pfeilspitzen). Solche Liposomen pumpen Na^+ und K^+ wie in der Zellmembran, aus der sie isoliert wurden. Der eingekreiste Pfeil gibt die Richtung der Schwermetallbedampfung an; vgl. Technik-Box „Gefrierbruch“ (S. 146). Vergr. 60 000-fach bzw. 120 000-fach, Inset. (Aus Alpes, H., H.-J. Apell, G. Knoll, H. Plattner, R. Riek: Biochim. Biophys. Acta 946 (1988) 379)

Membranintegrierte Proteine lassen sich mit der **Gefrierbruch-Technik** (S. 146) als Membranpartikel direkt sichtbar machen, wenngleich die Identität dieser Partikel nur mit biochemischen Methoden aufzuklären ist. Im Gefrierbruch zeigen Liposomen, die normalerweise glatt erscheinen (vgl. ▶ Abb. 6.13), solche Membranpartikel, wenn man in sie ein integrales Membranprotein eingebaut hat (▶ Abb. 6.18). Auffallend ist der Partikelreichtum von Membranen mit ausgeprägten Transportleistungen, wie dies die Membranen des Sarkoplasmatischen Retikulums in Muskelzellen (▶ Abb. 6.19) mit ihrem hohen Gehalt an Ca^{2+}-Pumpen zeigen. Dagegen sind die Membranen der Myelinscheide von Nervenzellen ▶ Abb. 6.20), denen im Wesentlichen die elektrische Isolierung für die verlustfreie, schnelle Reizleitung obliegt, fast frei von Membranpartikeln (▶ Abb. 6.21).

Zu den Phospholipiden sind noch ein paar Details nachzutragen:

- Sie können lateral diffundieren, sodass sie mit hoher Frequenz (ca. 10^7 × pro Sekunde) ihren Nachbarn wechseln. Dadurch können viele integrale Membranproteine wie Eisberge auf dem Meer herumdriften oder sich mosaikartig zusammenlagern. Das Modell wird nach seinen amerikanischen Beschreibern als Singer-Nicolson-Modell oder als **Flüssig-Mosaik-**(*fluid mosaic*) **Membranmodell** bezeichnet. Diese laterale Diffusion wird reduziert durch den Gehalt an **Cholesterin** (*cholesterol*) mit folgender aus dem Steran-Grundkörper abgeleiteten Struktur:

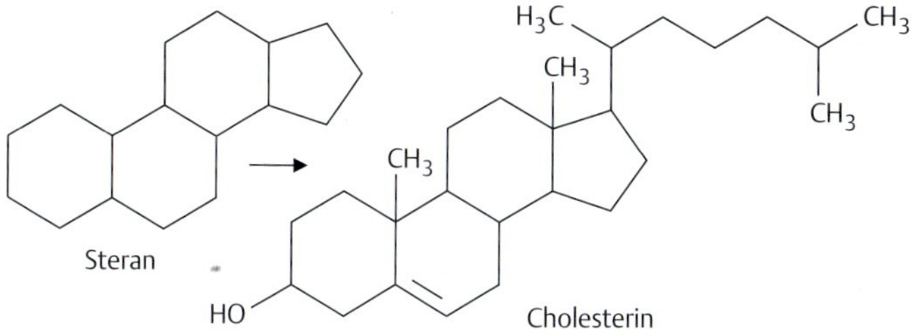

H_3C CH_3 CH_3 CH_3 CH_3

Steran → HO Cholesterin

- Cholesterin hat somit eine ähnliche Grundstruktur wie die ebenfalls lipidlöslichen Steroidhormone (vgl. Lehrbücher der Biochemie). Cholesterin ist ein 3-OH-Steroid und kommt in allen Biomembranen der Eukaryotenzelle vor (nicht aber in jenen der Bakterienzelle) – mit Ausnahme der inneren Mitochondrien- und Chloroplastenmembran. Es wird aber im menschlichen Körper nur in der Leber synthetisiert. Von dort wird Cholesterin als Lipoprotein-Partikel über Exocytose freigesetzt, sodass es über die Blutbahn verteilt und von allen Zellen aufgenommen und für den Membranbau verwendet werden kann. Vgl. Kap. 12 (S. 260) und Kap. 13 (S. 280).

Abb. 6.19 Gefrierbruch von isolierten Vesikeln des Sarkoplasmatischen Retikulums (S. 337) von Muskelzellen. Die meisten Vesikel enthalten zahlreiche Membranpartikel, die größtenteils den reichlich vorhandenen Molekülen der Ca^{2+}-Pumpe entsprechen. Vergr. 85 000-fach. (Aufnahme: G. Knoll, H. Plattner, Präparation: D. Pette, Konstanz)

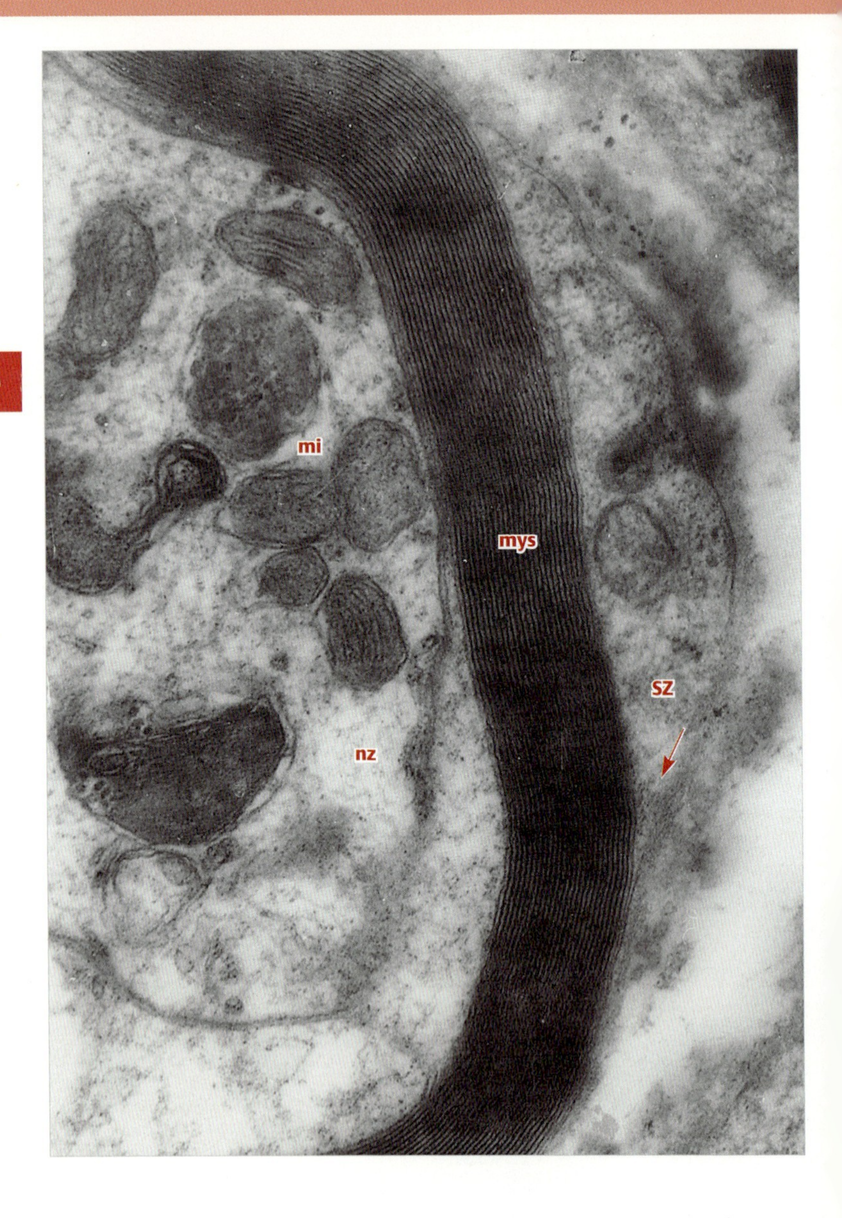
mi
mys
sz
nz

◄ **Abb. 6.20 Isolierung einer Nervenzelle (nz) durch eine Myelinscheide (mys) im Ultradünnschnitt.** Die Myelinscheide entsteht, indem eine Hüllzelle (**sz** = Schwannsche Zelle) flach ausgewalzt (Pfeil) und vielfach um die Nervenzelle herumgewickelt wird. **mi** = Mitochondrien des Neurons. Die Myelinscheide, die aus den eng aneinander liegenden Zellmembranen der Schwannschen Zelle gebildet wird, hat die Aufgabe, den Neuron-Fortsatz (Axon), analog einem elektrischen Kabel, zu isolieren. Vergr. 47 000-fach. (Aufnahme: H. Plattner)

- Das „Durchkriechen" eines Phospholipid-Moleküls von der einen auf die andere Seite (flip-flop) ist ein sehr seltenes Ereignis (im Bereich von Stunden). Dies gewährleistet die *sideness* (dt. etwa: Seitigkeit) biologischer Membranen. Das bedeutet folgendes: Häufig sitzt eine bestimmte Molekülsorte auf einer Seite, z. B. Phospholipide mit einem Seryl-Rest oder Lipide mit einem Inosit-Rest (s. o.) auf der Innenseite der Zellmembran. Die Bedeutung dieser Anordnung werden wir bei der Besprechung der Signaltransduktion in Kap. 6.5 (S. 142) und Kap. 12.3.2 (S. 269) erkennen.
- Ein kleiner Teil der Membranlipide ist zu speziellen **Cholesterin**-reichen **Mikrodomänen** (Lipid rafts) zusammengelagert, welche wie Flöße (Engl. „**rafts**") im flüssigen Membrankontinuum treiben. Sie binden innen- und außenseitig weitere Proteine. An der Zelloberfläche sind dies insbesonders solche mit einem GPI-Anker, vgl. dafür nachfolgend und Kap. 9 (S. 208), wobei innenseitig solche angelagert sind, welche der Signaltransduktion dienen. Solche **Mikrodomänen/rafts** bilden daher spezielle Plattformen für die Signaltransduktion. Dieses gilt wahrscheinlich auch für das **PrP^{c}**, und seine pathogene Form, **PrP^{Sc}**, die beide einen GPI-Anker tragen.

6.4 Die Glykokalyx und Übersicht über die Membrankomponenten

Nun fehlt nur noch der „Zuckerguss" (**Glykokalyx**). Es sind die Glykosyl-(Zucker-)Reste, welche in variabler Zahl und mit variabler Anordnung an der Außenseite der Zellmembran kovalent angeknüpft sein können (► Abb. 6.22). Dies kann sowohl an periphere und integrale Membranproteine als auch an Lipide erfolgen.

Insgesamt können wir die **Bausteine** der Zellmembran sowie vieler Biomembranen wie folgt zusammenfassen:

- **Phospholipide** mit asymmetrischer Verteilung
  - ohne Glykosyl-Reste, wie z. B. verschiedene Phospholipide oder
  - mit Glykosyl-Resten (Glykolipide), wobei die Zucker-Reste an Ceramid (1 Sphingosin + 1 Acyl-RestAcyl) kovalent angeheftet sind.

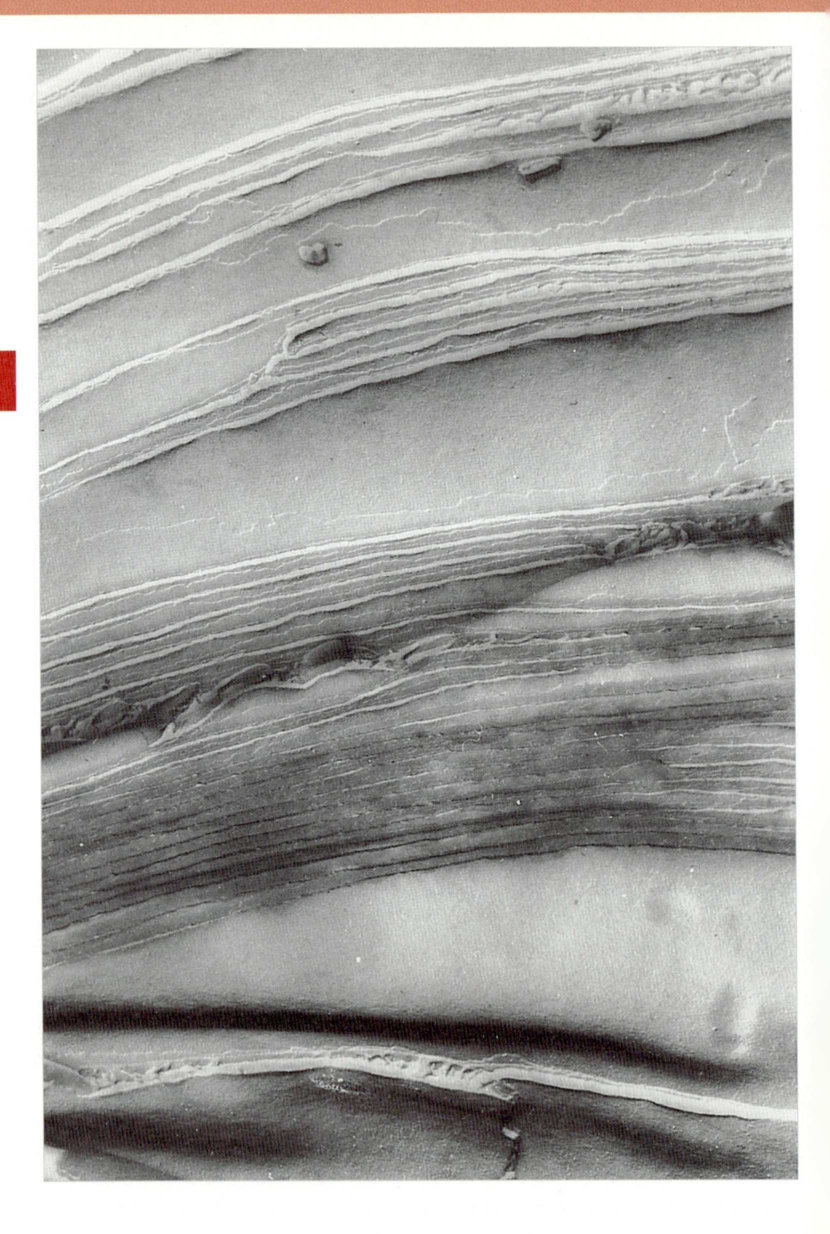

◂ **Abb. 6.21 Membranen der Myelinscheide eines Axons im Gefrierbruch.** Diese Membranen zeigen praktisch keine Membranpartikel. Dies entspricht ihrer Funktion als elektrischer Isolator, wozu Phospholipid-Schichten ohne transportaktive integrale Membranproteine bestens geeignet sind. Vergr. 30 000-fach. (Aufnahme: H. Plattner)

- **Cholesterin**
  - kommt in den verschiedenen Biomembranen in wechselnden Anteilen vor.
- **Membranproteine**
  - **periphere** (lösliche oder membranassoziierte Proteine) sind heteropolar (ional) gebunden
    - ohne Glykosylierung oder
    - mit Glykosylierung.
  - **integrale** (unlösliche) Membranproteine sind mit ihren Transmembran-Domänen hydrophob in Membranen verankert
    - ohne Glykosylierung oder
    - mit Glykosylierung.
  - Spezielle Gruppen von Proteinen, welche mit einem lipophilen Anker an der Membran sitzen. Solch ein Anker kann ein Glykosyl-Phosphatidyl-Inositol (GPI) sein. GPI-verankerte Proteine zeigen besonders starke und oft variable Glykosylierung (surface variant antigens). Auch eine kovalent angeheftete Fettsäure kann genügen, ein Protein in der Membran zu verankern.

6

▸ **Die Zellmembran trägt an ihrer Außenseite einen Pelz: die Glykokalyx.** Zur außenseitigen Oberflächen-Glykosylierung der Zellmembran insgesamt tragen nach obiger Darstellung sehr verschiedene Komponenten bei. Im Transmissions-EM sieht man einen oft bis zu mehreren 100 nm dicken Pelz, die Glykokalyx (▸ Abb. 6.22). Die Glykokalyx ist die Summe aller **Glykosylierungs-Reste** auf der Außenseite der Zellmembran, wobei periphere Proteine und Fortsätze von integralen Proteinen mit enthalten sind (▸ Abb. 6.23).

Im Transmissions-EM wird die Glykokalyx häufig dargestellt durch Kontrastierung mit **Rutheniumrot**, das ist eine kationische Verbindung (▸ Abb. 6.22). Demnach sind anionische Komponenten in der Glykokalyx zu erwarten. Deren häufigste ist **Sialinsäure** (N-Acetyl-Neuraminsäure) (S. 104).

▸ **Viele Pathogene brauchen die Glykokalyx zum Andocken.** Medizinisch ist die Sialinsäure wichtig, weil an ihr manche Bakterien und Viren festmachen, und zwar über Proteinstrukturen mit spezifischem Zucker-Erkennungsvermögen. Proteine mit dieser Fähigkeit nennt man ganz allgemein Lektine. Erst

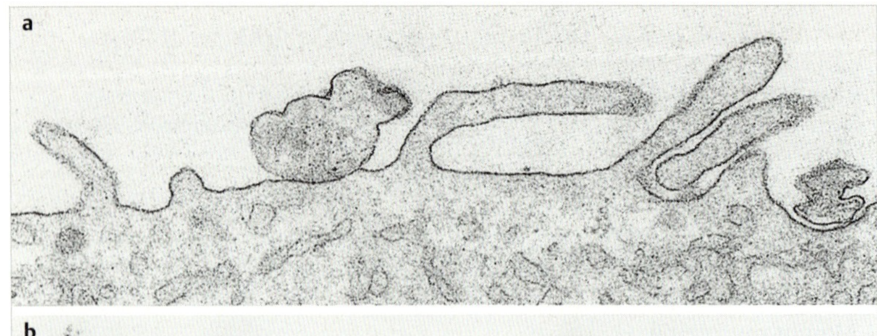

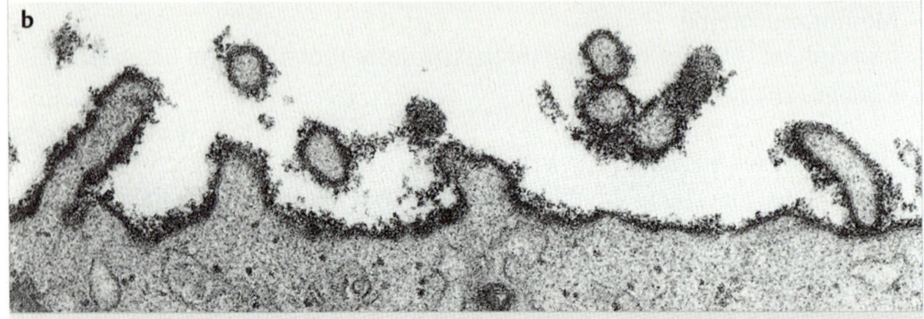

Abb. 6.22 Glykokalyx im Transmissions-EM. Oberfläche einer Leberzelle in Zellkultur. **a** konventionelle Präparation, **b** nach Kontrastierung der Glykokalyx mit Rhutheniumrot. Vergr. 17 000-fach. (Aufnahme: P. Pscheid, H. Plattner)

dann können etliche Bakterien und Viren ihre pathogene Wirkung entfalten. Das Toxin des Cholera-Erregers, *Vibrio cholerae*, muss an Glykolipiden und das Grippe -(Influenza-)Virus an Sialinsäure gebunden werden, um in die Zelle zu gelangen. Ähnliches gilt für die pathogenen Protozoen (*Plasmodium*), die Malaria hervorrufen. Daneben kommen in der Glykokalyx noch eine Anzahl von weiteren Amino-Zuckern (mit einer NH_2 bzw. NH_3^+-Gruppe) oder deren N-Acetyl-Derivaten vor.

$$\underset{\text{Amino-Zucker}}{\mathrm{HC{-}NH_3^+}} + \underset{\text{Acetat}}{\mathrm{HO{-}C({=}O){-}CH_3}} \longrightarrow \underset{\text{N-acetylierter Aminozucker}}{\mathrm{HC{-}NH_2^+{-}C({=}O){-}CH_3}}$$

Beispiele sind Mannosamin (S. 104) und N-Acetyl-Glukosamin (S. 226). Wir finden also sowohl positive (kationische), als auch negative (anionische) Überschussladungen in der Glykokalyx vor. Sie stoßen sich teilweise ab (+/+ oder -/-) und ziehen sich teilweise an (+/-), sodass sich die fragilen Ästchen dieser

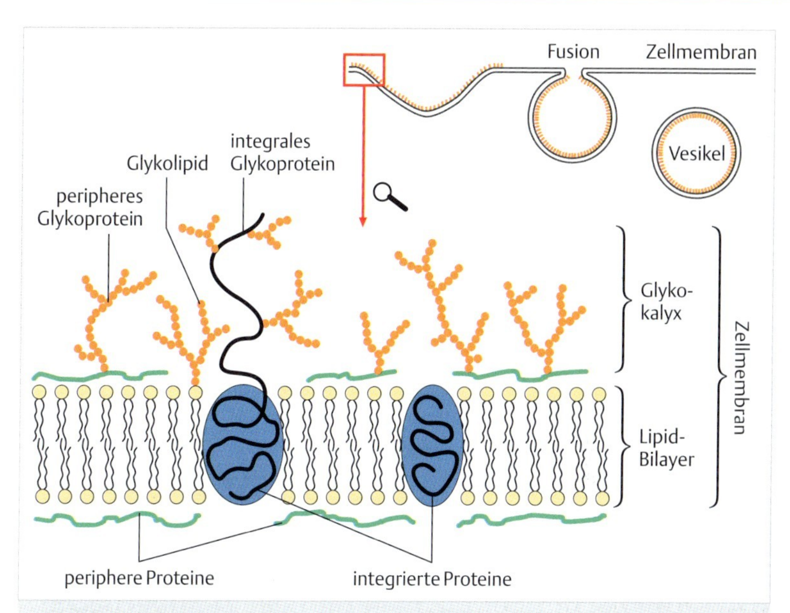

Abb. 6.23 Komplettiertes Modell der Zellmembranstruktur. In die Phospholipid-Doppelschicht sind Proteine eingelagert (integrale = unlösliche Membranproteine). An der Oberfläche sind beidseitig Proteine angelagert (assoziierte = periphere = lösliche Membranproteine). An der Oberfläche der Zellmembran sind Glykosylierungs-Reste (orangene Punkte: einzelne Zucker-Moleküle) an integralen und peripheren Proteinen sowie an Lipiden angeheftet (Glykoproteine und Glykolipide). Die Glykokalyx der Zelloberfläche wird von der Gesamtheit der Glykosyl-Reste und den herausragenden Proteinen gebildet. Das Inset zeigt in kleinem Maßstab die Biogenese der Glykokalyx durch Fusion von Vesikeln mit der Zellmembran, vgl. dazu das Prinzip des vesikulären Transports (S. 260), in der sich die glykosylierten Komponenten (orangene Striche) durch laterale Diffusion ausbreiten.

Zuckerketten gegenseitig elektrostatisch stützen. So wird das Aussehen der Glykokalyx im Transmissions-EM verständlich (▸ Abb. 6.22). Ein Gesamtmodell der Zellmembranstruktur stellt ▸ Abb. 6.23 dar.

▸ **Glykosylierung beginnt im ER.** Die Zellmembran entsteht durch stete Verschmelzung von inneren Membranvesikeln, in deren Innerem die Glykosylierungs-Reste zunächst eingebaut werden. Vgl. dazu die **Biogenese** der Zellmembran, in Kap. 12.3.1 (S. 266). Diese Vesikel gelangen durch Membranfusion über **Exocytose** an die Oberfläche, wo sie sich durch **Lateraldiffusion** ausbreiten

(▸ Abb. 6.23). Die Glykosylierung beginnt als core glycosylation (S. 217) im Endoplasmatischen Retikulum und wird im Golgi-Apparat zu Ende gebracht, die periphere Glykosylierung (S. 226). Bei diesen Glykoproteinen ist das „Zuckerbäumchen“ häufig an einem N-Atom eines Asparagin-Rests verankert. Membran-Glykoproteine werden daher als *N-linked glycoproteins* bezeichnet, im Gegensatz zu den selteneren *O-linked glycoproteins*.

▸ **Die Glykokylax vermittelt Oberflächenspezifität.** Bereits kleine Änderungen in der Zusammensetzung der Glykosyl-Reste haben wichtige Konsequenzen. So werden die **Blutgruppen** A und B durch Glykolipide in der Glykokalyx der Zellmembran von Erythrocyten determiniert. Der Unterschied umfasst nur wenige Zuckerreste. Die Glykokalyx vermittelt also **Oberflächenspezifität**. Wie ist das für Zucker gewährleistet, wenn doch Spezifität allgemein durch den Informationsfluss DNA → Proteine (Enzyme) erfolgt? In der Tat reflektiert die Spezifität der Zuckergruppierungen nur die geordnete Abfolge der Aktivität von **Glykosyl-Transferasen** (Glykosyl-Reste übertragende Enzyme). Es liegt also nichts Unorthodoxes vor und das zentrale Dogma der Molekularbiologie bleibt unwidersprochen.

6.4.1 Übersicht über die Funktion der Zelloberfläche

Im Wesentlichen handelt es sich um Funktionen des spezifischen Erkennens molekularer Strukturen, bis hin zum molekularen Niveau. Erkennen heißt hier spezifische, nichtkovalente Bindung, etwa nach einem Schlüssel-Schloss-Prinzip.

▸ **Erkennung körpereigener Zellen.** Sie ist von Bedeutung für das Zusammenfügen von „richtigen“ Zellen zu einem Gewebe (**Histogenese**) und von Geweben zu Organen (Organogenese) und daher ein wichtiger Aspekt der Entwicklungsbiologie.

Unterscheidung körpereigener von fremden Zellen. Ein Beispiel bieten bereits die einfachsten tierischen Organismen mit vielzelligem Bau. Nimmt man zwei Arten von Schwämmen (Spongiaria oder Porifera) mit gelber und roter arttypischer Färbung und zerlegt sie in einzelne Zellen, so kann man beide Zellarten in Suspension vermischen. Sie aggregieren in gelbe und rote Zellklumpen, Mischpopulationen von oranger Farbe bilden sich nicht. Arttypische Zellen haben sich aufgrund ihrer molekularen Oberflächeneigenschaften wiedererkannt.

Das Beispiel der vom österreichischen Mediziner **Karl Landsteiner** entdeckten Blutgruppen haben wir bereits erwähnt. Bluttransfusion mit falscher Blutgruppe ist wegen Verklumpung der Erythrocyten fatal.

Gewebe und Organe, wie sie für Transplantationen verwendet werden, müssen ebenfalls erst auf ihre Gewebeverträglichkeit (**Histokompatibilität**) hin getestet werden. Die Histokompatibilitäts-Komplexe sind Glykoproteine der Zellmembran. Transplantation eines falschen Typs führt zu Gewebeabstoßung durch Aktivierung von T-Lymphocyten vom Typ der „Killer“-Zellen im Rahmen der zellulären Immunantwort.

Bildung des zwischenzelligen Kontakts. Im Zuge der Histogenese finden die richtigen Zellen zueinander, z. B. Nervenzellen mit anderen Neuronen oder mit entsprechenden Muskelzellen. Die Verschaltung muss hochspezifisch sein. Dazu dienen Erkennungsmoleküle (wiederum Glykoproteine der Zellmembran), welche den Kontakt herstellen. Dieser erfolgt entweder direkt

- über **Zell-Zell-Verbindungen** oder
- über **Zell-Matrix-Verbindungen**, also über das Material der extrazellulären Matrix. Diese verbindet Zellen, wie Mörtel die Ziegel einer Mauer. Auch das *homing* (Einfangen) von Subtypen der Lymphocyten in bestimmten Organen des Immunsystems (Bursa der Vögel, Thymus, Milz, Lymphknoten) gehört in diese Kategorie. Nur so ist ihre Reifung (Differenzierung) zu den jeweils spezifischen Funktionen der Subtypen von Lymphocyten und ihre korrekte Verteilung im Körper gewährleistet.

Es genügt aber nicht, die Zellen aneinanderzuhalten. Ihre Ausbreitung und ihr Teilungsvermögen müssen gebremst werden. Im ersten Fall spricht man von **Kontaktinhibition** (Bewegungshemmung), im zweiten Fall von **Teilungshemmung** (▸ Abb. 6.24). Beide Phänomene sind getrennt zu sehen, wenngleich sie meist gemeinsam zum Zug kommen und oft auch verwechselt werden.

Bei der **Krebsentstehung** ist zunächst die Teilungshemmung aufgehoben, etwa unter dem Einfluss karzinogener (Krebs erregender) Substanzen oder bestimmter Viren. Es entsteht eine Wucherung (Geschwulst, Tumor bzw. Karzinom im Falle epithelialer Zellen). Oft führt auch die gestörte Kontaktinhibition zum Auswandern solcher entarteter Zellen aus dem Krebsgewebe. Je nach ihren Oberflächeneigenschaften werden sie bevorzugt in bestimmten Organen „gefangen“, wo sie durch weitere Teilung Metastasen bilden. Dies kann also eine Folge einer pathologischen Veränderung von (Glyko-) Proteinen der Zellmembran sein.

Zu den positiven Aspekten gehören Erkennung von entarteten Zellen durch bestimmte Lymphocyten mit dem Vermögen, diese durch immunologische Mechanismen zu eliminieren. Auch zerstörte Zellen, also Zellfragmente, und

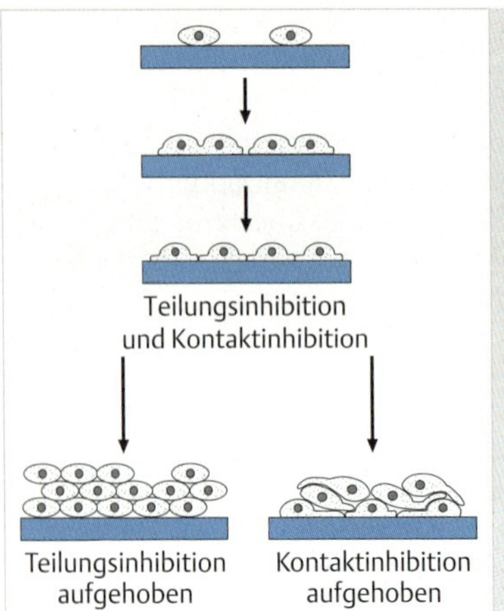

Abb. 6.24 Verhalten von Zellen nach deren Isolierung aus Gewebe, s. auch Kap. 21 (S. 409). Normale teilungsfähige Zellen erleiden in Zellkultur, wie auch im Organismus, eine Kontaktinhibition und eine Teilungsinhibition. Die Teilungsinhibition führt dazu, dass sich Zellen nicht weiter teilen, wenn sie miteinander in Berührung kommen. Die Kontaktinhibition verhindert das Übereinanderwachsen benachbarter Zellen. Beide Phänomene sind bei Krebszellen sowohl in vivo (Gewebe) als auch in vitro (Zellkultur) aufgehoben, sodass sie sich zügellos teilen (Proliferation), sich übereinander schieben und eine Krebsgeschwulst bilden.

sogar gealterte und damit molekular veränderte Proteine des Blutserums werden erkannt und durch Leberzellen oder Makrophagen eliminiert.

▸ **Erkennung von pathogenen Keimen**

1. Bakterien
2. Viren

Für beides wurden bereits Beispiele, mit Hinweis auf die Bedeutung der Sialinsäure der **Glykokalyx** für die Aufnahme von Viren, aufgeführt. Es sind Beispiele negativer, also pathogener Effekte der Glykokalyx, weil Keime erst durch die Erkennung (**molekulare Bindung**) aufgenommen werden. Ein positiver Aspekt ist, dass die Aufnahme in spezialisierte Fresszellen (S. 299) (Makrophagen, neutrophile Granulocyten oder Mikrophagen) in den meisten Fällen zur Inaktivierung von Bakterien und Viren führt.

▸ **Erkennung von Botenstoffen durch Rezeptoren.** Botenstoffe sind:

1. Hormone (Proteohormone oder Steroidhormone)
2. Neurosekrete
3. Neurotransmitter

Rezeptoren sind im Allgemeinen integrale (Glyko-)Proteine der Zellmembran, welche nach dem Schlüssel-Schloss-Prinzip jeweils einen Botenstoff spezifisch binden (▸ Abb. 6.25). Auf diese Weise lösen sie einen jeweils spezifischen Mechanismus der **intrazellulären Signaltransduktion** (S. 142) aus. **Proteohormone** sind, wie der Name sagt, Proteine. Sie können, ebenso wenig wie Neuro-

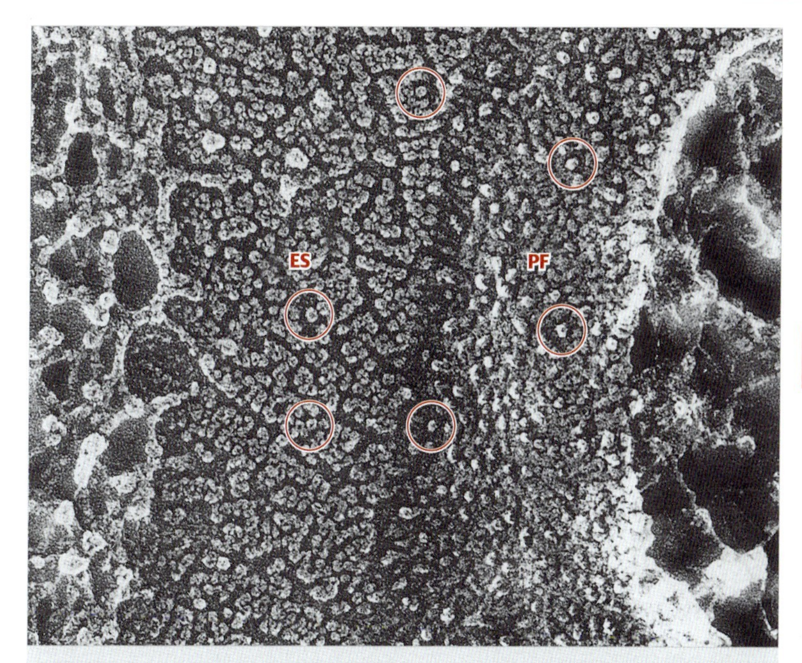

Abb. 6.25 Rezeptoren an der Zelloberfläche. Hier wurden die Rezeptoren für den Neurotransmitter Acetylcholin in der Zellmembran einer modifizierten Muskelzelle durch Gefrierbruch (rechts) und anschließende Gefrierätzung (links) sichtbar gemacht. Zur Methodik vgl. die Gefrierbruch-Technik (S. 146). Im rechten Teil wurde also die Zellmembran aufgebrochen (**PF**), im linken Teil dagegen die Oberfläche der Zellmembran durch Wegätzen von Eis freigelegt (**ES**). In beiden Flächen werden die Rezeptormoleküle als Aggregate von ca. 10 nm großen Partikeln sichtbar (z. B. in Kreisen). Vergr. 165 000-fach. (Aus Heuser, J. E., S. R. Salpeter: J. Cell Biol. 82 (1979)150)

sekrete oder Neurotransmitter, in die Zelle eindringen. Für sie gibt es Rezeptoren in der Zellmembran. Nur **Steroidhormone** können aufgrund ihrer Lipidlöslichkeit leicht in die Zelle eindringen. Erst im Cytosol treffen sie auf lösliche Rezeptorproteine, die ihnen den Eintritt über Kernporen in den Zellkern vermitteln. Auf diese Weise sind sie in ein genetisches Programm eingebaut.

▸ **Erkennung von Molekülen für deren Aufnahme.** Auch diese Funktion bringt im Organismus förderliche, normale (physiologische) und pathogene Aspekte mit sich.

Physiologische Mechanismen. Wie bereits oben erwähnt, werden molekular veränderte Komponenten des Blutserums an Rezeptoren von Leberzellen gebunden, aufgenommen und abgebaut. Ähnliches gilt für Lipoproteine, welche im Blutplasma **Cholesterin** transportieren, das so im Körper verteilt und durch Endocytose in alle Körperzellen aufgenommen werden kann. Durch Mutation veränderte Lipoprotein-Rezeptoren können pathologische Erscheinungen (Hypercholesterinämie) hervorrufen.

Pathogene Mechanismen. Auch manche **bakterielle Toxine** bedienen sich eines ähnlichen Aufnahmemechanismus über spezifische Komponenten der Zelloberfläche. Dieses gilt nicht nur für Clostridium-Toxine (Tetanus-Toxin von *Clostridium tetani*, Botulinum-Toxin von *Clostridium botulinum*), sondern auch für Vibrio-Toxine (Cholera-Toxin von *Vibrio cholerae*, Pertussis-Toxin von *Vibrio pertussis*). Das Resultat kann letal sein, sei es durch Starrkrampf (Tetanus), akute Muskelschwächung (Botulinismus), Cholera oder Keuchhusten (Pertussis). Diese Toxine binden zunächst an bestimmte Glykolipide der Zellmembran. Ähnliche Mechanismen können für manche Virusinfektionen, wie oben erwähnt, zutreffen.

6.5 Intrazelluläre Signaltransduktion

Wie in Kap. 6.4 (S. 133) erwähnt, werden die meisten Botenstoffe an spezifische Rezeptoren der Zelloberfläche gebunden. Die Zahl der Rezeptoren eines Typs kann einige hundert bis 10 000 pro Zelle betragen. Die Boten sind primäre Boten, sie können nicht in die Zelle eindringen. Erst durch die Bindung an den jeweils **spezifischen Rezeptor** lösen sie eine Signaltransduktion durch die Zellmembran aus, als ob sie der Zelle auf molekularem Wege den Befehl erteilten „jetzt tu was!“

▸ **Die Signaltransgebung erfolgt häufig durch Proteohormone.** Die Hormone, die auf diese Weise agieren, sind häufig Proteine (Proteohormone). Dazu gehören unter anderem die Hormone der Inselzellen des endokrinen Pankreas-Gewebes (**Glukagon** und **Insulin**; vgl. ▸ Abb. 5.5) und des Vorderlappens der Hypophyse (Hirnanhangsdrüse; z. B. **Wachstumshormon**). Daneben gibt es auch modifizierte Aminosäuren, wie das Schilddrüsen-(Thyroidea-)Hormon T3 + T4 (**Thyroxin**) oder das **Serotonin** mancher Neurone. Damit ist der Übergang zu Neurosekreten und Neurotransmittern fließend. So werden vom Mark der Nebenniere Catecholamine (**Adrenalin** = Epinephrin, **Noradrenalin** = Norepinephrin) freigesetzt und an Zielzellen mit geeigneten Rezeptoren gebunden, sodass diese Zellen aktiviert werden. An Neurotransmittern sei das **Acetylcholin** von motorischen Neuronen erwähnt:

$$H_3C-\overset{\overset{\large O}{\|}}{C}-O-CH_2-CH_2-\overset{\overset{CH_3}{|}}{\underset{\underset{CH_3}{|}}{N^+}}-CH_3$$

Acetylcholin ist also ein Ester, bestehend aus Essigsäure (Acetyl-Rest)

$$H_3C-C\overset{\diagup\!\!\diagup O}{\underset{\diagdown OH}{}}$$

und Choline (S. 89).

▶ **Der Aktivierungsbefehl kommt von außen.** Wichtig ist, dass diese Botenstoffe nicht in die Zelle eindringen und daher nur indirekt über Signaltransduktion ihre aktivierende Wirkung entfalten können (▶ Abb. 6.26). Im Gegensatz dazu dringen die lipidlöslichen Steroidhormone in die Zelle ein. Aus

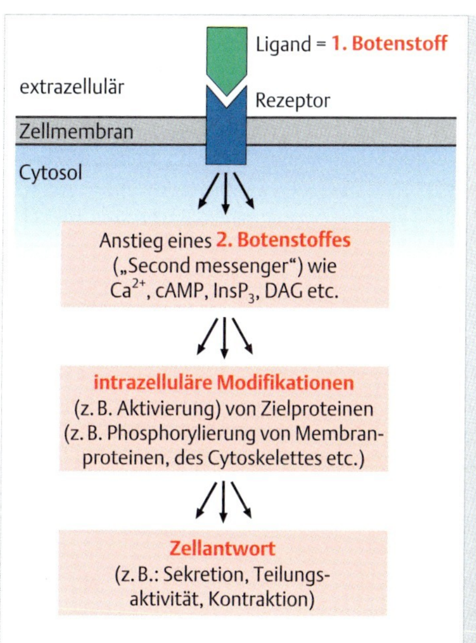

Abb. 6.26 Intrazelluläre Signaltransduktion. Ein erster Botenstoff (Ligand, z. B. Neurotransmitter oder Hormon) trifft auf einen passenden Rezeptor an der Oberfläche einer Zelle. Durch die Bindung eines Liganden wird der Rezeptor aktiviert (Rezeptor-Ligand-Bindung). Dies löst die intrazelluläre Signaltransduktion durch den Anstieg eines oder mehrerer „zweiter Botenstoffe" aus (*second messenger*). So kann z. B. die Konzentration von frei gelöstem Ca^{2+}, $[Ca^{2+}]_{i,\,frei}$, von cyclischem AMP (cAMP), oder von Inositol-1,4,5-trisphosphat ($InsP_3$) und Diacylglycerol (DAG) ansteigen. Die Effekte sind je nach der Art der Rezeptoraktivierung bzw. nach Art der Zielzelle jeweils verschieden. So kann die Aktivierung in gesteigerter Sekretion, Kontraktion oder Zellteilung resultieren. Auf jedem Schritt der Signal-Transduktionskaskade kann das Signal verstärkt werden.

► Abb. 6.26 geht auch hervor, dass Aktivierung einer Zelle je nach Zelltyp und Art der Aktivierung sehr verschiedenes bedeuten kann: elektrische Erregung, Sekretion, Kontraktion, Fortbewegung, Aufnahme der Teilungsaktivität etc.

Der „Befehl“ von außen, nachdem er durch Bindung eines Liganden (z. B. eines bestimmten Hormons) an seinem spezifischen Rezeptor entgegengenommen wurde, löst intrazellulär umgehend die Anordnung verschiedener Folgebefehle aus. Im Klartext bedeutet dies die Aktivierung (Freisetzung) von einem oder mehreren „Zweitboten“ (second messenger).

Second messenger sind:

1. Ca^{2+}: strömt über die Zellmembran von außen ein oder wird aus intrazellulären Speichern freigesetzt.
2. cyclisches AMP (cAMP): wird durch die Adenylat-Cyclase an der Zellmembran-Innenseite aus ATP gebildet (s. u.).
3. Abbauprodukte des Phosphatidylinositol-4,5-bisphosphates (PIP_2, auch $PInsP_2$) (s. u.). $PInsP_2$ wird zu Diacylglycerol (DAG) und Inositol-1,4,5-trisphosphat (IP_3, auch $InsP_3$) gespalten. cAMP oder DAG können verschiedene Proteinkinasen aktivieren (Proteinkinase A bzw. C) und $InsP_3$ kann intrazelluläres Ca^{2+} aus Speichern mobilisieren bzw. freisetzen.

Der Ablauf der Signaltransduktion wird in ► Abb. 6.26 zusammengefasst und für spezielle zelluläre Funktionen in Kap. 12 (S. 260) und Kap. 22 (S. 434) weiter spezifiziert.

Molekularer Zoom

GTP-Bindeproteine

Es gibt zweierlei GTP-Bindeproteine (G-Proteine):

- Trimere **G-Proteine**, welche innenseitig an der als Zellmembran Komplexe von je einer α-, β- und γ-Untereinheit bilden, wobei die α-Untereinheit (MG ~50 kD) GTP bindet und zu GDP hydrolysiert. Von allen Untereinheiten gibt es Varianten, mit entsprechenden Kombinationsmöglichkeiten. Die durch Bindung spezifischer Liganden aktivierten Rezeptoren in der Zellmembran aktivierten „G-Proteine“ vermitteln die intrazelluläre **Signaltransduktion** (► Abb. 12.10). Solche Rezeptoren werden als **GPCR (G-protein coupled receptor**s) bezeichnet.
- Monomere, niedermolekulare GTP-Bindeproteine (MG ~20 bis 30 kDa) vom Typ Rab, Rac, Ran, Ras...Sie werden als auch als „kleine G-Proteine“ oder **„GTPasen“** bezeichnet. Sie sind im Einsatz beim Vesikeltransport (S. 270), beim Transport von Proteinen durch die Kernporen (S. 179) sowie bei der Biosynthese von Proteinen (S. 215).

▸ **Nach innen wird das Signal immer weiter verstärkt.** Die *second messenger* können verschiedene Effekte auf Effektorproteine haben, z. B. Phosphorylierung (über Kinasen), Dephosphorylierung (über Phosphatasen) etc. Die „Kommandostruktur" der Zelle ist also streng hierarchisch, die „Befehle" werden nach unten immer detaillierter und der Effekt wird vom „Erstboten" bis zu den Effektormolekülen immer weiter amplifiziert. Ein aktiviertes Rezeptormolekül bewirkt also die Bildung vieler second-messenger-Moleküle, die wiederum noch mehr Effektormoleküle aktivieren können (**Verstärkungskaskade**).

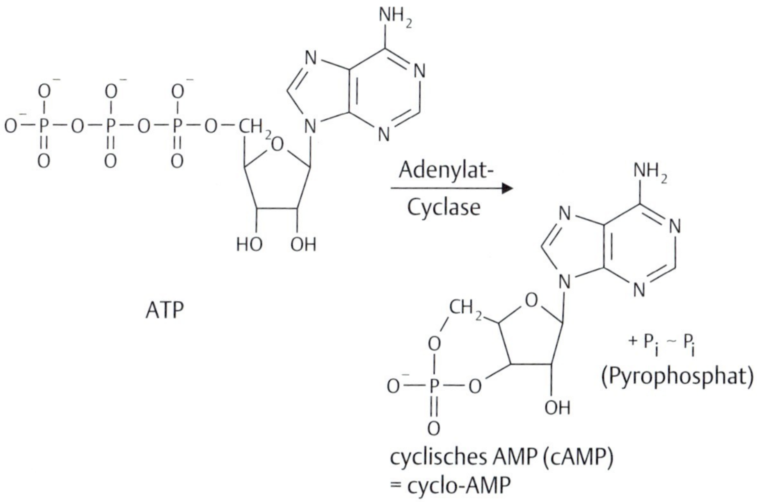

ATP

Adenylat-Cyclase

$+ P_i \sim P_i$ (Pyrophosphat)

cyclisches AMP (cAMP)
= cyclo-AMP

Man schätzt die Zahl von **GPCRs** beim Menschen auf etwas über tausend. Sie stellen die wichtigste Gruppe von molekularen Zielen („targets") für Pharmaka dar, von denen ca 40 % aller Medikamente an GPCRs ansetzen.

(Diacyl-)Phosphatidyl-Inositol-bisphosphat ($PInsP_2$) → Diacylglycerol (DAG) + Inositol-1,4,5-trisphosphat ($InsP_3$)

Diacylglycerol (DAG) → Protein Kinase C → aktivierte (Phospho-)Proteine

Inositol-1,4,5-trisphosphat ($InsP_3$) → Ca^{2+} Freisetzung aus ER → Aktivierung

Technik:

Gefrierbruch und Gefrierätzung – Einblick in die Membranstruktur

Aus der Alltagsbeobachtung ist bekannt, dass gefrorene Gewebe, etwa Pflanzen, sehr spröde sind und beim leichtesten Schlag zerbröseln. Nichts anderes liegt der Technik des Gefrierbruchs (*freeze-fracture*) zugrunde. Die Zellen brechen quer durch und man könnte auf diese Weise Einblick in ihre Innenstruktur gewinnen. Allerdings bilden sich beim normalen, also langsamen Einfrieren derartig große Eiskristalle, dass die Zellstrukturen völlig verfälscht werden und **Artefakte** entstehen. Um Bildung und Wachstum von Eiskristallen zu reduzieren, muss man sehr **schnell abkühlen**, etwa einige 10^4°C/s (Abkühlrate). Werden solche Zellen aufgebrochen und gelingt es, die freigelegten Strukturen im **Transmissions-EM** abzubilden, so haben wir Einblick in die Zellstruktur, wie sie in der Millisekunde des Einfrierens vorlag (► Abb. 6.27 und ► Abb. 6.28).

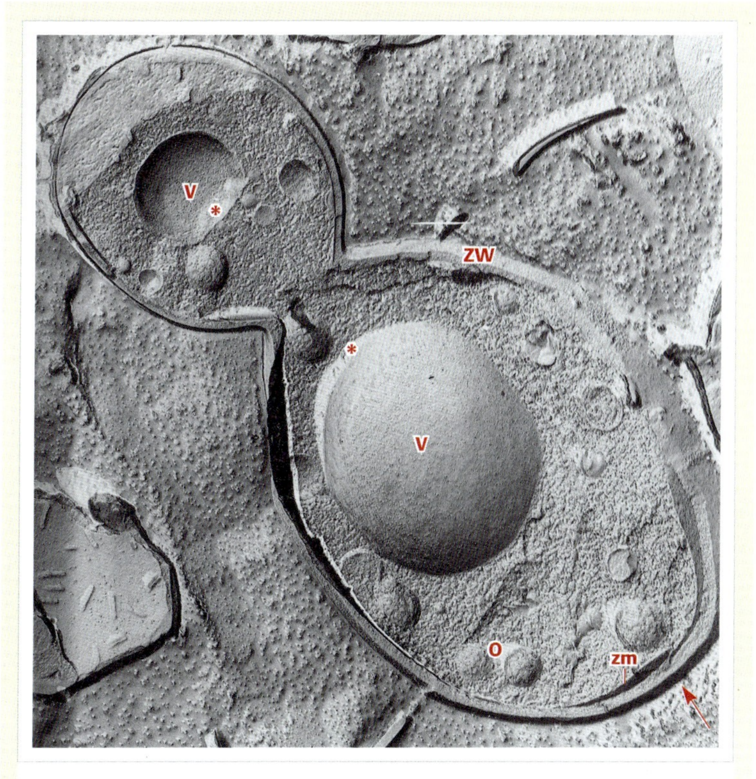

Abb. 6.27 Transmissions-EM-Bild vom Gefrierbruch-Replikat einer Hefezelle. Der Bruch verläuft durch das Cytoplasma und hat neben verschiedenen Organellen (**o**) zwei Vakuolen (**v**) freigelegt sowie die Zellwand (**zw**) und die Zellmembran (**zm**), z. B. rechts unten. Von den Vakuolen ist die obere herausgebrochen, wogegen die untere noch in der Zelle steckt. Dies ist an der Verteilung des Platins (Pt) (elektronendicht) in Bezug auf die Richtung der Pt-Bedampfung (Pfeil rechts unten) abzuleiten. Die Pt-Bedampfung unter 45° ergibt also helle Schlagschatten (Stern). In den aufgebrochenen Membranen der Organellen (z. B. der Vakuolen) sind zahlreiche Membranpartikel erkennbar. Vergr. 17 000-fach. (Aus Plattner, H., G. Schatz: Biochemistry 8 (1969) 339)

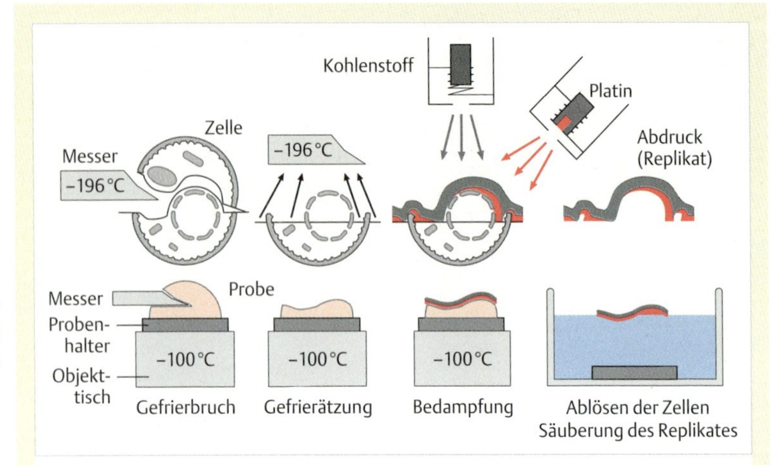

Abb. 6.28 Gefrierbruch- und Gefrierätzmethode. Beispiel: Hefezelle mit **Zellwand, Organellen** und **Zellkern.** Die schnell eingefrorenen Zellen werden bei –100 °C mit einem kalten Messer (–196 °C = Temperatur von flüssigem Stickstoff) aufgebrochen (**Gefrierbruch**). Dann kann fakultativ der Eisspiegel durch Abdampfen (Sublimation, „**Ätzen**“) abgesenkt werden. Diese Gefrierätzung ist dadurch möglich, dass Wasser-Moleküle aus dem gefrorenen Präparat abdampfen und sich am noch kälteren Messer niederschlagen. Der Gefrierbruch verläuft zwischen den beiden Phospholipidschichten von Membranen (vgl. c), also entlang der schwachen hydrophoben Bindungen. Die Zellen mit den so freigelegten Innenflächen von Membranen und den fallweise durch Ätzen freigelegten Membranoberflächen werden sodann mit Platin in schrägem Winkel und mit Kohlenstoff senkrecht bedampft. Diese **Platin/Kohlenstoff-Replik** haftet zunächst den gebrochenen Zellen an, die dann in einem Säurebad weggelöst werden. Das Replikat kann im **Transmissions-EM** untersucht werden.

Aus zweifachem Grunde ist schnelles Einfrieren notwendig:

1. Bereits im Lichtmikroskop ist zu sehen, wie sich bei Applikation der „chemischen Keule“ einer **Fixierlösung** die lebendige oder (Intra-)Vital-Struktur verändert, indem die Zellen ihre äußere Form und innere Struktur merkbar verändern.
2. Mit der physikalischen Fixierung (**Kryofixierung**) hingegen können auch sehr schnelle Prozesse abgestoppt und analysiert werden, wogegen die chemische Fixation sehr langsam, wenigstens über Minuten verläuft.

Also werden Zellen für die Gefrierbruch-Technik schnell eingefroren, z. B. in flüssigem Propan. Dann werden sie in einem Vakuumbehälter im **Hochvakuum** bei –100 °C (= 173 °K) **aufgebrochen** (▶ Abb. 6.28), um ihr Inneres freizulegen. An Luft würde sofort Wasserdampf auf der kalten Bruchfläche kondensieren und alle Strukturdetails wären sofort „zugeschneit". – Die Zellen können nun mit folgendem Trick zur Abbildung gebracht werden. Im Vakuum wird Platin (Pt) verdampft, und zwar so, dass die Pt-Atome unter einem Winkel von 45° auf die Präparatoberfläche auftreffen. Wie ▸ Abb. 6.28 zeigt, resultiert durch die Unebenheiten im angebrochenen Präparat eine ungleichmäßige Verteilung des Platins. Zur Verstärkung wird anschließend reiner Kohlenstoff in senkrechtem Winkel aufgedampft. Nun wird die Vakuumkammer geöffnet, die Zellen werden in einem Säurebad aufgelöst und übrig bleibt die dünne **Pt-Replikat (Abdruck)** mit **Kohleverstärkung**. Das Replikat zeigt im Transmissions-EM aufgrund der ungleichmäßigen Pt-Belegung über elastische Elektronenstreuung die Strukturdetails mit hoher Auflösung (vgl. ▸ Abb. 6.27).

An Membranen werden auf einem Gefrierbruch-Replikat zahlreiche Partikel sichtbar. Was stellen sie dar? Es konnte bewiesen werden, dass der Gefrierbruch genau in der Mitte von Membranen verläuft, an jener Schwachstelle, wo die Fettsäure-Schwänze der Phospholipide aneinanderstoßen (▸ Abb. 6.29). Die Membranpartikel selbst repräsentieren membranintegrierte Proteine, also Ionenpumpen, Carrier, Rezeptoren etc.

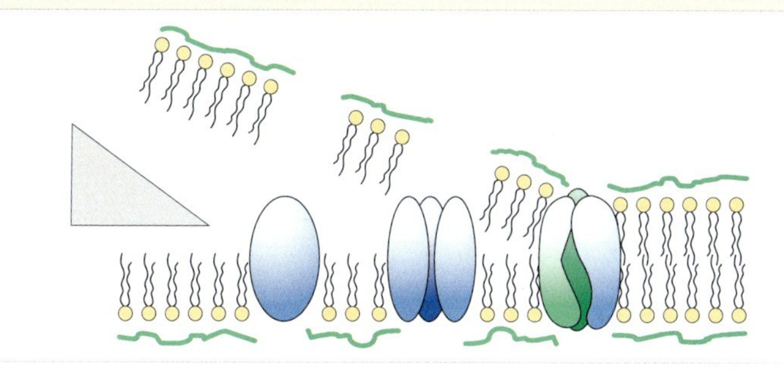

Abb. 6.29 Verlauf des Gefrierbruches in einer Biomembran. Hierbei werden die Phospholipidschichten getrennt, so dass eine Hälfte der Membran weggerissen wird. Integrale Proteine (blaue und grüne ovale Strukturen) können dann mittels schräger Pt-Bedampfung als Membranpartikel sichtbar gemacht werden. Ein Membranpartikel kann demnach verschiedenartige mono- oder oligomere Proteine repräsentieren.

Es besteht auch die Möglichkeit, den Eisspiegel um die Membranen herum durch Abätzen abzusenken (**Gefrierätzung, freeze-etching**). So kann man sogar die aus der Membran herausragenden Teile von Membranproteinen sichtbar machen.

Zellpathologie

Nokturne paroxysmale Hämaturie

Die Beispiele von Fehlleistungen durch defekte Komponenten der Zelloberfläche reichen von harmlos bis extrem gravierend. Dazu folgende Beispiele: Die **nokturne paroxysmale Hämaturie** (nächtliches [anfallartiges] Blutharnen) beruht auf einer somatischen Mutation von GPI-verankerten Glykokalyx-Komponenten in Stammzellen der roten Blutkörperchen (Erythroblasten), welche dadurch vom Immunsystem angegriffen werden können. Der Name ist angsteinflößend, aber wegen der permanenten Neubildung von Erythrocyten ist dies keine lang andauernde Störung. Die Mutation von Ionenkanälen oder von Zell-Zell-Adhäsionsmolekülen dagegen kann schon ganz erheblich schwerwiegendere Folgen nach sich ziehen (S. 219), (S. 433).

▸ **Literatur zum Weiterlesen**

siehe www.thieme.de/go/literatur-zellbiologie.html

7 Der Zellkern – „Kommandozentrale“ der Zelle

Zusammenfassung

Während bei Bakterienzellen das genetische Material als freie DNA ohne Membranumhüllung in der Zelle liegt, besitzt die Eukaryotenzelle einen durch doppelte Membranumhüllung abgegrenzten Zellkern. Hier ist die DNA an Proteine (**Histone**) gebunden und in distinkte Koppelungsgruppen (**Chromosomen**) gegliedert. Diese drei evolutiven Neuerungen haben es der Eukaryotenzelle offensichtlich ermöglicht, ein wesentlich umfangreicheres Genom pro Zelle zu speichern und bei der Zellteilung gleichmäßig auf die Folgezellen zu verteilen. Dazu wird die DNA **semikonservativ** repliziert. Der Komplex aus DNA und Histonen bildet das **Chromatin**, das die Substanz darstellt, aus der die Chromosomen gemacht sind. Das Chromatin ist perlenschnurartig zu **Nukleosomen** zusammengefügt, die ihrerseits zu dickeren Ketten verdrillt sind (**30 nm-Fasern** und **Supertwists**), um eine sehr hohe Speicherdichte zu erzielen. Da ein Nukleosom nur 180 Basenpaare beinhaltet, besteht auch ein kleines Gen aus zahlreichen Nukleosomen. Im Dünnschnitt präsentieren sich locker gepackte transkriptionsaktive Bereiche als **Euchromatin**, dicht gepackte Bereiche als **Heterochromatin**. Über heterochromatische Bereiche binden die Chromosomen an die Kernlamina an. Die **Transkription** von DNA in Messenger-RNA gewährleistet die Translation in Proteine als Genprodukte, die letztendlich verschiedene Zellfunktionen ausüben. Die **Translation** von mRNA in Proteine erfolgt im Cytoplasma an den **Ribosomen**, die ihrerseits am **Nukleolus** des Zellkerns gebildet werden. Die doppelte Kernmembran ist vielfach von Kernporen durchsetzt, um den nukleocytoplasmatischen Stofftransport in beide Richtungen zu gewährleisten.

Der Zellkern (Nukleus) ist aus mehreren distinkten Strukturen aufgebaut (► Abb. 7.1, ► Abb. 7.2, ► Abb. 7.3). Seine Bestandteile sind:

- die Kernmembran
- die Kernlamina
- eine Grundsubstanz (Nukleoplasma)
- die Kernmatrix
- die Chromosomen mit dem Chromatin
- der Nukleolus

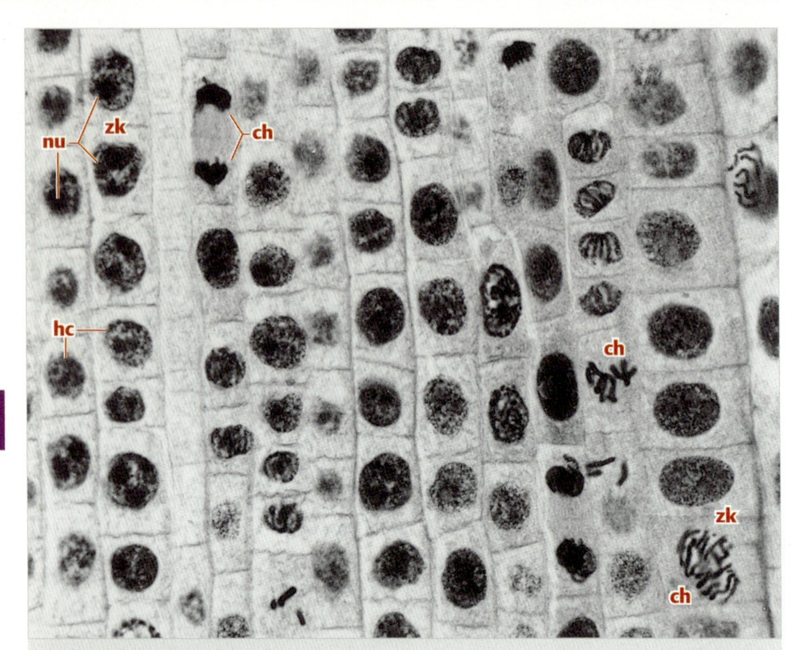

Abb. 7.1 Lichtmikroskopische Aufnahme von Zellkernen in einem Dünnschnitt von pflanzlichem Gewebe (Spitzen von Zwiebelwurzeln). In einzelnen Zellkernen (**zk**) sind entweder ein Nukleolus (**nu**) und heterochromatische Bereiche (**hc**) oder in anderen Kernen Chromosomen (**ch**) in verschiedenen Stadien der Kondensation zu sehen. Für **nu** und **hc** vgl. auch ▸ Abb. 7.3 und ▸ Abb. 7.6. Vergr. 580-fach. (Aufnahme: C. Braun, J. Hentschel)

7.1 Funktionelle Aspekte

Der Zellkern ist die Kommandozentrale oder das logistische Zentrum jeder Eukaryotenzelle. In ihm ist die Information für den Bau aller molekularen Zellkomponenten gespeichert. Als Informations- oder Datenträger dient die Desoxyribonukleinsäure, **DNA**, ein fädig gebautes, unverzweigtes, nur 2 nm dickes aber sehr langes Kettenmolekül (vgl. ▸ Abb. 5.12). Genauer gesagt handelt es sich um zwei komplementäre, gegeneinander verschraubte Moleküle („Doppelhelix“-Struktur der DNA). Die in der DNA gespeicherte Information muss letztendlich in spezifische Proteine als spezifische Baueinheiten und Funktionsträger (Enzyme), aber auch in verschiedene RNA-Spezies (s. u.) umgesetzt werden.

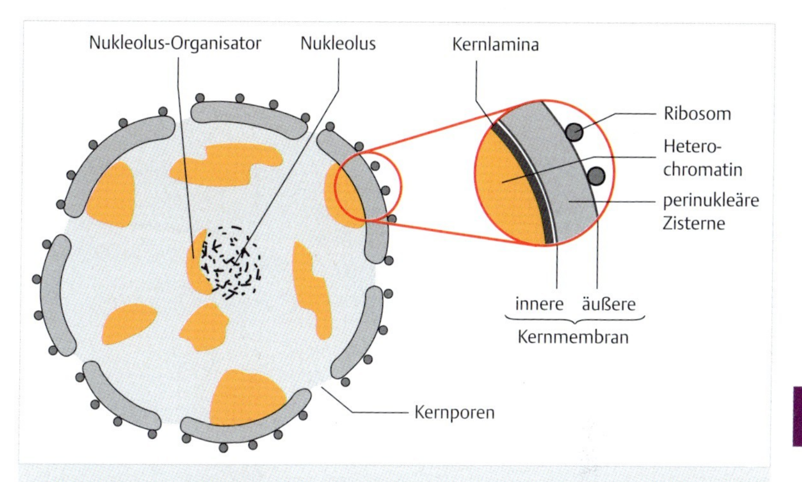

Abb. 7.2 Bau des Zellkerns. Er ist von einer doppelten Kernmembran umhüllt, die in sich geschlossen ist, jedoch Poren freilässt. An die äußere Kernmembran sind Ribosomen, an die innere ist die Kernlamina angelagert. Bereiche mit Heterochromatin sind als Schollen erkennbar. An einem heterochromatischen Bereich, dem Nukleolus-Organisator, liegt der Nukleolus an.

Da Proteine aus maximal 20 Arten von Aminosäuren aufgebaut sind (vgl. Kap. 5.3) (S. 93), reduziert sich die Frage, wie Information in der DNA gespeichert ist, auf die Frage, wie man 20 Aminosäuren verschlüsseln (kodieren) kann. Chemische Analysen hatten die Anwesenheit von zwei Purin-Basen (**Adenin** = A, **Guanin** = G) und zwei Pyrimidin-Basen (**Cytosin** = C, **Thymin** = T) in der DNA offenbart.

▸ **Der genetische Kode.** Ab den 50er Jahren wurde das Geheimnis der Kodierung der genetischen Information gelüftet:

- Es kodiert nur ein Strang (**Sinn-Strang**) der DNA-Doppelhelix.
- In diesem DNA-Strang bedeutet jeweils eine Dreiergruppe von Basen (ein **Triplett**) eine Aminosäure.
- Der genetische Kode ist universell, d. h. er gilt für alle Zellen (auch für Bakterien).
- Als **zentrales Dogma der molekularen Genetik** bezeichnet man das Faktum, dass der Informationsfluss immer in Richtung **DNA** → **Proteine** verläuft und nicht umgekehrt.

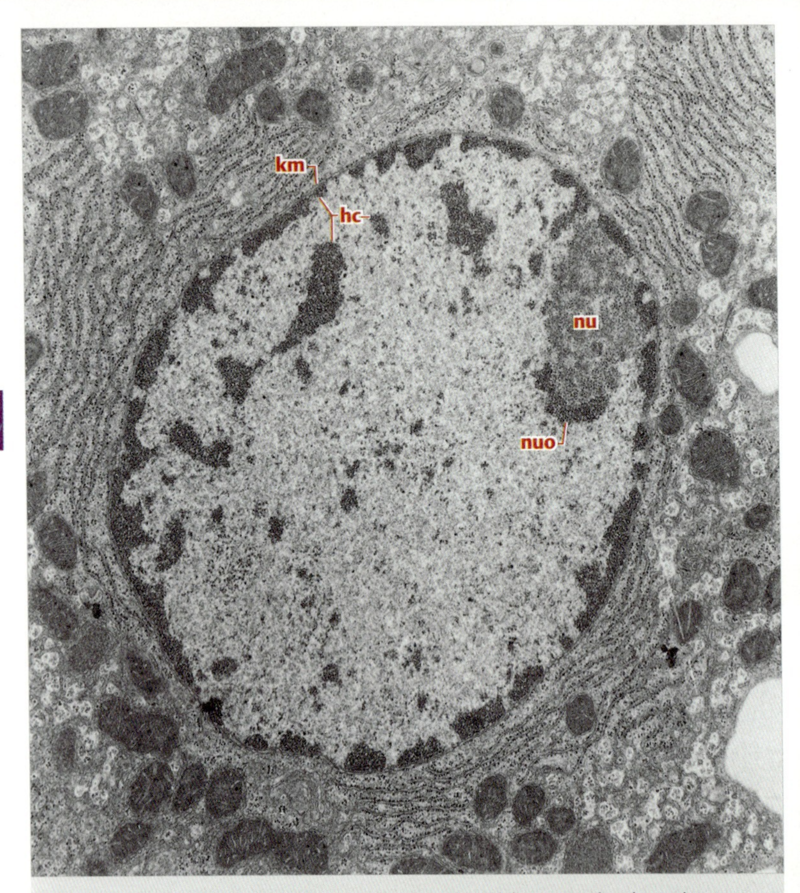

Abb. 7.3 Ultrastruktur des Zellkerns. Bei schwacher elektronenmikroskopischer Vergrößerung ist die doppelte Kernmembran (**km**) nur stellenweise erkennbar, deutlich dagegen sind die dunklen Bereiche mit Heterochromatin (**hc**) zu sehen, besonders entlang des Randes. Das Heterochromatin, das am wesentlich helleren Nukleolus (**nu**) anliegt, stellt den Nukleolus-Organisator (**nuo**) dar. Vergr. 10 500-fach. (Aufnahme: H. Plattner)

Theoretisch würde so ein Triplett-Kode unter Verwendung von 4 Bausteinen eine größere Zahl an Kombinationen, nämlich $4^3 = 64$ ergeben, als für 20 Aminosäuren notwendig wäre. In der Tat gibt es weit mehr als 20 Tripletts, also mehr als 1 Triplett pro Aminosäure, sodass mehrere Arten von Tripletts eine

Tab. 7.1 Der genetische Kode Angegeben wird die Kodierung von Aminosäuren durch Nukleotide von Adenin (A), Cytosin (C), Guanin (G) und Uracil (U) in der mRNA

Aminosäure	Triplett-Kode (Kodon)					
Alanin	GCA	GCC	GCG	GCU		
Cystein	UGC	UGU				
Asparaginsäure	GAC	GAU				
Glutaminsäure	GAA	GAG				
Phenylalanin	UUC	UUU				
Glycin	GGA	GGC	GGG	GGU		
Histidin	CAC	CAU				
Isoleucin	AUA	AUC	AUU			
Lysin	AAA	AAG				
Leucin	UUA	UUG	CUA	CUC	CUG	CUU
Methionin	AUG (Startkodon)					
Asparagin	AAC	AAU				
Prolin	CCA	CCC	CCG	CCU		
Glutamin	CAA	CAG				
Arginin	AGA	AGG	CGA	CGC	CGG	CGU
Serin	AGC	AGU	UCA	UCC	UCG	UCU
Threonin	ACA	ACC	ACG	ACU		
Valin	GUA	GUC	GUG	GUU		
Tryptophan	UGG					
Tyrosin	UAC	UAU				

einzige Aminosäure kodieren können (▶ Tab. 7.1). Im Sprachgebrauch der Informationstechnik ist der genetische Kode daher „degeneriert“. Dies ist nur im Sinne der Datenübermittlung gemeint, als biologisches Faktum hat es sogar gewisse Vorteile (vgl. Lehrbücher der Genetik).

Als Informationsspeicher dient der Zelle also ihre DNA. Eine bestimmte Abfolge von Tripletts ist somit das Äquivalent einer Aminosäuresequenz in einem Protein mit spezifischem Bau und entsprechender Funktion. Anders gesagt: Ein Gen ist eine Triplettabfolge, die eine Proteinkette – und zwar nur eine Art – kodiert. Auf die verfeinerte Bedeutung des Genbegriffes kommen wir später zu sprechen. Die Gesamtheit der Gene ist das **Genom** (Erbanlagen) einer Zelle. Jede unserer Körperzellen hat einen vollen, identischen Satz an Erbanlagen. Das sind nach neueren Daten nur 22 500 (Protein-kodierende) Gene. Unser Gesamtgenom besteht aus ungefähr 3×10^9 **Basenpaaren** (haploid, vgl. unten) bzw. 10^9 Tripletts, wobei allerdings nur für wenige Prozent die Genprodukte bekannt sind. Auch sind nicht alle Gene andauernd aktiv. Sie sind es nicht einmal in den Prokaryotenzellen, an denen zum ersten Mal **Genaktivierung** und **Enzyminduktion** beobachtet werden konnten. Während der Entwicklung eines Vielzellers werden Gene nach einem **„genetischen Programm"** in charakteristischer Abfolge aktiviert, d. h. ihre Information wird abgerufen und (über Proteine) in Strukturen und Funktionen umgesetzt.

▸ **Die große DNA-Menge des Eukaryoten macht „Erfindung" des Zellkerns notwendig.** Halten wir noch einmal fest, dass nur die Eukaryotenzelle einen membranumhüllten, also morphologisch klar abgegrenzten Zellkern besitzt, wogegen in der Prokaryotenzelle die DNA frei im Cytoplasma liegt; vgl. Kap. 4.2 (S. 65). Die Zunahme der DNA-Menge pro Zelle um ein mehrere Hundertfaches beim Übergang vom Prokaryoten zum Eukaryoten im Laufe der Evolution war eine Voraussetzung für das Erzielen weit höherer **Differenzierungsleistungen**; s. Kap. 26 (S. 524). Alles deutet darauf hin, dass die „Erfindung" des Zellkerns einfach eine technische Notwendigkeit war, um mit der Riesenmenge an fädiger DNA zurecht zu kommen. Jede unserer Körperzellen hat davon ca. 2,3 m und es gilt, diesen in einen ca. 5 µm großen, also zwei millionenfach kleineren Zellkern zu verstauen. Nun hat die Eukaryotenzelle ja auch zahlreiche, vielfach ausgedehnte Organellen im Cytoplasma entwickelt. Es galt in der Evolution, eine nicht entwirrbare Verknäuelung all dieser Komponenten vor der Zellteilung zu verhindern sowie eine präzise Weitergabe an die Tochterzellen zu gewährleisten. Ohne eigenes Kompartiment in Form des Zellkerns wäre dies nicht möglich gewesen. Die doppelte Kernmembran musste auch noch mit Poren versehen werden, um den Stoff- bzw. Informationsaustausch mit dem Cytoplasma zu gewährleisten (vgl. Kernporen, unten).

▸ **Zerlegung der DNA in Chromosomen und Kompaktierung der DNA.** Allein das Absondern (Kompartimentieren) der enormen DNA-Menge im Zellkern war offensichtlich nicht ausreichend, um all den vorhin genannten Anforderungen gerecht zu werden. Es wurden noch zwei weitere Änderungen beim Übergang zur Eukaryotenzelle vorgenommen:

1. Die DNA wurde in mehrere Abschnitte (**Chromosomen**) zerlegt.
2. Die DNA wurde kompaktiert durch Bindung an basische Proteine (**Histone**). Der Komplex aus DNA (egal von welchem Gen) und Histonen heißt **Chromatin**.

Das Chromatin ist in den Chromosomen wiederum so komprimiert, dass man diese im Lichtmikroskop deutlich wahrnehmen kann – wenigstens unter geeigneten Bedingungen (s. u.). Die Chromosomen zeigen entlang ihrer Längserstreckung charakteristische Dichteschwankungen, die Banden oder **Chromomeren**

(▸ Abb. 7.10), denen man ab den 20er Jahren bestimmte Gene zuzuordnen versuchte. Chromosomen wurden auf diese Weise als Koppelungsgruppen von Genen erkannt und Gene konnten kartiert werden (Genkarten).

7.1.1 Transkription aktiver Gene und anschließende Translation der Transkripte in Proteine

Vor einer normalen Zellteilung (**Mitose**) muss die DNA verdoppelt werden (**Replikation**). Die Abgabe von Information aus der DNA und das Umsetzen in Genprodukte erfolgt durch Überschreiben der Information (**Transkription**) auf dazwischengeschaltete Informationsträger (*messenger*, Boten). Insgesamt haben wir es also mit folgendem Szenario zu tun (▸ Abb. 7.4):

- Die latente Informationsspeicherung erfolgt an der DNA. Gene können dauernd oder zeitweise aktiviert sein.

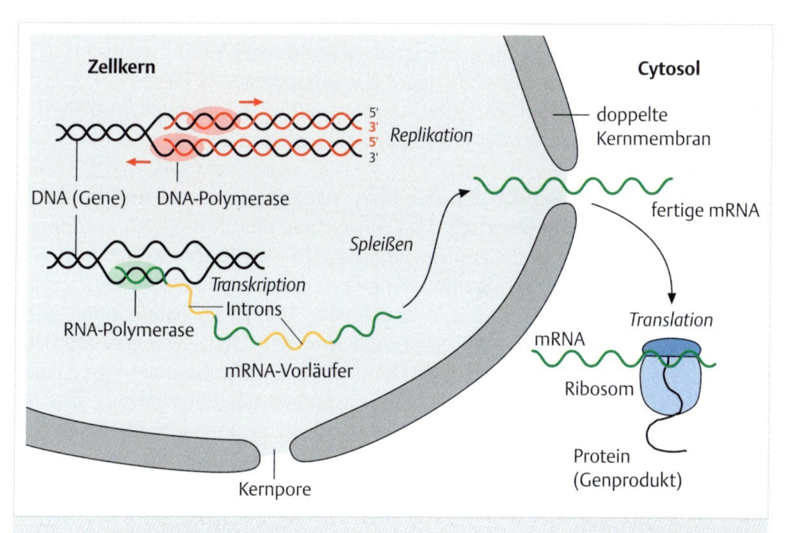

Abb. 7.4 Genetische Information im Zellkern und ihre Umsetzung im Cytosol. Die DNA wird vor jeder Zellteilung durch die DNA-Polymerase semikonservativ repliziert (vgl. ▸ Abb. 7.5), d. h. die Einzelstränge werden komplementär verdoppelt (Replikation). Zu verschiedenen Zeiten werden nach einem genetischen Programm einzelne Gene aktiviert. Am aktiven DNA-Strang wird durch die RNA-Polymerase zunächst ein Vorläufer der Messenger-RNA (prä-mRNA) abgelesen (Transkription). Erst nachdem diese zur fertigen mRNA zurechtgeschnitten wurde (Spleißen der gelb gezeichneten Introns), gelangt die fertige mRNA durch die Kernporen ins Cytosol. Dort wird die mRNA an Ribosomen in ein Protein, also in ein fertiges Genprodukt, übersetzt (Translation).

- An aktiven Genen findet die Umschreibung der Information (Transkription) dadurch statt, dass an dem als Matrize dienenden **DNA-Antisense-Strang** durch komplementäre Basenpaarung eine *sense*-mRNA synthetisiert wird, die eine äquivalente Sequenz des DNA-Sense-Stranges (Träger der Erbinformation) enthält.
- Die mRNA entsteht zunächst als Vorläuferform (**prä-mRNA**) und muss, noch im Zellkern, zurechtgetrimmt werden (**Spleißen**, d. h. Herausschneiden von Stücken ohne Informationsgehalt, der so genannten **Introns** – im Gegensatz zu den **Exons**, welche exprimiert werden). Da ein Gen meist mehrere Introns enthält, von denen je nach Gen und Gewebe jeweils verschiedene Introns herausgespleißt werden, andere dagegen in der fertigen mRNA bleiben können, können aus einer prä-mRNA mehrere verschiedene mRNAs gebildet werden (**alternatives Spleißen**). Nach verschiedenen Schätzungen können so im Durchschnitt 3 bis 8 **Isoformen** eines Proteins gebildet werden.
- Die fertige **mRNA** verlässt den Zellkern über die Kernporen und gelangt ins Cytoplasma.
- Dort lagert sie sich zusammen mit jenen Makromolekülen (**Ribosomen**), welche die Übersetzung der Information in entsprechende Proteine vollziehen (**Translation**). Dabei wird jeweils eine spezifische Transfer-RNA (**tRNA**) (S. 214) zum Antransport der jeweiligen Aminosäuren benötigt.

▶ **Semikonservative Replikation der DNA.** Als Leitsubstanzen und Leitenzyme des Zellkerns gelten demnach der DNA-Gehalt, die für die DNA-Verdoppelung (**Replikation**) notwendigen Enzyme der **DNA-Polymerasen**, ebenso wie die **RNA-Polymerasen**. Die Verdoppelung der DNA-Doppelhelix erfolgt vor jeder Zellteilung **semikonservativ**, d. h. dieselbe Abfolge an Nukleotiden wird komplementär ergänzt, wie sie ursprünglich in den Einzelsträngen der DNA vorlag. Da beide DNA-Stränge in der Doppelhelix eine komplementäre Basenpaarung aufweisen, muss bei Auseinanderweichen der Einzelstränge der jeweils andere Strang durch die DNA-Polymerasen exakt nachgebaut werden (▶ Abb. 7.5). Die semikonservative Replikation gewährleistet die exakte Weitergabe der genetischen Information an die zwei Tochterzellen. Dabei kommen auch Lesefehler vor, welche die Zelle aber, wie beim Probelesen eines Textes, mittels **Korrekturproteinen** nicht nur erkennen, sondern weitgehend auch beseitigen kann.

▶ **Die Transkription beginnt immer an einem definierten Startpunkt.** Besonders fatal wäre es, wenn die RNA-Polymerasen, welche die Transkription in mRNA vollziehen, mit dem falschen Leseraster begännen. Den Lesebeginn auf der Antisense-DNA markiert daher eine sogenannte **Promoter-Region**, die durch die RNA-Polymerase erkannt wird und die unter anderem auf jeder

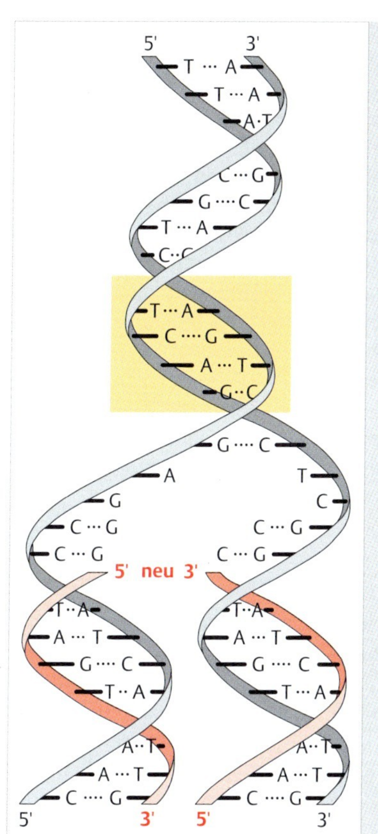

Abb. 7.5 Doppelhelix-Struktur der DNA. Die entgegengesetzte Anordnung der 3'- und 5'-Enden lässt die gegenläufige Anordnung der Einzelmoleküle dieses doppelten Kettenmoleküls erkennen. Dabei sind immer Thymin (T) und Adenin (A) bzw. Cytosin (C) und Guanin (G) über Wasserstoffbrücken (Punkte) miteinander gepaart. Die Wasserstoffbrücken-Bindungen werden bei der Replikation gelöst und es werden jeweils komplementäre Stränge (rot) ergänzt. Dies nennt man die semikonservative Replikation der DNA. Für den eingerahmten Bereich wurde in ▸ Abb. 5.11 die genaue chemische Struktur wiedergegeben.

mRNA ein immer gleiches Start-Kodon „**AUG**“ generiert. Man gibt die Kodons (Basentripletts) immer so an, wie sie in der mRNA vorkommen, in der statt Thymin Uracil verwendet wird; vgl. Kap. 5.5 (S. 105). Da das **Startkodon** für die Aminosäure Methionin steht (bei Bakterien für N-Formyl-Methionin), steht diese Aminosäure immer am Beginn eines Proteins. Später kann dies geändert werden, wenn ein Translationsprodukt posttranslational geschnitten wird (limitierte Proteolyse, **posttranslationale Modifikation**) (S. 217).

Daher können RNA- und DNA-Polymerasen als Leitenzyme des Zellkerns und DNA als seine Leitsubstanz bezeichnet werden. Allerdings kommen geringfügige DNA-Mengen auch extranukleär vor, nämlich in Mitochondrien und Chloroplasten.

► **Bestimmung des DNA-Gehaltes im Zellkern.** Der DNA-Gehalt des Zellkerns lässt sich leicht über UV-Absorption mittels Photometrie bestimmen. Dies ist in geeigneten Mikroskopen möglich. Noch eindrucksvoller ist das farbliche Sichtbarmachen, früher mit der so genannten „Feulgen-Färbung“ oder heute mit anderen, einfach zu handhabenden Farbstoffen, (► Abb. 7.11 und ► Abb. 22.4). Häufig wird **DAPI**, ein synthetischer Farbstoff (vgl. ► Abb. 7.11), zur Färbung der DNA verwendet. So zeigte sich, dass alle Körperzellen (somatische Zellen) denselben DNA-Gehalt enthalten, den sie erst kurz vor Eintritt in die Zellteilung in der S-Phase des Zellzyklus (S steht für Synthese) durch DNA-Synthese auf das Doppelte vermehren. Nur die Keimzellen enthalten den halben DNA-Gehalt. Die mikroskopische Analyse zeigte, dass somatische Zellen alle Chromosomen in doppelter Stückzahl besitzen (**Diploidie**), die Keimzellen ihre Chromosomen nur als einfachen Satz (**Haploidie**). Wenn bei der Befruchtung eine männliche Keimzelle (Spermatozoon oder Samenzelle) mit der weiblichen Eizelle verschmilzt, so bildet sich eine **Zygote** mit wiederum doppeltem, also diploidem Chromosomensatz. Daraus entstehen dann sämtliche Körperzellen (somatische Zellen).

7.2 Bau des Zellkerns

Der Kern ist von einer doppelten Membran (**Kernmembran**) umhüllt (► Abb. 7.6). Diese trägt auf der Cytoplasma-Seite Ribosomen und in seltenen Fällen ist zu sehen, wie sie direkt in das raue Endoplasmatische Retikulum (rER), übergeht. Ihr Lumen, die „perinukleäre Zisterne“, kann also in direkter Verbindung mit den Zisternen des rER stehen. Aus diesen Gründen wird die Kernmembran als Abkömmling des rER betrachtet bzw. umgekehrt. Darauf werden wir in Kap. 26 noch zurückkommen. Die Kernmembran umhüllt das **Kernplasma** oder Nukleoplasma. Hier liegt zunächst die **Kernlamina** eng der inneren Kernmembran an. Diese Lamina besteht aus einem Gitterwerk von fibrillären Proteinen (**Lamine**), welche zum Typ der Intermediär-Filamente (S. 347) gehören. An der Kernlamina sind die Chromosomen angeheftet. Sie heißt auch „Lamina densa“, weil sie nach Schwermetallimprägnation am Ultradünnschnitt im Transmissions-EM elektronendicht erscheint. An den Kernporen ist diese Lamina stets unterbrochen.

► **Bei der Kernteilung löst sich die Kernlamina auf.** Beide, Kernmembran und Kernlamina, werden bei der **Kernteilung** (Karyokinese), zum Übergang in die **Prophase**, in Vesikel bzw. Bruchstücke zerlegt; vgl. Kap. 22.1.3 „Mitose und Cytokinese“ (S. 444). Erst dadurch erlangen die Chromosomen den erforderlichen Bewegungsspielraum. Die Desintegration der Lamina wird eingeleitet durch Phosphorylierung der Lamine. Am Ende der Kernteilung werden diese

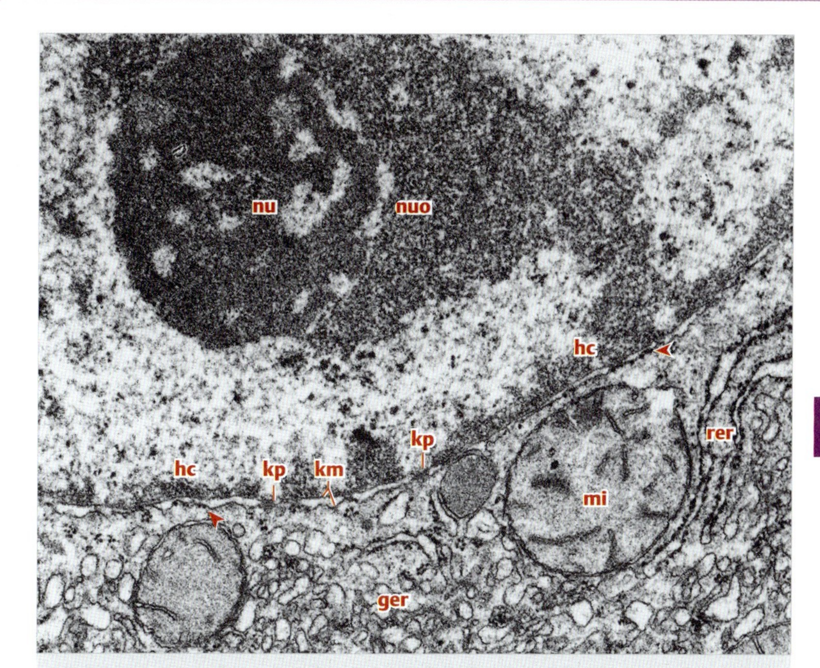

Abb. 7.6 Randbereich eines Zellkerns mit doppelter Kernmembran (km), wovon die äußere stellenweise Ribosomen trägt (Pfeilspitzen). Der inneren Kernmembran liegt elektronendichtes Material an, das der Kernlamina mit angelagertem Heterochromatin (**hc**) entspricht. (Beide sind ohne spezielle Verfahren nicht immer klar voneinander zu unterscheiden.) Dieses Material ist im Bereich von Kernporen (**kp**) unterbrochen. Vom Randbereich aus ragt ins Innere des Zellkerns ein heterochromatischer Bereich (**hc**), der den Nukleolus-Organisator (**nuo**) beinhaltet, sodass an diesen Bereich des Heterochromatins der Nukleolus (**nu**) angelagert ist. Außerhalb des Zellkerns sind Mitochondrien (**mi**) sowie glattes und raues Endoplasmatisches Retikulum (**gER**, **rER**) erkennbar. Vergr. 23 600-fach. (Aufnahme: H. Plattner)

Prozesse rückgängig gemacht und die Tochterzellen bilden wieder intakte Kerne. Es erscheint sinnvoll, Bau und Funktion der in die Kernmembran eingelassenen Kernporen erst zum Ende zu besprechen, wenn wir festgestellt haben, was der Kern an Molekülen aufzunehmen und abzugeben hat (**nukleo-cytoplasmatischer Transport**).

▶ **Im Ruhekern findet DNA-Synthese und Transkription statt.** Es hat sich eingebürgert, einen Zellkern, der sich nicht gerade in Teilung befindet, als **Ruhekern** (Interphase-Kern) zu bezeichnen, obwohl dies insofern irreführend

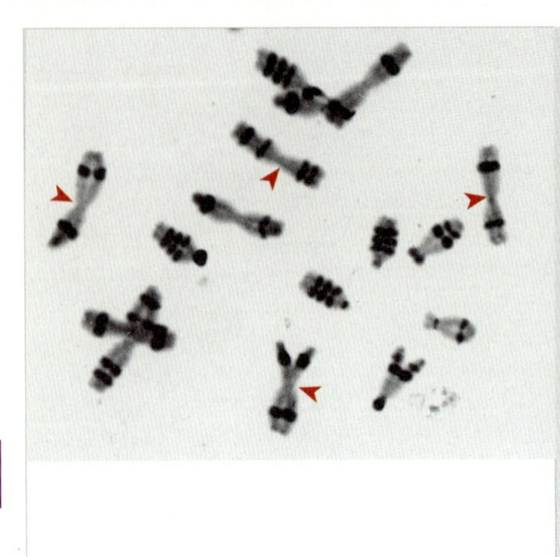

Abb. 7.7 Chromosomen aus dem Zellkern einer Pflanze (*Anemone blanda*) nach Anfärbung heterochromatischer Abschnitte (dunkel; vgl. Text). Es ist deutlich eine chromosomenspezifische Bänderung zu erkennen. Jedes Chromosom ist der Länge nach in Chromatiden gespalten, die nur am Centromer (enger Bereich) zusammengehalten werden (Pfeilspitzen). Das Centromer verbindet die unterschiedlich langen Arme der Chromosomen. Vergr. 1145-fach. (Aus Hagemann, S., B. Scheer, D. Schweizer: Chromosoma 102 (1993) 312)

ist, als nur dieser Ruhekern synthetische Aufgaben wahrnehmen kann: **DNA-Synthese** (semikonservative Replikation) sowie **Transkription** von mRNA und anderen RNA-Spezies (s. u.). Die „Ruhe“ bezieht sich also nur auf die Teilungsaktivität – auf sonst nichts. Im Ruhekern sind die Chromosomen strukturell kaum wahrzunehmen, weil sie entlang fast ihrer gesamten Länge dekondensiert sind.

Zugegeben – die elektronenmikroskopische Beobachtung des Zellkerns gab zunächst wenig Aufschluss. Dennoch muss darüber einiges gesagt werden, um die EM-Bilder richtig zu verstehen, bevor wir auf die zugrunde liegenden molekularen Komponenten eingehen. Die Enttäuschung der Ultrastrukturforscher war verständlich, hatte doch die Lichtmikroskopie bereits seit langem detaillierte „Porträts“ von Chromosomen geliefert (▸ Abb. 7.7).

▸ **Im Interphase-Kern gibt es aktive und inaktive Bereiche.** Betrachtet man einen Ruhekern am Ultradünnschnitt im Transmissions-EM, so sieht man im Kernplasma neben locker-wolkigen, hellen Bereichen noch elektronendichte Flecken (▸ Abb. 7.3). Die Morphologen haben sich angewöhnt, die hellen Abschnitte **Euchromatin** (griech.: eu = gut, chroma = Farbe), die dunkleren aber **Heterochromatin** (griech.: heteros = fremd, anders) zu nennen. Weil die Namen irreführend sind, geben wir hier eine Gedächtnishilfe. Das Heterochromatin präsentiert sich „anders“ als der Rest des Zellkerns, nämlich sehr viel intensiver gefärbt. Dies gilt nach Anwendung basischer Farbstoffe, wie sie herkömmlich bei der Präparation verwendet werden. Der Grund hierfür ist, dass Heterochromatin relativ viel dichter gepackte DNA enthält als das Euchromatin und dass daher kompakte saure Gruppierungen mit vielen negativen Überschussladungen sehr viel mehr basische, also positiv geladene Farbstoffe binden können. Bereits bei Vitalbeobachtungen registriert man in heterochromatischen Abschnitten des Zellkerns hohe Dichte und hohe UV-Absorption. Starke Verdichtung der DNA in einem Chromosomenabschnitt bedeutet indessen geringe funktionelle Aktivität im oben ausgeführten Sinne. Der Begriff des Heterochromatins, auch kondensiertes Chromatin genannt, kommt zunächst aus der Lichtmikroskopie (▸ Abb. 7.7) und wurde dann von der Elektronenmikroskopie übernommen. Heterochromatische Bereiche liegen, wie erwähnt, oft der Kernlamina eng an, ohne die Kernporen zu bedecken. Neben der einen oder anderen unregelmäßigen „Wolke" von Heterochromatin im Inneren eines Kernanschnitts sieht man Heterochromatin regelmäßig in Kontakt mit dem Kernkörperchen (Nukleolus, s. u.). Für den Genetiker ist Heterochromatin genetisches Material, das transkriptionsinaktiv ist – weil es gerade im Interphase-Kern dicht gepackt bleibt.

Die wichtigste Syntheseleistung, die Informationsübertragung auf mRNA, findet demnach in den unauffälligen, auch im Transmissions-EM bei hoher Auflösung wenig konkret strukturierten Bereichen der Chromosomen statt. Die praktisch nicht wahrnehmbaren, weil so stark aufgelockerten Chromosomenabschnitte schwimmen in der Kernflüssigkeit (Nukleoplasma), die dem Kern ein eigenes „inneres Milieu" mit charakteristischer Ionenzusammensetzung gewährleistet – nicht unbedeutsam übrigens, um die Organisation des Chromatins aufrechtzuerhalten. Auf diese wollen wir nun eingehen.

7.3 Die Struktur des Chromatins

Nachdem man erkannt hatte, dass der „Stoff", aus dem die Chromosomen bestehen, nicht nur DNA, sondern auch mit ihr assoziierte Histon-Proteine enthält, galt es, die strukturelle Interaktion beider Komponenten aufzuklären. Das Raster-EM zeigte mit seiner beschränkten Auflösung an isolierten Chromosomen noppige Strukturen, die weit über der Größe der relativ kleinen **Histon-Proteine** (MG von ca. 10 000 bis 15 000) liegen. Wo liegen also die Histone im Chromatin und wie ist die DNA relativ zu den Histonen angeordnet? Den Durchbruch leiteten enzymatische Verdauungsversuche mit Proteasen und mit Desoxyribonuklease (DNase) ein. Die Überraschung war groß, als sich die Proteasen als wenig effizient erwiesen, wenn nicht vorher die DNase eingesetzt worden war. Nun wurde es allmählich klar: Gänzlich unerwartet sitzen Histone im Inneren der Chromatinstrukturen und die DNA liegt außen.

Es wurde zunehmend deutlich, dass die Chromatinstruktur außerhalb der Zelle labil ist und der stabilisierenden Bedingungen des inneren Milieus des Nukleoplasmas bedarf. Man brachte isolierte Chromosomen auf EM-Objektträger und man manipulierte die Präparationsbedingungen. Es gelang fortan, Chromosomen zum Auseinanderplatzen zu bringen und die freigelegten Strukturen mit Lösungen von Schwermetallsalzen zu umhüllen. Dadurch werden die feinsten Strukturen wie in einem Negativ, auf dunklerem Untergrund, sichtbar. Siehe hierzu die Methode der Negativkontrastierung in der Technik-Box (S. 50).

▶ **Chromosomen sind gebaut wie Perlenketten.** Nun zeigte sich völlig überraschend folgendes: Chromosomen sind gebaut wie Perlenketten (▶ Abb. 7.8). Eine Perle entspricht einem Aggregat aus vier verschiedenen **Histonen** (Typ 2A, 2B, 3 und 4), die jeweils paarig im Inneren der Perle vorliegen (▶ Abb. 7.9). Die Histone bilden daher im Nukleosom einen **Oktamer-Komplex**. Der DNA-Faden ist außen um jede Perle herumgewickelt, wo er wegen der Ladungsunterschiede ional (heteropolar) gebunden ist. Er läuft weiter von Perle zu Perle, vom einen Ende eines Chromosoms durchgehend zum anderen – ohne Unterbrechung. Um zum Ausdruck zu bringen, dass diese Perlen die Baueinheiten des Kernmaterials Chromatin sind, wurden sie mit dem Namen **Nukleosomen** belegt. Einem Nukleosom sind ca. 200 Nukleotidpaare der DNA zugeord-

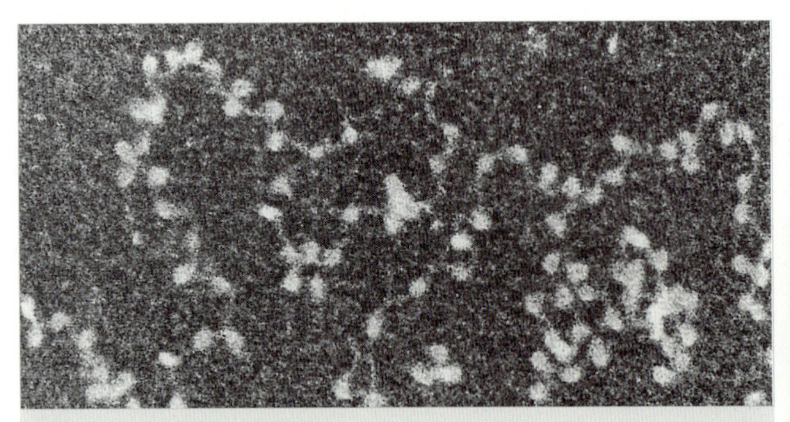

Abb. 7.8 Nukleosomenstruktur des Chromatins. Die 11 nm großen „Perlen“ der Nukleosomen und der sie verbindende 2 nm dicke DNA-Faden sind hier im negativen Kontrast zu sehen (Dunkelfeld-EM-Aufnahme). Vergr. 210 000-fach. (Aus Engel, A., S. Sütterlin, T. Koller. In: Brederoo, P., W. DePriester: Proc. 7th Eur. Congr. Electron Microscopy 1980. Vol. 2 (1980) 548)

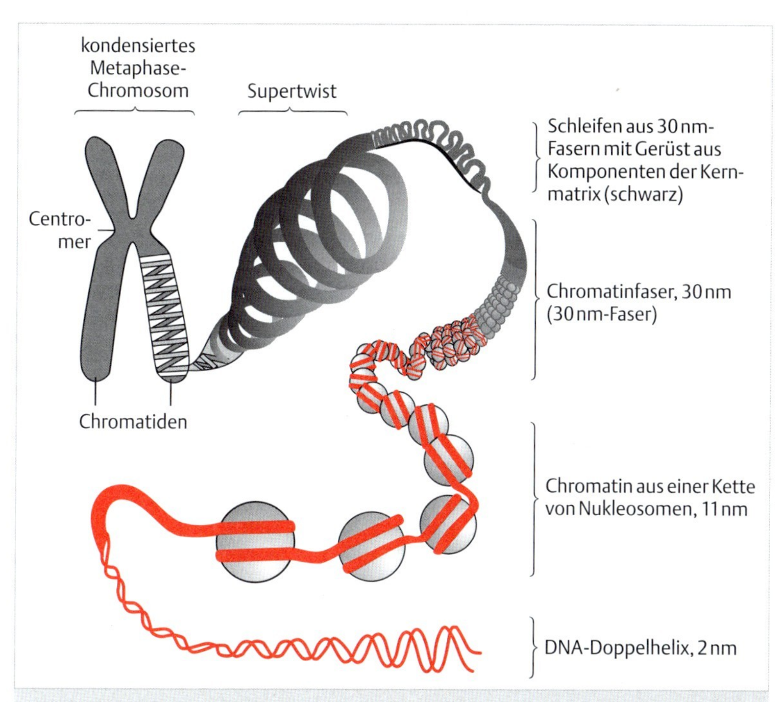

Abb. 7.9 Organisation des genetischen Materials. Die DNA-Doppelhelix (2 nm dick) umwindet die Histon-Proteine der Nukleosomen (11 nm) und bildet so das Chromatin (DNA-Protein-Komplex). Diese „Perlenkette" der Nukleosomen ist – wenigstens in vitro – zu einer Chromatinfaser (30 nm) verdrillt. Diese kann in Schleifen gelegt und weiter verdrillt werden (Supertwist). In dieser Form liegt das Chromatin in einem Chromosom vor, sobald dieses bei Eintritt in die Zellteilung kondensiert wird. (Außerhalb der Zellteilung sind die Chromosomen weitgehend aufgelockert.) Ein solches Chromosom lässt zwei miteinander verbundene Chromatiden erkennen, in denen jeweils eine DNA-Doppelhelix von einem Ende bis zum anderen durchläuft. Die DNA-Schleifen werden durch Anlagerung von Elementen der Kernmatrix in den Chromatiden stabilisiert. Bereiche mit besonders intensiver Kondensierung des Chromatins sind im Lichtmikroskop als Chromomeren (deren Abfolge ein typisches Bandenmuster ergibt), im Elektronenmikroskop dagegen nur als dunkle „heterochromatische Bereiche" erkennbar.

net, die als 2½-fache Schleife das oktamere Histon-Aggregat eines jeden Nukleosoms umwindet. Ein Nukleosom ist ca. 11 nm dick. Im Vergleich dazu beträgt der Durchmesser der „nackten" DNA 2 nm. An den Zwischenräumen zwischen den Nukleosomen sind längliche Histon-Proteine vom Typ I (H1) zur Verstärkung angelagert. Diese Nukleosomenstruktur des Chromatins wird in der Zelle immer aufrechterhalten, sogar während der DNA-Replikation und während der Transkription. Lediglich eine kurzfristige leichte Auflockerung findet statt, wenn die Polymerasen darübergleiten.

▸ **Ein Gen läuft über zahlreiche Nukleosomen.** Die Frage liegt nun nahe, in welcher Relation ein Nukleosom zu einem Gen steht. 200 Nukleotidpaare entsprechen ca. 67 Aminosäuren. Bei deren durchschnittlichem MG von ca. 110 ergäbe ein Nukleosom ein sehr kleines Protein von einem MG von 7500. Da Proteine im Durchschnitt meistens siebenfach und noch größer sind, muss allein nach dieser Überschlagsrechnung ein Gen über zahlreiche Nukleosomen verlaufen. Dazu kommt noch, dass in die meisten Eukaryoten-Gene Abschnitte eingeschaltet sind, nämlich Introns, deren mRNA-Anteil nach der Transkription herausgespleißt wird. Insgesamt muss man daher im Durchschnitt einige Dutzend Nukleosomen für ein durchschnittliches Gen veranschlagen.

▸ **Die DNA in den Chromosomen wird stark kondensiert.** Die Nukleosomenstruktur ist also der erste „Trick“, mit dem die Eukaryotenzelle die Kondensierung der DNA erreicht. Insgesamt errechnet sich aber eine mehr als 10^4-fache Verkürzung, wenn man die Länge der DNA in einem durchschnittlichen Chromosom vergleicht mit der ungefähren Länge eines einzelnen Chromosoms selbst (ca. 5 cm zu 1 µm). Mit dem Aufwinden der DNA um die Histone allein lässt sich dies noch nicht erreichen. So suchte man weiter nach übergeordneten Strukturprinzipien und fand folgendes (▸ Abb. 7.9):

1. Die Perlenkette ist in sich verdrillt, sodass **30 nm-Fasern** entstehen. (Die Strukturierung des Chromatins in geordnete **30 nm-Fasern** wurde in vitro beobachtet, ist in der lebenden Zelle jedoch wohl eher die Ausnahme.)
2. Diese sind noch einmal gegeneinander verdrillt zu einem **Supertwist**.
3. Die Supertwists laufen schleifenartig quer durch jedes Chromosom. In dieser kondensierten Form durchzieht nun die DNA ein jedes Chromosom in seiner gesamten Länge; vgl. Plus-Box (S. 167).
4. Jedes Chromosom scheint in seinem Inneren noch eine Art „Haltestab“ für diese Schleifen zu haben. Man glaubt, dass dieser aus den schlecht löslichen Proteinen der **Kernmatrix** besteht. An ihr würden sich die Chromosomen kondensieren können. Diese komplexen Strukturprinzipien des Chromosoms zu finden, war so schwer, weil sie sich nur im richtigen **Ionenmilieu** halten können (s. o.).

▸ **Kondensierte Chromosomen zeigen Chromomeren.** Werden kondensierte Chromosomen gefärbt, so sieht man ein typisches Bandenmuster. Die dichten, gut färbbaren Abschnitte nennt man die **Chromomeren** eines Chromosoms. Diese zu sehen, gelingt meist nur, wenn die Chromosomen bei Eintritt in die

Kernteilung, ab der **Prophase**, kondensiert vorliegen; vgl. Mitose und Cytokines (S. 444). Zu diesem Zeitpunkt ist die Nukleosomenkette in Supertwists, die noch ein weiteres Mal wie Schleifen eines langen Bandes hin- und hergefaltet sind, organisiert. In den Chromomeren ist das Chromatin besonders dicht gepackt.

Sobald eine Zelle sich zur Kernteilung anschickt, durchzieht ein DNA-Faden jede der beiden Chromatiden, denn schon vor Eintritt in die Kernteilung (Mitose) war die DNA in der **S-Phase** des Zellzyklus dupliziert und jedes Chromosom entlang seiner gesamten Länge in zwei identische **Chromatiden** gespalten worden. Diese bleiben nur über das **Centromer** verbunden, bis die zwei Chromatiden eines Chromosoms beim Übergang von der Metaphase in die Anaphase getrennt werden; s. auch Kap. 22 (S. 434).

Plus

Das Eukaryoten Genom: Bedarf an hoher Speicherkapazität

Da man sich von den wahren Größenverhältnissen im Mikrobereich nur schwer eine richtige Vorstellung machen kann, wollen wir die soeben besprochenen Strukturen auf den Makrobereich übertragen. Nehmen wir an, die DNA sei ein Wollfaden von 2 mm Durchmesser (also 10^6-fach dicker als in Wirklichkeit), so entspräche ihre wahre Länge von 2,3 m in jedem unserer Zellkerne jeweils einer Strecke von 2300 km, also quer durch Europa. Es wäre schwer, einen solchen Faden aufzuwickeln, ohne dass er sich verheddert. Ein Nukleosom von 11 nm Durchmesser wäre dann eine Perle von 11 mm Durchmesser und die Kette aus 27×10^6 Perlen würde mit 295 km immer noch der Strecke Konstanz – München entsprechen.

Kehren wir wieder zu den realen Dimensionen zurück und treiben wir das anschauliche Vergleichsspiel weiter: ohne Vergrößerung würden alle DNA-Fäden eines menschlichen Körpers mit 10^{14} Zellen eine schier unglaubliche Strecke von $230\,000 \times 10^6$ km abdecken, entsprechend 600 000 mal der Strecke Erde – Mond, wenn man eine mittlere Entfernung Erde – Mond von 384 420 km zugrunde legt. Obwohl dies dramatisch erscheint, kommt es vor allem darauf an, wie die Zelle das Problem der hohen Informationsdichte in ihrem Zellkern gelöst hat. Die Lösung ist so gut, dass sie jeden technischen Informationsspeicher weit übertrifft.

▶ **Ein Chromomer entspricht nicht einem Gen.** Im Lichtmikroskop wechseln dicke und dünne Chromomeren einander mit großen oder kleinen Zwischenräumen ab. Jedes Chromosom hat so sein typisches Bandenmuster (▶ Abb. 7.7, ▶ Abb. 7.10, ▶ Abb. 7.11). Wieder stellt sich die Frage, ob ein Chromomer nun

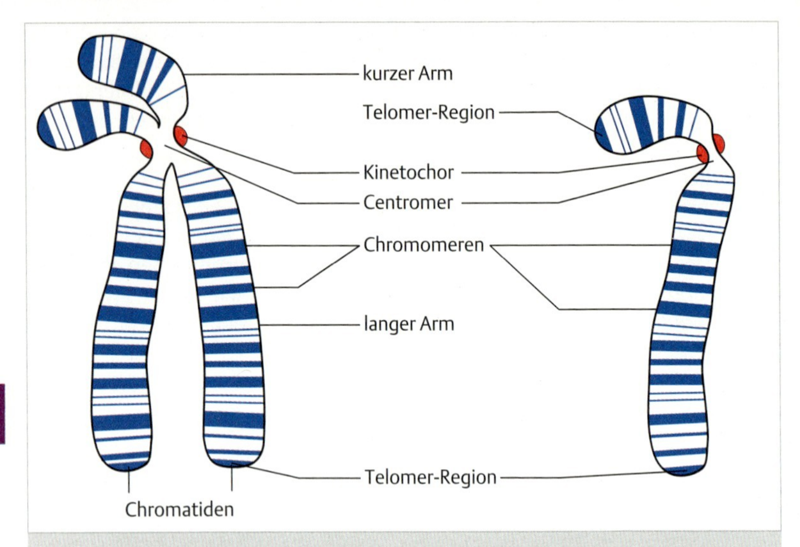

Abb. 7.10 Struktur des Chromosoms.
Links: Nur nach Eintritt in die Zellteilung (in der Metaphase) wird im Lichtmikroskop durch die zunehmende Kondensation die Struktur eines Chromosoms mit seinen Chromomeren sichtbar. Da die DNA bereits in der vorausgehenden Synthese-Phase (S. 435) repliziert wurde, wird das Chromosom sehr bald als Doppelstruktur mit zwei Chromatiden erkennbar. Die Chromatiden bleiben durch ein Centromer (mit angelagertem Kinetochor) miteinander verbunden – eine Verbindung, die erst in der Anaphase der Mitose (S. 444) gelöst wird. Je nach der Lage des Centromers können die zwei Arme (oder Schenkel) eines Chromosoms bzw. seiner Chromatiden verschieden lang sein. Jedes Ende ist durch ein Telomer abgedeckt, welches das Chromosom gegen enzymatische Attacken schützt und die Replikation des terminalen DNA-Bereiches gewährleistet.
Rechts: Hier ist ein im Laufe der Mitose längsgeteiltes Chromosom, also nur eine Chromatide dargestellt. So präsentiert sich ein Chromosom nur sehr kurzfristig in der Anaphase. Prinzipiell liegt ein Chromosom in dieser Form auch im nicht teilungsaktiven „Ruhekern“ vor. Dabei ist diese Form jedoch praktisch nicht zu beobachten, weil Chromosomen nur dann kondensiert, also sichtbar vorliegen, wenn eine Zelle teilungsaktiv wird und weil sie sich am leichtesten in der längsgespaltenen Form (links) isolieren lassen.

ein Gen repräsentieren könnte. Bringt man z. B. 7 bis 50 Nukleosomen pro „Durchschnitts-Gen“ (s. o.) in Relation zur Kondensierung in 30 nm-Fasern und Supertwists, so ist sowohl ein im Lichtmikroskop sichtbares Chromomer als auch ein euchromatischer Abschnitt zwischen zwei Chromomeren viel zu groß, um genau einem Gen zu entsprechen. Jede dieser im Lichtmikroskop wahrzunehmenden Strukturen kann demnach eine Reihe von Genen enthalten. Jedoch konnten trotz dieser Unschärfe bestimmte Gene auf bestimmte Chromomeren in definierten Chromosomen lokalisiert werden. Daran schloss sich der „lange Marsch" der Genetiker von der deskriptiven Chromomerenkarte zur funktionell orientierten Genkarte.

▸ **Die Chromatinstruktur wurde durch Elektronenbeugung aufgeklärt.** Einiges haben wir noch richtig zu stellen und zu verfeinern. Erstens, der Weg zur Erkenntnis der **Nukleosomen-Struktur** des Chromatins bekam einen entscheidenden Impuls durch die quantitativen elektronenmikroskopischen Analysen von **A. Klug** in Cambridge (GB). Dort war zunächst die Methode der Röntgenbeugung etabliert worden, mithilfe deren Daten **J. Watson** und **F. Crick** bereits die Doppelhelix-Struktur der DNA aufgeklärt hatten. Da nun hochbeschleunigte Elektronen ebenfalls einer sehr kurzwelligen Strahlung äquivalent sind kann man auch über das Transmissions-EM (S. 47) Beugungsbilder erhalten. Das primäre Bild, das vom Objektiv in seiner hinteren Brennebene gebildet wird, ist ein Beugungsbild. Besonders klar ist dies (wie bei jedem Beugungsbild) bei Strukturen zu sehen, die aus gleichartigen Strukturelementen aufgebaut sind (quasi-kristalline Strukturen). Da diese Voraussetzung für die dicht gepackten Nukleosomen des Chromatins zutrifft, konnte Klug die Chromatinstruktur mittels Elektronenbeugung erstmals auf eine sichere Basis stellen. Er erhielt dafür zu Anfang der 80er Jahre den Nobelpreis. Zweitens, der Begriff des Gens wurde zwar ursprünglich auf struktureller Grundlage zu klären versucht. Jedoch allein das relativ monotone Strukturprinzip der DNA und der Nukleosomen lässt es (im Nachhinein) geradezu zwingend erforderlich erscheinen, dass der Genbegriff schon ab den 50er Jahren zunehmend einer funktionellen Bewertung zugeführt wurde. Entscheidend war die Beobachtung von **George Beadle** und **Edward Tatum** (1941), dass der Ausfall eines Gens den Ausfall eines Proteins zur Folge hat. Damit war die **„Ein Gen – ein Protein"-Hypothese** geboren. Inzwischen wissen wir aber auch, dass durch alternatives Spleißen häufig mehrere Translationsprodukte (Proteine) gebildet werden können; s. auch Abschnitt 7.1 (S. 157).

▸ **Die Enden eines Chromosoms sind durch Telomere geschützt.** Die Enden eines jeden Chromosoms sind durch eine **Telomer**-Region abgedeckt. Hier vermittelt das Enzym **Telomerase** die Anheftung einer Abdeckplatte aus **repetitiver DNA**, die keine Proteine kodiert. Telomere verhindern, dass sich Chromosomen mit jeder Zellteilung verkürzen (weil die Polymerasen nicht über das Ende hinwegstreichen können), und durch Bindung spezifischer Proteine machen sie die Chromosomen auch unempfindlich gegenüber endogene Nukleasen. Für entscheidende Entdeckungen ging 2009 der Nobelpreis an **Elisabeth**

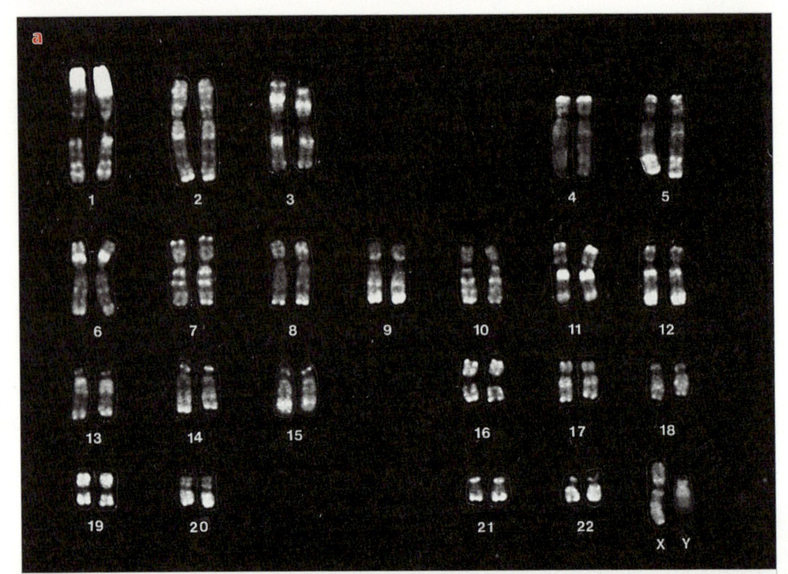
a
1
2
3
4
5
6
7
8
9
10
11
12
13
14
15
16
17
18
19
20
21
22
X Y

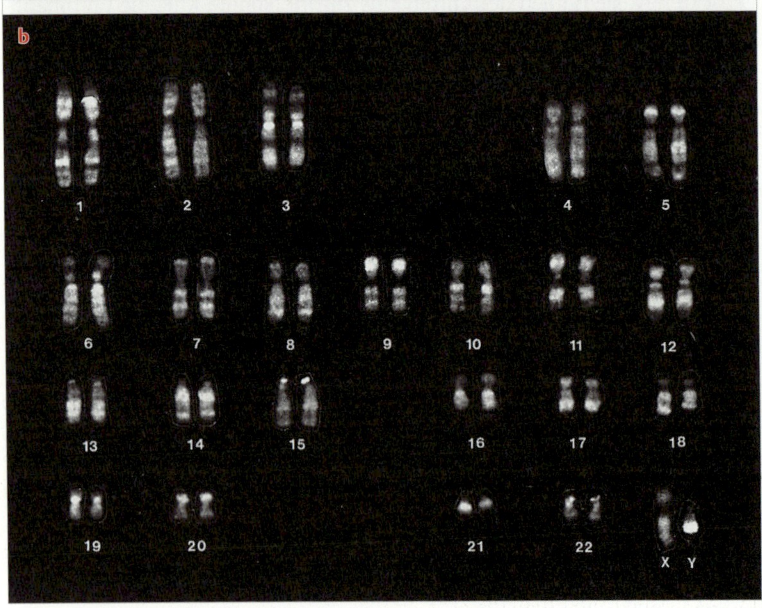
b
1
2
3
4
5
6
7
8
9
10
11
12
13
14
15
16
17
18
19
20
21
22
X Y

◄ **Abb. 7.11 Karyogramm des Menschen (normaler Karyotyp),** gewonnen aus männlichen Metaphase-Zellen aus einer Kultur von Lymphocyten (weiße Blutkörperchen), nach Anfärbung mit jeweils verschiedenen Fluoreszenzfarbstoffen. **a** Anfärbung der Guanin + Cytosin-reichen Banden mit Chromomycin A_3, **b** Anfärbung der Adenin- und Thymin-reichen Banden mit DAPI (4'6-Diamidino-2-Phenylindol). Die Färbungen in **a** und **b** sind komplementär. Es sind jeweils homologe Chromosomen zusammengestellt (Autosomen 1 bis 22) sowie die Geschlechtschromosomen X und Y. Vergr. 2000-fach. (Aus Schweizer, D.: Hum. Genet. 57 [1981] 1)

Blackburn, **Carol G.** und **Jack Szostak** (alle USA). Die ersten Hinweise kamen vom Einzeller (Protisten) *Tetrahymena*, der – neben *Paramecium* – über Jahrzehnte hinweg als Modellsystem für grundlegende Aspekte der Zellbiologie gedient hat.

Nochmals sei betont, dass Bakterien nur „nackte" DNA, also keine Histone besitzen und demnach weder Nukleosomen noch übergeordnete Strukturen. Wenn man dennoch vom „Bakterienchromosom" spricht, so meint man seine ringförmig geschlossene, nackte DNA.

7.4 Der Chromosomensatz der Zelle

Der Mensch hat in jeder seiner Körperzellen (somatische Zellen) einen identischen Satz von 46 Chromosomen (**diploider Satz**), in Keimzellen die Hälfte (**haploider Satz**). Die Zygote erreicht durch Verschmelzung eines Spermatozoons (Spermiums) mit der Eizelle wieder den diploiden Satz, so wie alle durch Teilung und Differenzierung aus der Zygote hervorgehenden Körperzellen.

▸ **Der Chromosomensatz kann in einem Karyogramm dargestellt werden.** Man kann die Chromosomen aus einzelnen Zellen, z. B. aus weißen Blutkörperchen (Leukocyten), leicht isolieren (▸ Abb. 7.11), wenn man nur den richtigen Moment abwartet. Gehen die Zellen in Teilung über, so werden die Chromosomen kondensiert und zeigen die typische Struktur aus zwei **Chromatiden** (Längshälften), die durch das Centromer punktförmig zusammengehalten werden. Die Chromosomen unterscheiden sich untereinander in ihrer Größe, im Bandenmuster ihrer Chromomeren und in der Position des **Centromers.** Dieses kann in verschiedener Lage entlang des Chromosoms liegen. Um alle diese Charakteristika zur Identifizierung einzelner Chromosomen auszunutzen, wird im Reagenzglas (in vitro) die bei fortschreitender Kernteilung auftretende Trennung der Chromatiden unterbunden. Man zerstört die Teilungsspindel durch Zugabe von Colchicin oder ähnlicher „Anti-Mikrotubulus-Drogen" (S. 323). Dann bringt man die Zelle zum Platzen. Die Chromosomen liegen nun ausgebreitet unter dem Mikroskop. Es genügt eine Fotografie, um den Chromosomensatz weiter zu untersuchen. Ein solches **Karyogramm** (griech.: Karyon = Kern) zeigt, dass jeweils 22 Chromosomen paarweise als homologe Chromosomen auftreten (2 × 22 Autosomen). Wegen ihrer charakteristischen Morphologie kann man sie durchnummerieren (Autosom 1 bis 22). Nur zwei Chromosomen sind unterschiedlich, je nach Geschlecht (Gonosomen = Geschlechtschromosomen X und Y). Bei den Zellen des männlichen Geschlechts gehört zu einem X-ein Y-Chromosom. Zellen des weiblichen Geschlechts lassen zwei X-Chromosomen erkennen. XY determiniert also den Mann, XX die Frau. Das Prinzip dieser **genotypischen Geschlechtsbestimmung** wird im gesamten System der Eukaryoten realisiert, bei Pflanzen wie bei Tieren, wenngleich je nach Organismusgruppe einmal XX weiblich (wie beim Menschen und bei der in der Genetik besonders beliebten Taufliege *Drosophila melanogaster*) oder männlich determinieren kann. Die Anzahl der Chromosomen (**Karyotyp**) kann je nach Spezies weit unter, aber auch über jener des Menschen liegen.

▸ **Die Balance der Gene ist wichtig für die Entwicklung.** Abweichungen mit überzähligen oder fehlenden Gonosomen können schwere Krankheitsbilder hervorrufen. Dasselbe gilt für **Chromosomen-Anomalien** im Bereich der Autosomen, inklusive Monosomie (nur ein Chromosom eines Typs ist vorhanden) oder Trisomie (ein Chromosom zu viel ist vorhanden). Die häufigste Trisomie betrifft das Chromosom 21. Sie führt zum Down-Syndrom (Mongolismus). Chromosomen-Anomalien und andere im Karyogramm sichtbare Störungen erlauben die pränatale Diagnose von mehr oder weniger wahrscheinlichen Störungen. Hierfür wird bei der **Amniozentese** Flüssigkeit (Fruchtwasser) aus der Amnionhöhle entnommen, von welcher der Embryo bzw. der Fötus umgeben ist. In ihr schwimmen genügend Zellen, um ein Karyogramm zu erstellen. Eine andere, noch anspruchsvollere Möglichkeit ist die Entnahme von Zellen aus den **Chorionzotten**. In zunehmender Zahl können Chromosomen-Anomalien neuerdings in einem Bluttest diagnostiziert werden. Dabei kommen Zellen des Fruchtwassers, welche den Weg in die mütterliche Blutbahn gefunden haben, zur Analyse. Auch Analysen des Gesamtgenoms in Hinblick auf schädliche Mutationen sind mit kommerzieller PCR Auftragsanalyse möglich. Zur PCR-Methode siehe ▸ Abb. 8.8.

Wichtig für die normale Entwicklung ist demnach die Balance der Gene, insbesondere bei Tieren. Bei Getreidepflanzen wird die durch die Selektion des Züchters erzielte Zunahme des Ploidie-Grades schon seit dem Übergang zur Sesshaftigkeit, also seit Anbeginn des Ackerbaus zur Verbesserung des Ertrages ausgebeutet („neolithische Revolution“ vor ca. 10 000 Jahren). Dies ist auch in freier Natur ein Weg zur Bildung neuer Arten, nicht nur bei Pflanzen. Wie beim Übergang vom Prokaryoten zum Eukaryoten, jedoch in sehr viel bescheidenerem Umfang, ist auch hierbei die Vergrößerung des Genoms pro Zelle ein wichtiger Aspekt.

7.5 Nukleolus und Biogenese der Ribosomen

Der Zellkern enthält überdies das Kernkörperchen, den **Nukleolus** (▶ Abb. 7.12). Der Nukleolus ist im Durchschnitt ca. 1 µm groß, seine Größe schwankt jedoch beträchtlich und der Nukleolus kann im Extremfall gar nicht existent sein. Letzteres trifft auf jeden Fall zu, sobald eine Zelle anfängt sich zu teilen. Die Funktion des Nukleolus ist einfach (▶ Abb. 7.13): **Ribosomale RNA** (rRNA), mit Einbeziehung der außerhalb des Nukleosus synthetisierten 5S-rRNA (s. u.) wird mit Proteinen zu ribosomalen Untereinheiten zusammengefügt. Demgemäß liegt der Nukleolus stets einem bestimmten Abschnitt eines Chromosoms an,

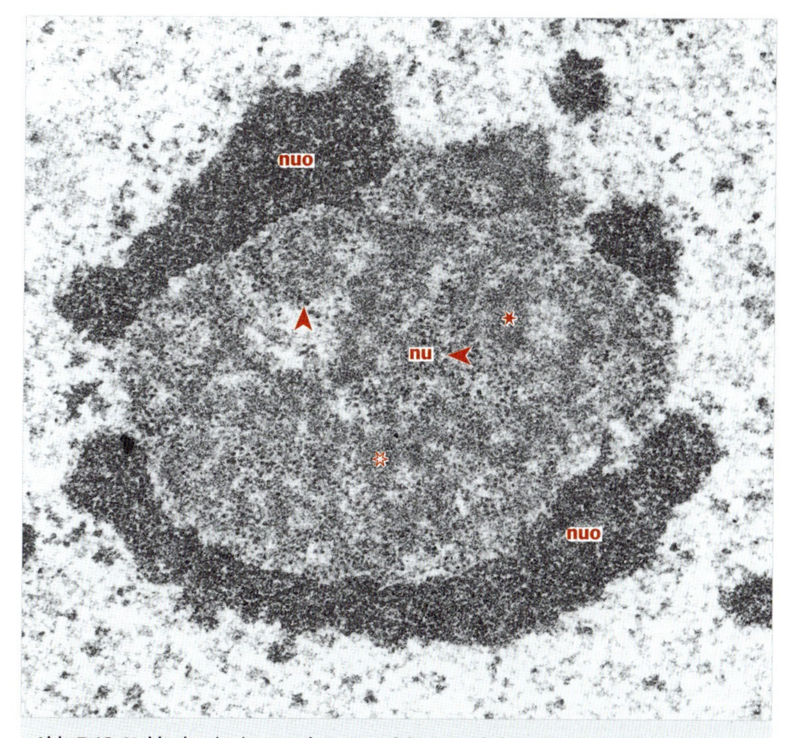

Abb. 7.12 Nukleolus (nu), umgeben von elektronendichterem Heterochromatin, welches die Gene des Nukleolus-Organisators (**nuo**) birgt. Im Nukleolus werden aus RNA und Proteinen die Untereinheiten der Ribosomen zusammengebaut. Dementsprechend lassen sich fibrilläre (Stern) bis granuläre (Pfeilspitzen) Bereiche im Nukleolus erkennen. Vergr. 27 000-fach. (Aufnahme: H. Plattner)

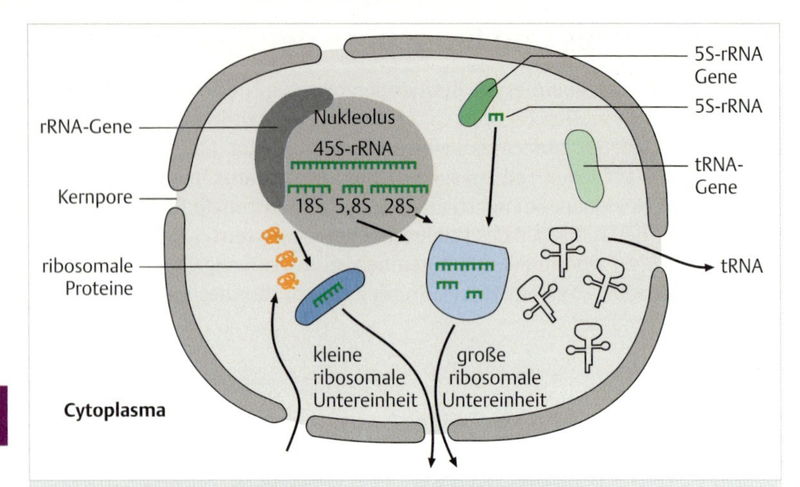

Abb. 7.13 Bildung der Ribosomen bzw. ihrer großen und kleinen Untereinheit sowie der tRNA im Zellkern. Die große wie die kleine Untereinheit der Ribosomen wird im Nukleolus aus ribosomaler RNA (rRNA) und ribosomalen Proteinen zusammengebaut. Der Nukleolus-Organisator enthält rRNA-Gene, an denen eine Vorläufer-rRNA (45S) gebildet wird. Diese wird in rRNA vom Typ 18S, 5,8S und 28S geschnitten. Hierzu kommt noch die 5S-rRNA, die in Genen außerhalb des Nukleolus-Organisators kodiert wird. Die ribosomalen Proteine werden zwar auch im Zellkern kodiert, jedoch an bereits existenten Ribosomen des Cytoplasmas synthetisiert, von wo sie über die Poren der Kernmembran importiert werden müssen. Erst dann kann jeweils die kleine ribosomale Untereinheit aus ca. 35 Proteinen und der 18S-rRNA, sowie die große Untereinheit des Ribosoms aus ca. 50 Proteinen und rRNA vom Typ 5,8S, 28S und 5S, zusammengebaut werden (*self-assembly*). Die Untereinheiten der Ribosomen verlassen den Zellkern durch seine Poren. Die tRNA wird an anderen Genen kodiert und gebildet. Auch die tRNA muss durch die Kernporen ins Cytoplasma transportiert werden. Sowohl tRNA als auch Ribosomen dienen der Proteinsynthese im Cytoplasma.

welcher die Gene für die rRNA enthält. Die Gene für die 5S-rRNA liegen getrennt an einem anderen Chromosomenabschnitt.

▶ **Ribosomen bestehen aus rRNA und Proteinen.** Die Ribosomen des Eucyten sind Komplexe aus 4 Typen von rRNA und aus über 80 Proteinen. Ribosomen dienen der Proteinsynthese, die im Cytoplasma stattfindet. Also synthetisieren sie auch ihre eigenen, die ribosomalen Proteine. Nun folgt ein interessantes Wechselspiel zwischen dem Nukleolus im Zellkern und den ribosomalen Proteinen aus dem Cytoplasma. Der Zusammenbau zu Ribosomen, zunächst zu ribosomalen Vorstufen, erfolgt gleich nach der rRNA-Bildung ebenfalls im Nukleolus. Zwei Probleme ergeben sich daraus für die Zelle:

Erstens, wie gelangen die Proteine in den Kern? Zweitens, wie gelangen die ribosomalen Untereinheiten hinaus? In beiden Fällen müssen die **Kernporen** durchschritten werden. Wie wir gleich sehen werden, sind diese wesentlich kleiner als ein Ribosom. Der Import ribosomaler Proteine ist unschwer vorzustellen, weil die einzelnen ribosomalen Proteine relativ klein sind. Der Export erscheint wesentlich schwieriger – es ist, als wollte man ein Möbelstück nach dessen Zusammenbau durch eine viel zu kleine Werkstatt-Tür zwängen.

7.6 Kernporen

Sie sind meist zu Hunderten in die Membran des Zellkerns eingelassen, indem die doppelte Kernmembran an vielen Stellen ringförmig verschmilzt. Dabei wird am Ultradünnschnitt oder an einer Gefrierbruch-Replik im Transmissions-EM eine Öffnung von ca. 30 bis 50 nm sichtbar (▸ Abb. 7.14, ▸ Abb. 7.15 und ▸ Abb. 7.16).

Die „Türe" wäre also groß genug, um ganze Ribosomen von 25 nm Durchmesser durchzuschleusen. Der Schein trügt jedoch. Am Rand einer Kernpore

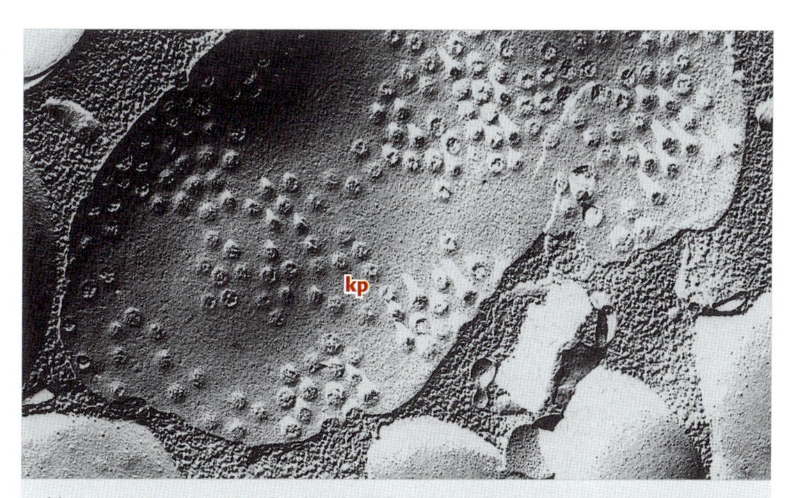

Abb. 7.14 Kernporen im Gefrierbruch-Bild. Diese Methode erlaubt flächige Membranansichten und kann so am besten den Eindruck vermitteln, dass ein relativ hoher Anteil der Kernmembran durch zahlreiche Kernporen (**kp**) unterbrochen ist, um einen intensiven Stoffaustausch zu gewährleisten (nukleocytoplasmatischer Transport). Vergr. 23 500-fach. (Aus Plattner, H., W. W. Schmitt-Fumian, L. Bachmann: In Benedetti, E. L., P. Favard: Freeze-etching, techniques and applications. Société française de microscopie électronique, Paris 1973)

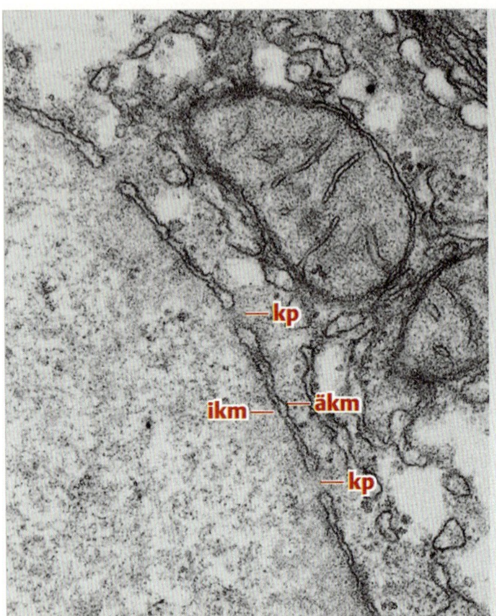

Abb. 7.15 Die Kernmembran im Querschnitt. Hier ist selektiv die innere und äußere Kernmembran (**ikm**, **äkm**) kontrastiert. Dazwischen liegt die perinukleäre Zisterne. Beide Membranen sind lokal verschmolzen, sodass Kernporen (**kp**) ausgespart werden. Diese sind sehr unregelmäßig über die Kernmembran verstreut. Vergr. 33 000-fach. (Aufnahme: H. Plattner)

7

sind nämlich noch Proteine angelagert, die man bei den standardmäßig verwendeten Präparationstechniken nicht sieht. Nur mit geeigneten Methoden sieht man, dass ein achtfaches Arrangement solcher Proteine am Rand jeder Kernpore die eigentliche Öffnung auf 9 nm einengt (**oktagonaler Kernporen-Komplex**). Das Schema in ▸ Abb. 7.17 fasst die molekulare Analyse des Kernporen-Komplexes zusammen. Durch eine Kernpore könnte gerade noch ein Protein mit bescheidenem MG von 50 000 leicht hindurchschlüpfen, aber unmöglich eine ribosomale Untereinheit – nicht einmal die kleine. Nur mRNA und tRNA haben diesbezüglich kein Problem.

In molekularen Dimensionen ist daher eine Pore nicht mehr einfach die Pore, wie man sie im Elektronenmikroskop sieht. Konkret hängt der Durchtritt von Substanzen durch die Kernporen von folgenden Parametern ab:

1. vom Öffnungsdurchmesser der Pore,
2. von der Ladung eines Moleküls,
3. von seiner Deformierbarkeit,
4. von bestimmten Sequenzabschnitten (**nukleäre Lokalisationssignale, NLS**), die von den Proteinen des Porenrandes wie eine Art Eintrittskarte „zur Kenntnis genommen“ werden.
5. Die Kernporen sind beschränkt dilatierbar.

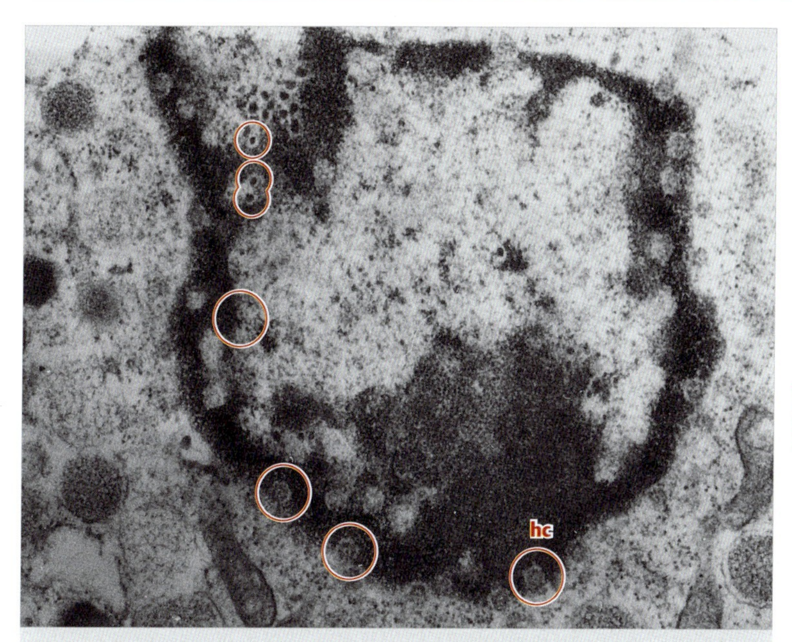

Abb. 7.16 Die Kernmembran im flachen Anschnitt. Hier sind vielfach Kernporen tangential getroffen, sodass ihre runde Form erkennbar wird. Die eingekreisten Beispiele zeigen ein zentrales Granulum und eine ringförmige Randstruktur, die sich vom dunklen Heterochromatin (**hc**) des Kernrandes abhebt. Vergr. 33 000-fach. (Aufnahme: W. Schmidt, H. Plattner)

▸ **Stoffaustausch zwischen Kern und Cytoplasma ist energieabhängig.** Alle diese „Tricks" hat die Zelle für einen selektiven nukleo-cytoplasmatischen Transport erfunden, um das Karyoplasma vom Cytoplasma abzuschirmen, ohne jedoch den notwendigen Stoffaustausch völlig zu unterbinden. Ein Teil dieser Transportmechanismen, und zwar in beide Richtungen, benötigt ATP bzw. GTP, ist also ein aktiver Transport. Wie der Import von Proteinen, die mit einem **nukleären Lokalisationssignal** (**NLS**) ausgestattet sind, erfolgt, wird im Molekularen Zoom (S. 178) erläutert. In Kürze: Das NLS bindet an das Protein **Importin** und dieses an das monomere **G-Protein** (= GTP-Bindeprotein, **GTPase**) „**Ran**". Wenn dieses im Cytosol GDP gebunden hat, kann der Komplex durch die **Kernporen** importiert werden. (Beweis: Hängt man durch genetische Manipulation einem cytosolischen Protein, das allerdings nicht zu groß ein darf, einen NLS-Abschnitt an, so wird es in den Zellkern importiert.) Im Zellkern wird – katalysiert durch den **guanine** (**nucleotide**) **exchange factor**

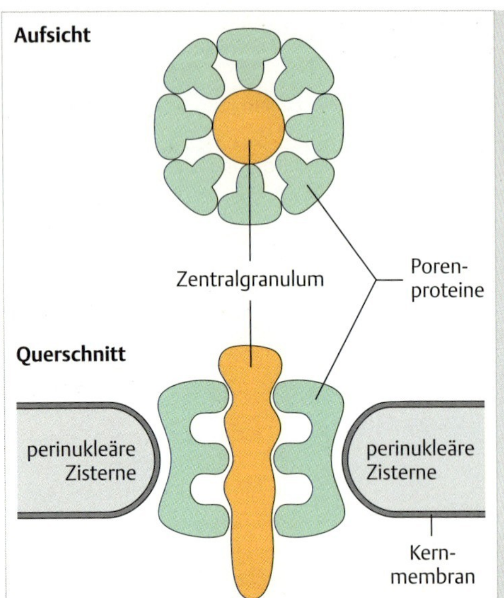

Abb. 7.17 Schema einer Kernpore in Aufsicht (oben) und im Querschnitt (unten). Der doppelten Kernmembran sind im Bereich der Kernpore Proteine in achteckiger Geometrie angelagert. Am Aufbau dieses „oktagonalen Porenkomplexes“ sind de facto zahlreiche verschiedene Proteine beteiligt. Obwohl daher das Schema sehr vereinfacht ist, lassen sich deutlich die Einengung des Porenrandes und ein länglich deformiertes Zentralgranulum erkennen.

(**GEF**) – GDP gegen GTP ausgetauscht, das importierte Protein wird aus dem Komplex freigesetzt und Ran und Importin können wieder ins Cytosol zurückdiffundieren. Dort wird GTP an Ran zu GDP hydrolysiert (GTPase-Funktion von G-Proteinen, unterstützt durch **GAP** – das **GTPase aktivierende Protein**). Damit stehen die Komponenten für einen neuen Zyklus zur Verfügung.

Molekularer Zoom

Kontrollierter Grenzverkehr

Transport von Proteinen aus dem Cytosol in den Zellkern. Hierzu ist Voraussetzung, dass ein zu importierendes Protein eine **NLS-Sequenz** aufweist (NLS = *n*uclear *l*ocalization *s*ignal, bestehend aus einem Cluster von basischen Aminosäuren). Nur dann kann es an den Transportvermittler, das Protein **Importin**, gebunden werden und mit ihm huckepack durch die Kernporen passieren. Dort trennen sich ihre Wege – sie dissoziieren. Aber wie kommt das Importin wieder für eine nächste Transportrunde ins Cytosol? Dazu bindet es das Protein **Ran**, ein **GTP/GDP-Bindeprotein**, was aber nur möglich ist, wenn am Ran-Protein GDP (Guanosin *Di*phosphat) gegen GTP (Guanosin *Tri*phosphat) ausgetauscht und es dabei aktiviert wird. Dieser Austausch wird beschleunigt durch das als **GEF** bezeichnete Protein (Guanine [nucleotide] *e*xchange *f*actor, also ein Austauschfaktor). Auf diese Weise können für den Kern bestimmte Proteine importiert werden, wo sie z. B. bestimmte Gene aktivieren können; der „Transporter“ kann wieder ins Cytosol zurückkehren. Dort wird das an Ran gebundene GTP hydrolysiert zu GDP und einem Phosphat-Rest (P_i = phosphate inorganic/anorganisches Phosphat). Diese Hydrolyse wird durch das Protein **GAP** (*G*TPase *a*ctivating *p*rotein) katalysiert. Erst dann kann Importin mit neuem Importgut befrachtet und in den Kern zurückkehren. Die Dissoziationsvorgänge (Protein-Importin - > Importin und Ran-GTP - > Ran-GDP) führen zu einer einseitigen Anreicherung der Komponenten, deren Konzentrationsunterschied durch Diffusion ausgeglichen wird, so dass sie für immer neue Zyklen zur Verfügung stehen. Die Energie für den Transport wird mit GTP bezahlt, das seinerseits permanent aus ATP, durch Transphosphorylierung von GDP, nachgebildet wird. Der nukleo-cytoplasmatische Transport verursacht also energetische Kosten, die letztendlich mit ATP bezahlt werden (▸ Abb. 7.18).

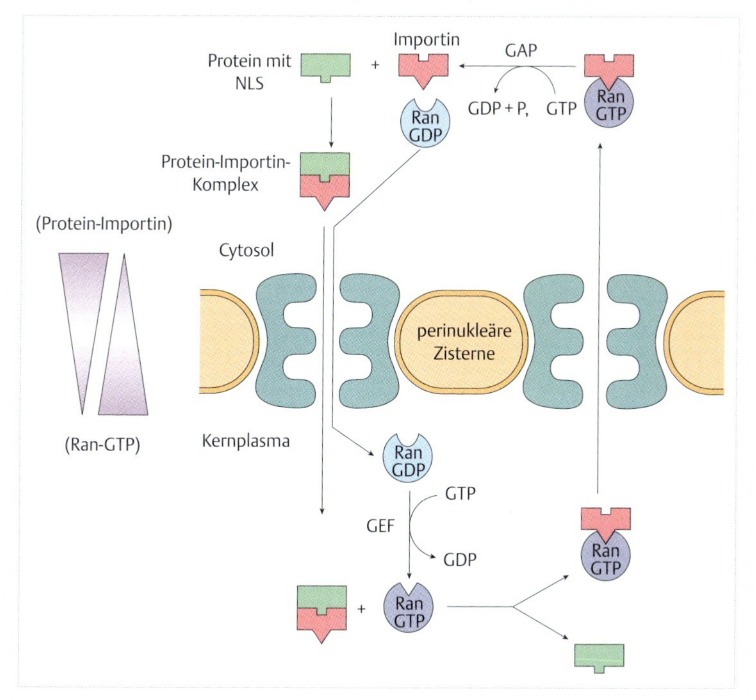

Abb. 7.18 Nukleärer Proteintransport.

▸ **Kernporen haben eine geringe Selektivität für kleine Moleküle.** Zurück zu unserem Problemfall der ribosomalen Untereinheiten: Sie werden unter starker Deformation durchgezwängt. In der Tat sieht man häufig ein **„zentrales Granulum“** in der Mitte von Kernporen (▸ Abb. 7.16 und ▸ Abb. 7.17). Im Längsschnitt erscheint es lang ausgezogen. In ähnlicher Weise werden in umgekehrter Richtung DNA-Polymerasen, RNA-Polymerasen von ca. 100 000 bis 200 000 MG ebenso wie andere Proteine aufgenommen. Wie aber kann die Zelle eine Masseninvasion kleiner Moleküle aus dem Cytoplasma unterbinden? Manche von den kleinen Proteinen sollen in den Kern gelangen, wie z. B. ribosomale Proteine, aber auch **Steroidhormone** nach Bindung an ihren cytoplasmatischen Rezeptor. Die geringe Selektivität beim Durchtritt durch die Kernporen wird dadurch kompensiert, dass im Kern ohnehin nur jene Moleküle etwas bewirken, welche spezifische Bindungsstellen vorfinden. Dies gilt zum Beispiel für den Komplex der Steroidhormone mit ihrem Rezeptor, der nur an bestimmte Gene gebunden werden kann, welche er so zu aktivieren vermag; vgl. Kap. 23 (S. 456).

7.7 DNA als effizienter Informationsträger

Das Genom (gesamte DNA, also Protein-kodierende Gene und „nicht-kodierende DNA“ des Zellkerns zusammen mit der mitochondrialen DNA) jeder diploiden menschlichen Zelle enthält eine Informationsmenge von ca. 6 Gbyte (haploide Geschlechtszellen naturgemäß die Hälfte). Das bedeutet, dass in jedem diploiden Zellkern mit einem Durchmesser von ca. 5 µm ($= 5 \times 10^{-6}$ m) in etwa soviel Informationen stecken, wie auf eine DVD mit einem Durchmesser von 12 cm ($= 120.000 \times 10^{-6}$ m) passt. Allerdings sind ca. 98,5 % der Kern-DNA nicht mit der Kodierung von Proteinen bzw. mRNA befasst. Für diesen Anteil sind zwei Aspekte interessant: Ein beträchtlicher Anteil der humanen Kern-DNA ist eingeschleppte Fremd-DNA (**Transposons**) von durchschnittlich 4 kbp Größe, von der angenommen wird, dass sie vereinzelt für evolutive Prozesse zur Verfügung steht. Der überwiegende Anteil **„nicht-kodierender DNA“** (gemeint ist nicht-Protein-kodierende DNA) dient der Synthese von kurzen RNA-Sequenzen mit regulatorischer Funktion. Dies kann – kurz gesagt – auf verschiedenen Mechanismen beruhen; vgl. Kap. 23.4 (S. 471), Kap. 23.5 (S. 474): Durch komplementäre Bindung an Protein-kodierende mRNAs können sie diese lahmlegen, deren Abbau einleiten und so die Expression von Proteinen hemmen, auch wenn das Gen transkribiert wird. Damit kommt zunehmend die Rückkoppelung zwischen Transkription und Translation als neuer Aspekt ins Visier der Forschung. Ähnlich können kurze RNA-Abschnitte aber auch experimentell zum Stilllegen von Genen verwendet werden (post-transkriptionelles **„Gene Silencing“**). Auch diese inhibitorischen RNA-Sequenzen (**RNAi**) binden an komplementäre RNA und leiten so deren Inaktivierung durch Fragmentierung und Abbau ein. Daneben gibt es noch eine Reihe anderer nicht-kodierender DNA Arten; solche vom „**anti-sense**" Typ könnten auf die Expression „normaler" Gene zurückwirken. Hier steht der molekularen Genetik noch viel Arbeit bevor.

Ein derzeit sehr aktuelles Ziel ist zu verstehen, wie bestimmte Eigenschaften bzw. Funktionen von Zellen (Phänotyp), die nicht direkt in der DNA-Sequenz (Genotyp) festgelegt sind, auf Tochterzellen übertragen werden können, wenn dabei doch das Genom nicht verändert wird (**Epigenetik**). Eine detailliertere Darstellung von Effekten nicht-Protein-kodierender RNAs findet sich im Kap. 23.4 (S. 471).

Zellpathologie

Mutationen können Krankheiten verursachen

Prinzipiell können Fehlleistungen der Zelle auf verschiedenen Niveaus entstehen. (i) Der **Chromosomensatz** kann verändert sein (**Aneuploidie**) z. B. durch überzählige oder fehlende Chromosomen oder Abschnitten davon. Beispiele werden in Kap. 22 (S. 434) gegeben. (ii) **Mutationen**, manchmal nur in einem einzelnen Triplett, können die Funktion des Genproduktes (Protein) mehr oder weniger gravierend stören. Beispiel: *Sichelzellenanämie*, bei welcher das Hämoglobin in den Erythrocyten wegen Austausch einer Aminosäure kristallisiert und damit deren Form und Sauerstoff-Transportfähigkeit beeinträchtigt (dabei allerdings einen gewissen Schutz gegenüber Befall mit Malariaparasiten bieten kann). Deletionen oder auch Mutationen in einem der Hämoglobin-Gene verursachen manche Formen der *Thalassämie*. Dadurch wird der Sauerstofftransport und die Leistungsfähigkeit vermindert. Auch ein zusätzliches oder fehlendes Nukleotid im Code eines Gens führt zu gravierenden Störungen durch „frame shift", so dass das Leseraster nicht mehr stimmt. Beispiele: Manche Formen der erblichen Hypercholesterinämie (S. 288); Tay-Sachs-Krankheit (S. 298). (iii) Manche Krankheiten entstehen durch Anhängen von „**Triplett-Repeats**" (identische Tripletts) an ein Gen, z. B. zahlreiche CAG-Tripletts (Poly-Glutamin Reste am Proteinende) bei der *Huntington-Krankheit (Chorea Huntington)*, welche in unkoordinierten Bewegungen resultiert (gestörte Motorik). (iv) Es können aber auch Fehler beim **Spleißen** der mRNA auftreten, wie z. B. bei manchen Tumor-Suppressoren, mit der Folge von Krebserkrankungen. (v) Auf der Ebene der **Translation** gibt es, genetisch bedingt, ebenfalls viele Störmöglichkeiten, z. B. falsche Faltung eines Proteins („*conformational diseases*") mit gestörter Funktion, z. B. von Rezeptoren, Zelladhäsions-Molekülen, Ionen-Transporter und -Kanäle. Für Beispiele vgl. Kap. 9 (S. 219). Komponenten der extrazellulären Matrix können defekt sein (z. B. defektes Kollagen bei *Glasknochenkrankheit*, mit häufigen Knochenbrüchen); s. Zellpathologie-Box (S. 433). (vi) Auch die Integration bzw. der Import in die für bestimmte Funktionen zuständigen Organellen kann durch fehlerhafte **„targeting“-Sequenzen** (Beispiel:Zellweger-Syndrom) (S. 318) oder durch Mutation der entsprechenden Rezeptoren gestört sein. (vii) Fehlerhafte **Glykosylierung** oder GPI-Anheftung von Oberflächen-Proteinen. (viii) Elemente des **Cytoskelettes** können auf Grund von Mutationen brüchig sein oder ungenügende Polymerisierung seiner Komponenten bewirken, z. B. Wiskott-Aldrich Syndrom (S. 348) und *Epidermolyse*.

Dies alles lässt sich so zusammenfassen. Die genannten Aspekte (i-viii), bedingt durch die jeweiligen genetischen Störungen, rufen zellbiologische Störungen bzw. ein jeweils typisches **„Syndrom“** (komplexes Erscheinungsbild einer Krankheit) hervor, allerdings können auch verschiedene genetische Ursachen zugrunde liegen. Die molekulare Medizin vermittelt zunehmend neue Einsichten nicht nur in die Zellpathologie (und evtl. Therapiemöglichkeiten) sondern gleichzeitig auch in den normalen Funktionsablauf der Zellen.

Spezifische Defekte von Zellkern-Strukturen betreffen verschiedene **Alterungsphänomene**. Mutationen der Lamine führen – nicht leicht verständlich – zu **Progerie**. Solche Patienten haben bereits in den besten Jahren greisenhaftes Aussehen. Ein an sich normaler Prozess ist eine geringe Verkürzung der Telomere mit jeder Zellteilung, deren Zahl damit limitiert wird. Damit verliert eine Zelle ihre Teilungsfähigkeit und tritt in ihr Altersstadium ein. Die Bedeutung von ungleich verteilten Chromosomen (**Aneuploidien**) wird in Kap. 22 (S. 434) besprochen.

▸ Literatur zum Weiterlesen

siehe www.thieme.de/go/literatur-zellbiologie.html

7

8 Molekularbiologische Methoden – wichtiges Werkzeug der Zellbiologie

Zusammenfassung

Unter Molekularbiologie versteht man – im gegebenen Zusammenhang – die Anwendung von Methoden der molekularen Genetik auf Zellen. Sie begründete ganz wesentlich den explosiven Fortschritt der Zellbiologie in jüngster Zeit. Dem gingen entscheidende methodische Entwicklungen voraus, z. B. die Identifikation einer Palette von **Restriktionsenzymen**, welche DNA an spezifischen Stellen zu schneiden vermögen. Eine Amplifikation von DNA ist in vitro mit der sog. **Polymerasekettenreaktion** möglich (*Polymerase chain reaction*, PCR). Mittels **Ligasen** können isolierte DNA-Abschnitte in DNA von **Vektoren** eingebaut werden (Vektoren = als Träger dienende Fremd-DNA, z. B. aus Bakteriophagen). Solche DNA kann in harmlosen Bakterien (*E. coli*) vermehrt werden. In zunehmendem Maße wird das gesamte Genom einer zunehmenden Zahl von Spezies entschlüsselt (**Genom-Projekte**), womit die Einsatzmöglichkeiten der Molekularbiologie weiter steigen. Molekularbiologische Methoden erlauben den Zugriff auch auf seltene Proteine (das sind solche, die nur kurzfristig und/oder in nur geringer Kopienzahl exprimiert werden). Damit können auch komplexe zellbiologische Prozesse in zunehmendem Detail entschlüsselt werden. In Eukaryotenzellen können Gene und ihre Transkriptions- sowie Translationsprodukte mit molekularbiologischen Methoden sichtbar gemacht bzw. lokalisiert werden. Gene können überexprimiert, z. B. mit fusioniertem (koexprimiertem) green fluorescent protein (GFP), oder ausgeschaltet werden (**„knock-out Experimente"**). Molekulare Sonden dienen auch der Diagnostik von Erbkrankheiten, welche auf der Störung spezifischer Zellfunktionen beruhen. Dabei werden funktionell wichtige Proteine als solche identifiziert.

Da sich das zelluläre Leben nach einem im Genom festgelegten Programm entfaltet (**genetisches Programm**), und zwar sowohl in struktureller Hinsicht als auch in der zeitlichen Abfolge, kann der Zugriff auf das Genom bzw. auf die genetische Steuerung entscheidend zur Aufklärung zellulärer Funktionen beitragen. In letzter Konsequenz kann die Molekularbiologie als Basis für genetische Eingriffe dienen (in der Alltagssprache: „Genmanipulation"), die dem Interesse der Grundlagenforschung dienen, aber auch weit darüber hinausgehen können.

8.1 Neues Werkzeug für alte Probleme

Die moderne Zellbiologie ist ohne die Methoden der Molekularbiologie nicht mehr denkbar. Bei der molekularbiologischen Analyse kann man mehrere Ziele verfolgen:

1. Identifikation eines Gens oder eines Genproduktes (Protein) durch Sequenzvergleich (DNA, Aminosäuresequenz) mit bekannten Genen und Genprodukten, wie sie aus anderen Zelltypen bekannt sind;
2. Isolierung einzelner Gene;
3. Lokalisierung von Genen auf bestimmten Chromosomenabschnitten;
4. Identifikation von Zellen, die gerade ein bestimmtes Gen in mRNA transkribieren und sie in das entsprechende Protein translatieren;
5. Funktionstests, indem ein Gen überexprimiert oder zerstört wird. Auch kann die Translation durch Applikation von „Antisense-mRNA" unterdrückt werden.

Unser Genom aus wenigen zehntausend Genen kodiert überwiegend Proteine – etwa 10^5 oder mehr Arten von Proteinen gibt es im menschlichen Körper. Es gibt also mehr Proteine, als es Gene gibt, weil im Durchschnitt 4,5 Proteine aus einem Gen „geschneidert" werden können (**alternatives Spleißen**). Davon exprimiert eine durchschnittliche Zelle etwa 10^4 bis 3×10^4, weil viele Gene stumm bleiben bzw. zellspezifisch eben nur bestimmte Proteine benötigt werden. Diese müssen zum richtigen Zeitpunkt, z. B. während der Differenzierung, am richtigen Ort vorhanden sein und in die Zellstruktur integriert werden; vgl. Kap. 23.5 (S. 474). Der Informationsfluss läuft von der DNA über die mRNA zu den Proteinen (**zentrales Dogma der Molekularbiologie**). DNA/mRNA und Proteine sind daher die zwei Seiten einer Medaille. Will man also in das Zellgeschehen eingreifen bzw. dieses entschlüsseln, so bieten sich prinzipiell zwei Möglichkeiten des Zugriffs an, entweder über das jeweilige Protein oder über das jeweilige Gen bzw. sein Transkript (mRNA). Beide Wege werden in der Praxis beschritten.

▸ **Noch längst nicht für jedes Genprodukt ist die Funktion bekannt.** Seit vielen Jahren ist man in der Lage, Proteine zu isolieren und hochgradig zu reinigen, wogegen molekularbiologische Methoden erst mit beträchtlicher Verzögerung entwickelt wurden. Sie kamen zunehmend zum Einsatz, einmal mit der Entwicklung eines breiten Methodenspektrums und zum anderen mit der zunehmenden Entschlüsselung des Genoms verschiedener Organismen. Beispiele sind einzelne Algenspezies, Protozoen (*Paramecium* und seine pathogenen Verwandten [Malariaerreger *Plasmodium*, *Toxoplasma* als Erreger der Toxoplasmose]), Zellen der Bäcker- oder Bierhefe (*Saccharomyces cerevisiae*) und höhere Organismen (das Kräutlein *Arabidopsis thaliana*, der Liebling der pflanzlichen Zellbiologie; Reispflanze, Maus, *Homo sapiens*). Dabei hat sich erhärtet, dass sich für einen hohen Anteil der DNA des Genoms höherer Organismen kein Translationsprodukt, also (noch) kein „Sinn“ finden lässt, wogegen das Genom von Einzellern viel ökonomischer gestaltet ist. Es hat sich außerdem offenbart, dass man in den verschiedenen Genomen für etwa ein Drittel der echten, Protein-kodierenden Gene kaum eine Ahnung hat, welche Funktion sie bzw. die von ihnen kodierten Genprodukte im Zellgeschehen haben mögen, obwohl alle Anzeichen eine noch zu entschlüsselnde Funktion erwarten lassen; vgl. hierzu Kap. 26 (S. 524). Die Zelle als 4-dimensionales, räumlich-zeitliches Puzzle bietet also noch ein reiches Arbeitsfeld für die kommende Generation von Zellbiologen.

▶ **Zwei Untersuchungswege: vom Gen zum Protein und umgekehrt.** Für molekularbiologische Arbeiten bietet sich nach wie vor der Zugriff über das einzelne Protein zum entsprechenden Gen an, aber ebenso der umgekehrte Weg: vom Gen zum Protein. Letzteres trifft umso mehr zu, je kompletter einzelne Genome durch Sequenzierung der Nukleotidabfolge entschlüsselt wurden. Prinzipiell ist es nicht nur möglich, aus der Abfolge von Tripletts in einem Gen auf die Abfolge von Aminosäuren zu schließen (**Aminosäuresequenz = Primärstruktur** eines Proteins). Es lässt sich auch umgekehrt von der Aminosäuresequenz die Nukleotidabfolge der DNA ableiten. Kennt man also das eine, kann man das andere rekonstruieren – das sind eben die zwei Seiten einer Medaille. Für den Einsatz molekularbiologischer Methoden muss entweder die DNA oder das Protein wenigstens teilweise isoliert bzw. sequenziert vorliegen. In der Praxis werden beide Ansätze im Wechselspiel kombiniert. Von besonderem Interesse ist der eigentliche, das Protein kodierende DNA-Abschnitt (open reading frame = ORF oder Leserahmen). Es ist dies die Nukleotidabfolge vom Start- bis zum Stopp-Kodon eines Gens unter Ausschluss der **Introns** (vgl. unten).

8.2 Isolierung von Proteinen

▶ **Auftrennung nach Größe.** Proteine lassen sich nach Größe und/oder Ladung isolieren. Letztere reicht von negativ (= sauer) bis positiv (= basisch), je nachdem ob mehr Aminosäuren mit negativer oder positiver Ladung vorliegen. Entsprechende Beispiele sind Glutaminsäure (S. 93) und Lysin (S. 93). Die Auftrennung nach Größe (Molekulargewicht bzw. relative molekulare Masse) kann mittels **SDS-PAGE** erfolgen. Das steht für ***s**odium* (= Natrium) ***d**odecylsulfate* und **P**oly**a**crylamid **G**el**e**lektrophorese (▶ Abb. 8.1). Das **Polyacrylamid** ist ein plattenförmiges Stück Gel mit feinen Poren, durch welches die Proteine umso schneller laufen können, je kleiner sie sind. Damit die Ladung dabei keine zusätzliche Rolle spielt, wurde **SDS** zugesetzt, das nun alle Proteine wie ein

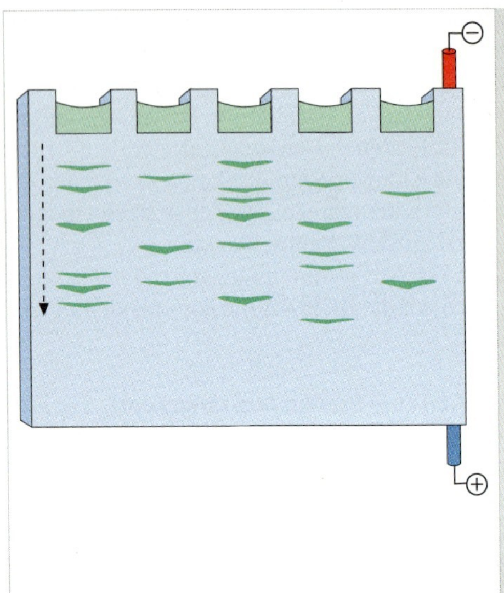

Abb. 8.1 Eindimensionale (1D) Gelelektrophorese. Eine dünne Gelplatte hat oben Taschen (grün), in welche gelöste Proteine bzw. Zellbestandteile eingebracht werden. Sobald an das Gel eine elektrische Spannung (–/+) angelegt wird, beginnen die Proteine aus jeder Tasche durch das Gel zu wandern, und zwar umso schneller, je kleiner sie sind. (Um jeden Effekt der Eigenladung der Proteine auszuschließen, wurden diese abgedeckt; vgl. Text.) Das Bandenmuster, das durch spezielle Färbeverfahren in jeder Laufspur sichtbar wird, repräsentiert also – je nach der Dichte des verwendeten Gels – Proteine von beispielsweise 10 bis 300 kDa (M_r = 10 000 bis 300 000).

Schwimmgürtel mit gleicher Ladung umgibt. Damit die Proteine aber überhaupt zu laufen anfangen, wird an das Gel eine elektrische Spannung angelegt (**Elektrophorese**). Wie uns ein kleines Tier im dichten Gestrüpp schnell davonlaufen kann, so laufen Proteine mit niedrigem Molekulargewicht schneller als solche mit hohem. Die Proteine bilden dann eine Abfolge von Banden, die mit dem Farbstoff **Coomassie Blau** sichtbar gemacht werden können. Da so ein Gel meist nur 10 bis 20 cm lang ist, kann man kaum erwarten, dass man alle einzelnen Proteine verlässlich trennen kann. Man kann die Fülle an Proteinen jedoch einengen, indem man vorher einzelne Organellen isoliert oder sonst einige der zahlreichen Methoden der Proteinbiochemie einsetzt.

▸ **Auftrennung nach Ladung.** Außerdem kann man Proteine anstatt nach ihrer Größe nach ihrer Ladung auftrennen, wenn man sie in einem lockeren Gelgeflecht mit angelegter elektrischer Spannung laufen lässt, diesmal ohne SDS, also mit ihren unbedeckten Eigenladungen (▸ Abb. 8.2). Das Gel, das hierzu verwendet wird, enthält einen pH-Gradienten, d. h., es ist am einen Ende sauer, am anderen Ende basisch. Der pH-Gradient ist stabil (immobilisiert), er verändert sich also nicht, wenn ein elektrisches Feld angelegt wird. In einem solchen Gel läuft ein negativ geladenes Protein so weit in Richtung Pluspol, bis es den pH-Wert erreicht hat, an dem es neutral ist (isoelektrischer Punkt, pI). An diesem Punkt bleibt es liegen, da es ohne Ladung im elektrischen Feld nicht mehr

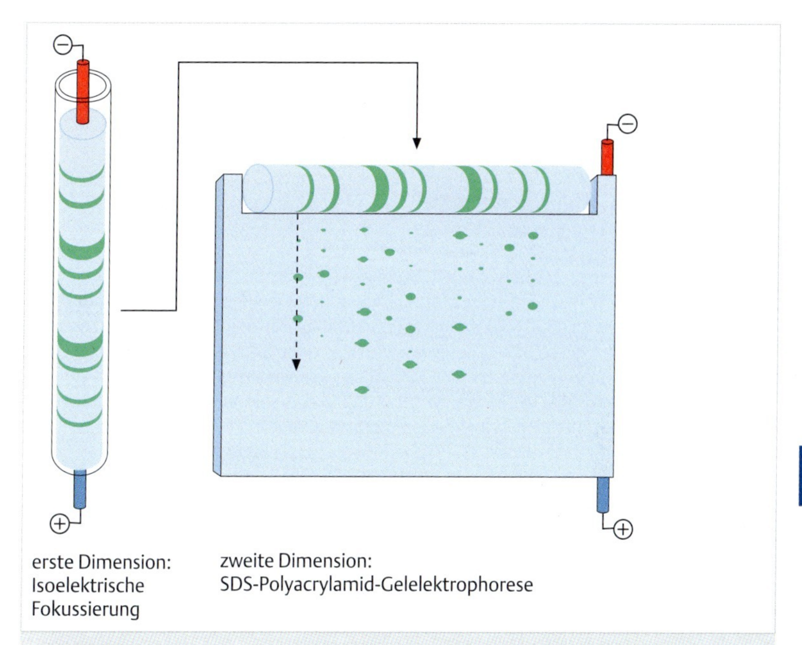

Abb. 8.2 Isoelektrische Fokussierung und 2D-Gele. Eine andere Art von Gelen wird in Röhrchen mit einem stabilen pH-Gradienten gegossen (links). Dann werden oben gelöste Proteine aufgetragen, deren Ladung nicht abgedeckt wurde. Daher wandern sie nach Anlegen einer elektrischen Spannung (–/+) in dieser speziellen Art von Gel in Abhängigkeit von ihrer Ladung. So ein Elektrofokussier-Gel kann in einem zweiten Schritt (rechts) einer Gelelektrophorese unterzogen werden, wie dies in ▸ Abb. 8.1 skizziert wurde. In 2D-Gelen können Proteine viel feiner aufgetrennt werden, und zwar nach Ladung und Größe. Sie werden nach geeigneter Färbung als Flecken sichtbar, deren Ansequenzierung oft den Ausgangspunkt für die Klonierung der entsprechenden Gene bildet.

wandern kann (**isoelektrische Fokussierung**). Beide Methoden, die isoelektrische Fokussierung und die SDS-PAGE kann man hintereinander auf einer Gelkombination laufen lassen (▸ Abb. 8.2). Ein praktisches Beispiel zeigt ▸ Abb. 8.3. An solchen **2D-Gelen** lassen sich auch vielfältige Proteinmischungen wesentlich sorgfältiger auftrennen als auf eindimensionalen Gelen. Die angefärbten „Spots" kann man ausschneiden und ansequenzieren lassen. (Es wäre unwirtschaftlich, Proteine oder DNA selber zu sequenzieren. Für diese „Sträflingsarbeit", wie ein Pionier der Molekulargenetik, **Sidney Brenner**, einmal gesagt hat, gibt es Firmen mit automatischen Sequenziergeräten.) Aus der

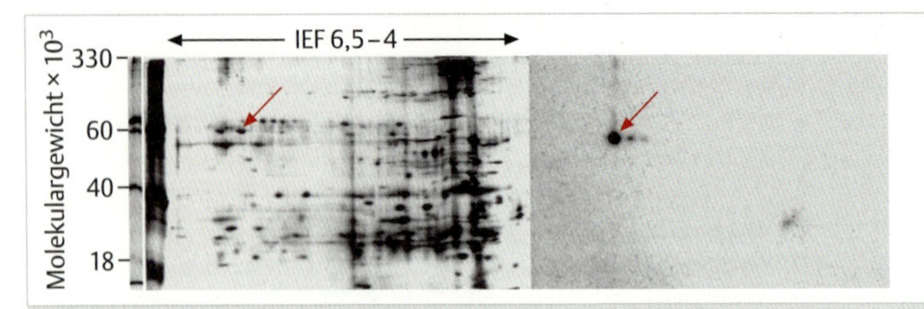

Abb. 8.3 Beispiel eines 2D-Gels. Skalen: Vertikal ist die Größe der Moleküle, horizontal der Ladungswert der Isoelektrofokussierung (IEF) angegeben. Auf die Standards der molekularen Masse (18– 330 × 10^3; ganz linke Spur) folgt ein ziemlich verschmiertes 1D-Gel, sodann ein flächiges 2D-Gel. Dieses ist einmal so angefärbt, dass die vielen Proteine wie ein Sternenhimmel sichtbar werden. Die unterschiedliche Auflösung von 1D- und 2D-Gelen ist deutlich. Ganz rechts sind mittels Autoradiographie jene Proteine identifiziert, die radioaktives Phosphat eingelagert hatten (Phosphoproteine, Pfeil). (Aus Höhne-Zell, B., G. Knoll, U. Riedel-Gras, W. Hofer, H. Plattner: Biochem. J. 286 (1992) 843)

Aminosäurensequenz lässt sich nach ▶ Tab. 7.1 die Nukleotidabfolge ermitteln wiewohl der degenerierte Code dieses Unternehmen etwas erschwert. Damit ist man auf der molekularbiologischen Seite der Medaille angekommen und kann da weiterarbeiten.

8.3 Identifikation, Isolierung und Nachbau von Nukleotidsequenzen

Molekularbiologische (= gentechnische) Arbeiten bedürfen eines weit reichenden Methodenrepertoires, von dem nun einige wichtige Details umrissen werden sollen.

▶ **Oligonukleotide als Sonden.** Kennt man ein Stück der Aminosäuresequenz, so lässt sich ein entsprechendes Stück der DNA nachbauen (Synthese von Oligonukleotiden, die ebenfalls maschinell durch Dienstleistungsfirmen erfolgt). Bringt man solche einzelsträngige Oligonukleotide in ein Gemisch zellulärer DNA ein, deren Doppelstränge durch Erhitzen getrennt wurden, so erkennen sie deren spezifische Sequenzen, an denen sie binden (▶ Abb. 8.4) – sie dienen als „**Sonde**" – und man sagt, sie hybridisieren. Die **Hybridisierung** ist umso stabiler, je mehr Übereinstimmung in der komplementären Struktur besteht, sodass dieses eine Selektion erlaubt. Dies ist die Voraussetzung für den Nachbau eines Gens oder wenigstens eines Teiles davon (▶ Abb. 8.5). Die verwendeten Oligonukleotide dienen dabei als „**Primer**", die den Nachbau oft relativ langer Abschnitte genomischer DNA erlauben (▶ Abb. 8.5**a**). Dies geschieht im All-

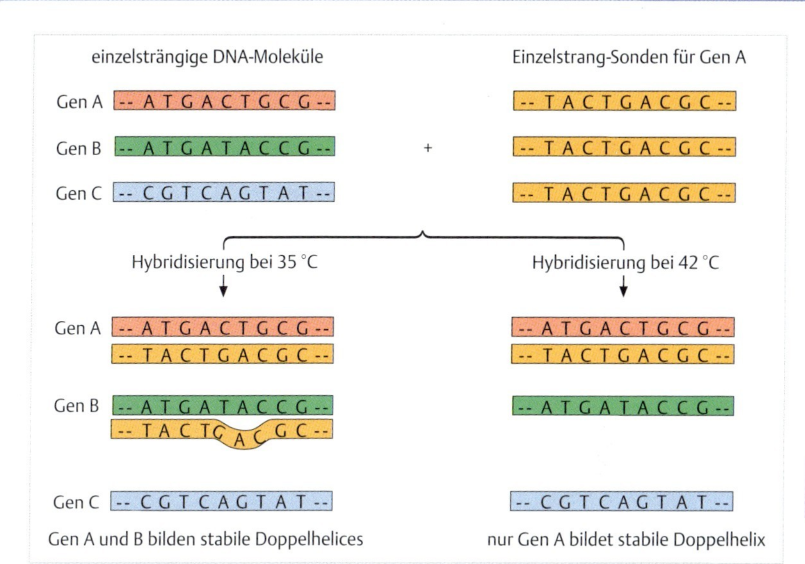

Abb. 8.4 DNA-Hybridisierung mit „Gen-Sonden". Zunächst: Man kann DNA durch Erhitzen „schmelzen", d. h. in Einzelstränge auftrennen. Besitzt man nun einen Abschnitt eines bekannten Gens, also eine Sonde, so kann man aus einem DNA-Gemisch komplementäre DNA fischen. Nur mit einem strikt komplementären DNA-Abschnitt bindet die jeweilige Sonde auch noch unter restriktiven Temperaturbedingungen, wo nicht exakt gepaarte DNA bereits schmilzt.

gemeinen über die sog. PCR-Methode (polymerase chain reaction; vgl. unten). Neben genomischer DNA kann aber auch mRNA in eine komplementäre DNA (**cDNA**) umgeschrieben werden (▶ Abb. 8.5**b**). Man spricht dabei von **RT-PCR** (RT steht für **Reverse Transkriptase**, die RNA in DNA umschreibt). Im letzteren Falle fehlen die Introns, also jene Sequenzabschnitte, die bei der Herstellung der fertigen mRNA aus der prä-mRNA vor dem Export aus den Zellkern herausgeschnitten werden (vgl. ▶ Abb. 7.4). Aus dem Vergleich von genomischer DNA mit cDNA lässt sich demnach die Position von Introns in einem Gen ermitteln.

▶ **Restriktionsenzyme zum Trimmen der DNA.** Will man DNA aus dem Genom isolieren, bedarf es geeigneter molekularer Scheren, der sog. **Restriktionsenzyme**. Diese schneiden an definierten Stellen innerhalb einer ganz bestimmten Nukleotidsequenz. So schneiden

- **EcoRI** bei/in der Sequenz G/AATTC,
- **HindIII** in A/AGCTT oder
- **Sau3AI** in CC/TNAGG etc.

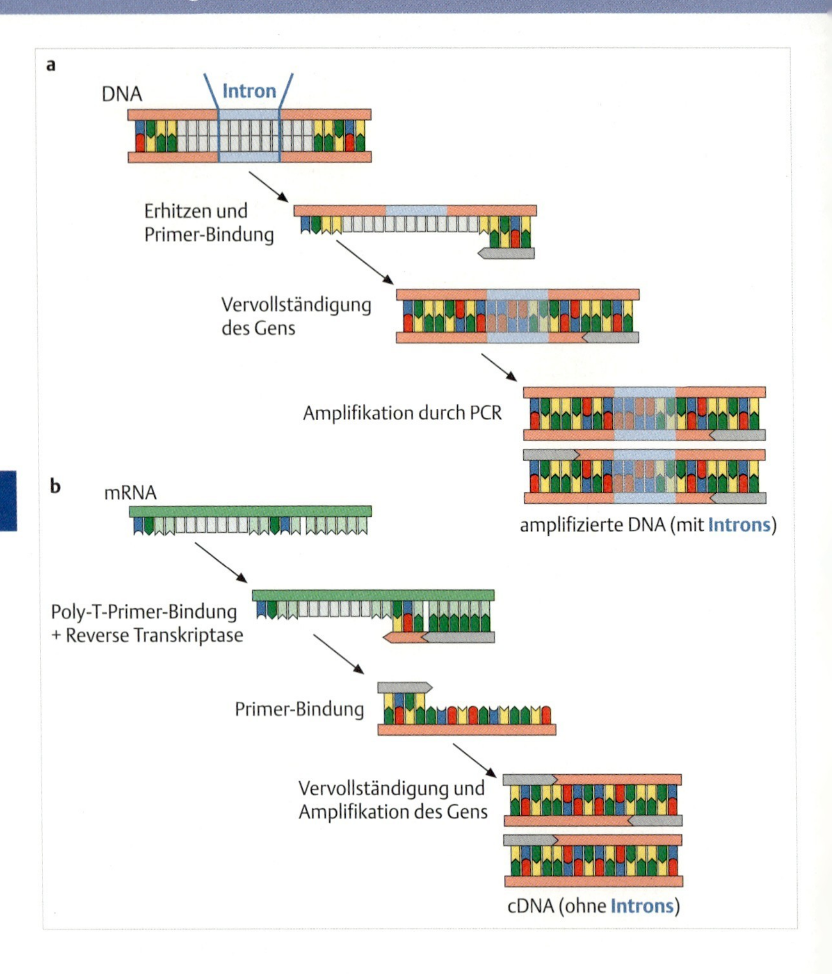

Es gibt wohl keine Basenabfolge, für die die Natur nicht ein Restriktionsenzym bereithielte. So lässt sich jede DNA, wo immer eine der typischen Schnittsequenzen auftaucht, in vielfältiger Weise schneiden. Dies gilt für DNA des Zellkerns ebenso wie für jene aus Bakterien oder der sie befallenden Viren (Bakteriophagen).

Da die DNA komplementär gepaarte Basen enthält, wird der komplementäre Strang in einem antiparallelen Schnittmuster geschnitten. Wie das im Falle einer HindIII-Schnittstelle aussieht, zeigt ▸ Abb. 8.6. Damit eröffnet sich die Möglichkeit, wenn solche Schnittstellen in zwei unterschiedlichen DNA-Mole-

◂ **Abb. 8.5 Isolierung eines Gens und der zu mRNA komplementären DNA (cDNA).** **a** Eine Gensonde, wie in ▸ Abb. 8.4 dargestellt, erkennt in einem DNA-Gemisch die komplementäre DNA, an die sich die Sonde selektiv anlagert. Nach dieser Paarung lässt sich nach Zugabe von Desoxynukleotiden und dem Enzym DNA-Polymerase die Basenabfolge der DNA fortschreiben. Die DNA-Sonde dient somit als Primer für die Ergänzung des komplementären Stranges. In weiterführenden Schritten wird dann das Gen vervielfältigt (amplifiziert), wie in ▸ Abb. 8.8 gezeigt wird. Natürlich beinhaltet dies nicht nur die Exon-Abschnitte eines Gens sondern auch die in der DNA enthaltenen Introns. **b** Verwendet man dagegen isolierte mRNA in Kombination mit Poly-T-Primern (mRNA ist polyadenyliert) (S. 198), Desoxynukleotiden und Reverser Transkriptase, so lässt sich die mRNA in komplementäre DNA umschreiben (cDNA). Die Vervielfältigung nach dieser Methode wird RT-PCR genannt. Damit lässt sich das ORF (open reading frame = Nukleotidabfolge vom Start- bis zum Stopp-Kodon ohne Introns) eines Gens herstellen und anschließend amplifizieren.

külen vorkommen, diese zu „verleimen" (ligieren). Solche „klebrige Enden" (sticky ends) erlauben es beispielsweise, ein Stück DNA aus unserem Genom in die DNA eines Trägers (allgemein als **Vektor** bezeichnet) einzubauen (▸ Abb. 8.7).

▸ **Nutzung von Vektoren (Plasmide, Viren) zum Einbau der DNA.** Wo solche „klebrigen Enden" fehlen, kann man sie künstlich an DNA anhängen. Die zu untersuchende DNA kann dann in einen Vektor mit denselben „klebrigen Enden" eingebaut werden. Damit ist ein künstliches „**Konstrukt**" entstanden: Vektor + zu untersuchende DNA. Wird ein solches Konstrukt in eine Zelle eingebaut, so wird diese vom Gesetzgeber in einer den Biologen seltsam anmutender Weise als ein „gentechnisch veränderter Organismus" (**GVO**) bezeichnet. Obwohl von einem Organismus nicht die Rede sein kann – denn erst eine Vielzahl von Zellen machen einen Organismus –, ist die Definition praktisch wichtig, denn mit der Herstellung oder Einlagerung eines GVO beginnt die Meldepflicht molekularbiologischer Arbeiten. Dies gilt umso mehr, wenn ganze Organismen gentechnisch verändert werden.

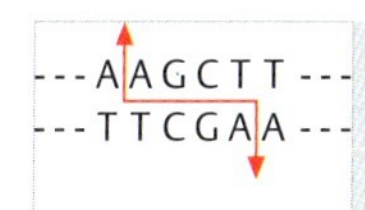

Abb. 8.6 Arbeitsweise von Restriktionsenzymen. Diese schneiden DNA an einer ganz spezifischen Abfolge von Nukleotiden – hier gezeigt am Beispiel von HindIII – so dass überlappende Enden als einzeln überhängende Einzelstrangabschnitte getrennt werden (rote Pfeile). Die so entstehenden „klebrigen Enden" werden dazu verwendet, ein Stück einer zu untersuchenden DNA in eine Träger-DNA einzubauen (vgl. ▸ Abb. 8.7).

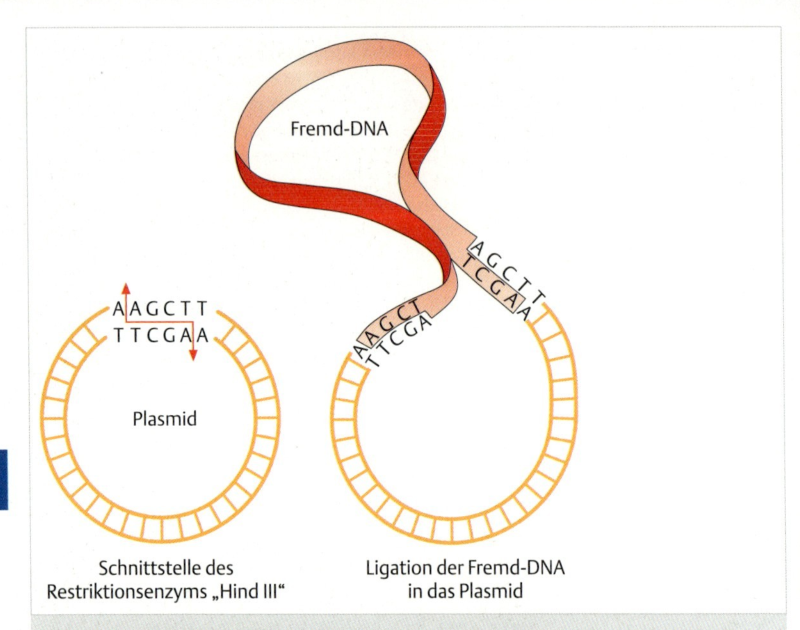

Abb. 8.7 Einbau eines DNA-Abschnittes in eine Fremd-DNA. Letztere dient nur als Träger und ist häufig ein käufliches Plasmid, das man in harmlosen *E.-coli*-Bakterien vermehren kann. Das Beispiel zeigt das „Verleimen“ mittels einer HindIII-Schnittstelle, wie in ▶ Abb. 8.6 erklärt.

Als Vektor werden oft **Plasmide** eingesetzt. Plasmide sind kleine ringförmige DNA-Moleküle, die frei im Zytosol von Bakterien und manchen einzelligen Eukaryoten vorkommen. Sie können sich selbstständig replizieren und können leicht von einem Organismus auf einen anderen übertragen werden. Aber auch Bakteriophagen, wie z. B. der **Bakteriophage λ** (*Lambda*), werden gerne als DNA-Vehikel benutzt. Bakteriophagen sind Viren, die Bakterien befallen und dabei ihre gesamte DNA in die Wirtszelle einschleusen. Die Molekularbiologen haben sich die Plasmide und die Bakteriophagen so „zurechtgeschneidert“, dass sie viele Schnittstellen für verschiedene Restriktionsenzyme enthalten und Fremd-DNA so leicht eingebaut werden kann. In geigneten, nichtpathogenen Bakterienzellen der Spezies *Escherichia coli* (*E. coli*) können die Phagen und Plasmide dann vermehrt werden.

▶ **Vermehrung von DNA mittels PCR.** Außer in Bakterienzellen kann DNA aber auch in vitro („im Glas“, das Gegenteil von in vivo) vermehrt werden. Man bedient sich dabei der so genannten *polymerase chain reaction* (**PCR, Polymerasekettenreaktion**); sie ist in ▸ Abb. 8.8 umrissen. Man wendet diese Methode dann an, wenn nur wenige Moleküle DNA verfügbar sind, die man praktisch nicht leicht handhaben kann. Bei der PCR genügt für den Anfang ein einziges Molekül einer doppelsträngigen DNA. Diese DNA wird mit Desoxynukleotiden und einer DNA-Polymerase, die die Nukleotide gemäß der Abfolge im jeweiligen Einzelstrang vernetzt, zusammengegeben und dann so hoch erhitzt, z. B. auf 95 °C, dass sie schmilzt. Bei der DNA bedeutet „schmelzen", dass sich die beiden Stränge trennen (man nennt dies auch **Denaturierung** der DNA, wobei diese Denaturierung reversibel ist). Bei der DNA-Polymerase handelt es sich in der Regel um die Taq-Polymerase aus dem thermophilen Bakterium *Thermus aquaticus* oder künstlich mutierte Formen. Diese Polymerase hält eine mehrfache Erhitzung auf 95 °C aus, ohne dass sie ihre Funktion verliert. Jetzt kann der jeweils komplementäre Strang nachgebaut werden. Dazu muss die Lösung abgekühlt werden, denn erst bei reduzierter Temperatur hybridisieren die Primer an ihre komplementären Sequenzen auf der DNA. Dann wird die Temperatur wieder erhöht, und zwar auf 72 °C, dem Temperaturoptimum der Taq-Polymerase, und die komplementären Stränge werden verlängert. Bei serienweiser Wiederholung dieses Vorganges wird die DNA schnell vervielfältigt (**Amplifikation**), da pro Amplifikationsschritt jeweils die doppelte Zahl gleichartiger DNA-Moleküle entsteht. Auf diese Weise steigt deren Zahl in kurzer Zeit wie bei einer Kettenreation an – daher der Name Polymerasekettenreaktion.

Da hierbei identische Moleküle entstehen, kann durch diesen Vorgang die DNA kloniert werden. Ganz allgemein wird als **Klon** eine Menge identischer Strukturen bezeichnet, welche sich alle von einem einzigen Vorläufer herleiten. Solche Strukturen können DNA-Moleküle, Zellen oder ganze Organismen sein – Klone gibt es also vom molekularen bis zum organismischen Bereich (aber hoffentlich nie vom Menschen).

▸ Ein Beispiel: Gensequenz und Proteinstruktur der Ca^{2+}-ATPase. Nun sollten wir endlich einen Blick auf ein wirkliches Gen werfen, wie es gebaut ist und welche Proteinstruktur sich daraus ablesen lässt (▸ Abb. 8.9). Als Beispiel dient uns die Ca^{2+}-ATPase (Pumpe vom SERCA-Typ^{+}), wie sie in intrazellulären Speichern von Eukaryotenzellen, vom Protozoon bis zum Menschen, vorkommt. Vgl. hierzu den Molekularen Zoom (S. 128). Das gezeigte Beispiel stammt vom Protozoon *Paramecium* (übrigens mit kleinen Abweichungen vom universellen Kodongebrauch, wie bei manchen Einzellern üblich). Was lässt sich daraus ablesen? Die von der Triplett-Abfolge abgeleitete **Primärstruktur** zeigt alle Details, die für eine funktionierende Ca^{2+}-Pumpe wesentlich sind. Das beinhaltet Folgendes:

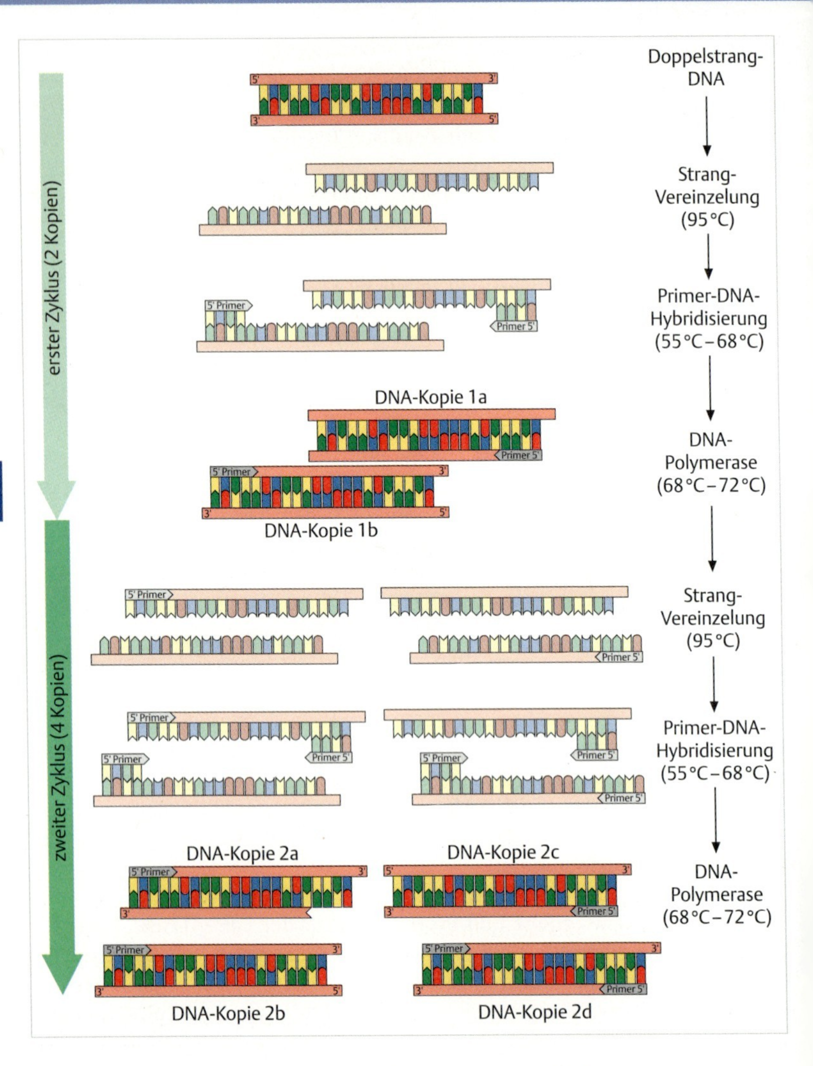

- das Vorkommen von 10 **Transmembrandomänen**, mit denen das Protein in der Membran verankert ist;
- einen funktionell essenziellen Asparaginsäurerest (D im Einbuchstabenkode), an welchem das Molekül durch Phosphorylierung energetisiert und so zum Durchschleusen von Ca^{2+} gegen das Konzentrationsgefälle befähigt wird (aktiver Transport unter ATP-Verbrauch).

◂ **Abb. 8.8 Vermehrung (Amplifikation) von DNA mittels polymerase chain reaction (PCR).** DNA wird durch Erhitzen in Einzelstränge geschmolzen, an die bei reduzierter Temperatur passende Primer angelagert werden (vgl. ▸ Abb. 8.5). Diese werden dann nach Zugabe von Desoxynukleotiden und DNA-Polymerase entlang der Einzelstränge ergänzt, so dass zunächst zwei und bei mehrfacher Wiederholung entsprechend mehr doppelsträngige DNA-Moleküle entstehen. Diese stellen genaue Kopien jener DNA dar, die zu Beginn dieser Kettenreaktion vorgelegen hat.

- Die Abbildung zeigt auch ein eingeschobenes Intron, das nicht in mRNA abgelesen wird.

8.4 Gentechnische Methoden in der Zellbiologie

Es ist also möglich, DNA-Moleküle von biologischem Interesse unter Zuhilfenahme gleichartiger klebriger Enden in Vektorplasmide einzubauen (▸ Abb. 8.7). Dieses kann mit weitgehend unterschiedlicher Zielsetzung durchgeführt werden. Die Plasmide können in *E. coli* eingeschleust und darin vermehrt werden – **Genklonierung** in vivo (▸ Abb. 8.10). Wie gleich im Detail erläutert wird, kann man auf prinzipiell gleiche Weise eine Sammlung aller Gene eines Organismus herstellen (*genomic library* = **Genbibliothek**), oder eine Sammlung aller mRNA von den jeweils exprimierten Genen anlegen (*expression library* = **Expressionsbibliothek**). Man kann aber solche Konstrukte auch für gentechnische Arbeiten verwenden („genetische Manipulation"), indem man vor einem Gen einen Promotor einbaut, der die Aktivierung nach Einschleusung in eine Wirtszelle gewährleistet. Diese Möglichkeiten seien nun im Detail erörtert.

▸ **Herstellung einer Genbibliothek.** Man kann die gesamte DNA eines Organismus aus dessen Zellen extrahieren und mit verschiedenen Restriktionsenzymen schneiden, um sie dann in **Plasmide** einzubauen. Diese können in *E. coli* abgespeichert bzw. vermehrt werden (▸ Abb. 8.11). So kann man alle DNA-Sequenzen eines Organismus in Tausenden von Plasmiden sammeln – eine sog. Genbibliothek. Jedes Gen sollte darin möglichst mehrmals vertreten sein, damit man es für weitere Arbeiten mit Sicherheit wieder finden, amplifizieren und weiter verwenden kann.

Hätte ein Organismus 20 000 Gene, so wäre zum Erstellen einer Genbibliothek mindestens diese Menge Plasmide erforderlich. In Wirklichkeit muss ein Mehrfaches davon hergestellt werden, um sicherzugehen, dass alle DNA-Abschnitte statistisch wenigstens einmal vertreten sind. Damit hätte man eine Gen-Bibliothek angelegt, vergleichbar mit einer Bibliothek, die für jedes Buch

```
ATGGCAGAAATTGACTTGAATTAGCCATTTCATGCATATCCCCTTGAAAAGGTC   54
 M  A  E  I  D  L  N  Q  P  F  H  A  Y  P  L  E  K  V    18
                gtatataaatttgtaattgcag
GTTGGTGCTGTCCAAACAAATCTCTAGAAGGGTTTGACGAAAGTTGAGGCTGAA  108
 V  G  A  Y  Q  T  N  L  Q  K  G  L  T  K  V  E  A  E    36

GCAAGA--------------GAAGACAATTTGGTTAGAATATTGCTATTGGCTGCT  225
 A  R --------------  E  D  N  L  V  R  I  L  L  L  A  A   75
                                       M1
GTGATCTCTTTTGTGATTTCATAATTCGAAGATCATGAAGATTCACATGCAGTG  279
 V  I  S  F  V  I  S  Q  F  E  D  H  E  D  S  H  A  V    93

CCTCCATGGGTTGAGCCATGTGTCATATTTACAATTTTGATCTTAAATGCAGCA  333
 P  P  W  V  E  P  C  V  I  F  T  I  L  I  L  N  A  A   111
          M2
CTAGGTATATGGTAGGATTTAGATGCT--------------TTCGGAGACAAATTA  810
 V  G  I  W  Q  D  L  D  A --------------  F  G  D  K  L   270

GCTAAATATGTCACATACATTTGTATCATCTGTTGGGTTATGAACATTGGTAAC  864
 A  K  Y  V  T  Y  I  C  I  I  C  W  V  M  N  I  G  N   288
                          M3
TTCTCTGATCCTGCCTACGGAGGAACTATTATGGGAGCATTGTATTATTTCAAG  918
 F  S  D  P  A  Y  G  G  T  I  M  G  A  L  Y  Y  F  K   306

TTGGCTGTTGCATTGGCAGTTGCTGCTATCCCAGAAGGATTACCAGCTGTCATC  972
 V  A  V  A  L  A  V  A  A  I  P  E  G  L  P  A  V  I   324
                          M4
ACTACTTGTTTGGCTTTGGGAGCTAGAAGAATGGCCAAATAAAAAGCCATCGTT 1026
 T  T  C  L  A  L  G  A  R  R  M  A  K  Q  K  A  I  V   342

CGTAAATTACCAAAGGTCTAGACATTGGGATGCACAACCATCATTTGTTCAGAT 1080
 R  K  L  P  K  V  Q  T  L  G  C  T  T  I  I  C  S  D   360

AAAACTGGTACTTTGACAACC----------CCATTATCCCTTTAAGATTGGATT 3006
 K  T  G  T  L  T  T ----------  P  L  S  L  Q  D  W  I 1002

TTAATCATTGGAGTTTCTGCACCTGTTGTTTTAGTTGATGAGGTCCTTAAATTC 3060
 L  I  I  G  V  S  A  P  V  V  L  V  D  E  V  L  K  F  1002
                   M10
TTCTCTAGAATTAGAAATGCCAAGTTGTTGGAGGAGAGGAAGAAAATCTAATGA 3114
 F  S  R  I  R  N  A  K  L  L  E  E  R  K  K  I  Q  •  1034
```

◂ **Abb. 8.9 Beispiel für eine Genstruktur.** Das Gen der Ca^{2+}-ATPase (SERCA-Typ Ca^{2+}-Pumpe) der *Paramecium* Zelle umfasst ein Intron (blau) und die Nukleotidabfolge des *open reading frame* (ORF) im Bereich von 1–3 114. Auf der 5'-terminalen Seite beginnt das Gen mit dem Start-Kodon für Methionin. 3'-terminal steht ein Stopp-Kodon (TGA bzw. dicker Punkt). Der in Protein zu übersetzende Teil des ORF, also nach Ausschluss (Spleißen) eines kurzen Introns (blau eingesetzt) aus der abgeleiteten Vorläufer-mRNA, ist in die Aminosäurenabfolge (Primärstruktur) umgeschrieben. (Es sei hier die bei manchen einzelligen Organismen verbreitete Abweichung von dem in ▸ Tab. 7.1 gegebenen „universellen" Kodon-Gebrauch erwähnt: Die beiden „universellen" Stopp-Kodons TAA und TAG kodieren hier für die Aminosäure Glutamin.) Wegen ihrer Länge ist die Genstruktur verkürzt dargestellt gestrichelte Linien deuten auf die Auslassungen in der Darstellung. Rot hervorgehoben sind einige Bereiche von M1 bis M10 aus jeweils ca. 18 bis 24 überwiegend hydrophoben Aminosäuren, welche jede einzelne die Membran des Calciumspeichers durchspannen („Transmembrandomänen"). Dieses ist eines der Charakteristika von Ca^{2+}-ATPasen (Pumpen) vom SERCA-Typ, ebenso wie der Aspartatrest (D) in Position 360, welcher beim Durchschleusen von Ca^{2+} in jedem Pumpzyklus unter ATP-Verbrauch reversibel phosphoryliert wird. Dazu gäbe es noch andere Signaturen zur Typisierung des gezeigten Proteinmoleküls bzw. seines Gens. (Aus Hauser, K., N. Pavlovic, R. Kissmehl, H. Plattner: Biochem. J. 334 (1998) 31)

sogar Mehrfachexemplare enthält. Um im Bild zu bleiben: Für die einzelnen Bücher der Bibliothek werden Duplikate und Mehrfachkopien angelegt. Aus dieser genomischen Bibliothek kann sodann DNA-Klon für DNA-Klon sequenziert werden, oder das entsprechende Genprodukt kann zur Expression gebracht werden. So erfährt man die im jeweiligen DNA-Klon gespeicherte Information. Dies ist ein mühsames Geschäft, das der Kooperation einiger Arbeitsgruppen über einige Jahre bedarf. Die vielen Bücher dieser Bibliothek tragen nämlich anfangs keine Beschriftung ihres Inhaltes. Nach erfolgter Identifikation winkt dem Zellbiologen als Lohn, dass er „seiner" Zelle viele Fragen stellen kann, die sie ihm auf anderen Wegen nicht leicht beantworten würde. Den Biotechnologen dagegen locken die kommerziellen Möglichkeiten, die sich vermittels der Gentechnik aus Genomprojekten verschiedener Organismen ergeben.

▸ **Herstellung einer Expressionsbibliothek.** Es ist auch möglich, eine sog. Expressionsbibliothek herzustellen. Dazu isoliert man aus den Zellen die gesamte mRNA, die sich ja von der jeweils entsprechenden DNA in mehrfacher Hinsicht unterscheidet. Einerseits sind die für die Übersetzung der Nukleotidsequenz in Proteine irrelevanten DNA-Abschnitte (Introns) aus der prä-mRNA noch im Zellkern herausgeschnitten worden („Spleißen") (vgl. ▸ Abb. 7.4), sodass die mRNA, die aus dem Kern in das Cytosol exportiert wird, nur noch die zur Übersetzung in Proteine relevanten Abschnitte enthält (**Exons**). Andererseits wurde zur Stabilisierung der mRNA noch im Kern am 3'-Ende ein Poly-Adenosin- oder

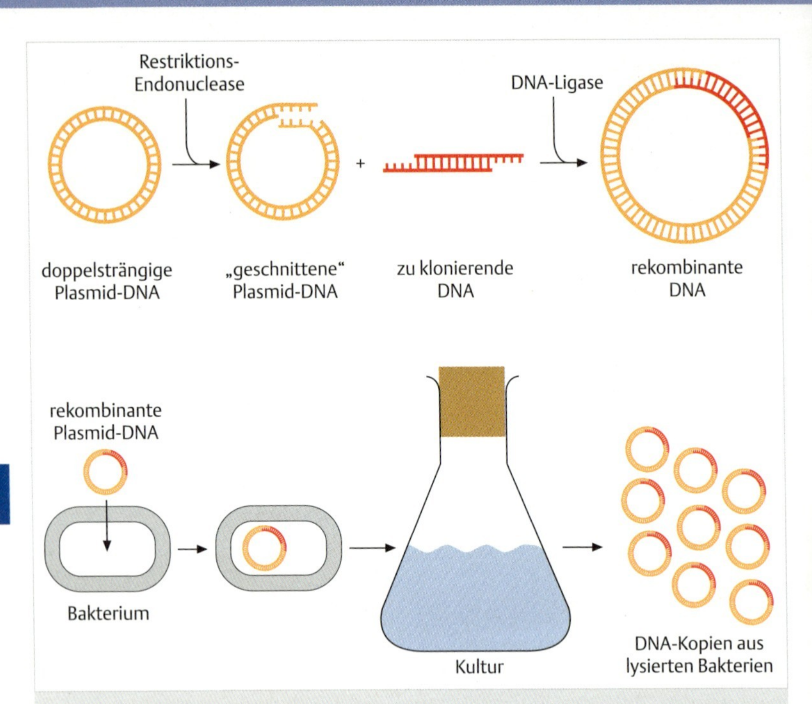

Abb. 8.10 Klonierung eines DNA-Stücks in einem Vektor (Plasmid). Zwar lässt sich, wie in ▶ Abb. 8.8 gezeigt, DNA durch PCR hochgradig vermehren. Oft wird jedoch der **Einbau in ein Plasmid** (das als Vektor dient) und dessen Vermehrung in vivo bevorzugt. Zunächst wird das Plasmid, ebenso die zu klonierende DNA, mit demselben Restriktionsenzym geschnitten. Beide DNA-Stücke werden mittels DNA-Ligase zu rekombinanter zirkulärer DNA verbunden. In dieser Form in *E. coli*-Zellen eingebracht, wird es dort hochgradig amplifiziert, zumal sich Bakterien etwa alle 20 Minuten teilen und in demselben Maße auch die rekombinante DNA vermehrt wird. In Analogie zur Klonierung eines Organismus oder einer Zelle aus einem einzigen Exemplar spricht man hierbei von klonierten DNA-Molekülen.

Poly-A-Schwanz angehängt. Dessen Affinität zu Trägermaterialien mit poly-T erlaubt es, die gesamte mRNA herauszufischen. Da in verschiedenen Zelltypen und zu unterschiedlichen Stadien der Differenzierung unterschiedliche Gene aktiviert bzw. transkribiert werden, werden Expressionsbibliotheken aus verschiedenen Zelltypen oder Entwicklungsstadien desselben Organismus unterschiedlich ausfallen. Somit kann man eben feststellen, welche der Gene aktuell in aktivierter Form vorliegen. So können z. B. Cilien nach experimenteller Entfernung (**Deciliierung**) oder Sekretorganellen nach massiver Exocytose-Stimu-

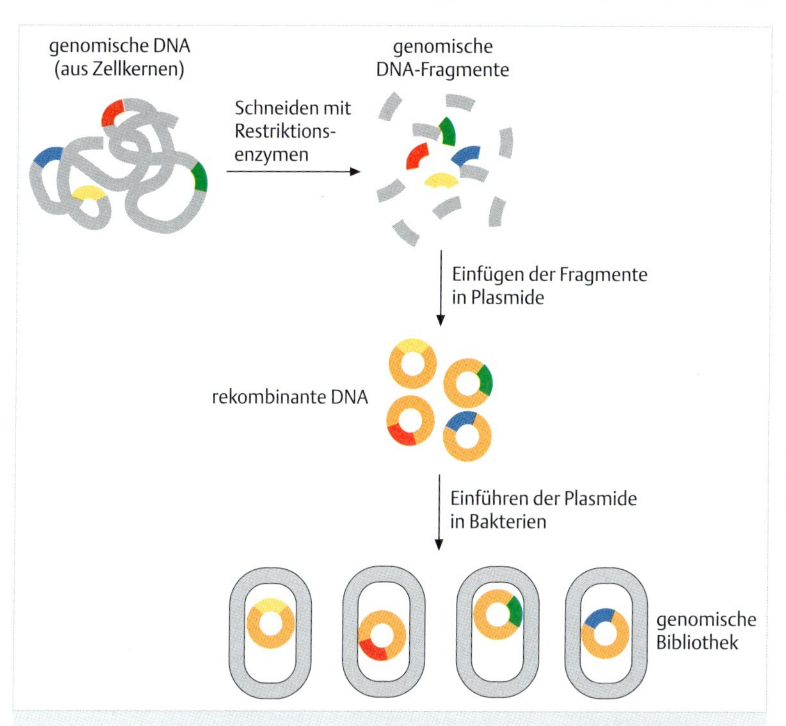

Abb. 8.11 Herstellung einer genomischen Bibliothek. Ziel ist es, eine komplette Sammlung der gesamten im Zellkern eines Organismus vorliegenden genetischen Information in Form von DNA-Sequenzen abzuspeichern. Dazu wird zunächst die gesamte DNA aus isolierten Kernen mit Restriktionsenzymen zerstückelt, und alle Fragmente werden in Plasmide eingebaut. Sodann kann das, was in ▸ Abb. 8.10 für einen einzelnen Genabschnitt beschrieben wurde, auf das gesamte Genom des Organismus ausgedehnt werden. Das Resultat ist eine Bakterienkultur, deren Zellen lauter Plasmide mit unterschiedlichen DNA-Fragmenten enthalten, die das gesamte Genom des Organismus abdecken. Die Klonierungsbedingungen müssen dabei so gewählt werden, dass das Genom des Organismus statistisch etwa drei- bis viermal in der Kultur vorhanden ist. Siehe dazu auch im Text.

lation zur Neubildung induziert werden. Über die dabei hochregulierten mRNAs – einige Hundert – kann auf die beteiligten Proteine geschlossen werden („**Ciliom**“, „**Sekretom**“). Dazu werden die hochregulierten mRNAs auf Grund ihrer Bindung an Genabschnitte bzw. an Sequenzen der Genbibliothek, die in kleinen Portionen auf Mikotiterplatten aufgebracht wurden („**Microarrays**“), erkannt und quantitativ bestimmt.

▶ **Expression von Fremdproteinen.** Ein Vektor mit einem bestimmten Gen kann in eine Wirtszelle eingeschleust werden, um darin das entsprechende Genprodukt zur Expression zu bringen (**Transfektion**, im weitesten Sinne **Transformation**). In ▶ Abb. 8.12 beispielsweise diente Phagen-DNA als Vektor, dem das Gen für β-Interferon eingebaut wurde.

Wie die DNA bei der Transformation durch die Zellmembran durchtritt, ist nicht genau bekannt – aber es gibt praktische Rezepte, die funktionieren. Es können Zellen vom Bakterium bis zum Säugetier transformiert werden. Die zur Transformation eingesetzte DNA nennt man **rekombinant**. Das Fremdprotein, das von transformierten Zellen hergestellt wird, bezeichnet man (ein bisschen daneben) ebenfalls als „rekombinantes" Protein. Damit dabei ein Gen jedoch zur Expression kommt, muss ihm allerdings ein **Promotor** vorangestellt werden. Auf diese Weise lässt sich beispielsweise der Effekt einer Überexpression eines Gens untersuchen, sodass solche Verfahren für zahlreiche zellbiologische Fragestellungen interessant sind. Solche Verfahren sind aber auch – wie ▶ Abb. 8.12 belegt – für die gentechnische Herstellung von Proteinen mit pharmazeutischer Bedeutung wichtig (Interferon, Hormone, Wachstumsfaktoren etc.). Da Bakterien zu funktionell wichtigen posttranslationalen Modifikatio-

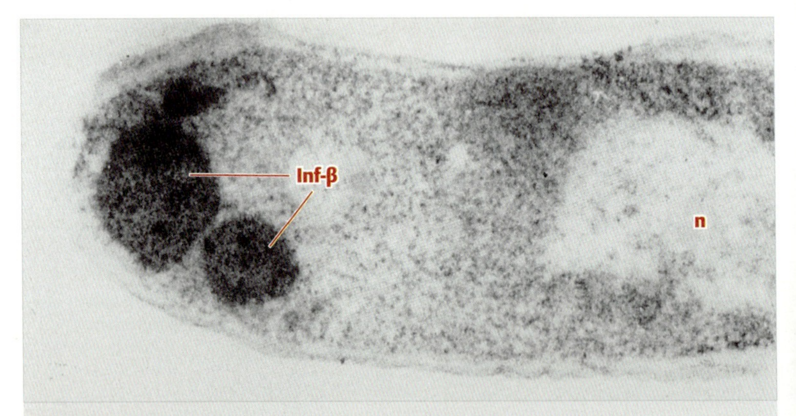

Abb. 8.12 Heterologe Expression eines Fremdproteins. Eine Zelle von *Escherichia coli* nach Transfektion mit dem Gen für β-Interferon (inf-β). Dieses zellfremde Genprodukt wurde mit Methoden der Immuncytochemie unter Verwendung des Peroxidase-Nachweises über ein elektronendichtes Reaktionsprodukt sichtbar gemacht; vgl. Kap. 11.2 (S. 238). β-Interferon kann zur Bekämpfung bestimmter Formen von Krebs eingesetzt werden und könnte aus dem menschlichen oder tierischen Körper nur in äußerst geringen, ungenügenden Mengen isoliert werden. (**n**): Nukleoid. Vergr. 190 000-fach. (Aufnahme: F. Mayer, Göttingen)

nen (limitierte Proteolyse, Glykosylierungen etc.) nicht in der Lage sind, muss oft auf höhere Zellsysteme ausgewichen werden.

▸ **Knock-out-Experimente zur Funktionsaufklärung.** Das Gegenstück zu diesen sog. Expressionexperimenten sind *Knock-out*-Experimente. Analog zum K.o. beim Boxkampf wird hier ein Gen ausgeschaltet, wozu es verschiedene Verfahren gibt. Wird beispielsweise DNA entgegen der normalen Leserichtung in ein Plasmid eingebaut, so kann die daran produzierte mRNA an die normale mRNA binden, diese abdecken und so lahm legen („**Antisense-Strategie**"). Damit lässt sich die Bedeutung einzelner Gene im Leben einer Zelle aufklären.

Molekularer Zoom

Die CRISPR-Cas-Methode, ein Durchbruch zu gezielten Eingriffen in das Genom

Einzelne Gene können funktionell ausgeschaltet werden (**knock down, knock out**), indem komplementäre inhibitorische RNA-Abschnitte (**RNAi**) über virale Konstrukte eingeschleust werden. Auch synthetische RNAs, die komplementär zu Genabschnitten synthetisiert und durch chemische Modifikation stabilisiert wurden, sogenannte **Morpholinos**, können zur posttranskriptionellen (posttranslationalen) Stilllegung von Genen („**gene silencing**") durch Interferenz mit mRNA dienen. In niederen Eukaryoten werden oft Konstrukte aus einem geeigneten Vektor, versehen mit einem für den zu untersuchenden Zelltyp effizienten Promotor und einem kodierenden DNA-Abschnitt des zu untersuchenden Gens, verwendet. Die Interferenz der produzierten RNAi mit der physiologischen, endogenen mRNA führt zu deren Abbau, also zu einem posttranskriptionellen „gene silencing".

Die Möglichkeiten, einzelne Gene direkt und gezielt anzusprechen und zu verändern („**DNA editing**", „**genome editing**"), haben mit der Erfindung der **CRISPR-Cas** Methode in den letzten Jahren einen entscheidenden Fortschritt gebracht. (**CRISPR** = **c**lustered **r**egularly **i**nterspaced **s**hort **p**alindromic **r**epeats.) Cas, z. B. Cas9, ist eine DNA-schneidende Endonuklease, angehängt an eine CRISP-Sequenz und versehen mit einer Gen-spezifischen RNA-Sequenz (**guide RNA**) zur Auffindung eines bestimmten Gens. Es ist ein von Bakterien im Laufe der Evolution zur Abwehr von viralen Infektionen „erfundenes" System, das nunmehr für praktisch alle Zellen, auch verschiedener Stellung in der Evolution, eingesetzt werden kann. Die CRISPR-Cas-Methode erlaubt es, DNA an vorausbestimmten Sequenzen zu schneiden, Gene durch Entfernung von Sequenzen auszuschalten (z. B. um die Funktion einzelner Gene zu erkunden) oder neue Sequenzen einzuführen (z. B. für eine – noch umstrittene – **Gentherapie**). Über die jeweils individuell gewählte „guide RNA“ können alle Gene einzeln „angesprochen“ und manipuliert werden.

Es gibt also prinzipiell zwei Möglichkeiten, die Aktivität von Genen umzusteuern: Die Veränderung von Genen selbst oder posttranskriptional eingreifende Methoden.

▸ **Molekularbiologische Markierungstechniken.** Es ist auch möglich, in einem Vektor mehrere Gene aneinander zu koppeln (▸ Abb. 8.13). So kann z. B. an das Gen für eine Ca^{2+}-Pumpe das Gen eines Markerproteins angehängt und in Zellen zur Expression gebracht werden (▸ Abb. 8.14). Das **Markerprotein** muss dann irgendwie sichtbar werden. Eine Möglichkeit hierzu ist die Verwendung eines Gens, das vor Jahren der biolumineszenten (leuchtenden) Qualle *Aequorea* entnommen wurde. Nach Fusion an das zu untersuchende Gen sendet das rekombinante Translationsprodukt (Fusionsprotein) grünes Fluoreszenzlicht aus. Daher der Name *green fluorescent protein* (**GFP**), das wir in einem Fluoreszenzmikroskop sehen und der Zellstruktur zuordnen können; s. hierzu auch Kap. 11.5 (S. 255). Damit ist es möglich, wie in ▸ Abb. 8.14 am Bei-

8

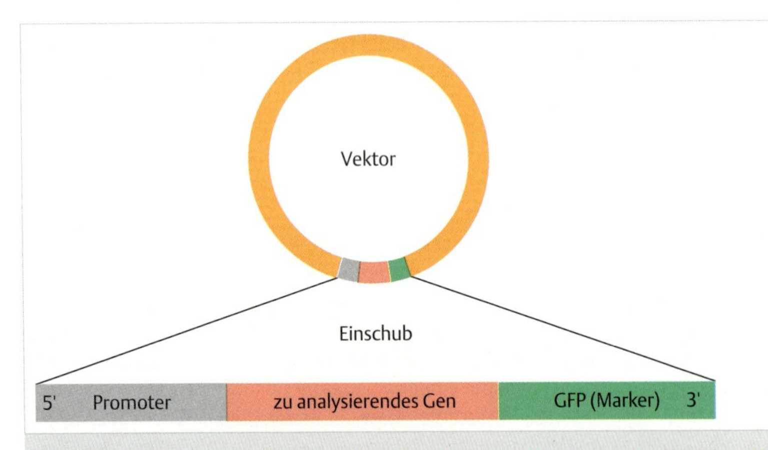

Abb. 8.13 Plasmid zur Herstellung eines Fusionsproteins. Voraussetzung: Wie ein zu analysierendes Gen in einen Vektor eingebaut werden kann, wurde in ▸ Abb. 8.7 umrissen. Im hier gezeigten Falle handelt es sich um ein komplexeres „Konstrukt“, das der Expression eines bestimmten Gens in fluoreszenzmarkierter Form in den zu untersuchenden Zellen dient. Hierzu wird 5’-seitig die DNA eines geeigneten Promotors und 3’-seitig die eines Markerproteins angehängt (hier: GFP = *green fluorescent protein*). Ein Beispiel für die Expression eines solchen Konstruktes bietet ▸ Abb. 8.14.

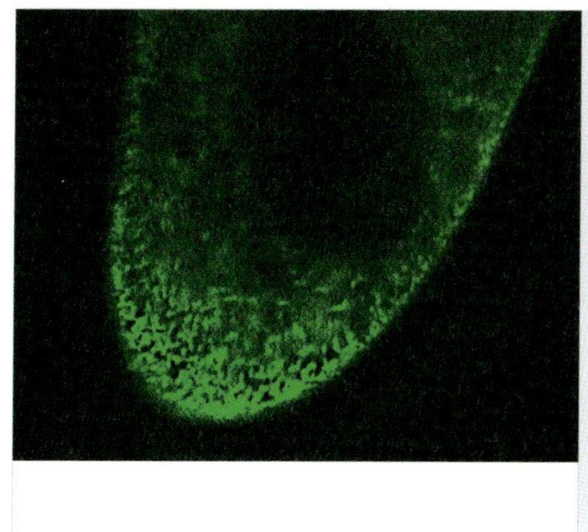

Abb. 8.14 Expression eines Gens in fluoreszenter Form nach dem in ▸ Abb. 8.13 skizzierten Prinzip. Das Beispiel zeigt die Überexpression der SERCA-Typ Ca^{2+}-ATPase als GFP-Fusionsprotein. Zunächst wurde das Gen kloniert und dann zusammen mit einem Promotor und dem GFP-kodierenden Gen in ein Plasmid eingebaut. Im konfokalen Laser-Scanning Fluoreszenz-Mikroskop wird damit indirekt die Lokalisierung dieser Ca^{2+}-Pumpe im ER sichtbar. Vergr. 1100-fach. (Aus Hauser, K., N. Pavlovic, N. Klauke, D. Geissinger, H. Plattner: Mol. Microbiol. 37 (2000) 773)

spiel der Ca^{2+}-Pumpe in einer *Paramecium*-Zelle gezeigt wird, den intrazellulären Weg dieses Moleküls bzw. die Biogenese des entsprechenden Organells zu verfolgen.

Schleust man DNA- oder RNA-Sequenzen, die zu bestimmten endogenen DNA- oder RNA-Abschnitten in der Zelle komplementär sind, in eine Zelle ein, so können sie an die entsprechenden endogenen Sequenzen binden. Sind diese sog. Sonden in irgendeiner Art markiert, so kann auf diese Weise ein Genabschnitt am entsprechenden Chromosom oder die mRNA in jenen Zellen eines Gewebes lokalisiert werden, in denen das entsprechende Gen gerade transkribiert wird (**In-situ-Hybridisierung**). Dieses Verfahren ist besonders in der Entwicklungsbiologie wichtig. ▸ Abb. 8.15 gibt hierzu ein Beispiel aus der Neuroentwicklungsbiologie.

In isolierter Form lassen sich Proteine, DNA und RNA ebenfalls identifizieren. Dazu werden sie meistens aus einem Trenngel auf eine geeignete Membran übertragen („geblottet"), um ihre Bindefähigkeit mit einem markierten Antikörper oder einer markierten Polynukleotidsonde zu untersuchen. Demnach gibt es den **Western Blot** für Proteine, den **Southern Blot** für DNA und den **Northern Blot** für RNA.

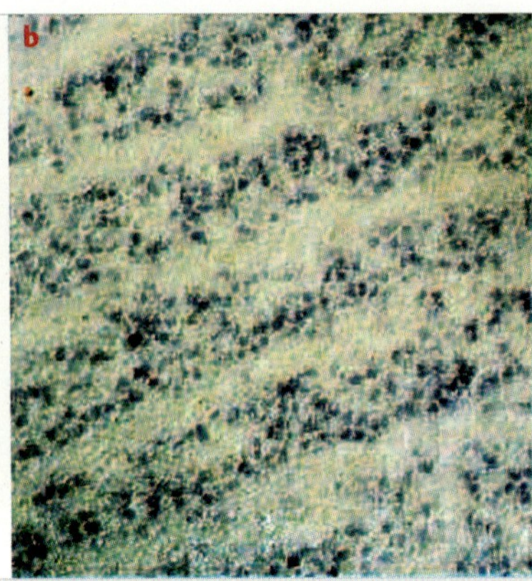

Abb. 8.15 In-situ-Hybridisierung. Um die Expression eines bestimmten Gens in bestimmten Zellen eines Gewebes während Entwicklungsprozessen zu untersuchen, gibt es neben der Antikörperlokalisation noch die Möglichkeit, die zur Translation verfügbare genspezifische mRNA zu lokalisieren. Dazu dient eine mit einem Marker bestückte komplementäre RNA (cRNA). Das Beispiel zeigt die Lokalisierung von mRNA, die für das Protein namens Reggie kodiert, in der Retina eines Goldfisch-Auges. **a** In der normalen Retina wird kaum ein Signal gesehen. **b** Nach Durchtrennung des optischen Nervs wurde mit der farblich markierten Reggie-spezifischen cRNA gefunden, dass im Zuge von Regenerationsprozessen die Expression von Reggie-Protein in streifenförmig angeordneten Zellen hochreguliert wird, bis der Fisch die volle Sehkraft wieder erlangt hat. Vergr. 150-fach. (Aus Schulte, T., K. A. Paschke, U. Laessing, F. Lottspeich, C. A. O. Stuermer: Development 124 (1997) 577)

8.5 Ausblick auf weitere Anwendungen

▸ **Herstellung rekombinanter Proteine für den therapeutischen Einsatz.** Das molekularbiologische Methodenrepertoire bietet viele Möglichkeiten, die in ▸ Abb. 8.16 zusammengefasst werden. Die Molekularbiologie brachte zum Teil bahnbrechende Erkenntnisse, zum Teil aber auch sehr kontroverse Diskussionen, was die praktische Umsetzung betrifft. Das Klonieren von gentechnisch veränderten Zellen – von Bakterien bis zu Zellen aus Säugetiergeweben, wiewohl vom Gesetzgeber in genaue Bahnen verwiesen – wird kaum auf ethische Bedenken stoßen. Es ist dies von großem Interesse für die pharmazeutische Industrie, ebenso wie für die zellbiologische Grundlagenforschung. So lassen sich in wenigen Litern Kultur genetisch veränderter Zellen Mengen an rekombinanten Proteinen herstellen, z. B. Wachstumshormon, für deren Gewinnung ex vivo man oft Tausende von Organen isolieren müsste, mit dem zusätzlichen

Risiko viraler Infektionen (AIDS etc.). Es können sogar Pflanzenzellen zur rekombinanten Herstellung humaner Proteine mit den entsprechenden Genen transfiziert werden. Wieder andere setzen auf Massenproduktion im Milchorgan von Kühen usw. Ungleich problematischer ist das Klonieren von höheren Tieren – etwas, das sich für den Menschen zweifellos ethisch verbietet, sei es mit oder ohne genetische Manipulation. In diesem Zusammenhang werden Eingriffe in die Keimzellen (d. h. in praktischer Hinsicht: in Eizellen) einhellig negativ diskutiert, also abgelehnt.

▸ **Gensonden zum Aufspüren von Erbkrankheiten.** Eine realistische, ethisch unbedenkliche Möglichkeit zum Einsatz molekularbiologischer Methoden beim Menschen besteht dagegen sehr wohl. Dies betrifft bestimmte Erbkrankheiten, soweit somatische Zellen betroffen und direkt gentechnischen Verfahren zugänglich sind.

Für die Diagnose häufiger Erbkrankheiten auf zellulärem Niveau gibt es eine Serie von **Gensonden**, ähnlich jenen, wie sie oben für die In-situ-Hybridisierung beschrieben wurden. Solche Gensonden erlauben die Identifikation mutierter, also krankhafter Gene (z. B. Mukoviszidose) – von der **pränatalen Diagnostik** Ungeborener bis hin zur Identifikation definierter Formen von Krebs. Auch hier gebietet der Aufwand, angesichts der großen Zahl an molekular aufgeschlüsselter Erkrankungen, in der Praxis eine Konzentration auf begründete Verdachtsfälle.

Zusammenfassend lässt sich sagen, dass die Molekularbiologie alle Bereiche der zellbiologischen Grundlagenforschung und ihrer Anwendungen durchdrungen hat und dass sie wesentlich zum Fortschritt im theoretischen Verständnis und in der praktischen Umsetzung beigetragen hat. Ersteres umfasst die **gezielte Mutagenese** einzelner Aminosäuren, um herauszufinden, welche für bestimmte Funktionen wichtig sind. Letzteres beinhaltet die Aufklärung von über 2000 molekularen Störungen (bis zum Jahre 2004) als Krankheitsursachen, von denen einige auf Grund besserer Kenntnis kausaler Zusammenhänge behoben oder gemildert werden können.

Zellpathologie

Molekularbiologische Methoden für Forschung und Therapie

Viele der in diesem Kapitel vorgestellten Methoden fanden Eingang in die zellbiologisch-medizinische Grundlagenforschung. Zahlreiche Krankheiten konnten so aufgeklärt werden. In konkreten Fällen hat dies auch bereits zu Therapieansätzen geführt.

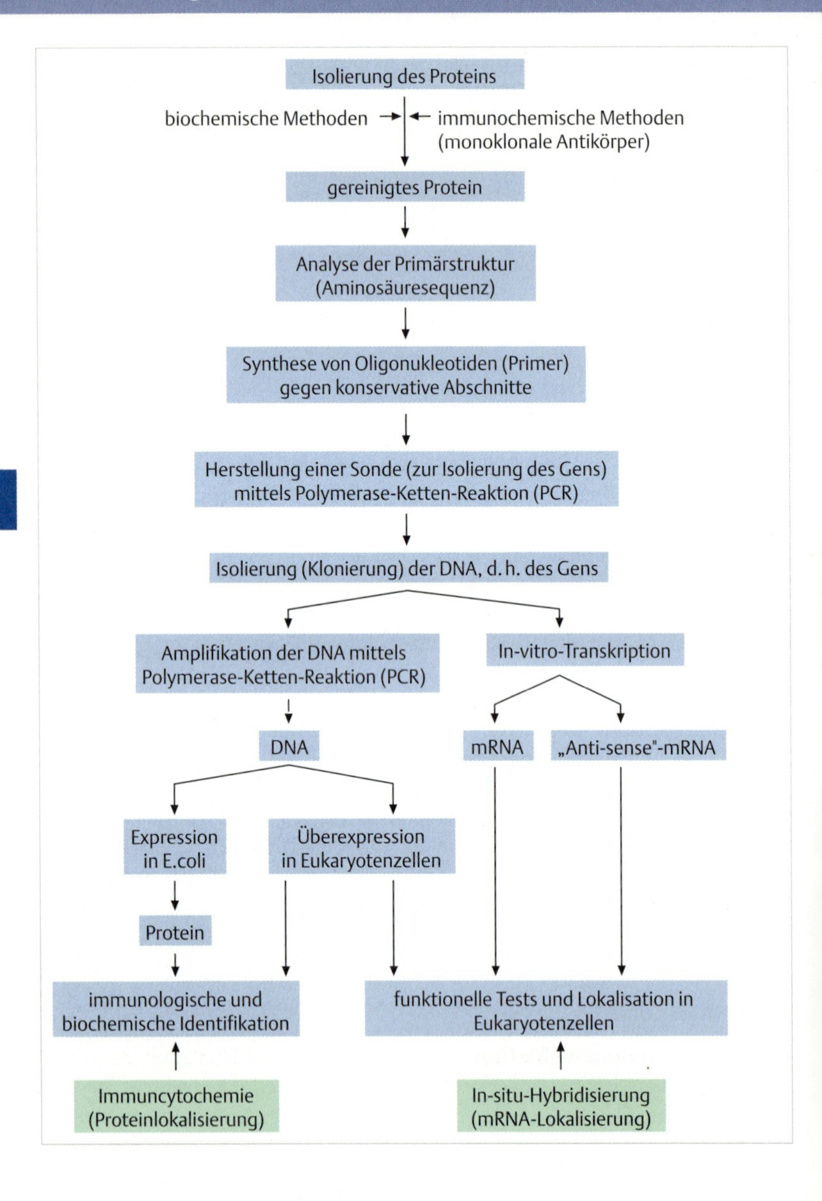
Isolierung des Proteins
biochemische Methoden
immunochemische Methoden
(monoklonale Antikörper)
gereinigtes Protein
Analyse der Primärstruktur
(Aminosäuresequenz)
Synthese von Oligonukleotiden (Primer)
gegen konservative Abschnitte
Herstellung einer Sonde (zur Isolierung des Gens)
mittels Polymerase-Ketten-Reaktion (PCR)
Isolierung (Klonierung) der DNA, d. h. des Gens
Amplifikation der DNA mittels
Polymerase-Ketten-Reaktion (PCR)
In-vitro-Transkription
DNA
mRNA
„Anti-sense"-mRNA
Expression
in E.coli
Überexpression
in Eukaryotenzellen
Protein
immunologische und
biochemische Identifikation
funktionelle Tests und Lokalisation in
Eukaryotenzellen
Immuncytochemie
(Proteinlokalisierung)
In-situ-Hybridisierung
(mRNA-Lokalisierung)

8

◂ **Abb. 8.16 Methodenkombination bei der molekularbiologischen Analyse zellbiologischer Probleme,** wie sie im Text erläutert wird. Ein bestimmtes Protein kann durch jeweils verschiedene Verfahren isoliert werden. Eine Möglichkeit bieten u. a. monoklonale Antikörper (S. 250). Daran schließt sich die teilweise Sequenzierung des Proteins zur teilweisen Ermittlung seiner Primärstruktur an (Ansequenzieren). Aus der ermittelten Aminosäuresequenz kann man auf die Abfolge der Kodons in der DNA des entsprechenden Gens schließen. Nun wird die Synthese von Oligonukleotiden möglich. Diese werden mit einer Markierung versehen und als Sonden verwendet, um das Gen aus einer Genbibliothek zu isolieren. Darunter versteht man das in viele Stücke zerlegte und in Phagen oder Bakterien gepackte Genom eines Organismus. Möglich ist die Isolierung eines Gens auf diesem Weg deshalb, weil die Oligonukleotide zu einem Teil der DNA-Sequenz komplementär sind, diese Genabschnitte also „erkennen" und an diese spezifisch binden. Mithilfe der an den Oligonukleotiden vorhandenen Markierung läßt sich dann das komplementäre Gen identifizieren.
Ist genügend Sequenzinformation vorhanden, z. B. durch Vergleich mit Aminosäuresequenzen von bereits bekannten Proteinen (konservative Abschnitte), so können die entsprechenden Oligonukleotide auch als „Primer" zur Vervielfachung eines Genabschnittes verwendet werden. Dazu dient die Polymerasekettenreaktion (PCR, *polymerase chain reaction*), wobei in einem Gerät in einer Kettenreaktion komplementäre DNA-Stränge mittels Polymerasen gebaut und getrennt und in wiederholten Zyklen in großer Zahl nachgebaut werden. Damit können längere und somit spezifischere Sonden in großer Menge hergestellt werden.
Hat man einmal ein ganzes Gen isoliert (kloniert), kann man aus ihm mittels verschiedener Techniken (z. B. PCR, In-vitro-Translation und In-vitro-Transkription etc.) große Mengen DNA, mRNA oder „Antisense"-mRNA herstellen.
DNA lässt sich in Bakterien einschleusen, um dort das entsprechende Protein zu exprimieren und dann weiteren Tests zuzuführen. Die Überexpression eines Gens erlaubt wichtige Rückschlüsse auf dessen Funktion, ebenso wie die funktionelle Zerstörung eines Gens (Knock-out-Experimente). Injiziert oder exprimiert man „Antisense"-mRNA, so hybridisiert diese mit normaler mRNA und blockiert diese so für die Proteinbiosynthese. Dies ergibt wiederum Anhaltspunkte für die Funktion, erlaubt aber auch die Identifikation transkriptionsaktiver Zellen, wenn eine komplementäre RNA (cRNA) für die lichtmikroskopische Analyse markiert worden war (In-situ-Hybridisierung). Das Prinzip der Markierungstechniken, auch zur Lokalisierung des Endprodukts (also des kodierten Proteins), wird in Kap. 11 (S. 233) behandelt. Umgekehrt kann man in einer Genom „Database" (wie sie für eine zunehmende Zahl von Organismen allgemein verfügbar werden) Sequenzen ausfindig machen, die für die eigene zellbiologische Problemstellung interessant sein könnten. Solche Sequenzen lassen sich klonieren und exprimieren, oder in vivo entweder überexprimieren (z. B. als GFP-Fusionsproteine) oder mit Methoden des „Gene silencing" funktionell ausschalten. Auch auf diesem Wege kann die zellbiologische Forschung spezifische Probleme angehen.

▸ Literatur zum Weiterlesen

siehe www.thieme.de/go/literatur-zellbiologie.html

9 Proteinsynthese – Umsetzung von Botschaften aus dem Zellkern

Zusammenfassung

Die „Botschaft" der Gene wird als mRNA ins Cytosol abgegeben, wo sie an Ribosomen in fertige Genprodukte, also Proteine übersetzt wird (**Translation**). Ribosomen bestehen aus einer kleinen und einer großen Untereinheit, die jeweils aus Proteinen und ribosomaler RNA (rRNA) zusammengesetzt sind. **Ribosomen der Prokaryoten** sind vom **70S-Typ** und damit kleiner als die **80S-Ribosomen der Eukaryoten**. Bei letzteren besteht die kleine (40S-) Untereinheit aus 18S-rRNA und ca. 35 Proteinen, die große (60S-) Untereinheit aus 5S-, 5,8S- und 28S-rRNA, sowie aus ca. 50 Proteinen. Es sind „freie" Ribosomen sowie membrangebundene Ribosomen des rauen Endoplasmatischen Retikulums (ER) zu beobachten. Am rauen ER werden jene Proteine synthetisiert, deren mRNA eine ganz bestimmte **Signalsequenz** kodiert. Derlei Proteine werden entweder ins Lumen des rauen ER abgegeben oder in die Membran des rauen ER integriert. Sowohl lösliche als auch integrale Proteine des rauen ER können noch hier eine *core glycosylation* erfahren, d. h. Zucker-Reste werden den Proteinen kovalent angeheftet. Die **Glykosylierung** wird dann im Golgi-Apparat komplettiert („periphere Glykosylierung", Anheften weiterer Zucker-Reste an bereits bestehende), von wo die aus dem rauen ER stammenden Proteine über Sekretvesikel an die Zelloberfläche oder an Lysosomen weiter verteilt werden. Freie Ribosomen bilden Proteine des Cytosols, des Zellkerns und einzelner Organellen (Peroxisomen, Mitochondrien und Chloroplasten).

9.1 Zusammensetzung und Bau von Ribosomen

Ribosomen sind im Transmissions-EM als Granula im Cytoplasma sichtbar. Sie bestehen aus zwei Untereinheiten, einer großen und einer kleinen; s. auch Kap. 7.5 (S. 174). Beide enthalten – wie besprochen – ribosomale RNA (rRNA) mit zahlreichen angelagerten Proteinen (ribosomale Proteine). Man kann Ribosomen also als Ribonukleoprotein-Granula bezeichnen. Sowohl Prokaryoten als auch Eukaryoten besitzen Ribosomen, denn diese sind die „fleißigen Handwerker", die der Zelle ihre Proteine herstellen. Neue Proteine werden nicht nur beim Wachstum gebraucht, sondern vorhandene müssen auch erneuert werden, weil sie einem je nach Protein-Art unterschiedlichen Turnover unterliegen.

Sehen wir uns daher zunächst an, wie ein Ribosom aussieht und wie es zusammengebaut wird. Ein fertiges Ribosom besteht aus zwei Bauteilen, einer großen und einer kleinen Untereinheit. Sie lagern sich erst im Cytoplasma unmittelbar bei Aufnahme ihrer Funktion, also zur Proteinsynthese, zusammen. Die große Untereinheit wird auch als **60S-**, die kleine als **40S-Untereinheit** bezeichnet. S steht für Sedimentationseinheit oder ursprünglich – nach dem schwedischen Physiker – für **Svedberg-Einheit**. Man verwendet dieses Maß für die Charakterisierung des Molekulargewichts von großen Makromolekülen oder Molekül-Aggregaten; s. Kap. 11.1.2 (S. 237). Der S-Wert gibt die Sedimentationsgeschwindigkeit in der **Ultrazentrifuge** an. Je größer das Molekül, desto größer der S-Wert.

Aus dem Stokeschen Gesetz in Verbindung mit dem Gravitationsgesetz folgt (vgl. Lehrbücher der Physik), dass mit zunehmender Masse eines Moleküls seine **Sedimentationsgeschwindigkeit** nicht linear zunimmt. So ergibt sich die Tatsache, dass im Falle der Ribosomen der Eukaryotenzelle die kleine Untereinheit 40S, die große dagegen 60S „groß" ist, das gesamte Ribosom aber nur 80S aufweist. Die Werte sind also nicht additiv. Selbstverständlich lässt sich auch direkt das Molekulargewicht (MG) angeben. Hierbei sind die Werte beider ribosomaler Untereinheiten additiv: 1 400 000 + 2 800 000 = 4 200 000. Im Transmissions-EM zeigen sie einen Durchmesser von 25 nm (vgl. ▶ Abb. 9.1).

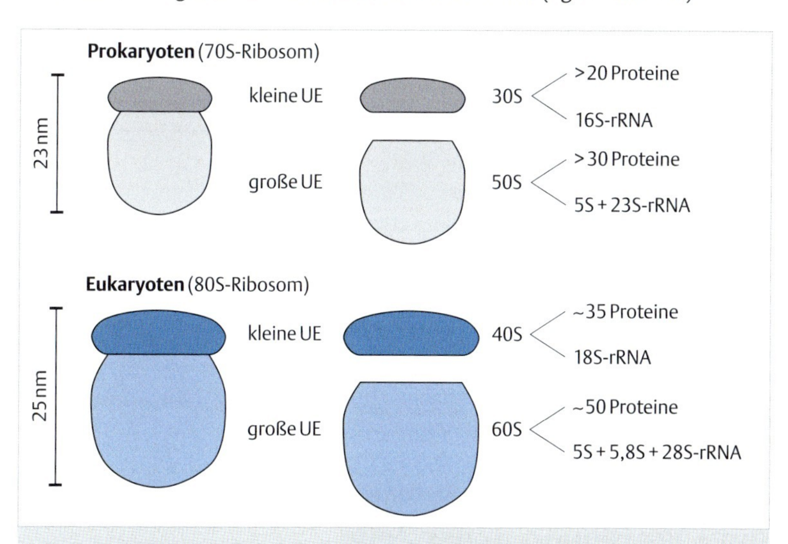

Abb. 9.1 Aufbau von Ribosomen und ihrer Untereinheiten (UE) bei Pro- und Eukaryoten. Zu beachten sind die Größenunterschiede sowie die unterschiedliche Zahl an Proteinen und rRNA-Spezies. So ist die 5,8S-rRNA nur den Eukaryoten zu Eigen. Während die 5S-rRNA bei Pro- und Eukaryoten gleich groß ist, sind die anderen rRNA-Spezies bei Eukaryoten geringfügig größer.

▶ **Ribosomen von Pro- und Eukaryoten unterscheiden sich.** Auch das MG der rRNA-Arten wird konventionell in S-Einheiten angegeben: Aus einer **45S-Vorläufer-rRNA** als ursprünglichem Genprodukt entstehen in Eukaryoten durch Spaltung die **28S-**, **18S-** und **5,8S-rRNAs** (vgl. ▶ Abb. 7.13). Die **5S-rRNA** wird – wie erwähnt – an einem Gen außerhalb des Nukleolusbereiches gebildet. Die verschiedenen rRNA-Arten verteilen sich nach Assoziation mit den importierten Proteinen wie folgt: Die 18S-rRNA geht in die kleine Untereinheit, die 5S-, 5,8S- und 28S-rRNA gehen in die große. Dazu kommen jeweils ca. 35 bzw. 50 ribosomale Proteine.

In **Prokaryoten** erfolgt die Bildung der Ribosomen naturgemäß frei im Cytoplasma. Ihr Durchmesser von 23 nm entspricht einem MG von 2 500 000 = 70S, welches sich auf eine 30S- und eine 50S-Untereinheit mit MG-Werten von 900 000 + 1 600 000 verteilt. Die kleine Untereinheit besitzt hier eine **16S-**, die große eine **5S-** und eine **23S-rRNA**. Im Vergleich zu den Eukaryoten fällt auf, dass bei Prokaryoten alle Werte kleiner sind – nur die 5S-rRNA hat identische Größe – und dass die große Ribosomen-Untereinheit eine rRNA-Spezies weniger enthält: Jene mit 5,8S fehlt den Bakterien. Die bei den höheren und niederen Zellen relativ ähnliche rRNA vom Typ 16S bzw. 18S verdient unser besonderes Augenmerk im Zusammenhang mit dem Thema „Evolution der Zelle" (S. 524), denn vergleichende Analysen der Nukleotidsequenz an diesem Molekül haben die Evolutionsforschung enorm beflügelt.

Zwischen den Ribosomen von Bakterien und jenen von höheren Zellen gibt es also wesentliche Unterschiede (▶ Abb. 9.1). Dies kann wie folgt zusammengefasst werden. Die Ribosomen der Bakterien, von denen es nur ca. 10^4 pro Zelle gibt, sind kleiner (Durchmesser: 23 nm). Außerdem enthalten sie weniger Proteinmoleküle und nur drei rRNA-Ketten. Die Eukaryoten-Ribosomen sind in größerer Zahl vorhanden (ca. 10^5 bis $> 10^7$ pro Zelle), sie sind 25 nm im Durchmesser und sie haben neben einem größeren Repertoire an Proteinen auch eine rRNA-Kette mehr, also vier rRNA-Ketten. Darüber hinaus können die Ribosomen der höheren Zelle nicht nur frei im Cytoplasma liegen, sondern auch an Membranen des rauen Endoplasmatischen Retikulums, rER, gebunden werden (▶ Abb. 9.2). Nur die Eukaryoten haben also neben „freien" (wie bei Bakterien) auch „membrangebundene" Ribosomen.

9.2 Das Prinzip der Synthese von Proteinen und ihrer Verteilung in der Zelle

▶ **Start: Kleine ribosomale Untereinheit „fischt" sich 5'-Ende einer mRNA.** Ribosomen binden an das **5'-terminale** Ende einer mRNA, wann immer sie mit ihr in Berührung kommen und egal, welches Protein diese mRNA kodiert. Um genau zu sein, ein Ribosom entsteht erst aus seinen zwei Untereinheiten, so-

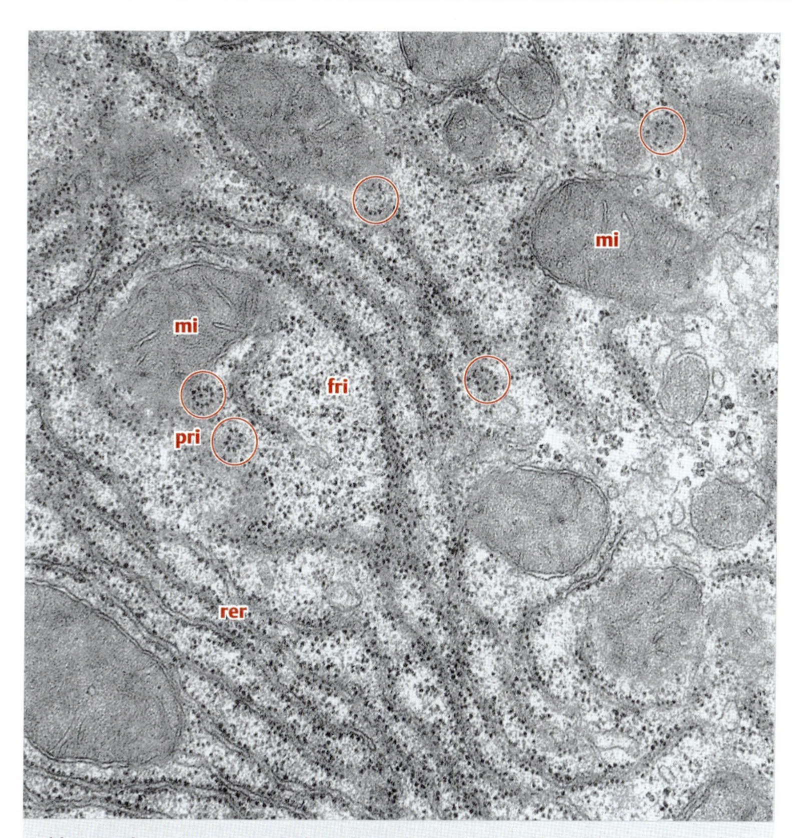

Abb. 9.2 Ribosomen in einer Leberzelle. Neben einigen freien Ribosomen (**fri**) sind die meisten an die Membranen des rauen Endoplasmatischen Retikulums (**rer**) angeheftet. Der Zusammenschluss zu Polyribosomen (**pri**) ist besonders deutlich zu sehen (eingekreiste Bereiche), wo das raue ER tangential angeschnitten ist. **mi** = Mitochondrien, mit enger Anlagerung einer Zisterne des rauen ER (vgl. ▶ Abb. 14.1). Vergr. 24 000-fach. (Aufnahme: H. Plattner)

bald sich die kleine Untereinheit eine mRNA „gefischt" hat. Erst dann lagert sich eine große Untereinheit an. Die Ribosomen beginnen mit der Proteinsynthese (Translation) vom Amino-Ende her, nach der in der mRNA als Nukleotid-Tripletts vorgegebenen Information. Allerdings bedarf es, bevor ein Ribosom seine Arbeit aufnimmt, neben Aminosäuren noch bestimmter **Kofaktoren** (s. u.). Sobald die Translation angelaufen ist, rutscht das Ribosom entlang des mRNA-Fadens weiter und translatiert Triplett für Triplett unter Verknüpfung der jeweiligen Aminosäuren über eine Peptidbindung (▶ Abb. 9.4). Dabei wird vorne Platz für immer neue Ribosomen geschaffen, sodass bis zu zwei Dutzend Ribosomen an einer mRNA angeordnet sein können. So werden entsprechend viele Exemplare eines bestimmten Proteins gleichzeitig wie auf kleinen Nähmaschinen am Fließband produziert. Im EM sieht man dann eine Perlenschnur von Ribosomen (**Polyribosomen**), die von der unsichtbaren mRNA zusammengehalten werden (▶ Abb. 9.2).

▶ **mRNAs mit Signalsequenz werden am rER translatiert.** Prinzipiell kann jedes Ribosom jede mRNA „übersetzen". Membran-gebundene Ribosomen können diese Position aufgeben und als freie Ribosomen weiterarbeiten oder umgekehrt. Der Unterschied, wo sie ihren „Job" ausüben, hängt lediglich von einer **Signalsequenz** der jeweiligen mRNA ab (▶ Abb. 9.3). Ist eine solche Signalsequenz vorhanden, dann wird ein Ribosom zur Arbeit an einer Membranoberfläche des rauen ER „engagiert", fehlt sie, so arbeitet das Ribosom „frei" im Cytosol. Proteine werden hier wie dort produziert, jedoch mit unterschiedlicher Bestimmung (▶ Abb. 9.3).

▶ **Eukaryonten besitzen freie und membrangebundene Ribosomen.** Die Eukaryotenzelle enthält in ihren verschiedenen Bauelementen eine Vielzahl verschiedenartiger Proteine. Wie können diese an die jeweils richtige Stelle gelangen? Dazu hat die Zelle zwei Prinzipien realisiert. Eines hängt davon ab, ob ein Protein an **freien** oder an **membranständigen Ribosomen** gebildet wird. Letzteres bedarf einer eigenen, relativ langen **Signalsequenz** an der mRNA (s. u.). Zweitens, die an den freien Ribosomen gebildeten Proteine enthalten relativ kurze Motive von **Aminosäuresequenzen**, die gewährleisten, dass ein Protein im Cytosol verweilt oder aber in ganz bestimmten Organellen eingebaut wird (targeting, zielgerichteter spezifischer Einbau). In diesen zweiten Mechanismus hat uns erst die moderne Molekularbiologie Einblick gewährt. Jene Proteine, welche an Membranen des rauen ER produziert werden, gehen in das „Exportgeschäft". Sie können als **Sekrete** (inkl. Hormone und Verdauungsenzyme etc.) ausgeschleust oder in **Lysosomen** transportiert werden, oder aber sie werden in Membranen von **intrazellulären Vesikeln** eingebaut (integrale Proteine). In allen diesen Fällen erfolgt eine **Durchschleusung** durch den Golgi-Apparat. Von dort gelangen sie durch **Vesikelfluss** in die Lysosomen oder als Vesikel an die Zellmembran. Die **„freien" Ribosomen** arbeiten vorwiegend an der Herstellung **cytosolischer Proteine** und solcher für den Inhalt und die Membranen verschiedener anderer Organellen (Zellkern, Peroxisomen, Mitochondrien, Chloroplasten). Sie sind auch die Produzenten ihrer eigenen ribosomalen Proteine, wie dies in Kap. 7.5 (S. 173) erklärt wurde. Alle diese Möglichkeiten sind in ▶ Abb. 9.3 zusammengefasst.

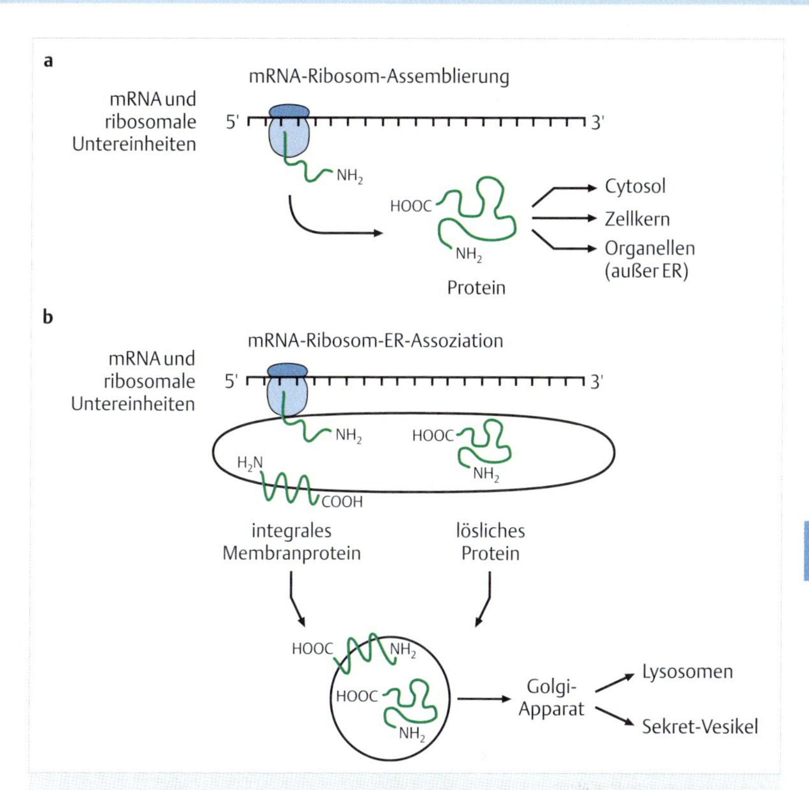

Abb. 9.3 Synthese von Proteinen an **a** freien oder **b** membranständigen Ribosomen des rauen Endoplasmatischen Retikulums (rER). In **a** entstehen Proteine des Cytosols (inklusive Cytoskelett), des Zellkerns (auch der ribosomalen Untereinheiten für deren Zusammenbau im Nukleolus) und der verschiedenen Organellen (wie Peroxisomen, Mitochondrien), soweit sie nicht in **b** vom rER „bedient" werden. Die am rER synthetisierten Proteine **b** unterliegen aufgrund einer Signalsequenz (die anschließend abgespalten wird) einer kotranslationalen Sequestrierung in die ER-Zisternen bzw. sie können auch in deren Membranen eingebaut werden (vgl. ▸ Abb. 9.6 für Details). Solche Proteine können glykosyliert werden (nicht gezeichnet) und sie werden über den Golgi-Apparat auf Lysosomen und Sekretvesikel weiterverteilt.

▸ **Bakterien haben nur freie Ribosomen.** In der Bakterienzelle obliegt die gesamte Proteinsynthese den freien Ribosomen. Es gibt hier keine innere Kompartimentierung und demnach keinen Vesikelfluss. Die mRNA einer Eukaryotenzelle kann in vitro ohne weiteres auch von Ribosomen aus Prokaryoten gelesen werden und umgekehrt. Die Aufgabendifferenzierung bei höheren Zellen liegt also eher an der Differenzierung von Signalsequenzen an manchen Arten von mRNA, die eben für Export- und Membran-Proteine kodieren.

9.3 Ablauf der Synthese von Proteinen

Eine mRNA bindet also an die kleine Untereinheit eines Ribosoms und erst dann wird durch Anlagerung einer großen Untereinheit ein komplettes Ribosom gebildet. Die Nukleotide der mRNA „blicken" zu dieser großen Untereinheit. Diese hat zwei Bindungsstellen, eine „P-" und eine „A-Stelle" (▶ Abb. 9.4).

9

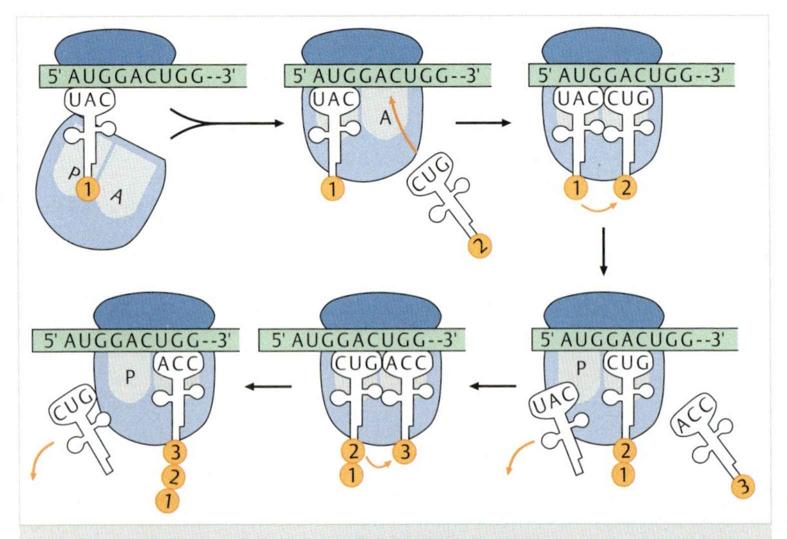

Abb. 9.4 Molekularer Ablauf der Proteinsynthese. Nach Bindung des 5'-Endes einer mRNA (mit dem Startkodon AUG) an einer kleinen ribosomalen Untereinheit wird eine große Untereinheit gebunden. So wird mit der Synthese des Peptids (Protein von noch geringer Kettenlänge) begonnen, wie es der Triplett-Abfolge in der mRNA entspricht. Den Kodons der mRNA entsprechen die Antikodons der kleeblattförmigen tRNA, die jeweils spezifische Aminosäuren (1, 2, 3) an die A-Bindungsstelle des Ribosoms herantransportieren. Daneben hat das Ribosom noch eine Peptid-(P-)Bindungstelle. Auf der entgegengesetzten Seite des Ribosoms wird eine Peptidbindung geknüpft, wobei das naszente Protein über die vorangehende tRNA an der P-Bindungsstelle gebunden ist. Nach Knüpfung der Peptidbindung fällt die tRNA von der P-Bindungsstelle ab und der tRNA-Protein-Komplex rückt von A nach P weiter, sodass die A-Stelle neu besetzt werden kann usw. Der hier dargestellte Peptidabschnitt entspräche der Abfolge: Methionin-Asparaginsäure-Tryptophan. Das Peptid könnte so zu einem Protein aus Hunderten von Aminosäuren anwachsen – an ein und demselben Ribosom.

▸ **Jede Aminosäure hat mindestens eine spezifische tRNA.** Es gibt für jede Aminosäure wenigstens eine, jeweils spezifische tRNA. Das tRNA-System ist also – ebenso wie der genetische Kode – „degeneriert", weil es mehrere Sorten von tRNA pro Aminosäure geben kann. Die **tRNA** ist ca. 70 bis 90 Nukleotide lang, sie ist streckenweise einsträngig, ihre Basen sind aber über kurze Strecken gepaart. Dadurch ergibt sich für die tRNA die typische **Kleeblatt-Struktur**, wie sie in ▸ Abb. 9.4 und genauer in den Lehrbüchern der Genetik abgebildet ist. Der Stiel des Blattes hat die Fähigkeit, eine ganz bestimmte Aminosäure zu binden, sodass sich ein Aminoacyl-tRNA-Komplex bildet (▸ Abb. 9.4). Von den „Kleeblättern" ist das „mittlere Blatt" der tRNA-Struktur besonders wichtig, denn es trägt eine zum jeweiligen Triplett der mRNA (**Kodon**) komplementäre Nukleotidfolge (**Antikodon**). Zwei Strukturdetails müssen also zusammenpassen: das Antikodon der tRNA zum Kodon der mRNA und das Antikodon zu der am anderen Ende der tRNA befindlichen spezifischen Aminosäure. Wie letzteres genau funktioniert und in der Evolution gewährleistet werden konnte, darüber lässt sich nur spekulieren – es ist jedoch ein Faktum.

▸ **Die Synthese von Proteinen beginnt immer am N-terminus.** Die Translation beginnt am **5'-Ende** der mRNA, sodass als erstes der N-terminale oder aminoterminale Teil eines Proteins übersetzt wird. Zu Beginn kommt das **Start-Kodon** (AUG) der mRNA an die **P-Stelle**. Sie heißt so, weil hier beim weiteren Fortschreiten der Translation das Peptid bzw. das Protein gebunden ist, wogegen an der **A-Stelle** immer neue Aminoacyl-Reste über weitere tRNA-Moleküle angelagert werden. Die entsprechende tRNA bindet als erstes, dem AUG-Kodon entsprechend, die Aminosäure Methionin (bei Bakterien: N-Formyl-Methionin) an der P-Stelle. Nach diesem stereotypen Beginn können alle möglichen Aminosäuren angeknüpft werden, entsprechend der Nukleotidsequenz der mRNA. Eine nach der anderen wird über die entsprechende tRNA an die A-Stelle positioniert. Die nächste tRNA bindet wiederum spezifisch mit ihrem Antikodon am nächstfolgenden Triplett der mRNA bzw. an der A-Stelle des Ribosoms usw. Am „oberen" Teil der tRNA, also auf der gegenüberliegenden Seite, werden die zwei Aminosäuren über eine Peptidbindung kovalent verknüpft. Dazu braucht es als **Kofaktoren** Mg^{2+}, GTP (Guanosintriphosphat) und einen **Elongationsfaktor**. Dieser ist ein monomeres GTP-Bindeprotein mit GTP-spaltender Funktion (**GTPase**). Dann springt der ganze Komplex um ein Triplett weiter. Die vorher an der P-Stelle befindliche tRNA springt ab und die vorher an der A-Stelle sitzende t-RNA gelangt an die P-Stelle. So geht das Spiel weiter, bis ein **Stopp-Kodon** (UAG) auf der mRNA die Proteinsynthese zu Ende bringt und das Ribosom von der mRNA abfällt.

9.4 Freie und membranständige Ribosomen

Als Paradebeispiel für ein Translationsprodukt freier Ribosomen lässt sich das **Hämoglobin** anführen (vgl. ▸ Abb. 5.6), das frei im Cytosol der Erythrocyten gelöst ist. Hier werden sogar verschiedene Proteinketten (je zwei α- und β-Ketten als Isoformen, d. h. als Kodierungsprodukte verschiedener Gene) zu einer Quartärstruktur zusammengefügt. Jede Kette erhält außerdem noch eine Häm-Gruppe, also einen Nicht-Protein-Komplex mit einem Fe^{2+}-Kern. Daran wird O_2 beim Sauerstofftransport im Blut reversibel gebunden. Die Reversibilität hängt mit der Fähigkeit der einzelnen Hämoglobin-Ketten zusammen, sich gegeneinander leicht bewegen zu können (Konformationsänderungen aufgrund der Quartärstruktur). Posttranslationale Modifikationen, wie wir sie an Sekret- und Membranproteinen kennen lernen werden, treten an den von freien Ribosomen gebildeten Proteinen (fast) nicht auf.

▸ **Proteine von freien Ribosomen brauchen Schutz durch Chaperone.** Im Falle freier Ribosomen gelangen die Proteine direkt in das Cytoplasma. Sie sind noch in ungefalteter, offener Struktur. Das macht sie anfällig für falsche Faltung oder Aggregation mit falschen Proteinpartnern. Daher hat die Zelle **Chaperone** entwickelt, komplexe Proteine, die wie die Hände einer Hebamme naszente Proteinketten auffangen, bis sie die ihrer Aminosäuresequenz (Primärstruktur) entsprechende Faltung (Sekundär- und Tertiärstruktur) erreicht haben. Erst dann sind sie auch gegen die cytosolischen Proteasen weitgehend unempfindlich, die als makromolekulare Aggregate (**Proteasomen**) im Cytosol liegen. Nur gewisse Modifikationen, die wir im Rahmen der „intrazellulären Verdauung" in Kap. 14 (S. 291) besprechen werden, können ihnen diesen Schutz wieder nehmen. In unseren Zellen haben verschiedene Proteine eine sehr unterschiedliche „Lebenserwartung", von wenigen Minuten bis über einige Wochen (**Protein-Turnover**). Alle Zellen werden also routinemäßig dauernd umgebaut, nicht nur für offensichtliche Reparaturmassnahmen.

▸ **Proteine von membrangebundenen Ribosomen tragen Signalpeptid am N-terminalen Ende.** An membrangebundenen Ribosomen des rauen ER (▸ Abb. 9.5) erfolgt die Proteinsynthese zwar nach demselben Prinzip, jedoch gibt es mehrere Unterschiede gegenüber der Translation an freien Ribosomen (▸ Abb. 9.6). Nach der Bindung der mRNA an die kleine ribosomale Untereinheit und der Assoziation mit der großen Untereinheit wird zunächst ein **Signalpeptid** von ca. 16 bis 30 Aminosäuren translatiert. Dieses bindet ein cytosolisches Protein, das SRP (*signal recognition particle*). So beladen kann der gesamte Komplex an einer Membran des rauen ER an **SRP-Rezeptoren** (SRPR) andocken. Das Signalpeptid ist hydrophob und wird durch eine von Proteinen ge-

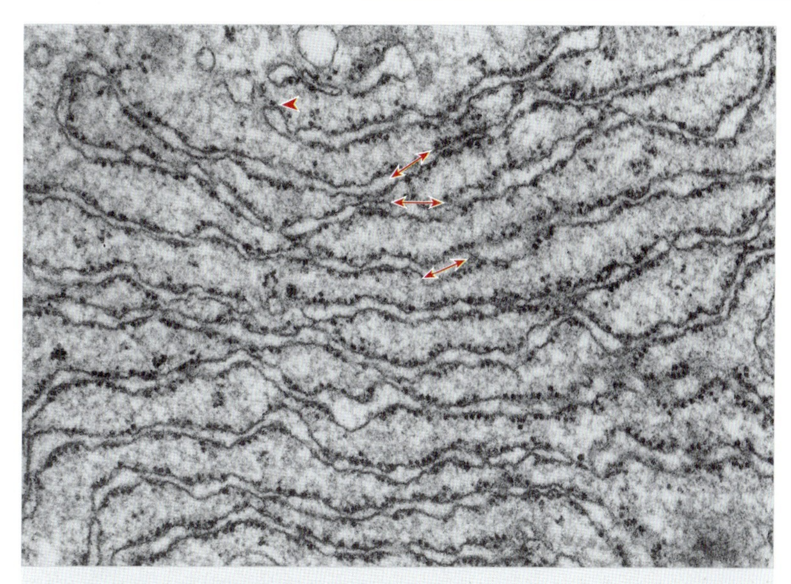

Abb. 9.5 Raues ER in Detailansicht. Die Doppelpfeile zeigen den Verlauf der Zisternen des rauen ER an. Außenseitig sind zahlreiche Ribosomen angeheftet (Pfeilspitze). Vergr. 41 400-fach. (Aufnahme: H. Plattner)

bildete Pore hindurchgeschoben (**kotranslationale Sequestrierung**). Das Signalpeptid wird dann durch eine Signalpeptidase abgeschnitten und hat keine weitere Funktion mehr. Die Faltung beginnt – wieder unter Beteiligung von Chaperonen.

▸ **Glykosylierung und GPI-Verankerung im rER.** An die Faltung sind weitere **posttranslationale Modifikationen** gekoppelt. So können bereits im rauen ER lumenseitig Zucker-Reste (Glykosyl-Reste) kovalent angeheftet werden, denn viele hier produzierte Proteine sind Glykoproteine. Die **Glykosylierung** hilft bei der korrekten Faltung, von der die Funktion abhängt. Diesen Glykosylierungsschritt im rauen ER nennt man *core glycosylation* – im Unterschied zu den „peripheren Glykosylierungen“ (S. 225), die im Golgi-Apparat an die bereits bestehenden Glykolysierungs-Reste der *core glycosylation* weiter angehängt werden. Die an membranassoziierten Ribosomen produzierten Proteine können je nach Art des Proteins zur Gänze in das Lumen der rauen ER-Zisternen abgegeben werden. Andere haben eine oder mehrere Sequenzabschnitte aus hydrophoben Aminosäuren. Mit so einer Sequenz bleibt ein Protein in der Membran stecken und es wird daraus ein integrales Membranprotein. Häufig wird eine Protein-

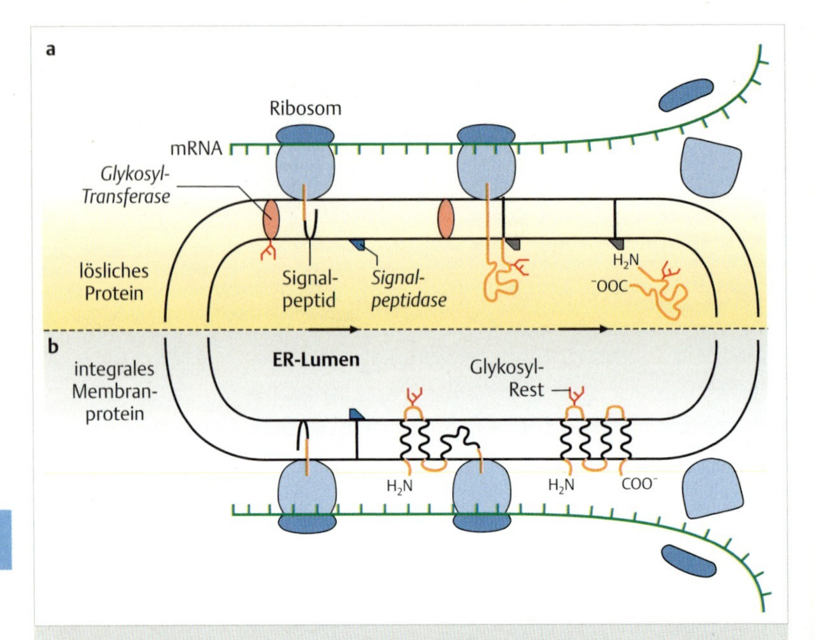

Abb. 9.6 Synthese und posttranslationale Modifikation von Proteinen am rauen ER. **a** Bildung eines löslichen Proteins, das kotranslational ins Lumen des rauen ER sequestriert wird. **b** Biogenese eines Membranproteins mit mehreren hydrophoben Transmembran-Domänen (schwarz). In **a** und **b** wird das Signalpeptid (schwarz) durch die Signalpeptidase abgespalten und die Proteine können durch Glykosyl-Transferasen einer *core glycosylation* unterzogen werden.

kette mit mehreren „hydrophoben **Transmembran-Domänen**" von jeweils ca. 20 Aminosäuren Länge mehrmals durch die Membran „durchgefädelt". Bereits in der Membran des rauen ER können verschiedene oder gleiche Proteine und Glykoproteine zu Homo- bzw. Hetero-Oligomeren zusammentreten (vgl. ▸ Abb. 6.16). Die Proteinsynthese am rauen ER wird als **vektorielle Translation** oder **kotranslationale Sequestrierung** bezeichnet, weil die Translationsprodukte (Proteine) zunächst nur in das raue ER gelangen, entweder in seine Membran oder ins Lumen.

GPI-verankerte Proteine (S. 135) werden im ER mit ihrem GPI-Anker bestückt: Das Protein wird zunächst mit einem transmembranären Abschnitt synthetisiert, dann aber am Carboxy-terminalen Ende geschnitten, noch im ER-Lumen auf einen vorgefertigten GPI-Anker übertragen und schließlich über Vesikeltransport und konstitutive Exocytose an die Zellmembran angeliefert.

▶ **Spontaner Einbau in Membranen.** Zusätzlich besteht für manche Proteine die Möglichkeit, nach Synthese an freien Ribosomen, spontan in verschiedene Biomembranen eingebaut zu werden („**spontaner Einbau**"), wie z. B. Untereinheiten der Protonen-Pumpe (H^+-ATPase).

Nach obigen Erörterungen ist es verständlich, dass insbesondere sekretorisch hochaktive Drüsenzellen bereits im lichtmikroskopischen Bild besonders strukturierte Bereiche erkennen lassen, welche den Reichtum an rauem ER wiederspiegeln (**Ergastoplasma**). Entsprechend dem hohen Gehalt an RNA sind solche Bereiche im Lichtmikroskop mit basischen Farbstoffen wie Hämatoxylin färbbar (**Basophilie**). Noch deutlicher sind die „Proteinpakete" der sekretorischen Vesikel in solchen Drüsenzellen auszumachen. Sekretorische Proteine können häufig mit sauren Farbstoffen wie Eosin angefärbt werden (**Acidophilie**).

Zellpathologie

Fehlerhafte Proteinfaltung und die daraus resultierenden Krankheiten

Eine der häufigsten Erbkrankheiten ist das *Fragile X-Syndrom*, bei welchem ein RNA-Bindeprotein mutiert ist. Dies vermindert die Aktivierung neuronaler K^+-Kanäle und führt zu geistigem Zurückbleiben (mentale Retardierung). In der Vergangenheit war im Durchschnitt einer in einem mittleren Dorf auffällig (immer Männer, weil bei Frauen das zweite X-Chromosom kompensiert). Obwohl das als FMRP bezeichnete Protein wichtig für die neuronale Entwicklung ist, ist seine Mutation – übrigens die bei weitem häufigste Spontanmutation – jedoch nicht letal.

„**Konformationskrankheiten**" entstehen durch fehlerhafte Faltung (Konformation) von Proteinen. So kommt es auf Grund von nicht korrekt gefalteten Chloridkanälen bei der *Mukoviszidose* (*cystische Fibrose*) und der resultierenden Verschleimung der oberen Atemwege zu Atmungsschwierigkeiten und sekundär zu Infektionen. Die tiefere Ursache ist die Genauigkeit, mit der die Zelle die korrekte Faltung von Proteinen kontrolliert und die „Ausschussproduktion" eliminiert – dabei würden im Falle dieser speziellen Krankheit wenige Prozent der normalen Funktion ausreichen. Die relativ seltene *maligne Hyperthermie* beruht auf defekt gefalteten Ca^{2+}-Freisetzungskanälen im Sarkoplasmatischen Retikulum (Spezialform des Endoplasmatischen Retikulums der Muskelzellen), mit der Folge eines raschen, unkontrollierten, fallweise letalen Temperaturanstieges bei Betäubung mit gasförmigen Anästhetika.

Fehlerhafte Faltung von Prion-Protein führt zu *Scrapie* (Schaf), *BSE*, *TSE* = *bovine/transmissible spongiforme* Enzephalopathie (= „*Rinderwahnsinn*") oder zur „neuen Variante der *Creutzfeldt-Jakob-Krankheit*".

Allerdings liegt diesen „*Prion-Krankheiten*" keine bekannte genetische Störung zu Grunde, sondern eine Umfaltung beim Kontakt mit falsch gefalteten Prionen. (Übrigens gibt es normale Prion-Proteine bereits bei Hefezellen.) Sie ist über die Nahrung übertragbar, besonders von neuronalem Gewebe, nicht nur durch Kannibalismus bei einem Papua-Stamm (*Kuru*-Krankheit), sondern auch bei uns durch Verzehr von „befallenem" Rindfleisch. Daher die Anti-BSE Kampagnen zu Anfang dieses Jahrhunderts. Es bilden sich massive Ablagerungen (Plaques) im neuronalen Gewebe, begleitet von schweren Funktionsstörungen. Ähnliches erfolgt auch bei der *Alzheimer Krankheit* (*Altersdemenz*), begünstigt durch verschiedene genetische Störungen. Ob oder wie die Plaque-Ablagerungen die Pathogenizität hervorrufen, ist noch nicht ganz klar.

▸ Literatur zum Weiterlesen

siehe www.thieme.de/go/literatur-zellbiologie.html

10 Der Golgi-Apparat – „Verschiebebahnhof" der Zelle

Zusammenfassung

Die am rauen ER gebildeten Proteine, membranintegrierte wie lösliche, werden über den Golgi-Apparat weitergeschleust und erhalten dabei ihre „periphere Glykosylierung". Unter den verschiedenartigen Glykosyl-Transferasen gilt die Galaktosyl-Transferase als Leitenzym des Golgi-Apparates. Vom **Trans-Golgi-Netzwerk** knospen verschiedenartige **Vesikel** ab. Es sind einerseits primäre Lysosomen (lysosomale Transportvesikel) und andererseits Exocytose-Vesikel, die in die **ungetriggerte Exocytose** (Biogenese der Zellmembran und der Interzellularsubstanz) oder in die **getriggerte Exocytose** (Sekretion) eingehen. Die Triggerung durch extrazelluläre Botenstoffe (Hormone etc.) oder bei manchen Zellen durch elektrische Signale (Membran-Depolarisierung) erreicht nicht den Golgi-Apparat, sondern nur die Zelloberfläche; vgl. Kap. 12 (S. 260).

Müsste man die Funktion des Golgi-Apparates mit einem Begriff aus unserer Alltagssprache kennzeichnen, so böte sich „Verschiebebahnhof" an. Allerdings müsste man hinzufügen, dass dieser sich direkt am Endpunkt der Fließbandproduktion von Proteinen und z. T. auch von Lipiden befindet, deren Endfertigung dem Golgi-Apparat obliegt. Hier werden Lipide und Proteine weiter glykosyliert und für den Versand auf dreierlei Transportrouten verpackt:

1. Vesikel, die die Route der **konstitutiven Exocytose** beschreiten;
2. Vesikel, die für die **getriggerte Exocytose** (S. 269) bestimmt sind und
3. solche, die zu **Lysosomen** (S. 291) werden.

Glykosyliert werden sowohl membranassoziierte und integrale Proteine (nachdem sie am rauen ER bereits eine *core glycosylation* erhalten haben) als auch Lipide, die im glatten ER (S. 312) synthetisiert worden sind. Weiterhin werden Produkte der konstitutiven Sekretion hier **sulfatiert**; dies gilt für Komponenten der extrazellulären Matrix (S. 425). Die Vorläuferprodukte werden als membranumhüllte Vesikel an den Golgi-Apparat angeliefert und unterliegen also im Golgi-Apparat einer weiteren **posttranslationalen Modifikation**. Der „Versand" erfolgt über die vom Golgi-Apparat absprossenden Vesikel. Die Art des Transportgutes enthält – in spezifischen Aminosäuresequenzen verschlüsselt – die „Zustelladresse".

10.1 Aufbau und Lage des Golgi-Apparates

▶ **Aufbau.** Der Golgi-Apparat hat im Prinzip immer denselben Aufbau. Er besteht aus Stapeln von flachen Zisternen (**Golgi-Zisternen**), also aus membranumhüllten Säcken, und aus zahlreichen Vesikeln um die Zisternen herum. Dennoch kann sein Aussehen sehr variieren. Es können nur drei, aber auch einige Dutzend solcher Zisternen übereinander gestapelt sein. ▶ Abb. 10.1, ▶ Abb. 10.2 und ▶ Abb. 10.3 geben hierfür Beispiele. Dieses Aussehen ist zellspezifisch. Dass aber wenigstens drei Stapel zu sehen sind, hängt mit der Funktion des Golgi-Apparates zusammen (s. u.). Immer sind die Membranstapel von Golgi-Vesikeln umgeben, die Material an- bzw. abtransportieren. Ein Stapel von Golgi-Zisternen mit den umgebenden Vesikeln heißt **Diktyosom**. Der Name

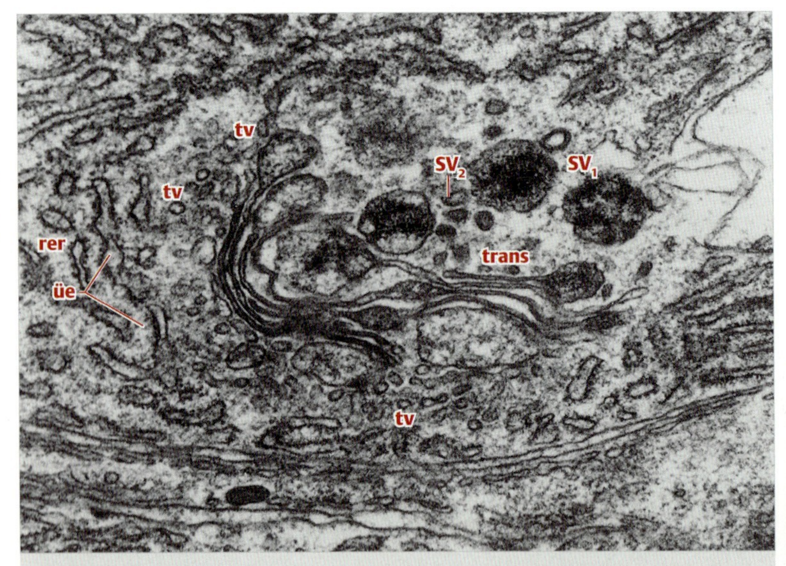

Abb. 10.1 Golgi-Apparat (Diktyosom) einer sekretorischen Zelle aus tierischem Gewebe. Das raue ER (**rer**) verliert an Übergangselementen (**üe**) einseitig seinen Ribosomenbesatz. Zwischen diesen Übergangselementen und den Membranstapeln des Golgi-Apparates, also auf der so genannten „Cis-Seite“, liegen zahlreiche Transportvesikel (**tv**). Auf der Trans-Seite schnüren sich vom äußersten Rand der Golgi-Zisternen Sekretvesikel (**sv**) ab, die z. T. groß sind und elektronendichtes Sekret enthalten (**sv_1**), z. T. klein und licht erscheinen (**sv_2**). Zahlreiche weitere Golgi-Vesikel am Rand des Diktyosoms dienen dem Materialtransport von Zisterne zu Zisterne (**tv** = Transportvesikel). Vergr. 36 000-fach. (Aus Plattner, H., M. Salpeter, J. E. Carrel, T. Eisner: Z. Zellforsch. mikrosk. Anat. 125 (1972) 45)

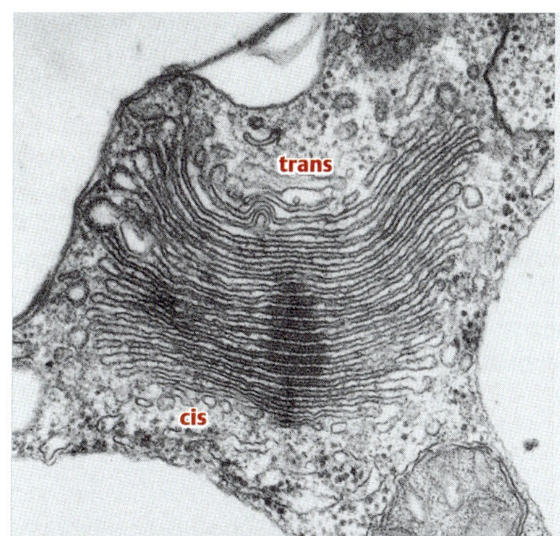

Abb. 10.2 Golgi-Apparat (Diktyosom) einer pflanzlichen Zelle (Alge *Euglena*). Dieses Diktyosom lässt ca. 20 übereinander gestapelte Golgi-Zisternen erkennen. Auch hier sind Vesikel an der Cis- und Trans-Seite sowie am Rand des Diktyosoms zu erkennen. Jedoch treten in dieser Zelle entsprechend der überwiegenden Funktion ihres Golgi-Apparates (Bildung einer Art Zellwand) nur kleine Sekretvesikel ohne dichten Inhalt auf. Vergr. 34 000-fach. (Aufnahme: H. Plattner)

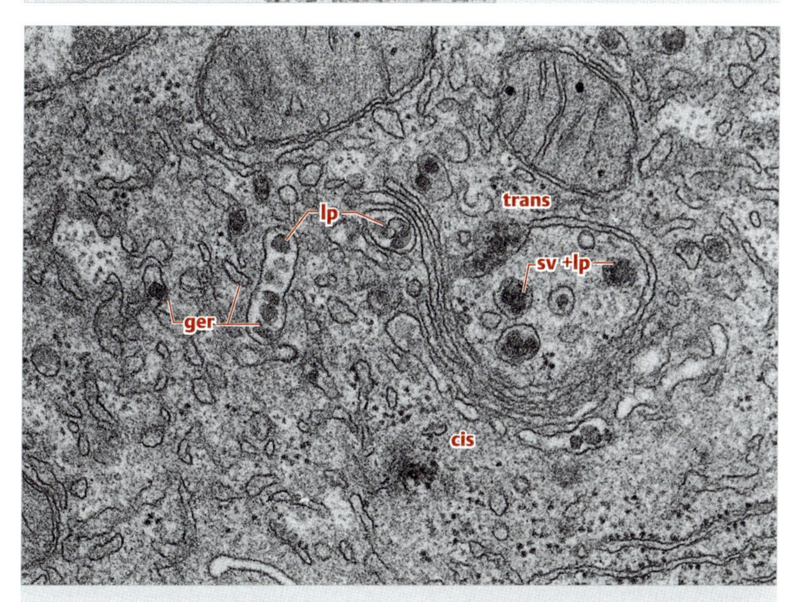

Abb. 10.3 Golgi-Apparat (Diktyosom) einer Leberzelle (Hepatocyt, Leberepithelzelle). Hier werden Lipoproteine (**lp**) im Anschluss an die Lipidsynthese im glatten ER (**ger**) in kleinen Vesikeln dem Golgi-Apparat (mit **Cis**- und **Trans**-Seite) zugeführt. Die Lipoproteine sind als ca. 50 nm große, elektronendichte Partikel in Zisternen des glatten ER und im Bereich des Golgi-Apparates erkennbar, von wo aus sie in kleinen Sekretvesikeln (**sv**) abgeschnürt werden. Vergr. 45 000-fach. (Aufnahme: H. Plattner)

kommt vom griechischen Diktyon (= Netz), denn bei Anwendung geeigneter Präparations- und Abbildungsverfahren sieht man, dass die Golgi-Zisternen am Rande netzartig durchbrochen sind. Häufig setzt man ein Diktyosom mit Golgi-Apparat gleich. Exakt besteht der Golgi-Apparat einer Zelle jedoch aus der Summe all ihrer Diktyosomen – und das können zahlreiche sein – sowie der zugehörigen Golgi-Vesikel.

▶ **Lage.** Auch die Position der Diktyosomen in einer Zelle ist typisch. In sekretorischen Zellen schließen sie sich an das raue ER an und kommen so zwischen Kern und Zelloberfläche zu liegen. Dies ist strategisch günstig, weil der Golgi-Apparat Sekretprodukte aus dem rauen ER aufnehmen und weiterverarbeiten soll. Die Diktyosomen erreichen diese Position aufgrund der endogenen Eigenschaft, sich an das Minus-Ende der vom perinukleär gelegenen Cytozentrum ausstrahlenden Mikrotubuli (S. 328) anzuordnen. Zerstört man letztere, so verliert sich auch die Stapelstruktur der Diktyosomen. Gelegentlich kommt der Golgi-Apparat in eine leicht apikale Lage, d. h. gegen die obere Seite hin orientiert, wo die Sekretabgabe erfolgt. In Leberzellen bedingt die von den Gallenkapillaren (die hier dem apikalen Zellmembran-Abschnitt entsprechen) abstrahlende Anordnung der Mikrotubuli, dass die Diktyosomen in der Nähe der Gallenkapillaren liegen. Siehe auch ▶ Abb. 10.3 und ▶ Abb. 4.17.

10.2 Endfertigung von Proteinen und z. T. von Lipiden

▶ **Zwischen rER und Cis-Golgi-Netzwerk findet ein reger Shuttle-Austausch statt.** Vom rauen ER werden Membranvesikel abgeschnürt (▶ Abb. 10.4). Sie dienen als **Shuttle-Vesikel** (= Transportvesikel) zum Abtransport an den Golgi-Apparat. Die letzte der ER-Zisternen lässt auf der dem Golgi-Apparat zugewandten Seite die Ribosomen vermissen – es ist eine Übergangszisterne (▶ Abb. 10.1). Die Transportvesikel verschmelzen mit der nächstgelegenen Golgi-Zisterne. Größe und Form eines Diktyosoms werden bewahrt, trotz des dauernden Flusses von Golgi-Vesikeln von einem Membranstapel zum nächsten, vom innersten zum äußersten, bis schließlich Sekretvesikel und Lysosomen abgegeben werden. Demnach hat ein Diktyosom eine Bildungsseite und eine Reifungsseite, die auch Cis- und Trans-Seite genannt werden (▶ Abb. 10.4).

Kehren wir noch einmal zurück zu den Shuttle-Vesikeln. Sie enthalten sowohl in ihrem Lumen als auch an und in ihren Membranen Proteine, die im rauen ER die *core glycosylation* als posttranslationale Modifikation (S. 217) erhalten haben. Dasselbe gilt für Glykolipide, die aus dem glatten ER eingespeist

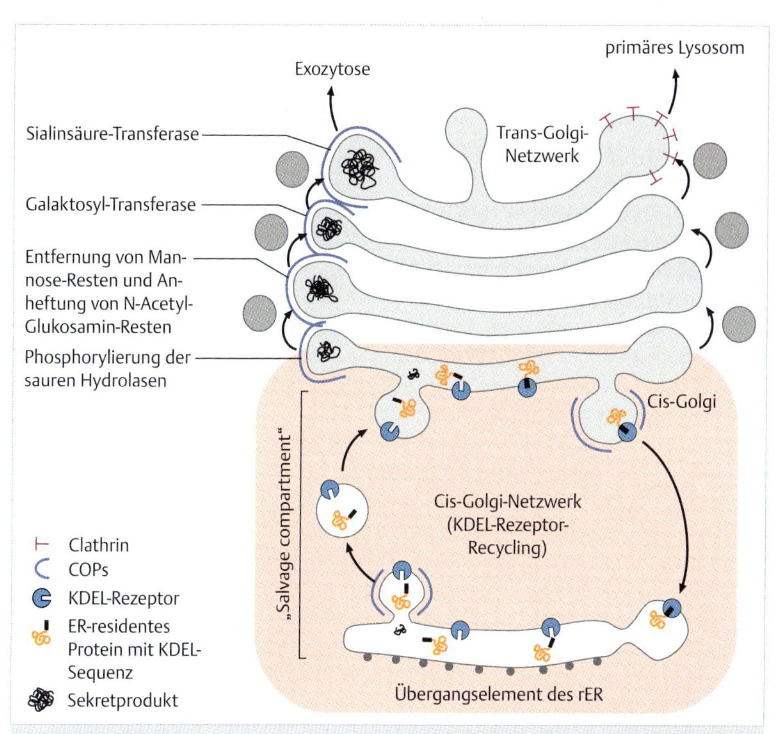

Abb. 10.4 Aufbau des Golgi-Apparates. Der Golgi-Apparat ist über Transportvesikel an Übergangselemente des rauen ER angekoppelt. Die Membran dieser Vesikel enthält KDEL-Rezeptoren, über die ER-eigene Proteine von der Cis-Seite des Golgi-Apparates zurückgeholt werden (Cis-Golgi-Netzwerk = *„salvage compartment“* = ERGIC; vgl. Text). Golgi-Vesikel dienen dem Transport von Zisterne zu Zisterne, bis auf der Trans-Seite über das Trans-Golgi-Netzwerk fertige Syntheseprodukte als Exocytose-Vesikel und als Lysosomen abgeschnürt werden (Vesikelfluss, vektorieller Transport). Bereits auf der Cis-Seite erfolgt die Phosphorylierung der lysosomalen Enzyme, saure Hydrolasen (S. 296). Von cis nach trans werden über spezifische Glykosyl-Transferasen zunehmend spezifische Zucker-Reste an Proteine der Membranen und des Inhaltes angeknüpft (periphere Glykosylierung). Für Proteinbeläge (**COP**) siehe unten (S. 229).

werden; vgl. Kap. 15.1 (S. 311). ► Abb. 10.3 zeigt die Passage von Lipoprotein-Partikeln durch den Golgi-Apparat, von wo sie über konstitutive Exocytose (S. 266) in die Blutbahn abgegeben werden. Eine weitere Prozessierung, insbesondere die **periphere Glykosylierung**, erfolgt nun im Golgi-Apparat, wie wir gleich sehen werden. Zunächst besteht aber das Problem, dem rauen ER nicht andauernd jene Proteine durch den Vesikelfluss wegzunehmen, die es selbst benötigt und die in den nachfolgenden Kompartimenten nicht einmal eine Funktion hätten. Die „Rettung" (*salvage*) dieser Proteine des rauen ER erfolgt über Shuttle-Vesikel, die von der Cis-Zisterne wieder an das raue ER zurückwandern. (Das „salvage compartment" [Rettungskompartiment] wird jetzt oft mit dem weniger informativen Akronym **ERGIC** bezeichnet, welches für **ER-Golgi intermediate compartment** steht. Obwohl morphologisch kaum unterscheidbar, dienen sie als **Salvage-Kompartiment** (neuerdings bevorzugt als **Cis-Golgi-Netzwerk** bezeichnet) (▸ Abb. 10.4). Von der Rückführung sind alle jene Proteine betroffen, welche die Sequenz **KDEL** (Lysin-Asparaginsäure-Glutaminsäure-Leucin) enthalten. Dies ist wie ein Stempel im Pass, der für „Einreiseverbot" in den Golgi-Apparat steht. Die KDEL-Sequenz wird von KDEL-Rezeptor-Proteinen erkannt, die dann das „Abschieben" über die zum rauen ER zurückwandernden Recycling-Vesikel „veranlassen".

▸ **Galaktosyl-Transferase ist das Leitenzym des Trans-Golgi-Netzwerkes.** In der ersten Zisterne der Cis-Seite werden einige Zuckermoleküle der *core glycosylation* wieder abgetrennt, dafür andere angeheftet. Die kovalente Übertragung von Zuckern erfolgt stets durch zuckerspezifische Transferasen. In jeder der aufeinander folgenden Zisternen sind jeweils typische Transferasen stationiert, die wie am Fließband arbeiten (▸ Abb. 10.4). Im vorletzten Stapel sitzt unter anderem eine N-Acetyl-Glukosamin-Transferase. N-Acetyl-Glukosamin (GlcNAc) trägt an seinem C2-Atom eine Amino-Gruppe (S. 136), die durch einen Acetyl-Rest modifiziert ist. Nach dem durch Vesikelfluss vermittelten Transport in die letzte (terminale) Zisterne der trans-Seite, dient GlcNAc als Akzeptor für Galaktosyl-Reste (Galaktosyl = Milchzucker, abgekürzt Gal), die durch die **Galaktosyl-Transferase** übertragen werden. Um noch präziser zu sein, müsste man neben dem Akzeptor auch angeben, dass diese Glykosyl-Transferase zur Aktivierung Uridindiphosphat (UDP) benötigt. Dies gilt übrigens auch für andere Glykosylierungsschritte. Der korrekte Name hieße demnach „Uridindiphosphat-aktivierte N-Acetylglukosamin-Galaktosyl-Transferase". Bei der Länge dieses Namens verwundert es einen nicht, wenn auch die Wissenschaftler einfach von Galaktosyl-Transferase sprechen. Diese wird herkömmlich als das Leitenzym des Golgi-Apparates angegeben. Dies ist zwar korrekt, aber wir wissen nun, dass es sich nur um das Leitenzym der äußersten Golgi-Zisterne handelt. Daneben können hier häufig auch Fukose oder N-Acetyl-Neuraminsäure (Sialinsäure) übertragen werden (S. 104). So wurde in ▸ Abb. 10.5 die Sialyl-Transferase mit Methoden der elektronenmikroskopischen Immuncytochemie auf dem Trans-Bereich eines Diktyosoms lokalisiert.

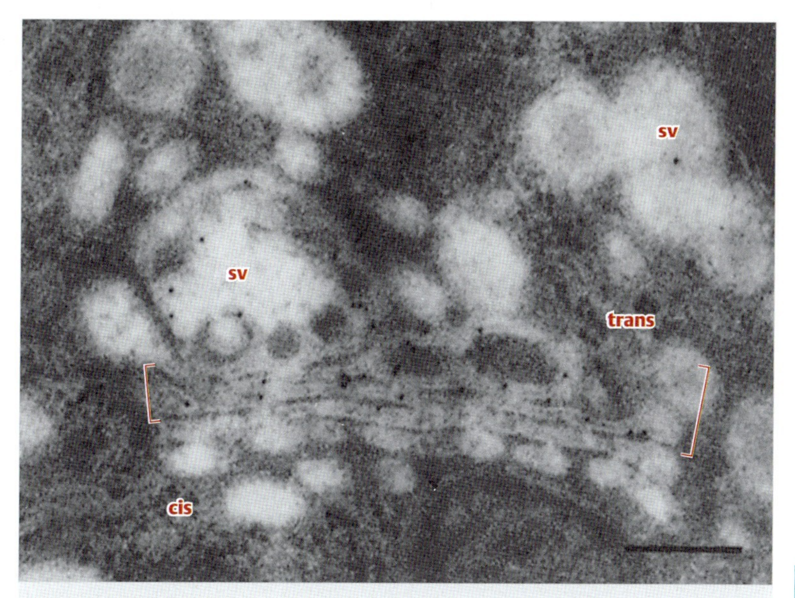

Abb. 10.5 Lokalisierung von Sialinsäure-Transferase im Golgi-Apparat. Diese Glykosyl-Transferase ist hier mit einer Methode der elektronenmikroskopischen Immuncytochemie (S. 249) mittels Gold-markierter Antikörper-Moleküle im äußeren Trans-Bereich des Golgi-Apparates (zwischen Klammern) lokalisiert worden. **sv** = Sekretvesikel mit leichter Goldmarkierung. Vergr. 78 000-fach. (Aus Roth, J., D. J. Taatjes: In Plattner, H: Electron microscopy of subcellular dynamics. CRC Press Inc., Boca Raton 1989)

▸ **Proteine erhalten im Golgi bestimmte Glykosylierungsmuster.** Die Abfolge der **Glykosylierungsschritte** kann wie folgt zusammengefasst werden. Bereits im rauen ER kann ein Protein an einer oder an mehreren Stellen glykosyliert werden. Die Glykosylierung wird meistens am Stickstoff-Atom eines Asparaginsäure-Restes angehängt (**N-Glykosylierung**). Beim Durchwandern eines Diktyosoms ergibt sich eine Vielzahl an möglichen posttranslationalen Modifikationen eines Proteins durch Glykosylierung:

- Zahl, Ort und Art der angehefteten Glykosyl-Reste können variabel sein.
- Die Zuckermoleküle können linear, oft aber auch in Verzweigungen aneinander kovalent vernetzt sein, sodass sich das Bild eines „Zuckerbäumchens“ aufdrängt.

Immer ragen die Glykosyl-Reste in das Lumen der beteiligten Kompartimente (raues ER, Diktyosomen, abknospende Vesikel). Ein bestimmtes Protein hat meist ein ganz **spezifisches Glykosylierungsmuster**. Das bedeutet, dass an einem bestimmten Asparaginsäure-Rest (oder an mehreren) Zucker-Reste in ganz bestimmter Abfolge und mit ganz bestimmten Verzweigungen angehängt werden. Nur so lässt sich die hohe Spezifität der Zelloberfläche erreichen; vgl. Kap. 6.4 (S. 133). Dabei gibt es auch genetisch fixierte Varianten, wie bei den blutgruppenspezifischen Glykolipiden der Erythrocyten-Oberfläche. Die genetische Determination erfolgt auch hier auf dem klassischen Weg DNS → Proteine, in diesem Falle indirekt über die spezifischen Glykosyl-Transferasen.

▶ **Auch Lipide werden glykolysiert.** Ähnliches gilt für **Glykolipide**. Hierbei dient aber nur ein bestimmtes Lipid als Träger für Zucker-Reste, das **Ceramid**. Das Ceramid ist ein zweischwänziges Molekül aus einer Sphingosinbase, deren Amino-Gruppe mit der Carboxyl-Gruppe einer Fettsäure säureamidartig verbunden ist. Dieser Doppelschwanz dient der Verankerung in der Membran, wogegen die Glykosyl-Reste frei herausragen.

Über Vesikel, die sich an der Trans-Seite des Golgi-Apparates abschnüren (▶ Abb. 10.6), gelangen integrale und periphere Glykoproteine sowie Glykolipide an die Zelloberfläche. Durch Fusion mit der Zellmembran (**konstitutive Exocytose**) wird auf diese Weise die **Glykokalix** gebildet, indem sich die zunächst lumenseitigen Glykosyl-Reste nach außen kehren (vgl. ▶ Abb. 6.23). Konstitutive Exocytose-Vesikel dienen auch dem Ausschleusen von Proteinen der extrazellulären Matrix (S. 425), die ebenfalls im Golgi-Apparat glykosyliert, teilweise aber auch sulfatiert werden (Anhängen einer Sulfat-Gruppe, SO_4^{2-}, Anion der Schwefelsäure).

▶ **Typische Erkennungssignale und differentielle Verpackung garantieren richtigen Abtransport vom Trans-Golgi-Netzwerk (TNG).** An der Trans-Seite des Golgi-Apparates werden also die Syntheseleistungen abgeschlossen. Erst daran schließt sich die Funktion als „Verschiebebahnhof" an. Diese Funktion erfüllt die äußerste Zisterne eines Diktyosoms, auch als Trans-Golgi-Netzwerk (TGN) bezeichnet. Sein namengebender Bau deutet bereits auf die ausgeprägten Vesikulationsprozesse hin (▶ Abb. 10.6): Vesikel gehen entweder in die konstitutive Exocytose, oder als Sekretvesikel in die getriggerte Exocytose; wieder andere Vesikel werden als primäre Lysosomen abgeschnürt. Um auf das richtige „Gleis" verschoben zu werden (targeting), sind Proteine mit jeweils typischen Erkennungssignalen markiert. Da nicht nur die jeweiligen Membranproteine, sondern auch die Proteine des Inhaltes spezifisch verpackt werden müssen, gibt es zwischen beiden eine Wechselwirkung, dergestalt, dass Inhalt und Verpackung richtig zusammengebracht und „adressiert" werden. Dies kann wiederum über spezifische Aminosäuresequenzen erfolgen. Im Falle der Enzymproteine des Inhaltes von Lysosomen wird allerdings ein anderes Signal

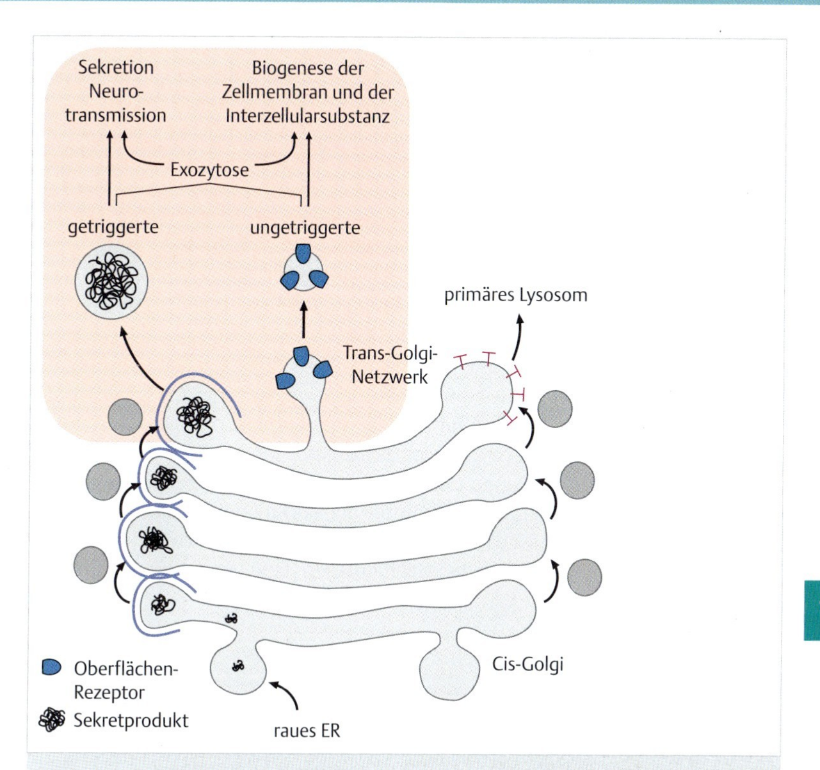

Abb. 10.6 Vom Golgi-Apparat abgehender Vesikelfluss (vektorieller Transport). Vom Trans-Golgi-Netzwerk werden einerseits primäre Lysosomen und andererseits zweierlei Exocytosevesikel abgeschnürt. Davon enthalten die einen Sekretprodukte für die getriggerte Exocytose und die anderen Materialien für die ungetriggerte Exocytose. Auf diesem Wege gelangen einerseits Sekretprodukte und Neurotransmitter, andererseits Interzellularsubstanz und Komponenten der Zellmembran an die Zelloberfläche.

verwendet. Sie werden im Golgi-Apparat mit einem **Mannose-6-Phosphat** (Man-6-P) „etikettiert“. Ein Man-6-P-Rezeptor sortiert dann alle lysosomalen Proteine im Trans-Golgi-Netzwerk heraus und verpackt sie in die abknospenden primären Lysosomen (lysosomale Transportvesikel). In Kap. 14 (S. 291) werden wir darauf zurückkommen.

▸ **Allgemein gilt: Spezifische Proteinbeläge („coats“) dienen als molekulare Filter.** Die differentielle Verpackung wird erreicht durch cytosolseitige Anlagerung spezifischer Proteine (Engl. „**coats**“, Beläge), welche als **molekulare Filter** dienen und deren Anlagerung ihrerseits durch cytosolseitige kurze Sequenzabschnitte von Membranproteinen vermittelt wird. Es gibt drei Arten solcher Beläge: (i) **Clathrin**, das im Zusammenhang mit der Aufnahme von Stoffen in die Zelle besprochen wird; s. Endocytose (S. 280). Ein Clathrin-Belag hat im EM ein kaum zu übersehendes stacheliges Aussehen. (ii) **Coatamer-Proteine** (**COP-Proteine**), die im EM glatt und daher weniger auffällig aussehen, so dass sie lange Zeit übersehen wurden. Sie bestehen aus noch komplexeren Heteropolymeren als der Clathrin-Belag. Im Molekularen Zoom wird die Bildung des Coatamer-Belages genauer erläutert. Dabei sind kleine G-Proteine (**GTPasen**) beteiligt, welche ihrerseits durch GTP/GDP Austausch-Proteine (**GEF = guanine [nucleotide] *e*xchange *f*actor**) und **GAP** (***G*TPase *a*ctivating *p*rotein**) gesteuert werden. Sowohl Clathrin als auch COPs führen zu einer lokalen Auswölbung der Membran und schließlich zum Abknospen von Vesikeln. COPs vermitteln das Abknospen von Vesikeln am ER und aus dem Trans-Golgi-Netzwerk, TGN. Am TGN vermittelt aber auch Clathrin das Abknospen selektiv von primären Lysosomen durch Anbindung an den Mannose-6-Phosphat Rezeptor, vgl. auch Kap. 14 (S. 291). (iii) **Caveolin** als Vermittler der Bildung von **Transcytose**-Vesikeln werden wir in Kap. 13 (S. 280) besprechen. Den drei Arten der Vesikelbildung liegen also verschiedene Mechanismen bzw. molekulare Filter zu Grunde.

Molekularer Zoom

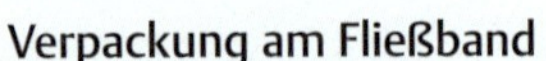

Verpackung am Fließband

Abknospen von Vesikeln im Bereich Endoplasmatisches Retikulum und Golgi Apparat (▸ Abb. 10.7). Zunächst sind die Membranen dieser Organellen flach. Sie können jedoch lokal zunehmend ausgebeult werden, bis schließlich kleine Vesikel abknospen. Dazu müssen in diesem Membranabschnitt bestimmte Proteine gebunden werden. Zunächst bindet das monomere G-Protein (GTPase) namens **ARF** (adenosyl ribosylation factor – so benannt nach einer speziellen chemischen Funktion). Dies ist nur möglich, wenn ARF seine posttranslationale Modifikation in Form einer kovalent gebundenen Fettsäure (**Fettsäure-Acylierung**) freilegt. Dies geschieht auf folgende Weise: ARF hat zunächst GDP gebunden, wobei sein Fettsäure-Schwanz verborgen ist. Dieser wird aber freigelegt, wenn das Protein **GEF** (Guanine [nucleotide] exchange factor) an der Membran den Austausch von GDP gegen GTP vermittelt. In dieser aktiven Form wird der Fettsäureschwanz ausgefahren und durch seine Hydrophobizität senkt er sich automatisch in die Phospholipidschicht der Membran ein. An solchen Membran-verankerten ARF-GTP Gruppierungen können nun dicht gepackt molekulare Filter angelegt werden („**self assembly**“), sog. „**Coatamer**“ Proteine (Engl. coat = Belag; Griech. meros = Teil). Dabei verformt sich die Membran, bis sich

Vesikel abschnüren. (Der Coat wird während des Vesikeltransportes, vor der Fusion mit weiteren Membranen, wieder abgestreift.) Coatamers werden auch als **COPs** bezeichnet (= **co**atamer **p**roteins); es sind hochmolekulare heteropolymere Proteinkomplexe. COPI-Typ Vesikel „bedienen“ den Golgi-Apparat, COPII-Vesikel gehen vom ER zum Golgi-Apparat und zurück.

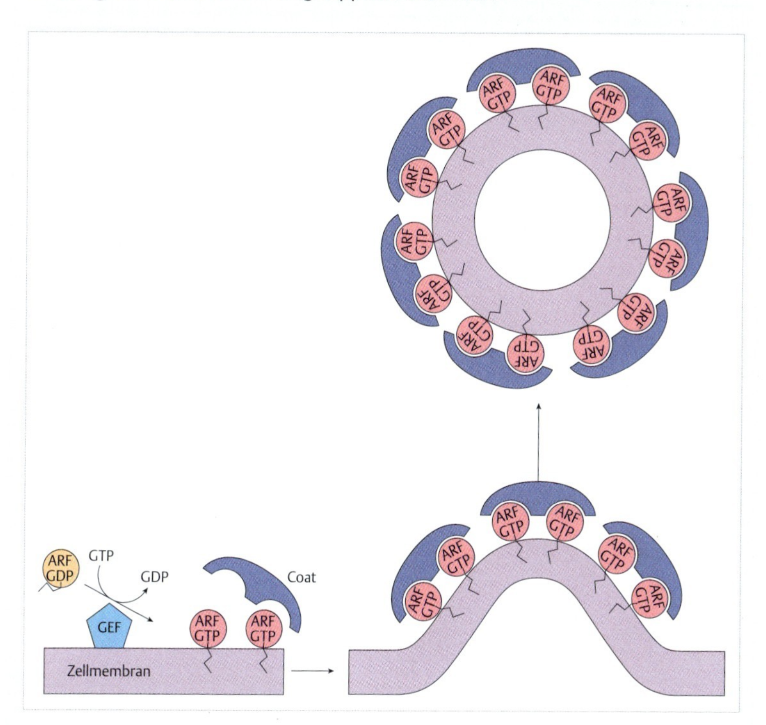

Abb. 10.7 Vesikelbildung.

Zellpathologie

Neurofibromatose

Die Mutation eines GAP-Gens (**GTPase activating protein**) führt zu Störungen in der Entwicklung peripherer Nerven, die zur Ausbildung zahlreicher knotenartiger Wucherungen (*Neurofibrome*) an der Körperoberfläche führen. Diese als *Neurofibromatose* bezeichnete Krankheit ist eine diffuse, allerdings gutartige Form von Krebs vgl. auch Kap. 14 über Lysosomen (S. 291). Für die Rückgewinnung von freiem ARF-GDP wird GAP benötigt (nicht eingezeichnet), damit der Zyklus weiterlaufen kann.

▸ **Literatur zum Weiterlesen**

siehe www.thieme.de/go/literatur-zellbiologie.html

11 Struktur- und Funktionsanalyse – wie sie einander ergänzen

Zusammenfassung

Für die Analyse zellulärer Strukturen und Funktionen stehen verschiedenartige Methoden auf chemischer und physikalischer Grundlage zur Verfügung. Manche Methoden greifen auf die in Kap. 3 (S. 36) besprochenen Abbildungsmethoden zurück. **Zellfraktionierung** und **biochemische Analysen** gehen Hand in Hand mit Lokalisierungsstudien in der Zelle (In-situ-Analyse), wovon einige an der lebenden Zelle (in vivo), andere dagegen nur in vitro anwendbar sind. Von besonderer Bedeutung sind **Antikörper-Moleküle** zur Lokalisierung und Isolierung bestimmter Proteine. Die Isolierung bestimmter Proteine kann wiederum der Ausgangspunkt für die Isolierung der entsprechenden Gene sein; s. Kap. 7 (S. 151) und Kap. 8 (S. 183). Alle diese Methoden werden eingesetzt, wenn es gilt, die Rätsel des äußerst komplexen Gebildes „Zelle" Schritt für Schritt weiter aufzuklären. Da die Zelle ein 4-dimensionales Gebilde ist, mit einer sich zeitlich und oft sehr lokal ändernden 3D-Struktur (z. B. mit lokalem Vesikeltransport), wäre das Endziel eine 4D-Erfassung von Prozessen. **In-situ-Markierungen**, z. B. durch Expression als fluoreszentes GFP-Fusionsprotein unter Zuhilfenahme molekularbiologischer Methoden, können diesen Anspruch erfüllen. Auf diese Weise oder mittels Antikörper-Markierungsmethoden können, wenn man verschiedene Marker kombiniert, auch Mehrfachmarkierungen und damit Ko-Lokalisierungen erzielt werden, vom Niveau der Licht- bis zur Elektronenmikroskopie. **Ko-Lokalisierungen** sind besonders deshalb interessant, weil sie die Voraussetzung für mögliche molekulare Interaktionen sind. Im Bereich der Lichtmikroskopie wird dieses Ziel am schnellsten mit der konfokalen Laser-Scanning Mikroskopie erreicht.

11.1 Zerlegung der Zellen in ihre Bestandteile

11.1.1 Die Technik der Zellfraktionierung

Unter Zellfraktionierung versteht man eine Reihe von verschiedenen Verfahrensweisen, um Zellen in ihre Bestandteile zu zerlegen, also bestimmte Organellen als „Fraktionen" von möglichst großer Reinheit zu isolieren. Dazu homogenisiert man die Zellen, meistens mechanisch, indem man Zellen oder Gewebestückchen in einem Glasrohr mittels eines eng passenden rotierenden Kolbens aufquetscht. Als **Homogenisationsmedium** dienen pH-gepufferte Salzlö-

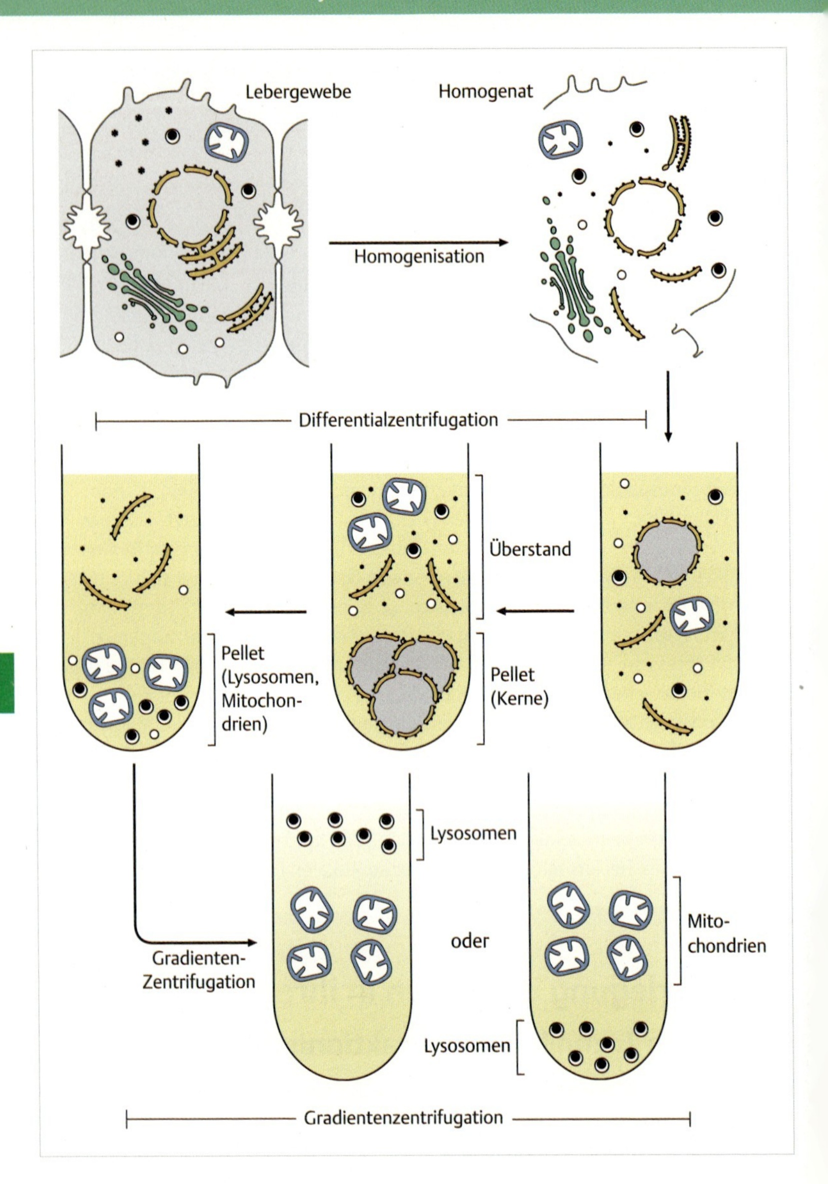
Lebergewebe
Homogenat
Homogenisation
Differentialzentrifugation
Überstand
Pellet
(Kerne)
Pellet
(Lysosomen,
Mitochon-
drien)
Lysosomen
oder
Mito-
chondrien
Lysosomen
Gradienten-
Zentrifugation
Gradientenzentrifugation

◂ **Abb. 11.1 Zellfraktionierung.** Um reine Fraktionen einzelner Zellorganellen zu isolieren, wird in Richtung der Pfeile wie folgt vorgegangen. Auf die Homogenisation des Gewebes (z. B. in einem „Potter"-Gefäß mit eng sitzendem rotierenden Kolben) folgt eine Differenzial-Zentrifugation mit zunehmender g-Zahl (Beschleunigung). In mehreren Schritten werden Organellen als Pellet abzentrifugiert. Man erhält z. B. im ersten Schritt ein Pellet aus Zellkernen und bei nachfolgender Zentrifugation des Überstandes („Supernatant") eine Mischpopulation aus Lysosomen und Mitochondrien; das raue ER und Ribosomen bleiben im Überstand. Erst eine Gradienten-Zentrifugation in einem Saccharose-Gradienten (mit von oben nach unten zunehmender Dichte) erlaubt die Abtrennung der Mitochondrien von den Lysosomen. Dies gelingt aber zumeist nur dann, wenn die Dichte der Lysosomen durch Aufnahme leichter Substanzen (z. B. Triton WR1339; links) oder schwerer Substanzen (wie kolloidale Goldpartikel; rechts, vgl. ▸ Abb. 11.2) manipuliert wurde (s. Text), sodass sie sich bei der Zentrifugation von den wenig beeinflussbaren Mitochondrien abheben.

sungen mit Zuckerzusatz (Saccharose, ein Disaccharid aus Fruktose und Glukose), die die frei werdenden Organellen osmotisch schützen. Je nach Größe, Dichte und Form werden die Organellen dann mit einer präparativen **Ultrazentrifuge** aufgetrennt (s. u.).

Jedes Organell bedarf ganz bestimmter Zentrifugationsbedingungen (g-Zahl, Zeit, Dichte des Zentrifugationsmediums etc.). Sogar für denselben Organellentyp müssen die optimalen Isolierungsbedingungen immer wieder neu bestimmt werden, wenn man von einem Zelltyp auf einen anderen übergeht.

In manchen Fällen lässt sich das **Sedimentationsverhalten** beeinflussen, sodass man besonders reine Fraktionen gewinnen kann. Dies gilt zum Beispiel für Lysosomen der Leber. Injiziert man einer Ratte entweder sehr leichte (Triton WR1339) oder sehr schwere (kolloidale Goldpartikel) Substanzen, die über Endocytose in den Lysosomen angereichert werden, so kann man Lysosomen leicht von den annähernd gleichen Mitochondrien abtrennen. Sie sedimentieren dann entweder viel langsamer oder viel schneller, wie weiter unten gezeigt wird.

Im Prinzip gibt es zwei Zentrifugationsverfahren (▸ Abb. 11.1):

- Bei der **Differenzial-Zentrifugation** wird so lange zentrifugiert, bis ein Organell als festes Pellet am Boden des Zentrifugenröhrchens sedimentiert ist. So lassen sich Zellkerne durch 10 min × 1000 g Zentrifugation gewinnen.
- Bei der **Dichtegradienten-Zentrifugation** ist das Röhrchen zwar auch mit einer Lösung von Rohrzucker (oder anderen Zentrifugationsmedien) gefüllt. Jedoch wird das Medium mit einer von unten nach oben abnehmenden Dichte eingefüllt. Da auch die Dichte der Flüssigkeit das Sedimentationsverhalten bestimmt, bleiben Organellen entsprechend ihrer Schwebedichte, die von ihrer physischen Beschaffenheit abhängt als sichtbare Banden auf jeweils bestimmter Höhe im Gradienten stehen. Dort werden sie aus dem Zentrifugenröhrchen entnommen.

Wie weiß man, welche Organellen man isoliert hat?

1. Man kann **Ultradünnschnitte** einer Fraktion herstellen und im **Transmissions-EM** untersuchen. Dabei sieht man auch die Verunreinigung (Kontamination) mit anderen Organellen.
2. Man misst im **Spektralphotometer** (S. 238) die vorhandenen Enzyme. Ein für die Organellen typisches **Leitenzym** und Enzyme für möglicherweise kontaminierende Organellen zeigen Anreicherung und Kontamination an.
3. Die Ergebnisse der Punkte 1 und 2 können überprüft werden, indem man das Leitenzym mit Methoden der **Enzymcytochemie** in situ lokalisiert; vgl. Kap. 11.2.1 (S. 238).
4. Ähnlich wie unter Punkt 1 bis 3 können **Antikörper** zur Identifikation eines organellspezifischen Proteins herangezogen werden; s. auch Kap. 11.4 (S. 246).

Ein typisches Beispiel für den Verlauf einer Zellfraktionierung zeigt ▸ Abb. 11.1. Beispiele für Organellen vor der Isolierung im Gewebe und nach der Isolierung gibt die ▸ Abb. 11.2.

Will man die Membranen von Organellen isolieren, so werden diese osmotisch geschockt, d. h. das Zentrifugationsmedium wird stark verdünnt, sodass die Organellen platzen. Durch Zentrifugation bei hoher g-Zahl können dann die Membranen gewonnen werden.

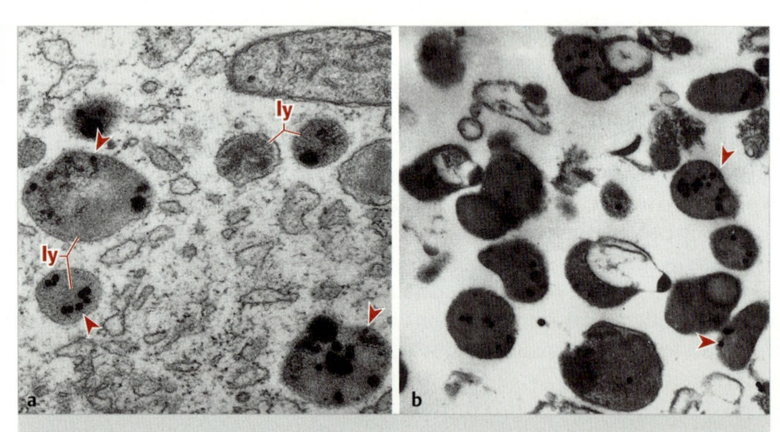

Abb. 11.2 Lysosomen, a im Lebergewebe und **b** nach Isolierung mittels Zellfraktionierung. Zur Isolierung wurde dem Versuchstier eine kolloidale Lösung von Goldpartikeln (Pfeilspitzen) injiziert, die über Endocytose selektiv in die Lysosomen (**ly**) aufgenommen werden, deren erhöhte Dichte sodann die Abtrennung in der Ultrazentrifuge erlaubt. Vergr. 25 000-fach. (Aus Plattner, H., H, R. Henning. In Sanders, J. V., D. J. Goodchild: Proc. 8th Int. Congr. Electron Microsc. Vol. II, Australian Academy of Science, Canberra 1974)

11.1.2 Die Ultrazentrifuge

In einer Flüssigkeit mit aufgeschlämmten (suspendierten) Partikeln (z. B. Sand im Wasser) sedimentieren diese spontan auf dem Boden. Die **Sedimentationsgeschwindigkeit** hängt vom Volumen der einzelnen Partikel (V_P) und ihrer Dichte (d_P) sowie von der Dichte der Flüssigkeit ab (d_F; bei Wasser ist $d_F = 1$). Bereits bei einfacher Erdbeschleunigung (1 g) sedimentieren bevorzugt große Partikeln mit hoher Dichte, kleine sedimentieren langsamer. Zusätzlich ist der Reibungsfaktor f zu berücksichtigen, der von der Form abhängt. Ein Partikel desselben Volumens jedoch von verschiedener Form bietet mehr oder weniger „Stirnfläche" und verursacht daher verschieden viel Reibungswiderstand. Als Maß für die Sedimentation eines Partikels kann man daher seine Sedimentationskonstante S angeben.

Man kann also das Volumen von Partikeln oder ihre Masse bestimmen, vorausgesetzt, dass alle Partikel gleichartig sind (homogene Suspension). Bei Partikeln von den Größenordnungen, die für den Zellbiologen interessant sind (Organellen bis Makromoleküle), kann man auf diese Weise über die Sedimentation Volumen oder Masse ermitteln.

▶ **Präparative Ultrazentrifugation.** Unter „Normalbedingungen" (1 g, einfache Erdanziehungskraft) sedimentieren sehr kleine Partikel, deren Dichte nur geringfügig über 1 liegt, jedoch nicht von selbst; sie sedimentieren aber, wenn man in einer Zentrifuge ein Vielfaches der Erdbeschleunigung einwirken lässt. Man zerkleinert also Zellen mechanisch (**Homogenisation**) und bringt das Homogenat auf eine Flüssigkeit in einem Zentrifugenglas auf, wobei in der Praxis immer zwei gleich schwere Zentrifugenröhrchen zur Auswuchtung gegenüber gestellt werden. Dann beginnt man mit der Zentrifugation wie in ▶ Abb. 11.1 beschrieben. Die größten und schwersten Zellkomponenten sedimentieren bereits, wenn man ca. 10 min bei 500- bis 1000-facher Erdbeschleunigung zentrifugiert (im Fachjargon: 1000 g × 10 min). Mit zunehmender Rotationszahl der Zentrifuge kann man zunehmend leichtere bzw. kleinere Organellen sedimentieren, bis bei 10^5 g × 1 h alle Zellorganellen abzentrifugiert sind und nur das **100 000 g-Supernatant** (Cytosol) übrig bleibt.

Der Rotor einer solchen Zentrifuge darf nur im Vakuum laufen und muss gekühlt sein, weil sonst die Reibung mit Luftmolekülen zu Erhitzung und Denaturierung der Proben führen würde. Dem Aufwand entsprechend verdient so ein Gerät seinen Namen „Ultrazentrifuge". Die bisher besprochene Methodik nennt man „präparative Ultrazentrifugation".

Suspendierte Makromoleküle lassen sich nur mit einer noch anspruchsvolleren „analytischen Ultrazentrifuge" auf ihr Volumen bzw. ihre Masse hin analysieren und entsprechend auftrennen. Eine analytische Ultrazentrifuge erlaubt die Herstellung von Schwerefeldern von 10^6 g oder mehr. Die für ein Makromolekül ermittelte **Sedimentationskonstante** nennt man seinen S-Wert. Es lässt sich ableiten, dass 1S = 10^{-13} s (s = Sekunde) entspricht.

Einem 80S-Ribosom der Eukaryotenzelle entspräche ein Molekulargewicht von 4 200 000 – eine Größenordnung, die mit anderen Methoden schwer analysierbar wäre. In diesem Bereich trifft sich die analytische Ultrazentrifugation mit der ultrastrukturellen Analyse mittels Negativkontrastierung im Transmissions-EM (S. 47), wobei ein dem 80S-Wert entsprechender Durchmesser des Ribosoms von 25 nm ermittelt werden konnte.

11.2 Lokalisierung und Messung von Enzymen

11.2.1 Elektronenmikroskopische Darstellung eines Leitenzyms am Beispiel der sauren Phosphatase in Lysosomen

Eine schonende Aldehydfixation, vgl. Technik-Box (S. 48), erlaubt eine Stabilisierung zellulärer Strukturen unter teilweiser Wahrung der Enzymaktivität. Am Beispiel der für Lysosomen charakteristischen **sauren Phosphatase** (die nur bei niederem pH-Wert optimal aktiv ist = saures pH-Optimum) sei erläutert, wie diese lokalisiert werden kann. Nach Zugabe von β-Glycerophosphat als Substrat bei pH 5,0 erfolgt ein Reaktionsblauf, bei dem Bleiionen als „Fangionen" eingesetzt werden:

$$\beta\text{-Glycerophosphat} \xrightarrow{\text{saure Phosphatase}} \text{Glycerin} + PO_4^{3-}$$

$$2\,PO_4^{3-} + 3Pb^{2+} \xrightarrow{\text{pH } 5{,}0} Pb_3(PO_4)_2$$

Das Reaktionsprodukt Bleiphosphat ist unlöslich. Es kann im Lichtmikroskop sichtbar gemacht werden und ist über elastische Elektronenstreuung auch im Transmissions-EM sichtbar (▶ Abb. 11.3).

11.2.2 Spektralphotometrischer Nachweis eines Leitenzyms am Beispiel der sauren Phosphatase von Lysosomen

Nach Isolierung von Lysosomen mittels Dichtegradientenzentrifugation erfolgt das Öffnen der Membran, z. B. durch Zugabe von Detergens (Lipidlösungsmittel). Nach Zugabe von Substrat bei pH 5,0 verläuft die Reaktion wie folgt:

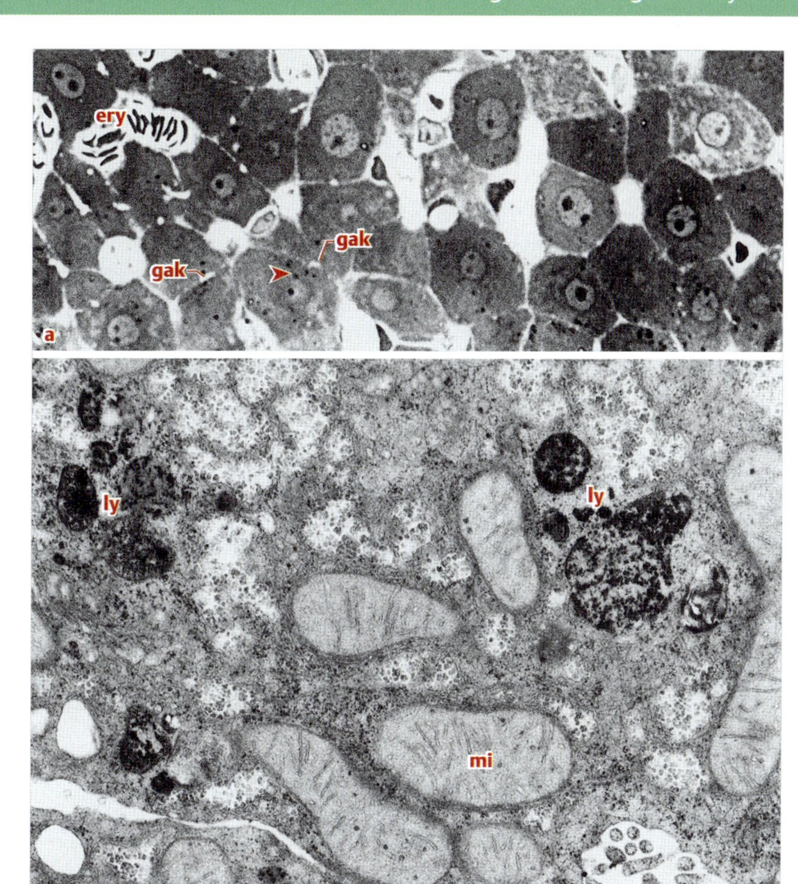

Abb. 11.3 Darstellung der sauren Phosphatase-Aktivität in Lysosomen der Leber mit Methoden **a** der Histochemie und **b** der Cytochemie. Nur Lysosomen (**ly**) zeigen dunkles Reaktionsprodukt (Pfeilspitze in **a**), nicht dagegen andere Organellen wie Mitochondrien (**mi**). Weiterhin fällt die sehr unterschiedliche Größe und Form der Lysosomen sowie deren bevorzugte Anordnung in Nähe einer Gallenkapillare (**gak**) auf („peribiliäre Lage"). In **a** sind auch Blutgefäße mit quergeschnittenen Erythrocyten (**ery**) zu sehen. **a** Vergr. 400-fach; **b** Vergr. 17 500-fach. (Aus Plattner, H., R. Henning: Exp. Cell Res. 91 [1975] 333)

$$O_2N{-}C_6H_4{-}O{-}PO_3^{2-} + H_2O \xrightarrow[\text{pH 5.0}]{\text{saure Phosphatase}} O_2N{-}C_6H_4{-}OH + HO{-}PO_3^{2-}$$

p-Nitrophenylphosphat

Dabei ändert sich, wie in ▸ Abb. 11.4 gezeigt, sowohl die Wellenlänge (λ) für die maximale Lichtabsorption (A) als auch die Menge des dabei absorbierten Lichtes (ε, der **molare Extinktionskoeffizient**), indem das Substrat abnimmt und die Reaktionsprodukte zunehmen. Daraus lässt sich die vorhandene Aktivität der sauren Phosphatase in den einzelnen Fraktionen, die man aus der Zentrifugation gewonnen hat, ermitteln (▸ Abb. 11.5). Die Enzymaktivität wird für bessere Vergleichbarkeit verschiedener Proben auf die Proteinmenge und auf gleiche Zeiteinheit bezogen. Dies ergibt die **spezifische Aktivität** einer Probe in [μMol/min/mg Protein = U/mg; U = units] ausgedrückt. Alternativ kann beim gegebenen Beispiel mittels einer Färbereaktion das freigesetzte Phosphat zur Bestimmung der spezifischen Aktivität herangezogen werden.

Wenn man die gefundene spezifische Aktiviät mit jener im gesamten Homogenat (vor der Abtrennung der Lysosomen) vergleicht, so erhält man ein Maß für die relative Anreicherung der Lysosomen (z. B. 10- bis 100-fach, je nach Güte der Isolierungsmethode). Auf diese Art und Weise konnte man eine Liste von Leitenzymen und Leitsubstanzen für verschiedene Zellstrukturen erstellen (▸ Tab. 11.1).

Tab. 11.1 Leitenzyme und Leitsubstanzen, vgl. auch ▸ Tab. 14.2 „molekulare Marker“

Zellorganell	Leitenzym bzw. Leitsubstanz
Zellmembran	Na^+/K^+-ATPase (S. 117)
Zellkern	DNA-Polymerase (S. 158), RNA-Polymerase, DNA
Cytosol	Enzyme der Glykolyse, z. B. Laktat-Dehydrogenase (S. 373)
Endoplasmatisches Retikulum	Glukose-6-Phosphatase; vgl. Kap. 15.2 (S. 314)
raues ER	Ribonukleoproteine der Ribosomen (S. 208)
glattes ER	Hydroxylierungsenzyme (S. 313)
Golgi-Apparat	Galaktosyl-Transferase (S. 226)
Lysosomen	saure Phosphatase (S. 293) und andere Hydrolasen mit saurem pH-Optimum
Sekretvesikel	jeweils spezifische Sekretstoffe (S. 263)
Peroxisomen	Katalase (S. 316)
Mitochondrien	Cytochrom c-Oxidase, Enzyme des Tricarbonsäure-Zyklus (vgl. Kap. 19.2) (S. 382)

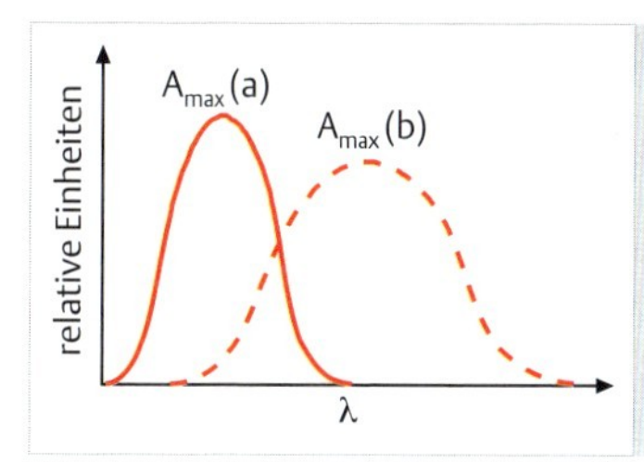

Abb. 11.4 Spektralphotometrische Enzym-Messung. Hierbei werden die **unterschiedlichen optischen Eigenschaften** (Wellenlänge der maximalen Anregung und Absorption) von Substrat und Reaktionsprodukt (**a**, **b**) ausgenützt; vgl. Text.

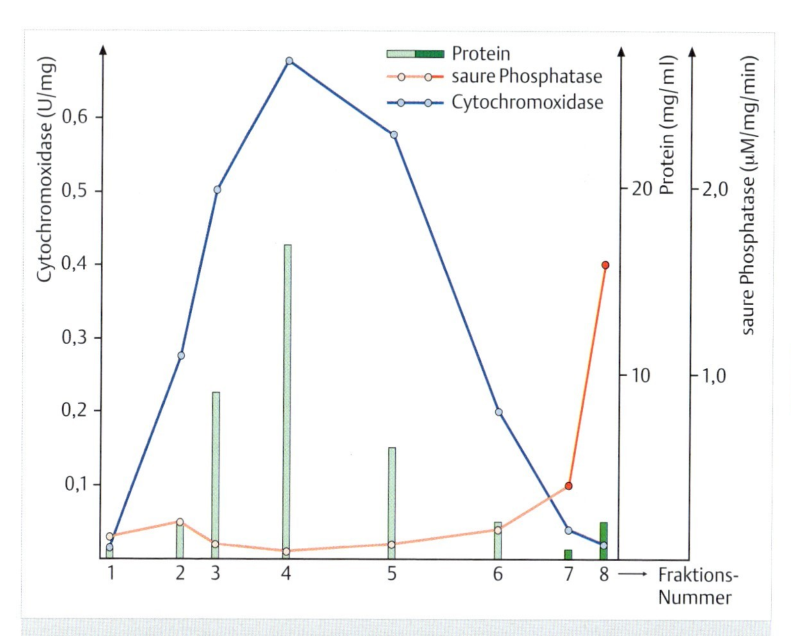

Abb. 11.5 Zellfraktionierung am Beispiel der Leber. Einem Dichtegradienten (▶ Abb. 11.1) wurden von oben nach unten fortschreitend die Fraktionen 1 bis 8 entnommen, um deren Proteingehalt sowie die spezifische Aktivität der sauren Phosphatase (lysosomales Leitenzym) und der Cytochrom-(c-)Oxidase (mitochondriales Leitenzym) zu bestimmen. Fraktion 4 enthält Mitochondrien in stark angereicherter Form, der rote Bereich (insbesondere Fraktion 8) dagegen die Lysosomen vom Typ wie sie in ▶ Abb. 11.2**b** gezeigt wurden. (Aus Plattner, H., R. Henning, B. Brauser: Exp. Cell Res. 94 [1975] 377)

11.3 Radioaktive Markierung und ihre Lokalisierung

11.3.1 Pulsmarkierung

Will man den Weg eines Makromoleküls (Protein etc.) durch die Zelle oder sein Schicksal in der Zelle zeitlich aufgelöst analysieren, so muss es zunächst radioaktiv markiert werden. Es kommen durchwegs schwachenergetische β-Strahlen zum Einsatz. Man lässt die Zelle radioaktive Vorläufersubstanzen wie Aminosäuren (markiert mit ^{3}H, ^{14}C, ^{35}S) oder Nukleotide (mit ^{32}P, ^{33}P) kurz vorher, z. B. für 5 min, aufnehmen. Vorher und nachher „sieht" die Zelle diese Substanz nur in inaktiver, nichtradioaktiver Form. Auf diese Weise ist eine Pulsmarkierung möglich (▸ Abb. 11.6). Man nimmt nach verschiedenen Zeiten Proben (z. B. nach weiteren 10 min bis einigen Stunden etc.). In solchen „Pulse-chase"-**Experimenten** durchläuft ein in der „Pulse-Zeit" synthetisiertes Protein, z. B. ein Sekretprodukt, während der nachfolgenden „Chase-Zeit" (*chase* = jagen) die verschiedenen Kompartimente, vom rauen ER bis zu Sekretvesikeln. Die Lokalisierung zu einem bestimmten Zeitpunkt kann auf zweierlei Weise erreicht werden, entweder durch Zellfraktionierung und **Radioaktivitätsmessung** oder mittels **Autoradiographie**. Mit dieser Methodik wurden z. B. die in Kap. 9 (S. 208), Kap. 10 (S. 221) und Kap. 12 (S. 260) dargelegten Mechanismen aufgeklärt.

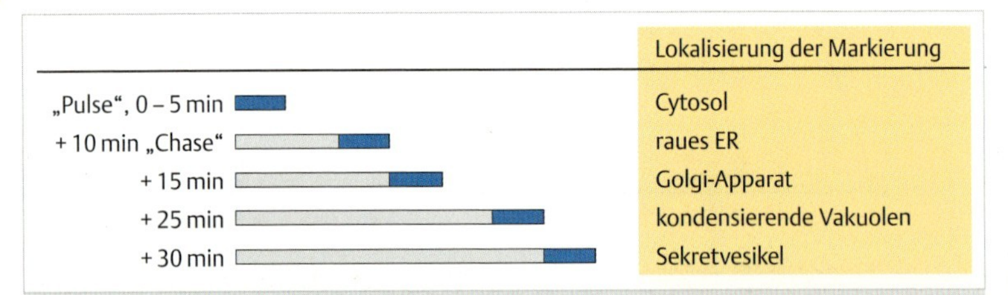

Abb. 11.6 Prinzip von „Pulse-chase"-Experimenten mit kurzfristigem Angebot einer radioaktiv markierten Aminosäure. Auf diese folgt eine verschieden lange „Chase"-Periode, in der die Aminosäure in nichtmarkierter Form angeboten wird. Der Weg aller in der Pulszeit markierten Proteine wird so nachvollziehbar. Das gilt insbesondere für sekretorische Proteine mit hohem Turnover (Umsatzrate) durch andauernde Neubildung aus Golgi-Vesikeln über kondensierende Vakuolen zu Sekretvesikeln.

11.3.2 Radioaktivitätsmessung

Die in der Zellbiologie eingesetzte Radioaktivität (zumeist schwache β-Strahlen) wird meistens im **Szintillationszähler** gemessen. Dazu werden Zellen aufgelöst und mit einem Szintillationscocktail versehen. Dieser enthält organische Substanzen, die in Wechselwirkung mit radioaktiver Strahlung fluoreszieren, d. h. Licht (Photonen) emittieren. Da die Ausbeute an Photonen aber sehr gering ist, muss diese verstärkt werden. Dazu dient ein Photomultiplier. Seine Photokathode wird durch die einfallenden Photonen zur Emission von primären Elektronen angeregt. Diese treffen auf weitere, spiegelartig angeordnete Platten, die beim Aufprall von Elektronen eine vielfache Zahl von sekundären Elektronen emittieren und an die jeweils nächste Platte weitergeben. Der so verstärkte Strom (Elektronen) wird von einer Anode aufgenommen, sodass am Ende ein elektrischer Strom gemessen werden kann, der die vorhandene Radioaktivität anzeigt. Diese wird zumeist auf die eingesetzte Proteinmenge bezogen.

11.3.3 Autoradiographie

Radioaktive Strahlung ist ionisierend, d. h. sie kann beispielsweise die Silberhalogenid-Moleküle einer Photoschicht anregen. Wie bei Einwirkung von Licht auf einen Film in einer analogen Photokamera entsteht auf diese Weise ein latentes Bild, das sich entwickeln und fixieren lässt. So konnte der französische

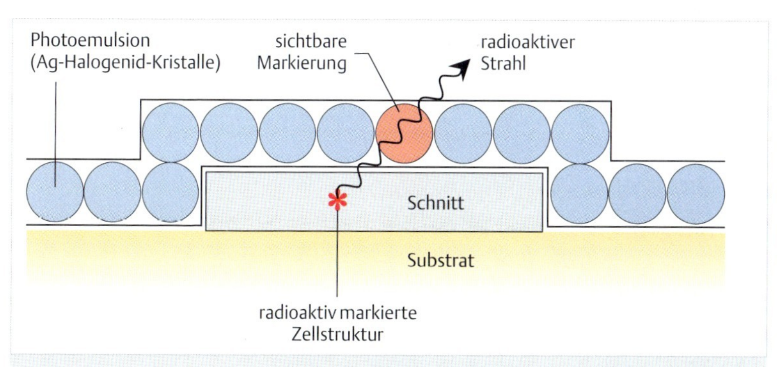

Abb. 11.7 Prinzip der Autoradiographie. Da die radioaktive Strahlung in alle Raumrichtungen entweicht, kann ein Silberhalogenid-Kriställchen der Photoschicht auch in einiger Entfernung von der radioaktiv markierten Struktur getroffen werden. Damit ist die Zuordnung von Silberkorn und markierter Struktur im EM nur im Bereich von 0,1 bis 0,2 µm möglich. Im Einsatzbereich des Lichtmikroskops stellt sich dieses Problem nicht, weil hier die „präparative Auflösung" ohnehin unter der Geräteauflösung liegt.

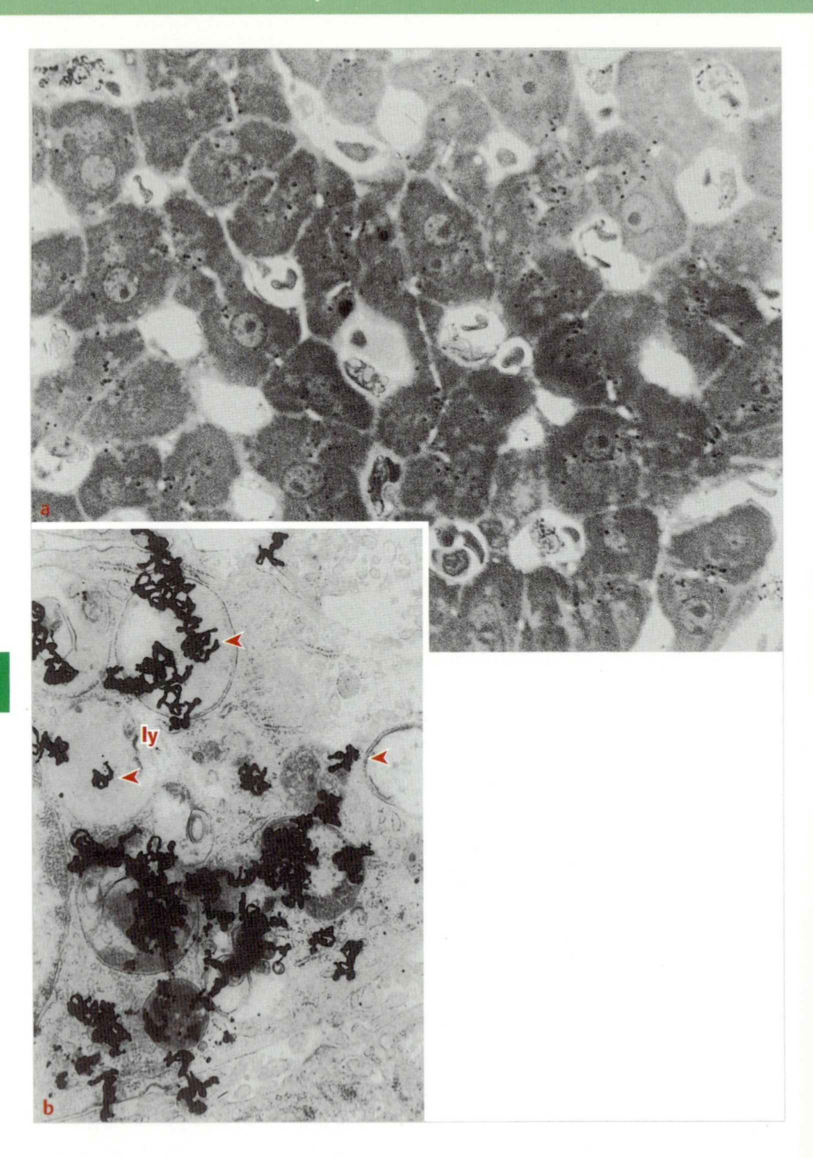
a
b
ly

◂ **Abb. 11.8 Autoradiographie a** im Lichtmikroskop und **b** im Elektronenmikroskop. Einem Versuchstier wurde in ^{3}H-markierter Form die Substanz Triton WR1339 injiziert, die selektiv in die Lysosomen aufgenommen wird. Im Autoradiogramm ist die radioaktive Markierung als metallisches Silber **a** in Form dunkler Punkte bzw. **b** als drahtförmige Gebilde erkennbar (Pfeilspitzen). Die *hot spots* in **b** sind den eng gruppierten Lysosomen **(ly)** zuzuordnen, deren Lage in der Nähe von Gallenkapillaren in **a** erkennbar ist. Die Situation entspricht also dem Nachweis der sauren Phosphatase in denselben Organellen (vgl. ▸ Abb. 11.3). **a** Vergr. 370-fach bzw. **b** 8 000-fach. (Aufnahmen: H. Plattner, R. Henning)

Physiker **Henri Becquerel** 1896 die Radioaktivität entdecken, indem er Minerale auf eine Photoplatte gelegt hatte. Die lokale Schwärzung zeigte den Gehalt an radioaktivem Mineral an.

Nach demselben Prinzip erlaubt die Technik der Autoradiographie die Lokalisierung von radioaktiv markierten Nukleinsäuren, Aminosäuren etc. auf bestimmte Zellen (lichtmikroskopische Autoradiographie) oder auf bestimmte subzelluläre Strukturen (elektronenmikroskopische Autoradiographie). Hierzu werden diese Bausteine mit schwachen **β-Strahlern** markiert und den lebenden Zellen zur Aufnahme und zum Einbau in DNA, RNA, Proteine etc. angeboten: ^{3}H = Tritium, ^{14}C, ^{35}S, verschiedene radioaktive P-Atome als Phosphat.

Selbstverständlich nehmen Zellen alle jene Substanzen, die sie normalerweise aufnehmen, gleich gut auf, wenn diese vorher radioaktiv markiert wurden. Alternativ lassen sich bereits fertige Proteine, z. B. an der Oberfläche der Zelle, leicht mit der Methode der **Radiojodierung** (^{125}J-Einbau) markieren.

Das Gewebe wird anschließend in bewährter Weise fixiert und eingebettet. Für die lichtmikroskopische Autoradiographie werden 0,5 bis 10 µm dicke Schnitte, für die elektronenmikroskopische Variante 0,1 µm dicke Ultradünnschnitte hergestellt. In beiden Fällen werden die Schnitte mit einer **Photoschicht** überlagert (Emulsion von AgBr, Silberbromid, in Gelatine). Nach Exposition im Dunkeln wird diese Sandwichprobe entwickelt und fixiert. Im Licht- oder Elektronenmikroskop kann dann eine metallische Silberablagerung als lokale Schwärzung einer bestimmten Zellstruktur zugeordnet werden. Auf EM-Niveau ist die Zuordnung mit einer Auflösung von ca. 0,1 bis 0,2 µm relativ ungenau, sodass diese aufwendige Methodik nur im echten Bedarfsfall praktiziert wird.

Ein praktisches Beispiel für die licht- und elektronenmikroskopische Autoradiographie zeigt die ▸ Abb. 11.8.

11

11.4 Antikörper im Dienste der zellbiologischen Forschung

11.4.1 Markierung zellulärer Strukturen

Hierfür existiert eine breite Palette an Möglichkeiten. Prinzipiell gibt es die Methoden der Analog-, Affinitäts- und Immunmarkierung. Ihre Prinzipien werden nachfolgend dargestellt; beide sind entweder licht- oder elektronenmikroskopisch einsetzbar. Allerdings müssen dementsprechend zumeist sehr verschiedenartige Markermoleküle verwendet werden.

Als Markierung ist nicht nur die Koppelung mit Fluoreszenzfarbstoffen, sondern auch radioaktive Markierung (in Verbindung mit Autoradiographie), Koppelung an enzymatische Marker oder an kolloidale Goldpartikel möglich. Häufig wird Peroxidase aus Meerrettich-Wurzeln als Marker verwendet; sie ergibt mit Diaminobenzidin ein Reaktionsprodukt, das sowohl im Licht- als auch (nach OsO_4-Behandlung) im Elektronenmikroskop sichtbar wird. Goldpartikel haben im EM den Vorteil sehr präziser Strukturzuordnung, denn sie können in definierter Größe von wenigen Nanometern hergestellt werden. Die Darstellung der Markierung erfolgt nach den in ▸ Abb. 11.9 erläuterten Prinzipien.

11

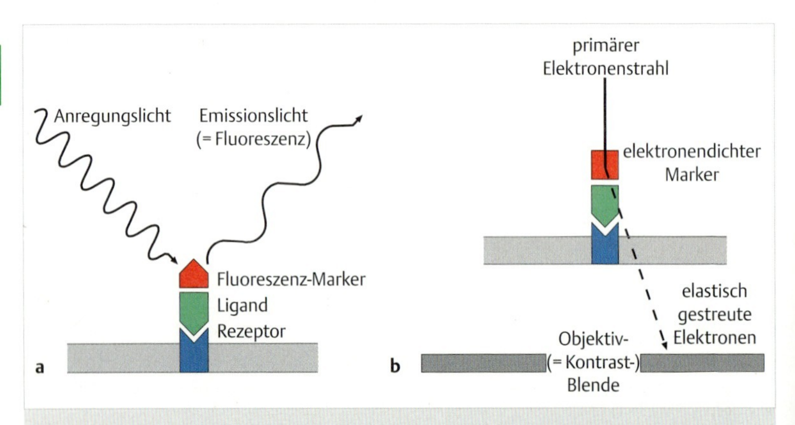

Abb. 11.9 Prinzip der Markierung von Strukturen im **a** Lichtmikroskop und **b** Elektronenmikroskop. So können Rezeptoren über Ligandenbindung sichtbar gemacht werden, entweder über Fluoreszenz oder über elastische Elektronenstreuung durch eine elektronendichte Markersubstanz. Eine spezifische Markierung wird deshalb erreicht, weil Rezeptoren verschiedener Art jeweils nur spezifische Liganden mit hoher Affinität binden. So binden Lipoprotein-Rezeptoren nur bestimmte Lipoprotein-Moleküle (z. B. vom Typ LDL). Im Falle der Immunmarkierung würde anstatt „Rezeptor“: Antigen, anstelle von „Ligand“: Antikörper zu setzen sein. Für konkrete Anwendungsbeispiele vgl. Kap. 13 (S. 280).

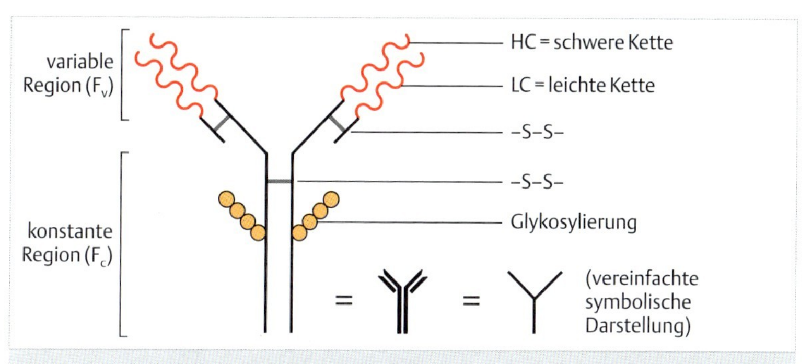

Abb. 11.10 Struktur eines Antikörper-Moleküls (IgG), wie sie im Text erläutert wird.

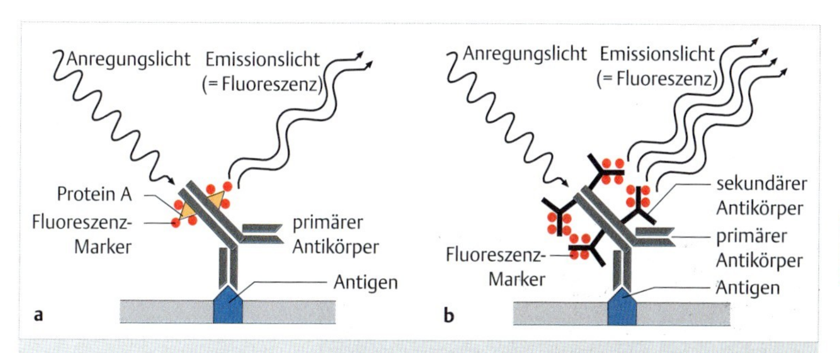

Abb. 11.11 Prinzip der Antikörper-Lokalisierung im Lichtmikroskop (Immunhistochemie). Bei der hier dargestellten indirekten Methode wird entweder **a** Protein A oder **b** ein Zweitantikörper eingesetzt, beide in fluoreszenzmarkierter Form.

Möglichkeiten und Beispiele zeigen ▶ Abb. 11.9, ▶ Abb. 11.10, ▶ Abb. 11.11, ▶ Abb. 11.12 und ▶ Abb. 11.13.

11.4.2 Struktur von Antikörper-Molekülen

Injiziert man einem Versuchstier, meist einem Kaninchen, ein geeignetes Protein (Antigen), so bildet das Tier spezifische Antikörper, die nur dieses Antigen binden („erkennen“) können. Diese Antikörper werden von B-Lymphocyten bzw. von den davon abgeleiteten Plasmazellen gebildet und in das Blutserum abgegeben. Von diesem kann man die Antikörper in gereinigter Form isolieren und für zellbiologische Zwecke verwenden. Hierbei sind die häufigste Klasse von Antikörpern jene vom Typ IgG (γ-Globuline). Ein **IgG-Molekül** (MG von

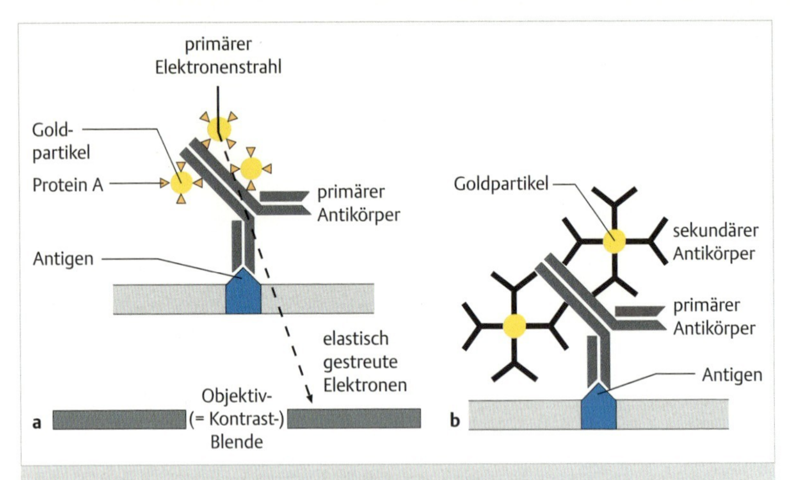

Abb. 11.12 Prinzip der Antikörper-Lokalisierung im Elektronenmikroskop (Immuncytochemie) am Beispiel der indirekten Methode unter Einsatz von kolloidalen Goldpartikeln als Marker. Diese werden von **a** Protein A oder **b** von sekundären Antikörper-Molekülen lückenlos bedeckt, die ihrerseits am primären Antikörper binden.

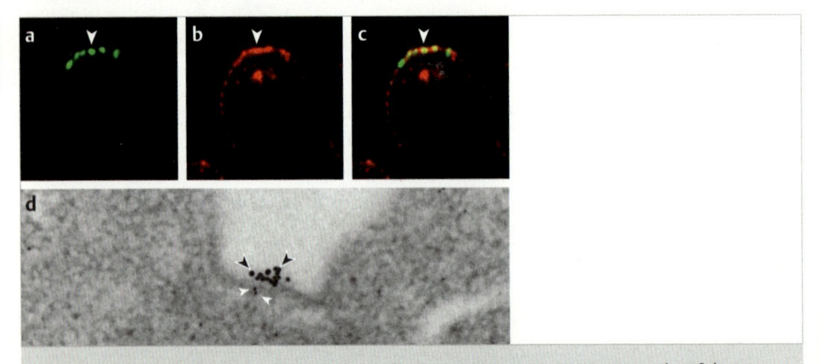

Abb. 11.13 Ko-Lokalisation des Zelloberflächen-Proteins PrP^c^ (**a**, normal gefaltetes Prion-Protein, das mit Antikörpern vernetzt wurde) mit einem innenseitig der Plasmamembran anliegenden Protein (**b**, Reggie-1) in Lymphocyten. Die beiden Antigene sind durch Zweit-Antikörper unterschiedlicher Fluoreszenzfarbe sichtbar gemacht. Die doppelte Antikörper-Markierung zeigt Ko-Lokalisation in Mikrodomänen, wie dies durch Überlagerung als gelbe Mischfarbe sichtbar wird (**c**). Die echte Größe solcher Mikrodomänen (≤ 0,1 µm) kann jedoch nur mit der doppelten Gold-Markierung im Elektronenmikroskop beurteilt werden (**d**, PrP^c mit 10 nm, Reggie-1 mit 5 nm-großen Goldpartikeln). Vergr. 2200-fach (**a–c**) bzw. 100 000-fach (**d**). (Aus Stuermer, C. A. O., M. F. Langhorst, M. F. Wiechers, D. F. Legler, S. Hannbeck von Hanwehr, A. H. Guse, H. Plattner: FASEB Journal (2004) express article 10.1096/fj.04–2150fje)

ca. 180 000) ist aus zwei gleichen Hälften aufgebaut, von denen wiederum eine jede aus zwei Proteinketten besteht, einer schweren und einer leichten Kette (HC = heavy chain, LC = light chain). Dies ist aus ▶ Abb. 11.10 ersichtlich.

Die beiden leichten Ketten sind mit den beiden schweren jeweils mittels einer Disulfidbrücke (-S-S-) kovalent verbunden, ebenso die schweren Ketten untereinander. Von einem IgG-Molekül ist nur der äußere Teil der schweren und der leichten Ketten variabel, d. h. nur hier liegt eine spezifische Aminosäuresequenz vor, die nach dem Schlüssel-Schloss-Prinzip selektiv das entsprechende Antigen erkennen kann. Da ein Antikörper-Molekül zwei identische **variable Regionen** F_V enthält, kann es zwei Antigen-Moleküle binden. Die **konstante Region** F_c trägt zusätzlich Glykosylierungs-Reste, die mit der Antigen-Antikörper-Bindung (Immunreaktion) nichts zu tun haben. In ▶ Abb. 11.10 sind rechts unten vereinfachte symbolische Darstellungen des IgG-Moleküls wiedergegeben, wie sie der Einfachheit wegen oft verwendet werden.

11.4.3 Immunhistochemie und Immuncytochemie

Immunhistochemie bezieht sich auf die Licht-, Immuncytochemie auf die Elektronenmikroskopie. In beiden Fällen werden spezifische Antikörper gegen ein bestimmtes Antigen zu dessen Lokalisierung verwendet. Zumeist verfährt man wie folgt. Zuerst werden Zellen schonend mit Aldehyden fixiert. „Schonend" heißt, unter Wahrung der **Antigenizität** (= Bindungsfähigkeit für die spezifischen Antikörper). Meistens wird Formaldehyd verwendet. Handelt es sich um ein intrazelluläres Antigen, so muss dieses zugänglich gemacht werden, entweder indem man die Zellmembran mit geeigneten Chemikalien vorsichtig durchlöchert (permeabilisiert) oder indem man das Gewebe und die Zellen anschneidet. Dann wird mit den spezifisch auf das zu lokalisierende Antigen gerichteten IgG-Molekülen inkubiert (erster = primärer Antikörper). Diese können bereits in markierter Form eingesetzt und lokalisiert werden („**direkte Methode**").

Zumeist wird aber eine **indirekte Methode** verwendet, und zwar aus mehreren Gründen:

- **Primäre Antikörper** stehen meistens nur in beschränkter Menge zur Verfügung.
- Die primäre Antikörper-Reaktion lässt sich unter Einsatz von einem in bereits markiertem Zustand kommerziell erhältlichen **Zweit-(Sekundär-)Antikörper** verstärken.

Das lässt sich mit folgender Überlegung begründen. Stammt der primäre Antikörper aus Kaninchen, so wird sein nichtvariabler Teil leicht von sekundären Antikörpern erkannt, welche man beispielsweise in Ziegen durch Immunisierung mit Kaninchen-IgG hergestellt hat. Mehrere solcher „Ziege-anti-Kaninchen-IgG" binden an einem „Kaninchen-IgG", sodass ein markierter Zweitantikörper eine beträchtliche **Amplifikation** des Signals ergibt. Alternativ können Antigene nach Bindung des primären Antikörpers mit markierten **Protein A**-Molekülen lokalisiert und amplifiziert werden. Protein A wird aus der Zellwand des Bakteriums *Staphylococcus aureus* isoliert und bindet an den F_C-Teil eines IgG-Moleküls. Es wird in markierter Form kommerziell vertrieben.

Je nach Bedarf können verschiedene Markierungen der sekundären Antikörper oder von Protein A herangezogen werden (▶ Abb. 11.11 und ▶ Abb. 11.12). Doppel- und Mehrfachmarkierungen werden am Besten mittels konfokaler Laser-Scanning Mikroskopie untersucht, vgl. ▶ Abb. 3.3, welche relativ präzise **Ko-Lokalisierungen** nach einer Markierung mit unterschiedlichen Fluoreszenzfarbstoffen erlaubt (▶ Abb. 11.13). Wo eine rote und eine grüne Markierung zusammenfallen, wird dies dann durch die künstliche Mischfarbe Gelb zum Ausdruck gebracht. Da die Auflösung im Lichtmikroskop auch bei dieser Methode auf ca. 0,3 µm beschränkt bleibt, kann eine detailliertere Ko-Lokalisation nur mit der Elektronenmikroskopie erzielt werden. Auch dieses wird in ▶ Abb. 11.13 am Beispiel des Prion-Proteins illustriert (dessen falsche Faltung im Organismus Rinderwahnsinn bzw. eine ähnliche zelluläre Degeneration im Gehirn des Menschen erzeugt). Für Doppelmarkierungen im EM werden unterschiedliche Antikörper in Kombination mit Goldkörnern verschiedener Größe eingesetzt (z. B. 10 nm für Prion-Protein, 5 nm für Reggie-Protein). Ko-Lokalisationen können uns potenzielle Interaktionspartner verraten – was natürlich funktionell erhärtet werden muss.

11.4.4 Monoklonale Antikörper

Mit monoklonalen Antikörpern lässt sich eine noch höhere Spezifität erreichen. Zur Herstellung von monoklonalen Antikörpern (mAK) wird einer Maus zunächst ein Antigen (z. B. ein isoliertes Protein) oder eine komplexe Zellkomponente injiziert, z. B. Basalkörper, aus einem Cilienepithel isoliert (S. 330). In den folgenden Wochen kann man eine zunehmende Menge an Antikörpern im Blut nachweisen. Sie stammen aus **B-Lymphocyten**, die in der Milz stark vertreten sind. Die Milz wird dem Tier entnommen und in eine Suspension von Zellen zerlegt. Die vielen, in der Milz enthaltenen B-Lymphocyten produzieren nicht genau identische Antikörper-Moleküle, sondern die Antikörper eines jeden B-Lymphocyten „erkennen" jeweils nur einen kurzen Abschnitt (= **Epitop**) eines Antigens (vgl. ▶ Abb. 11.14). Ziel der Methode der monoklonalen Antikörper-Herstellung ist nun, eine große Zahl gleichartiger B-Lymphocyten zu gewinnen, welche allesamt Antikörper gegen dasselbe Epitop produzieren (▶ Abb. 11.14). ▶ Abb. 11.15 zeigt dies am Beispiel von Antikörpern, die jeweils

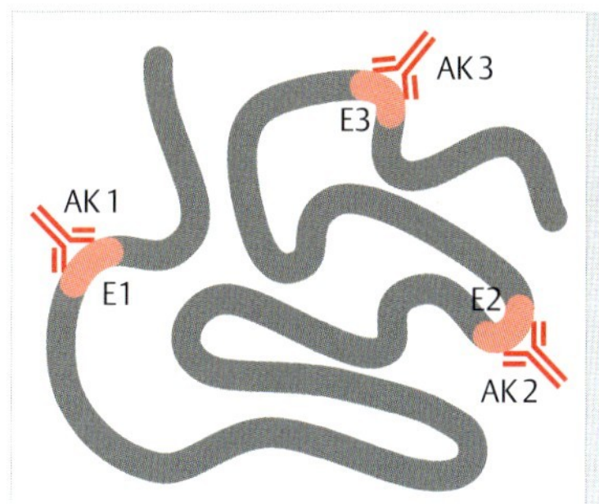

Abb. 11.14 Monoklonale Antikörper. An einem Protein-Molekül werden von verschiedenen monoklonalen Antikörpern (AK1–3) unterschiedliche Sequenzabschnitte (Epitope, E1–E3) erkannt; vgl. ▸ Abb. 11.15.

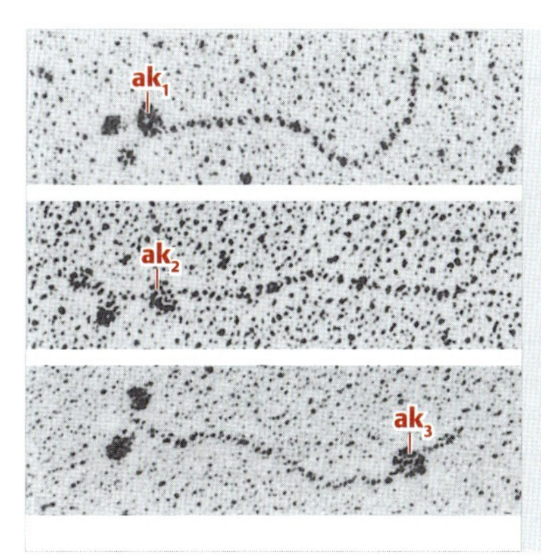

Abb. 11.15 Bindung von drei verschiedenen monoklonalen Antikörper-Molekülen (ak1–3) an drei verschiedenen Epitopen entlang des längsgestreckten Myosin-Moleküls. Dieses erscheint doppelköpfig und langgeschwänzt (vgl. ▸ Abb. 16.17 und ▸ Abb. 16.18). Myosin und die gebundenen Antikörper-Moleküle (deren Y-Form nicht aufgelöst ist) wurden durch Schwermetall-Aufdampfung ähnlich wie in Technik-Box „Gefrierbruch“ (S. 146) sichtbar gemacht. Vergr. 190 000-fach. (Aus Claviez, M., K. Pagh, H. Maruta, W. Baltes, P. Fisher, G. Gerisch: EMBO J. 1 [1982] 1017)

an einem ganz bestimmten Epitop der sehr langen Kette des schweren Myosins binden.

Wie lässt sich dies erreichen? Zunächst wird die Vielzahl der aus der Milz eines immunisierten Tieres entnommenen B-Lymphocyten quasi unsterblich gemacht. Dies erreicht man durch künstliche Verschmelzung mit **Myeloma-Zellen**, die als Krebszellen mit praktisch unbeschränkter Teilungsfähigkeit ausgestattet sind. Vgl. auch Kap. 6.4 (S. 133) und Kap. 23 (S. 456). Die entstehenden „Kunst-Zellen“ sind **Hybride**, also Verschmelzungsprodukte von B-Lymphocyten mit Myeloma-Zellen und werden daher **Hybridoma-Zellen** genannt (▸ Abb. 11.16).

Nun nimmt man einzelne Hybridoma-Zellen getrennt in Kultur. Jede der Hybridoma-Zellen bildet durch endlos weiterlaufende Zellteilungen einen **Klon** (Zellpopulation, die sich aus einer einzigen Zelle ableitet). Die Zellen eines Hybridoma-Klons produzieren alle dieselbe Art von Antikörpern gegen dasselbe Epitop (**monoklonale Antikörper**).

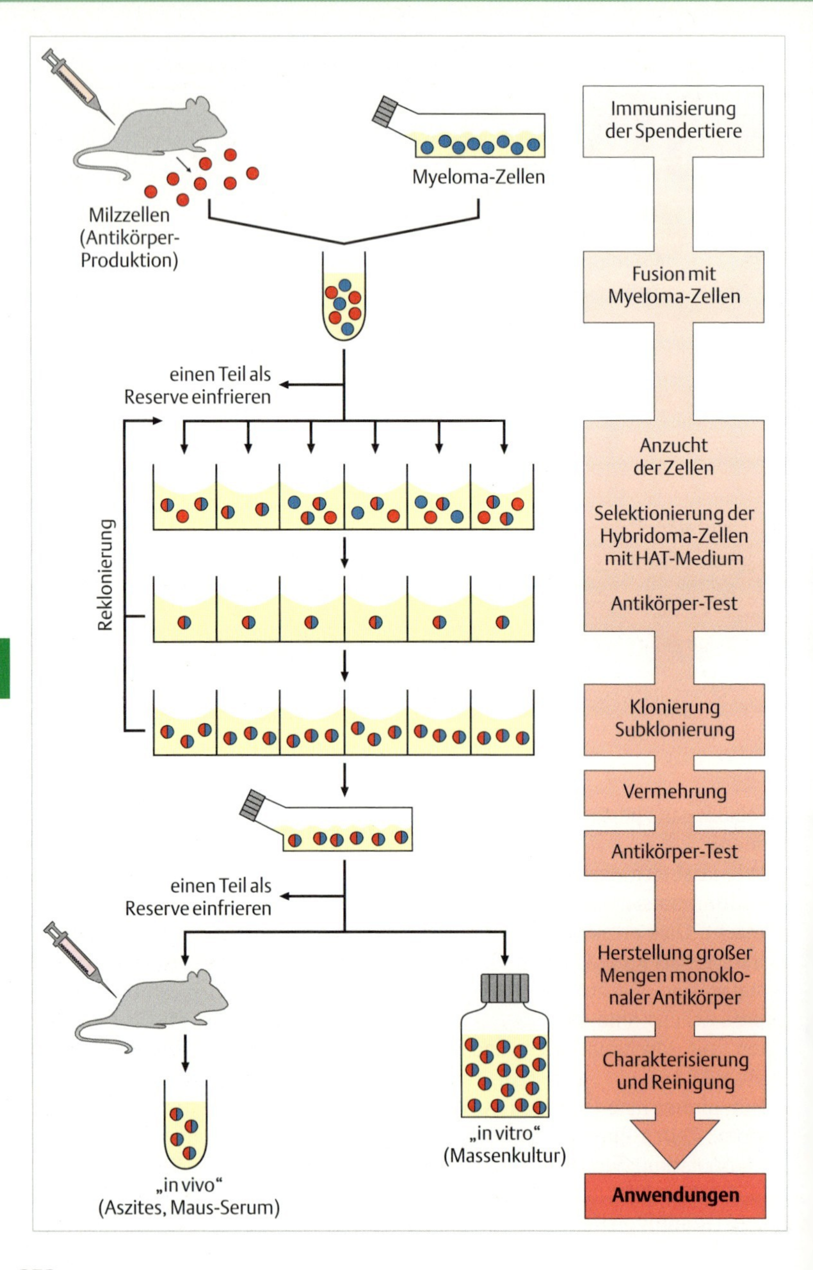
Myeloma-Zellen
Milzzellen (Antikörper-Produktion)
einen Teil als Reserve einfrieren
Reklonierung
einen Teil als Reserve einfrieren
„in vivo“ (Aszites, Maus-Serum)
„in vitro“ (Massenkultur)
Immunisierung der Spendertiere
Fusion mit Myeloma-Zellen
Anzucht der Zellen
Selektionierung der Hybridoma-Zellen mit HAT-Medium
Antikörper-Test
Klonierung Subklonierung
Vermehrung
Antikörper-Test
Herstellung großer Mengen monoklonaler Antikörper
Charakterisierung und Reinigung
Anwendungen

◄ **Abb. 11.16 Herstellung von monoklonalen Antikörpern.** Die Methode ist im Text erläutert. Das HAT-Medium gewährleistet, dass nur Hybridoma-Zellen (also Zellen mit den Charakteristika sowohl von Milz-Zellen als auch von Myeloma-Zellen) weiter vermehrt werden. Zum Schluss können große Mengen von monoklonalen Antikörpern gewonnen werden, entweder indem man die Hybridoma-Zellen in vitro weiterkultiviert oder indem man sie in die Bauchhöhle einer Maus injiziert. Dort werden dann monoklonale Antikörper produziert, die man aus dem Serum und aus der Bauchhöhlenflüssigkeit (Aszites) isolieren kann.

Häufig ist es schwierig bis unmöglich, bestimmte Proteine aus einer Zelle zu isolieren, so etwa die mit dem Centriol assoziierte diffuse Masse von mutmaßlichen Proteinen (▸ Abb. 22.7). Als Ganzes lassen sich aber Centriolen bzw. noch wesentlich leichter die mit ihnen strukturell und funktionell identischen Basalkörper von Cilien isolieren. Vgl. den Abschnitt über den identischen Aufbau von Basalkörper und Centriol (S. 355). So lassen sich monoklonale Antikörper gewinnen, welche selektiv jene zunächst nicht definierbaren Proteine am Centriol erkennen. Das Erreichen dieses Ziels wird zunächst mit Methoden der Histochemie festgestellt, die einem eine selektive Markierung um ein Centriol herum zeigen (▸ Abb. 22.4). Es kann lange dauern, bis man gerade einen der gewünschten monoklonalen Antikörper „erwischt“ hat, denn das Verfahren ist nicht zielgerichtet. Irgendwann aber wird es klappen und es gelingt dann auch, über reversible Antigen-Antikörper-Bindung bis dato unbekannte Proteine zu isolieren und sie der molekularbiologischen Analyse zuzuführen; s. Kap. 8 (S. 183).

11.4.5 Analogmarkierung und Affinitätsmarkierung

Die dynamische Umgestaltung mancher Self-assembly-Systeme, insbesondere des Cytoskeletts (S. 320) kann wie folgt untersucht werden. Man injiziert monomere Bausteine, die man in reiner Form isoliert und mit einem **Fluoreszenzmarker** gekoppelt hat. Will man beispielsweise feststellen, wo und wie sich Aktin-Filamentbündel bilden, injiziert man monomeres (G-)Aktin nach kovalenter Markierung („Koppelung“) mit den Fluoreszenzfarbstoffen **Rhodamin** oder **Fluoreszein**. Im Fluoreszenzmikroskop lässt sich nach verschiedenen Zeiten (Minuten bis Stunden) beobachten, wie sich in Zellen mit amöboider Bewegung neu gebildetes, markiertes F-Aktin vom Leitsaum (*leading edge*) aus einwärts schiebt (▸ Abb. 17.11). Dies kann gesehen werden, weil markiertes G-Aktin, analog zu unmarkiertem G-Aktin, nur in neu assemblierte Aktinfilamente (F-Aktin) eingebaut wird (**Analogmarkierung**). Eine besondere Form der Markierung bietet die Molekularbiologie, indem ein zu untersuchendes Gen mit dem Gen eines fluoreszenten Proteins gekoppelt wird, vgl. ▶ Abb. 8.13 und ▶ Abb. 8.14. So wird das entsprechende Genprodukt in Tandem mit GFP als **Fusionsprotein** exprimiert und seine dynamische Lokalisation in der Zelle kann in vivo verfolgt werden.

Die **Affinitätsmarkierung** arbeitet nach einem etwas anderen Prinzip. Um beim Beispiel der Aktinfilamente zu bleiben: Nur F-Aktin bindet mit hoher Affinität das Pilzgift Phalloidin (aus *Amanita phalloides*, Grüner Knollenblätterpilz). Wird dieses in fluoreszenzmarkierter Form in die Zelle eingebracht, so werden die vorhandenen Aktinfilamente markiert. Ähnliche Nachweise gelingen auch mit elektronenmikroskopischen Markern für verschiedene Zellkomponenten. Insbesondere wurde eine Reihe von Rezeptoren der Zelloberfläche durch Affinitätsmarkierung lokalisiert. Ein Beispiel: Da man weiß, dass das Schlangentoxin α-Bungarotoxin (α-BTX) selektiv an Acetylcholin-Rezeptoren der postsynaptischen Membran (spezialisierte Zone der Muskel-Zellmembran; vgl. ▶ Abb. 6.25) in neuromuskulären Kontaktzonen bindet, kann markiertes α-BTX zur Affinitätsmarkierung solcher Rezeptoren eingesetzt werden.

Zahlreiche andere Rezeptoren der Zellmembran konnten lokalisiert werden, indem der physiologische Ligand in markierter Form angeboten wurde. Eines der in Kap. 13.2 gezeigten Beispiele ist der LDL-Rezeptor; s. ▶ Abb. 13.3.

Vielfach werden **Lektine** zur Affinitätsmarkierung verwendet. Lektine sind lösliche Proteine meist pflanzlicher Herkunft. Sie bestehen aus mehreren Untereinheiten und binden spezifisch an einzelne Zucker oder Gruppierungen von Zucker-Molekülen. Das bekannteste Lektin, Concanavalin A (ConA), aus bestimmten Bohnensamen isoliert, erkennt beispielsweise Glukose und Mannose; das Lektin WGA aus Weizenkeimen (WGA, *wheat germ agglutinin*) erkennt N-Acetyl-Neuraminsäure (Sialinsäure) (S. 104). Dementsprechend dienen markierte Lektine zur Lokalisierung von Glykoproteinen. An Markersubstanzen steht wiederum die bereits besprochene Palette zur Verfügung.

11.4.6 Vielfachmarkierungen

Konfokale Laser-Raster-Mikroskope erlauben auch **Vielfachmarkierungen**, d. h. die Lokalisierung mehrerer Fluorochrome in einer Zelle, z. B. von mehreren Antigenen und eines DNA-Farbstoffes. In ▶ Abb. 11.17 haben wir dies mit drei Farbstoffen in einer *Paramecium* Zelle erläutert; es können aber noch mehr Komponenten gleichzeitig untersucht werden werden. Dabei wird die Zelle bei den unterschiedlichen Anregungsenergien auf verschiedenen Ebenen untersucht („**z-Stapel**“), die auch zu einem 3D-Bild überlagert werden können.

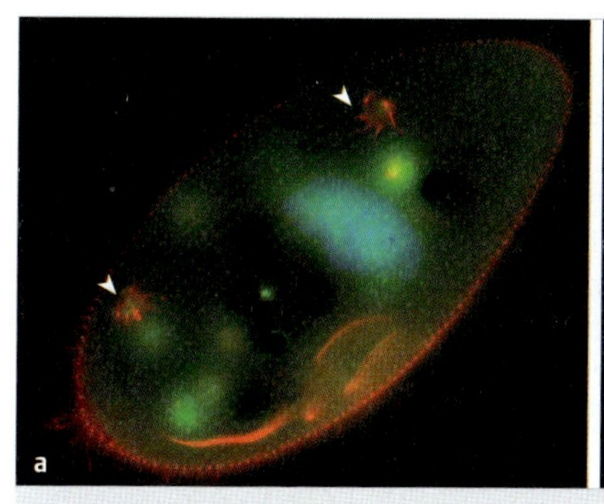

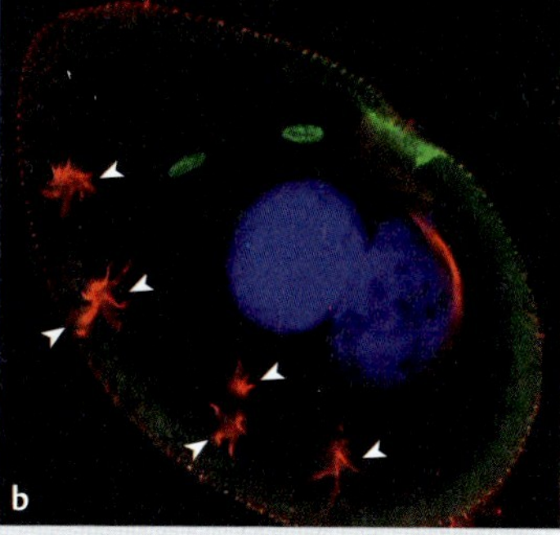

Abb. 11.17 Vielfachmarkierung. Hier wurde eine *Paramecium* Zelle nach schonender Fixierung und Permeabilisierung (i) mit Antikörpern gegen eine Isoform von Tubulin behandelt (poly-glutamylierte Form); dabei wurden die Cilien und deren Basalkörper an der Zellperipherie und im Zellmund (Cytostom), ebenso wie die von Mikrotubuli gestützten kontraktilen Vakuolen-Komplexe (Organellen der Osmoregulation) durch sekundäre Antikörper mit roter Emission sichtbar gemacht. (ii) Ein anderer Fluorochrom mit grüner Emission macht in Verbindung mit anderen spezifischen Primär-Antikörpern andere Strukturen sichtbar, welche eine andere Tubulin-Isoform enthalten (γ-Tubulin). (iii) Schließlich wurde noch die Kern-DNA mit dem Farbstoff Hoechst 33 342 (blaue Emission) angefärbt. Dann wurde ein z-Stapel von den verschiedenen Aufnahmen übereinander gelegt. **a** zeigt eine normale Zelle mit zwei „kontraktilen Vakuolen-komplexen" (= „osmoregulatorische Systeme"), welche durch angelagerte, stützende Mikrotubuli rot gefärbt sind (Pfeilspitzen). Diese Organellen würden sich vor jeder Zellteilung nach einem epigenetischen Muster verdoppeln und neu positionieren, so daß wiederum je zwei dieser Organellen auf jede der Tochterzellen kämen. In **b** jedoch sieht man sechs solcher Strukturen (zwei davon eng beieinander, Pfeilspitzen), weil durch „Silencing" der Aktin-Isoform 4 (*Pt*Act4), welche spezifisch für die Ausbildung der Teilungsfurche benötigt wird, die Zellteilung unterbunden wurde. (Dadurch ist die Zelle auch etwas grösser und rundlicher geworden.) (Aus Sehring, I. M., C. Reiner, H. Plattner: Eur. J. Cell Biol. 89 (2010) 509)

11.5 Analysen in vivo

11.5.1 GFP-Markierung in vivo

Der Einsatz von **GFP-Fusionsproteinen** wurde in Kap. 8.4 über molekularbiologische Markierungstechniken (S. 202) besprochen. Inzwischen stehen ähnliche Biomarker mit verschiedener Farbemission zur Verfügung, so dass auch Mehrfachmarkierungen in vivo möglich sind. Vgl. auch FRET (S. 258). Dies und eine deutlich verbesserte lichtmikroskopische Auflösung (S. 41) erbrachte großen Fortschritt, für den **Roger Tsien** (USA) 2008 mit dem Nobelpreis bedacht wurde.

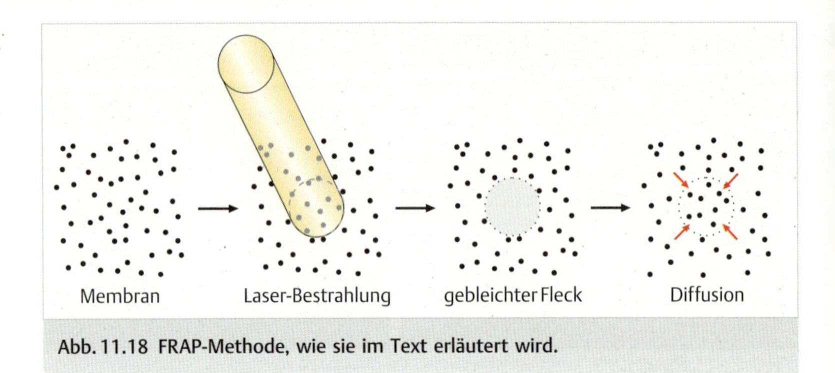

Abb. 11.18 FRAP-Methode, wie sie im Text erläutert wird.

11.5.2 Die FRAP-Methode

Sie dient der **Analyse dynamischer Prozesse** in Self-assembly-Systemen. FRAP steht für *fluorescence recovery after photobleaching* (▶ Abb. 11.18). Die Bedeutung wird aus der experimentellen Vorgangsweise klar, etwa am Beispiel einer Biomembran. Man will z. B. Details über die **laterale Mobilität** von **Lipidkomponenten** erfahren, die ja eine „zweidimensionale Flüssigkeit" darstellen; vgl. Kap. 6.3.1 (S. 130). Einer Zelle kann nun ein fluoreszenzmarkierter Lipidbaustein einer bestimmten Sorte angeboten werden und sie nimmt ihn ganz normal in ihre Zellmembran auf, in der er sich gleichmäßig verteilt. Nun bleicht man mit einem dünnen Laser-Lichtstrahl unter mikroskopischer Kontrolle einen kleinen Fleck aus. Die Mobilität der Lipide füllt diesen gebleichten Fleck über Diffusion relativ schnell wieder aus. Die Fluoreszenz-Erholung (*recovery*) nach dem Photobleichen (*bleaching*) und damit der Diffusionskoeffizient (cm^2/s) von Membrankomponenten kann mittels FRAP quantitativ ermittelt werden. Dies gilt auch für Proteine, die wegen ihrer Größe sehr viel langsamer in Membranen driften.

11.5.3 Calcium-Messungen

Die intrazelluläre freie Calcium-Konzentration (S. 115), $[Ca^{2+}]_i$, steigt bei Stimulation verschiedener Zellaktivitäten an. In ▶ Abb. 11.19 ist dies für die stimulierte Exocytose in einer *Paramecium* Zelle gezeigt. Diese wurde mit einem **Fluorochrom** beladen, welcher spezifisch Ca^{2+} bindet und bei Fluoreszenzanregung Licht emittiert. Die zeitvariablen lokalen $[Ca^{2+}]_i$-Werte können in Falschfarben umgerechnet werden, die auch als Absolutwerte geeicht werden können. In diesem Fall war der Ruhewert unter 10^{-7} M (< 100 nM) und der höchste Aktivierungswert bei ~1 µM. Die quantitative Auswertung am Stimula-

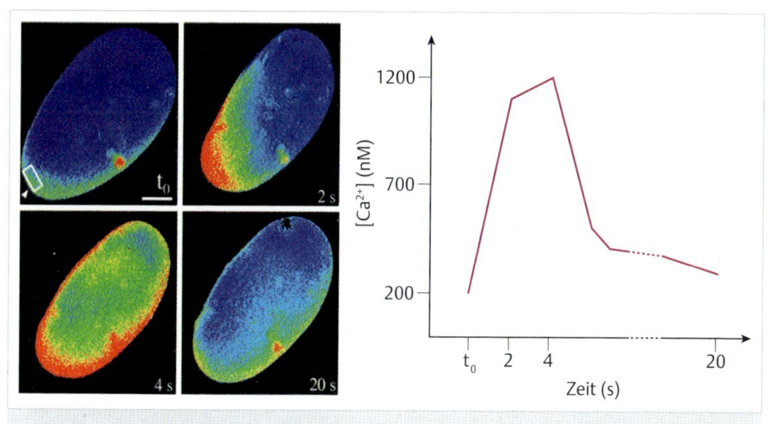

Abb. 11.19 Ca^{2+}-Dynamik bei Stimulation der Exocytose in einer *Paramecium*-Zelle. Diese wurde mit dem Fluorochrom Fura Red beschickt und am Zeit-Nullpunkt wurde durch exogene Zugabe der Stimulationslösung (Pfeilspitze) im eingerahmten Bereich Exocytose induziert. Die Entwicklung der freien intrazellulären Ca^{2+}-Konzentration am Ort der Exocytose wurde in Falschfarben sichtbar gemacht. Für weitere Details, vgl. Text. (Aus Klauke, N., H. Plattner: J. Cell Sci. 110 (1997) 975)

tionsort im Diagramm zeigt den raschen Anstieg und einen deutlich langsameren Abfall, der zunächst durch Bindung von Ca^{2+} an cytosolische Ca^{2+}-Bindeproteine, längerfristig auch durch Ca^{2+}-Pumpen u. a. bewirkt wird. Die Aktivierung ist also zunächst lokal, wo sie den höchsten Wert erreicht, schwappt dann über, bis der $[Ca^{2+}]_i$-Wert verzögert wieder herunterreguliert wird.

Wesentlich genauer, also mit höherer Ortsauflösung (obwohl mit viel mehr Aufwand), lassen sich lokale $[Ca^{2+}]_i$-Werte mit einer modifizierten **FRET** (**Fluoreszenzresonanz-Energietransfer**)-Methode bestimmen. Der molekulare Zoom (S. 258) erläutert das Prinzip: Zwei nicht-Ca^{2+}-sensitive Fluorochrome werden in Tandem mit zwei weiteren Proteinen kovalent gekoppelt, wobei eines der Proteine das Ca^{2+}-Bindeprotein Calmodulin ist. Bei einem $[Ca^{2+}]_i$-Anstieg vollführt Calmodulin eine Konformationsänderung dergestalt, dass die beiden Fluorochrome eng nebeneinander zu liegen kommen, womit bei Bestrahlung die Fluoreszenz des ersten den zweiten Fluorochrom zur Emission anregt. Wird diese Fluoreszenz-Resonanz sichtbar, so bedeutet dies eine Annäherung auf < 5 nm, also im molekularen Bereich.

Molekularer Zoom

Leuchtende Einsichten

Messung der lokalen Calcium-Konzentration, [Ca^{2+}], mit einer modifizierten FRET-Methode. Das Prinzip der FRET (Fluoreszenzresonanz-Energietransfer)-Methode wird im Molekularen Zoom in Kap. 3 (S. 44) erläutert. Hier wird die Methode erweitert, indem die zwei Fluorochrome zusammen, aber an entgegengesetzten Enden an einem komplexen Protein kovalent gebunden werden; der Komplex enthält zusätzlich ein Verbindungsprotein (M13) und **Calmodulin** (CaM). CaM ist ein Ca^{2+}-Bindeprotein mit 4 Taschen aus 12 bis 14 geeigneten Aminosäuren, welche Ca^{2+} spezifisch binden können. Dieses verursacht eine Konformationsänderung des CaM dergestalt, dass der gesamte Komplex zurückgefaltet wird. In dieser Konformation kann es an das Calmodulin-Bindeprotein M13 binden, so dass beide Fluorochrome in enger Nachbarschaft gehalten werden. Das erste Fluorochrom ist CFP (cyano fluorescent protein), das bei Anregung mit $\lambda = 440$ nm eine Fluoreszenzstrahlung von $\lambda = 480$ nm abgibt. Während es ohne [Ca^{2+}]-Anstieg dabei bleibt, gelangt jedoch bei einem [Ca^{2+}]-Anstieg das CFP in die Nachbarschaft von YFP (yellow fluorescent protein), das durch die 480 nm-Fluoreszenzstrahlung angeregt wird und nun seinerseits eine Strahlung mit $\lambda = 530$ nm im gelbgrünen Bereich abgibt (▶ Abb. 11.20).

11

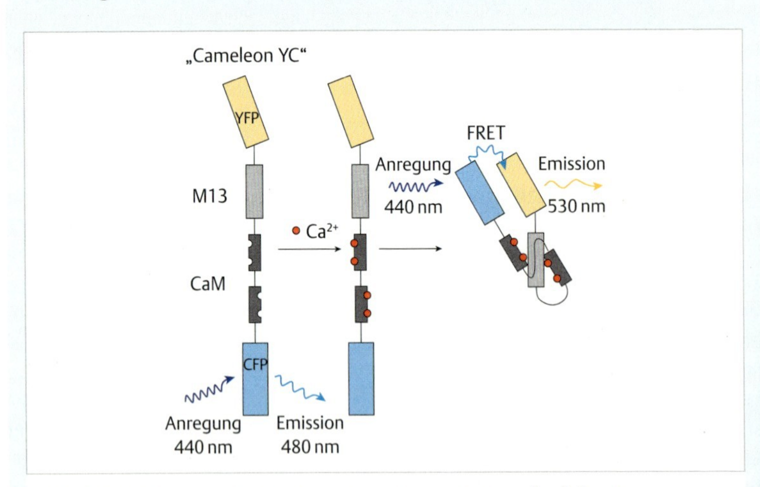

Abb. 11.20 Messung der lokalen Calcium-Konzentration, [Ca^{2+}], mit einer modifizierten FRET Methode.

Auf diese Weise können lokale Ca^{2+}-Signale detektiert werden. Dieses Farbenspiel hat dem System den Namen **Chamäleon** eingebracht. Werden auch noch **Zielsteuerungs-Sequenzen** eingebaut („**targeting**“ Motive), so können mit Chamäleons sogar innerhalb bestimmter Organellen Änderungen der Ca^{2+}-Konzentration, z. B. bei Stimulation registriert werden, etwa im ER, im Zellkern oder in Mitochondrien.

▸ Literatur zum Weiterlesen

siehe www.thieme.de/go/literatur-zellbiologie.html

12 Das „Exportgeschäft" – Transport von Molekülen an die Zelloberfläche und Export aus der Zelle

Zusammenfassung

Die Zelle hat verschiedene Möglichkeiten, Substanzen abzugeben. Diesen Vorgang im weitesten Sinn bezeichnet man als **Sekretion.** Die auffälligste Form der Stoffabgabe erfolgt über Sekretvesikel. Deren Membran verschmilzt wenigstens zeitweise mit der Zellmembran (**Exocytose**), sodass über eine Exocytose-Öffnung Inhaltsstoffe aus der Zelle unter Wahrung ihrer Integrität abgegeben werden können. Unter diesen Stoffen sind solche, die nur nach einem spezifischen Stimulus freigesetzt werden (**getriggerte Exocytose**: Verdauungsenzyme, Hormone, Neurotransmitter etc.). Da das aktivierende Molekül als **Ligand** am **Rezeptor** auf der Zelloberfläche bindet und nicht in die Zelle eindringen kann, verwendet die Zelle hierbei den in Kap. 6.5 (S. 142) und Kap. 23.1 (S. 458) skizzierten Mechanismus zur Signaltransduktion mit intrazellulären second messengers („Zweitboten"). Dazu kann beispielsweise Ca^{2+}mobilisiert oder cyclisches AMP gebildet werden etc. Mehrere Signalelemente können zusammenwirken. Dagegen bedarf es keines bestimmten Stimulus bei der **ungetriggerten Exocytose.** Nach diesem Mechanismus werden auch Komponenten der Zellmembran ergänzt, indem die Vesikelmembran dauerhaft in der Zellmembran integriert wird. Dagegen wird in den meisten anderen Fällen die leere Vesikelmembran in die Zelle zurückgeholt (**Endocytose**, **Membran-Recycling**).

12.1 Das Prinzip des vesikulären Transportes

Mit zunehmender Komplexität entwickelte die Eukaryotenzelle während der Evolution die Fähigkeit, eigene Syntheseprodukte als membranumhüllte Pakete (Sekretvesikel) an die Zellmembran anzuliefern und den Inhalt durch Membranfusion nach außen abzugeben (**Exocytose**, ▸ Abb. 12.1). Die Zelle kann so auf Stimuli reagieren (stimulierte oder **getriggerte Exocytose**) und mit dem Sekret ihre Umgebung beeinflussen. Exocytose kann auf verschiedene Weise getriggert werden (s. u.), bei manchen Zellen z. B. durch elektrische Erregung (Depolarisation) oder bei anderen Zelltypen z. B. durch Bindung eines Botenstoffes (**Hormon**) an der Zelloberfläche. Exocytose eröffnet aber auch die Möglichkeit, die Zelloberfläche dynamisch zu gestalten, indem ohne bestimm-

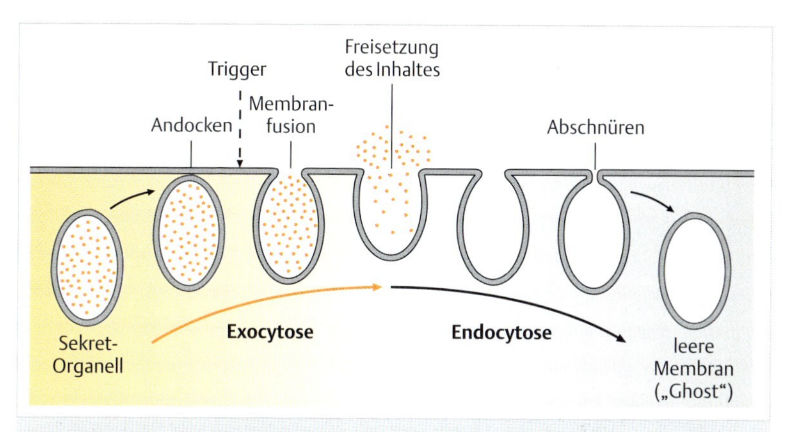

Abb. 12.1 Exocytose und Endocytose. Ein Sekretorganell (Sekretvesikel) wird an die Zellmembran transportiert und dort angedockt. Darauf folgt die Fusion der Vesikelmembran mit der Zellmembran unter Bildung einer Exocytose-Öffnung. Die Exocytose erfolgt fallweise ungetriggert oder sie benötigt einen bestimmten Stimulus (getriggerte Exocytose). Durch die Exocytose-Öffnung wird der Vesikelinhalt aus der Zelle abgegeben. Vielfach wird die leere Vesikelmembran (Ghost) von der Zellmembran abgenabelt und in einem Recycling-Verfahren wieder verwendet (Exocytose-gekoppelte Endocytose).

ten Stimulus den Erfordernissen entsprechende Membranproteine eingebaut werden können (**ungetriggerte Exocytose**). Im Gegenzug können Teile der Zellmembran ins Innere zurückgeholt werden (**Endocytose**). So kann auch die Zellmembran mit ihrer Glykokalix andauernd erneuert werden (Biogenese der Zellmembran).

Allein schon, weil jede Exocytose eine fortwährende Vergrößerung der Zellmembran bewirken würde, muss diesem unerwünschten Nebenaspekt gegengesteuert werden (▸ Abb. 12.1). Die „**Exocytose-gekoppelte Endocytose**" gewährleistet die Aufrechterhaltung der funktionellen Spezifität (d. h. der Proteinarten) sowohl der Sekretvesikel als auch der Zellmembran. Damit hat die Eukaryotenzelle auch das Prinzip der „Wiederverwendung leerer Container" erfunden, denn die Vesikel können diesen Zyklus oft dutzende Male durchlaufen (**Membran-Recycling**). Abgabe und Aufnahme von Stoffen sind auf diese Weise eng miteinander gekoppelt (▸ Abb. 12.2).

Im Folgenden sind die verschiedenen Cytose-Prozesse zusammengestellt:

Exocytose (Abgabe von Stoffen)

- ungetriggerte Exocytose bzw. getriggerte („stimulierte" oder „geregelte") Exocytose

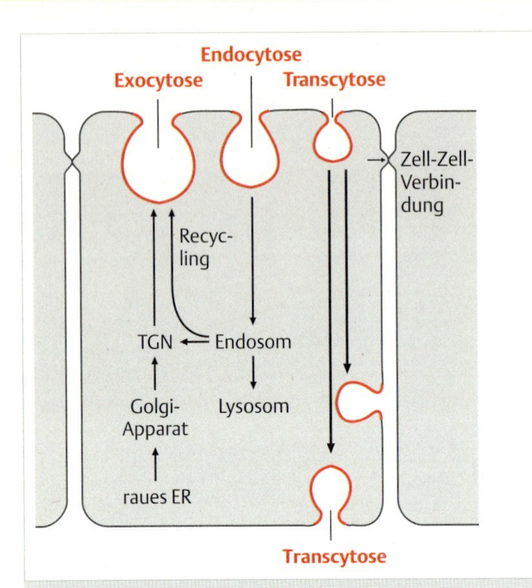

Abb. 12.2 Cytose-Prozesse. Sekretorganellen werden vom Trans-Golgi-Netzwerk (TGN) abgeschnürt und geben ihren Inhalt über Exocytose an der Zellmembran ab. Daran schließt sich meistens eine Exocytose-gekoppelte Endocytose (vgl. ▸ Abb. 12.1). Endocytose tritt aber auch von diesem Prozess unabhängig auf; vgl. Kap. 13.1 (S. 280). Die Endocytosevesikel gelangen zum Endosom, s. Kap. 13.2 (S. 281), von dem Teile in das Recycling oder aber in Lysosomen zum Abbau gelangen können; vgl. Kap. 14.2 (S. 296). In der Transcytose wird dieser Weg vermieden. Vielmehr gelangen hierbei bestimmte Proteine, wie Hormone und Antikörper, durch Vesikelabschnürung von der einen Seite der Zelle auf die andere Seite, wo sie in unveränderter Form durch Vesikelfusion an der Zellmembran wieder abgegeben werden. Die beiden Seiten der Zelle, apikal (oben) und basolateral werden durch Zell-Zell-Verbindungen, vgl. Kap. 21 (S. 409), voneinander getrennt. Diese verhindern auch, dass Stoffe das Endothel von Blutkapillaren bzw. das Epithel der Darmwand unkontrolliert über den Interzellularraum passieren können. Die Transcytose gewährleistet somit die kontrollierte Passage von Stoffen, die nur in unveränderter Form ihre Wirkung im Körper erfüllen können.

Endocytose (Aufnahme von Stoffen)

- Stoffe, die im Lichtmikroskop nicht erkennbar sind
  - Exocytose-gekoppelte Endocytose (Membran-Recycling)
  - Exocytose-unabhängige Endocytosen
- Stoffe, die im Lichtmikroskop geformt erscheinen (Phagocytose)

Transcytose (Durchschleusen von Stoffen)

- z. B. Durchtritt von Proteinen (Proteohormone, Antikörper) durch die Wand von Kapillaren (d. h. durch Endothelzellen) oder durch Epithelzellen.

Wie aus dem Alltag bekannt, kann Recycling nicht ewig fortgeführt werden. So hat auch die Zelle ihre „Verbrennungsanlagen", teils zur Entsorgung, teils zum Recycling von molekularen „Rohstoffen". Gemeint sind die **Lysosomen**, die beiden Aspekten gerecht werden. Als Organellen der intrazellulären Verdauung haben sie Anlieferwege von außen (über Endocytose-Vesikel), aber auch von innen, um abbaubedürftiges Material (überaltete Moleküle und Organellen) zu entsorgen. Vgl. hierzu Kap. 14 (S. 291). Von außen können auch pathogene Keime (Bakterien) in die Lysosomen mancher Zellen (Mikrophagen, Makrophagen) eingeschleust werden. Dieser als Phagocytose bezeichnete Prozess endet mit dem Abbau des Pathogens (S. 299).

Daraus wird deutlich, wie vielfach die Aufnahme und Abgabe von Stoffen verschiedener Art miteinander vernetzt sind und welche große Bedeutung diesen Prozessen beizumessen ist. Ein Sonderfall ist die Transcytose, bei der auf einer Seite der Zelle Stoffe über Vesikel aufgenommen und auf der anderen Seite wieder unverändert abgegeben werden. Endocytose und Transcytose werden in Kap. 13.2 (S. 281), Lysosomen in Kap. 14 (S. 291) eigens abgehandelt.

12.2 Allgemeines über die Abgabe von Stoffen (Sekretion)

Die Abgabe von Stoffen aus der Zelle nennt man ganz allgemein Sekretion. Damit kann vielerlei gemeint sein. Ausgenommen werden hierbei meistens jene Mechanismen, welche für den aktiven oder passiven Transport durch Pumpen, Kanäle oder Carrier durch die Zellmembran zuständig sind. Aber auch hierbei gibt es die inkonsistente Verwendung des Begriffes Sekretion, etwa wenn man von der Sekretion der Salzsäure durch die Belegzellen des Magenepithels spricht. Gemeint ist damit das aktive Hinauspumpen von Protonen durch eine H^+-ATPase der Zellmembran, sodass sich im Magensaft 1-normale (!) = 1-molare HCl findet.

Der Begriff Sekretion ging also zunächst davon aus, dass man extrazellulär Produkte angereichert findet, die aus Zellen freigesetzt wurden. Zur Klärung dieser Begriffsverwirrung, dient die folgende Übersicht über die uns bekannten „sekretorischen Prozesse":

Paketierte Freisetzung von Makromolekülen oder von molekularen Aggregaten (▶ Abb. 12.3)

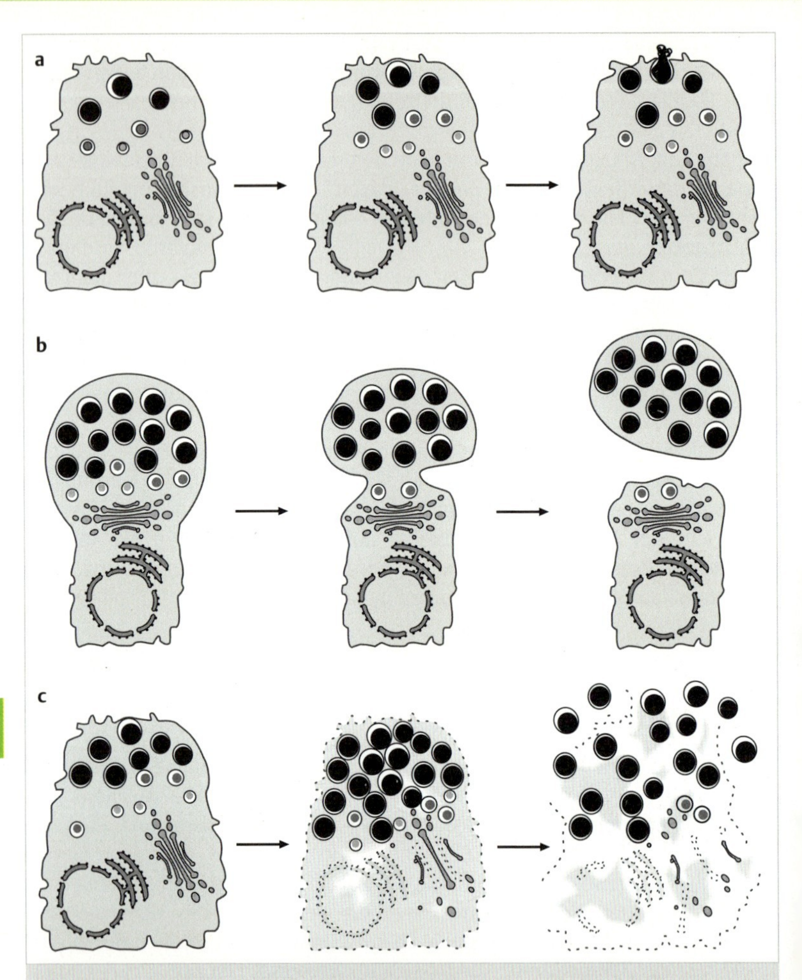

Abb. 12.3 Sekretionsmechanismen. Der Begriff Sekretion ist komplex. Sekretion kann unter anderem bedeuten: **a** Exocytose (merokrine Sekretion), **b** Abschnürung eines Teils der Zelle mit den darin enthaltenen Sekretvesikeln (apokrine Sekretion) oder **c** Zerfall von ganzen Zellen mit ihren Sekretvesikeln zu einem Sekretbrei (holokrine Sekretion). Die Beispiele für Exocytose sind zahlreich (s. Aufzählungen im Text). Apokrin werden in der weiblichen Brustdrüse die Fettkügelchen der Milch freigesetzt. Daneben wird das Milchprotein Casein über Exocytose abgegeben. Die Talgdrüse ist ein Beispiel für holokrine Sekretion.

- **merokrine Sekretion**: Exocytose, Freisetzung von Sekret aus membranumhüllten intrazellulären Vesikeln, deren Membran mit der Zellmembran verschmilzt und über die so gebildete Exocytose-Öffnung die Sekretabgabe erlaubt. Das Sekret besteht aus Proteinen, welche im Allgemeinen glykosyliert sind. Beispiele: Abgabe von Lipoprotein-Aggregaten aus Leberzellen; Abgabe des Proteins Casein aus den Zellen der Milchdrüse, Proteinsekrete anderer Drüsen; Antikörper aus Plasmazellen; Nicht-Proteine: Catecholamine aus dem Nebennierenmark, Neurotransmitter aus Nervenendigungen etc. Auf demselben Weg wird aber auch die Zellmembran nachgebildet und werden einzelne Komponenten der extrazellulären Matrix und der pflanzlichen Zellwand ausgeschieden, vgl. auch Kap. 12.3.1 (S. 266). Auch bei Exocytose können zusätzlich zu Proteinen niedermolekulare Stoffe abgegeben werden (Ionen, ATP, Enkephaline etc.). Gelegentlich wird in den Lehrbüchern der Histologie merokrin als Oberbegriff für die unter apokrine bzw. merokrine Sekretion definierten Prozesse verwendet; die merokrine Sekretion wird dann auch als ekkrin bezeichnet.
- **holokrine Sekretion**: Zerfall ganzer Zellen zur Bildung von Sekret. Beispiel: Talgdrüsen inkl. Haarbalgdrüsen.
- **apokrine Sekretion**: Abschnürung eines Teils der Zelle (Sekret zunächst umhüllt von Zellmembran). Beispiel: Freisetzung von Lipidtröpfchen aus den Zellen der Milchdrüse.

12.2.1 Die Zelle kann sehr verschiedene Stoffe exportieren

▸ **Abgabe von niedermolekularen Verbindungen mit ausreichender Lipidlöslichkeit.** Beispiele: Steroidhormone wie Corticosteroide der Nebennierenrinde oder Ecdyson, das Häutungshormon von Insekten; **T 3** und **T 4** (Thyroxin), das Schilddrüsenhormon; Gallenfarbstoffe (Hepatocyten). Hier erfolgt die Freisetzung über die Zellmembran durch **Diffusion** bzw. **molekulare Transportprozesse**.

▸ **Abgabe von Ionen.** Beispiel: Im Sekret der Schweißdrüsen mit relativ wenigen Proteinen, die über Exocytose freigesetzt werden, wird ein relativ hoher Anteil an Ionen ausgeschieden. Die Freisetzung der Salze erfolgt aber durch **Transportmechanismen** an der Zellmembran und ist deshalb eigentlich – ebenso wie die Harnbildung durch die Niere – nicht als Sekretion im eigentlichen Sinne zu bezeichnen. Ähnliches gilt für die Salzsäure-„Sekretion" im Magen (s. o.).

▸ **„Sekretion“ von Komponenten der extrazellulären Matrix über membranintegrierte Proteinkomplexe.** Zwei besondere Fälle treten zum einen in tierischen, zum anderen in pflanzlichen Geweben auf (vgl. Punkt 2 oben). In beiden Fällen betrifft es die Bildung wichtiger Komponenten jener Masse, welche zwischen den Zellen liegt. Die extrazelluläre Matrix (= Interzellulärsubstanz) tierischer Gewebe kann sehr verschieden stark ausgeprägt sein und besonders im Stütz- und Bindegewebe große Mengen an **Proteoglykan**-Molekülen enthalten, welche wie Pinselborsten an einem „Stiel“ aus polymerer Hyaluronsäure (Hyaluronan) befestigt sind. Dagegen wird die Hauptmasse der oft massiven Zellwände zwischen Pflanzenzellen von Mikrofibrillen aus Zellulose gebildet. In beiden Fällen, bei Hyaluronan wie bei Zellulose, erfolgt die „Sekretion“ über **membranintegrierte Proteinkomplexe** durch die Zellmembran hindurch, welche gleichzeitig die **Polymerisierung** der (dem Cytosol entnommenen) Monomere auf der extrazellulären Seite besorgen.

▸ **„Sekretion“ im engeren Sinn.** Als Sekretion im engeren Sinn verbleibt somit nur noch die Ausschleusung von Makromolekülen oder von Molekülaggregaten in „paketierter“ Form. Wiederum kann Verschiedenes gemeint sein. Zellen können als ganzes zu Sekret zerfallen (**holokrine** Sekretion) oder ein Teil der Zelle wird als Sekret nach außen abgeschnürt (**apokrine** Sekretion). Beispiele sind wiederum der obigen Aufzählung sowie der ▸ Abb. 12.3 zu entnehmen. Schließlich bleibt noch der Mechanismus der **Exocytose** zu erörtern, also die Freisetzung von Sekret durch Verschmelzen der Membran eines Sekretvesikels mit der Zellmembran. Dieser Prozess wird auch als **merokrine** oder – etwas altmodisch – als „ekkrine“ Sekretion bezeichnet (vgl. oben). Weniger auffällig, aber prinzipiell gleich, verläuft die Fusion kleiner Vesikel mit der Zellmembran, welche auf diese Art erneuert wird (Biogenese).

12.3 Exocytose

Die Fusion von Vesikeln mit der Zellmembran zur Abgabe von Stoffen kann getriggert oder ungetriggert erfolgen (▸ Abb. 12.4).

12.3.1 Ungetriggerte Exocytose

Manche Exocytose-Prozesse laufen also unauffällig, stetig und ohne einen auffälligen Trigger ab („**konstitutive**“ oder „ungetriggerte Exocytose“). Beispiele betreffen nicht nur die Biogenese der Zellmembran mit ihrer Glykokalyx, sondern auch die Sekretion von Antikörpern (wiewohl es eines Antigens als Trigger bedarf, um Lymphocyten zur Vermehrung und Produktion spezifischer Antikörper anzuregen), von Serum-Lipoproteinen aus Hepatocyten, von Wachs-

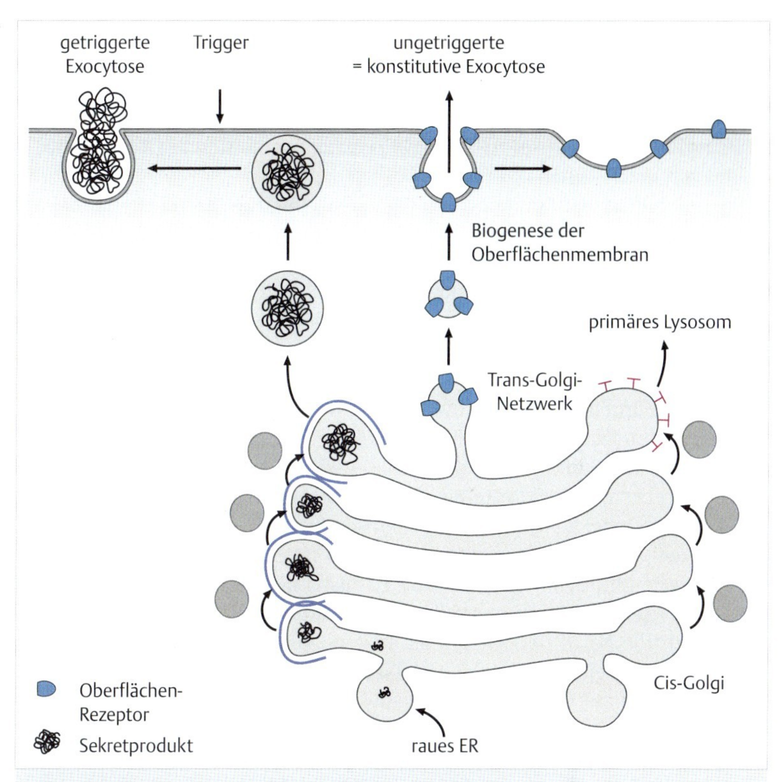

Abb. 12.4 Getriggerte und ungetriggerte Exocytose im Vergleich. Hierzu existieren verschiedenartige Sekretvesikel in einer Zelle, die jedoch beide vom Trans-Golgi-Netzwerk abgeschnürt werden. Bei der getriggerten Exocytose kommt es primär auf die Freigabe des Sekrets, d. h. des Vesikelinhaltes an. Dies gilt auch für die ungetriggerte Exocytose, soweit auf diesem Wege manche der Komponenten der Interzellularsubstanz bzw. der pflanzlichen Zellwand freigesetzt werden. Daneben dienen die Vesikel der ungetriggerten Exocytose der andauernden Erneuerung der Zellmembran (Biogenese), in der sie durch Fusion und Diffusion aufgehen.

tumsfaktoren sowie von bestimmten Komponenten der extrazellulären Matrix tierischer Gewebe und ihres pflanzlichen Äquivalents, der Zellwand. Man hat diese Prozesse voreilig auch „ungeregelte Sekretion“ genannt. In der Zelle aber ist alles geregelt, wenn auch nicht immer deutlich sichtbar getriggert.

Die Funktionen der ungetriggerten Exocytosen lassen sich wie folgt zusammenstellen:

1. **Biogenese** bzw. permanente Erneuerung der Zellmembran mit ihrer Glykokalyx, ihren Ionenkanälen, Carriern, Rezeptoren etc.
2. Sekretion von **Antikörpern** (IgG, IgM), von **Lipoproteinen** des Blutplasmas und von **Wachstumsfaktoren**
3. Sekretion mancher Komponenten der **extrazellulären Matrix** tierischer Gewebe (Monomere des Kollagens, Chondroitinsulfat und Dermatansulfat, aber nicht Hyaluronsäure, s. o.)
4. Ausschleusung von einzelnen Komponenten der **pflanzlichen Zellwand**. Dies betrifft u. a. Proteine, jedoch nicht die Hauptmasse des Zellwandmaterials, nämlich die Zellulose (s. o.).

► **Vesikel-Zellmembranerkennung erfolgt über Dockproteine.** Die an der ungetriggerten Exocytose beteiligten Sekretvesikel sind relativ klein. Sie besitzen an ihrer Membranoberfläche – wie alle Sekretvesikel – Dockproteine, welche entsprechende **Dockproteine** an der Innenseite der Zellmembran erkennen können. Dabei kann in Epithelzellen sogar zwischen Vesikeln unterschieden werden, welche für den apikalen Bereich (oberen Bereich mit dem Bürstensaum aus Mikrovilli) oder für den basolateralen (unteren und seitlichen) Bereich der Zellmembran unterhalb des Verbindungskomplexes bestimmt sind. So wandert die Na^+/K^+-ATPase immer an den lateralen, die 5'-Nukleotidase an den apikalen Bereich. Man vermutet, dass auch hierbei zunächst der Transport an die basolaterale Seite erfolgt, dass diese Proteine aber in selektiven Membranabschnitten angereichert und erst dann über eine Art Transcytose (vgl. ► Abb. 12.1) nach apikal transportiert werden. Übrigens trifft dieser Mechanismus für alle Proteine zu, welche an der Zelloberfläche über einen **Glykosyl-Phosphatidylinositol**-Rest mit der Phospholipidschicht verankert sind; s. auch Kap. 6.4 (S. 133). Ebenfalls über ungetriggerte Exocytose gelangen auch die surface variant antigens parasitärer Protozoen an die Zelloberfläche. Der häufige Wechsel dieser Glykokalix-Komponenten bei *Plasmodium*-(Erreger der Malaria) und *Trypanosoma*-Zellen (Erreger der Schlafkrankheit) etc. bewirkt, dass der infizierte Körper mit der Produktion spezifischer Antikörper nicht nachkommt. Dementsprechend mühsam ist die Entwicklung eines Impfserums.

► **Ungetriggerte Exocytose geschieht ohne Erhöhung der Ca^{2+}-Konzentration.** Zur Steuerung der ungetriggerten Sekretion hat man ähnliche Vorstellungen wie zum Andocken und zur Fusion von Vesikeln im Bereich des Golgi-Apparates. Auch hier tritt kein Signaltransduktionsmechanismus, also keine Bildung von *second messenger* bzw. keine Erhöhung der intrazellulären freien Ca^{2+}-Konzentration auf.

12.3.2 Getriggerte Exocytose

Ein Nerv „feuert" extrem schnell (binnen Millisekunden); andere Zellen, wie die des Nebennierenmarks, geben Catecholamine ab (binnen Sekunden), um ein Tier in Aktion zu versetzen. Drüsen werden zur Sekretion angeregt (binnen Minuten). Unter den getriggerten Exocytose-Prozessen (s. u.) gibt es also eine breite Palette von zeitlichen Ansprüchen, um die biologische Zielvorgabe zu erreichen. Beispiele zeigen die ▸ Abb. 12.6, ▸ Abb. 12.7, ▸ Abb. 12.8 und ▸ Abb. 12.9. Demnach laufen alle diese Prozesse nach einem ähnlichen Grundschema mit Variationen ab. Allgemein steigt dabei die Konzentration von freiem (= ionalem, gelöstem) Ca^{2+} von ca. 10^{-7} auf ca. 10^{-6} M oder darüber an. Auch hier sind (SNARE-) Proteine am Dock- und Fusionsprozess beteiligt; s. Molekularer Zoom (s. u.).

Besonders beim schnellsten Exocytose-Vorgang, der neuronalen Transmission, ist es wichtig, dass das Andocken der Transmittervesikel in einem Self-assembly-Prozess bereits vollzogen ist, bevor der Stimulus eintrifft.

Molekularer Zoom

Annäherung und Fusion

Andocken von Vesikeln an eine Membran und Membranfusion. Wo auch immer Vesikel an die Membran eines nachgeschalteten Organells andocken und mit ihr fusionieren sollen, wird ein auf beide Seiten verteilter komplexer Satz von bestimmten Dock-/Fusionsproteinen benötigt. Dabei sind die **SNARE**-Proteine hervorzuheben. Zwar ist die Bedeutung vom englischen Wort „snare" (= Fangschlinge) passend, der Terminus SNARE ist jedoch ein aus folgenden Wörtern abgeleitetes kompliziertes Akronym: SNARE = **s**oluble **N**SF-**a**ttachment p**r**otein [**SNAP**] receptor, **NSF** = **N**EM **s**ensitive **f**actor, NEM = **N**-**e**thyl**m**aleimide. Mit dieser verkürzten Nomenklatur wird versucht, komplizierte Interaktionen fassbarer zu machen. Die Entdeckungsgeschichte der SNAREs zeigt, was dahintersteckt. Mit Zellhomogenaten konnte zunächst gezeigt werden, dass bestimmte Membraninteraktionen durch die Chemikalie N-Ethylmaleimid gehemmt werden – eben durch Interaktion mit einem NEM-sensitiven Protein (NSF). Dann fand man noch, dass es dazu Proteine für die Anheftung (**SNAPs** = soluble NEM-sensitive attachment proteins) und dafür wieder Rezeptoren gibt (SNAREs = SNAP Rezeptoren). Genauer gesagt sind es große Familien von Proteinen.

Membran-spezifische SNARE-Proteine sind mit ihrem Carboxyl-Ende einerseits in den Vesikeln, andererseits in der Zielmembran (Engl. „target") verankert. Demnach unterscheidet man v-(vesicle) und t-(target-)SNAREs. Später fand man, dass v-SNAREs in der funktionell wichtigen **„SNARE-Domäne"** einen Arginin-(R-) bzw. t-SNAREs einen Glutamin-(Q-)Rest enthalten. Daher spricht man heute eher von **R-** und **Q-SNAREs**. Bei den v-/R-SNAREs gibt es nur einen Typ, **Synaptobrevin** bzw. **Cellubrevin**, wogegen es bei den t-/Q-SNAREs deren drei gibt. Es sind dies **Qa** (**Syntaxin**) sowie **Qb** und **Qc** (die im weit verbreiteten **SNAP-25** auch zu einem Tandem-SNARE vom Typ Qb/c fusioniert sein können). Jedes SNARE-Molekül hat also eine SNARE-Domäne mit einem zentralen R- oder Q-Rest.

Beim Andocken eines Vesikels interagieren ca. 6 Sätze von SNAREs (jeder mit einem R-, Qa, Qb-, Qc [oder Qbc]) von den beiden Membranen her; dies erfolgt zunächst in losen **Trans-Komplexen**, die ringförmig an der Dockstelle angeordnet sind (nur zwei davon sind hier gezeichnet). Dieser Trans-Komplex wird anschließend gefestigt, indem die SNAREs vom N-terminalen Ende her wie ein Reißverschluss angezurrt werden (SNARE „Zippering“, Engl. zipper = Reißverschluss). Erst jetzt kommen die Membranen in engen Kontakt und können fusionieren, sodass dabei alle SNAREs auf dem einen Membrankontinuum zu liegen kommen (**Cis-Komplex**). Im Falle der stimulierten Exocytose braucht es zur **Membranfusion** noch ein **Ca^{2+}-Signal**, das über ein Ca^{2+}-Sensorprotein (**Synaptotagmin**, hier nicht eingezeichnet) durch eine Konformationsänderung auf die Membranen so übertragen wird, dass sie sehr schnell fusionieren können. Der detaillierte Ablauf der Membranfusion wird noch intensiv erforscht – die Hauptschwierigkeit liegt im extrem schnellen Ablauf binnen weniger als einer Millisekunde.

Was macht NSF? Schließlich wurde ja die SNARE „Geschichte“ über NSF entdeckt. NSF gehört zur Großfamilie der **Triple-A ATPasen** (= **AAA-ATPase** [ATPases **a**ssociated with diverse cellular **a**ctivities]) und dient als SNARE-spezifisches Chaperon; s. Kap. 9.4 (S. 216). Für die meisten Zellsysteme wird angenommen, dass es der Entflechtung der SNARE-Komplexe nach erfolgter Membranfusion dient; jedoch gibt es Evidenzen, dass es auch bei der Assemblierung von SNARE-Komplexen vor der Membranfusion im Einsatz ist.

Neben den hier gezeichneten SNAREs mischen auch noch Aktin, H^+-ATPase, verschiedene Organell-spezifische **GTPasen** (monomere, kleine GTP-Bindeproteine) und ihre Regulatoren (**GAP** = **G**TPase **a**ctivating **p**rotein, **GEF** = **g**uanine [nucleotide] **e**xchange **f**actor), sowie weitere Hilfsproteine mit. Sie beeinflussen auf direktem oder indirektem Wege das Andocken der Vesikel an andere Membranen. Dabei dürften – neben den Organell-spezifischen SNAREs – insbesondere GTPasen vom Rab-Typ (Rab = Ras-related in brain, Ras = Rat sarcoma) die Spezifität der Membraninteraktion festlegen, z. B. damit ein Sekretvesikel spezifisch an der Zellmembran andockt und mit dieser fusioniert, aber mit keiner anderen Membran. So ist verständlich, dass der Mensch neben ca. 60 verschiedenen Rab-Proteinen an die 40 verschiedene SNARE-Proteine aufweist, die teilweise dem R- oder den verschiedenen Q-Typen angehören (▶ Abb. 12.5).

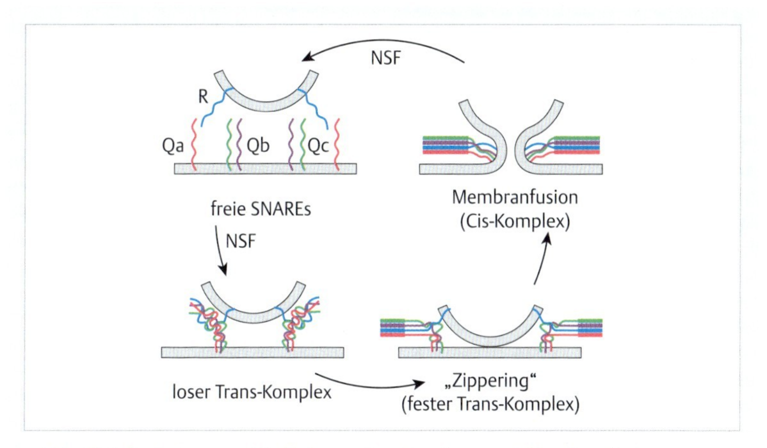

Abb. 12.5 Andocken von Vesikeln an eine Membran und Membranfusion.

▸ Schnelle Stimulus-Sekretions-Koppelung an der motorischen Endplatte. Betrachten wir nun im Speziellen eine motorische Endplatte, also die Endigung eines Motoneurons an einem Skelettmuskel (▸ Abb. 12.6). Die Endplatte enthält Vesikel mit Acetylcholin (S. 142) als Transmitter. Sie werden über den im Molekularen Zoom (S. 269) skizzierten Prozess an der Zellmembran (präsynaptische Membran) angedockt. Der Stimulus besteht nun in der **Depolarisierung** der Nervenendigung binnen ca. einer Millisekunde (▸ Abb. 6.10). Dies aktiviert den Einstrom von extrazellulären **Calcium-Ionen**) über spannungsabhängige Ca^{2+}-Kanäle, die sich öffnen, sobald die Nervenendigung depolarisiert wird; vgl. Kap. 6.2 (S. 118). Ca^{2+}-Ionen diffundieren im Cytosol aber schnell weg. Daher ist eine Assemblierung dieser Ca^{2+}-Kanäle nahe an den Vesikel-Dockstellen eine Voraussetzung für die sofortige Freisetzung des Transmitters über Exocytose. Ca^{2+} bindet im Bereich der Vesikel-Dockstellen an bestimmte Proteine, deren Konformation durch die Ca^{2+}-Bindung verändert wird. Damit wird die Membranfusion über SNARE-Proteine eingeleitet. Diese greifen vermutlich in beide Membranen hinein (Zellmembran und Vesikelmembran) und dürften über hydrophobe Domänen das Ineinandergleiten der Membranlipide hervorrufen. Dadurch entsteht eine Exocytose-Öffnung und der Neurotransmitter wird schlagartig freigesetzt. Diesen Prozess nennt man **Stimulus-Sekretions-Koppelung**. Anschließend wird Acetylcholin an Rezeptoren (▸ Abb. 6.25), einer benachbarten Zelle, z. B. einer Muskelzelle gebunden, die dadurch aktiviert wird.

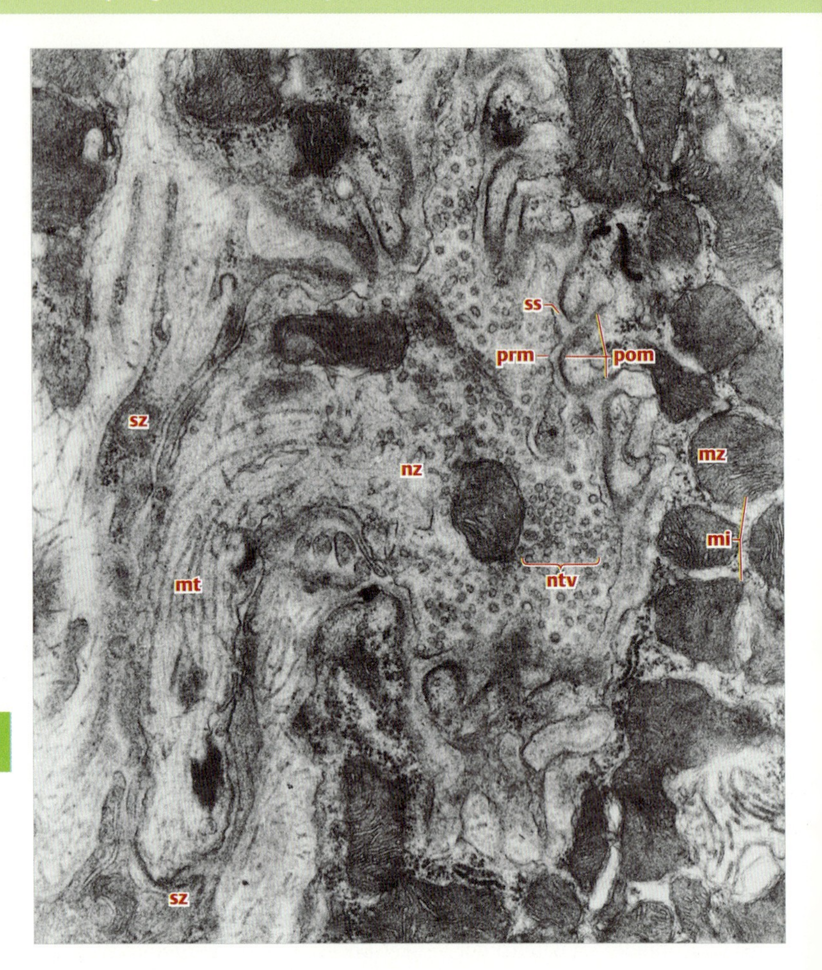
ss
prm
pom
sz
mz
nz
mi
ntv
mt
sz

◂ **Abb. 12.6 Neuromuskuläre Kontaktzone (motorische Endplatte).** Dies ist das Ende eines Axons, d. h. des erregungsleitenden Fortsatzes einer motorischen Nervenzelle (**nz**, Motoneuron) in Kontakt mit einer quer gestreiften Muskelzelle (**mz**); vgl. Kap. 16.3.2 (S. 337). Beide Zellen sind voneinander durch einen Spalt getrennt (**ss** = synaptischer Spalt), der zwischen der Zellmembran der Nervenzelle (**prm** = präsynaptische Membran) und jener der Muskelzelle (**pom** = postsynaptische Membran) liegt. Im linken Teil lässt das Axon noch zahlreiche Mikrotubuli (**mt**; für den Vesikeltransport) und die Umhüllung durch Schwannsche Zellen (**sz**; zur elektrischen Isolierung) erkennen. Dagegen sind am Ende des Axons zahlreiche Neurotransmitter-Vesikel (**ntv**) konzentriert. Sobald der Nerv durch Depolarisierung aktiviert wird, können die Vesikel ihren Inhaltsstoff Acetylcholin binnen Millisekunden über Exocytose in den synaptischen Spalt abgeben. Dort trifft das Acetylcholin auf die Rezeptoren, die in der reichlich gefalteten postsynaptischen Membran sehr zahlreich vorhanden sind (vgl. ▸ Abb. 6.25). Die Aktivierung dieser Rezeptoren bringt dann mit wenig Zeitverzögerung die Muskelzelle zur Kontraktion. **mi** = Mitochondrien. Vergr. 19 000-fach. (Aus Plattner, H: Progr. Histochem. Cytochem. 5/3 [1973] 1)

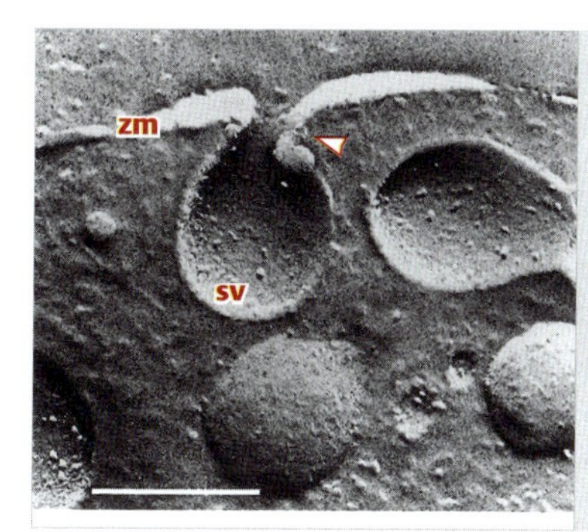

Abb. 12.7 Exocytose im Gefrierbruch. Die Membran eines Sekretvesikels (**sv**) fusioniert mit der Zellmembran (**zm**), sodass ein Omega-förmiges Membrankontinuum entsteht. Die Pfeilspitze deutet auf die Exocytose-Öffnung, durch die das Sekret freigesetzt wird (in diesem Falle Catecholamine aus einer chromaffinen Zelle des Nebennierenmarkes). Vergr. 61 700-fach, Strich = 0,25 µm. (Aus Schmidt, W., A. Patzak, G. Lingg, H. Winkler, H. Plattner: Eur. J. Cell Biol. 32 (1983) 31)

12

▸ Langsamere Stimulus-Sekretions-Koppelung bei Mast- und Drüsenzellen. Der Prozess der Stimulus-Sekretions-Koppelung dürfte bei anderen Zelltypen, wie Mastzellen (▸ Abb. 12.8 und ▸ Abb. 12.9) und Drüsenzellen, die ebenfalls zur getriggerten Exocytose fähig sind, im Prinzip ähnlich ablaufen (s. Aufzählung unten). Sie reagieren aber weit langsamer als Neurone, weil entweder das Ca^{2+} nicht genau an die Zielorte, die Dock-Fusions-Stellen, hingeleitet wird, oder aber, weil erst noch andere *second messenger* gebildet (vgl. ▸ Abb. 12.10) und noch weitere Aktivierungsschritte eingeleitet werden müssen. In der Aufzählung unten sind auch Bespiele zu exokrinen und endokrinen Drüsen aufgelistet. Aus endokrinen Drüsen gelangt das Sekret in die Blutbahn, aus exokrinen Drüsen dagegen nach außen (Speicheldrüsen) oder in mit der Außenwelt in Verbindung stehende Hohlräume (Verdauungsdrüsen).

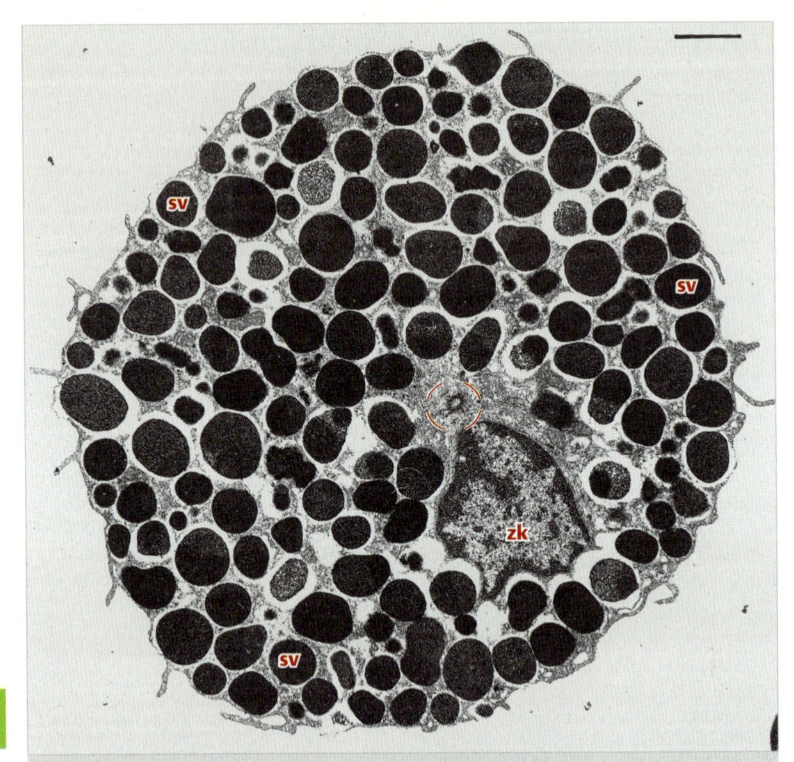

Abb. 12.8 **Mastzelle vor der Triggerung.** Abgesehen vom Zellkern (**zk**) und dem nahe gelegenen Cytocenter (eingerahmt) mit dem Centriol in der Mitte fallen die zahlreichen Sekretvesikel (**sv**) ins Auge. Sie füllen die Zelle fast völlig aus. Vergr. 9 500-fach, Strich = 1 µm. (Aufnahme: H. Plattner)

▸ **Stoffe, die über getriggerte Exocytose freigesetzt werden**

Proteine (mehr oder weniger glykosyliert):

Verdauungsenzyme aus exokrinen Drüsen:

- **Speicheldrüsen**; ein Sonderfall sind die **Giftdrüsen** von Schlangen, welche allerdings neben oder anstelle von Verdauungsenzymen auch neurotoxische Proteine ausscheiden können, z. B. α-Bungarotoxin als Blocker der Acetylcholin-Rezeptoren an motorischen Endplatten, aber auch – je nach Spezies – hämolytische oder die Blutgerinnung hemmende oder fördernde Proteine.
- **Exokriner Pankreas**: Verdauungssaft des Darms mit Amylase (Abbau von Stärke), Lipasen (Lipide), Nukleasen (DNase, RNase), Kathepsine (Proteasen).

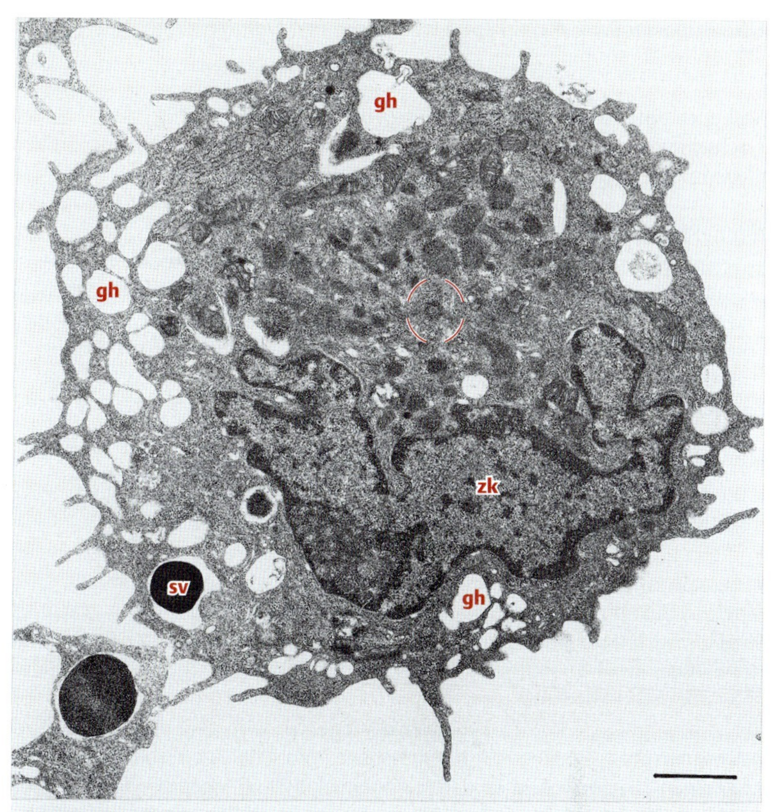

Abb. 12.9 Mastzelle nach der Triggerung. Die Zelle enthält nur noch vereinzelt elektronendichte Sekretvesikel (**sv**). Die meisten Vesikel haben ihr Sekret (Histamin) über Exocytose abgegeben, sodass nur die leeren Vesikelmembranen (**gh** = *ghosts*) zurückbleiben. Weitere Erklärungen wie in ▶ Abb. 12.8. Vergr. 11 500-fach, Strich = 1 µm. (Aufnahme: H. Plattner)

Proteohormone:

- Endokrine Drüsen: Inselzellen des **endokrinen Pankreas** mit Insulin (aus B-Zellen, Senkung des Blutzuckerspiegels) und Glukagon (aus A-Zellen, Insulin-Antagonist). **Hypophyse** (Hirnanhangdrüse basal am Zwischenhirn): z. B. Wachstumshormon und glandotrope Hormone, wozu mammotropes, thyreotropes und luteotropes Hormon zählen, die jeweils die Milchdrüse, die Schilddrüse oder die Corpus luteum-Zellen des Ovars zur Sekretion anregen.

- **Neurohormone**: z. B. das Peptid Enkephalin und Endorphine, die der Schmerzempfindung gegensteuern.

Mukoproteine (stark glykosylierte Proteine):
- Schleimproduzierende **Becherzellen**, in Epithelien des Darms eingestreut, ebenso wie in zahlreichen anderen Epithelien.

Amine: Mastzellen:
- Histaminausschüttung zur verstärkten Durchblutung (Aktivierung durch Bindung von Antikörpern an der Zelloberfläche. Nebenfolgeerscheinungen: verstärkte Hautrötung z. B. bei Allergien; im Extremfall kann die Aktivierung von Mastzellen Schockzustände auslösen). Nebennierenmark (Catecholamine = Adrenalin [s. a. Epinephrin] und Noradrenalin; Steigerung des Blutdrucks und Aktivierung des Organismus).

Neurotransmitter:
- Das Paradebeispiel ist die Freisetzung von Acetylcholin aus den motorischen Endplatten.

▸ **Signaltransduktion.** Im Detail kann die Aktivierung einer Drüsenzelle über Stimulus-Sekretions-Koppelung so ablaufen, wie in ▸ Abb. 12.10 erläutert wird. Ein **primärer Botenstoff** bindet an seinem Rezeptor an der Oberfläche der Zellmembran. Der aktivierte Rezeptor aktiviert entweder die Adenylatcyclase oder die Phospholipase C. Dadurch wird an der cytoplasmatischen Seite der Zellmembran cAMP (S. 145) gebildet oder es wird Phosphatidylinositol-4,5-bisphosphat ($PInsP_2$) (S. 146) gespalten. Von den Spaltprodukten bleibt zum einen **Diacylglycerin** in der Membran und kann, ebenso wie cyclisches AMP verschiedene Proteine (z. B. Ionenkanäle) durch **Phosphorylierung** aktivieren. Dies kann zu einem **Einstrom von Ca^{2+}** aus dem Interzellularraum führen, wodurch die Zelle weiter aktiviert wird. Zum anderen entsteht als Spaltprodukt von $PInsP_2$ das Inositol-1,4,5-trisphosphat ($InsP_3$). **$InsP_3$** ist wasserlöslich und diffundiert in das Zellinnere. Es trifft auf $InsP_3$-Rezeptoren im Endoplasmatischen Retikulum und bewirkt dort eine **Freisetzung von Ca^{2+}**. Auf diesem langen Umweg wird die Exocytose über längere Zeit getriggert (Sekunden bis Minuten). Es ist klar, dass eine Drüsenzelle nach diesem komplizierten Schema nur wesentlich langsamer reagieren kann als eine motorische Nervenendigung. Aber die Verdauung mag ruhig langsamer vonstatten gehen als die Flucht vor dem Feind.

Dieses sind lediglich zwei extreme Beispiele, wie die Stimulus-Sekretions-Koppelung verlaufen kann. Darüber hinaus können noch andere *second messenger* auftreten, auch solche, die ebenfalls Ca^{2+} aus intrazellulären Speichern

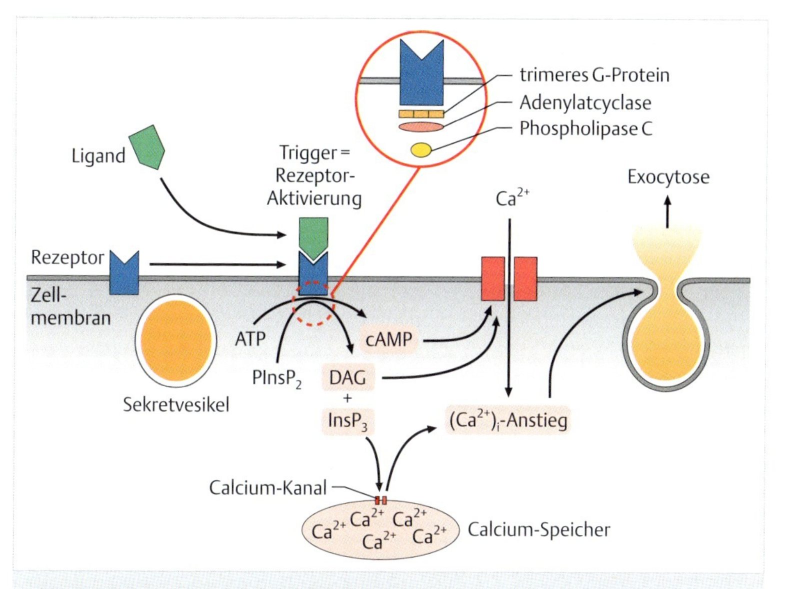

Abb. 12.10 Stimulus-Sekretions-Koppelung. Eine Zelle wird durch die Bindung eines geeigneten Liganden an einem spezifischen Rezeptor getriggert (Rezeptor-Aktivierung). Zwischen dem Eintreffen dieses „ersten Boten" und der Ausführung des „Befehls" (Exocytose) spielt sich in der Zelle ein komplexer dynamischer Prozess ab (intrazelluläre Signaltransduktion), an dem verschiedene „Zweitboten" beteiligt sein können. Solche *second messenger* können cyclisches Adenosinmonophosphat (cAMP), Diacylglycerin (DAG), Inositol-1,4,5-trisphosphat ($InsP_3$) und Ca^{2+} sein. cAMP wird mittels der Adenylatcyclase aus ATP gebildet, DAG und $InsP_3$ entstehen durch Spaltung von Diacyl-Phosphatidylinositol-4,5-bisphosphat ($PInsP_2$) (S. 146) unter Vermittlung einer Phospholipase C. Beide Enzyme werden an den aktivierten Rezeptor mittels eines trimeren GTP-Bindeproteins (S. 144) angebunden.
Sowohl cAMP als auch DAG können Proteinkinasen aktivieren, sodass Proteine phosphoryliert werden. Dies ist hier nur für ein Membranprotein gezeichnet, kann aber in Wahrheit verschiedene Proteine betreffen. Auf diese Weise kann z. B. der Ca^{2+}-Kanal der Zellmembran beeinflusst werden, wiewohl in manchen Fällen allein die Rezeptor-Ligand-Bindung oder die elektrische Depolarisierung der Zelle zur Aktivierung der Ca^{2+}-Kanäle der Zellmembran ausreicht. Ein weiterer Anstieg der freien Ca^{2+}-Konzentration im Cytosol kann dadurch erfolgen, dass $InsP_3$ Ca^{2+}-Kanäle in Calcium-Speichervesikeln (Teile des Endoplasmatischen Reticulums) öffnet. Manchmal werden solche Kanäle auch allein durch einen vorhergehenden $[Ca^{2+}]_i$-Anstieg aktiviert (*Ca^{2+}-induced Ca^{2+}-release*, CICR), sodass die Entleerung der Calcium-Speicher das Ca^{2+}-Signal weiter verstärkt.

freisetzen. Sogar Ca^{2+} kann die Freisetzung von weiterem Ca^{2+} induzieren (Ca^{2+}-induzierte Ca^{2+}-Freisetzung). Manche dieser Ca^{2+}-Pools kann man im Experiment auch durch das Purin-Derivat Coffein (Trimethylxanthin) aktivieren. Im Laufe der Evolution nimmt die Bedeutung von Ca^{2+}als Signalmolekül zu, so dass es bei Säugetieren ca. 3.500 **Ca^{2+}-bindende Proteine** gibt – um ca. zwei Größenordnungen mehr als bei Bakterien. Sie vermitteln Signale durch Konformationsänderung und Bindung an Effektormoleküle.

Der erste Schub getriggerter Sekretion erfolgt durch Sekretvesikel, die bereits an der Zellmembran angedockt sind. Es sind hierbei in allen Exocytose-aktiven Zellen Dockproteine (SNAREs), die das Andocken der Vesikel an der Zellmembran vermitteln, sowie monomere GTP-Bindeproteine, Ca^{2+}-sensitive Proteine und fusogene Proteine beteiligt, wie eingangs dargelegt wurde.

Bei länger währender Stimulation müssen neue Vesikel aus dem Zellinneren rekrutiert und angedockt werden. In vielen exocytotisch aktiven Zellen befindet sich jedoch ein dichtes Netzwerk aus **Mikrofilamenten** (vgl. Kap. 16) (S. 320), besonders im äußersten Randbereich der Zelle (Zellkortex). Die Stimulation bewirkt über den $[Ca^{2+}]_i$-Anstieg auch eine teilweise Fragmentierung dieses Netzwerks und die Loslösung sekretorischer Vesikel aus diesem „Sperrgitter“, sodass neue Vesikel an die Zellmembran angedockt werden können.

Zusammenfassend wird bei der **Stimulus-Sekretions-Koppelung** eine Amplifikation des primären Signals in mehreren Stufen erzielt:

1. durch die sukzessive Anbindung eines Rezeptor-Ligand-Komplexes an trimere **G-Proteine**, die (anders als die monomeren G-Proteine/GTPasen) aus einer Kombination von je einer α-, β- und γ-Untereinheit bestehen und die
2. wieder mehrere Moleküle von **Adenylatcyclase** bzw. **Phospholipase C** aktivieren können, woraus
3. jeweils noch mehr *second messenger* Moleküle verfügbar werden. Diese wiederum üben
4. einen Effekt auf zahlreiche Zielproteine aus.

Erst dann kann mit nicht unbeträchtlicher Verzögerung der strukturell doch so einfach anmutende Prozess der Exocytose stattfinden („Befehl ausgeführt“). Ein Motoneuron dagegen kann seine Neurotransmitter-Substanz deshalb so schnell abgeben (Millisekunden), weil er nur des Ca^{2+}-Einstroms von außen, jedoch keiner weiteren Signaltransduktion bedarf.

Zellpathologie

Trimere G-Proteine

Ungefähr die Hälfte der heutigen Pharmaka haben direkt oder indirekt mit **trimeren G-Proteinen** und damit gekoppelten Rezeptoren und Folgefunktionen zu tun (S. 278).

▸ **Literatur zum Weiterlesen**

siehe www.thieme.de/go/literatur-zellbiologie.html

13 Das „Importgeschäft“ – Aufnahme von Stoffen

Zusammenfassung

Makromoleküle, Viren, Bakterien und zelluläre Parasiten können in membranumhüllten Vesikeln in die Zelle aufgenommen werden. Diesem Prozess der **Endocytose** (im weiteren Sinn) liegen verschiedene Mechanismen zugrunde. Die im Lichtmikroskop klar erkennbare Aufnahme großer Partikel (Bakterien, Parasiten) heißt **Phagocytose**, alles andere kann man als Endocytose im engeren Sinn bezeichnen und am besten im Transmissions-EM beobachten. Manche Makromoleküle müssen vor ihrer Aufnahme an die für sie spezifischen Rezeptoren an der Zellmembran binden (adsorptive oder rezeptorvermittelte Endocytose), andere brauchen dies nicht („Fluid-phase“-Endocytose, **Pinocytose**). Die adsorptive Endocytose ist sehr spezifisch, die Rezeptor-Ligand-Komplexe werden unter Vermittlung des Proteins **Clathrin** an der Innenseite der Zellmembran angehäuft („geclustert“). So bilden sich so genannte *coated pits*, die sich als *coated vesicles* abschnüren. Das Schicksal der verschiedenen Endocytose-Vesikel bzw. ihrer Komponenten ist je nach Typ sehr unterschiedlich. Daneben verfügt die Zelle noch über die Möglichkeit, ausgewählte Stoffe (Antikörper, Hormone) unverändert von einer Seite zur anderen durchzuschleusen (**Transcytose**). So können Proteo-Hormone durch die Blutkapillaren bis zu den Zielzellen und Antikörper durch die Epithelauskleidung der Darmwand in die Blutbahn gelangen (passive Immunisierung durch Muttermilch).

13.1 Endocytose und Phagocytose

Die Aufnahme von Stoffen in von Zellmembran-Abschnitten umschlossenen Vesikeln bezeichnet man als Endocytose. Dies kann sowohl flüssiges Außenmedium oder bestimmte Makromoleküle als auch geformte Elemente (Viren, Bakterien, Parasiten) betreffen. Dementsprechend wird die folgende Klassifikation getroffen:

Stoffe, die im Lichtmikroskop nicht erkennbar sind oder ungeformt erscheinen:

1. Exocytose-gekoppelte Endocytose (Membran-Recycling)
2. Exocytose-unabhängige Endocytose

- **adsorptive**, rezeptorvermittelte Endocytose: Makromoleküle (z. B. Rezeptor-Ligand-Komplex) und Viren
- *fluid phase* (**nicht-adsorptive**) Endocytose = Pinocytose

Stoffe, die im Lichtmikroskop geformt erscheinen (Phagocytose): Zellbruchstücke, Bakterien, zelluläre Parasiten (*Toxoplasma, Plasmodium*).

Wie wir in Kap. 12 (S. 260) gesehen haben, ist allein zur Wahrung von Größe und Spezifität der Zelloberfläche Exocytose fast durchwegs mit Endocytose gekoppelt, auch wenn nichts als ein leerer Membran-Container abzutransportieren ist. Solche Recycling-Vesikel können mit neuen Inhaltsstoffen beladen werden.

In Motoneuronen benötigt die Exo-Endocytose-Koppelung nur Millisekunden bis Sekunden. Dieser kurze Zeitablauf gewährleistet die Wahrung der Membranspezifität, weil die laterale Diffusion der Membrankomponenten nicht zum Zuge kommt. Binnen 10 Minuten werden die Vesikel in „frühen Endosomen" wieder voll mit dem Neurotransmitter Acetylcholin beladen, sodass sie wieder auf den Exocytoseweg „versandt" werden können.

Bei anderen Systemen verläuft nicht nur die Exocytose, sondern auch die Exocytose-gekoppelte Endocytose langsamer, obwohl der Zeitbedarf lange stark überschätzt wurde. Die Exocytose-Endocytose-Koppelung erfolgt meistens im Sekunden-Bereich.

Lassen wir die Exocytose-gekoppelte Endocytose im Weiteren außer Acht, so können wir sehr verschiedenartige Endocytose-Prozesse beobachten (▸ Abb. 13.1). Davon können wir im Lichtmikroskop meistens nur die langsame Aufnahme (über Minuten) von geformten Elementen sehen. Dies können Zellbruchstücke, Bakterien oder parasitäre Zellen sein. Sie werden durch Phagocytose in Phagosomen aufgenommen. Die Aufnahme von Molekülen erfolgt in kleinen Vesikeln, die man meistens nur im Transmissions-EM sehen kann. Man kann dies als Endocytose im engeren Sinn bezeichnen.

13.2 Endocytose im engeren Sinn

Bei der Endocytose im engeren Sinn werden Vesikel von 0,1 bis <0,5 µm gebildet. Es gibt zwei Möglichkeiten (▸ Abb. 13.1):

1. die Moleküle werden ohne Membranbindung internalisiert (**„Fluid phase"-Endocytose**, Pinocytose) oder
2. die Makromoleküle müssen zunächst an einen **spezifischen Rezeptor** der Zelloberfläche binden (**adsorptive Endocytose**). Diese ist sehr ligandenspezifisch und bedarf einer Hilfestellung von innen, wie in ▸ Abb. 13.2 skizziert ist. Als illustrative Beispiele dienen uns die Aufnahme von Lipoproteinen in Fibroblasten des Bindegewebes (▸ Abb. 13.3) sowie die Internalisierung eines definierten Proteins in Makrophagen (Fresszellen; ▸ Abb. 13.4). Die Moleküle können über kolloidale Goldpartikel sichtbar gemacht werden; vgl. Kap. 11.4 (S. 246).

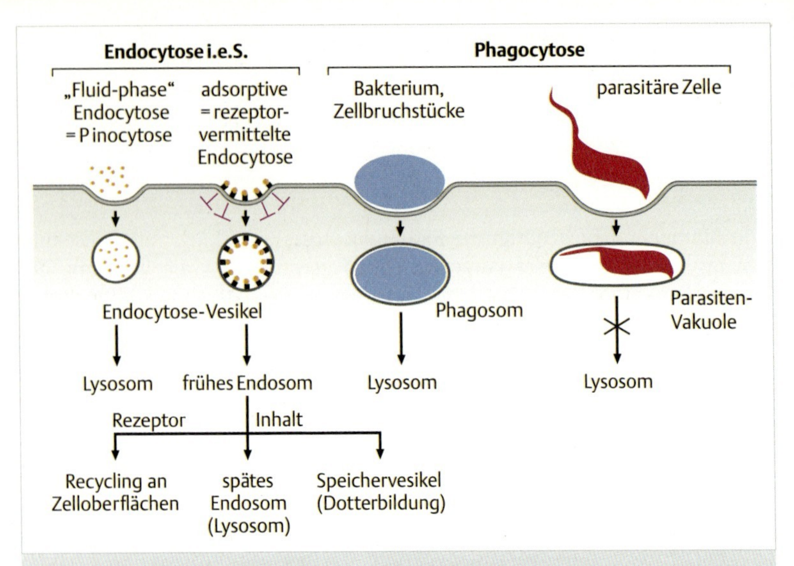

Abb. 13.1 Aufnahme von Stoffen in die Zelle über membranumhüllte Vesikel. Dabei kann man als Endocytose im engeren Sinn (i. e. S.) die Aufnahme von Makromolekülen in kleine Vesikel bezeichnen. Ihr wird die Phagocytose als lichtmikroskopisch sichtbare Aufnahme von Partikeln bzw. von Mikroorganismen entgegengestellt. Die Endocytose i. e. S. erfolgt entweder ohne Rezeptorbindung („Fluid phase“-Endocytose, Pinocytose) oder über Rezeptor-Ligand-Komplexe (adsorptive, rezeptorvermittelte Endocytose). Das Schicksal der Endocytose-Vesikel, wie auch der Phagosomen, kann sehr unterschiedlich verlaufen (vgl. Text).

▸ **Clathrin hilft bei der Bildung der coated vesicles.** Nehmen wir den Rezeptor für **Lipoproteine** genauer in Augenschein. Diese werden in verschiedener Form (z. B. als *low density lipoproteins*, LDL) im Golgi-Apparat der Hepatocyten hergestellt und ungetriggert exocytiert (S. 266). Sie erreichen über die Blutbahn alle Körperzellen. Dies ist wichtig, weil, erstens, **Lipoproteine** Cholesterin-Ester enthalten, zweitens, weil **Cholesterin** ein essenzieller Bestandteil (fast) aller Biomembranen ist, und schließlich, weil außer den Hepatocyten keine unserer Zellen das Cholesterin zu synthetisieren vermag. LDL bindet an LDL-Rezeptoren und die Rezeptor-LDL-Komplexe werden durch *self assembly* in der Zellmembran wie in kleinen „Pfützen“ zusammengedrängt (▸ Abb. 13.3). Dabei hilft ein „molekularer Filter“ an der Innenseite. Das lösliche Protein mit dem Namen Clathrin (MG von 180 000) gewährleistet diesen Prozess des *self assembly*, an welchem es auf der cytosolischen Seite beteiligt ist. Bestimmte Membranabschnitte werden leicht nach innen gebeult und cytoplasmaseitig

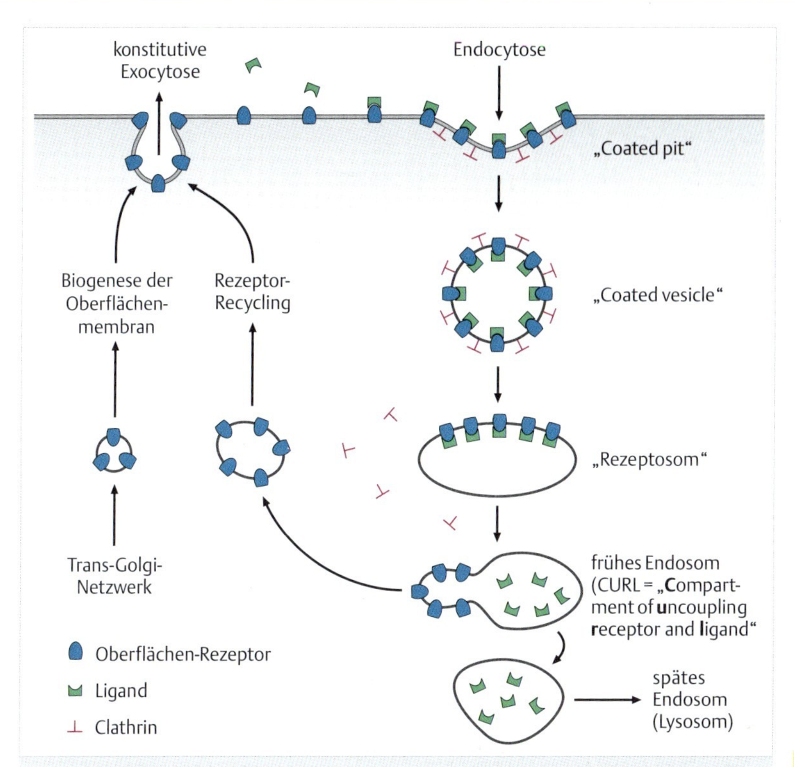

Abb. 13.2 Membranfluss bei adsorptiver Endocytose. Rezeptor-Moleküle werden unter Beteiligung von Clathrin auf der Innenseite angehäuft („geclustert"), sobald sie außenseitig einen entsprechenden Liganden gebunden haben. Ab einer gewissen Größe senkt sich dieser Bereich der Zellmembran als *coated pit* ein, bis er sich als *coated vesicle* völlig abschnürt. Dieses stößt aktiv seinen Clathrin-Belag ab. Es verbleibt ein glattes Vesikel mit Rezeptor-Ligand-Komplexen (Rezeptosom), das anschließend zu einem frühen Endosom wird (CURL, *compartment of uncoupling receptor and ligand*). Wie angedeutet werden hier die Rezeptoren bzw. die Liganden in jeweils entgegengesetzte Bereiche abgedrängt, bevor sich das frühe Endosom in zwei Vesikel aufspaltet. Im Allgemeinen werden die Rezeptoren in Recycling-Vesikel an die Zellmembran zurück verfrachtet, wogegen die Vesikel mit den Liganden meistens als „späte Endosomen" im lysosomalen Apparat enden.

von einem stacheligen Belag aus **Clathrin** überzogen. Der dafür übliche Ausdruck „**coated pit**" könnte mit dem wenig gebrauchten Begriff „Stachelgrübchen" übersetzt werden. Das *coated pit* senkt sich ein (▸ Abb. 13.2, ▸ Abb. 13.3, ▸ Abb. 13.4 und ▸ Abb. 13.5), bis sich ein Vesikel abschnürt, das als „**coated ve-**

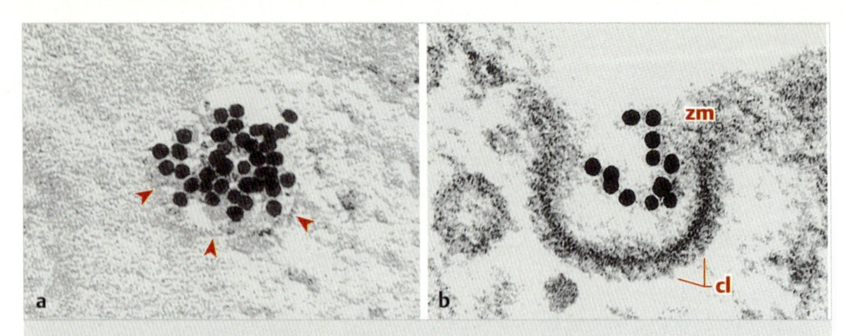

Abb. 13.3 Assemblierung eines coated pit an der Zellmembran. Fibroblasten wurden hier mit **LDL**-Molekülen inkubiert, die durch Bindung an kolloidale Goldpartikel sichtbar gemacht wurden. Dies ist nach chemischer Fixierung einerseits **a** in einer Variante des Gefrierbruch-Verfahrens und andererseits **b** im Ultradünnschnitt möglich. Nur in **b** ist die innenseitige Anlagerung des Clathrin-Belages (**cl**) an der Zellmembran (**zm**) zu erkennen, wogegen **a** die massive Konzentrierung von Rezeptor-Ligand-Komplexen im *coated pit* noch offensichtlicher macht (Pfeilspitzen). Vergr. 130 000-fach. (a Aufnahme: H. Robenek, Münster, b aus: Robenek, H., J. Rassat, A. Hesz, J. Grünwald: Eur. J. Cell Biol. 27 (1982) 242)

sicle“ bezeichnet wird – wiederum ist „Stachelvesikel“ unüblich. Es streift unter ATP-Verbrauch (mithilfe einer *uncoating ATPase*) sofort den Clathrin-Belag ab (▸ Abb. 13.4 und ▸ Abb. 13.5) und die Clathrin-Monomere sind andernorts wieder einsatzbereit. Das glatte Vesikel ist nun zum **Rezeptosom** geworden, aus dem anschließend ein frühes und spätes Endosom wird (▸ Abb. 13.2 und ▸ Abb. 13.7).

▸ **Clathrin-Trimere bilden ein Gitter mit hexagonaler Struktur.** An dieser Stelle sollten wir einen genaueren Blick auf die Entstehung der *coated vesicles* werfen, bevor wir die Vesikel nach dem Abstreifen des Clathrin-Belages weiter verfolgen. Clathrin bildet Trimere in der Form eines etwas mager geratenen Windrades, wobei jedes Monomer abgewinkelt ist (▸ Abb. 13.5). Ein trimeres Clathrin wird auch als Triskelion bezeichnet. Bei der Bildung eines *coated pit* bzw. eines *coated vesicle* lagern sich Triskelions räumlich versetzt so zusammen, dass sie sich, wie in ▸ Abb. 13.5 skizziert, teilweise überlagern und eine sechseckige Gitternetzstruktur mit dazwischengelagerten Fünfecken bilden.

Im Ultradünnschnitt ergibt sich so die stachelige Struktur (▸ Abb. 13.3 und ▸ Abb. 13.4). Isoliert man die Clathrin-„Käfige“ und untersucht man sie mittels Negativkontrastierung, vgl. Technik-Box (S. 50), so sieht man eine hexagonale Struktur (▸ Abb. 13.5) mit dazwischengelagerten Pentagonen.

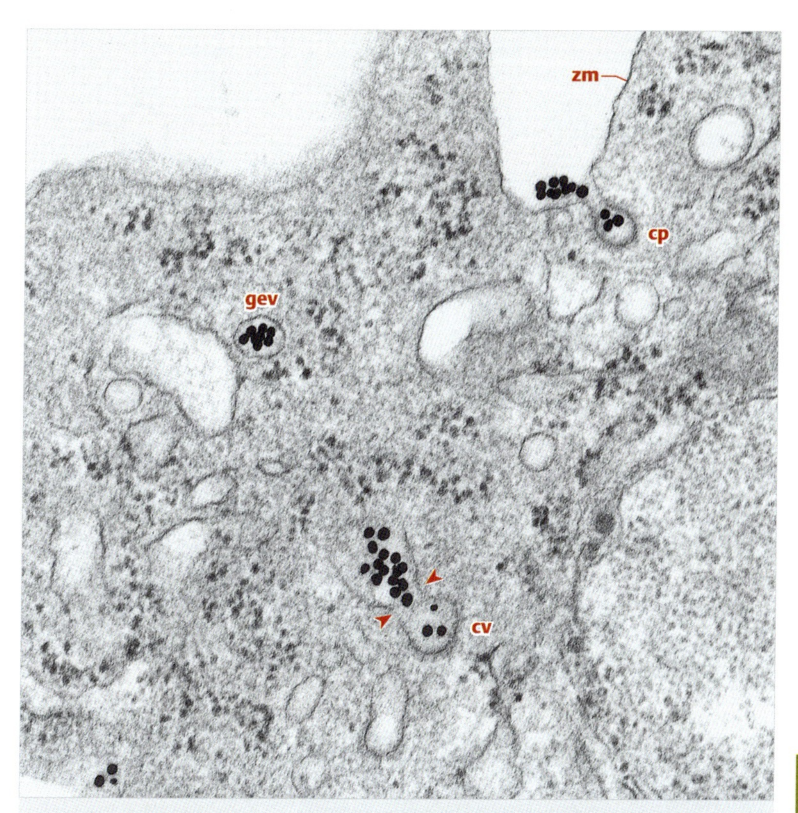

Abb. 13.4 Ausbildung von coated pits (cp), coated vesicles (cv) und glatten Endocytose-Vesikeln (gev). An diesem Makrophagen sind bei Aufnahme eines bestimmten Antigens (mit Goldmarkierung) alle diese Stadien erkennbar. Pfeilspitzen markieren an einem Vesikel den Bereich, wo der Clathrin-Belag erst teilweise abgestreift wurde. **zm** = Zellmembran. Vergr. 65 000-fach. (Aus Schlepper-Schäfer, J., G. F. Springer: Biochim. Biophys. Acta 1013 (1989) 266)

▸ **Das Schicksal des frühen Endosoms.** Betrachten wir das frühe Endosom, so kann dieses zweierlei Schicksal ereilen:

1. Normalerweise reift der von den Rezeptoren befreite Teil zum **späten Endosom** und endet als **Lysosom**. Hier werden die Cholesterin-Ester gespalten und Cholesterin wird ins Cytosol freigesetzt, sodass es für die Membranbildung verfügbar wird.

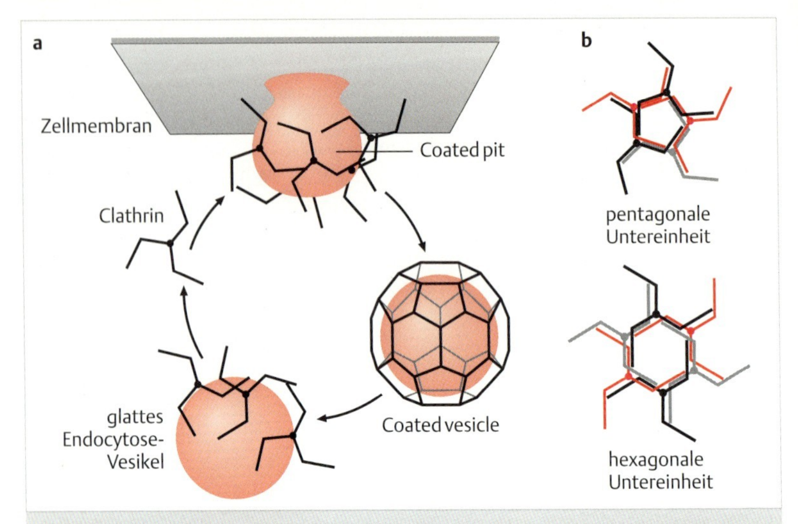

Abb. 13.5 Selbst-Assemblierung von coated pits und coated vesicles. Bereiche der Zellmembran, in denen sich Rezeptor-Ligand-Komplexe (nicht gezeichnet) angereichert haben, sind von Clathrin unterlagert. Dieser Prozess erfolgt unabhängig von der Art des Rezeptors. Das Clathrin assoziiert zunächst zu Trimeren (Triskelions), deren gewinkelte Arme sich an den Ecken von Hexagonen, mit dazwischengeschalteten Pentagonen, teilweise überlagern. Weitere assoziierte Proteine wie die „Uncoating ATPase" sind nicht gezeichnet.

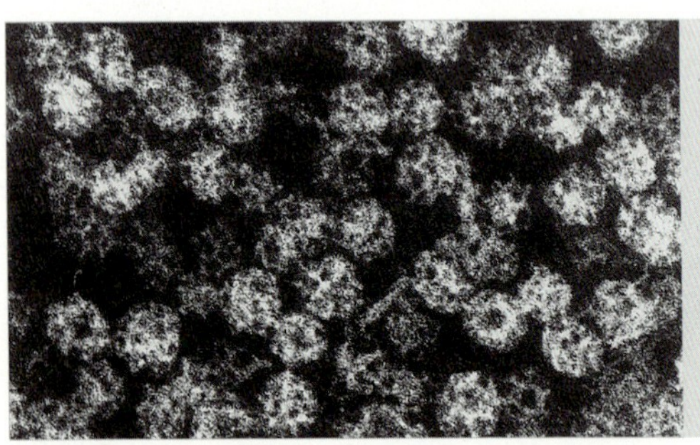

Abb. 13.6 Clathrin-Käfige. Nach ihrer Isolierung lassen sie im Negativkontrastierungs-Verfahren den gitterartigen Aufbau aus Hexagons und Pentagons erkennen. Vergr. 75 000-fach. (Aufnahme: J. Kartenbeck, Heidelberg)

2. In Oocyten (Eizellen) wird diese lysosomale Aktivierung zunächst nicht vorgenommen, sondern die Lipoproteine werden in **Speichervesikel** (Dottergranula) abgegeben. Der Dotter eines Vogel-Eis entspricht einer an Dottergranula sehr reichen (= polylecithalen) Eizelle. Die menschliche Eizelle von nur 0,15 mm Durchmesser ist praktisch frei von dotterhaltigen Vesikeln (= oligolecithal).

▶ **Im frühen Endosom werden Liganden und Rezeptoren entkoppelt.** Nun haben aber die Zellen Rezeptor-Ligand-Komplexe internalisiert. Was geschieht mit diesen Rezeptoren? Für die Zelle ist es von Vorteil, ihre Rezeptoren vor der Einspeisung des Liganden in Lysosomen abzukoppeln und über Recycling-Vesikel zur Wiederverwendung an die Zelloberfläche zurückzutransportieren. Für die Entkoppelung von Rezeptor und Ligand gibt es ein eigenes Kompartiment. Sein ursprünglicher Name war **CURL** (*compartment of uncoupling receptor and ligand*). Heute wird dieses Kompartiment als eine Form des **frühen Endosoms** angesehen. Hier kann man mit Methoden der elektronenmikroskopischen Immun- und Affinitätsmarkierung nachweisen, dass die Liganden in einen bauchigen Teil des frühen Endosoms gehen, die Rezeptoren aber in einen rüsselförmigen Fortsatz gedrängt, beide also voneinander geschieden werden (▶ Abb. 13.7). Voraussetzung für diese **Entkoppelung** ist ein leicht saures Milieu (pH 6,0) in den frühen Endosomen. Dazu erwirbt ihre Membran auf noch unbekanntem Weg eine Protonenpumpe (H^+-ATPase). Das frühe Endosom teilt sich in zwei Vesikel auf. Eines davon bringt die Rezeptoren an die Zellmembran zurück (**Rezeptor-Recycling**), das andere speist die Liganden in Lysosomen oder in selteneren Fällen in Speichervesikel ein, wie oben beschrieben wurde.

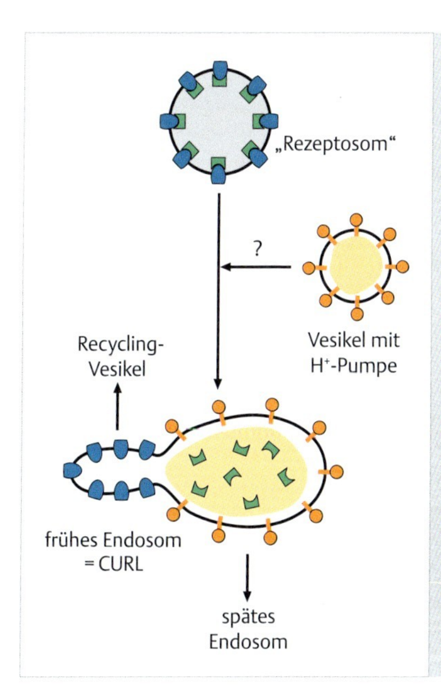

Abb. 13.7 Trennung von Rezeptor und Ligand im frühen Endosom. Der Einbau einer Protonenpumpe (H^+-ATPase) über Vesikel oder durch spontanen Einbau in die Membran (S. 219) bewirkt einen Abfall des pH-Wertes im Vesikellumen und dieses führt zur Rezeptor-Ligand-Entkoppelung. Daher wurde dieses Kompartiment früher treffend als *compartment of uncoupling receptor and ligand* (CURL) bezeichnet, wogegen es jetzt als „frühes Endosom" bezeichnet wird.

▶ **Recycling des Rezeptors ist nicht immer erwünscht.** Neben LDL gibt es verschiedene Liganden, welche die Zelle über Rezeptorbindung aufnimmt, gefolgt von lysosomaler Degradierung des Liganden und Recycling des Rezeptors an der Zelloberfläche. Eine Sonderstellung nimmt das **Transferrin** ein. Es hat Eisen gebunden, das unter anderem für die Cytochrome (S. 382) benötigt wird. Im frühen Endosom wird jedoch nur das Eisen freigesetzt, wogegen in diesem Ausnahmefall der gesamte Rezeptor-Ligand-Komplex an die Zelloberfläche zurückwandert.

Das Recycling von Rezeptoren bedeutet auf die Dauer eine gleich bleibende Zahl an Oberflächenrezeptoren. Dies ist jedoch nicht immer erwünscht. Nehmen wir das **Insulin** oder die verschiedenen **Wachstumsfaktoren**. Hier würden Zielzellen permanent aktiviert werden. Um einen Dauerstimulus zu verhindern, werden hierbei die **Rezeptor-Ligand-Komplexe** nicht gespalten sondern als ganzes in Lysosomen zur **Degradation** eingespeist. Dadurch kommt es zu einer **Herabregulierung** der Rezeptoren (*receptor down regulation*).

Zellpathologie

Hypercholesterinämie

Defekte Oberflächenrezeptoren. Die familiäre (erbliche) Hypercholesterinämie wird dadurch verursacht, dass die Rezeptoren für LDL (= *low density lipoproteins* [Lipoproteine des Blutserums von geringer Schwebedichte bei der Zentrifugation]) durch Mutation verändert sind. Die Interaktion von Rezeptor/Ligand passt bei mutierten Rezeptoren nicht mehr, der LDL Spiegel im Blut steigt und vermehrt das Risiko für Arteriosklerose.

13.3 Phagocytose

Auch der Phagocytose z. B. von Bakterien geht die Bindung an der Zelloberfläche voraus. Die Zellmembran der „Gastzelle“ buchtet sich ein (▶ Abb. 13.8), nachdem an dieser Stelle zahlreiche mit einer **H^+-Pumpe** ausgestattete Vesikel fusioniert sind und Mikrofilamente (S. 332) assembliert wurden. Phagocytose ist ein der Zelle aufgezwungener, aktiver, energieverbrauchender Prozess. Er dient der Entaktivierung von Bakterien durch den pH-Schock und der Einschleusung in Lysosomen (S. 291), wo sie weiter abgebaut werden. Nur bei weniger hoch entwickelten Eukaryotenzellen (Protozoen, Schleimpilze) dient dieser Prozess der Ernährung. Unser Körper setzt diesen Prozess auch zum Abbau von Zellbruchstücken ein, z. B. in Makrophagen; vgl. Kap. 23.3 (S. 469).

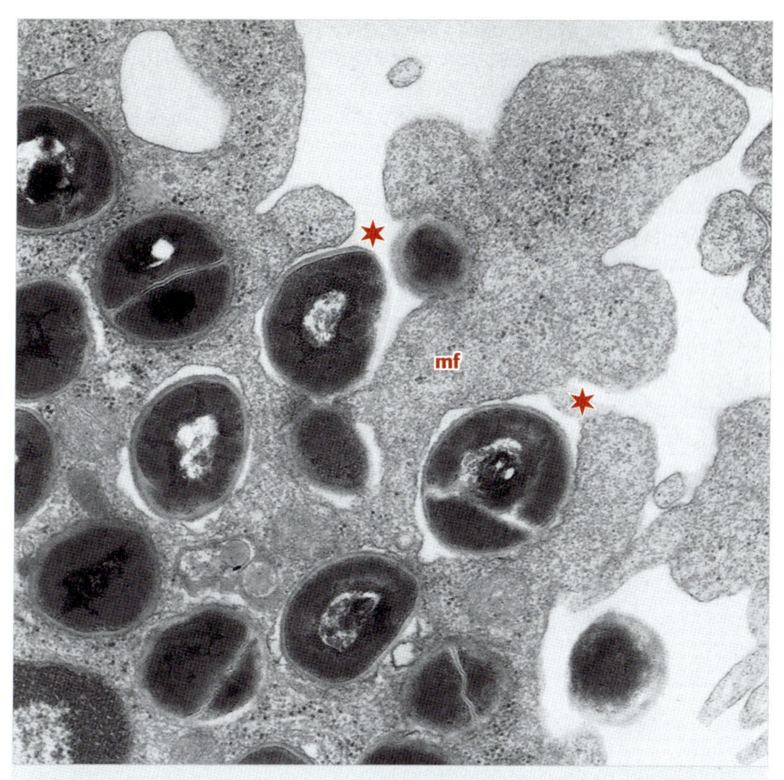

Abb. 13.8 Makrophage bei der Phagocytose von Bakterien. Das pathogene Bakterium *Streptococcus aureus* wird durch Phagocytose dem lysosomalen Abbau (S. 299) zugeführt und so unschädlich gemacht. Die Phagocytose beginnt mit der engen Assoziation des Bakteriums mit Oberflächenkomponenten der Zellmembran des Makrophagen (Sterne), die sich bei gleichzeitiger Anreicherung von Mikrofilamenten (**mf**, z. T. quergeschnitten) einbuchtet, bis ein Phagosom abgeschnürt ist. Vergr. 15 000-fach. (Aufnahme: J. Schlepper-Schäfer, Konstanz)

13.4 Transcytose

Darunter versteht man – wie schon in Kap. 12 (S. 260) kurz erläutert – das unveränderte Durchschleusen von Proteinen in Vesikeln, zum einen durch **Endothelzellen** der Blutkapillaren und zum anderen durch **Epithelzellen**, beispielsweise der Darmwand. Es kann eine Bindung an einen Rezeptor erfolgen, dann erfolgt die Abschnürung eines Vesikels, das an der gegenüberliegenden Seite mit der Zellmembran fusioniert (vgl. ▶ Abb. 12.2). Die Rezeptor-Ligand-Dissoziation kann beispielsweise durch einen unterschiedlichen pH-Wert auf beiden Seiten der beteiligten Zelle bewirkt werden. Auf diese Weise können Hormone und Antikörper dem lysosomalen Abbau entgehen. Dieser Prozess wird durch die große Oberfläche der Blutkapillaren (beim Menschen: 300 m^2) bzw. der Darmauskleidung begünstigt.

Ein für die Bildung von **Transcytose**-Vesikeln typischer molekularer Filter (S. 230) ist das **Caveolin.** Man nimmt an, dass es U-förmig gebogen in die cytosolische Hälfte der Zellmembran hineinragt. „Geclustertes" Caveolin führt zur lokalen Anreicherung von Cholesterin, Glukose-Transportern und anderen – auch signalgebenden – Proteinen und außenseitig von GPI-verankerten Proteinen. Caveolin-beschichtete Vesikel (**Caveosomen**) können abgeschnürt und in die Zelle hinein transportiert werden; sie können wieder an demselben Membranbereich andocken und fusionieren. Bei der Transcytose fusionieren sie jedoch an der anderen Seite der Zelle.

▶ Literatur zum Weiterlesen

siehe www.thieme.de/go/literatur-zellbiologie.html

14 Lysosomen – Abfall-Recycling als altbewährtes Prinzip

Zusammenfassung

Lysosomen dienen der intrazellulären Verdauung. Die für Lysosomen typischen sauren Hydrolasen enthalten Mannose-6-Phosphat als **Erkennungssignal** zur selektiven Abtrennung vom Trans-Golgi-Netzwerk, als primäre Lysosomen (lysosomale Transportvesikel), die dann mit Vesikeln völlig verschiedenen Ursprungs fusionieren. Lysosomale Enzyme vermögen alle natürlichen Stoffgruppen abzubauen. So verdauen Lysosomen Partikel und Stoffe, die von außen kommen (**Heterophagie**) oder der Zelle selbst entstammen (**Autophagie**). Die molekularen Bausteine aus dem Abbau (**Katabolismus**) können im Cytosol zum Wiederaufbau von Makromolekülen (**Anabolismus**) verwendet werden (**molekulares Recycling**). Die Heterophagie dient u. a. der Entaktivierung von pathogenen Bakterien, von denen Bruchstücke an die Zelloberfläche zurücktransportiert werden und über Antigen-Präsentation das Immunsystem aktivieren. Die Autophagie dient der Erneuerung zellulärer Komponenten. Lysosomen sind also wichtig für funktionelle Plastizität und Material-Recycling. Die Anfügung von Mannose-6-Phosphat an lysosomale Enzyme wurde als eines der ersten Erkennungssignale erkannt, die dem *targeting* (d. h. dem Anliefern in die richtigen Organellen) dienen und daher auch „**Targeting-Signale**" genannt werden. (Inzwischen kennt man zahlreiche Targeting-Signale für eine Vielzahl von Proteinen anderer Organellen. Meistens sind es bestimmte Abschnitte in der Aminosäurensequenz.) Die fehlerhafte Verteilung lysosomaler Enzyme führt zu meist fatalen Krankheiten im Kindesalter und auf dieser Basis wurde dieses Prinzip denn auch entdeckt. Aus solchen Fehlleistungen der Natur hat die zellbiologische Wissenschaft viel gelernt.

14.1 Was charakterisiert Lysosomen?

Bei ihrer Entdeckung in den 50er Jahren durch den Belgier **de Duve** stand der Zufall Pate. Eigentlich wollte er Enzyme der Glykolyse studieren. Über Nacht abgestellte Proben zeigten aber ganz unerwartete Enzymaktivitäten, welche offenkundig erst aus subzellulären Kompartimenten freigesetzt wurden und welche durchwegs Hydrolasen mit saurem pH-Optimum (pH ≈ 5,0) waren (**saure Hydrolasen**). Nach diesen Kriterien wurden die neuen Organellen auf den Namen Lysosomen getauft (griech.: lysein = lösen, soma = Körper). Der

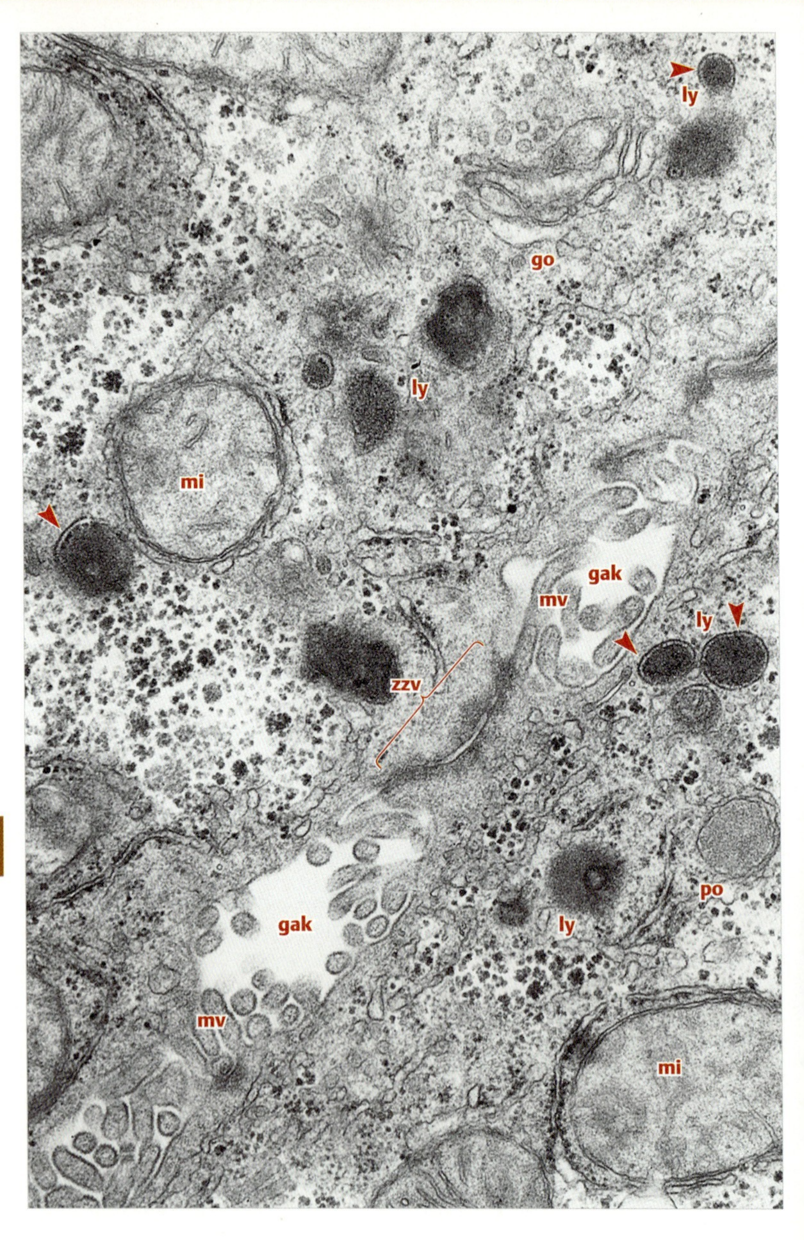
ly
go
ly
mi
gak
mv
ly
zzv
po
gak
ly
mv
mi

◂ **Abb. 14.1 Lysosomen der Leberzelle.** Die Lysosomen (**ly**) sind hier besonders elektronendicht und in Nähe der Gallenkapillaren (**gak**, mit Mikrovilli, **mv**) konzentriert. Daher werden diese Lysosomen auch als *peribiliary dense bodies* bezeichnet (*bile* = Galle). Pfeilspitzen markieren Lysosomen mit klar erkennbarer einfacher Membranumhüllung. Lysosomen unterscheiden sich deutlich von den weniger dichten Peroxisomen (**po**) mit recht homogenem Inhalt, obwohl Form und Größe recht ähnlich sein können. **go** = Golgi-Apparat, **mi** = Mitochondrien, **zzv** = Zell-Zell-Verbindungen. Vergr. 26 000-fach. (Aufnahme: H. Plattner)

Grund für die zufällige Entdeckung war die **Latenz** ihrer Enzyme, denn diese werden erst messbar, wenn die Membranumhüllung zerstört wird. Zweifellos waren Lysosomen einer Gruppe von Vesikeln zuzuordnen, die man im Elektronenmikroskop häufig sieht, von 0,1 bis 1 µm Größe und mit einfacher Membranumhüllung (▸ Abb. 14.1).

Es dauerte nicht lange, bis dieser Identitätsnachweis im Elektronenmikroskop gelang. Dazu wurden Methoden der Enzymcytochemie eingesetzt; vgl. Kap. 11.2 (S. 238): Das Gewebe wird zunächst mit Aldehyden chemisch fixiert. Anschließend wird das Substrat des nachzuweisenden Enzyms bei optimalem pH (5,0) zugegeben.

▸ **Die saure Phosphatase, das Leitenzym der Lysosomen.** Die **saure Phosphatase**, spaltet von verschiedenen Substratmolekülen Phosphatgruppen ab. Diese können durch Blei-Ionen (Pb^{2+}) ausgefällt und im Ultradünnschnitt sichtbar gemacht werden (▸ Abb. 14.2); vgl. Kap. 11.2.1 (S. 238). Parallel dazu hat man gelernt, Lysosomen durch Dichtegradienten-Zentrifugation (S. 237) zu isolieren. Solche Fraktionen zeigten dieselben Strukturen angereichert, welche im cytochemischen Nachweis positiv für saure Phosphatase reagiert haben. Umgekehrt konnte man auch mit der biochemischen Methode der spektralphotometrischen Enzymbestimmung; vgl. Kap. 11.2.2 (S. 238), den hohen Gehalt an saurer Phosphatase-Aktivität in Lysosomen nachweisen.

So ergibt sich folgender **Steckbrief für Lysosomen**:

- Größe: 0,1 bis 1 µm (variabel)
- einfache Membranumhüllung
- pH ≈ 5,0
- Inhalt: saure Hydrolasen
- Leitenzym: saure Phosphatase
- Funktion: Abbau (hydrolytische Spaltung) von eingeschleusten Stoffen sowie von zelleigenen Komponenten

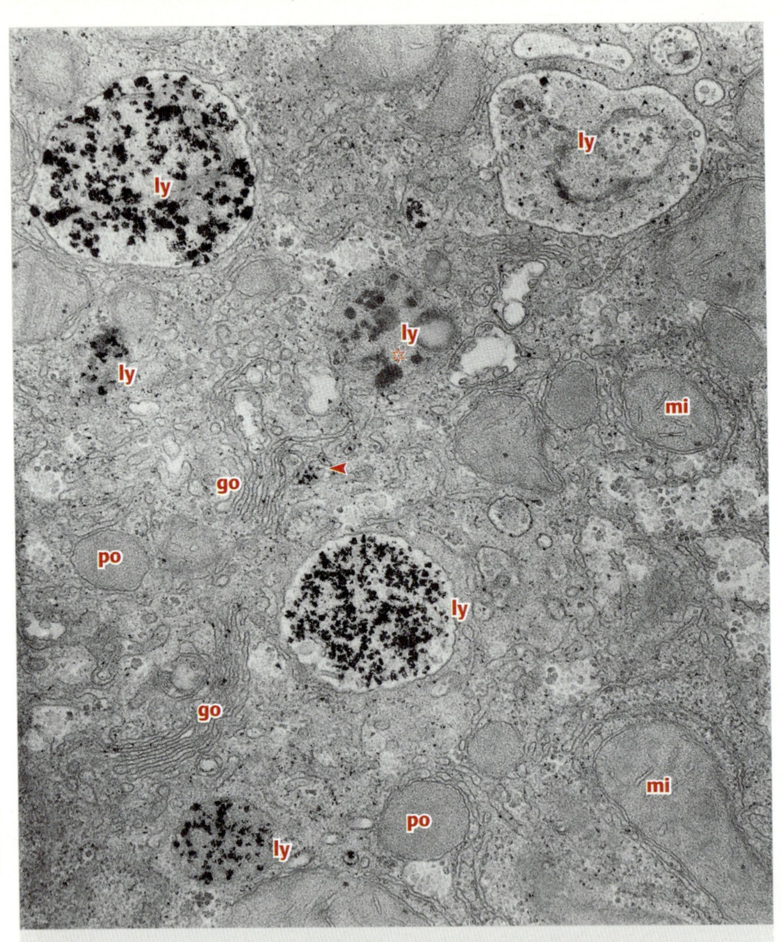

Abb. 14.2 Enzymcytochemischer Nachweis des Leitenzyms saure Phosphatase in Lysosomen. Durch die schonende Aldehydfixation wurde die Enzymaktivität bewahrt, wiewohl einzelne Lysosomen (**ly**) etwas gequollen aussehen. Saure Phosphatase, erkennbar am elektronendichten Niederschlag, ist fast gänzlich auf Lysosomen unterschiedlicher Dichte beschränkt (obwohl sie in dem mit Stern gekennzeichneten Lysosom fehlt). Daneben ist Reaktionsprodukt aber auch in einem Vesikel des Trans-Golgi-Bereiches erkennbar (**go**, Pfeilspitze; vgl. ▶ Abb. 14.5). Kleine reaktive Bereiche sind randlich angeschnittene Lysosomen. Andere Organellen (**mi** = Mitochondrien, **po** = Peroxisomen) und das Cytosol zeigen nur wenig unspezifischen Niederschlag. Vergr. 28 000-fach. (Aufnahme: H. Plattner)

▶ **Lysosomen als Universalverdauer, perfektes Recycling.** Lysosomen können praktisch alles spalten, womit eine Zelle je in Berührung kommt, also von außen (über Endocytose bzw. Phagocytose) oder von innen an zelleigenen Komponenten in Lysosomen eingeschleuste Stoffe; vgl. Kap. 13 (S. 280). Die Einzugsschiene von außen heißt **Heterophagie**, der Abbau von Eigenmaterial heißt **Autophagie** (griech.: heteros = fremd; autós = selbst; phagein = fressen). Einige Dutzend lysosomaler Enzyme sind bekannt, nach Gruppenspezifität geordnet sind dies:

- Proteasen (Kathepsine)
- Glykosidasen
- Nukleasen (DNase, RNase, also Desoxyribonuklease und Ribonuklease)
- Lipasen und Phospholipasen
- Phosphatasen und Sulfatasen
- Lysozym (zum Abbau des Mureinsacculus von Gram-positiven Bakterien)

Der saure pH-Wert im Inneren der Lysosomen wird durch das Einpumpen von Protonen unter ATP-Verbrauch hergestellt (**H^+-ATPase**, H^+-Translokase oder Protonenpumpe) (▶ Abb. 14.3). Da die lysosomalen Enzyme nur im sauren pH-Bereich, kaum aber im neutralen pH-Bereich des Cytosols aktiv werden können, ist die Zelle gegen lysosomale Lecks geschützt. Die Selbstverdauung der Lysosomen wird vielleicht durch die starke Glykosylierung der Innenseite der lysosomalen Membran und die Anheftung der Enzyme vermieden. Die aufgenommenen Stoffe werden gespalten (**Katabolismus**), und zwar in monomere Bestandteile (Aminosäuren, Monosaccharide, Nucleoside, Fettsäuren, Phosphoglycerin, Phosphat, Sulfat). Diese vermögen durch die lysosomale Membran ins Cytosol zu permeieren, wo sie zum Wiederaufbau zelleigener Substanzen dienen (**Anabolismus**). Damit erzielt die Zelle ein perfektes Material-Recycling.

Molekularer Zoom

Allgemeine Aspekte zum Proteinturnover

Proteine können in der Zelle auf mehrfache Weise zu Aminosäuren abgebaut (**Katabolismus**) und der Wiederverwendung zur Proteinsynthese zugeführt werden (**Anabolismus**): Über **Proteasomen** (S. 368), über **Autophagie** und bzw. über Lysosomen. Autophagie kann Mirkoautophagie von Molekülen aus dem Cytosol bedeuten oder aber Makroautophagie von Organellen; auch diese Wege enden in Lysosomen.

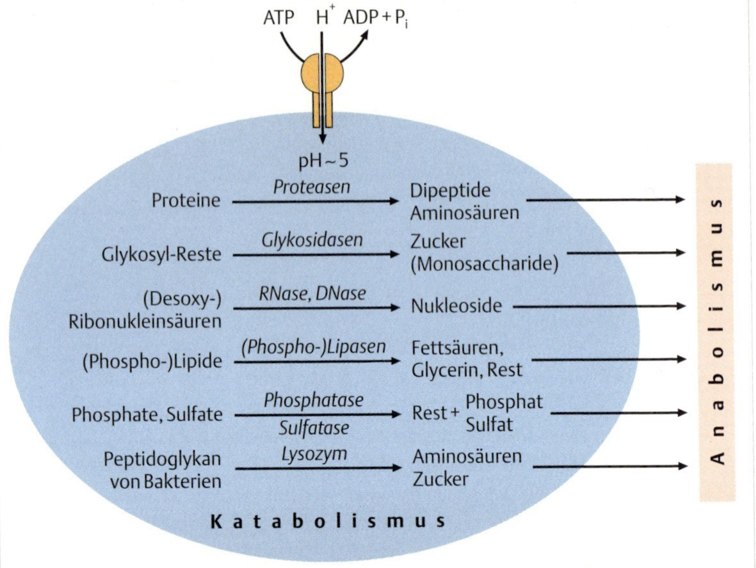

Abb. 14.3 Funktionelles Schema eines Lysosoms. Seine Membran enthält eine H^+-Pumpe, die den pH-Wert im Lumen auf ca. 5,0 senkt, sodass die sauren Hydrolasen optimal arbeiten können. Diese sind eine Kollektion von Enzymen, mit denen praktisch alle Stoffgruppen abgebaut und als molekulare Bausteine ins Cytosol abgegeben werden können (Katabolismus → Anabolismus). Speziell das Enzym Lysozym erlaubt den Abbau des Peptidoglykans von Bakterien, die über Phagocytose in Lysosomen gelangt sind.

14.2 Adressat mehrerer Transportrouten – Biogenese von Lysosomen

Ein für die Pädiatrie (Kinderheilkunde) besonders wichtiger Aspekt ist, dass es zahlreiche Defekte lysosomaler Enzyme gibt. Fehlt zum Beispiel die Sphingomyelinase, so füllen sich die Lysosomen mit zunehmenden Massen an Biomembran-Resten, die über Autophagie in die Lysosomen gelangen, aber nicht abgebaut werden können (Niemann-Pick-Syndrom). Bei entsprechenden Enzymdefekten können verschiedene Substanzen, z. B. auch Glykogen, lysosomal gespeichert werden. Allgemein spricht man von „**lysosomalen Speicherkrankheiten**“. Der Grund kann in der fehlenden Bildung bzw. in der fehlenden Einschleusung einzelner Enzyme in die Lysosomen sein. Diese wird normalerweise durch die molekulare Kennzeichnung durch einen „lysosomalen Marker“

im Golgi-Apparat erzielt; vgl. Kap. 10.2 (S. 229). So war es denn auch ein amerikanischer Pädiater, der den Sortiermechanismus für lysosomale Enzyme entdeckte. Diesen Mechanismus wollen wir nun genauer unter die Lupe nehmen (▶ Abb. 14.4).

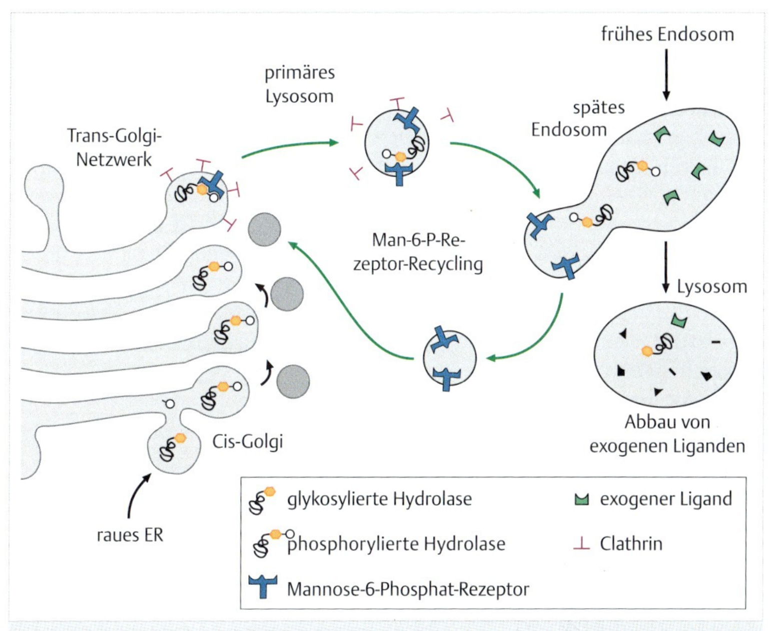

Abb. 14.4 Biogenese von Lysosomen – Teil I: Ursprung im Golgi-Apparat und Anbindung an Endosomen. Alle Proteine eines Lysosoms entstammen der Synthese im rauen ER, von wo aus sie den Golgi-Apparat durchlaufen. Lysosomale Enzyme werden bereits im Cis-Golgi-Bereich am C 6-Atom eines Mannose-Restes phosphoryliert. Dieser lysosomale Marker wird von Man-6-P-Rezeptoren im Trans-Golgi-Netzwerk (TGN) erkannt. So können sich unter Beteiligung von Clathrin primäre Lysosomen abschnüren. Diese fusionieren mit späten Endosomen (vielleicht auch mit frühen Endosomen; vgl. Text und ▶ Abb. 14.9). In Endosomen und Lysosomen werden nur die lysosomalen Enzyme zurückbehalten, wogegen die Man-6-P-Rezeptoren einem Recycling zum TGN zurück unterliegen. Im Gegensatz hierzu werden Rezeptoren, sofern sie von der Zelloberfläche her über Endocytose bis hierher eingebracht wurden (also den Weg zurück zur Zelloberfläche „versäumt“ haben), in Lysosomen abgebaut (Rezeptor-Herabregulierung). Für Phagosomen mit Bakterien etc. ist ein dem Prinzip nach ähnlicher Prozessablauf anzunehmen.

▸ **Lysosomale Proteine erhalten einen Mannose-6-Phosphat-Rest als Markierung.** **Lysosomale Enzyme** werden im **rauen ER** synthetisiert und glykosyliert. Eine weitere Modifikation erfolgt bei Eintritt in den **Golgi-Apparat**. Hier wird auf das C6-Atom eines Mannose-Restes ein Phosphat-Rest übertragen (▸ Abb. 14.4). Dieser Mannose-6-Phosphat-Rest (Man-6-P) kennzeichnet ein noch im Golgi-Apparat befindliches Protein als lysosomales Protein. Im **Trans-Golgi-Netzwerk** (TGN) sitzen Man-6-P-Rezeptoren. Hier schnüren sich nun, unter Beteiligung eines Clathrin-Belages, kleine Vesikel (*coated vesicles*) mit angereicherten Enzym-Rezeptor-Komplexen ab. Diese verlieren ihre Hülle und sind als **primäre Lysosomen** in der Lage, mit „späten Endosomen" (pH 6,0) zu fusionieren. Es kann aber auch sein, dass in manchen Zellen primäre Lysosomen mit „frühen Endosomen" verschmelzen, die dann zu späten Endosomen reifen. Manche Lehrbücher sind von der Bezeichnung primäre Lysosomen, wie sie von den Entdeckern genannt wurden, abgegangen und bezeichnen sie als lysosomale Transportvesikel.

Nach der Fusion werden die **Man-6-P-Rezeptoren** über Clathrin-freie Recycling-Vesikel wieder zum TGN zur weiteren Verwendung zurückgeholt. Fehlt es also an der Kennzeichnung mit einem Man-6-P oder ist der Rezeptor defekt, so entspricht dies etwa einer fehlenden Adresse auf einem Brief oder einem fußkranken Postboten. Wie vorhin skizziert wurde, sind lysosomale Speicherkrankheiten die Folge.

Der Man-6-P-Rezeptor ist nicht der einzige Rezeptor für lysosomale Enzyme; andere **Rezeptoren** erkennen andere Sequenzabschnitte für den zielgerichteten Transport in Lysosomen.

Zellpathologie

Lysosomale Defekte

Ein defekter Mannose 6-Phosphat-(Man-6-P-)Rest an lysosomalen Enzymen oder ein Defekt im Mannose-6-Phosphat Rezeptor führt dazu, dass Lysosomen nicht funktionsfähig sind und dass endocytiertes Material in ihnen nicht abgebaut sondern angereichert wird (**lysosomale Speicherkrankheiten**). Aber auch ein Defekt in den vielen sauren Hydrolasen selbst, die in einem Lysosom vorkommen, kann die Ursache sein, dass sich Substrate in den Lysosomen anreichern. Da sich die Symptome früh postnatal zeigen, ist es nicht verwunderlich, dass die Relevanz des Man-6-P Rezeptors zuerst von einem Kinderarzt erkannt wurde. Beispiele sind die *I-Zell Krankheit* (*Mukolipidose*, mit defekten Man-6-P Rezeptoren für den Abbau von „Mukolipiden" = komplexe Glykolipide), das *Niemann-Pick-Syndrom* (mangelnder Abbau von Sphingomyelin [Lipidkomponenten]), die*Tay-Sachs* und die *Sandhoff Krankheit* (defekter Abbau von Gangliosiden [Lipidkomponenten]), das *Hurler Syndrom* (*Mukopolysaccharidose*, d. h. defekter

Abbau von stark glykosylierten Komponenten der extrazellulären Matrix). Diese Störungen des normalen Turnovers von Komponenten der Zelle bzw. von endocytierten Komponenten der Zellmembran (Glykolipide, Sphingomyelin, Ganglioside) oder der extrazellulären Matrix (Mukopolysaccharide = Glykosaminoglykane), Kap. 21.5 (S. 425), fallen besonders bei der Entwicklung des Zentralnervensystems ins Gewicht. Sie können daher mit *mentaler Retardierung* oder sogar mit frühkindlichem Tod einhergehen. Nur manche dieser Speicherkrankheiten können durch externe Zuführung von funktionsfähigen, gentechnisch gewonnenen Enzymen über Endocytose symptomatisch behandelt werden (Enzymersatz-Therapie).

Tuberkulose: Die weltweite Zunahme beruht natürlich auf zunehmender Behandlungsresistenz des Erregers *Mycobacterium tuberculosis*, wenn er denn einmal durch Phagocytose aufgenommen wurde. Dies kommt aber nur zum Tragen, weil diese Bakterien einen Mechanismus gefunden haben, die Rab7-Typ GTPase abzukoppeln und so der Verschmelzung der Phagosomen mit Lysosomen zu entgehen.

▶ Lysosom, Endosom? Übergänge machen eine genaue Zuordnung oft schwierig. Halten wir fest, dass Clathrin demnach auch einen intrazellulären Sortiermechanismus „bedient“, also nicht nur bei der adsorptiven Endocytose (S. 281) beteiligt ist. Vom Golgi-Apparat abgeknospte, bereits Clathrin-freie kleine Lysosomen sind in ▶ Abb. 14.5 zu sehen.

Wir hatten eingangs den lysosomalen Abbau von Liganden und teilweise von Rezeptoren erwähnt. Dieser beginnt bereits in den späten Endosomen, die einen sauren pH-Wert (ca. 6,0) haben. Es gibt zwei Wege der weiteren **Biogenese** reifer Lysosomen, erstens, indem diese über Vesikel von den späten Endosomen her beliefert werden oder, zweitens, indem durch graduelle Reifung späte Endosomen zu Lysosomen werden, also ohne Vesikelfluss. Eine genaue Analyse ist schwierig. Dementsprechend schwammig ist die Nomenklatur. So wird häufig das späte Endosom auch mit Lysosom gleichgesetzt.

▶ Lysosomen dienen auch der Abwehr von pathogenen Mikroorganismen. Ein Phagosom mit eingeschleusten Bakterien fusioniert mit einem späten Endosom und wird so endgültig zu einem Lysosom. Dies ist der Entaktivierungsweg für Bakterien in neutrophilen Granulocyten (Mikrophagen) und in Makrophagen. Die Fragmente werden sogar an die Zelloberfläche zurücktransportiert und dort „zur Schau gestellt“. Diese **Antigen-Präsentation**durch Makrophagen mobilisiert Lymphocyten, die genau an die Antigenfragmente angepasste Antikörper herstellen, welche in der Folge bewirken, dass der Körper jede weitere Infektion abwehren kann (**humorale Immunantwort**).

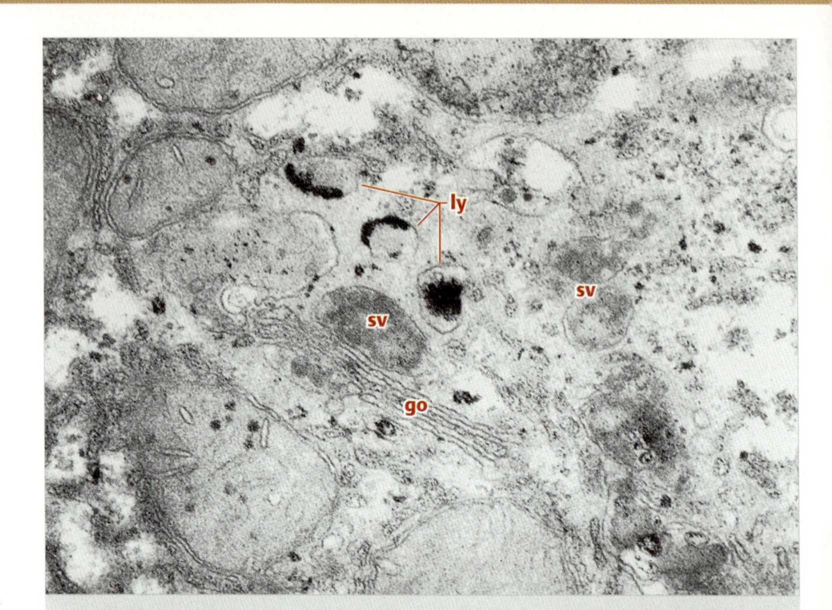

Abb. 14.5 Darstellung der sauren Phosphatase in einem Golgi-Feld (go) einer Leberzelle. Nahe dem Trans-Golgi-Bereich liegen zum einen Sekretvesikel (**sv**, klar identifizierbar durch ihre Lipoprotein-Partikel), zum anderen ca. 0,1 bis 0,2 μm große Vesikel mit Reaktionsprodukt für saure Phosphatase. Hierbei dürfte es sich um primäre Lysosomen (**ly**) handeln, wiewohl man diese Aussage mit Sicherheit nur nach dem Nachweis treffen könnte, dass diese Lysosomen noch keine Fusionsprozesse durchgemacht haben. Dieser Nachweis ist aber im Einzelfall schwer möglich. Vergr. 45 000-fach. (Aus Plattner, H.: Biologie Aktuell II (1983) 89)

Viele niedere Eukaryoten leben vom phagocytotischen Bakterien-Abbau (▶ Abb. 14.6). Hier wurde auch die intrazelluläre Verdauung entdeckt, als man von Lysosomen noch nichts wusste. Ihre Fress- oder Verdauungsvakuolen durchlaufen einen komplizierten Reifungsprozess.

Ein negativer Aspekt der Endocytose ist, dass **Viren** (z. B. *Influenza*) zunächst durch Endocytose in frühe Endosomen gelangen, mit deren Membran die Virus-Membran (bei saurem pH-Wert) von innen her fusioniert, sodass das virale Genom ins Cytoplasma gelangen und sich vermehren kann, vgl. ▶ Abb. 25.4.

▶ In Lysosomen werden auch eigene Zellkomponenten abgebaut. In Lysosomen können aber – wie angedeutet – auch zelleigene Komponenten abgebaut werden. Es können wohl einzelne Proteine direkt in Lysosomen aufgenommen und ganze Cytoplasma-Abschnitte (mit Glykogenrosetten, Ribosomen etc.)

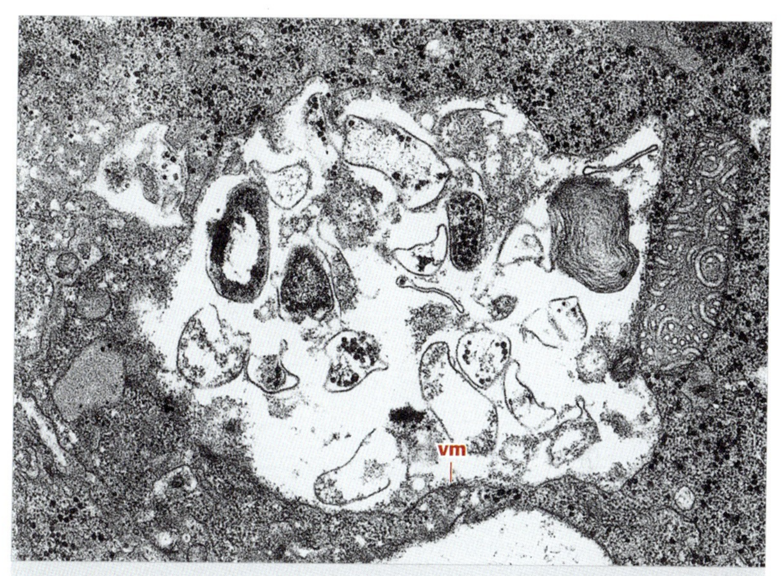

Abb. 14.6 Abbau von Bakterien aus der Phagocytose. Hier hat eine Protozoenzelle (*Paramecium*) zum Zwecke des Nahrungserwerbs Bakterien phagocytiert, die sie in ihrem lysosomalen Apparat bis zur Unkenntlichkeit abgebaut hat. Lysosomen dienen hier also als Fress- oder Nahrungsvakuolen. **vm** = Vakuolenmembran Vergr. 23 000-fach. (Aufnahme: H. Plattner)

oder ganze Organellen (z. B. Mitochondrien) über autophage Vakuolen dem lysosomalen Abbau zugeführt werden (▶ Abb. 14.7). Dabei umschließt zunächst ein Abschnitt des ER diese Zellbestandteile, lysosomale Enzyme werden durch Vesikelfusion eingebracht, die innere Membran der ER-Umhüllung wird aufgelöst und es entsteht ein **Autophagosom**. Dabei spielt eine **„AAA-ATPase"** eine entscheidende Rolle, wobei es sich um bestimmte Formen der ausgedehnten Protein-Großfamilie von **„Triple A-ATPasen"** handelt. Die eingeschlossenen Zellkomponenten werden zusehends degradiert.

Einem reifen Lysosom ist nicht mehr anzusehen, was es sich auf welchem Wege – über **Heterophagie** (Endocytose inkl. Phagocytose) oder **Autophagie** – im Laufe der Zeit einverleibt hat. Der Inhalt aus beiden Transportwegen wird durch Fusionsprozesse ohnehin vermischt und bis zur Unkenntlichkeit abgebaut (▶ Abb. 14.8, ▶ Abb. 14.9). Nur manche unverdauliche Stoffe häufen sich mit zunehmendem Alter eines Organismus an. So entstehen z. B. die „Alterspigment"-Flecken in der Haut.

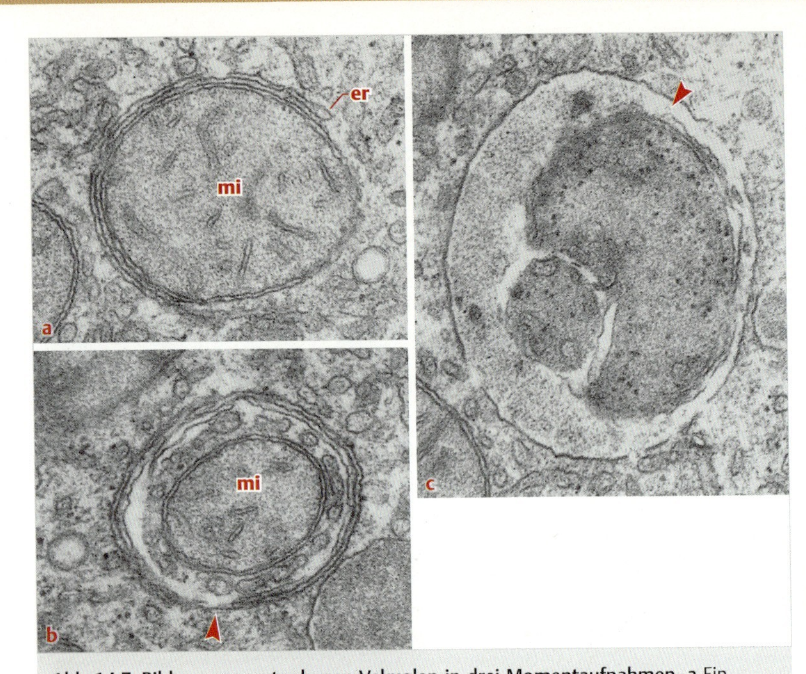

Abb. 14.7 Bildung von autophagen Vakuolen in drei Momentaufnahmen. **a** Ein Organell (**mi**, Mitochondrium), das von einer Zisterne des ER (**er**) teilweise umschlossen wird (raues ER nach Verlust der Ribosomen). **b** Das Mitochondrium (**mi**), zusammen mit weiteren Membranen, ist bereits komplett eingeschlossen, und zwar von einer zumeist doppelten, lokal aber auch von einer bloß einfachen Membran (Pfeilspitze). **c** Durch den fortschreitenden Abbau der „umzingelten" Strukturen ist nur noch eine einzige Hüllmembran (Pfeilspitze) übrig geblieben und der Inhalt wird zu Strukturen verdaut, deren Herkunft nur noch vage zu erahnen ist. Vergr. 32 000-fach. (Aufnahme: H. Plattner)

Die Aufgaben der Lysosomen sind zusammengefasst folgende:

- Abbau bestimmter Liganden (Proteohormone, Wachstumsfaktoren, Blutplasma-Proteine etc.)
- auf diesem Wege Freisetzung von Cholesterin aus Lipoproteinen
- sowie der Hormone T 3 + T 4 (Thyroxin) aus der Speicherform des Thyreoglobulins in der Schilddrüse
- Herabregulierung von Rezeptoren (nachdem sie durch häufiges Recycling gealtert sind)
- Abbau von überalterten oder geschädigten Organellen sowie von cytoplasmatischen Komponenten (auch Proteine)

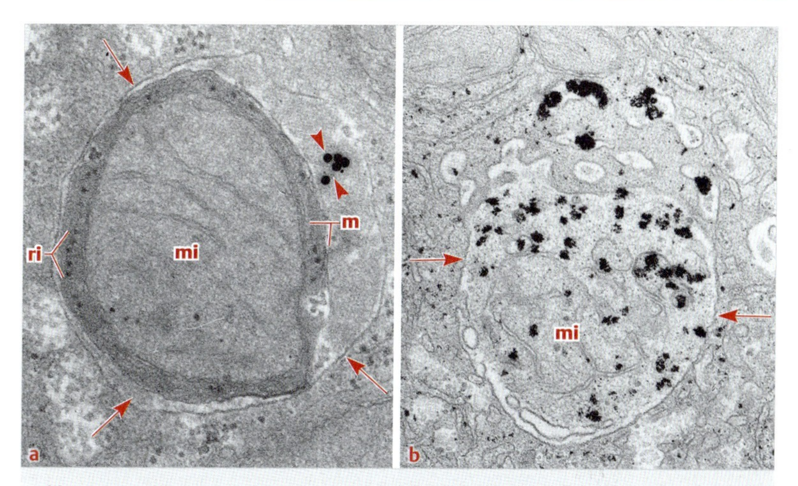

Abb. 14.8 Konfluenz von Hetero- und Autophagie. **a** Hier liegt eindeutig eine autophage Vakuole vor. Dies ist aus der Präsenz eines Mitochondriums (**mi**), von Ribosomen (**ri**), Membranen (**m**) und von Cytosol innerhalb einer einfachen Hüllmembran (Pfeil) zu schließen. Diese Vakuole kann aber die Goldpartikel (Pfeilspitzen), die dem Versuchstier in die Blutbahn injiziert worden sind, nur über Heterophagie (Endocytose) aufgenommen haben. Dies beweist, dass Vakuolen bzw. Vesikel aus der hetero- bzw. autophagen Linie miteinander verschmelzen können. **b** Nachweis für saure Phosphatase in einer derartigen Vakuole: Reaktionsprodukt (schwarz) auch in vielfachen Verzweigungen bzw. Vesikeln, die mit ihr in Verbindung stehen bzw. fusionieren. **mi** = Fragment eines Mitochondriums. Vergr. 41 000-fach. (Aus Plattner, H.: Biologie Aktuell II (1983) 89)

- auf diese Weise Beteiligung an Umbauprozessen (z. B. Metamorphose von Insekten)
- Abbau und Entaktivierung von phagocytierten Bakterien
- und daraus resultierend: Aufbereitung von Antigenen für die Antigen-Präsentation
- Abbau von überalterten Zellen (Erythrocyten des Menschen: nach 4 Monaten) und von Zellfragmenten in Makrophagen, z. B. bei Wundheilung und Apoptose (S. 469)
- in Pflanzenzellen: Vakuole zur Speicherung von Stoffen und zur Regulation des Turgors; vgl. den folgenden Abschnitt 14.4 (S. 307).

Wichtige molekulare Details zur Biogenese von Autophagosomen wurden erst in jüngster Zeit bekannt (Y. **Ohsumi**, Nobelpreis 2016).

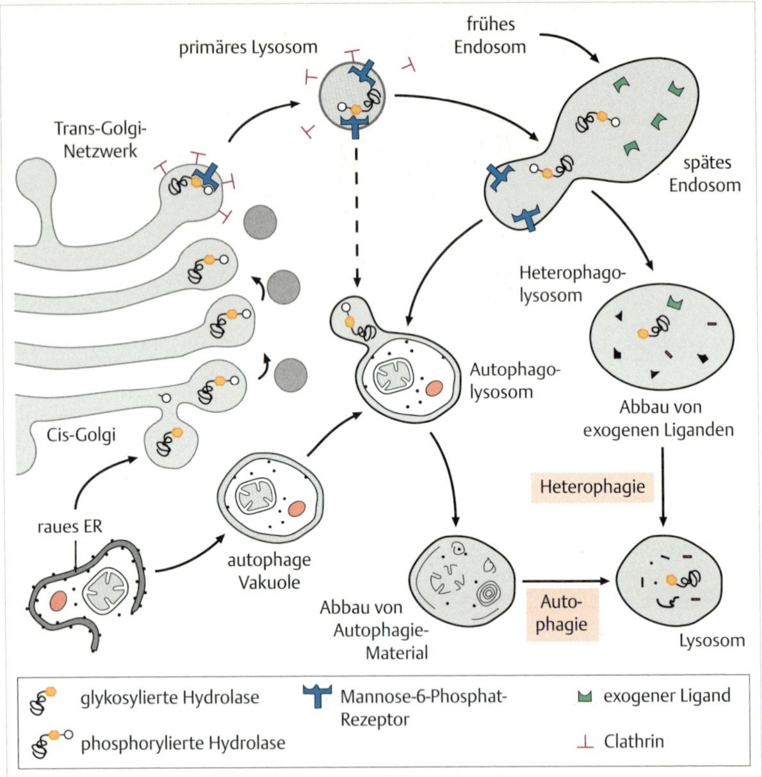

Abb. 14.9 Biogenese von Lysosomen –Teil II: Bildung von autophagen Vakuolen und Fusion von Lysosomen verschiedener Herkunft. Der linke und obere Teil wurde bereits in ▸ Abb. 14.4 besprochen. Unterer Teil: Eine autophage Vakuole entsteht dadurch, dass ein Teil des Cytoplasmas von sich schließenden Membranen des rauen ER unter Verlust der Ribosomen völlig eingeschlossen wird. Der Antransport von lysosomalen Enzymen kann auf zwei Wegen erfolgen – vielleicht über primäre Lysosomen, sicherlich aber durch Fusion mit einem späten Endosom. Schließlich bleibt wegen der fortschreitenden Verdauung nur eine einzige Hüllmembran übrig, denn der gesamte Inhalt wird zunehmend abgebaut. Die autophage Vakuole wurde so zum Autophagolysosom, dem man das späte Endosom als Heterophagolysosom entgegenstellen kann. Beide Arten von Lysosomen können zu einem „tertiären Lysosom“ verschmelzen, dessen Herkunft wegen des fortschreitenden Material-Abbaus nicht mehr immer nachvollzogen werden kann.

▶ **Man muss die Nomenklatur der Lysosomen nicht zu eng sehen.** Wenn vorhin auf die Unschärfe der Begriffe im Bereich der Biogenese der Lysosomen angespielt wurde, so ist dies sowohl aus der Komplexität ihrer Biogenese als auch aus der Schwierigkeit heraus zu verstehen, jedem konkreten Lysosom im Elektronenmikroskop anzusehen, was es im Laufe seines Lebens alles „erlebt" hat. Uns erscheint es didaktisch vorteilhaft, die von Christian de Duve, dem Entdecker der Lysosomen, getroffene Einteilung in primäre, sekundäre und tertiäre Lysosomen nicht ganz zu verwerfen (▶ Tab. 14.1). Warum sollte man Transportvesikel mit lysosomalen Enzymen, welche noch nicht in den Genuss einer Fusion gekommen sind, nicht als **primäre Lysosomen** bezeichnen? Die Hetero- und Autophagosomen bekommen den Zusatz „-lyso-", wenn sie nachweislich lysosomale Enzyme erworben haben (auf welchem Weg auch immer). Sie haben dann wenigstens eine Fusion erlebt und gelten dann als **sekundäre Lysosomen**. Jene Lysosomen, die in ihrem langen Dasein mit mehreren Partnern fusioniert haben, kann man als **tertiäre Lysosomen** bezeichnen. Bereits de Duve erkannte, dass diese ihre Fusionsfähigkeit einbüßen können, je älter sie werden. Vielleicht kann man sich so das „Schicksal" eines Lysosoms am besten einprägen...

▶ Tab. 14.2 gibt rückblickend eine Zusammenschau **molekularer Komponenten**, die in verschiedenen Organellen des **intrazellulären Vesikelverkehrs** vorkommen, für diese typisch sind und demnach als **molekulare Marker** dienen. Darunter sind kleine monomere G-Proteine (**GTPasen**) vom Typ **Rab** (z. B. Rab5, Rab7, Rab11 etc.), welche im Laufe des Vesikelverkehrs ausgetauscht werden und jeweils zum spezifischen Andocken von Vesikeln beitragen. Diese **GTPasen** enthalten jeweils Organelle-spezifische, kurze Sequenzabschnitte, die der spezifischen Erkennung von Zielmolekülen an einer anderen Membran dienen („**Targeting**"). (NB: Eine grobe Zielvorgabe wird im Vesikelverkehr be-

Tab. 14.1 Biogenese von Lysosomen und synonyme Begriffe

offizielle Bezeichnung	Merkhilfe (vgl. Text)	Herkunft (Biogenese)
lysosomale Transportvesikel	primäres Lysosom	vom Trans-Golgi-Netzwerk
spätes Endosom (Heterophagolysosom)	sekundäres Lysosom	aus Fusion eines Endocytose- bzw. Phagocytose-Vesikels (Heterophagosom) mit einem primären Lysosom
Autophagolysosom		aus Fusion einer autophagen Vakuole (Autophagosom) mit einem primären Lysosom (?) oder mit einem späten Endosom
„Lysosom"; alle oben genannten Komponenten sind verschmolzen	tertiäres Lysosom	enthält alle Komponenten

Tab. 14.2 Molekulare Marker für den Vesikelverkehr

Protein	Vorkommen
Monomere „G-Proteine“ (GTPasen)	
Rab5	frühe Endosomen (teilweise für Recycling)
Rab7	späte Endosomen/Lysosomen (für Abbau)
Rab11	pericentrioläres Sortierkompartiment (für Recycling)
Adaptorproteine (AP) für Clathrin-beschichtete Vesikel	
AP1	Trans-Golgi-Netzwerk (TGN), für die Bildung von primären Lysosomen
AP2	Zellmembran (Endocytose)
AP3	Endosomen (für die Abknospung von kleineren Vesikeln von dort)
Coatamer-Proteine (COP) als molekulare Filter	
COP II	Endoplasmatisches Retikulum → Golgi Apparat bzw. Cis-Golgi-Netzwerk und zurück zum ER
COP I	für Vesikeltransport innerhalb des Golgi-Apparates
Caveolin	Caveolae und durch Abschnürung davon abgeleitete Caveosomen und Transcytose-Vesikel
Spezifische Membran-Antigene	
EEA1 (early endosome antigen 1)	frühe Endosomen
Limp2/Lamp 2 (lysosomal integral/associated membrane protein)	späte Endosomen/Lysosomen
die Proteine p110, p130, Golgin	Golgi-Apparat
das Protein TGN38	Trans-Golgi-Netzwerk
Saure Kompartimente (mit H^+-Pumpe: Endosomen, Lysosomen, Phagosomen etc.)	
Lysotracker, Acridin Orange (Farbstoffe)	

reits durch die Anordnung von Mikrotubuli gegeben.) **Adaptorproteine** dienen der Bildung von Clathrin-beschichteten Vesikeln, **COP**-Typ Proteine dem Abknospen von Vesikeln im Bereich ER und Golgi-Apparat, wogegen der dritte molekulare Filter, **Caveolin**, in Caveolae und davon abgeknospten Vesikeln vorkommt (**Caveosomen** bzw. **Transcytose-Vesikel**). (In Zellen, die keine Caveolae ausbilden, treten als Alternative **Reggie/Flotillin**-vermittelte Mikrodomänen auf (vgl. ► Abb. 11.13), deren Einbindung in den Vesikelverkehr aber noch nicht ganz geklärt ist.) Mittels spezifischer Antikörper können Organellen-spezifische Membran-Antigene lokalisiert werden oder diese werden als GFP-Fusionsproteine sichtbar gemacht. **Saure Kompartimente** mit H^+-Pumpe können in der lebenden Zelle durch geeignete Farbstoffe sichtbar gemacht werden.

14.3 Multivesicular Bodies

„Multivesikuläre Körper" anstatt **multivesicular bodies** (MVB) zu sagen ist unüblich. Sie entstehen aus Vesikeln, in welche sich Teile ihrer Membran einstülpen und so kleinere Vesikel ins Lumen abschnüren. Dabei können nicht nur Membrankomponenten sondern auch lösliche cytosolische Komponenten ins Innere eines MVB abgegeben werden. Eine Fusion mit Lysosomen ist möglich, aber nicht zwingend. Im Gegenteil, MVBs können ihren Inhalt, Vesikelchen („**Exosomen**") und lösliche Komponenten, über Exocytose nach außen abgeben. Dies betrifft auch regulatorische RNA (Epigenetik, siehe Kap. 23.4) sowie z. B. das Prion-Protein (► Abb. 14.10), dessen pathologische Form auf diese Weise im Organismus verbreitet werden kann.

14.4 Die Vakuole der Pflanzen – ein Lysosom besonderer Art

In Pflanzenzellen repräsentiert die Vakuole eine spezielle Form von Lysosom (► Abb. 14.11). Sie hat ebenfalls eine einfache Membranumhüllung und ein saures Innenmedium mit lysosomalen Enzymen. Hier werden oft bestimmte Proteine, überschüssige Salze (teilweise als Kristalle) oder Produkte aus Nebengeleisen des Stoffwechsels gespeichert („**sekundärer Stoffwechsel**" der Pflanzen). Diese Produkte wie Caffein oder Opiate scheinen häufig für die Pflanzen keinen direkt erkennbaren Vorteil zu bringen. Vielleicht dienen manche von ihnen als Fraßschutz. Die Vakuole hilft bei der Regulation des **Turgors** durch reversible Mobilisierung von Salzkristallen. Schließlich ist auch der Farbstoff Anthocyan hier gespeichert. Je nach pH-Wert und Ionen-Gehalt des Vakuoleninhaltes verleiht er rote (sauer) oder blaue Färbung (alkalisch) oder beides nacheinander, so den Rot-Blau-Übergang in Blütenständen unseres heimischen Lungenkrautes *Pulmonaria officinalis* („Hänsel und Gretel").

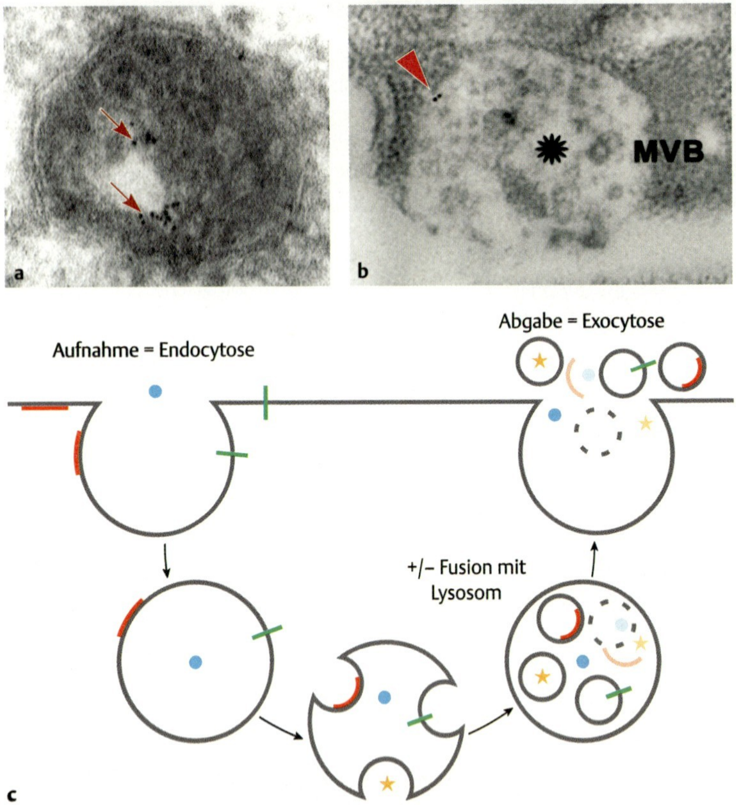

Abb. 14.10 Multivesicular bodies (MVBs). **a** Ein MVB, Durchmesser 0,6 -0,7 µm, der von einer einfachen Membran umhüllt ist und zahlreiche Vesikelchen enthält. (Aufnahme eines Kryoschnitts, daher Negativkontrast der Membranen aufgrund fehlender Schwermetall-einlagerungen.) Die Goldkörner (Pfeile) markieren Membran-assoziierte Proteine (Reggie/Flotillin), die internalisiert wurden. Vergr. ca. 65 000-fach. **b** Exocytose eines MVB (Stern) aus einer mit Prion-Protein (PrP^{Sc}) infizierten Zelle. Pfeilkopf weist auf Gold-markiertes Prion-Protein. Vergr. ca. 45 000-fach. **c** Die Biogenese von MVBs erfolgt über Einstülpung der Zellmembran. Dabei können integrale, periphere Membranproteine und gelöste Proteine wie bei der Endocytose internalisiert werden. Je nachdem, ob eine Fusion mit Lysosomen stattfindet oder nicht, können die internalisierten Komponenten intakt oder in zersetzter Form durch Exocytose abgegeben werden. Dieser Mechanismus greift z. B. auch für das pathogene PrP^{Sc}. (a Langhorst, M.F., Reuter, A., Jäger, F.A., Wippich, F.M., Luxenhofer, G., Plattner, H., Stuermer, C.A.O.: Eur. J. Cell Biol. 87 [2008] 211. b Veith, N.M., Plattner, H., Stuermer, C.A.O., Schultz-Schaeffer, W.J., Bürkle, A.: Eur. J. Cell Biol. 88 [2009] 45)

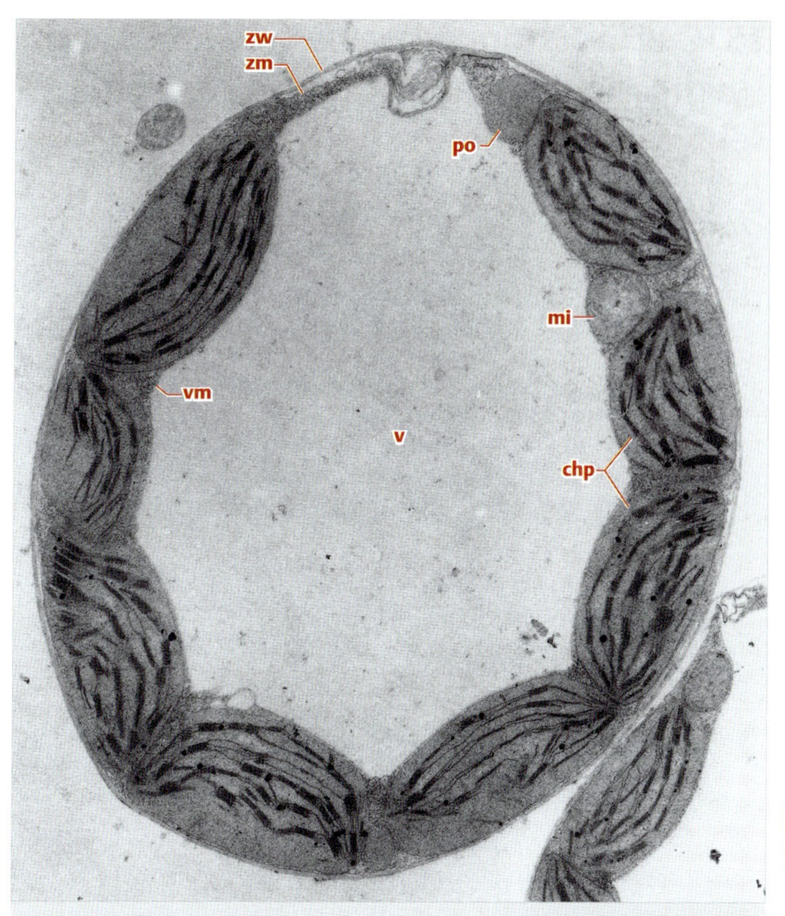

Abb. 14.11 Zelle aus dem Blatt der Bohne (*Phaseolus vulgaris*). Das Bild wird beherrscht von der großen Vakuole (**v**), deren Form sich wegen des Innendruckes den Konturen der zahlreichen Chloroplasten (**chp**), sowie eines Mitochondriums (**mi**) und eines Peroxisoms (**po**) anpasst. **Vm** = Vakuolenmembran, **zm** = Zellmembran, **zw** = Zellwand. Vergr. 10 000-fach. (Aufnahme: K. Mendgen, Konstanz)

▸ Literatur zum Weiterlesen

siehe www.thieme.de/go/literatur-zellbiologie.html

15 Glattes Endoplasmatisches Retikulum, Lipidtropfen, Glykogen und Peroxisomen – sehr variable Zellkomponenten

Zusammenfassung

Das glatte Endoplasmatische Retikulum (ER) bildet sich durch Proliferation aus dem rauen ER. Seine Aufgaben sind **Synthese** von Lipoiden und Steroidmolekülen, unter anderem von Cholesterin. Im glatten ER werden Pharmaka entgiftet, die selbst zur reversiblen Proliferation des glatten ER führen können. Die verschiedenen Formen des ER dienen als **Calcium-Speicher**. Auch sind Enzyme des Glykogen-Stoffwechsels (Glykogen = polymere Speicherform der Glukose) mit dem glatten ER assoziiert, so z. B. das Leitenzym der **„Mikrosomenfraktion"** (Vesikel aus glattem und rauem ER), die **Glukose-6-Phosphatase**. Abgesehen von Glykogenrosetten treten in manchen Zellen Lipidtropfen als Energiespeicher in Erscheinung. Während Lipide im Cytoplasma wegen ihres hydrophoben (= wasserscheuen) Charakters von selbst zu Tropfen aggregieren, werden Glukose-Moleküle durch kovalente Vernetzung unter Beteiligung zahlreicher Enzyme zu **Glykogen-Rosetten** zusammengefügt. Der Vorteil liegt darin, dass die Zelle in Polymerform große Mengen an Energiereserven speichern kann, wogegen eine gleich große Zahl an Monomeren durch den entstehenden osmotischen Druck viel Wasser in die Zelle ziehen und so ihre mechanische Stabilität gefährden könnte.

Peroxisomen bekamen ihren Namen vom Gehalt an peroxidativ aktiven Enzymen. Die Katalase-Reaktion spaltet das Zellgift Wasserstoffperoxid. Peroxisomen üben daher eine **Entgiftungsfunktion** aus. Bei Pflanzen ist die Mobilisierung von Speicherfetten in **Glyoxisomen** des Samens von besonderer Bedeutung. Um Wachstum und Vermehrung der Peroxisomen zu gewährleisten, werden in bereits bestehende Peroxisomen weitere molekulare Bausteine eingeschoben. Dadurch vergrößern sie sich und es können sich durch Knospung neue Peroxisomen bilden: Peroxisomen bilden sich also nicht über den für Sekretvesikel und Lysosomen besprochenen Vesikelfluss. Die Synthese peroxisomaler Enzyme erfolgt an freien Ribosomen und ihre Aufnahme über Bindung einer kurzen **Erkennungs-Sequenz** (SKL = Serin-Lysin-Leucin) an einen Rezeptor, gefolgt vom Durchschleusen durch die Membran. Mutationen verhindern die Aufnahme des Leitenzyms **Katalase**. Dieses bewirkt bei der als **Zellweger-Syndrom** bezeichneten Krankheit wegen gestörter Entgiftung toxisch-reaktiver Sauerstoffprodukte den Tod im frühen Kindesalter.

15.1 Glattes ER und Lipidtropfen

Neben dem rauen ER findet sich in manchen Zellen auch ein variabler Anteil von Ribosomen-freiem ER, das glatte ER. Man kann seine Bildung experimentell induzieren (s. u.) und sieht dann im Transmissions-EM kontinuierliche Verbindungen mit dem rauen ER, aus dem es durch Sprossung hervorgeht (**Proliferation**), indem sich reichlich verzweigte tubuläre Strukturen von ca. 30 bis 100 nm Durchmesser ausbilden (▸ Abb. 15.1). Wie kann eine rasche Erweiterung der Phospholipidschicht bei Proliferation des glatten ER erfolgen? Die Antwort ist einfach, denn die Synthese von Lipiden ist gerade eine der Hauptaufgaben des glatten ER. Dadurch kann das raue ER unter Verlust der Ribosomen zu glattem ER transformiert werden (▸ Abb. 15.2). Lipide können dann auch von cytosolischen Proteinen aufgenommen und an andere Membranen der Zelle transferiert werden (**Lipid-Austausch-Proteine**).

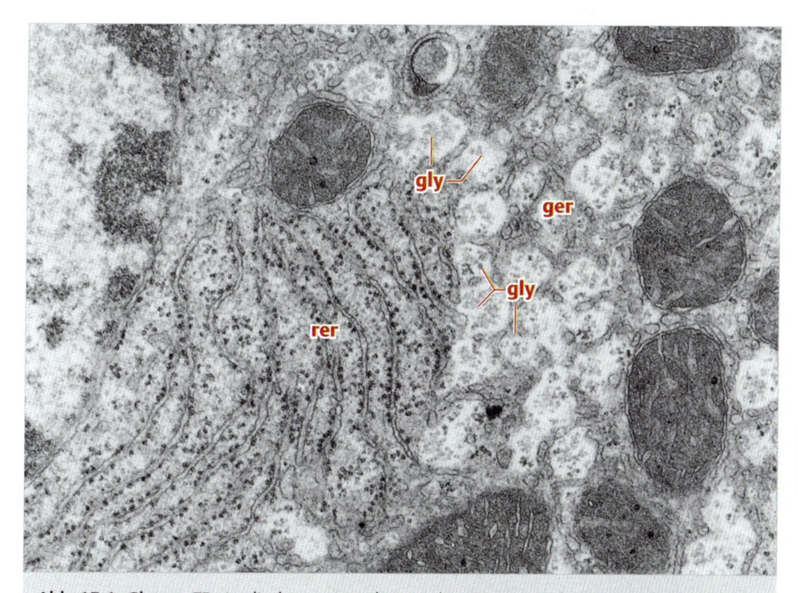

Abb. 15.1 Glattes ER. In direktem Kontakt mit den Zisternen des rauen ER (**rer**) sieht man tubulär verzweigtes, im Querschnitt oft vesikulär erscheinendes glattes ER (**ger**). Dieses knospt durch Lipidsynthese aus dem rauen ER (Proliferation; vgl. ▸ Abb. 15.2). Dazwischen liegen Rosetten von Glykogen (**gly**). Für Glykogen-Rosetten siehe auch ▸ Abb. 15.4. Vergr. 28 000-fach. (Aufnahme: H. Plattner)

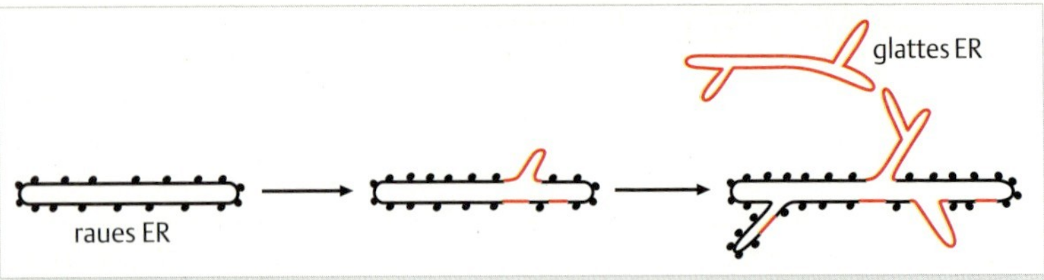

glattes ER

raues ER

Abb. 15.2 Bildung des glatten ER. Das glatte ER knospt aus dem rauen ER hervor, indem es Lipide synthetisiert. Die Umwandlung erfolgt also durch Einschieben neuer Membranbestandteile. Dabei werden auch neuartige Proteine eingebaut. Daraus resultiert die sichtbare Proliferation unter Verlust des Ribosomen-Besatzes.

▸ **Glattes ER synthetisiert Lipide.** Am deutlichsten tritt die Fähigkeit des glatten ER zur **Lipidsynthese** an resorbierenden Epithelzellen des Dünndarms zu Tage. Im Darm werden Fette aus der Nahrung in ihre molekularen Komponenten gespalten, d. h. in Glycerin und Fettsäuren. Nach Aufnahme durch die Zellmembran sieht man im glatten ER Fetttröpfchen, welche durch Resynthese in den Darmepithelzellen entstanden sind. Manche Zellen haben sich darauf spezialisiert, Fetttropfen als Nährstoffreserve anzureichern (Fettzellen). In der Leber gilt die Anreicherung von Fetttropfen als degeneratives Zeichen. Große Fetttropfen, wie die in ▸ Abb. 15.3 gezeigten, entstehen dadurch, dass sich neu synthetisierte Lipide zunehmend zwischen den beiden Schichten einer ER-Membran (also innerhalb eines „Bilayers") lokal anreichern und dann abgeknospt werden. Somit werden Fetttropfen durch eine einfache Phospholipid-Schicht mit eingelagerten Proteinen aus dem ER begrenzt.

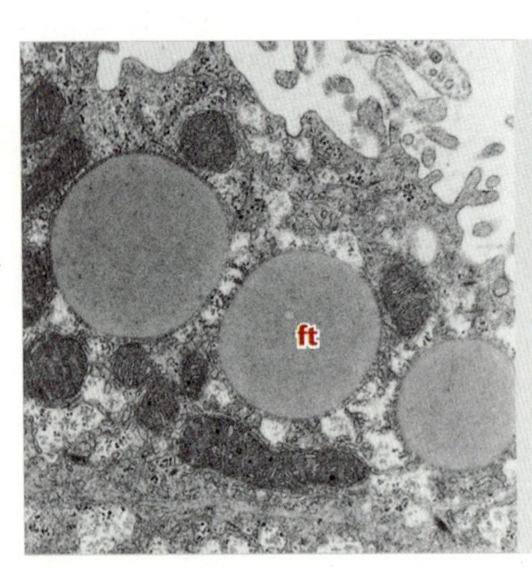

Abb. 15.3 Fetttropfen in einer Zelle der Leber. Nur mit Erfahrung, aufgrund des glasig-homogenen Erscheinungsbildes ist die Identifikation als Fettropfen (**ft**) möglich. Vergr. 11 000-fach. (Aufnahme: H. Plattner)

Wir erinnern uns, dass in Biomembranen, mit den Phospholipiden vermischt, der Steroidkörper des Cholesterins (S. 130) auftritt. **Steroide**, inklusive Cholesterin und Steroidhormone herzustellen, obliegt ebenfalls dem glatten ER. Letztere werden aus mitochondrial gebildeten Vorstufen erzeugt. Dementsprechend gut ist das glatte ER in jenen Zellen ausgebildet, welche sich auf die Produktion von Steroidhormonen spezialisiert haben (Nebennierenrinde, Keimdrüsen). Da die **Cholesterinsynthese** auf unsere Leber konzentriert ist, haben Hepatocyten immer einen gewissen Anteil an glattem ER. Hier wird Cholesterin mit Fettsäuren verestert, an Proteine adsorbiert, als Lipoproteine durch den Golgi-Apparat hindurch (vgl. ▶ Abb. 10.3 und ▶ Abb. 14.5) und über ungetriggerte Exocytose (S. 266) in die Blutbahn abgegeben. Damit wird dieses Syntheseprodukt des glatten ER der Leber unseren anderen Körperzellen zur Verfügung gestellt.

▶ **Im glatten ER der Leber wird entgiftet.** An der Leber kann man noch eine andere auffällige Beobachtung machen. Appliziert man einem Versuchstier bestimmte Pharmaka, wie das Schlafmittel Phenobarbital, so beginnt das glatte ER stark auf Kosten des rER zu proliferieren, bis das rER fast völlig verdrängt ist. Parallel zu diesen ultrastrukturellen Veränderungen wird die Synthese jener Enzyme des glatten ER induziert, welche der **Detoxifikation** (Entgiftung) dienen. Dabei handelt es sich um **Hydroxylierungsprozesse**:

$$\mathrm{H-\overset{|}{\underset{|}{C}}-H} \longrightarrow \mathrm{H-\overset{|}{\underset{|}{C}}-OH}$$

Diese dienen der Modifikation von lipophilen Pharmaka in hydrophile Produkte, wodurch deren Ausscheidung erleichtert wird. Binnen einer Woche kann das glatte ER durch Autophagie wieder zurückgebildet werden. Allerdings kann dieser Detoxifikationsprozess fallweise auch das Gegenteil bewirken: Das Gift des Schimmelpilzes *Aspergillus* (auf Brot oder in Nüssen) wird erst durch die Hydroxylierung zum aktiven Zellgift – ein kurioser „Unfall" der Evolution. Diese aktivierten Aflatoxine sind hochgradige Leber-Karzinogene, wie man erst zu Ende der 70er-Jahre herausfand.

▶ **Mikrosomen.** Durch Dichtegradienten-Zentrifugation kann man glattes und raues ER nicht immer leicht voneinander trennen. Man nennt die gewonnene Fraktion aus kleinen Membranvesikeln die **Mikrosomen-Fraktion**. Zwar sind hier Fragmente beider ER-Typen angereichert, aber leider enthalten Mikrosomen oft auch noch Komponenten des Golgi-Apparates und vesikulierte Fragmente der Zellmembran als Verunreinigung (Kontamination).

▸ **Ca^{2+} Speicherung im ER.** Erst ab den 80er Jahren wurde man gewahr, dass das raue wie das glatte ER als **Calcium-Speicher** dient. Daraus kann Ca^{2+} bei Aktivierung der Zelle mobilisiert werden; vgl. Kap. 6.5 (S. 142) und Kap 12.3.2 (S. 269). Diese Fähigkeit war vorher nur von einer speziellen Form des glatten ER bekannt, dem Sarkoplasmatischen Retikulum der quergestreiften Muskelzellen. Wie das **Sarkoplasmatische Retikulum** enthalten auch die anderen Formen des ER verschiedener Zelltypen eine Calcium-Pumpe (Ca^{2+}-ATPase) und Ca^{2+}-Kanäle für die Freisetzung von Ca^{2+} bei Stimulation. Dabei werden die Kanäle von *second messenger* Molekülen geöffnet. De facto wurde die Ca^{2+}-Speicherkapazität des ER entdeckt, als man eine Mikrosomenfraktion mit InsP$_3$ versetzte – einem der möglichen Ca^{2+}-aktivierenden *second messenger*; vgl. und ▸ Abb. 12.10.

15.2 Glykogen

Besonders in Muskelzellen und in der Leber sind – insbesondere im fließenden Übergangsbereich zwischen rauem und glattem ER – häufig Glykogenrosetten anzutreffen (vgl. ▸ Abb. 15.4). Glykogen ist die polymere Speicherform von Glukose in tierischen Zellen. Wie bereits erwähnt, ist Glykogen ein 1,4-α-Polyglukosid mit vereinzelten 1,6-Glukosid-Bindungen, deretwegen das Glykogenmolekül verzweigt ist (vgl. ▸ Abb. 5.10). Die im EM sichtbaren **Glykogenrosetten** sind Aggregate (50 nm Durchmesser) solcher Polymere mit angelagerten Enzymen, die dem Auf- bzw. Abbau des Glykogens dienen (Glykogenese bzw. Glykogenolyse). Die Zelle speichert also ihren „Universalbrennstoff" Glukose nicht in monomerer Form. Einer der Gründe hierfür ist, dass dies eine zu hohe osmotische Belastung darstellen würde, die Zelle womöglich platzen könnte. Am Auf- und Abbau ist das Enzym Glukose-6-Phosphatase beteiligt. Es gilt als Leitenzym des ER.

Zellpathologie

Glykogenosen

Störungen können den Glykogenstoffwechsel betreffen (**Glykogen-Speicherkrankheiten**, besser benannt als: **Glykogenosen**). Auf- oder Abbau können durch Defekte in den vielen beteiligten Enzymen des Glykogenstoffwechsels betroffen sein. Patienten ermüden bei körperlicher Belastung leicht, was auch zu schmerzhaften Krämpfen führen kann, je nach der Art der genetischen Störung der beteiligten Enzyme im Cytosol. Also gibt es verschiedene Glykogenose Syndrome, z. B. *von-Gierke-Syndrom* (defekte Mobilisierung von Glukose über Glukose-6-Phosphat zur Bildung von Glykogen), *Cori-Syndrom* (defekte Verzweigung des Glykogenmoleküls; vgl. ▸ Abb. 5.10).

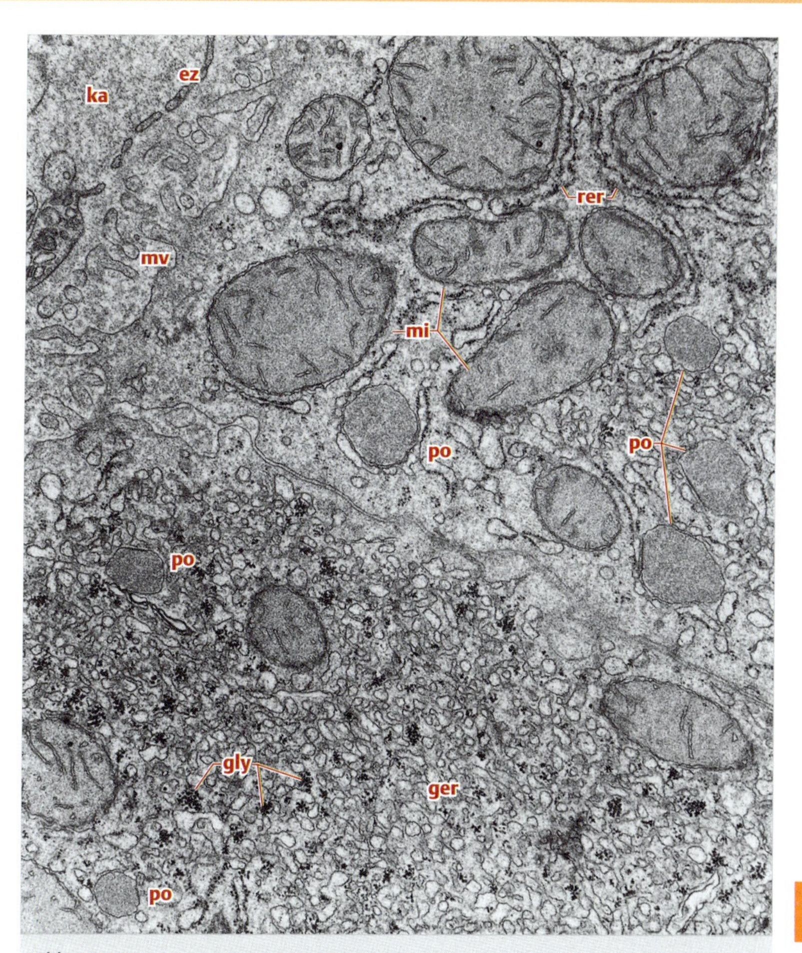

Abb. 15.4 Peroxisomen. Diese Aufnahme zweier benachbarter Hepatocyten zeigt, dass Peroxisomen (**po**) unregelmäßig ins Cytoplasma eingestreut sind, eine einfache Membranumhüllung und einen homogenen Inhalt besitzen. Daneben sind bereits vertraute Strukturen erkennbar, wie raues und glattes ER (**rer**, **ger**), Glykogenrosetten (**gly**) und Mitochondrien (**mi**). Mikrovilli (**mv**) der Zelloberfläche ragen gegen die Blutgefäßkapillare (**ka**) vor. Speziell in der Leber sind die Kapillaren nur unvollständig bedeckt, weil ihr Endothelzellbelag (**ez**) vielfach durchlöchert ist; dies dient dem besseren Stoffaustausch, etwa von Glukose, die hauptsächlich in der Leber als Glykogen gespeichert wird. Vergr. 19 000-fach. (Aufnahme: H. Plattner)

15.3 Peroxisomen

Die Größe dieser Organellen mit einfacher Membranumhüllung kann zwischen 0,1 und 1 µm variieren (▸ Abb. 15.4). Sehr variabel, je nach Zelltyp, ist auch ihre Enzymausstattung, jedoch handelt es sich durchwegs um **oxidative Enzyme**. Dazu gehören bei tierischen Zellen die Katalase, peroxidativ aktive Enzyme, Uratoxidase und D-Aminosäure-Oxidase. Peroxidasen und Katalase enthalten eine **Häm-Gruppe** mit einem Eisen-Atom. Peroxidase bewirkt die folgende Reaktion:

$$R - H_2 + O_2 \xrightarrow{\text{peroxidative Enzyme}} R + H_2O_2$$

wobei R für verschiedenartige organische Reste steht. Wasserstoffperoxid (H_2O_2), ein schweres Zellgift, wird gleich an Ort und Stelle mittels Katalase zerlegt:

$$2\,H_2O_2 \xrightarrow{\text{Katalase}} 2\,H_2O + O_2$$

▸ Peroxisomen können vielleicht als „lebende Fossilien" betrachtet werden. Es besteht die hypothetische Vermutung, dass Peroxisomen Überbleibsel aus einer frühen Evolutionsperiode der Eukaryotenzelle darstellen, bevor diese Mitochondrien entwickelt hat. Letzteres erfolgte durch Aufnahme oxidativer Bakterien für eine Entgiftung, später sogar für eine hocheffiziente energetische Ausbeutung des Sauerstoffs (S. 535). Sauerstoffradikale konnten in der Frühzeit der Evolution, bei noch ungehinderter UV-Einstrahlung, leicht entstehen und mussten entgiftet werden, weil sie für die Zelle extrem schädlich sind. Dieser Verdacht, dass Peroxisomen eine Art „lebender Fossilien" sein könnten, wird durch das Vorkommen von D-Aminosäure-Oxidase erhärtet, wogegen in unserem Körper fast nur L-Aminosäuren vorkommen. (Allerdings beteiligen sich D-Aminosäuren bei einzelnen Signaltransduktions-Prozessen im Gehirn.) Peroxisomen sind auch zum **Abbau von Fettsäuren** nach dem Schema der β-Oxidation befähigt. Da diese normalerweise nur in geringem Umfang in Peroxisomen, dagegen in weit größerem Umfang und mit relevanter Energieausbeute in den Mitochondrien erfolgt (vgl. ▸ Abb. 19.3), erhärtet auch dies den Verdacht, Peroxisomen seien „altertümliche" Organellen.

15

▸ Die Biogenese der Peroxisomen wurde erst neuerdings ausreichend aufgeklärt. Große Probleme brachte die Aufklärung der Biogenese der Peroxisomen mit sich. Nach herkömmlicher Meinung bilden sie sich nicht neu, sondern durch Vergrößerung und anschließende Knospung. Lipide werden als Einzelmoleküle in die Membran eingeschoben (Wachstum durch Einlagerung, nicht über Vesikelfluss). Die Proteine des Inhaltes, wie auch jene der Membran der Peroxisomen, werden an freien Ribosomen synthetisiert und über spezifische

Erkennungssignale (Sequenzabschnitte) aufgenommen. Es ist dies eine kurze Carboxy-terminale SKL-Sequenz, die an einem Rezeptor bindet, der seinerseits mit einem Andockkomplex interagiert. So wird schließlich eine Importpore geöffnet. Der Molekulare Zoom erzählt mehr davon und der letzte Paragraph dieses Kapitels schildert die fatalen Folgen eines Defektes im peroxisomalen Import der Katalase. Ebenfalls aus dem Cytosol importiert wird die Häm-Gruppe von Katalase und Peroxidase, die bereits im Cytosol fertig zusammengebaut werden. Erst Anfang der 2000er Jahre zeigten molekularbiologische Analysen, dass einige peroxisomale Membranproteine über Vesikelfluss doch dem Endoplasmatischen Retikulum entstammen, jedoch ohne Beteiligung des Golgi-Apparates.

Peroxisomen sind funktionell sehr bedeutsam. Ihre Zahl vermehrt sich dramatisch nach teilweiser Entfernung der Leber (partielle Hepatektomie) oder bei Applikation von Wirkstoffen, welche die Konzentration der Blutfette in die Höhe treiben (Hyperlipämie). In diesem Zusammenhang mag ihre Fähigkeit zum Fettstoffwechsel wichtig werden. Leitenzym der Peroxisomen ist die **Katalase**.

Molekularer Zoom

Passierschein vorweisen

Organell-spezifischer Protein-Import am Beispiel der Peroxisomen. Die Kompartimentierung der Zelle erlaubt die lokale Anreicherung von Proteinen, die auf diese Weise optimal zusammenarbeiten können. So ist es für die Peroxisomenfunktion wichtig, dass das in ihnen gebildete Zellgift H_2O_2 sofort entaktiviert wird. Die dazu erforderliche **Katalase** benötigt daher Zielsequenzen für den **Peroxisomen**-spezifischen Import. Diese Sequenz ist ein C-terminales **SKL-Motiv** (Seryl-Lysyl-Leucyl Reste in Folge). Mit dieser „Eintrittskarte" bindet das im Cytosol gebildete Protein an den **Import-Rezeptor** Pex5. Trifft er durch Diffusion zufällig auf den hetero-oligomeren **Andock-Komplex** Pex13 + 14 + 17 der Peroxisomen-Membran, so bildet sich ein noch größerer Komplex (schraffiert) mit dem Importgut und Pex5. Die vereinigten Proteine Pex5 + 13 + 14 + 17 bilden eine Pore und das peroxisomale Protein kann durchschlüpfen. Wie wird der Import-Rezeptor wieder freigesetzt? Dazu muss er zunächst durch **Ubiquitinylierungs**-Komplexe (Pex4 + 22 und Pex 2 + 12 + 10) in der peroxisomalen Membran einfach ubiquitinyliert werden (**Mono-Ubiquitinylierung**). (Ubiquitin ist ein in der Evolution hoch-konserviertes, in Eukaryoten ubiquitär verbreitetes Protein von 8,5 kDa Größe.) Erst dann kann ein ebenfalls in der Membran vorhandener Rezeptor-**Freisetzungskomplex** (Pex15 + 6 + 1) den Rezeptor in einfach-ubiquitinylierter Form freisetzen. (Der Freisetzungskomplex ist eine der vielen **AAA-ATPasen = „Triple A-ATPases"**, also ein Mitglied einer ausgedehnten Protein-Großfamilie, die auch bei der Autophagie (S. 301) und als Chaperon für

SNAREs beim Vesikeltransport (S. 269) mitmischt.) Sobald die Mono-Ubiquitinylierung rückgängig gemacht wurde, kann eine neue Importrunde starten. Da sich der Import-Rezeptor – wie andere Proteine auch – mit der Zeit „verschleißt", wird er irgendwann dem proteasomalen Abbau (S. 368) zugeführt, nachdem er durch **Poly-Ubiquitinylierung** gekennnzeichnet wurde (▶ Abb. 15.5).

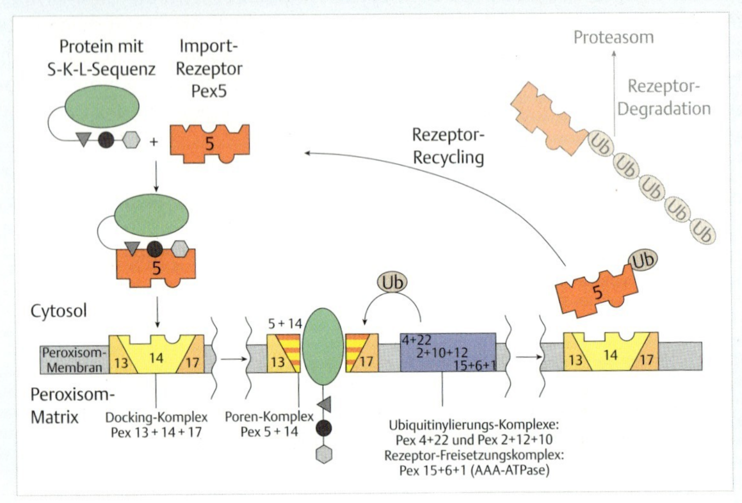

Abb. 15.5 Organell-spezifischer Protein-Import am Beispiel der Peroxisomen. (Modifiziert nach M. Meinecke et al.: Nature Cell Biol. 12 (2010) 273)

Zellpathologie

15

Zellweger-Syndrom

Das klassische Beispiel einer durch **„Mistargeting"** verursachten Krankheit ist das *Zellweger Syndrom*. Die Aufnahme von Katalase aus dem Cytosol in die **Peroxisomen** ist defekt, weil eine fehlerhaft codierte **„targeting"-Sequenz** (= **Zielsteuerungs-Sequenz**, SKL = Serin-Lysin-Leucin) die Anbindung an den **SKL-Rezeptor** und damit den Import verhindert; vgl. Molekularer Zoom (S. 317). Die namengebende Peroxidase erzeugt in den Peroxisomen toxisches **Wasserstoffperoxid** (H_2O_2), welches in der gesunden Zelle durch **Katalase** in den Peroxisomen zu H_2O entaktiviert wird. Zellweger-Kinder sterben meist im ersten Lebensjahr.

▸ **Bei Pflanzen spielen Peroxisomen eine Rolle bei Photorespiration und Keimung.** Auffälliger ist die indirekte Beteiligung spezieller Formen von Peroxisomen am Energiestoffwechsel von Pflanzenzellen. In Blättern sieht man Peroxisomen häufig mit Chloroplasten assoziiert (vgl. ▸ Abb. 21.1), wo sie ein Zwischenprodukt der Kohlenstoff-Assimilation unter O_2-Verbrauch und CO_2-Abgabe verarbeiten können. Dieser Prozess erinnert an die Atmung (Respiration) tierischer Zellen und läuft daher unter dem Namen **Photorespiration**. Sehr bedeutsam ist die Beteiligung spezieller Peroxisomen (**Glyoxisomen**) am Keimvorgang. Hier werden im **Glyoxylat-Zyklus** die Fettvorräte von Pflanzensamen mobilisiert und in Zucker umgewandelt, sodass sich der Keimling entfalten kann. Diese speziellen Aspekte der Pflanzenzelle sind in Kap. 24 (S. 482) ausführlicher dargestellt.

▸ **Literatur zum Weiterlesen**

siehe www.thieme.de/go/literatur-zellbiologie.html

16 Das Cytoskelett – Stütze und Bewegungsgrundlage

Zusammenfassung

Das Cytoskelett umfasst Mikrotubuli, Mikrofilamente und Intermediär-Filamente. **Mikrotubuli** sind 25 nm dicke, unverzweigte, hohle Strukturen aus Tubulin und dienen der Herstellung der Zellform sowie als Gleitschienen für intrazelluläre Bewegungsabläufe verschiedener Art (Organellentransport, Kernteilungsspindel). Den Ausgangspunkt des Mikrotubuli-Systems einer Zelle bildet das **Cytozentrum** mit dem **Centriol**, von wo Mikrotubuli radial das Cytoplasma durchziehen und so als Gleitschienensystem für Vesikeltransport und zur Stabilisierung der Zellstruktur dienen. Das Centriol besteht aus zwei identischen, aufeinander senkrecht stehenden komplexen Gebilden, die jeweils aus 9 Dreiergruppen sehr kurzer Mikrotubuli bestehen. Ein Centriol ist also ein Zwillingspärchen aus (9 × 3) sehr kurzen Mikrotubuli, mit einer angelagerten diffusen Proteinmasse. In Einzelform bilden sie die (9 × 3)-Struktur der Basalkörper von Cilien und Flagellen; s. Kap. 17 (S. 349). **Mikrofilamente** sind 6 nm dicke Filamente aus Aktin; die Kontraktion wird durch teleskopartiges Aneinandergleiten an zwischengelagerten Myosin-Molekülen unter ATP-Verbrauch bewerkstelligt. In extrem regulärer Organisationsform liegt Aktomyosin in der quergestreiften Muskulatur vor. Mikrofilamente sind an der lokalen Formgebung von Zellen sowie an dynamischen Prozessen, wie an der amöboiden Bewegung, beteiligt. Bei Bewegungsabläufen an Mikrotubuli sind ATP-getriebene **Motorproteine** involviert (Dynein, Kinesin). Dagegen ist die dritte Art von Komponenten des Cytoskeletts, die **Intermediär-Filamente** (häufig von 10 nm Dicke), relativ heterogen. Dies betrifft sowohl die Art der beteiligten Proteine als auch die Positionierung dieser Filamente in der Zelle, die variable Expression von Zelltyp zu Zelltyp sowie Unterschiede auf verschiedenen phylogenetischen Niveaus.

16.1 Die Komponenten des Cytoskeletts

Nur die Eukaryotenzelle besitzt ein Cytoskelett. Seine Aufgaben sind vielfältig, wie etwa Formgebung, innere Festigung, Festlegung von Oberflächenkomponenten, intrazellulärer Transport, Kontraktilität, Ausbildung der Kernteilungsspindel, Beteiligung an der Zellteilung etc. Diese Funktionen werden von den verschiedenartigen Komponenten des Cytoskeletts in unterschiedlichem Ausmaß gewährleistet.

Die Komponenten des Cytoskeletts sind:

- Mikrotubuli
- Mikrofilamente
- Intermediär-Filamente

Sie alle sind aus jeweils charakteristischen Protein-Untereinheiten aufgebaut. Diese sind **Tubulin** (Mikrotubuli), **Aktin** (Mikrofilamente) und verschiedenartige Proteine (Intermediär-Filamente). Tubulin und Aktin sind phylogenetisch relativ konservativ. Hingegen werden Intermediär-Filamente nicht nur häufig gewebespezifisch aus verschiedenen Proteinen gebildet (exprimiert), sondern sie weisen auch große Unterschiede auf, wenn man Organismen von unterschiedlichem phylogenetischen Niveau vergleicht (z. B. Protozoen und Säugetierzellen). Intermediär-Filamente sind also phylogenetisch nicht konservativ.

Manche Komponenten des Cytoskeletts sind relativ stabil (z. B. Intermediär-Filamente), wogegen andere, oft lokal, in der Zelle einem dauernden Umbau unterliegen. Durch Anfügen oder Entfernen von Untereinheiten können Mikrotubuli schnell verlängert oder verkürzt werden. Ähnliches gilt für Mikrofilamente. Man nennt dies **Polymerisation** (Aufbau) und **Depolymerisation** (Abbau). Dieser Sachverhalt ist sehr wichtig, weil er die rasche dynamische Umgestaltung des Cytoskeletts ermöglicht. Damit sich in der Zelle Polymere bilden können, müssen allerdings bestimmte Rahmenbedingungen erfüllt sein. Dazu gehören eine ausreichende Konzentration an Untereinheiten (kritische Konzentration der Baueinheiten) und die jeweils spezifischen Kofaktoren.

Manche Komponenten des Cytoskeletts assoziieren bestimmte Proteine aus dem Cytosol. Ein Beispiel sind die ***m**icrotubule-**a**ssociated **p**roteins* (**MAPs**), die auch eine Stabilisierung der Mikrotubuli bewirken. Ein anderes Beispiel ist die Assoziation von Myosin mit Aktin-Filamenten in Muskelzellen. ▸ Tab. 16.1 gibt

Tab. 16.1 Molekulare und morphologische Charakteristika der Elemente des Cytoskeletts

Cytoskelett-Elemente	Baueinheiten (Molekulargewicht) Form	polymere Form Verzweigung (Dicke)
Mikrotubuli	α-β-Tubulin (2 × 50 000) Heterodimer	Röhren unverzweigt (25 nm)
Mikrofilamente	G-Aktin (42 000) globulär	Filamente primär unverzweigt; über Aktin-Bindeproteine sekundäre Verzweigungen (6 nm)
Intermediär-Filamente (vgl. ▸ Tab. 16.2)	variabel (meist > 40 000)	Filamente unverzweigt (ca. 10 nm)

eine Übersicht über die Strukturen des Cytoskeletts, ihre Proteinkomponenten und die jeweiligen Charakteristika der Polymerbildung.

16.2 Mikrotubuli

Mikrotubuli sind aus Tubulin aufgebaut. **Tubulin** ist ein globuläres Protein mit einem MG von 50 000 und einem Durchmesser von 5 nm. Ungefähr 1 % des Zellproteins kann Tubulin sein. Tubulin bildet die Wand der Mikrotubuli, die unverzweigte, nicht-kontraktile, hohle Röhren darstellen ▸ Abb. 16.1 und ▸ Abb. 16.2). Tubulin wird von wenigstens zwei Genen kodiert. In aller Regel werden zwei Monomerformen, α- und β-Tubulin, exprimiert, die sich nur geringfügig voneinander unterscheiden. **A-** und **β-Tubulin** bilden ein so genanntes **Heterodimer**, die Baueinheit des Mikrotubulus. Diese werden durch Polymerisation zu länglichen **Protofilamenten** zusammengefügt, in denen sich α- und β-Einheiten abwechseln. 13 solcher Protofilamente bilden die Wand eines hohlen Mikrotubulus, wobei die Protofilamente leicht gegeneinander verschoben sind (▸ Abb. 16.2). Bei einer Wandstärke von 5 nm (entsprechend dem Durchmesser des Tubulin-Moleküls), beträgt der Durchmesser des Mikrotubulus als Ganzes 25 nm. Das Konstruktionsprinzip der Röhre gewährleistet hohe mechanische Stabilität gegen Verbiegen bei minimalem Materialbedarf. Dieses ist wichtig für die Bildung von oft sehr langen Mikrotubuli, wie etwa in motorischen Nerven (Motoneurone), deren Gestalt und Funktion sie gewährleisten.

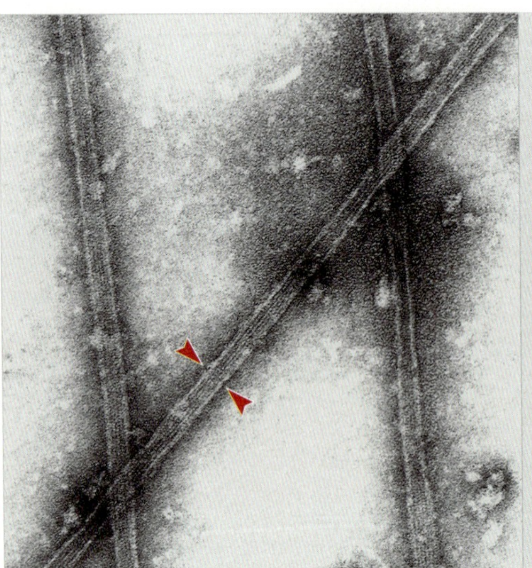

Abb. 16.1 Isolierte Mikrotubuli im Negativ-Kontrastierungsverfahren. Mikrotubuli sind unverzweigte röhrenartige Strukturen von 25 nm Durchmesser. Ihr Aufbau aus Protofilamenten ist besonders im markierten Bereich evident. Vergr. 120 000-fach. (Aus Zimmermann, H. P., K. H. Doenges, E. Moll: Eur. J. Cell Biol. 26 (1982) 310)

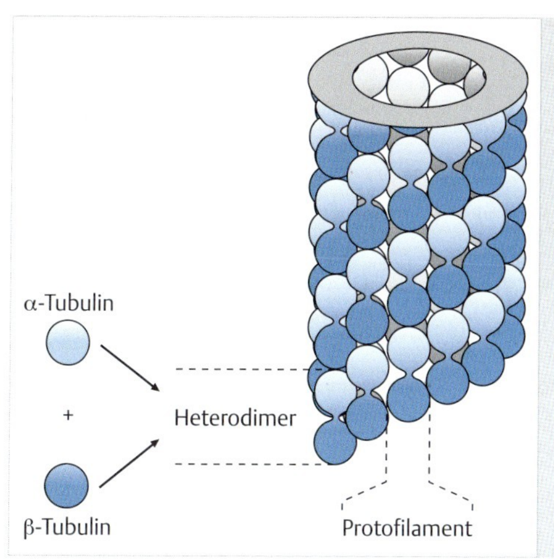

Abb. 16.2 Aufbau von Mikrotubuli aus Heterodimeren. In den 13 Protofilamenten eines Mikrotubulus wechseln einander α- und β-Tubulin in schraubig versetzter Anordnung ab; das Innere bleibt hohl.

Unter entsprechenden Bedingungen lassen sich aus isoliertem Tubulin im Reagenzglas (in vitro) Mikrotubuli herstellen und diese in Tubulin-Untereinheiten zerlegen. Diese können sich wieder von selbst zu Mikrotubuli zusammenfügen, sodass sie durch Zentrifugation von anderen Proteinen abgetrennt werden können. Dieses Verfahren der reversiblen **Selbst-Assemblierung** (*self assembly*) kann man auch zur Reinigung von Tubulin verwenden.

16.2.1 Dynamische Instabilität von Mikrotubuli und ihre Beeinflussung durch Toxine

In der Zelle besteht ein Gleichgewicht zwischen dem heterodimeren Tubulin (T_d) und der polymeren Form der Mikrotubuli (T_p). Dieses ist äußerst sensibel z. B. gegenüber unterschiedlichen Ca^{2+}-Konzentrationen (▸ Abb. 16.3).

Da die Zelle in der Lage ist, durch Puffersysteme und Pumpen lokal und sehr schnell die Ca^{2+}-Konzentration zu beeinflussen, hat sie auf diese Weise auch einen sehr effektiven Regulationsmechanismus zur Hand, den Aufbau von Mikrotubuli und ihren Abbau zu dimerem und monomerem Tubulin (T_d, T_m) zu steuern. Ein zweiter Kontrollmechanismus, der jedoch wesentlich längerfristig wirkt, ist die Stabilisierung der Mikrotubuli durch **assoziierte Proteine** (vgl. MAPs weiter oben) oder **posttranslationale Modifikationen** wie Acetylierung bzw. Detyrosylierung (▸ Abb. 16.4).

Die Stabilität von Mikrotubuli wird zudem von einer Vielzahl von Drogen (mit sehr verschiedener chemischer Struktur) positiv, zumeist jedoch negativ beeinflusst (▸ Abb. 16.5).

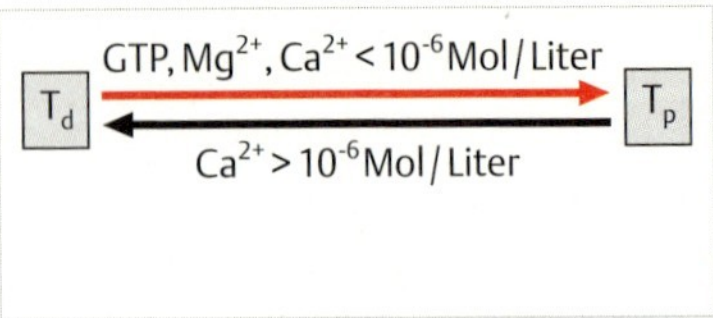

T_d — GTP, Mg^{2+}, $Ca^{2+} < 10^{-6}$ Mol/Liter → T_p

T_d ← $Ca^{2+} > 10^{-6}$ Mol/Liter — T_p

Abb. 16.3 Gleichgewicht zwischen heterodimerem Tubulin (T_d) und der polymeren Form der Mikrotubuli (T_p). Diese wird durch GTP und Mg^{2+} stabilisiert, durch Ca^{2+} destabilisiert.

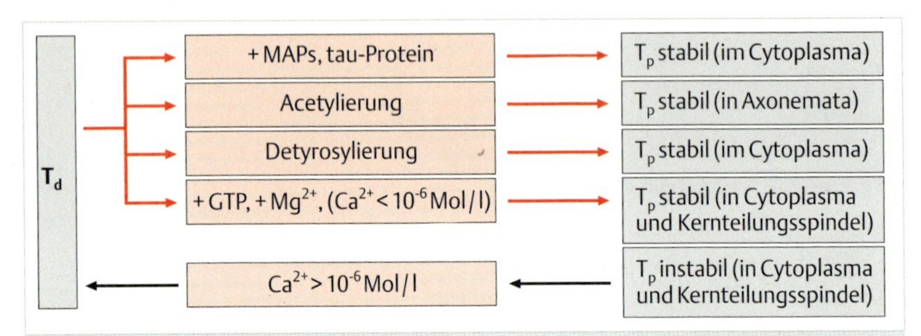

Abb. 16.4 Stabilisierung der Mikrotubuli durch assoziierte Proteine oder chemische Modifikation, zusätzlich zu den in ▶ Abb. 16.3 gezeigten Kontrollmechanismen. T_d = dimeres Tubulin. Vgl. Axonemata (S. 352).

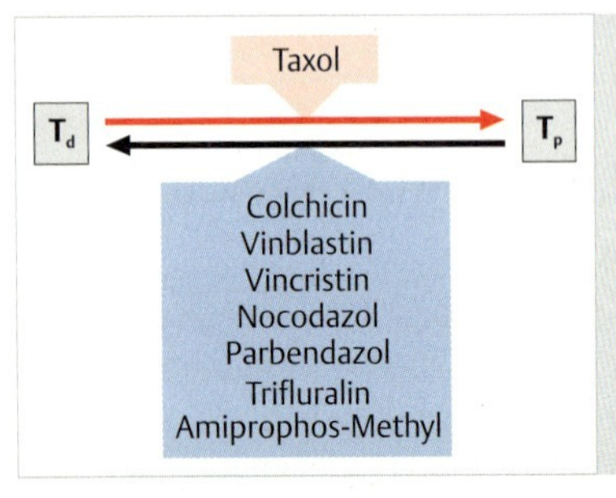

Abb. 16.5 Beeinflussung der Mikrotubuli-Stabilität durch Drogen bzw. Toxine.

Colchicin und **Vinblastin** sowie dessen Derivat **Vincristin** sind pflanzliche Alkaloide (von *Colchicum*, Herbstzeitlose, bzw. von *Vinca*, Immergrün); sie zerstören Mikrotubuli bzw. verhindern deren Polymerisation. Manche von diesen Drogen sind therapeutisch verwendbar, etwa zur **Chemotherapie** bei Krebs. Krebszellen teilen sich sehr häufig, was sie nicht mehr können, wenn die aus Mikrotubuli aufgebaute Kernteilungsspindel (S. 439) nicht mehr gebildet werden kann. Dieses gilt auch für **Taxol**, das Gift der Eibe. Obwohl im Grunde mikrotubulistabilisierend, ist diese Wirkung jedoch irreversibel, sodass z. B. eine Kernteilungsspindel nicht dynamisch ist und die eingeleitete Zellteilung nicht ordnungsgemäß zu Ende geführt werden kann. Seit 1993 ist Taxol speziell bei Eierstock-Krebs im Einsatz. Andere Drogen finden als **Herbizide** („Pflanzenschutzmittel") Anwendung, z. B. jene, mit den Trivialnamen Trifluralin und Amiprophos-Methyl. Die verschiedenen Einsatzbereiche reflektieren die unterschiedliche Sensitivität. Diese ist durch einen gewissen, wenn auch geringfügigen phylogenetischen Unterschied in der molekularen Struktur des Tubulins gegeben

16.2.2 Funktionen von Mikrotubuli

Mikrotubuli erfüllen vielfache Aufgaben:

- Herstellung der äußeren Zellform
- Funktion als Gleitschienen zum Transport von Vesikeln bei Exocytose und Endocytose, d. h. Abgabe oder Aufnahme von Stoffen aus der bzw. in die Zelle; Positionierung von Organellen
- Herstellung von komplexen Aggregaten (Mikrotubulus-Derivaten), wie Centriol, Basalkörper, Kernteilungsspindel, Cilien und Flagellen

▸ **Herstellung der äußeren Zellform.** Manche Zellen sind extrem langgesteckt. Beispiele sind die Fibroblasten des Bindegewebes und Motoneurone. Sie alle enthalten parallel zur Längsachse ausgerichtete Mikrotubuli (▸ Abb. 16.6 und ▸ Abb. 16.7). Versetzt man sie mit destabilisierenden Drogen, so verlieren sie ihre Form, d. h. sie kollabieren (▸ Abb. 16.6).

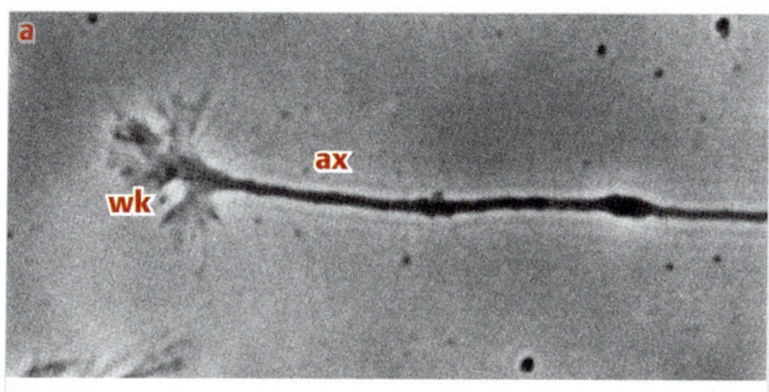

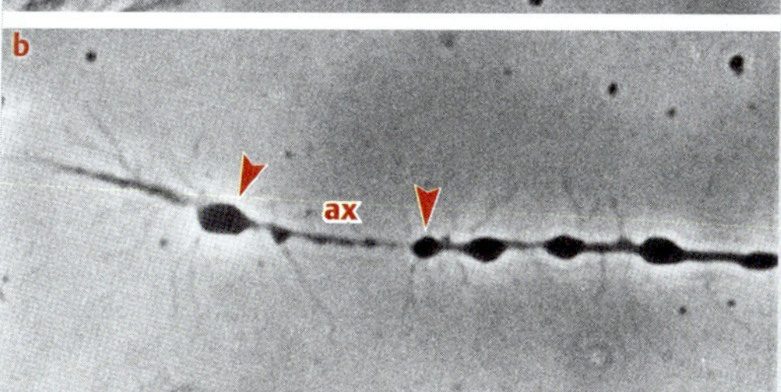

Abb. 16.6 Isolierte Nervenzelle und ihre Veränderung nach Zugabe von Colchicin. a Am Ende des längsgestreckten Axons (**ax**) ist der Wachstumskegel (**wk**) zu sehen, mit dem die Nervenzelle amöboide (chemotaktische) Suchbewegungen ausführt. **b** Diese Strukturen sind nach Zerstörung der Mikrotubuli durch Colchicin weitgehend verändert und das Axon zeigt kropfartige Kollapsstrukturen (Pfeilspitzen). Vergr. 880-fach. (Aufnahmen: M. Bastmeyer, C. A. O. Stürmer, Konstanz)

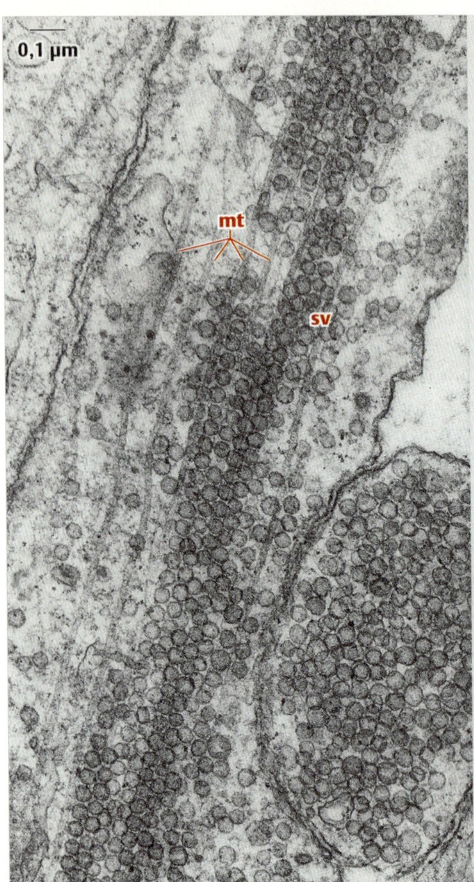

Abb. 16.7 Neurotransmitter-Vesikeltransport entlang von Mikrotubuli. In dieser Nervenzelle des Rückenmarks imponiert die parallele Ausrichtung der Mikrotubuli (**mt**) als Gleitschienen für den axonalen Transport von Neurotransmitter-Vesikeln (**sv** = synaptische Vesikel). Vgl. Schema in ▸ Abb. 16.8. Vergr. 48 000-fach. (Aus D. S. Smith, U. Järlfors, R. Beránek: J. Cell Biol. 46 (1970) 199)

▸ **Funktion als Gleitschienen.** Unter den oben geschilderten, die Mikrotubuli destabilisierenden Bedingungen kommt auch der intrazelluläre Vesikeltransport zum Erliegen. Motoneurone beispielsweise können keine synaptischen Transmitter-Vesikel mehr vom Zellkörper an die Zellperipherie transportieren, sodass ihre normale Funktion versagt. Unter physiologischen Bedingungen laufen Transportvorgänge jedoch ständig im Inneren der Zellen ab (▸ Abb. 16.7): Sekret- bzw. Neurotransmitter-Vesikel müssen an die Zelloberfläche transportiert werden. Nach Abgabe des Inhaltes ist das „Leergut" (d. h. die leeren Membranhüllen, Ghosts) zum Wiederauffüllen (Recycling) wieder in das Zellinnere zu schaffen. Zum Vesikeltransport verwendet die Zelle die vom Cytozentrum ausgehenden „Schienengleis-Anlagen“ der Mikrotubuli, an denen Vesikel in beiden Richtungen entlang gleiten können (▸ Abb. 16.8, ▸ Abb. 16.9).

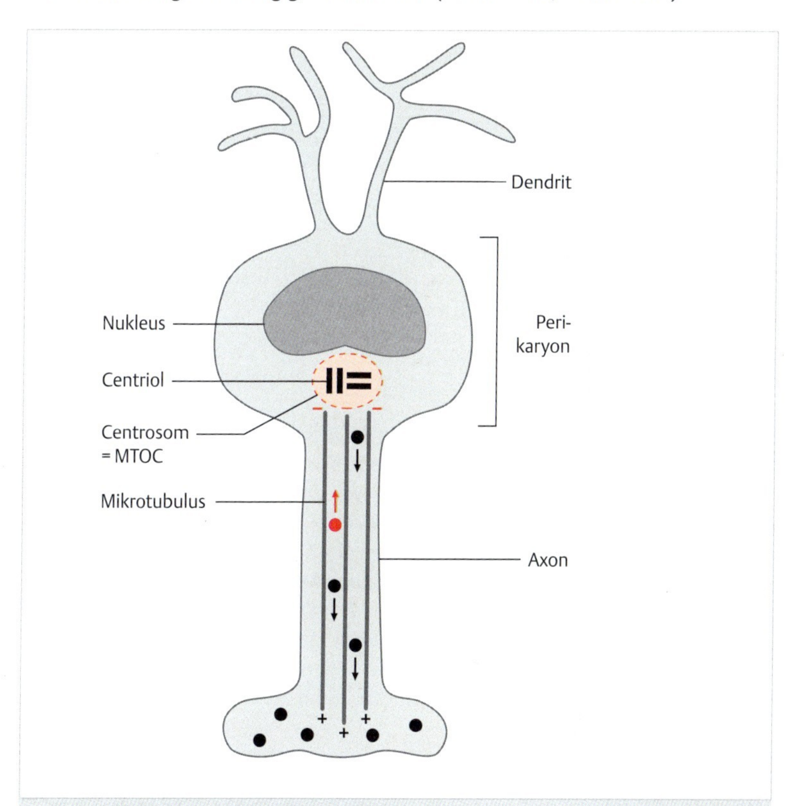

Abb. 16.8 Anordnung und Funktion der Mikrotubuli in einer Nervenzelle. Die längsgestreckte Form eines Axons (längsgestreckter Neuronfortsatz) wird durch die parallele Anordnung von Mikrotubuli gewährleistet. Diese entspringen dem *microtubule organizing center* (MTOC), also dem Centrosom mit seinem Centriol. An diesem Ende sind die Mikrotubuli relativ stabil (Minus-Ende, –), wogegen sie am anderen Ende durch Anlagerung von Tubulin-Dimeren weiter wachsen können (Plus-Ende, +). In einem von – nach + gerichteten Transport gleiten die Neurotransmitter-Vesikel (schwarze Punkte) gegen das Ende des Axons (orthograder Transport). Dagegen können leere Vesikel in Richtung von + nach – transportiert werden (rote Punkte; retrograder Transport). Allerdings werden, wenigstens in langen Motoneuronen, nicht alle nach Stimulation geleerten Neurotransmitter-Vesikel für ein Membran-Recycling bis zum Zellkörper (Perikaryon, mit dem Zellkern) zurückgeholt – dieser Weg wäre viel zu lang und wird daher auf den Bereich innerhalb der Nervenendigung beschränkt, also abgekürzt.

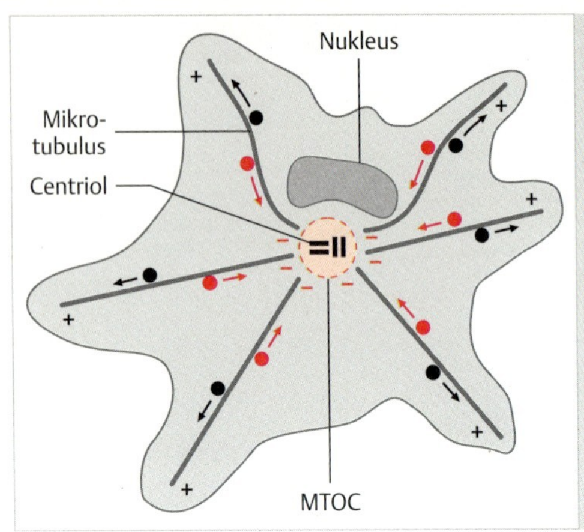

Abb. 16.9 Anordnung und Funktion der Mikrotubuli in einer nicht-neuronalen Zelle (z. B. in einer Bindegewebszelle). Wie in ▶ Abb. 16.8 sind die Mikrotubuli vom MTOC ausgehend polar angeordnet. Sie geben der Zelle Gestalt und dienen sowohl dem Vesikeltransport von – nach + als auch von + nach –. Das MTOC entspricht daher einem „Cytozentrum".

Dazu werden die Vesikel spontan mit im Cytosol vorhandenen **Motorproteinen** bestückt. Im Falle des **Vesikeltransports** sind dies **Kinesin** und **Dynein**. Wie jeder Motor bedürfen auch sie der Energiezufuhr. Dazu spalten sie ATP, sie sind also **ATPasen**. Dabei wird ihre Konformation geändert und dadurch die Bewegung gegenüber den Mikrotubuli ausgelöst. Die chemisch ausgelöste, von ATP „betriebene" Bewegung dieser zahlreichen Mini-Motoren wird in sichtbare Bewegung umgesetzt. Kinesin dient dem Transport in Richtung Minus nach Plus (vgl. ▶ Abb. 16.8, ▶ Abb. 16.9), also im Allgemeinen in Richtung Zellperipherie. Dynein dient dem Transport in die Gegenrichtung, also nach innen. Bei Motoneuronen würde man sagen, Kinesin dient dem **anterograden**, Dynein dem **retrograden Transport**.

Kinesin hat ein MG von 120 000 oder mehr (je nach Isoform) und bildet Dimere (▶ Abb. 16.10). Es hat sich durch molekulargenetische Arbeiten zu Anfang der 90er Jahre als eine große Familie von ähnlichen Proteinen entpuppt. Im Wesentlichen sieht Kinesin wie ein abgewinkelter Arm aus. Das verbreiterte Ende berührt das zu transportierende Organell wie eine doppelte Hand, den Transport bewirkt das Abwinkeln des „Ellenbogengelenks".

Dynein ist um ein mehrfaches größer als Kinesin. Die Hauptkette verschiedener Isoformen hat ein MG von 470 000 bis 540 000. Dynein bewerkstelligt den Transport in die Gegenrichtung. Endocytose-Vesikel können so von der Zellmembran zu frühen Endosomen, zum Trans-Golgi-Netzwerk (TGN) oder zu Lysosomen transportiert werden. Das cytoplasmatische Dynein ist ein zweiköpfiges Molekül (▶ Abb. 16.10). Diese Struktur steht im Gegensatz zum Dynein in Mikrotubulus-Aggregaten (Axonemata) von Cilien und Flagellen, wo eine dreiköpfige Form vorliegt. Die Köpfchen können bei allen Formen von Ki-

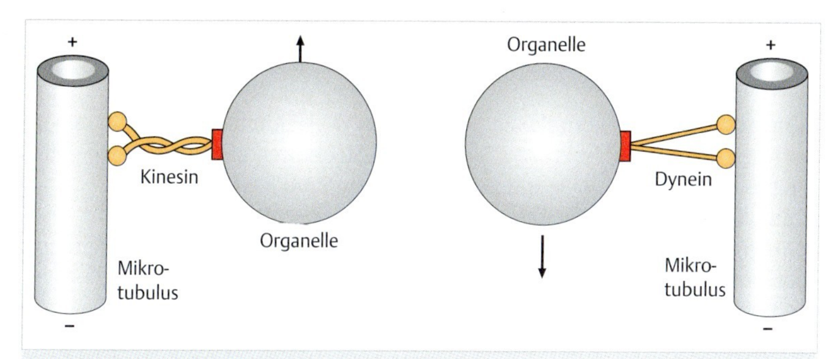

Abb. 16.10 Motorproteine. a Kinesin ist ein dimeres Motorprotein, ca. 80 nm lang, das Organellen entlang von Mikrotubuli in Richtung – nach + transportiert, also vom Kern in Richtung Zellperipherie. **b** Das cytoplasmatische Motorprotein Dynein ist ca. 60 nm lang und (wie Kinesin) aus Dimeren aufgebaut und transportiert Organellen entlang von Mikrotubuli in Richtung + nach –, also von der Zellperipherie in Richtung Kern.

nesin und Dynein unter ATP-Hydrolyse gegenüber dem kurzen Schwanzteil umknicken und dadurch mechanische Arbeit vollbringen.

Es bleibt zu klären, warum eine Vesikelmembran auf dem Wege zur Zellperipherie Kinesin, auf dem Weg in die Zelle hinein jedoch Dynein bindet. Jedenfalls gibt es hierfür „Rezeptoren“ bzw. Erkennungssignale (Proteinsequenzabschnitte) an den Membranen selbst. Membranproteine gewährleisten auch die Spezifität von Membran-Membran-Interaktionen (Zoom) (S. 269), und weniger die Anordnung von Mikrotubuli oder die cytoplasmatischen Motorproteine. Diese sind nur für den effizienten Transportablauf zuständig.

Alle zellulären Motorproteine lassen sich auch in vitro testen. Es ist nämlich möglich, die einzelnen Komponenten zu isolieren und dann in vitro eine „Rekonstitution“ vorzunehmen. Mithilfe spezieller lichtmikroskopischer Techniken (videoverstärkte Differenzial-Interferenzkontrast-Mikroskopie) konnte man so den Beweis erbringen, dass Kinesin und cytoplasmatisches Dynein als Motoren den intrazellulären Vesikeltransport entlang von Mikrotubuli antreiben. Wiederum läuft nichts ohne ATP.

Positionierung von Organellen. Eine weitere Folge der gerichteten Ordnung von Mikrotubuli ist die Positionierung von Organellen. Warum sitzt der Golgi-Apparat bei den meisten Zellen tief im Inneren, zumeist in der Nähe des Zellkerns (perinukleär)? Warum wandern Sekretvesikel recht zielgerichtet an die Zellperipherie? All dies ermöglichen die Mikrotubuli, aber nur, wenn sie richtig angeordnet sind. So hat der Golgi-Apparat eine inhärente Tendenz, sich am Minus-Ende der Mikrotubuli anzuordnen und das ER wird zwischen Plus- und Minus-Ende aufgespannt.

▶ **Herstellung von komplexen Aggregaten.** Mikrotubuli können in einem weiteren Self-assembly-Prozess komplexere Strukturen ausbilden. Dazu gehören das Centriol, die Cilien und Flagellen sowie deren Basalkörper.

Ein paarweise gebautes **Centriol** mit angelagerten Proteinen (Centrin, Pericentrin) bildet in Zellen, die sich nicht in Teilung befinden, das **Cytozentrum** (**Centrosom**) aus. Dieses, meist zentral in der Nähe des Zellkerns gelegen, dient als **Polymerisationskeim** für die Ausbildung cytoplasmatischer Mikrotubuli (**MTOC** = ***m**icrotubule **o**rganizing **c**enter*). Das Cytozentrum besteht also aus dem Centriol und einer angelagerten diffusen Masse von Proteinen und dient der Ausbildung des Mikrotubuli-Cytoskeletts. Tritt eine Zelle in die Zellteilung ein, so bildet je ein doppeltes Centriol den Ausgangspunkt für die beiden Pole der Kernteilungsspindel. Ein Centriol besteht aus 9 Gruppierungen von kurzen, gleich langen Mikrotubuli, die ihrerseits in Dreiergruppen (Tripletts) vereinigt sind. Man nennt diese Anordnung **9 × 3-Struktur** (▶ Abb. 16.11).

In den **Cilien** und **Flagellen** sowie in den Centriolen sind die einzelnen Mikrotubuli-Strukturen aus 13 Protofilamenten aufgebaut. Allerdings teilen sich die Mikrotubuli der einzelnen Tripletts jeweils 5 solcher Protofilamente (▶ Abb. 16.11). Die Situation ist in Wirklichkeit insofern komplexer, als Centriolen immer doppelt und in senkrechter Anordnung zueinander auftreten (▶ Abb. 16.12).

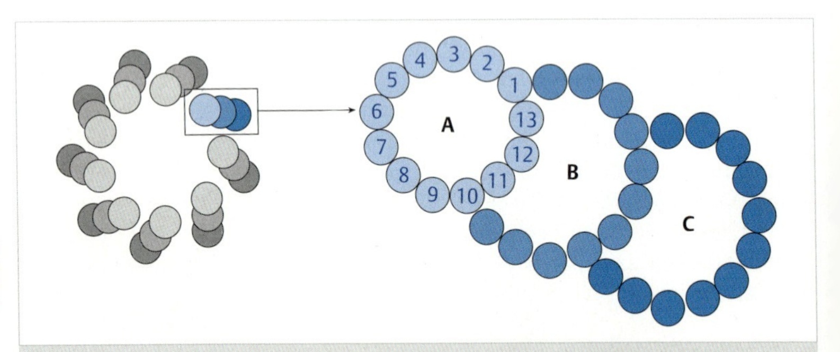

Abb. 16.11 Centriol im Querschnitt. Das Centriol wird als ein Mikrotubulus-Derivat bezeichnet. Eigentlich ist es ein Mikrotubuli-Aggregat, denn es besteht aus 9 Aggregaten von jeweils drei kurzen Mikrotubuli (A–C), die sich jeweils 5 der 13 Protofilamente teilen. Einen identischen Aufbau beobachtet man an Basalkörpern von Cilien und Flagellen (S. 349) der Eukaryotenzelle.

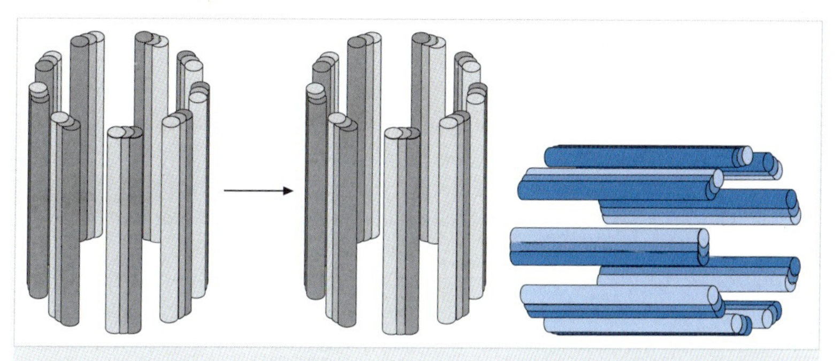

Abb. 16.12 Biogenese des Centriols. Der in ▶ Abb. 16.11 skizzierte Bau ist zunächst räumlich wiedergegeben (links). Das Centriol kann sich replizieren, indem in senkrechtem Winkel die Self-assembly einer identischen Struktur erfolgt, bis diese auf dieselbe Länge angewachsen ist. Die molekularen Hintergründe dieser Biogenese sind noch nicht völlig aufgeklärt.

Wir haben es also mit Self-assembly-Prozessen auf 4 Niveaus zu tun:
1. bei der Protofilament-Grundstruktur der Mikrotubuli,
2. bei der Bildung von Mikrotubuli-Tripletts,
3. bei deren Zusammenlagerung zum ersten Einzel-Centriol und
4. bei der Ausbildung des zweiten Einzel-Centriols.

Früher nannte man dieses „Zwillingspärchen" ein Diplosom (Zweikörper), heute benennt man es mit dem einen Namen „**Centriol**" und muss sich dabei bewusst sein, dass man ein „Zwillingspärchen" mit einem einzigen Namen anspricht. Noch nicht ganz geklärt ist der vierte Schritt des Self-assembly-Prozesses während der Ausbildung des Centriols. Bis in die frühen 90er Jahre haftete dem Centriol denn auch der alte Mythos an, es enthalte eine eigene DNA und sei deshalb zur Autoduplikation fähig. Diese Hypothese ist nun wohl endgültig widerlegt.

Die Biogenese des Centriols bleibt Gegenstand der zellbiologischen Forschung. Da man von so kleinen Strukturen nur schwerlich größere Mengen von Proteinen in reiner Form isolieren kann, beschritt man den Weg der Isolierung mittels monoklonaler Antikörper (S.250); s. auch ▶ Abb. 22.5. Dabei fand man eine Reihe von Proteinen, die Bestandteile der unmittelbaren Umgebung des Centriols sind. Anfang der 90er Jahre isolierte man eine bestimmte Isoform von Tubulin, das γ-Tubulin, das speziell an Centriolen und Basalkörpern zu finden ist. **Γ-Tubulin** dient als Keimbildner für die Ausbildung jener Mikrotubuli, die von Centriolen abstrahlen. Anzumerken ist, dass Basalkörper von Cilien und Flagellen einen identischen Aufbau wie ein einzelnes Centriol aufweisen.

Sie können sogar, wenn sie isoliert und in fremde Zellen transferiert werden, jeweils die eine oder die andere Funktion übernehmen. Centriolen und **Basalkörper** sind also austauschbar. Nicht verwunderlich ist daher, dass sich sowohl an Centriolen als auch an Basalkörpern Mikrotubuli ausbilden können. Dies gilt im Fall der Centriolen für die Mikrotubuli der Kernteilungsspindel, im Fall der Basalkörper jedoch nicht nur für die axonemalen Mikrotubuli der Cilie bzw. des Flagellums selbst, sondern auch für Mikrotubuli, die von den Basalkörpern aus ins Cytoplasma abstrahlen.

Im Endeffekt sind nicht die Centriolen wichtig, sondern die sie umhüllende Masse von Proteinen. Die Natur selbst bietet hierfür den Beweis: Zwar haben fast alle tierischen Zellen ein Centriol, bei weitem aber nicht alle Pflanzenzellen. Weder Nadelhölzer (Coniferen) noch Blütenpflanzen (Angiospermen) haben Centriolen. Sie bilden auch keine Cilien oder Flagellen aus, auch nicht in den männlichen Keimzellen – im Unterschied zu tierischen Keimzellen. Möglich wurde dies durch die Entwicklung einer Art „innerer Befruchtung" durch einen Pollenschlauch bei höheren Pflanzen. Ihre Kernteilungsspindel wird ausgehend von einer **Polkappe** gebildet, aus jener diffusen Masse von Proteinen, die sonst das Centriol umgibt.

Da Centriolen ebenso wie ihre reduzierte Form bei höheren Pflanzen als Ausgangspunkt für die Polymerisation von Mikrotubuli dienen, werden sie auch als **microtubule organizing center** (**MTOC**) bezeichnet. Dies gilt für das Cytozentrum, das cytoplasmatische Mikrotubuli bildet, ebenso wie für die Kernteilungsspindel. Mikrotubuli wachsen durch fortwährendes Anfügen von Heterodimeren immer weiter. Man ist übereingekommen, das wachsende Ende eines Mikrotubulus als sein **Plus-Ende** zu bezeichnen, wogegen das **Minus-Ende** am MTOC lokalisiert ist (vgl. ▸ Abb. 16.8, ▸ Abb. 16.9). Zellen mit ausgesprochener Polarität wie Motoneurone zeigen eine ausgeprägte Parallelanordnung ihrer Mikrotubuli (vgl. ▸ Abb. 16.7, ▸ Abb. 16.8).

Ein weiteres, sehr wichtiges, Mikrotubulus-Aggregat ist die **Kernteilungsspindel** (S. 439).

16.3 Mikrofilamente

16.3.1 Molekulare Komponenten und Bau von Mikrofilamenten

Ihre Hauptkomponente ist **Aktin**. Lokal können Aktin-Filamente mit Aggregaten des **Myosins** in Wechselwirkung treten, wodurch sie als „Mikrofilamente" ihre Kontraktilität erlangen. Regelmäßige Anordnungen von Aktin-Filamenten und Myosin werden in quergestreiften Muskelzellen ausgebildet (Skelett- und Herzmuskel), wodurch die schon im Lichtmikroskop sichtbare Querstreifung entsteht. Glatte Muskelzellen lassen ebenso wie Nicht-Muskelzellen eine solche Querstreifung nicht erkennen, für die ein relativ hoher Anteil an Myosin Voraussetzung ist. Das Verhältnis von Aktin- zu Myosin-Molekülen beträgt 4 : 1 bei quergestreiften Muskelzellen, dagegen ca. 120 : 1 bei Nicht-Muskelzellen (Richtwerte). Auch andere Proteine sind oft mit Aktin-Filamenten assoziiert (s. u.). In Nicht-Muskelzellen überwiegen bei weitem die Aktin-Filamente, sodass sie in dichten Lagen oder Bündeln auftreten und als Mikrofilamente bezeichnet werden (▶ Abb. 16.13).

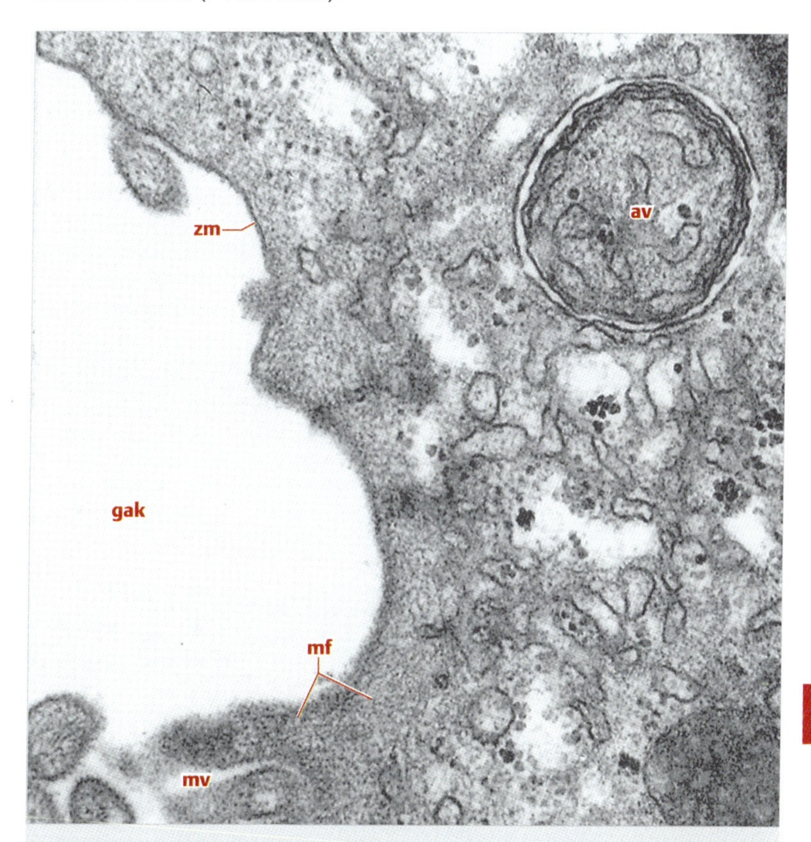

Abb. 16.13 Mikrofilamente. Hier unterlagern Mikrofilamente (**mf**) als dicke Schicht die Zellmembran (**zm**) einer Gallenkapillare (**gak**) der Leber. Sie reichen auch in paralleler Anordnung in die Mikrovilli hinein (**mv**), die teilweise im Querschnitt und teilweise im Längsschnitt getroffen sind. **Av** = autophage Vakuole. Vergr. 50 000-fach. (Aufnahme: H. Plattner)

Aktin ist ein globuläres, phylogenetisch recht konservatives Protein mit einem MG von 42 000, das im Prozentbereich zum Gesamtprotein der meisten Zellen beiträgt. In der monomeren Form wird es als **G-Aktin** bezeichnet (G für globulär). Es kann über der kritischen Monomerkonzentration unter geeigneten Bedingungen reversibel zu **F-Aktin** (F für filamentär), also zu Filamenten polymerisieren (▸ Abb. 16.14, ▸ Abb. 16.15).

Allgemein liegt also eine ähnliche Situation wie bei Mikrotubuli vor (vgl. ▸ Abb. 16.2). Der Übergang von F- zu G-Aktin wird erleichtert, wenn ATP bei der Assemblierung von Aktin-Filamenten hydrolysiert worden ist. Assemblierung mit ATP-Spaltung führt zu dynamischeren Filamenten. Die Aktin-Filamente sind eigentlich zwei miteinander verzwirbelte Filamente (Doppelhelix). Sie sind unverzweigt, jedoch können Verzweigungen durch manche „Aktin-Bindeproteine“, wie Filamin, über Vernetzung zweier Aktin-Filamente erzeugt werden.

Das dynamische Gleichgewicht zwischen monomerem und polymerem Aktin wird auch durch Drogen (Toxine) beeinflusst (▸ Abb. 16.16).

Phalloidin ist eine Toxinkomponente aus unseren heimischen Knollenblätterpilzen (z. B. *Amanita phalloides*). Es ist ein zyklisches, in sich vernetztes Heptapeptid, das durch Proteasen des Darms nicht gespalten wird. Es kann binnen

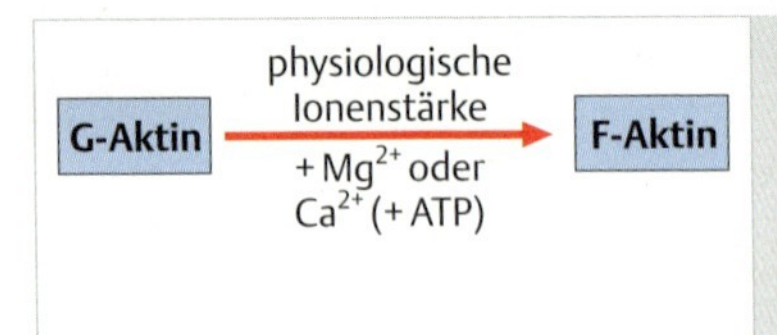

Abb. 16.14 Bedingungen, unter denen G- zu F-Aktin polymerisiert. Dazu gehören eine physiologische Ionenkonzentration, wie sie normalerweise in der Zelle vorliegt, sowie eine genügende Konzentration von G-Aktin und Mg^{2+} oder Ca^{2+} und evtl. ATP.

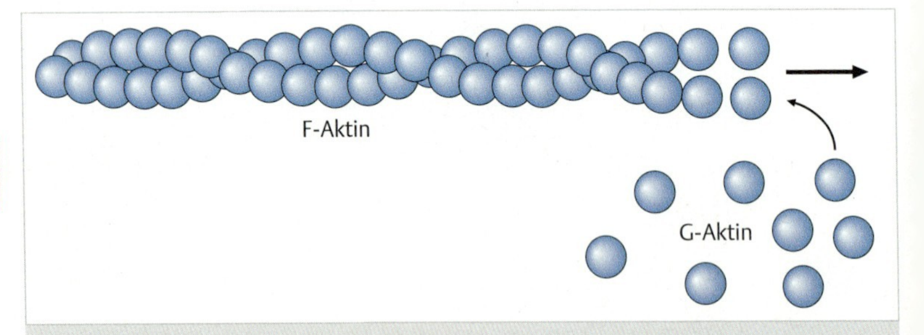

Abb. 16.15 Polymerisation von Aktin-Filamenten. Monomeres Aktin ist globulär (G-Aktin) und kann zu einer doppelhelikalen filamentären Form (F-Aktin, Aktin-Filamente) polymerisieren. Der Pfeil gibt die Wachstumsrichtung des Filamentes an, das demnach polar gebaut ist (vgl. ▸ Abb. 16.17).

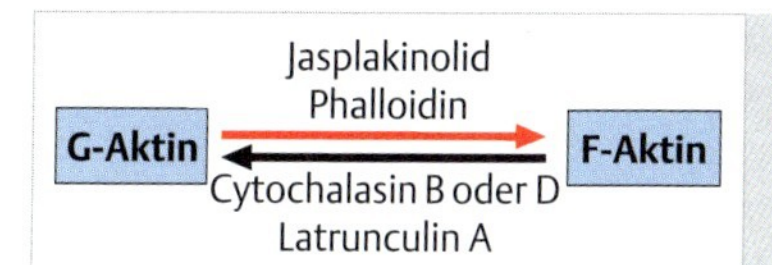

Abb. 16.16 Beeinflussung des G-/F-Aktin-Gleichgewichts durch Toxine.

3 Tagen letal wirken. Im Lichtmikroskop sieht man schwere Zellschäden mit Vakuolenbildung, im Elektronenmikroskop Mikrofilament-Aggregate, die keine Dynamik des Mikrofilamentsystems mehr erlauben.

Cytochalasine sind Toxine aus primitiven Pilzen (*Helminthosporium*), die das Gleichgewicht von G- zu F-Aktin nach links verschieben. Dadurch lösen sich die Mikrofilamente langsam auf. Sowohl Cytochalasine (wovon Cytochalasin D viel spezifischer ist als B) als auch Phalloidin sind wichtige experimentelle Werkzeuge bei der Aufklärung der Funktion von Mikrofilamenten. Insbesondere Phalloidin, wenn es durch Farbstoffe sichtbar gemacht wurde, kann zur „Affinitätsmarkierung" von F-Aktin eingesetzt werden. Wie bei Mikrotubuli kann man auch an Aktin-Filamenten eine **Polarität**, d. h. ein Plus- und ein Minus-Ende feststellen (▸ Abb. 16.17). Am Minus-Ende sind die Filamente viel-

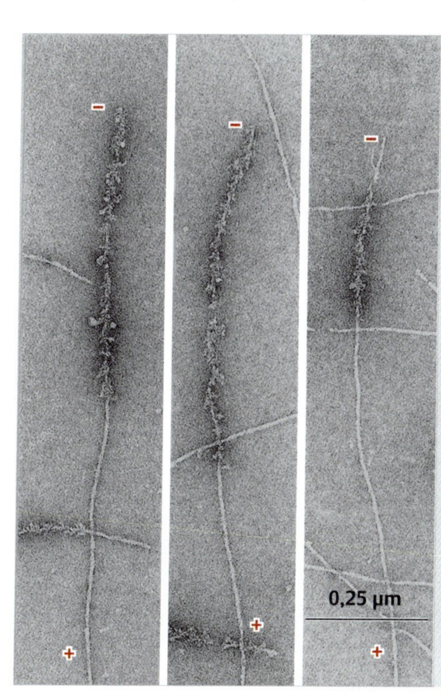

Abb. 16.17 In-vitro-Demonstration der Polarität von Aktin-Filamenten. Zunächst wurde zu F-Aktin eine Lösung mit den isolierten Köpfchen von Myosin zugegeben. Dies ergibt eine pfeilspitzenartige „Dekoration", die eine deutliche Polarität erkennen lässt. Nach anschließender Zugabe von G-Aktin polymerisiert dieses bevorzugt an den stumpfen Enden der „Pfeilspitzen" (+), dagegen weniger oder gar nicht am entgegengesetzten Ende (–). Die Komplexe wurden mittels Negativ-Kontrastierung sichtbar gemacht. Vergr. 64 000-fach. (Aufnahme: G. Isenberg, München)

fach verankert, häufig z. B. an den Z-Scheiben in den Sarkomeren der quer gestreiften Muskelzellen oder an der Zellmembran. Das Protein α-Aktinin dient der Verankerung (s. u.).

16.3.2 Funktion von Mikrofilamenten

Nur in Wechselwirkung mit Myosin können Mikrofilamente Kontraktilität erlangen. Dazu muss man den Aufbau der **Myosin-Moleküle** und ihre Selbst-Assemblierung in die typischen Aggregate verstehen. Myosin-Moleküle (gemeint ist Myosin vom Typ II, von dessen Komponenten es wiederum viele Isoformen gibt), lagern sich spontan paarweise zusammen. Ein solches doppeltes Myosin-Molekül besteht aus zwei **schweren Ketten** (*heavy chains*, HC), mit je einem Köpfchen- und je einem Schwanzteil. Die Schwänze lagern sich parallel aneinander, jedes der Köpfchen bindet je zwei **leichte Myosinketten** (*light chains*, LC) ► Abb. 16.18, ► Abb. 16.19). Insgesamt ergibt sich ein MG aus $2 \times HC + 4 \times LC = 2 \times 200\,000 + 4 \times 20\,000 = 480\,000$ für das Myosin-Doppelmolekül. Dieses hat eine Länge von 0,13 µm und kann daher im Elektronenmikroskop leicht be-

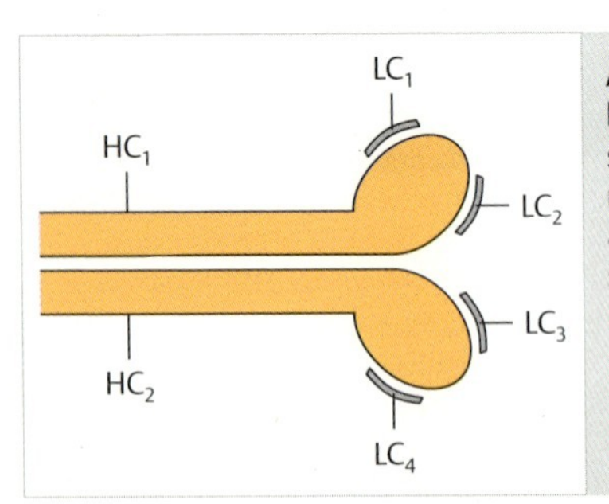

Abb. 16.18 Bau des Myosin-Moleküls. Es besteht aus zwei parallel angeordneten schweren Ketten (HC_1 und HC_2, *heavy chains*) mit je einem Schwanz- und einem Kopfteil, an dem jeweils zwei leichte Ketten angelagert sind (LC_1 bis LC_4, light chains). Der Schwanz ist verkürzt gezeichnet (vgl. ► Abb. 16.19).

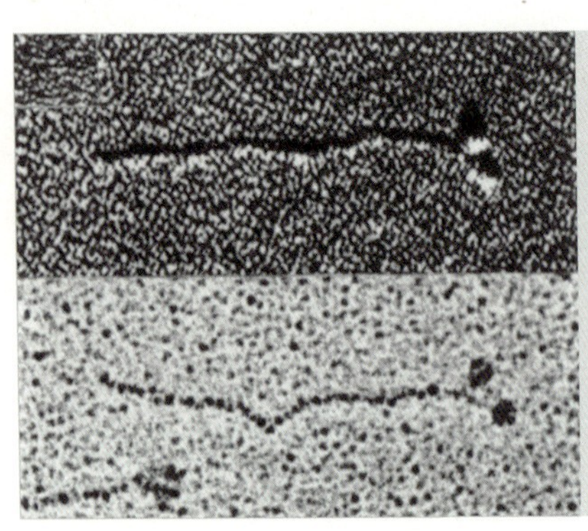

Abb. 16.19 Isolierte Myosin-Moleküle. Die zwei zur Auswahl gezeigten Moleküle wurden auf einer Trägerfolie adsorbiert und mit Schwermetall bedampft. Man kann die beiden Köpfchen und den langen Schwanzteil erkennen. Vergr. 190 000-fach. (Aus Claviez, M. K. Pagh, H. Maruta, W. Baltes, P. Fisher, G. Gerisch: EMBO J. 1 (1982) 1017)

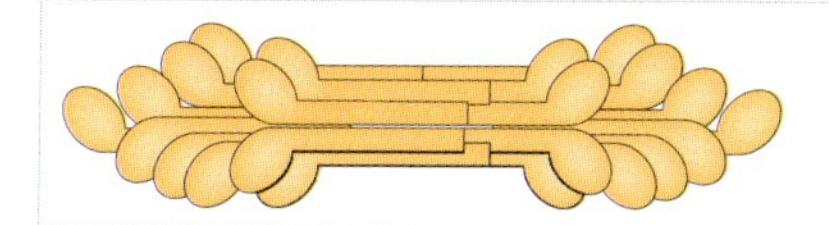

Abb. 16.20 Selbst-Assemblierung von Myosin-Molekülen. In dieser Form liegt Myosin in der Zelle vor: Die dimeren Moleküle aggregieren lateral in paralleler und antiparalleler Ausrichtung, mit leichter Versetzung der einzelnen Moleküle gegeneinander. Dadurch können in der Zelle an den beiden Enden des Aggregats viele Myosinköpfchen mit Aktin-Filamenten in Berührung kommen. Erst diese Anordnung ermöglicht die Kontraktion nach dem in ▸ Abb. 16.21 skizzierten Mechanismus. Die leichten Ketten sind nicht gezeichnet.

obachtet werden. Dies wird insbesondere dann wichtig, wenn man die Assemblierung zu komplexen Aggregaten, zu deren Bildung das Myosin neigt, analysieren will. Es zeigt sich gleichzeitig eine parallele und antiparallele Anordnung vieler Myosin-Moleküle nach dem in ▸ Abb. 16.20 wiedergegebenen Schema. Die Struktur ähnelt einem doppelten Blumenstrauß, welcher im Sarkomer der quergestreiften Muskelfasern einige Hundert „Blüten" auf jeder Seite trägt. Nicht-Muskelzellen begnügen sich mit bescheideneren „Blumensträußen". Dass mehrere Myosin-Moleküle jeweils antiparallel angeordnet sind, hat wichtige funktionelle Konsequenzen (s. u.).

▸ **Aufklärung des Kontraktionsprozesses.** Die Aufklärung des Kontraktionsprozesses wurde erst durch die Elektronenmikroskopie an **quergestreiften Muskelzellen** möglich. Man konnte beobachten, wie bei der Kontraktion die Aktin-Filamente zwischen die Myosin-Aggregate innerhalb eines sich kontrahierenden Sarkomers hineingleiten (**Gleitfilament-Theorie**; vgl. ▸ Abb. 16.22). Voraussetzung hierzu ist ein Anstieg der intrazellulären freien Ca^{2+}-Konzentration, der aufgrund eines extrazellulären Stimulus erfolgt (**Stimulus-Kontraktions-Koppelung**). Bei quer gestreiften Muskelzellen ist dies ein Nervenimpuls, d. h. die Freisetzung einer Transmittersubstanz mit nachfolgender Depolarisierung der Muskelzelle. Es gibt bei Muskel- und Nicht-Muskelzellen verschiedene Wege, auf denen ein Anstieg der freien Ca^{2+}-Konzentration erfolgen kann, z. T. durch Freisetzung aus intrazellulären Ca^{2+}-Speichern, z. T. durch Einströmen aus dem Interzellularraum über Ca^{2+}-Kanäle der Zellmembran. Siehe hierfür auch Kap. 6.5 (S. 142). Ein solcher Speicher ist das Endoplasmatische Retikulum (ER), im Falle der quer gestreiften Muskelzellen ist dies seine spezielle Ausbildung in Form des **Sarkoplasmatischen Retikulums** (SR, ▸ Abb. 16.23).

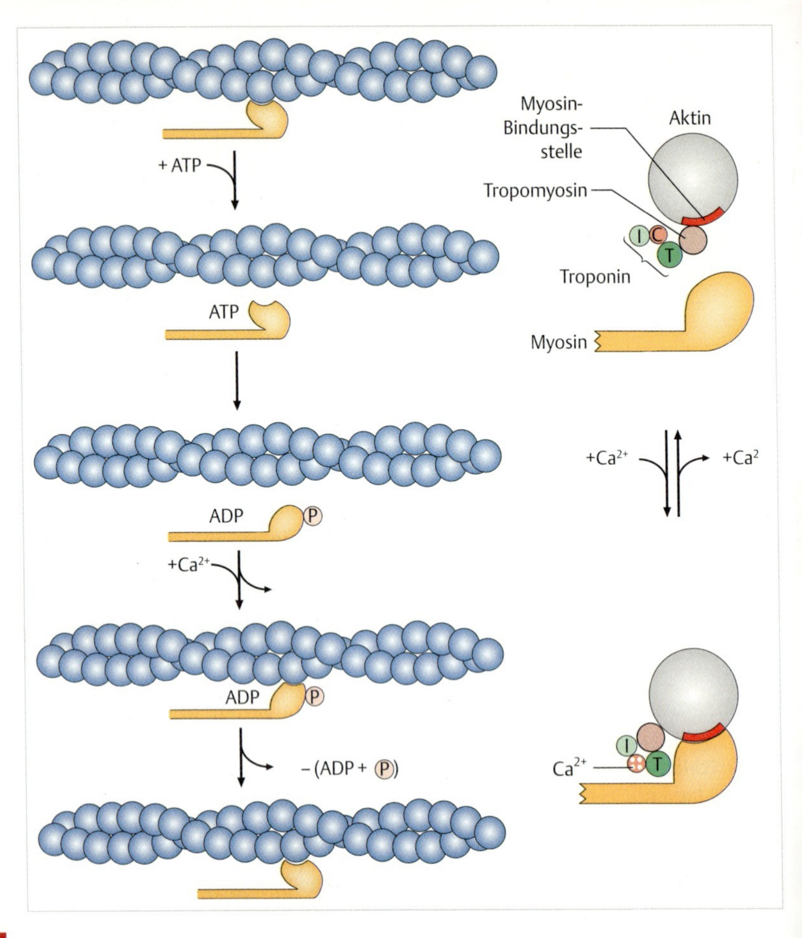

▸ **Muskelkontraktion durch Konformationsänderung von Motorproteinen.** Die Muskelkontraktion beruht wie die Wechselwirkung anderer Motorproteine auch auf deren Konformationsänderung. Der Bewegungszyklus (▸ Abb. 16.21) beginnt hier mit der durch erhöhte Ca^{2+}-Konzentration stimulierten Bindung eines Myosin-Köpfchens an ein Aktin-Molekül. Das Köpfchen ist dabei in einem Winkel von 45° zu dem Rest des Myosin-Moleküls abgeknickt. Die Anlagerung eines ATP-Moleküls bewirkt eine Konformationsänderung des Myosin-Köpfchens, das daraufhin die Bindung an das Aktin verliert. (Die Totenstarre hat ihren Grund in dem fehlenden Nachschub an ATP. Dadurch kann der Aktomyo-

◂ **Abb. 16.21 Interaktion von F-Aktin mit Myosin bei der Kontraktion.** Der Anschaulichkeit halber ist Myosin verkleinert dargestellt.
Links, von oben nach unten: Ohne ATP und Ca^{2+} bindet Myosin starr am F-Aktin, wie in der Totenstarre. Das ATP der lebenden Zelle hat eine „Weichmacherfunktion", indem das Myosinköpfchen vom F-Aktin getrennt wird. Die Hydrolyse von ATP zu ADP und Phosphat (eingekreistes P, ional gebunden) und der Anstieg der freien Ca^{2+}-Konzentration (nach Aktivierung der Zelle) bringt das Myosinköpfchen in eine andere Konformation und in Kontakt mit dem F-Aktin. Sobald ADP und Phosphat abdiffundieren, macht das am F-Aktin haftende Myosinköpfchen eine Konformationsänderung. Dadurch wird F-Aktin gegenüber dem Myosin verschoben. Viele solche Schritte müssen in sehr schneller Folge ablaufen, um eine Zelle zu einer lichtmikroskopisch sichtbaren Kontraktion zu bringen.
Rechts: Rolle des Ca^{2+} bei der Interaktion von Aktin und Myosin. Rechts oben: Unter Ruhebedingungen können F-Aktin und Myosinköpfchen nicht miteinander wechselwirken, weil Tropomyosin dazwischenliegt. Am Tropomyosin angelagert ist ein Komplex aus Troponin-Molekülen (I, C, T). Rechts unten: Wenn eine Muskelzelle von einer motorischen Nervenzelle einen Erregungsimpuls erhält, so strömt Ca^{2+} aus dem Sarkoplasmatischen Retikulum. Erst der Anstieg der freien Ca^{2+}-Konzentration lässt das Myosinköpfchen mit dem F-Aktin in Wechselwirkung treten, indem Ca^{2+} durch die Bindung an Troponin C die Konformation des Troponin-Tropomyosin-Komplexes so verändert, dass dieser auf die Seite rutscht.

sin-Komplex nicht getrennt werden, die Muskeln bleiben solange kontrahiert, bis proteolytische Prozesse einsetzen.) In der Folge wird das ATP zu ADP + P_i gespalten. Das Myosinköpfchen wirkt also als eine (Ca^{2+}-abhängige, Aktin-aktivierte) ATPase und ist daher ein Motorprotein. Dieser energieliefernde Schritt führt einmal dazu, dass das Myosinköpfchen in Bezug auf den Myosinschwanz in eine 90°-Lage umknickt und zudem die Fähigkeit zur Bindung an ein Aktin-Molekül gewinnt. Die anschließende Freisetzung von ADP + P_i lässt das Myosinköpfchen ein letztes Mal um ca. 45° abknicken und schiebt dabei das Aktin-Molekül ein Stück weiter. Durch erneute Bindung eines ATP kann der Zyklus von neuem beginnen (▸ Abb. 16.21). So gleiten die Aktin-Filamente immer weiter am Myosin entlang ▸ Abb. 16.22 – die Muskelzelle macht eine mikroskopisch sichtbare Kontraktion. Die koordinierte Kontraktion vieler Zellen ergibt die makroskopisch sichtbare Kontraktion.

▸ **Effektivitätssteigerung in quergestreiften Muskelfasern.** Um die Effektivität bis zur athletischen Höchstleistung steigern zu können, liegen in der quergestreiften Muskelzelle also antiparallel angeordnete doppelte „Blumensträuße" von Myosin vor, die im Sarkomer der quer gestreiften Muskelfasern einige Hundert „Blüten" auf jeder Seite trägt. Dass mehrere Myosin-Moleküle jeweils antiparallel angeordnet sind, hat wichtige funktionelle Konsequenzen. Da von beiden Sarkomerbegrenzungen, den Z-Scheiben, Aktin-Moleküle zwischen die

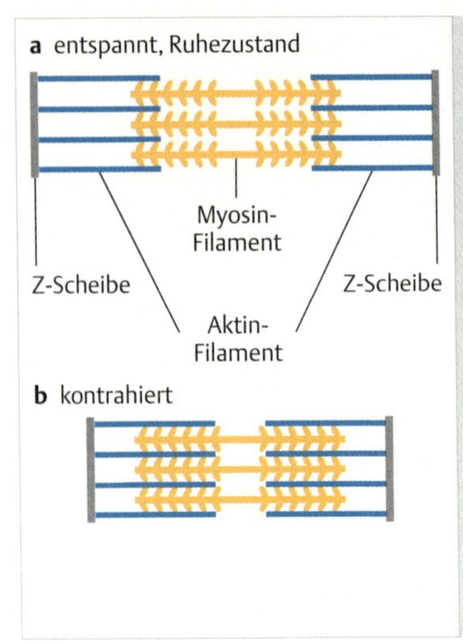

Abb. 16.22 Zellkontraktion mittels reversibler Wechselwirkung zwischen Aktin und Myosin (Aktomyosin) in einem Sarkomer des quergestreiften Muskels (Skelett- und Herzmuskel). **a** Ruhezustand, **b** kontrahiert. Die antiparallel angeordneten Myosin-Moleküle können durch vielfach wiederholte Konformationsänderungen (vgl. ▸ Abb. 16.21) in Wechselwirkung mit benachbarten Aktin-Filamenten diese immer weiter gegeneinander verschieben. Da dabei die Myosin-Filamente an den Aktin-Filamenten entlanggleiten, spricht man von der „Gleitfilament-Theorie". Diese wurde zunächst für die quergestreifte Muskulatur bewiesen, jedoch gilt dieses Prinzip auch für glatte Muskelzellen und Nicht-Muskelzellen, welche allerdings viel weniger Myosin, unregelmäßig zwischen Aktin-Filamenten eingestreut, enthalten.

Myosinbündel hineinragen, können diese durch die antiparallele Anordnung der Myosinköpfchen aufeinander zu bewegt werden (▸ Abb. 16.22 und ▸ Abb. 16.23), sobald der Muskel aktiviert wird. Die Folge davon ist eine sehr effektive, teleskopartige Verkürzung bzw. Kontraktion des Sarkomers.

In **glatten Muskelzellen** liegt Aktomyosin in ähnlicher Weise wie in Nicht-Muskelzellen vor, allerdings mit relativ wenig Myosin gegenüber F-Aktin, und ohne regelmäßige Anordnung. Nur vereinzelte dicke Filamente verraten die Präsenz von Myosin. Nicht-Muskelzellen zeigen nur in **„Stressfasern"** manchmal eine ähnliche Anordnung von Aktomyosin wie in Sarkomeren, allerdings deutlich weniger geordnet. Stressfasern durchziehen manchmal einzeln oder zu mehreren eine Zelle, vgl. ▸ Abb. 17.12. Ihr quasi-periodischer Bau kann am besten durch Immunmarkierung unter Einsatz von Antikörpern gegen α-Aktinin sichtbar gemacht werden. Dieses dient – wie bereits erwähnt – ganz allgemein der Verankerung von Aktin-Filamenten, sei es an der Zellmembran, in den Z-Scheiben der Sarkomergrenze oder in weniger geordneten Strukturen der Stressfasern. In Nicht-Muskelzellen kann durch die teilweise Vernetzung des F-Aktins (s. o.) auch ein dreidimensionales Netzwerk gebildet werden, das sich mittels verstreut eingelagerten Myosin-Aggregaten kontrahieren kann.

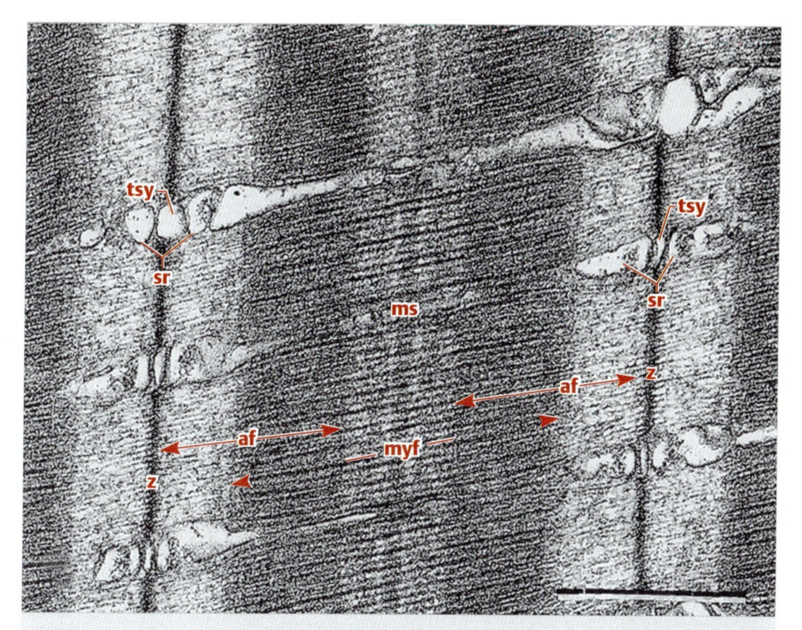

Abb. 16.23 Sarkomer aus einer quergestreiften Muskelzelle im Längsschnitt. Ein Sarkomer ist ca. 2 µm lang und beidseitig von einer Z-Scheibe (**z**) aus α-Aktinin begrenzt. A-Aktinin ist ein Aktin-Bindeprotein, an welchem die feinen Aktin-Filamente (**af**) ansetzen. Diese ragen in die Mitte des Sarkomers hinein, lassen jedoch einen Mittelstreifen (**ms**) frei. Die in der Mitte eines Sarkomers angeordneten dichteren Myosin-Filamente (**myf**) überlappen mit den Aktin-Filamenten. Weil die Überlappung nur teilweise ist, ist der hellere Mittelstreifen von dunkleren Zonen flankiert und helle Streifen bleiben am Rand des Sarkomers frei von Myosin. Bei der Kontraktion gleiten die Aktin-Filamente beiderseits entlang der Myosin-Filamente. Dadurch werden die helleren Zonen schmäler. Dieser Vorgang läuft gleichzeitig in all den Dutzenden Sarkomeren ab, die eine Muskelzelle der Länge ausfüllen. Die Kontraktion wird eingeleitet durch Freisetzung von Ca^{2+} aus dem Sarkoplasmatischen Retikulum (**sr**), das eng an Einstülpungen der Zellmembran anliegt (tubuläres System, **tsy**), welche die Erregung auf das Innere der Muskelzelle überträgt (Stimulus-Kontraktions-Koppelung). Vergr. 30 000-fach, Strich = 1 µm. (Aus Hertwig, I., H. Eichelberg, H. Schneider: Cell Tissue Res. 255 (1989) 363)

Das Mikrofilamentsystem erfüllt auch in Nicht-Muskelzellen zahlreiche Aufgaben:

- Protoplasmaströmung
- Kontraktion bestimmter Zellbereiche sowie ganzer Zellen
- Fortbewegung ganzer Zellen, wie z. B. amöboide Bewegung und Chemotaxis (S. 358)
- Formgebung und lokale Strukturierung von Zellen

▶ **Protoplasmaströmung in Nicht-Muskelzellen.** Sehr große Zellen, wie manche Protozoen oder Pflanzenzellen, müssen ihr Cytoplasma „umrühren". Offensichtlich kann bloße Diffusion von Ionen, Metaboliten und manchen Organellen keine gleichmäßige Verteilung mehr gewährleisten. Schön zu beobachten ist dies z. B. in Staubfäden (Stamina) der Zimmerpflanze *Tradescantia* oder in der Küchenzwiebel (Epithelien der Schalen von *Allium cepa*). Diese Plasmaströmung wird durch Myosin-dekorierte Zellorganellen hervorgerufen, die an stationären AktinBündeln vorbeigleiten. Im Protozoon *Paramecium* (Pantoffeltierchen) kreisen die Vesikel des intrazellulären Verdauungssystems (Phagosomen, Lysosomen) in 20–40 Minuten durch die Zelle, bevor die unverdaulichen Reststoffe abgegeben werden.

▶ **Kontraktion bestimmter Zellbereiche sowie ganzer Zellen.** Kontraktion ist nur dann gewährleistet, wenn Aktin-Filamente mit Myosin durchsetzt sind, sodass sie als Aktomyosin eine reversible Kontraktion vollziehen können. Dabei kann, im Falle hochorganisierter quergestreifter Muskelzellen, bis zu 50 % der durch die ATP-Hydrolyse freigesetzten Energie genutzt werden. Der Wirkungsquerschnitt, d. h. die Energieausbeute, ist also deutlich höher als bei Wärmekraftmaschinen (z. B. 30 %). Kontraktionsvorgänge spielen sowohl lokal in einzelnen Zellen als auch in ganzen Zellverbänden eine große Rolle. Bei der **Phagocytose** z. B. von pathogenen Keimen haften sich diese über spezifische Erkennungsstrukturen an der Zellmembran einer höheren Zelle an. Die Membran stülpt sich lokal ein und ein Phagocytose-Vesikel schnürt sich ab. Der Vorgang wird von einer lokalen Assemblierung von Mikrofilamenten begleitet, wie man im Elektronenmikroskop sehen kann, vgl. ▶ Abb. 13.8. Es handelt sich dabei um einen aktiven Prozess, der Energie in Form von ATP benötigt.

Unter diese Kategorie der lokalen Kontraktion fällt auch der **Teilungsring**, der nach Abschluss der Kernteilung das Cytoplasma tierischer Zellen in zwei Hälften aufteilt. Die beiden Tochterzellen werden durch einen Ring aus Aktin und Myosin voneinander abgeschnürt (▶ Abb. 16.24). Bei Pflanzenzellen liegt ein anderer Teilungsmechanismus vor (vgl. ▶ Abb. 22.10).

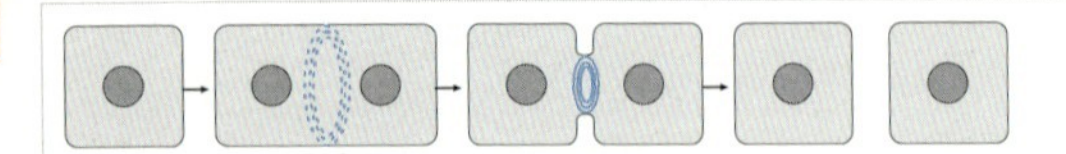

Abb. 16.24 Teilungsring aus Aktin und Myosin. Nach der Kernteilung müssen die Tochterzellen voneinander getrennt werden. In tierischem Gewebe erfolgt dies durch die Assemblierung des Teilungsringes aus Aktomyosin. Dieser Ring kontrahiert sich, bis die Tochterzellen voneinander getrennt sind.

▸ **Zellkernausstoßung bei Erythrocyten.** Einen Sonderfall stellt die Ausstoßung des Zellkerns bei der Erythrocytenreifung dar. Bei Säugetieren reifen die Erythroblasten zu Erythrocyten unter aktivem Ausstoß des Zellkerns durch das Mikrofilamentsystem. Damit ergibt sich eine höhere Transportleistung für Blutgase (O_2, CO_2) durch den relativ steigenden Hämoglobin-Gehalt, allerdings bei beschränkter Lebensdauer (4 Monate beim Menschen).

▸ **Kontraktionsvorgänge während der Embryogenese.** Eindrucksvolle Beispiele für Kontraktionsvorgänge in ganzen Zellen bzw. Zell-Lagen stammen aus der Neurobiologie. Schon in der **Embryogenese** vermittelt die lokale Kontraktion von Zellen des Ektoderms (die äußerste Zellschicht des Embryos vor der Organbildung) die rinnenförmige Einfaltung entlang eines Streifens (Neuroektoderm). Diese Rinne schließt sich dann zum **Neuralrohr** (▸ Abb. 16.25).

Die oberseitige (apikale) Kontraktion der Zellen durch das Mikrofilamentsystem ermöglicht diese Faltung. In der weiteren Entwicklung entsteht das Zentralnervensystem mit dem Rückenmark, dessen Zentralkanal in der dargestellten Weise entsteht. Ähnlich werden Drüsenepithelien zu geschlossenen Follikeln, zu offenen, kugelförmigen Acini oder zu Tubuli gefaltet.

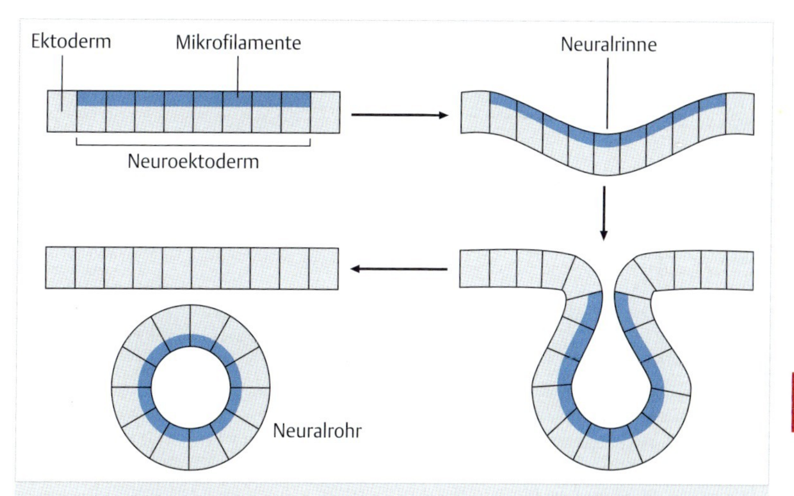

Abb. 16.25 Faltung von Epithelien mittels Aktomyosin. In der Embryogenese werden verschiedene **Gewebe eingebuchtet** und zu einem Rohr gefaltet, z. B. das Neuralrohr als Anlage des Zentralnervensystems. Dies erfolgt durch die **Kontraktion** von **Aktin-Myosin-Aggregaten**, welche die Epithelzellen auf ihrer apikalen Seite umgürten, sogenannte Gürteldesmosomen (S. 411). Durch die einseitige Kontraktion werden die Zellen einseitig zugespitzt, bis sie sich zu einem Rohr schließen können.

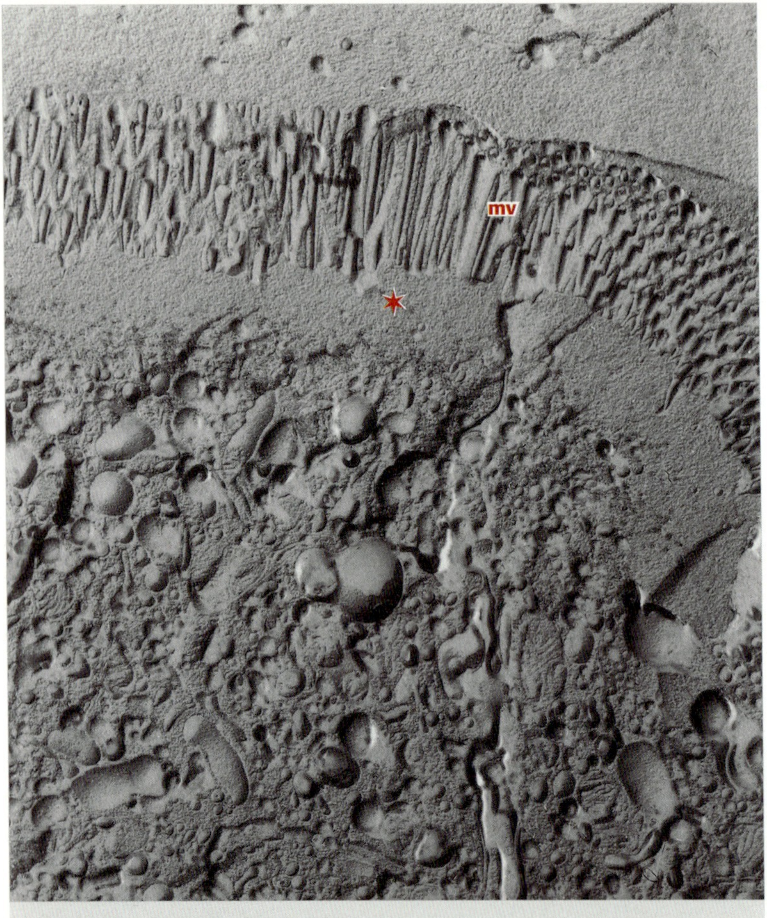

mv

Abb. 16.26 Mikrovilli. Mikrozotten (Mikrovilli, **mv**) dienen der Vergrößerung der Oberfläche, wie bei den hier im Gefrierbruch gezeigten Epithelzellen des Dünndarms. So wird die resorbierende Oberfläche etwa 50-fach vergrößert. Unterhalb dieses Bürstensaums ist eine homogene Zone (Sternchen) wahrzunehmen, die wegen ihres Reichtums an Mikro-Filamenten und Intermediär-Filamenten keine Organellen besitzt. Vergr. 12 000-fach. (Aufnahme: H. Plattner)

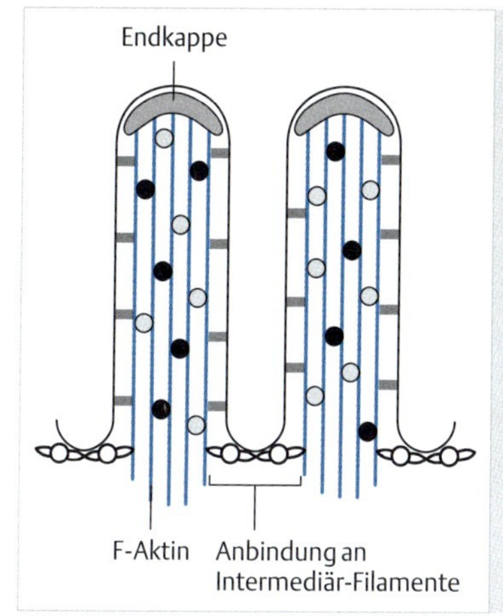

Abb. 16.27 Mikrovilli im Längsschnitt. In einer fingerförmigen Ausbuchtung der Zellmembran enthalten sie parallel ausgerichtete Aktin-Filamente, jedoch ohne dazwischengelagertes Myosin. Mikrovilli sind also nicht kontraktil. Zur statischen Stabilisierung dieser F-Aktinbündel sind jedoch verschiedene andere Proteine dazwischengelagert, wie durch verschiedene Symbole angedeutet. Am oberen Ende sorgt eine Endkappe für die Anordnung des F-Aktins in der richtigen Polarität (Minus-Ende oben). Unten erfolgt eine Anbindung an Intermediär-Filamente.

► **Lokale Formgebung und Strukturierung der Zelle.** Die lokale Strukturierung des Cytosols durch den Übergang vom gallertartigen in einen flüssigen Zustand, dem **Gel-Sol-Übergang** (S. 364), wird bei der amöboiden Bewegung angesprochen. Auch in anderem Zusammenhang kann dieser Mechanismus lokal auftreten. So sieht man in Drüsen- und Nervenzellen häufig eine kortikale (subplasmalemmale) Anreicherung von Mikrofilamenten. Sie bilden eine Barriere beim Antransport von Sekret- und Neurotransmitter-Vesikeln zur Zellmembran. Diese Barriere muss erst gelockert werden (Zerfall von F-Aktin), wenn Exocytose getriggert wird.

Eine lokale Formgebung ist besonders ausgeprägt in den als **Mikrovilli** (Mikrozotten) bezeichneten Ausstülpungen der Zellmembran (► Abb. 16.26, ► Abb. 16.27); vgl. auch ► Abb. 15.4 und ► Abb. 16.13. Sie sind flächendeckend z. B. auf der oberen (apikalen) Seite von resorbierenden Epithelien ausgebildet (► Abb. 16.26). Hier ist F-Aktin formgebend zur Herstellung einer großen resorbierenden Oberfläche angeordnet. Diese beträgt bei unserem Dünndarm 2000 m^2 – zum einen wegen der Auffaltung des Epithels zu Zotten, zum anderen wegen der Auffaltung der Zelloberflächen zu Mikrovilli. Im Dünndarmepithel sitzen hier verschiedene Enzyme und Carriersysteme.

Eine sehr wichtige Rolle spielen Mikrofilamente als Komponenten von **Gürteldesmosomen**. Diese stellen einen Teil des Verbindungskomplexes (*junctional complex*) dar, mit dem Epithelzellen miteinander verbunden sind (vgl. ► Abb. 21.2). An Verdickungen der Zellmembran setzen Aktin-Filamente an. An Gürteldesmosomen streichen sie parallel zur Zellmembran. Dies zeigen die ► Abb. 21.5, ► Abb. 21.6 und ► Abb. 21.7, ebenso wie die Verbindung dieser

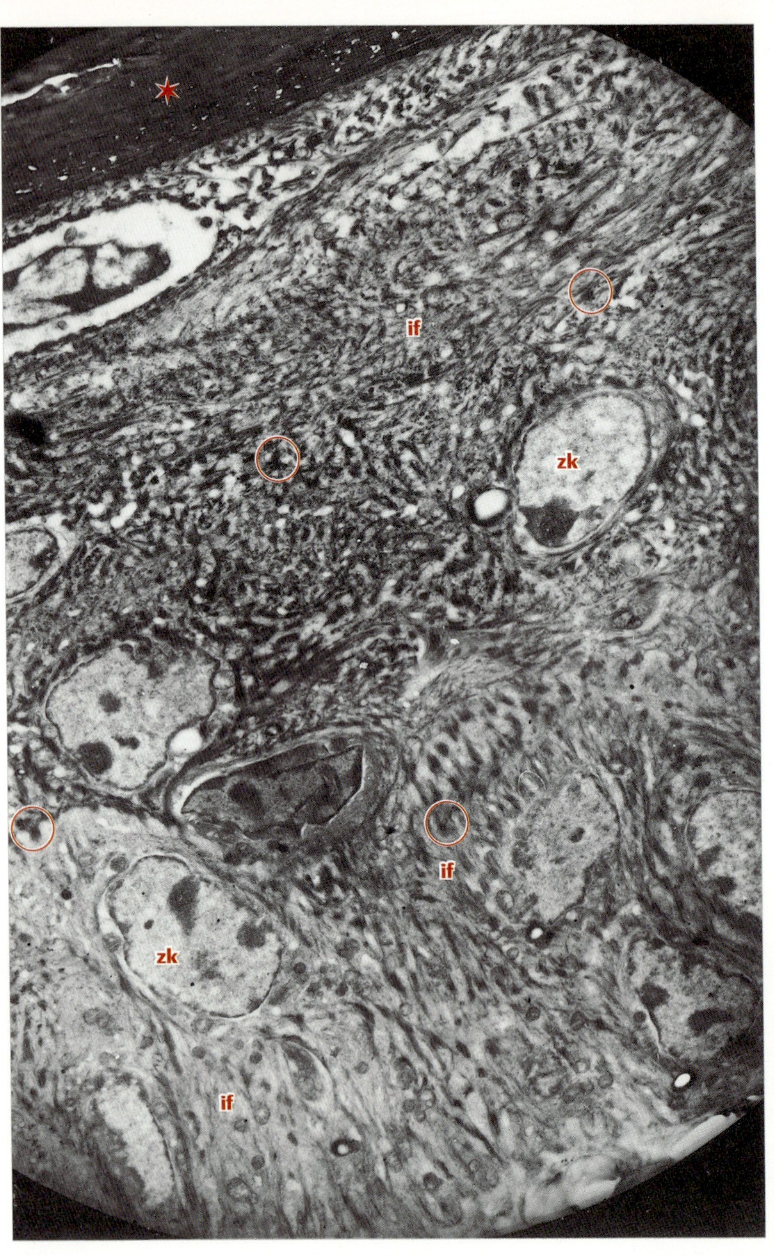

if
zk
zk
if
if

◂ **Abb. 16.28 Intermediärfilamente.** Beispiel: Keratinfilamente in der Haut eines Mäuseschwanzes. Die äußerste Schicht der Haut ist die hier gezeigte Epidermis. Diese stellt ein nach außen gerichtetes Deckgewebe dar (Epithel), das mehrschichtig ist und nach außen unter Verhornung abstirbt. In allen Zellschichten, außer der verhornten Schicht (Sternchen), sind bizarre Aggregate von Intermediärfilamenten (**if**) erkennbar, die in der Haut aus Keratin bestehen. Sie setzen an Punktdesmosomen (S. 418) an (Beispiele eingekreist). **Zk** = Zellkern. Vergr. 3 600-fach. (Aufnahme: H. Plattner)

Filamente über Intermediär-Filamente vom Typ des Spektrins. Diese Anordnung dient der mechanischen Stabilisierung; vgl. hierzu auch Kap. 21 (S. 409).

16.4 Intermediär-Filamente

Diese sind die variabelsten Komponenten des Cytoskeletts. Sie sind nicht nur phylogenetisch wenig konservativ, sondern sie werden auch gewebsspezifisch in vielen Varianten exprimiert. Auch sie entstehen durch einen „Self-Assembly" Prozess. Vier Typen sind bei Mammaliern besonders wichtig (▸ Tab. 16.2).

Intermediär-Filamente dienen der mechanischen Festigung. Extrem ist dies an **Keratin**-Filamenten zu erkennen. Sie füllen weitgehend das Cytoplasma der basalen Epithelzellschichten der Haut aus (▸ Abb. 16.28), wo diese noch teilungsfähig sind (Stratum germinativum). Nach oben hin, bis zum Stratum corneum, sterben die Zellen ab, indem sie zunehmend verhornen und austrocknen. Dadurch nimmt der Anteil an Keratin relativ noch mehr zu, sodass es die Zellen praktisch völlig ausfüllt. Ähnliches gilt für die Bildung von Haaren und Nägeln.

Ein viel subtileres Stütznetzwerk bildet das **Spektrin**, das durch seine subplasmalemmale Anordnung die Zellmembran der Erythrocyten von innen her elastisch verstärkt. Spektrin-ähnliche Proteine gibt es aber auch an der Zellmembran anderer tierischer Zelltypen.

Der Rand des Zellkerns wird innenseitig durch die Kernlamina verstärkt, an der die dekondensierten Chromosomen des Ruhekerns angeheftet sind. Diese Lamina besteht aus **Laminen** (MG von 65 000 bis 75 000); s. auch Kap. 7.2 (S. 160).

Tab. 16.2 Typen von Intermediärfilamenten und ihr Vorkommen (Beispiele)

Typ von Intermediär-Filament	Bausteine	Vorkommen
Keratin-Filamente	Keratin	Epidermis
Neuro-Filamente	variabel	Neurone
Vimentin-Filamente	Vimentin	Fibroblasten
Kernlamina	Lamine	Zellkernrand

Die zelltypspezifische Expression von Intermediär-Filamenten kann sich bei der Karzinogenese verändern (**Karzinom**, zu Krebszellen entartete Epithelien); vgl. hierzu Kap. 23.2 (S. 464). Deshalb ist die immunhistochemische Analyse mit einer Batterie von käuflichen Antikörpern ein wichtiges diagnostisches Hilfsmittel geworden.

Zellpathologie

Defekte Aktinpolymerisation

Zahlreiche Zellfunktionen hängen von einer normalen Polymerisation von **Aktin** ab. In Immunzellen betrifft dies das als **WASP** bezeichnete Protein. Das *Wiskott-Aldrich Syndrom* geht mit einer defekten Immunabwehr einher, u. a. durch defekte Aktinpolymerisation in Lymphocyten, bei der WASP (das **Wiskott-Aldrich Syndrom Protein**) wesentlich beteiligt ist. Infektionen können nicht abgewehrt werden, so dass betroffene Kinder zunächst nur abgeschirmt und dann mit Knochenmarkübertragungen überleben können, um der dauernden Infektionsgefahr gegenzusteuern. *Innenohr-Schwerhörigkeit* kann u. a. eine defekte Aktin-Polymerisation in den Sinneszellen des Innenohrs als ihre Ursache haben. (Allerdings wurden mehrere verschiedene genetische Störungen als Ursache erkannt, u. a. ein Defekt in den Connexinen (S. 422), in einer bestimmten Myosin-Isoform und neuerdings auch in der Protonen-Pumpe oder des Stoffwechels der Ganglioside – Komponenten der Zellmembran-Lipide.) Dies ist ein gutes Beispiel für multigene Ursachen eines Syndroms.

Die *Duchenne'sche Muskeldystrophie* beruht auf der ungenügenden Unterlagerung der Muskel-Zellmembran mit dem Dystrophin/Dystroglykan Komplex – zumeist auf Grund von Deletionen. Die somit gestörte Anbindung des Aktomyosins geht mit Muskelschwäche einher. Angeblich wurde eine solche Mutation durch frühe Schweinezüchter wegen des zarteren Fleisches unbewusst selektiert – ein neuer Aspekt der vom Verhaltensforscher Konrad Lorenz dem Menschen als „Verhausschweinung“ vorgehaltenen Degeneration ursprünglicher Instinkte.

Wenn die **Keratinfasern** in Epidermiszellen von Haut und Schleimhäuten auf Grund von Mutationen nicht richtig polymerisieren und mechanischen Schutz bieten, treten – je nachdem, welches Gewebe bzw. welche Keratinform betroffen ist – häufig Risse/Verletzungen und Infektionen auf (*Epidermolysis*). Es kann aber auch eine unnormale Verhärtung, z. B. an den Hand- und Fußflächen auftreten (*Hyperkeratose*).

▸ **Literatur zum Weiterlesen**

siehe www.thieme.de/go/literatur-zellbiologie.html

17 Cilien, Flagellen, Pseudopodien – auch Zellen können sich fortbewegen

Zusammenfassung

Elemente des Cytoskeletts dienen bei einigen Zelltypen zu deren Fortbewegung: z. B. Schwimmen mittels **Cilien** und **Flagellen** oder kriechende, amöboide Bewegungen. Cilien (< 10 µm) und Flagellen (> 10 µm) sind Derivate von Mikrotubuli in Ausstülpungen der Zellmembran, wobei 9 periphere Dupletts von Mikrotubuli zwei zentralen Mikrotubuli gegenüberstehen, entsprechend dem Prinzip (9 × 2) + 2. Die peripheren Dupletts werden gegeneinander durch Vermittlung des Motorproteins Dynein verschoben, sodass eine Schlagbewegung resultiert. Im Zellkörper sind Cilien und Flagellen durch einen Basalkörper verankert, der dem Centriol gleicht (9 × 3 Mikrotubuli). Die **amöboide Bewegung** hingegen bedarf einer komplexen Umgestaltung des Vorderendes einer Zelle, wo Aktin reversibel polymerisiert wird, und außerdem der dauernden Bildung und Lösung von Fokalkontakten mit/von dem Substrat. Kontraktile Prozesse im relativ steifen Zellkortex des Hinterendes scheinen weniger bedeutsam zu sein. **Fokalkontakte** sind komplexe Self-assembly-Strukturen aus zahlreichen Proteinen. Als integrale Membranproteine enthalten sie Integrine; vgl. Kap. 21 (S. 409), daran schließen sich periphere Proteine an und nach innen gehen Stressfasern aus Aktomyosin-Bündeln ab. Die Ausbildung bzw. Auflösung von Fokalkontakten wird durch mehrere reversible Phosphorylierungsprozesse geregelt, über die auch eine Kommunikation mit dem Zellkern stattfindet.

17.1 Schwimmbewegungen (Cilien, Flagellen)

Manche Eukaryotenzellen haben **Cilien** (Wimpern) oder **Flagellen** (Geißeln), mit denen sie im Gewebeverband Schleim bewegen oder – im Falle freier Zellen – schwimmen können. Zur einen Gruppe gehören die Cilien-Epithelien (z. B. des Eileiters), zur anderen die männlichen Samenzellen (Spermatozoen), zu beiden frei lebende Protisten. Cilien und Flagellen sind beide ca. 0,2 µm dicke bewegliche Fortsätze der Zelloberfläche mit identischem Innenaufbau aus **Mikrotubuli-Aggregaten** (▸ Abb. 17.1, ▸ Abb. 17.2). Allerdings sind sie unterschiedlich lang; die Grenze liegt bei ca. ≤ 10 µm für Cilien, für Flagellen darüber. Dieses führt auch zu einem verschiedenen Bewegungsablauf bei beiden Organellen, obwohl der ihm zugrunde liegende molekulare Mechanismus identisch ist. Beide Organellen basieren auf einem **Basalkörper**, der in der Zelle nahe der Zelloberfläche sitzt. Cilien wie Flagellen werden von der Zellmembran umhüllt.

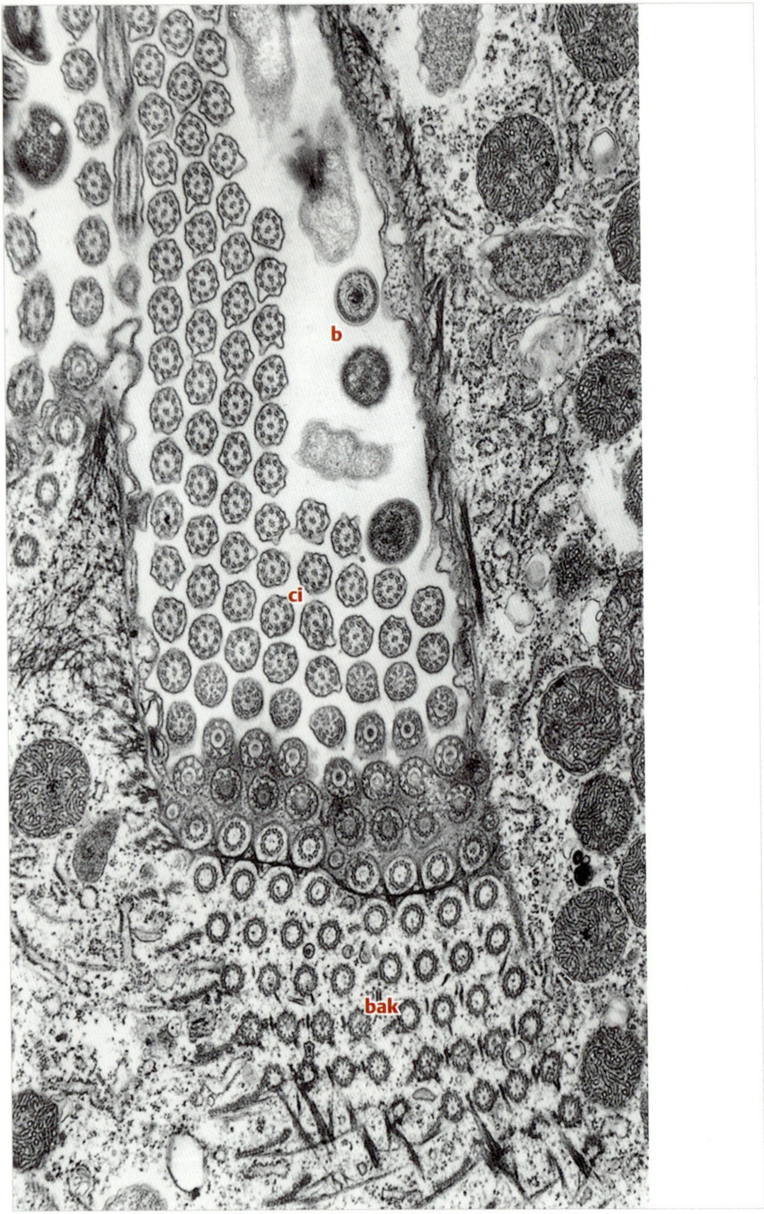

b
ci
bak

◂ **Abb. 17.1 Cilienfeld im Zellmund einer *Paramecium*-Zelle** (Ciliaten, Protozoen). Hier dienen die regulär angeordneten Cilien (**ci**) dem Einstrudeln von Bakterien (**b**) als Nahrung. In tieferen Schnittlagen erscheinen die Basalkörper (**bak**), auf denen die Cilien aufgesetzt sind. Vergr. 14 000-fach. (Aufnahme: H. Plattner)

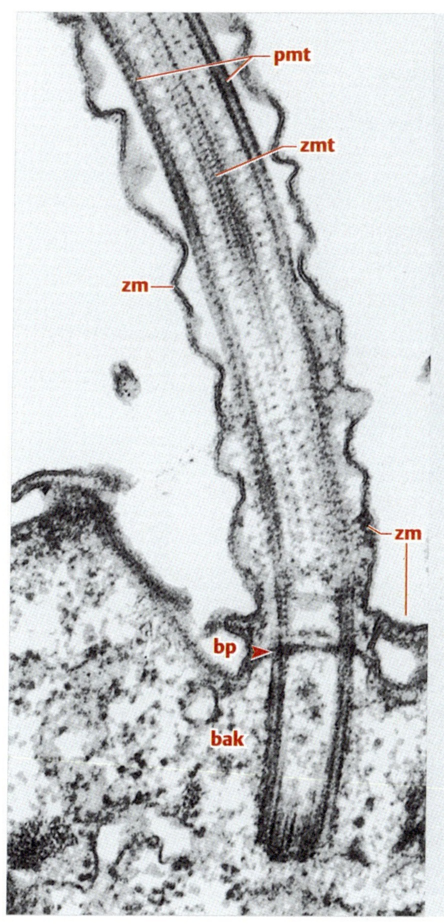

Abb. 17.2 Cilium einer *Paramecium*-Zelle im Längsschnitt. Das Cilium, das von der Zellmembran (**zm**) umhüllt wird, enthält periphere sowie zentrale Mikrotubuli (**pmt**, **zmt**). Es sitzt einem Basalkörper (**bak**) auf, der ebenfalls ein Rohr aus Mikrotubuli-Aggregaten darstellt. Eine Basalplatte (**bp**) grenzt das Cilium gegen den Basalkörper ab. Vergr. 59 000-fach. (Aufnahme: H. Plattner)

► **(9 × 2) + 2-Mikrotubuli-Anordnung im Axonema.** Cilien und Flagellen zeigen eine **(9 × 2) + 2-Anordnung** von Mikrotubuli-Aggregaten (► Abb. 17.3, ► Abb. 17.4), die man Axonema nennt. Ein **Axonema** beinhaltet also 9 Dupletts von peripheren Mikrotubuli, die ähnlich angeordnet sind wie die 9 Tripletts im Basalkörper, auf dem sie aufsitzen. Fünf Protofilament-Untereinheiten werden mit dem Nachbarn im Duplett geteilt. Die 9 × 2 peripheren Mikrotubuli umge-

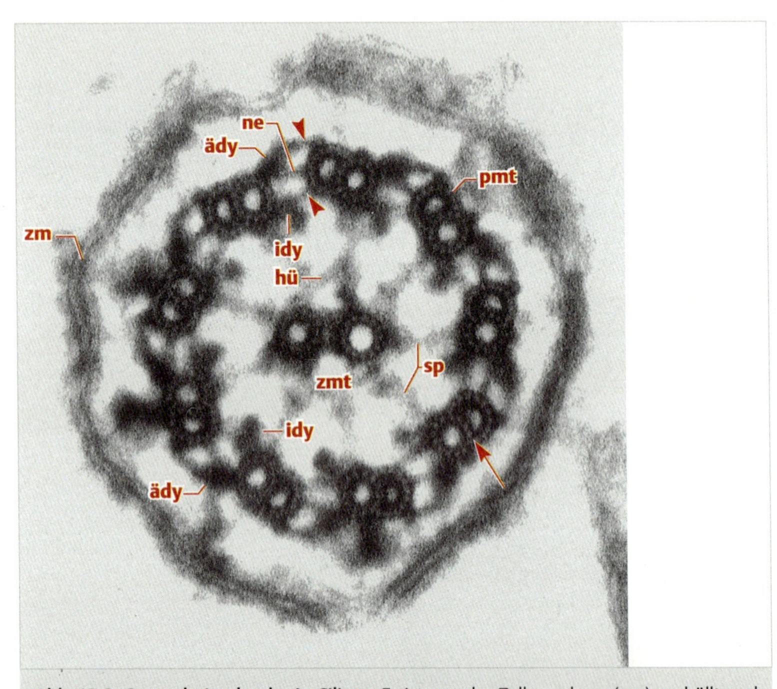

Abb. 17.3 Querschnitt durch ein Cilium. Es ist von der Zellmembran (**zm**) umhüllt und enthält 9 periphere Mikrotubuli-Dupletts (**pmt**) sowie zwei zentrale Mikrotubuli (**zmt**). Letztere sind von einer Hülle (**hü**) umgeben. Die peripheren Mikrotubuli-Dupletts, von denen je eine Speiche (**sp**) an die zentrale Hülle heranreicht, teilen sich jeweils 5 Protofilamente (Pfeil). Am A-Mikrotubulus (vgl. ► Abb. 17.4) eines jeden Dupletts sind das äußere und das innere Dynein-Ärmchen (**ädy**, **idy**) fixiert. Die Dupletts werden durch Nexin (**ne**) zusammengehalten. Wie diese Aufnahme zum ersten Mal zeigte, gibt es daneben auch noch eine dünne, lockere Verbindung zwischen den Dynein-Ärmchen und den benachbarten Dupletts (Pfeilspitzen). Die Dynein-Ärmchen treten beim Cilienschlag mit dem B-Mikrotubulus des benachbarten Dupletts in direkten Kontakt und bewirken durch eine Konformationsänderung den Cilienschlag. Vergr. 240 000-fach. (Aus Plattner, H., C. Westphal, R. Tiggemann: J. Cell Biol. 92 (1982) 368)

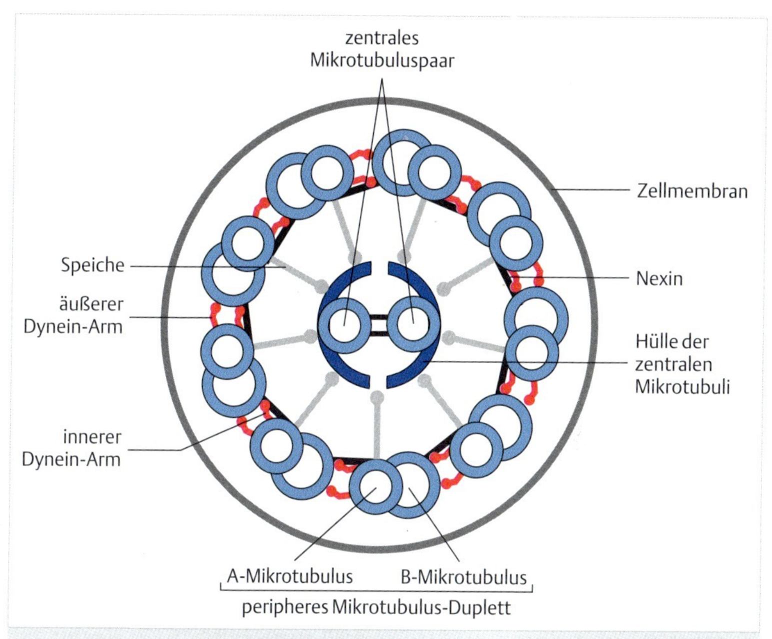

Abb. 17.4 Schematischer Querschnitt eines Ciliums und Flagellums (vgl. ▶ Abb. 17.3).

ben zwei einzeln stehende zentrale Mikrotubuli, die von einer zentralen Hülle umgeben sind. Sogenannte **Spikes** – oder Speichen – reichen von den peripheren Mikrotubuli ausgehend an die zentrale Hülle heran. Die Funktion beider Strukturen ist ungeklärt.

Zwischen den peripheren **Mikrotubuli-Dupletts** bestehen daher mehrere Verbindungen. Einmal werden die Dupletts locker zusammen gehalten; zum anderen ist der Schlag durch eine reversible Verbindung zwischen Dupletts durch **Dynein-Moleküle** gewährleistet (▶ Abb. 17.5).

▶ Durch Verankerung an der Basalplatte wird Bewegung in Krümmung umgelenkt. Die Dynein-Moleküle der Axonemata von Cilien und Flagellen sind mit einem Teil fest an jeweils einem der Mikrotubuli eines peripheren Dupletts verankert. Das andere Ende des Dynein-Moleküls – im Gegensatz zu seinem cytoplasmatischen Namensvetter hat das äußere der beiden drei Köpfchen – setzt an einem Duplett des benachbarten Mikrotubulus ohne dauernde Verbindung an. Die Grundlage der Bewegung von Cilien und Flagellen ist eng mit dieser reversiblen Verbindung zwischen Dynein-Köpfchen und dem benachbarten

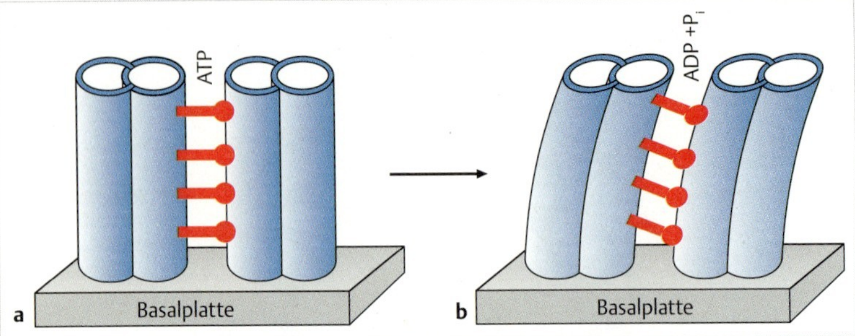

Abb. 17.5 Molekulare Dynamik des Schlages von Cilien und Flagellen: Interaktion von peripheren Mikrotubuli-Dupletts über Dynein-Ärmchen. **a** In Gegenwart von ATP verharren die Dupletts in Ruhestellung. **b** Erst die Hydrolyse von ATP zu ADP + Pi bewirkt eine Konformationsänderung der Dynein-Ärmchen (die Pi ional binden bzw. auch phosphoryliert werden). Da die Mikrotubuli-Dupletts fest an einer Basalplatte verankert sind, resultiert diese Bewegung des Dyneins in einem Aneinandergleiten benachbarter Dupletts bei gleichzeitiger Krümmung des Ciliums oder Flagellums. Aus der raschen Abfolge vieler solcher reversibler Prozesse resultiert der mikroskopisch sichtbare Schlag eines Ciliums oder Flagellums.

Mikrotubulus verknüpft (▸ Abb. 17.5). Der **Bewegungszyklus** beginnt mit einer Bindung des Dyneins am benachbarten Mikrotubulus-Duplett. Dabei nehmen die Köpfchen in Bezug auf den Mikrotubulus einen Winkel von 90° ein (▸ Abb. 17.5**a**). Durch Anlagerung von ATP an die Köpfchen wird eine Konformationsänderung der Bindungsstellen eingeleitet, die zur Lösung des Dynein-Mikrotubulus-Komplexes an dieser Stelle führt. Die anschließende hydrolytische Spaltung des ATP in ADP + P_i bewirkt einmal ein Abknicken der Dynein-Köpfchen und eine Konformationsänderung um 45° (▸ Abb. 17.5**b**), zum anderen die Reaktivierung der Bindungsstellen. Die erneute Bindung an das benachbarte Mikrotubulus-Duplett führt zur Freisetzung von ADP + P_i. Dieses wiederum löst ein Zurückschwingen des Dynein-Köpfchens in die frühere 90°-Position aus. Als Folge davon werden die beteiligten Mikrotubuli gegeneinander verschoben (▸ Abb. 17.5). Bei diesem Vorgang wird ATP hydrolysiert, das axonemale Dynein ist also eine ATPase mit der Funktion eines zellulären Motorproteins. Da alle Dupletts aber an der Basalplatte des Ciliums verankert sind, biegen sie sich gegeneinander, die Bewegung wird in eine **Krümmung** umgelenkt und es erfolgt der aktive Schlag. Der Schlag von Cilien ähnelt einer Gerte, die man durchbiegt. Für den Rückholschlag wird diese Dynein-vermittelte Verbindung von Dupletts wieder gelöst, wobei sich das Cilium durchkrümmt (▸ Abb. 17.6).

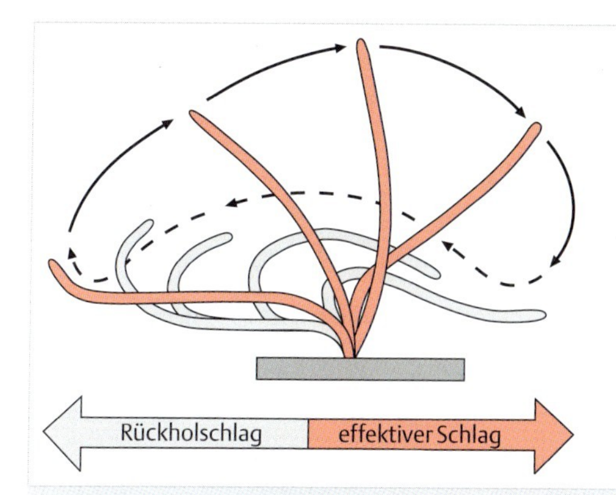

Abb. 17.6 Mikroskopische Dynamik des Cilienschlags. Beim effektiven Schlag bleibt das Cilium mehr oder weniger in ganzer Länge gestreckt, während es an seiner Verankerung im Zellkörper umgelegt wird. Beim Rückschlag dagegen krümmt sich das Cilium entlang seiner gesamten Länge elastisch durch, um mit geringstem Widerstand in die Ausgangsposition zurückzukehren. Wie durch die Armbewegung beim Brustschwimmen resultiert durch den unterschiedlichen hydrodynamischen Widerstand eine Nettobewegung durch den effektiven Schlag. Ein Ciliat würde sich nach links bewegen; Schleim auf einer Zelle eines Cilienepithels dagegen würde nach rechts transportiert werden.

▸ **Basalkörper und Centriol sind identisch aufgebaut.** Der **Basalkörper** hat einen identischen Aufbau wie ein einzelnes Centriol, er besteht also aus 9 × 3 Mikrotubuli, d. h. aus 9 Mikrotubuli-Tripletts; s. ▸ Abb. 17.7 und ▸ Abb. 16.11. In jedem Triplett werden 5 Protofilamente mit einem benachbarten Mikrotubulus geteilt (▸ Abb. 16.11). Ein Basalkörper ist, wie ein Centriol, nach innen hin offen. In diesem Hohlraum hat man organelleigene DNA vermutet, was aber nicht bestätigt werden konnte. Nach außen hin ist ein Basalkörper von einer **Basalplatte** (aus Protein) bedeckt. Darauf ist das eigentliche Cilium bzw. Flagellum aufgesetzt.

Im Gegensatz zu Cilien führen Flagellen Schlängelbewegungen aus (▸ Abb. 17.8), durch welche begeißelte Zellen vorwärts getrieben werden, wie etwa Spermatozoen (Spermien) oder Flagellaten (manche Protisten). Die Bewegung beruht ebenfalls auf einer Verschiebung der peripheren Mikrotubuli gegeneinander. Der molekulare Bewegungsmechanismus ist also derselbe wie bei Cilien, nur resultiert dieser wegen der Länge der Flagellen in der mikroskopisch sichtbaren typischen Schlängelbewegung. Die Wirkung ist wie die einer Schiffsschraube. Es sei hier betont, dass die Strukturen gleichen Namens bei Prokaryoten nach Bau und Bewegungsablauf völlig anders geartet sind; vgl. Kap. 4.2.2 (S. 67) und ▸ Abb. 4.10.

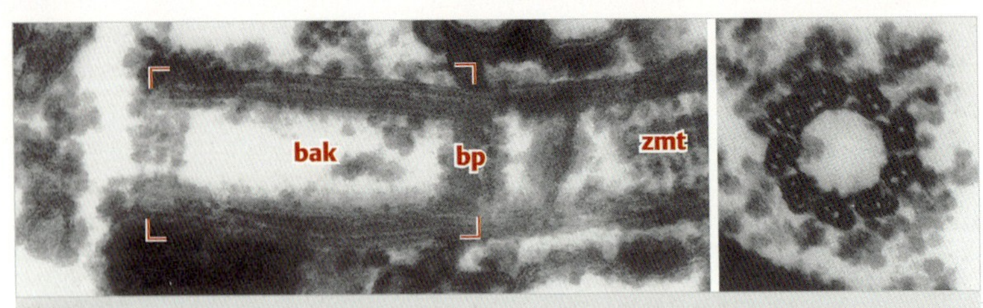

Abb. 17.7 a Längs- und b Querschnitt durch den Basalkörper eines Ciliums. Basalkörper (**bak**) von Cilien und Flagellen zeigen denselben Bau, der auch mit dem des Centriols identisch ist. Alle diese Strukturen bestehen aus einem kurzen Hohlzylinder, dessen Wand aus 9 Mikrotubuli-Tripletts gebildet wird, die sich wieder 5 Protofilamente teilen. Während das in **a** ansetzende Cilium zentrale Mikrotubuli (**zmt**) besitzt, fehlen diese im Basalkörper. Die Basalplatte (**bp**) grenzt Cilium und Basalkörper voneinander ab. Vergr. 70 000-fach. (Aufnahme: H. Plattner)

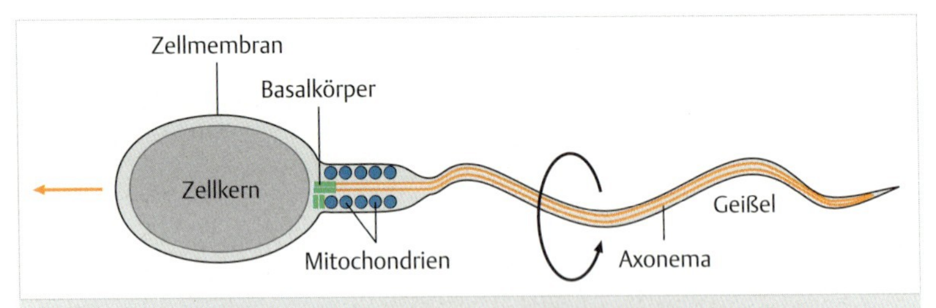

Abb. 17.8 Mikroskopische Dynamik der Flagellenbewegung. Ein Spermatozoon (Spermium) beispielsweise bewegt sich aufgrund der oszillierenden Bewegung seiner Geißel. Diese enthält denselben axonemalen Aufbau wie ein Cilium (vgl. ▶ Abb. 17.3, ▶ Abb. 17.4). Bei einer Spermienzelle zeigt sich besonders deutlich die Identität von Basalkörper und Centriol (vgl. ▶ Abb. 16.11, ▶ Abb. 16.12), indem hier ein identisch gebautes „Zwillingsgebilde“ dem eigentlichen Basalkörper senkrecht anliegt. Am Ansatz der Geißel sind Mitochondrien für die Energieversorgung massiv angehäuft. Die Flagellenbewegung dient hier dem raschen Transport von ungewöhnlich stark kondensiertem genetischen Material zur Eizelle zum Zweck ihrer Befruchtung.

Was bewirkt der Schlag der Cilien? Cilien bedecken oft zahlreich die Oberfläche von Zellen (Ciliaten, „Wimpertierchen“ aus dem Reich der Protozoen; Cilienepithelien, z. B. von Ovidukt oder Trachea). Wie ▶ Abb. 17.6 zeigt, werden Cilien bei ihrem Schlag an ihrer Basis umgelegt. Dieser „aktive Schlag“ ist dem schnellen Armschlag beim Brustschwimmen vergleichbar und wie bei diesem erfolgt der langsamere „Rückholschlag“ durch Abwinkeln.

▸ **Koppelung benachbarter Cilien durch Adhäsionskräfte führt zu Wellenbewegung.** In der Dimension der Zelle, bei enger Platzierung zahlreicher Cilien im Mikrometer-Abstand, werden benachbarte Cilien durch Adhäsionskräfte mechanisch gekoppelt. Daher schlagen Cilien synchron – aber nicht ganz, sondern „**metachron**" – in Wellen, wie wenn der Wind über ein Kornfeld streicht. Der Cilienschlag erfolgt etwa 10–50-mal pro Sekunde, d. h. mit 10–50 Hertz. Nun gibt es zwei Möglichkeiten, den Cilienschlag in Bewegung umzusetzen:

1. Handelt es sich um Einzelzellen (Ciliaten), so wird die ganze Zelle vorwärts getrieben.
2. Ist die Zelle im Gewebe fixiert, so wird das anliegende Material bewegt.

Ciliaten werden vom Cilienschlag mit einer Schwimmgeschwindigkeit von einigen Millimetern/Sekunde fortgetrieben. Im Eileiter dient der Cilienschlag zum Transport des Eies, in den Bronchien und der Trachea dem Abtransport von Schleim (zum Aushusten von pathogenen Keimen, also Bakterien) und Fremdstoffen (Schwebstoffe, Aerosole).

▸ **Biogenese von Cilien und Flagellen.** Wie werden Cilien und Flagellen gebildet? An einem nahe der Zellmembran angedockten Basalkörper vollziehen sich folgende biogenetische Prozesse: Membrankomponenten werden als Vesikel über konstitutive Exocytose an die Zelloberfläche antransportiert. Gleichzeitig mit der Ausstülpung der Zellmembran wird dort zunehmend das **Axonem** aufgebaut, das sind die cytoskelettalen Elemente mit assoziierten Proteinen. Dazu polymerisiert Tubulin, weitere Proteine werden vermittels Motorproteine angeliefert und ebenfalls an der Basis der entstehenden Cilien und Flagellen abgeliefert. Von dort an driften alle Komponenten wie Floße (Engl. „**rafts**") in die Organellen, welche dann insgesamt nahezu 400 verschiedene Proteine enthalten („**Ciliom**"). Es gibt also keinen Vesikelverkehr innerhalb von Cilien und Flagellen.

Zellpathologie

Karthagener Syndrom

Ciliopathien: Die frühesten Stadien in der Entwicklung eines Embryos haben bereits ein einzelnes Cilium pro Zelle (**Primärcilium**). Dieses beteiligt sich an der Festlegung der bilateralen (links-rechts) Symmetrie des Embryos. Das *Karthagener Syndrom* beruht auf defektem Dynein bzw. dessen Fehlen in Cilien und führt zu einer umgekehrten rechts-links Positionierung von Herz und Eingeweiden (**situs inversus**). Während dieses nicht sehr stört (wohl aber einen Operateur überraschen könnte), leiden Betroffene unter Infektionen des Atemtraktes (wegen passiver Cilienepithelien) und die Männer sind steril (wegen immobiler

Spermien). Inzwischen wurden viele Determinanten der Körpersymmetrie identifiziert, u. a. auch das Protein, dessen Defekt das *Bardet-Biedl Syndrom* hervorruft. Es ist dies ein sehr polymorphes Erscheinungsbild (mit Fettleibigkeit, Vielfingrigkeit, mentaler Retardierung, Unterentwicklung der Gonaden etc.), dessen einzelne Aspekte man auf Anhieb kaum aus einem defekten Primärcilium verstehen kann. Es ist dies einerseits ein typisches Beispiel dafür, was man unter einem „**Syndrom**" versteht, andererseits auch dafür, dass derlei Gene basale und komplexe Prozesse steuern und oft bereits bei Einzellern vorkommen (Protozoen, wie *Paramecium*).

17.2 Kriechbewegungen (amöboide Bewegung, Chemotaxis)

Manche Zellen, wie frei lebende Amöben, Fibroblasten, neutrophile Granulocyten (weiße Blutkörperchen) und leider auch manche Krebszellen haben die Fähigkeit, sich durch Kriechen fortzubewegen. Amöben können so leichter auf ihre Nahrungsquellen, wie Bakterien oder andere Protozoen, treffen. Da man diese Art der Fortbewegung an Amöben schon vor über 100 Jahren erstmals beobachtet hatte, nennt man sie immer noch „**amöboide Bewegung**".

▸ **Bakterieller „Duftstoff" fMLP lockt Granulocyten an.** Oftmals steuern Zellen recht gezielt auf ihre „Beutestücke" los, weil von diesen chemische Lockstoffe ausgehen – daher auch der Name **Chemotaxis**. So nehmen neutrophile Granulocyten an ihrer Oberfläche über spezifische Rezeptoren das von Bakterien häufig freigesetzte Tripeptid Formyl-Methionylleucylphenylalanin (fMLP) wahr. Mit der Formylform des Methionins beginnt speziell die bakterielle Proteintranslation (S. 215). Die Zellen folgen dem Gradienten des fMLP wie einem bakteriellen „Duftstoff", sammeln sich am Ort der Infektion und bilden so einen Entzündungsherd. Die Zellen nehmen dann so viele Bakterien durch Phagocytose wie möglich auf und entaktivieren diese durch intrazelluläre Verdauung in ihren Lysosomen; vgl. Kap. 14.2 (S. 299). Dabei stopfen sie sich derart mit Bakterien voll, dass sie platzen – es entsteht Eiter. Dieser „Selbstmord durch Überfressen" ist durchwegs als Opfer für den Gesamtorganismus zu bewerten. Der gesamte Vorgang wird auf zweierlei Weise durch das Mikrofilamentsystem gewährleistet, einmal durch dessen Beteiligung an der amöboiden Bewegung und zum anderen bei der Phagocytose (S. 288).

Amöboid schieben sich neutrophile Granulocyten unter extremer Formveränderung durch sich bildende Lücken in Blutkapillaren (**Diapedese**, Durchtritt), unwiderstehlich angelockt vom Duftreiz der fMLP-Moleküle (Chemotaxis). Man nennt neutrophile Granulocyten auch Mikrophagen und stellt sie so den Makrophagen gegenüber. Diese sind auch amöboid beweglich, sie phagocytieren ebenfalls pathogene Keime und spielen eine wichtige Rolle bei der Immunantwort. Enorme medizinische Bedeutung kommt der amöboiden Bewegung durch das Verhalten mancher Krebszellen zu. Sie neigen dazu, aus dem Primärtumor bzw. aus dem Primärkarzinom (im Falle epithelialer Gewebe) auszuwandern und sich in anderen Geweben anzusiedeln (**Metastasenbildung**).

▸ **Eine kriechende Zelle bildet Pseudopodien aus.** Was sehen wir, wenn eine Zelle amöboid wandert? ▸ Abb. 17.9 und ▸ Abb. 17.10 zeigen das dickere Hinterende mit dem Zellkern und eine Ausdünnung der Zelle am Vorderende (*leading edge*; **Leitsaum** ist ebenso gebräuchlich), also in Richtung der **Kriechbewegung**. Dort bilden sich lokale sackartige Ausstülpungen (**Pseudopodien**). Auch fädige Fortsätze (**Filopodien**, *mikrospikes*) und ganz vorne lamellenartige Fortsätze (**Lamellipodien**) werden gebildet. Nicht zu vergessen – wer wandert, muss ab und an seine Füße vom Boden heben. Analog ist die Verankerung der amöboiden Zellen am Substrat (Wachstumsunterlage) über Fokalkontakte reversibel.

▸ **Grundlage des Kriechens ist die Polymerisation und Depolymerisation von Aktomyosin.** Alles sieht so einfach und undramatisch aus, dennoch ist die amöboide Bewegung sehr komplex. Seit langem zog man im Wesentlichen folgende Hypothese in Betracht: Durch Kontraktion von Aktomyosin in der äußeren Schicht (Kortex) des Hinterendes (vgl. ▸ Abb. 17.10) würde auf das dortige Cytoplasma ein Druck ausgeübt. Dadurch würde bei gleichzeitiger Auflockerung am Vorderende das Vorwärtsfließen des Zellinhaltes bewirkt (Prinzip der Zahnpastatube). Eine Folge davon sei die Bildung von Zellfortsätzen am Zell-Vorderende. Heute sieht man das differenzierter. Das Aktomyosin im Kortex des hinteren Zellabschnitts braucht sich nicht zu kontrahieren. Allein seine relative Starrheit ist relevant. Im Gegensatz hierzu ist das Vorderende der Zelle zu einem lokalen Übergang von einem festen Gel- in einen flüssigen Sol-Zustand befähigt, der durch teilweise Depolymerisierung von Aktinfilament am Vorderende abläuft. Zusätzlich treibt die Aktinpolymerisation in Lamellipodien und Filopodien das Vorderende immer weiter voran (▸ Abb. 17.11). Am Leitsaum wird die Zellmembran zusätzlich durch die Fusion von Vesikeln über konstitutive Exocytose vergrößert. Die von den Fokalkontakten ausgehenden Stressfasern aus Aktomyosin vermögen eine zusätzliche Zugkraft auszuüben, weil sie – nach diffuser Auffächerung – an das restliche Mikrofilamentsystem der Zelle angebunden sind. Das hilft sowohl beim Ablösen der Fokalkontakte vom Substrat als auch beim Vorwärtsschieben der Zelle.

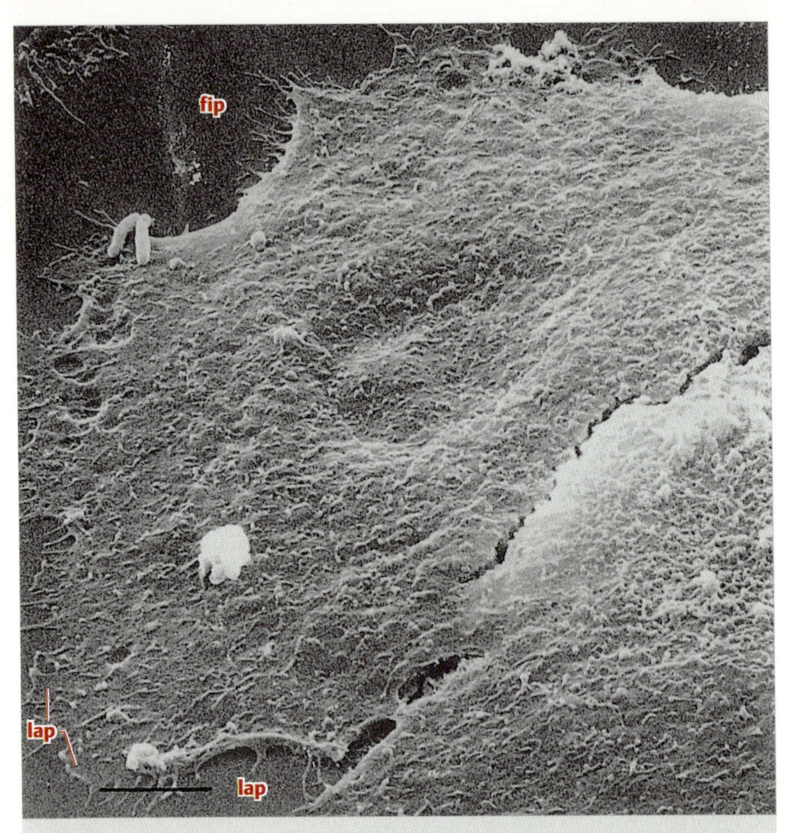

Abb. 17.9 **Zellfortsätze einer Zelle in Zellkultur,** dargestellt im Raster-EM. Flächige bzw. stielförmige Fortsätze sind Lamellipodien (**lap**) bzw. Filopodien (**fip**) auf der dynamischen Seite der Zelle (links). Die rechte Seite hingegen steht an einer anderen Zelle an und verhält sich statisch, d. h. die Zellen kriechen nicht übereinander. Vgl. auch Kap. 6.4 (S. 133) und (S. 140). Vergr. 3000-fach, Strich = 5 μm. (Aufnahme: P. Pscheid, H. Plattner)

Plus

Amöboide Bewegung: Wie wird sie aktiviert und gesteuert?

Diesen Vorgängen liegen folgende molekulare Regulationsmechanismen zugrunde: Die Mobilisierung von G-Aktin zur Bildung von F-Aktin wird durch das Aktin-Bindeprotein Profilin ermöglicht, dessen Verfügbarkeit wieder durch den

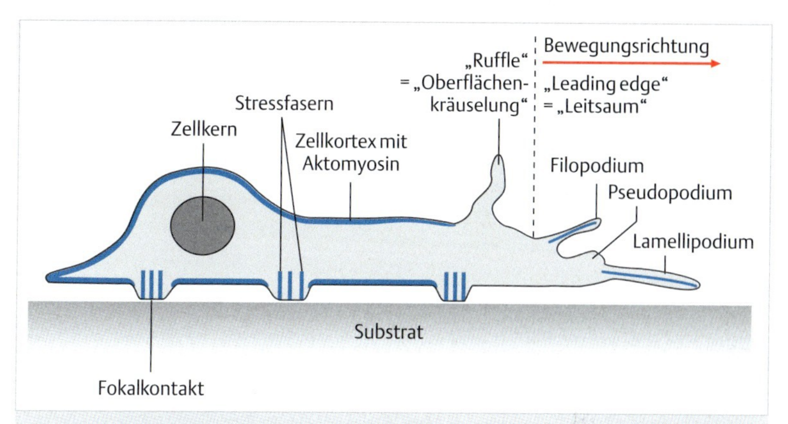

Abb. 17.10 Amöboide Bewegung. Die Zelle bewegt sich von links nach rechts, wo sie ein abgeflachtes *leading edge* (Leitsaum) erkennen lässt. Dort können sich flächige Lamellipodien und stielförmige Filopodien, teilweise auch gröbere Pseudopodien bilden (z. B. bei Amöben). Filopodien sondieren wie Antennen das Umfeld auf chemische Reize hin, die anderen Fortsätze schieben die Zelle am Leitsaum voran und über konstitutive Exocytose wird hier neues Membranmaterial eingebaut. Diese Strukturen sind sehr dynamisch, indem sie durch Polymerisation von Aktin (blau) vorwärts getrieben werden. Der Überschuss an Membranmaterial kann oberseits nach hinten geschoben werden, wo durch den Materialstau eine Kräuselung (*ruffles*) auftreten kann. Das dickere Hinterende der Zelle birgt den Zellkern und die Zellmembran ist hier durch Anlagerung von (wenig-kontraktilem) Aktomyosin mechanisch verstärkt. Mikrofilamente reichen als Stressfasern auch an die Fokalkontakte heran, mit denen die Zelle reversibel dem Substrat anhaftet (vgl. ▶ Abb. 17.12). Filamente aus Aktin bestimmen die Dynamik der Zellfortsätze am *leading edge* (vgl. ▶ Abb. 17.11), in die sie hineinreichen. Die Aktin-haltigen Strukturen sind blau hervorgehoben.

Abbau von $PinsP_2$ (Phosphatidylinositol-4,5-bisphosphat) gesteuert wird. Die Hydrolyse von $PinsP_2$ entspricht einem Signaltransduktionsmechanismus (S. 142). Parallel dazu führt ein Anstieg der intrazellulären freien Ca^{2+}-Konzentration über die Aktivierung des Proteins Severin lokal, im Inneren eines sich bildenden Fortsatzes, zu einem Zerfall von F-Aktin in monomeres G-Aktin. Dadurch steigt der osmotische Druck, Wasser wird aus dem extrazellulären Raum angezogen. Dieser Ort der Zelle schwillt an, sodass sich am *leading edge* die Zellmembran zunehmend auswölbt. Insofern war die alte Hypothese „à la Zahnpastatube" doch nicht so falsch. Es dürfte auch stimmen, dass durch die Starrheit des restlichen, gelartigen Zellkortex und über die Stressfasern ein Druck aufrechterhalten wird, sodass die Ausbildung von Fortsätzen am Sol-artigen Vorderende der Zelle erleichtert wird.

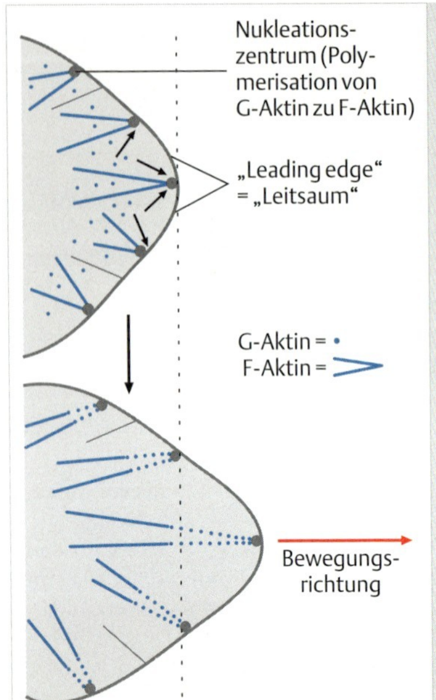

Abb. 17.11 Molekulare Prozesse am leading edge. Das F-Aktin zeigt hier besonders starke Dynamik, indem es durch Anpolymerisieren von G-Aktin (blaue Punkte) an Nukleationszentren direkt an der Zellmembran verlängert wird. Dadurch wird das Vorderende der Zelle bei amöboider Bewegung vorwärts geschoben.

Weiterhin nimmt man an, dass sich – ebenfalls über einen Anstieg der intrazellulären freien Ca^{2+}-Konzentration – die Fokalkontakte am Substrat lösen können (▶ Abb. 17.12). Dabei spielen Phosphorylierung und Dephosphorylierung von Proteinen eine Rolle, die auf der cytosolischen Seite mit den membranintegrierten Rezeptoren (Integrine) assoziiert sind, die ihrerseits den Kontakt zur Unterlage herstellen; s. Abschnitt über Fokalkontakte (S. 415). Jedenfalls sind Phosphorylierungs- und Dephosphorylierungsprozesse entscheidend für die Haftung auf der Unterlage. Diese Prozesse bestimmen auch über die Fähigkeit von Krebszellen, sich aus dem Tumor zu lösen, auszuwandern und andernorts Metastasen zu bilden; vgl. Kap. 23.2 (S. 464). Erst nach Bildung von Fokalkontakten nahe dem *leading edge* kann sich die Zelle weiterbewegen. Gleichzeitig werden hinten die Fokalkontakte und die von ihnen ausgehenden F-Aktin-Bündel („Stressfasern“; ▶ Abb. 17.10, ▶ Abb. 17.12) aufgelöst. Für weitere Details vgl. ▶ Abb. 21.6 und den Molekularen Zoom (S. 462).

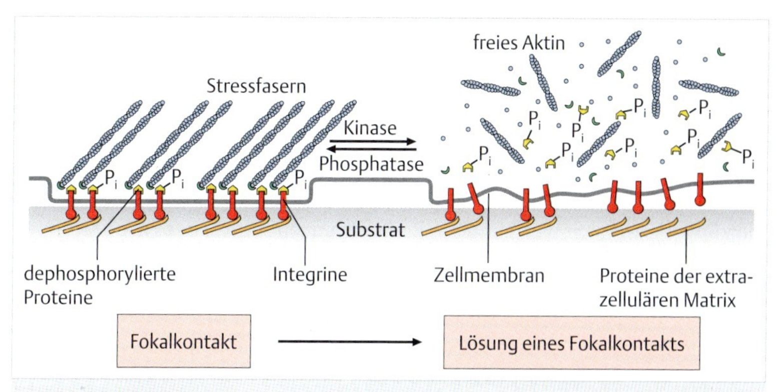

Abb. 17.12 Molekulare Prozesse an Fokalkontakten. An ihrer Bildung sind zahlreiche Proteine beteiligt, die hier nur teilweise berücksichtigt wurden. Für die Ausbildung eines Fokalkontakts (links) wesentlich ist die Akkumulation von Rezeptoren für Proteine der extrazellulären Matrix, den Integrinen. Diese Rezeptoren gehören zur Gruppe der Zell-Adhäsionsmoleküle; vgl. Fokalkontakte (S. 415). Innerseitig binden Stressfasern an den Fokalkontakt, aber nur dann, wenn verschiedene weitere cytosolische Proteine assoziiert sind. Ein Teil dieser Proteine an der Bindungsstelle von Stressfasern muss wohl in phosphorylierter Form vorliegen, um einen Fokalkontakt aufrecht zu erhalten. Werden einige Proteine während eines Assemblierungs-/Disassemblierungs-Zyklus (Bildung/Auflösung) von Fokalkontakten phosphoryliert, so werden andere Proteine dephosphoryliert. Von Fokalkontakten ausgehend gibt es intensive Rückkoppelung zur Kernaktivität (Transkription bestimmter Gene), zur Zellteilungsaktivität und zum Cytoskelett. Wegen der Bedeutung dieser Phänomene bei Krebs werden diese Details in Kap. 23 (S. 456) genauer erläutert. Ein Anstieg von $[Ca^{2+}]$ während der Disassemblierung aktiviert die Ca^{2+}-aktivierte Protease Calpain, die einzelne Proteine des Fokalkontaktes spaltet und damit den Auflösungsprozess von innen her beschleunigt. Gleichzeitig wird außenseitig auch die Anbindung der extrazellulären Matrix aufgelöst. Für Details siehe den Molekularen Zoom (S. 462).

▸ **Mutanten ohne Myosin kriechen auch, nur nicht so zielstrebig.** Was geht bei diesem „Kriechen auf leisen Sohlen" im Detail vor sich? Molekulargenetische Arbeiten von **Günther Gerisch** und Mitarbeitern, überwiegend mit den Amöbenstadien des „Schleimpilzes" *Dictyostelium* (eigentlich den Protozoen zuzurechnen), zeigten folgendes. Es ist kein einzelner Faktor, der die amöboide Bewegung bestimmt, sondern eine Vernetzung vieler Faktoren (vgl. Plus-Box) (S. 360). *Dictyostelium* ist ein gutes Modellsystem, weil man leicht Mutanten im Laboratorium herstellen und züchten kann. Mutanten ohne Myosin (Myosin-minus-Mutanten) zeigten zur großen Überraschung, dass es auch ohne Myosin mit der amöboiden Bewegung vorangeht – nur nicht so zielstrebig. Eine Kontraktion „à la Zahnpastatube" findet nicht statt.

Wie erwähnt, ist das Hinterende von Zellen mit amöboider Bewegung relativ steif, das Vorderende dagegen relativ mobil. Bei der Analyse des Mikrofilamentsystems mittels fluoreszenzmarkiertem Phalloidin zeigten sich bei Zellen, die sich amöboid fortbewegen, kurze Bündel von F-Aktin am *leading edge* (▸ Abb. 17.11). In Kombination mit Fluoreszenz-Analogmarkierung (S. 255) fand man des Weiteren, dass hier G-Aktin an der Zellmembran angelagert wird (▸ Abb. 17.11) und am innenseitigen Ende der kurzen Mikrofilamentbündel „abtröpfelt". Möglich wurden diese Beobachtungen mittels der **FRAP-Methode** (S. 256).

Die amöboide Bewegung umfasst also folgende Komponenten: Umgestaltung des Vorderendes (**Gel-Sol-Übergang** = fest/flüssig), lokale Aktinpolymerisation, passiver Druck durch kortikales Aktomyosin und reversible Haftung am Substrat; vgl. Plus-Box (S. 360).

▸ **Parallelen bei neuronalen Bewegungen.** Es ist wahrscheinlich, dass ähnliche Mechanismen den Suchbewegungen wachsender Neurone zugrunde liegen (▸ Abb. 17.13). Es handelt sich hierbei um Bewegungen der feinen Fortsätze von Neuronen bei der Kontaktaufnahme mit anderen Neuronen. Sie werden durch das Mikrofilamentsystem vermittelt, das im **Wachstumskegel** (*growth cone*) von wachsenden Neuronen reichlich ausgebildet ist. Auch hierbei dürfte die chemotaktische „Verrechnung" von Konzentrationsgradienten chemischer Signale, deren Natur erst teilweise klar ist, eine Rolle spielen. Und auch hier beobachtet man einen Anstieg und Fluktuationen der freien intrazellulären Ca^{2+}-Konzentration, sobald die „Suchaktion" startet.

17.3 Geschwindigkeiten dynamischer zellulärer Prozesse

Die ▸ Tab. 17.1 vermittelt eine Vorstellung über die Geschwindigkeiten, mit denen verschiedene dynamische Prozesse des Zellgeschehens ablaufen.

Wir entnehmen der ▸ Tab. 17.1, dass die „Schwimmer" deutlich schneller sind als die „Nichtschwimmer", denn die amöboide Bewegung ist träge. Einem Pantoffeltierchen kann man im Mikroskop kaum folgen, für die Beobachtung der amöboiden Kriechbewegung dagegen muss ein Zeitraffer eingesetzt werden. Beachtlich sind auch die unterschiedlichen Geschwindigkeiten bei intrazellulären Transportprozessen.

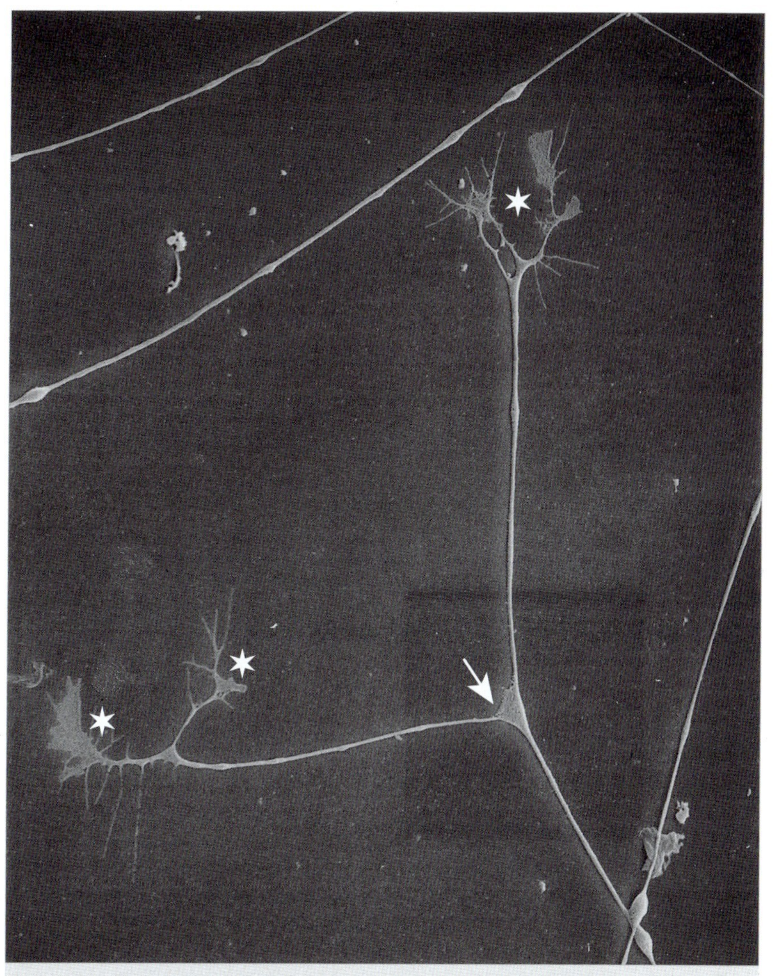

Abb. 17.13 Isolierte Nervenzellen im Raster-EM. Das mittlere Neuron ist verzweigt (Pfeil) und zeigt an seinen Endverzweigungen (Sterne) flächige und stielförmige Strukturen. Diese entsprechen Lamellipodien und Filopodien, wie sie für nichtneuronale Zellen beschrieben wurden. Hiermit führt das Neuron amöboide Suchbewegungen aus (die allerdings nur im Zeitraffer-Film sichtbar sind), um mit Nachbarzellen in Kontakt zu treten. Vergr. 650-fach. (Aufnahme: M. Bastmeyer, C. A. O. Stürmer, Konstanz)

Tab. 17.1 Geschwindigkeiten von zellulären Bewegungsvorgängen (Richtwerte)

Bewegungsvorgang	Geschwindigkeit (µm/s)
begeißelte Bakterien	1–10
Plasmaströmung in Protozoen und pflanzlichen Zellen	1 bis > 10
Transport von Sekretvesikeln	1
axonaler Transport (Neurotransmitter-Vesikel)	≤ 5
amöboide Bewegung	1–25
Schwimmbewegung von Ciliaten (Protozoen)	3 000
Cilienschlag (Cilienspitze)	300
Frequenz	10–50 Hz (= Hertz = Schläge/Sek)
Chromosomen in Anaphase	0,02

▸ Literatur zum Weiterlesen

siehe www.thieme.de/go/literatur-zellbiologie.html

18 Das Cytosol – mehr als eine inerte Grundmasse

Zusammenfassung

Das Cytosol lässt sich als Überstand nach Abzentrifugieren aller geformten Elemente einer Zelle gewinnen. Im Cytosol läuft die **Glykolyse** als erste Stufe der Energiegewinnung aus Glukose ab. Daneben finden hier teilweise der **Harnstoff-Zyklus** und die Synthese von Aminosäuren, Zuckern, Nukleotiden etc. statt. Als Leitenzym gilt die **Laktat-Dehydrogenase**. Eine gewisse – reversible – Strukturierung erhält das Cytosol durch ein mehr oder weniger lockeres Geflecht von **Mikrofilamenten**, sodass die meisten Organellen und sogar viele Makromoleküle nicht völlig frei im Cytosol beweglich sind.

18.1 Dynamisch strukturierter „Umschlagplatz“ vieler Stoffe

Nähme man aus einer Zelle den Zellkern, so bliebe das Cytoplasma mit seinen Organellen – mit oder ohne Membranumhüllung – übrig. Entfernte man daraus alle Organellen, so erhielte man das Grundplasma oder Cytosol. Am leichtesten können alle Organellen entfernt werden, indem Zellen homogenisiert und anschließend bei hoher g-Zahl zentrifugiert werden, z. B. bei 100 000 g. Dabei sedimentieren alle geformten Elemente (Organellen) und der Überstand (supernatant) enthält alles Cytosol.

In der lebenden Zelle ist auch das Cytosol nicht ganz strukturlos. Über eine lokal mehr oder weniger ausgeprägte Aktin-Polymerisation ist das Cytosol besonders im Zellkortex etwas fester (vgl. Kap. 16.3.2) (S. 336), d. h. **gelartig** strukturiert, im Inneren bedeutend flüssiger (**solartig**). Der Gel-Sol-Zustand kann reversibel gesteuert werden. Cytosolische Ionen und Proteine liegen zwar größtenteils in gelöster, d. h. frei diffundierbarer Form vor, zum Teil sind sie jedoch reversibel an strukturierte Komponenten gebunden. Im Hinblick auf die Aktinfilamente sei daran erinnert, dass für deren reversible Selbstorganisation (*self assembly*) immer eine gewisse Minimalkonzentration an Monomeren (kritische Monomerkonzentration) bereit stehen muss, soll die Zelle flexibel bleiben; vgl. Kap. 16.3.1 (S. 332).

▸ **Im Cytosol finden viele Auf- und Umbauprozesse statt.** Schließlich sei auch daran erinnert, dass sich die ionalen und molekularen Transportprozesse an der Zellmembran zunächst einmal auf die Konzentrationen im Cytosol auswirken. Erst sekundär können Stoffe in Organellen sequestriert (z. B. Ca^{2+}) oder aus der Zelle wieder abgegeben werden (z. B. Glukose über Carrier aus den Dünndarm-Epithelzellen). In den meisten Zellen wird die **Glukose** metabolisiert (z. B. Glukose-Abbau in der **Glykolyse**, s. u.) oder, falls genügend Reserve besteht, in Speicherform polymerisiert (z. B. Glukose als Glykogen). Andere Moleküle werden zur Herstellung zelleigener Substanzen verwendet. Hierfür gibt es viele Beispiele, etwa die Synthese von **Proteinen** aus Aminosäuren, wobei jedoch nur ein Teil der Proteine im Cytosol verbleibt. Eine andere Leistung des Cytosols ist die Produktion von **Pentosen**, wie Ribose, im Pentose-Phosphat-Zyklus. Hierbei wird aus Glukose Ribose erzeugt, die für die Bildung von Nukleinsäuren gebraucht wird. Abfallprodukte des Stoffwechsels können ebenfalls im Cytosol auftreten, etwa Ammoniak (NH_3) aus dem Abbau von Aminosäuren. Dieses schwere Zellgift wird im Harnstoff-Zyklus beseitigt, der zum Teil im Cytosol, zum Teil in den Mitochondrien abläuft. Dabei findet nicht nur eine Synthese von Harnstoff, der über die Nieren ausgeschieden wird, sondern auch eine Resynthese von Aminosäuren statt. Man kann hier von **molekularem Recycling** sprechen, weil Nutzstoff aus Abfall produziert wird.

▸ **Proteasomen bauen defekte oder nicht mehr benötigte Proteine ab.** Auch Proteine können hier in makromolekularen Aggregaten abgebaut werden. Diese ca. 10 × 15 nm großen hochmolekularen Proteinkomplexe (26S, 2 MDa) werden als **Proteasomen** bezeichnet. Der proteasomale Abbau betrifft fehlgefaltete bzw. überaltete Proteine, die zunächst durch kovalente Anbindung von mehreren kleinen Proteinen namens **Ubiquitin** markiert (**Poly-Ubiquitinylierung** durch **Ubiquitin-Ligase**), dann in den tunnelartigen Hohlraum des Proteasoms eingeschleust und dort in ca. acht Aminosäuren lange Peptide zerlegt werden. Proteasomen üben also eine Protease-Funktion aus. Dieser Prozess kann – auf allerdings recht komplexen Wegen – auch in die **Immunantwort** eingebunden sein; vgl. Antigen-Präsentation (S. 299). Interessanterweise führt dagegen die Anheftung von nur einem Ubiquitin-Molekül (**Mono-Ubiquitinylierung**) zu einer Stabilisierung von Proteinen. Ein Beispiel für diese Alternativen wird im Molekularen Zoom (S. 317) gezeigt.

▸ **Der pH-Wert des Cytosols ist gut gepuffert.** Gelöste Gase wie O_2 und CO_2 diffundieren frei im Grundplasma. Mit O_2 werden Mitochondrien zur oxidativen Phosphorylierung, d. h. zur Energiekonservierung unter O_2-Verbrauch und ATP-Bildung, versorgt. Das in Mitochondrien durch Decarboxylierungsprozesse entstehende CO_2 diffundiert ebenfalls durch das Cytosol hindurch. So werden die unterschiedlichen O_2- und CO_2-Konzentrationen in und außerhalb der Zelle ausgeglichen. CO_2 kann sich wie in Kap. 20 (S. 403) beschrieben, mit Wasser zur Kohlensäure verbinden. Daher könnte es bei Anreicherung von **CO_2** („**Kohlensäure**") zu einer Ansäuerung (Azidifizierung) des Cytosols kommen. Dies würde die Konformation von Proteinen verändern – etwa von cytosolischen Enzymen, die durchwegs bei neutralem pH am besten „funktionieren" – und damit ihre Funktionsfähigkeit ebenso beeinträchtigen wie die Löslichkeit vieler Substanzen. Daher muss der pH-Wert des Cytosols gut gepuffert sein.

▶ **Die Ca^{2+}-Konzentration ist streng reguliert.** Ähnliches gilt für **Calcium**, für dessen konstante Cytosol-Konzentration die Zelle eine Reihe von Regulationsmöglichkeiten besitzt; vgl. Calcium-Pumpen der Zellmembran (S. 128), Getriggerte Exocytose (S. 269) und Calcium-Speicher (S. 314). Ein weiterer Regulationsmechanismus findet im Cytosol selbst statt. Es handelt sich um die Bindung an **Calcium-Bindeproteine** des Cytosols, wie Troponin oder Calmodulin. Bereits ein geringfügiger Anstieg des freien, d. h. ional gelösten Ca^{2+} führt zur Aktivierung von Zellen. Dem wird sofort gegengesteuert, um eine Daueraktivierung zu unterbinden. Wäre der Anstieg von $[Ca^{2+}]$ zu hoch, so würden die cytosolischen Phosphat-Ionen (PO_4^{3-}, P_i) ausgefällt, denn Calciumphosphat ist unlöslich. Damit verlöre die Zelle jede Steuerung ihres Energiestoffwechsels, der auf Phosphat-Basis verläuft ($ADP + P_i \rightleftharpoons ATP$).

▶ **Auch Energiekonservierung („Energiegewinnung") findet im Cytosol statt.** Ein Teil des Energiestoffwechsels, die **Glykolyse**, gehört ebenfalls zu den wichtigsten Funktionen des Cytosols. ATP, nicht nur aus der Glykolyse sondern auch der oxidativen Phosphorylierung der Mitochondrien, muss jedenfalls in das Cytosol gelangen, um die verschiedenen Pumpen oder Motorproteine etc. anzutreiben. ATP kommt in einer Konzentration von ca. 1 mMol/l in der Zelle vor. In einer Minute wird das gesamte ATP verbraucht bzw. neu synthetisiert, sodass ein Mensch pro Tag ATP ungefähr in der Größenordnung seines eigenen Körpergewichts umsetzt.

All dies wird genügen, um der irrigen Vorstellung vorzubeugen, die Zelle sei ein formloses Gebilde, in dem einige mehr oder weniger wichtige Organellen und der höchstwichtige Zellkern liegen. Das Cytosol birgt also nicht nur wichtige Funktionen, es ist auch „Umschlagplatz" für vielerlei Stoffe und zeigt eine dynamische Strukturierung, hauptsächlich durch Beteiligung von Elementen des Cytoskeletts.

Zellpathologie

Superoxid-Dismutase

Die *amyotrophe Lateralsklerose* kann u. a. auf eine ungenügende Entschärfung von reaktivem Sauerstoff bzw. von den daraus gebildeten Radikalen durch einen Defekt des cytosolischen Enzyms **Superoxid-Dismutase** zurückgeführt werden. Neben den in Kap. 15 (S. 310) behandelten Peroxisomen ist also auch das Cytosol für derlei Entschärfungsreaktionen ausgerüstet. Die Folge ist eine Beschädigung der Neurofilamente (S. 347), also der Stützelemente von Neuronen und in deren Folge eine stark gestörte Motorik.

Am Hämoglobin der Erythrocten verursachen genetische Störungen verschiedener Art eine unterschiedlich schwere Beeinträchtigung des O_2-Transportes. Da dieses Krankheitsbild bei den östlichen Mittelmeer-Anwohnern besonders häufig beobachtet wurde, wurde es als **Thalassämie** bezeichnet (Gr. Dalatta/ Thalassa, Meer); vgl. auch (S. 181).

Für die sehr häufige *Parkinsonsche Krankheit*, bei der im Gehirn ein Mangel am Neurotransmitter Dopamin auftritt, kann unter vielen anderen Faktoren eine Störung im Turnover bestimmter Proteine verantwortlich sein (**Parkin**, eine **Ubiquitin-Ligase**). Interessanterweise gibt es das Parkin-Gen bereits bei der Fruchtfliege, *Drosophila*. Zu Glykogenosen siehe Kap. 15.2 (S. 314).

18.2 Glykolyse

Der erste Schritt der Energiegewinnung, wenn wir von der Photosynthese in den Chloroplasten der grünen Pflanzen einmal absehen, verläuft über die **Glykolyse** (▸ Abb. 18.1). Die Glykolyse beginnt mit der **Glukose**, die entweder über den Glukose-Carrier direkt in die Zelle importiert oder indirekt aus der Speicherform des Glykogens durch Glykogenolyse verfügbar wird. In der Nettobilanz bringt die Glykolyse zwar nur 2 ATP-Moleküle pro Molekül Glukose, jedoch kann das anfallende Abbauprodukt, die **Brenztraubensäure**, in den Mitochondrien mit 18-fach höherer Energieausbeute (weitere 36 Moleküle pro Molekül Glukose) weiter verwertet werden. Eigentlich entstehen bei der Glykolyse pro Molekül Glukose 4 Moleküle ATP, die Hälfte davon wird aber wieder investiert, um anfallende Stoffwechselprodukte (Metaboliten oder Substrate) zu phosphorylieren. Dies ist erforderlich, um die Glykolyse am Laufen zu halten. Einige wichtige Metaboliten sind in den folgenden Formeln dargestellt, wobei P_i einen Phosphat-Rest andeutet:

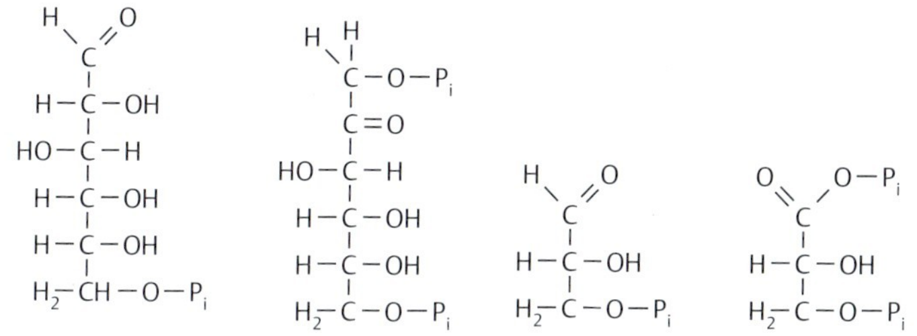

Glukose-6-Phosphat (C_6-Körper)

Fruktose-1,6-bis-Phosphat (C_6-Körper)

Glycerinaldehyd-3-Phosphat (C_3-Körper)

Glycerinsäure-1,3-bis-Phosphat (C_3-Körper)

Ketoform

Enolform

Pyruvat = Benztraubensäure (C_3-Körper)

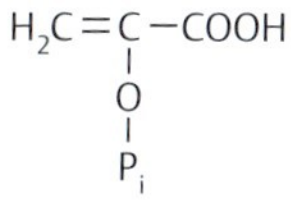

Phospho-Enol-Pyruvat (C_3-Körper)

Die Glykolyse besteht aus drei Abschnitten (▶ Abb. 18.1):

1. einem ATP-verbrauchenden Abschnitt mit Phosphorylierung von C_6-Körpern,
2. der Spaltung eines 2-fach phosphorylierten C_6-Körpers in zwei einfach phosphorylierte C_3-Körper mit nachfolgender ATP-Bildung bzw.
3. der Freisetzung dieser Phosphat-Reste unter neuerlicher Bildung von ATP.

Auf der zweiten Stufe müssen zwei Phosphat-Ionen (P_i) eingeschleust werden, um die doppelte Phosphorylierung (bis-Phosphat) eines C_3-Körpers, der **Glycerinsäure**, zu gewährleisten. Diese entsteht durch Oxidation, d. h. Entfernung von Wasserstoff aus Glycerin-Aldehyd-3-Phosphat. Diese Verbindung kann auch aus **Dihydroxyacetonphosphat**, dem zweiten Spaltprodukt aus Fruktose-1,6-bis-Phosphat, nachgebildet werden. Der Wasserstoff wird auf Nicotinamid-Adenin-Dinukleotid (**NAD⁺**) übertragen, nach dem folgenden Schema:

$$NAD^+ + 2\,H \rightarrow NADH + H^+$$

Der Ablauf der Glykolyse ist im Einzelnen in ▶ Abb. 18.1 dargestellt.

Die **Glykolyse** verläuft also **anaerob**, d. h. ohne O_2-Verbrauch. Das **Pyruvat** wird durch einen Carrier (Pyruvat-Shuttle) in die Mitochondrien eingeschleust und dort unter O_2-Verbrauch (aerob) energetisch weiter ausgebeutet. Wenn die Mitochondrien, z. B. bei starker körperlicher Belastung damit nicht mehr

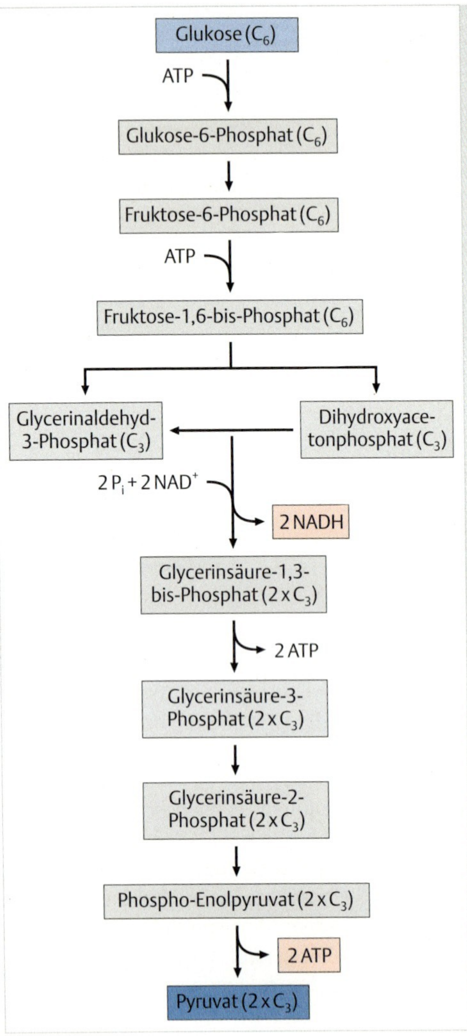

Abb. 18.1 Ablauf der Glykolyse, wie im Text erläutert. Besonders zu beachten ist die Spaltung eines C 6-Moleküls (Glukose) in zwei C 3-Moleküle, die Investition von 2 Molekülen ATP und der Gewinn von 2 × 2 ATP, netto also von zwei ATP-Molekülen aus einem Molekül Glukose. Einer der Schlüsselschritte ist die Reduktion von NAD^+ zu NADH. Das Pyruvat steht zur weiteren Energiegewinnung in den Mitochondrien zur Verfügung.

nachkommen, wird in Muskelzellen das Pyruvat zu Milchsäure (**Laktat**) reduziert, wozu das vorhin gebildete **NADH** den Wasserstoff beisteuert, nach folgender Reaktion:

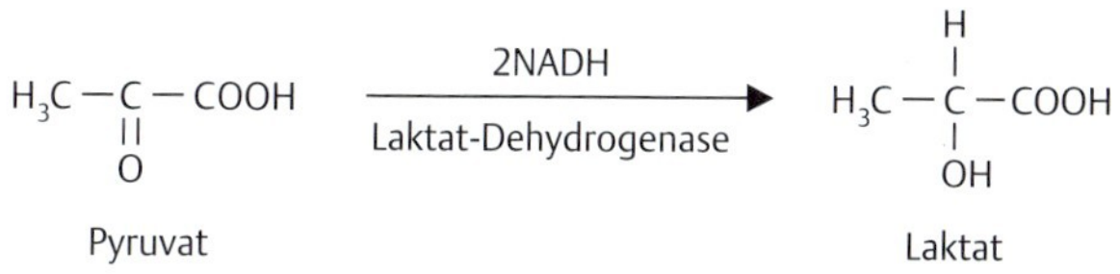

$$H_3C-\underset{\underset{O}{\|}}{C}-COOH \xrightarrow[\text{Laktat-Dehydrogenase}]{\text{2NADH}} H_3C-\underset{\underset{OH}{|}}{\overset{\overset{H}{|}}{C}}-COOH$$

Pyruvat Laktat

Das Enzym, das diese Reaktion katalysiert, heißt **Laktat-Dehydrogenase** (LDH), weil die Reaktion prinzipiell in beide Richtungen laufen kann. **LDH** ist das **Leitenzym** des **Cytosols.**

▸ **Die Schlüsselrolle des NAD^+/NADH-Redox-Systems, auch aus evolutionärer Sicht.** Der Übergang $NAD^+ + 2\,H \rightarrow NADH + H^+$ ist reversibel. NAD^+ ist Nicotinamid-Adenin-Dinukleotid (s. u.). Das NAD^+/NADH-System stellt daher ein **Redox-System** dar und steht für eine Reihe von Oxido-Reduktions-Prozessen zur Verfügung. Besondere Bedeutung erlangt es in den Mitochondrien; vgl. Kap. 19.2 (S. 382). Auch aus der Sicht der Evolution der Zelle ist es interessant, zumal sich ebenfalls die Photosynthese dieses Redox-Systems bedient (allerdings in phosphorylierter Form, d. h. als $NADP^+$/NADPH) (S. 403). Aus der Schlüsselrolle des NAD bei den verschiedenen Arten der Energiekonservierung lässt sich ableiten, dass NAD wahrscheinlich früh in der Evolution „erfunden" wurde. Auf diesen Sachverhalt weist auch eine frühzeitige „alternative" Verwendung der Bausteine Adenin, Ribose und Phosphat in verschiedenen wichtigen Bausteinen der Zelle hin; vgl. Kap. 26 (S. 524).

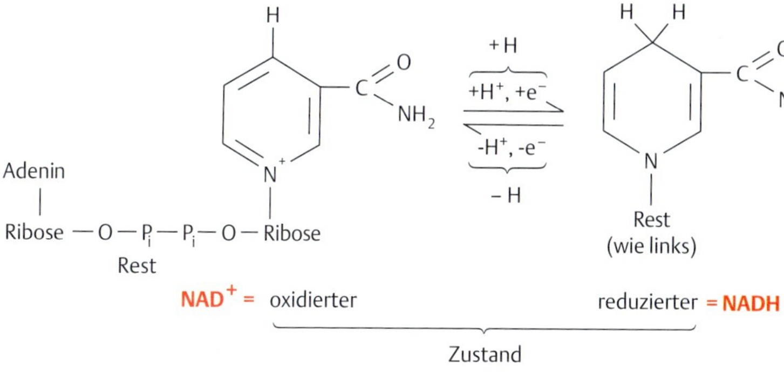

H
O
C
NH_2
N^+
Adenin
Ribose — O — P_i — P_i — O — Ribose
Rest
+H
$+H^+$, $+e^-$
$-H^+$, $-e^-$
– H
H H
O
C
NH_2
N
Rest
(wie links)

NAD^+ = oxidierter reduzierter = NADH

Zustand

Gemäß der chemischen Definition von Reduktionsvorgängen erfolgt der Übergang von der oxidierten in die reduzierte Form also eigentlich durch Übertragung von Protonen (Wasserstoff-Ionen, H^+) und Elektronen (e^-):

$$H = H^+ + e^-$$

Die anaerobe Energiegewinnung bei der Glykolyse kann aus evolutionärer Sicht als eine primitive Reaktion angesehen werden, und zwar aus folgenden Gründen:

1. Früh in der Evolution war O_2 noch nicht verfügbar.
2. Die Energieausbeute ist relativ gering. Wie erwähnt, vermögen die Mitochondrien viel mehr Energie aus dem Pyruvat der Glykolyse herauszuholen.

18.3 Posttranslationale Modifikationen

Aus Anlass der in diesem Kapitel und vorausgehenden Kapiteln besprochenen **posttranslationalen Modifikationen** von Proteinen seien hier noch einige weitere, in verschiedenen Bereichen der Zelle möglichen Proteinmodifikationen zusammengefasst (▸ Tab. 18.1).

Tab. 18.1 Übersicht über posttranslationale Proteinmodifikationen in verschiedenen Bereichen der Zelle

Art der Modifikation	betroffene Proteine	Ort und Funktion
Poly-Ubiquitinylierung	lösliche u. Membran-Proteine	Abbau in Proteasomen und/oder Einspeisung in lysosomale Kompartimente (Kap. 18) (S. 368)
	Cycline im Zellzyklus	Abbau nach Vollendung eines Mitose-Schrittes (Kap. 22.1.5) (S. 449)
Mono-Ubiquitinylierung	lösliche Proteine	Stabilisierung cytosolischer Proteine (Kap. 18) (S. 367)
Seryl- und Threonyl-Phosphorylierung	lösliche u. Membran-Proteine	Signaltransduktion (häufig Aktivierungsprozesse)
Tyrosyl-Phosphorylierung	(cytosolische u.) Membran-Proteine	Signaltransduktion (Aktivierungsprozesse); (Kap. 23.1.2) (S. 461)
„core" Glykosylierung	lösliche u. Membranproteine	ER; für korrekte Faltung und Funktion, sowie korrektes „Targeting"
periphere Glykosylierung (S. 225)	lösliche u. Membranproteine	im Golgi-Apparat, Spezifizierung von Glykokalyx-Komponenten
Isoprenylierung*)	GTPasen (zum Teil, z. B. Rab etc.)	reversible Membranbindung, Vesikel Andocken (Molekularer Zoom) (S. 230), (S. 273)
Fettsäure-Acylierung	GTPasen (zum Teil, z. B. Arf)	Vesikelbildung und Andocken (Molekularer Zoom) (S. 230), (S. 231), (S. 273)
	viele lösliche Proteine	Anbindung löslicher Proteine an Membranen
GPI-Anker**)	zahlreiche Proteine der Zell-Oberfläche	Anordnung in Mikrodomänen (für spezielle Signaltransduktion?)
Acetylierung	Zellkern	Histone; reversible De-/Acetylierung
	Axonema	Stabilisierung von Tubulin in Cilien
Poly-Glutamylierung	cytosolische Mikrotubuli	Stabilisierung von Mikrotubuli außerhalb von Cilien

*) **Isoprene** sind C 5-Körper, die einen kurzkettigen lipophilen Schwanz bilden, der je nach Aktivierungszustand des Trägerproteins ein- oder ausgefahren sein kann (reversible De-/Reaktivierung durch GDP/GTP-Bindung)
) GPI = **Glykosyl-Phosphatidylinositol

▶ **Literatur zum Weiterlesen**

siehe www.thieme.de/go/literatur-zellbiologie.html

19 Mitochondrien – die „Kraftwerke der Zelle“

Zusammenfassung

Mitochondrien sind von einer doppelten Membran umhüllt, wobei die innere Membran die Mitochondrien-Matrix umschließt. Mitochondrien synthetisieren den Großteil des ATP-Bedarfs einer Eukaryotenzelle. Sie importieren das im Cytosol bei der Glykolyse gebildete Pyruvat, das in den Mitochondrien in den **Tricarbonsäure-Zyklus** eingespeist wird. Dabei laufen Decarboxylierungs- und Reduktionsprozesse ab. Das entstehende CO_2 wird ausgeschieden. Dagegen werden die bei der Abspaltung von H-Atomen (nach $H = H^+ + e^-$) entstehenden Protonen und Elektronen an die mitochondriale Innenmembran abgegeben. Dort findet ein e^--Transport an der **Cytochromkette** statt, wobei die Protonen in den Außenraum des Mitochondriums getrieben werden. Der H^+-Rückfluss treibt die ATP-Synthese an, die an O_2-Verbrauch gekoppelt ist (**oxidative Phosphorylierung**, Zellatmung). Mitochondrien enthalten eine geringe Menge an DNA, sodass sie mit ihrem organelleigenen Translationsapparat einige wenige Proteine selbst synthetisieren können. Die Funktion eines Mitochondriums hängt strikt von seinem Bau ab. Aus einer anderen Perspektive betrachtet: Bau und Funktion eines Mitochondriums, die sich wechselseitig bedingen, werden erst aus evolutiver Sicht durchgreifend verständlich; vgl. Symbiose-Hypothese (S. 547). Mitochondrien vermehren sich durch Teilung. Ihr Leitenzym ist die **Cytochrom-Oxidase.**

Die Zelle hat einen großen Energiebedarf, nicht nur um Bewegungsprozesse und Syntheseleistungen zu vollbringen, sondern auch um ihr Fließgleichgewicht gegenüber dem extrazellulären Milieu aufrechtzuerhalten. Die Netto-Energieausbeute in der Glykolyse beträgt nur zwei Moleküle ATP pro Molekül Glukose; vgl. Kap. 18.2 (S. 370). Die höhere Zelle hat jedoch im Laufe ihrer Evolution die Möglichkeit erworben, das Endprodukt der Glykolyse, die Brenztraubensäure (**Pyruvat**), weiter energetisch auszubeuten und auf diesem Wege eine weitaus höhere Zahl an ATP-Molekülen aus einem Molekül Glukose zu gewinnen. Um den „Treibstoff“ Glukose so effizient zu nutzen, musste die Zelle in den Besitz sehr effizienter „Kraftwerke“ gelangen: die Mitochondrien.

19.1 Strukturelle Aspekte

Je nach den energetischen Anforderungen gibt es Zellen mit nur wenigen und solche mit bis zu über tausend Mitochondrien. Auch ihre Größe variiert von 0,1 bis zu mehreren Mikrometer. Sie können rund oder lang gestreckt sein und sogar Verzweigungen zeigen. Das Phasenkontrast- oder Interferenzkontrast-Mikroskop enthüllt beachtliche, allerdings langsame Formveränderungen.

Mitochondrien (Einzahl: Mitochondrium bzw. Mitochondrion) sind Organellen mit doppelter Membranumhüllung. Sie haben eine äußere und eine innere Membran (▸ Abb. 19.1). Dazwischen ist der sehr schmale perimitochondriale Spalt (**Intermembranraum**) zu sehen. An verstreut liegenden Kontaktstellen sind beide Membranen eng miteinander verbunden. Die randständige **Innenmembran** weist mehr oder weniger zahlreiche Einfaltungen auf, die **Cristae** (mitochondriales), die zwar wie breite Kämme (Cristae) aussehen, jedoch an der randständigen Innenmembran nur über einen schmalen Stiel ansetzen, die **Pedicula(e)** cristae. Der Raum einer jeden Crista steht daher zwar mit dem perimitochondrialen Raum in offener Verbindung, jedoch ist diese Verbindung sehr eng (▸ Abb. 19.1). Der von der Innenmembran mit ihren Cristae-Einfaltungen umschlossene Raum heißt **Mitochondrien-Matrix**. Erstaunlich war zunächst die Entdeckung, dass Mitochondrien in ihrer Matrix kleine ringförmige, nackte DNA-**Moleküle** (**mitochondriale DNA**, mtDNA) enthalten. Darüber hinaus verfügen sie über wenige, unauffällige **mitochondriale Ribosomen**. Was es damit für eine Bewandtnis hat, darauf werden wir am Ende des Kapitels zurückkommen.

Zunächst wollen wir versuchen, aus der strukturellen die funktionelle Gliederung eines Mitochondriums zu verstehen (▸ Abb. 19.2). Warum hat ein Mitochondrium zwei Membranen? Warum ist die innere Membran über schmale Pediculae zu Cristae eingefaltet? Und was hat dies mit der Funktion als hocheffizientes Kraftwerk zu tun?

19.2 Funktionelle Aspekte

▸ Spezifischer Transport durch die Innenmembran, Antrieb der ATP-Synthese durch einen Protonengradienten. Die **äußere Mitochondrienmembran** ist permeabel für Ionen und Moleküle von geringem Molekulargewicht, nicht jedoch für Proteine. Derlei Permeabilität über Poren findet sich nicht bei der randständigen Innenmembran und ihren Einfaltungen (Cristae mitochondriales). Aus funktionellen Gründen muss die **Innenmembran** impermeabel sein, genauer gesagt – sie ist nur über spezifische **Transportproteine** permeabel. So gelangt Pyruvat aus dem Glykolyse-Stoffwechsel durch Diffusion zwar in den perimitochondrialen Spalt, für den Weitertransport muss das Pyruvat jedoch

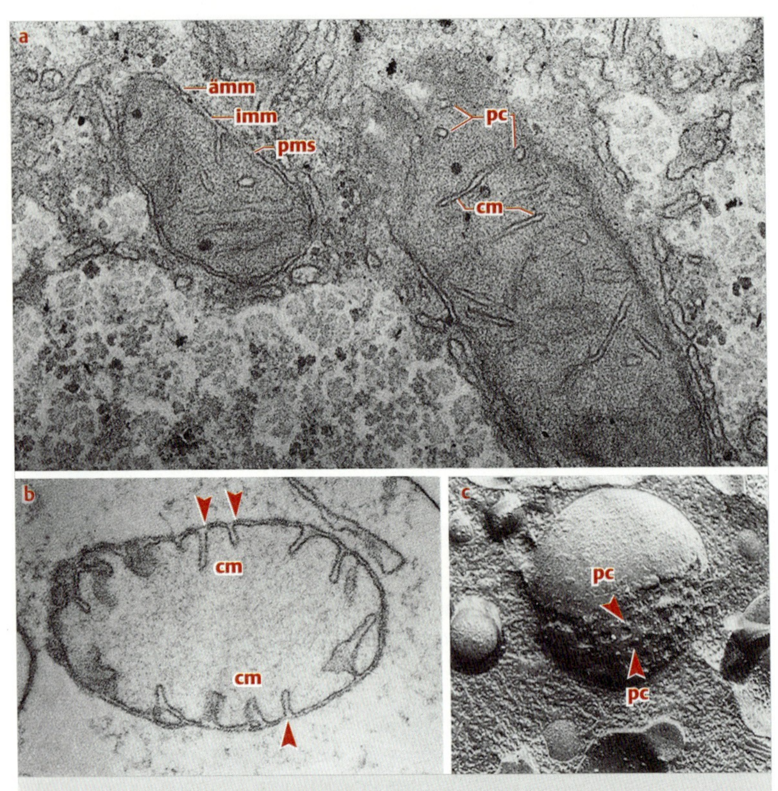

Abb. 19.1 Das Membransystem eines Mitochondriums. Hier sind die äußere und die innere mitochondriale Membran (**ämm**, **imm**) getrennt wahrnehmbar (**a**, **b**). Obwohl letztere vielfach zu Cristae mitochondriales (**cm**) eingefaltet ist, kann man eine direkte Verbindung des Cristae-Raumes mit dem perimitochondrialen Spalt (**pms**) nur gelegentlich unter günstigen Bedingungen wahrnehmen (Pfeilspitzen). Dies liegt daran, dass die Cristae nur mit einem schmalen, kurzen Stiel (**pc** = Pediculae cristae) an der randständigen Innenmembran ansetzen. Pediculae sind besonders im Gefrierbruch (**c**) und nur fallweise an ultradünnen Schnitten (**a**, **b**) erkennbar. Auf diese Weise sind der Cristae-Raum und der perimitochondriale Spalt voneinander weitgehend, wenn auch nicht vollständig, funktionell abgekoppelt. Dem entspricht die in der ▶ Abb. 19.2 angegebene funktionelle Differenzierung der mitochondrialen Innenmembran. Vergr. 45 000-fach. (Aufnahmen a, b: H. Plattner; c: Plattner, H., H. Winkler, H. Hörtnagl, W. Pfaller: J. Ultrastruct. Res. 28 (1969) 191)

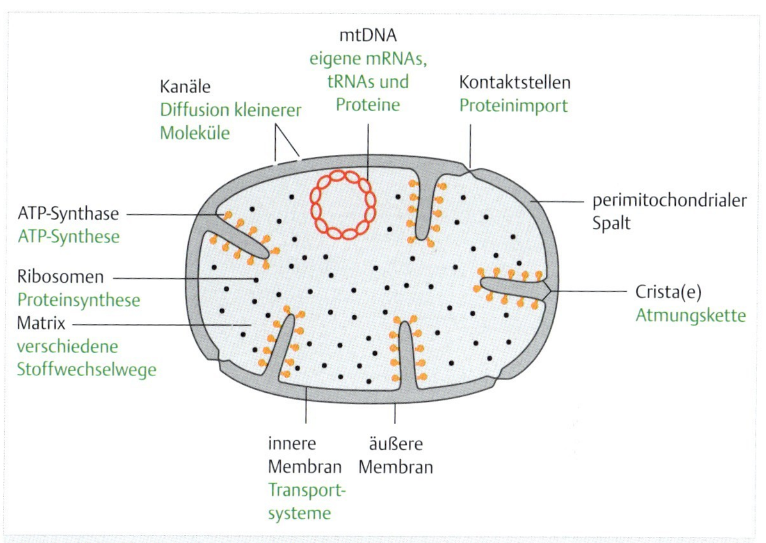

Abb. 19.2 Organisation eines Mitochondriums der tierischen und pflanzlichen Eukaryotenzelle. **Schwarze Schrift: Strukturelle Organisation:** Ein Mitochondrium ist von zwei Membranen umhüllt, wobei schmale Kontaktstellen dem Import von Proteinen aus dem Cytosol dienen. Die Innenmembran zeigt immer wieder Einfaltungen: Cristae (mitochondriales). Zwischen der Außen- und Innenmembran liegt der perimitochondriale Spalt (Intermembranraum), der mit den Cristae-Einfaltungen nur über enge „Pediculae" in Verbindung steht. Der Innenraum heißt mitochondriale Matrix und ist der Sitz der mitochondrialen DNA (mtDNA), der 70S-Ribosomen und wichtiger Stoffwechselwege. Die Außenmembran hat Poren. **Grüne Schrift: Funktionelle Organisation:** Neben der β-Oxidation von Fettsäuren, dem Umbau mancher Aminosäuren über Transaminierung und der teilweisen Lokalisierung des Harnstoff-Zyklus ist der Tricarbonsäure-Zyklus der wichtigste Stoffwechselprozess in der mitochondrialen Matrix. Die dabei gebildeten Produkte werden an der Innenmembran weiter verarbeitet, hauptsächlich an den Cristae. Diese sind der Sitz der Atmungskette und der ATP-Synthese, welche über einen Protonengradienten (H^+) zwischen den beiden Räumen des Mitochondriums angetrieben wird. Nur die Außenmembran ist über Poren für kleine Moleküle frei permeabel, nicht jedoch die Innenmembran. Hier kann der Transport nur über spezifische Proteinmoleküle (Carrier) erfolgen. Die komplexe Struktur der Mitochondrien ist die Voraussetzung für ihre Funktionsfähigkeit als „Kraftwerke" der Zelle.

über einen Carrier durch die Innenmembran geschleust werden (**Pyruvat-Shuttle**). Dasselbe gilt für ADP und P_i, die Stoffe, die bei ATP-Hydrolyse während energieverbrauchender Prozesse im Cytosol anfallen und die das Mitochondrium importieren muss, um neues ATP nachbilden und ins Cytosol exportieren zu können. Der ADP/ATP-Austausch erfolgt über ein Carrier-Protein

$H_3C-C(=O)-COOH$ Pyruvat (aus Glykolyse)
(Reduktion) NAD^+ → CO_2 (Decarboxylierung)
NADH ← + Coenzym A
Acetyl-Coenzym A $H_3C-C(=O)-CoA$ ← + Coenzym A ← $C_2O_2H_4 + C_{2n-2}$ Acetat ← Abbau von Fettsäuren (β-Oxidation) ← C_{2n}
NADH
(Reduktion) NAD^+
C_4 (Oxalacetat)
C_6 (Citrat = Zitronensäure)
CO_2 (Decarboxylierung)
NAD^+ (Reduktion)
NADH
C_4 (Zwischenstufe)
Tricarbon-säure-Zyklus
C_5 (α-Ketoglutarsäure) ⇄ + NH_2 (Aminierung) / – NH_2 (Desaminierung) Glutamin-säure
CO_2 (Decarboxylierung)
C_4 (Zwischenstufe)
NAD^+ (Reduktion)
NADH
4 (Succinat = Bernsteinsäure)
4 NADH
NADH-Dehydrogenase
NADH ⟶ $NAD^+ + H^+ + 2e^-$
Abgabe von H^+ und e^- an der Innenmembran

vom Typ eines *antiporters*, also ebenfalls in Form eines integralen Proteins der mitochondrialen Innenmembran. Die ATP-Synthese erfolgt an einem anderen integralen Protein der Cristae-Membran, an der **ATP-Synthase**. Diese Moleküle durchspannen mit einem stielartigen Teil die Membran der Cristae und ragen mit einem darauf sitzenden kugeligen Teil in die Matrix vor. Ihr Aussehen trug ihnen im Fachjargon den Spitznamen *lollipop* ein (Lutscher). Dazwischen liegt ein komplexer Stoffwechselweg, den wir nun genauer unter die Lupe nehmen wollen. Nur weniges sei noch vorweggenommen: Die ATP-Synthase arbeitet wie eine Turbine (▸ Abb. 19.7), angetrieben durch einen Protonengradienten (H^+), der durch einen an den Elektronentransport gekoppelten H^+-Transport

◂ **Abb. 19.3 Stoffwechselwege in der Matrix eines Mitochondriums.** Pyruvat gelangt über einen Carrier („Pyruvat-Shuttle") durch die innere Mitochondrienmembran in die Matrix. Durch Decarboxylierung (CO_2-Abspaltung) entsteht Acetat (Essigsäure), das an Coenzym A (CoA) gebunden und in den Tricarbonsäure-Zyklus eingespeist wird. Auf dem selben Weg gelangen Acetat-Reste (C_2), die aus den um jeweils einen C_2-Rest verkürzten Fettsäuren entstehen (β-Oxidation der Fettsäuren). Zu Anfang des Tricarbonsäure-Zyklus vereinigt sich Acetyl-CoA mit dem C_4-Molekül des Oxalacetats, sodass ein C_6-Molekül entsteht, nämlich Citrat (weshalb dieser Zyklus auch Citrat-Zyklus heißt). Durch weitere Decarboxylierungsschritte entstehen C_5- und C_4-Moleküle. Diese werden durch geringfügige Veränderungen in Oxalacetat umgewandelt und der Zyklus kann von neuem beginnen. Das durch Decarboxylierungsprozesse gebildete CO_2 diffundiert in das Cytosol und wird ausgeschieden. Der Tricarbonsäure-Zyklus hat auch Anschluss an den Auf- oder Abbau einzelner Aminosäuren. So kann durch Desaminierung aus Glutaminsäure α-Ketoglutarsäure gebildet werden, der Prozess kann aber über Aminierung (katalysiert durch Transaminase-Enzyme) auch umgekehrt verlaufen, je nach Bedarf. Außerdem findet in der Mitochondrien-Matrix (neben dem Cytosol) ein Teil des Harnstoff-Zyklus zur Entgiftung von NH_3 (Ammoniak) aus dem Abbau von Aminosäuren statt. Der zentrale Prozess ist jedoch der Tricarbonsäure-Zyklus mit der Bildung von NADH, das an die Innenmembran des Mitochondriums diffundiert und dort seine Reduktionsäquivalente in die Redoxkette der Cytochrome einspeist (vgl. ▸ Abb. 19.4, ▸ Abb. 19.5). Dies ist die Voraussetzung für die Energiegewinnung im Mitochondrium.

aus der Matrix in den Cristae-Raum aufgebaut wird. Der **H^+-Gradient** ist also wie ein Stausee, dessen Abfluss zur Energiekonservierung in Form von ATP genutzt wird.

▸ **Die sanfte Knallgasreaktion, ein genialer Trick der Zelle.** Wie verlaufen diese Prozesse im Einzelnen und wie sind sie verschaltet (▸ Abb. 19.3, ▸ Abb. 19.4 und ▸ Abb. 19.5)? Allem voraus geht der Abbau von Pyruvat. Nach dem Import über „sein" spezifisches *shuttle* in die Matrix wird das Pyruvat decarboxyliert (Abspaltung von CO_2). Gleichzeitig mit der Decarboxylierung wird das Pyruvat zu **Essigsäure** oxidiert (Entfernung eines H-Atoms). Es entsteht aber nicht freie Essigsäure, sondern **Acetyl-CoA**, weil die Reaktion die Bindung an Coenzym A erfordert. Auch werden die H-Atome nicht als solche freigesetzt, sondern an den H-Akzeptor NAD^+ übertragen, das zu NADH reduziert wird. Diese beiden Schritte, Decarboxylierung und Bildung von Reduktionsäquivalenten des NADH, treten in der Folge mehrmals auf. Entstünde freier Wasserstoff, so verpuffte dieser mit dem gelösten O_2 in einer Knallgas-Explosion ohne Energiegewinn und zerstörte die Zelle. Stattdessen hat die Zelle einen „trickreichen" vielstufigen Weg gefunden, die Reduktionsäquivalente des NADH auf sanftem Weg einer energetischen Nutzung zuzuführen, wie wir gleich sehen werden.

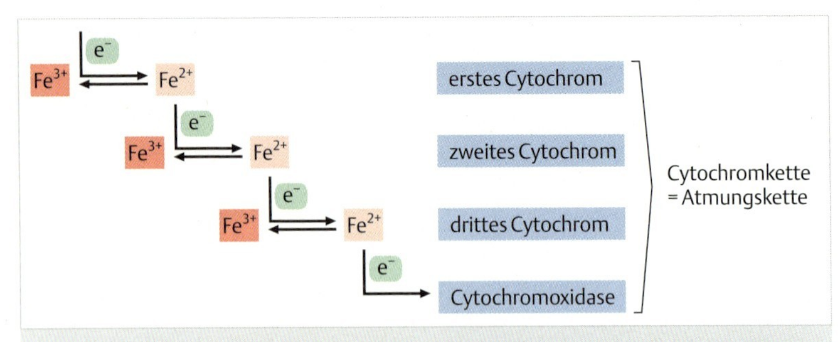

Abb. 19.4 Elektronen-Transport an der Cytochromkette der mitochondrialen Innenmembran. Diese enthält in ihren Cristae ein Redoxsystem aus mehreren verschiedenen Cytochromen. Cytochrome sind Proteine mit einer Häm-Gruppe, deren Eisen-Atom seinen Oxidationszustand reversibel ändern kann. Dabei wechselt jedes Mal bei Aufnahme eines Elektrons (e^-) die Wertigkeit von Fe^{3+} zu Fe^{2+} und durch e^--Abgabe an das nächste Glied der Cytochromkette wieder zu Fe^{3+} etc. Somit ereignet sich in der mitochondrialen Innenmembran ein stetiger Elektronentransport, wobei die Elektronen kaskadenartig auf immer tiefere Energieniveaus abfließen. Schließlich werden sie von der Cytochromoxidase aufgenommen, an der die Endoxidation mit molekularem Sauerstoff (O_2) stattfindet („Zellatmung“). Die Cytochromkette mit Cytochrom-(c-)Oxidase wird daher auch als Atmungskette bezeichnet.

Zunächst wird Acetyl-CoA in den Tricarbonsäure-Zyklus (**Citrat-Zyklus** oder Krebs-Zyklus, nach seinem Entdecker) eingeschleust. Es verbindet sich mit **Oxalacetat**, einem C_4-Körper, der im Rahmen des Zyklus stets nachgebildet wird, zu **Citrat** (Zitronensäure). Bei diesem ersten Schritt des Tricarbonsäure-Zyklus wird ebenfalls ein NAD^+-Molekül zu NADH reduziert. Citrat (C_6) wird dann zu **α-Ketoglutarsäure** (C_5) decarboxyliert und wiederum wird ein NADH gebildet. Dasselbe wiederholt sich beim Übergang zu **Succinat** (Bernsteinsäure, C_4), das über weitere Zwischenstufen wieder zu **Oxalacetat** umgebaut wird. Somit wurden bei der Verarbeitung eines Pyruvat-Moleküls 4 NADH-Moleküle gebildet; vgl. die Formeln (S. 373).

► **Elektronen-Transport an der Cytochromkette nach NADH-Oxidation.** Das NADH diffundiert in der Mitochondrien-Matrix herum und stößt so auch an die Cristae-Membranen. Dort wird von der NADH-Dehydrogenase, einem integralen Membranprotein, folgender Prozess katalysiert:

$$NADH \xrightarrow{\text{NADH-Dehydrogenase}} NAD^+ + H^+ + 2\,e^-$$

Die Elektronen (e^-) treffen in der Cristae-Membran auf die **Cytochrome**, das sind Proteine mit einem Eisenkern (Fe^{2+} bzw. Fe^{3+}). Mehrere Cytochrome sind in Serie geschaltet. Sie nehmen Elektronen auf und geben sie an das nächste Cytochrom weiter, nach dem in ► Abb. 19.4 gezeigten Schema.

Wie ▸ Abb. 19.4 und ▸ Abb. 19.5 zeigen, durchlaufen Cytochrome bzw. ihre Eisenkerne reversible Reduktions- und Oxidationsschritte (Oxido-Reduktions-Prozess), indem sie die Elektronen immer weitergeben. Das letzte der Cytochrome wird von der **Cytochromoxidase** oxidiert, die zwei Aufgaben erfüllt:

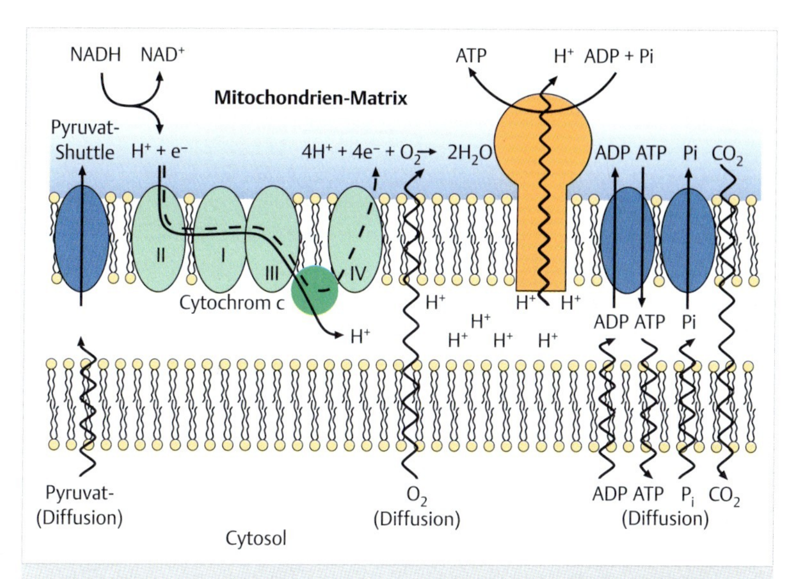

Abb. 19.5 Das Membransystem eines Mitochondriums: Transportprozesse und Energiekonservierung. O_2 diffundiert aus dem Cytosol ins Mitochondrium, CO_2 diffundiert hinaus, kleine Moleküle können in den perimitochondrialen Spalt diffundieren. Zur Passage der Innenmembran bedarf es Carrier-Systeme für Pyruvat und Phosphat, aber auch für den ADP/ATP-Austausch. Nur so kann die gesamte Zelle von dem in Mitochondrien reichlich gebildeten ATP profitieren. Die ATP-Bildung verläuft nach einem komplexen Schema: Zunächst werden die in der Mitochondrienmatrix gebildeten NADH-Moleküle (Reduktionsäquivalente) an der Innenmembran zu NAD^+oxidiert (I, NADH-Dehydrogenase). Elektronen (e^-) werden über die Redoxkette der Cytochrome (II, III, Cytochrom c) in der Membran weitergegeben, eigentlich über deren Eisen-Kern, der einen reversiblen Oxido-Reduktions-Vorgang ($Fe^{3+} \rightleftharpoons Fe^{2+}$) durchmacht. An der Cytochromoxidase (IV) gelangen Elektronen und Protonen (H^+) zur Reaktion mit molekularem Sauerstoff (Endoxidation, Zellatmung). Dass dabei zunächst nur H_2O gebildet wird, mag trivial erscheinen. Wichtig ist jedoch, dass vorher Protonen (positiv) den Elektronen (negativ) hinterherdiffundieren und so im perimitochondrialen Spalt angereichert werden, wogegen die Elektronen über die Cytochromoxidase wieder in die Matrix zurückgeschleust werden. Aus diesem „Stausee" fließen Protonen in das Innere des Mitochondriums zurück, und zwar über einen Kanal im Inneren des komplexen Proteinmoleküls der ATP-Synthase, welche wie eine Turbine der Energiegewinnung dient (ATP-Synthese).

1. Durch ihre Molekülstruktur können die Elektronen in den Matrix-Raum zurückgelangen.
2. Zusammen mit den dort ebenfalls vorhandenen Protonen und mit molekularem Sauerstoff wird von der Cytochromoxidase auf der Matrix-Seite die **Zellatmung** katalysiert:

   $4\,H^+ + 4\,e^- + O_2 \rightarrow 2\,H_2O$

Es entsteht also unter O_2-Verbrauch harmloses H_2O, von dem die Zelle ohnehin genug hat. Was bringt das der Zelle?

► **ATP-Gewinn mit hohem Wirkungsgrad.** Dazu müssen wir den Weg der Protonen aus der NADH-Oxidation verfolgen. Wegen ihrer positiven Ladung diffundieren sie den Elektronen hinterher, durch die Cristae-Membran hindurch. Die Protonen können nicht durch die Barriere der Cytochromoxidase-Moleküle zurückdiffundieren. Also werden sie im Cristae-Raum angereichert, sodass sich ein H^+-„Stausee“ am „Staudamm“ der Cristae-Membranen aufbaut. Protonen können nur über die „Kanäle“ der ATP-Synthase-Moleküle abfließen (► Abb. 19.5, ► Abb. 19.6 und ► Abb. 19.7). Diese sind aus zahlreichen Untereinheiten aufgebaut. Der H^+-Durchfluss bewirkt eine reversible Konformationsänderung der Quartärstruktur der **ATP-Synthase**, wobei matrixseitig die Bewegungsenergie der Konformationsänderung in chemische Energie umgesetzt wird:

$$ADP + P_i \xrightarrow{\text{ATP-Synthase}} ATP$$

Der Wirkungsgrad kann dabei bis zu 40 % betragen und ist damit im Vergleich zu technischen Systemen unübertroffen.

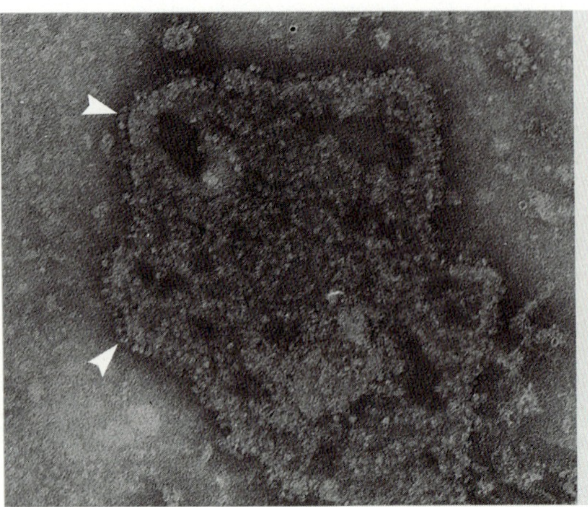

Abb. 19.6 ATP-Synthase Moleküle an Cristae-Membranen. An isolierten mitochondrialen Innenmembranen (Cristae) kann die ATP-Synthase mittels Negativkontrastierung als gestielte Moleküle („Lollipops“) sichtbar gemacht werden (Pfeilspitzen). Vergr. 120 000-fach. (Aufnahme: E. Junger, Düsseldorf)

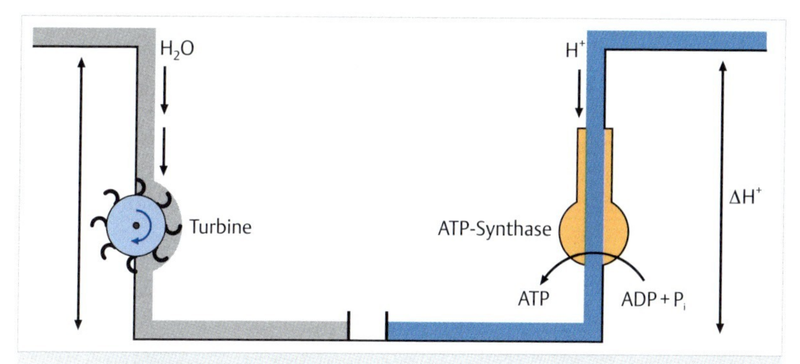

Abb. 19.7 ATP-Synthese im Mitochondrium. Wie ein Wasserstrom an einem Gefälle eine Turbine antreiben kann, so treibt das Protonengefälle (H^+ zwischen dem perimitochondrialen Spalt und der Mitochondrien-Matrix) beim Abfluss durch das ATP-Synthase-Proteinmolekül hindurch die ATP-Synthese an. In der Tat rotiert hier das in der Membran liegende Basisteil, dem ein fest verankerter Stator gegenüber liegt (Kopfteil); beide bilden sie das komplexe ATP-Synthase Molekül. Hier werden ADP + P_i so zusammengebracht, dass beide Komponenten zu ATP verknüpft werden können, sodass der osmotische Protonengradient in chemischer Energie (ATP) gespeichert werden kann („chemiosmotische Theorie"). Ein ATP-Synthase Molekül produziert weit über hundert ATP-Moleküle pro Sekunde, viel mehr als eine sehr schnelle Münz-Prägemaschine. Auch die ATP-Synthasen arbeiten nach dem Rotor-Stator-Prinzip, indem ein Protonengradient (H^+) ausgenützt wird, wie dies im Molekularen Zoom (S. 72) für die Bakteriengeißel erläutert wird (die allerdings umgekehrt läuft, indem sie nämlich ATP hydrolysiert und dabei Bewegung produziert).

▸ **ATP-Synthase koppelt die oxidativen Prozesse an die Energiekonservierung.** Aus den gerade aufgezeigten Gründen sind Mitochondrien so komplex aufgebaut. Bei den O_2-verbrauchenden, atmungsaktiven Granula, die **Otto Warburg** zu Anfang des 20. Jahrhunderts angereichert und als Sitz der Zellatmung erkannt hatte (vgl. Kap. 1) (S. 24), handelte es sich also um die Mitochondrien. Unter O_2-Verbrauch wird ADP zu ATP in Mitochondrien; damit sind sie der Sitz der oxidativen Phosphorylierung. Die ATP-Synthase koppelt die oxidativen Prozesse an die Energiekonservierung; daher kennt man sie auch unter dem Namen „**mitochondrialer Koppelungsfaktor**" (cf). Voraussetzung für diese chemische Reaktion ist die Protonen-Anreicherung auf der Außenseite der Innenmembran. Wie uns aus Kap. 6.1 (S. 109) vertraut ist, bewirkt die Anreicherung von Ionen, wie hier von Protonen, immer messbare **osmotische Effekte**, wobei der H^+-Ausgleich in Form chemischer Energie (ATP) gespeichert wird. Dieses sind die Zusammenhänge der **chemiosmotischen Theorie** der Energiekonservierung in Mitochondrien.

▸ **Bau und Funktion der Mitochondrien sind eng gekoppelt.** Fassen wir also zusammen. Der komplexe Bau des Mitochondriums ist Voraussetzung für seine Funktion. Die Vorgänge in der Matrix sind nur das notwendige Vorspiel zum Prozess einer hocheffizienten ATP-Gewinnung – 16-mal mehr als im Cytosol. Die Begriffe Zellatmung, oxidative Phosphorylierung und Chemiosmose beschreiben allesamt Teilaspekte eines komplexen Geschehens.

Als Leitenzym der Mitochondrien wird zumeist die **Cytochromoxidase** gemessen, sie ist gleichzeitig das Leitenzym ihres Innenmembransystems. Für die Matrix gelten alle Enzyme des Tricarbonsäure-Zyklus als Leitenzyme.

▸ **Die Anzahl, Größe und Struktur der Mitochondrien reflektiert den Energiebedarf der jeweiligen Zelle.** Betrachtet man Zellen im Elektronenmikroskop, so kann man ihnen direkt ansehen, ob sie viel oder wenig Energie benötigen, um ihrer Aufgabe gerecht zu werden. Besonders hohe Energieanforderungen haben die Zellen des Herzmuskels, denn sie brauchen sehr viel ATP für die periodische Kontraktion des Aktomyosins ebenso wie für die Ca^{2+}-Pumpen, um nach jeder Kontraktion die Ruhekonzentration des Ca^{2+} wiederherzustellen (**Ca^{2+}-Homöostase**). Vergleichsweise benötigt eine glatte Muskelzelle wesentlich weniger an ATP. Hoher oder geringer ATP-Verbrauch manifestieren sich im ultrastrukturellen Erscheinungsbild dieser beiden Zelltypen: Die Herzmuskelzelle hat zahlreiche große Mitochondrien mit zahlreichen Einfaltungen des Innenmembransystems, eine glatte Muskelzelle besitzt hingegen nur wenige, kleine Mitochondrien mit wenig Membraneinfaltungen. Ähnliches gilt für Krebszellen. ▸ Abb. 19.8 zeigt entsprechende Unterschiede für zwei benachbarte Zelltypen in der Leber: Hepatocyten besitzen viele große Mitochondrien, die weit weniger stoffwechselintensiven Fresszellen (Makrophagen, die in der Leber auch „Kupffersche Sternzellen“ heißen) dagegen wenige von geringer Größe.

▸ **Fettsäureabbau und Entgiftung in der Mitochondrienmatrix.** Andererseits gibt es Zellen, die weniger für ihre Energieversorgung als vielmehr für bestimmte Syntheseleistungen auf die Mitochondrien angewiesen sind. Dies trifft insbesondere auch für Leberzellen zu (▸ Abb. 19.1, ▸ Abb. 19.8). Aus ▸ Abb. 19.2 geht hervor, dass die **Mitochondrienmatrix** auch der Sitz weiterer Stoffwechselfunktionen ist: Erstens, findet hier über die **β-Oxidation** der Abbau von Fettsäuren statt, die in der Zelle immer aus einer geraden Anzahl von C-Atomen aufgebaut sind (C_{2n}). Zwischen dem der Carboxyl-Gruppe folgenden α-C-Atom und dem β-C-Atom wird in einem oxidativen Prozess ein Acetat-Rest abgenommen (β-Oxidation) und als Acetyl-CoA auf dem bekannten Weg in den Tricarbonsäure-Zyklus eingespeist. So werden Fettsäuren um einen C_2-Rest nach dem anderen „abgeknabbert“ und der ATP-Gewinnung zugänglich gemacht. Zweitens, in die Mitochondrien-Matrix gelangen auch Aminosäuren. Einige wenige davon sind manchen Zwischenstufen des Tricarbonsäure-Zyklus sehr ähnlich gebaut. Diese können durch **Transaminierung** (Desaminierung des einen mit Aminierung des anderen Partners) ineinander umgewandelt werden. Drittens, auch **Desaminierungsprozesse** (Entfernung einer NH_2-Gruppe) finden statt. Diese führen zur Bildung des cytotoxischen Ammoniaks bzw. in Lösung zur Bildung des Ammonium-Ions:

$$NH_3 + H_2O \rightleftharpoons NH_4OH \rightleftharpoons [NH_4]^+ + OH^-$$

Diese Zellgifte werden noch in der Matrix entgiftet, indem sie in den **Harnstoff-Zyklus** eingeschleust werden. Es sei aber angemerkt, dass alle drei gerade beschriebenen Funktionen wohl eher als „Nebenjobs" einzustufen sind. So findet der Fettsäure-Abbau auch in Peroxisomen (S. 316) statt, die Aminosäuresynthese ist überwiegend Angelegenheit des Cytosols, das auch wesentlichen Anteil am Harnstoff-Zyklus hat. Die „Nebenjobs" vermitteln aber einem Mitochondrium Zugriff auf so verschiedene Stoffgruppen, wie Kohlenhydrate (über Pyruvat), Lipide und Aminosäuren; sie versetzen ein Mitochondrium auch in die Lage, einen Teil der **Entgiftungsfunktionen** selbst zu übernehmen. Wo auch immer diese Funktionen der mitochondrialen Matrix in großem Umfang beansprucht werden, erscheinen die Mitochondrien nicht sehr reich an Cristae, dafür aber umso reicher an Matrix. Nach dem oben Gesagten trifft dies in besonderem Maße für unsere Leberzellen zu.

▸ **Evolutionäre Leistung der Zelle, das „Zellgift" Sauerstoff zum Energiegewinn auszunutzen.** Mit den Giften aus dem zelleigenen Stoffwechsel oder aus der Umgebung selbst fertig zu werden, musste die Zelle natürlicherweise im Laufe der Evolution „lernen". Dies gilt auch für die Mitochondrien. Dabei mag es zunächst ungewöhnlich erscheinen, den Sauerstoff, auf den die Mitochondrien (fast) jeder Eukaryotenzelle angewiesen sind, als Zellgift zu apostrophieren. Dennoch machte es die Evolutionsforschung in hohem Maße wahrscheinlich, dass der Sauerstoff anfänglich wohl ein Zellgift war; vgl. Kap. 26.3 (S. 535). Der O_2-Umsatz in den Mitochondrien mag demnach zunächst, als zeitgleich mit der Entstehung der Eukaryotenzelle der O_2-Anteil in der Atmosphäre anstieg, zu dessen „Entschärfung" und erst dann – oder gleichzeitig – zur Energiegewinnung gedient haben. So hat es aus unserer Sicht die Eukaryotenzelle verstanden, den Nachteil eines Zellgifts zu ihrem Vorteil umzukehren. Ansonsten können nur seltene, ungewöhnliche Gifte die Mitochondrienfunktionen beeinträchtigen. Dazu gehört die **Blausäure** (Cyanwasserstoffsäure, HCN) bzw. ihr Anion (Cyanid, CN^-). Es findet sich in gebundener Form in Mandelkernen, wird unter anderem aber auch von tropischen Tausendfüßlern (Myriapoda) zur chemischen Abwehr freigesetzt. Cyanid bindet an Cytochrome, hemmt die Zellatmung und führt sehr schnell zum Tod, weil jede Zelle ihr gesamtes ATP in

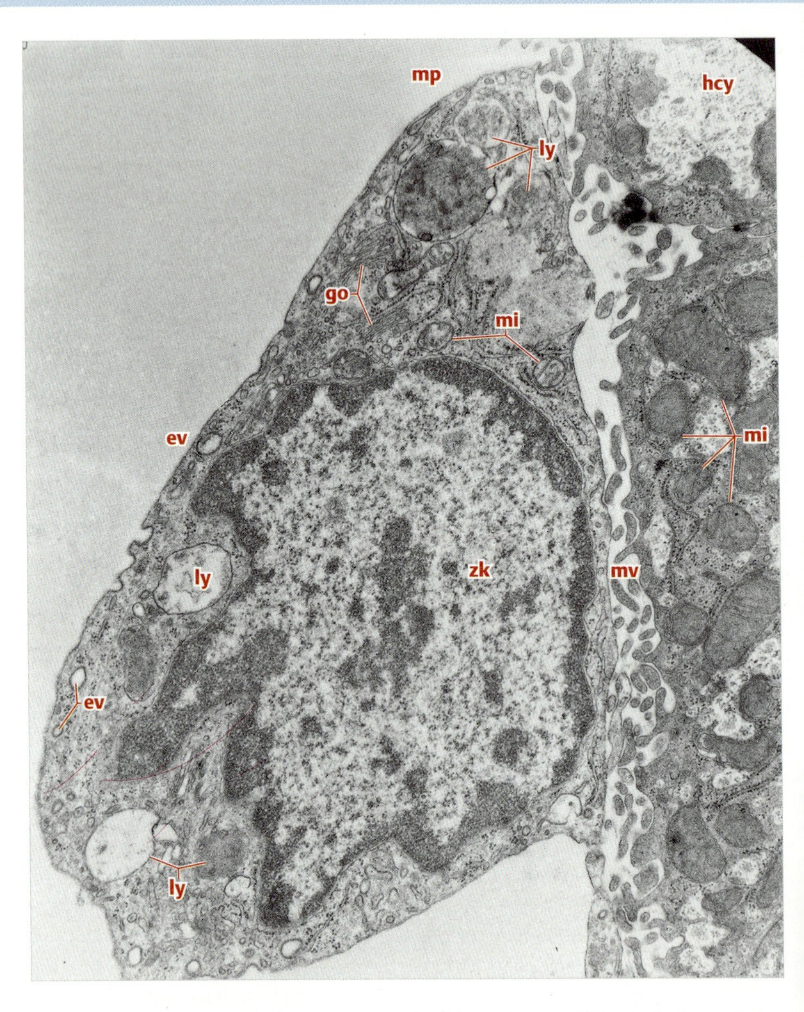

einer Minute verbraucht bzw. neu synthetisieren muss. Wir sind also auf den Dauerbetrieb der kleinen Mitochondrien-„Kraftwerke“ angewiesen.

Den Sauerstoff für die Zellatmung in den Mitochondrien nehmen wir über die Lungen auf, von wo er über das Blut in die Kapillaren der Blutgefäße, dann durch Diffusion über die interzellulären Räume in die Zellen gelangt. Denselben undramatischen Weg geht in umgekehrter Richtung das CO_2 aus den Decarboxylierungsprozessen. Wenn wir Atem schöpfen, so steht dies also in direktem Zusammenhang mit der Zellatmung in den Mitochondrien.

◀ **Abb. 19.8 Struktur-Funktions-Korrelation am Beispiel der Mitochondrien.** Ein Hepatocyt (**hcy**), der wichtige Syntheseleistungen vollbringt und Energie für den Gesamtkörper bereitstellt, enthält wesentlich zahlreichere und größere Mitochondrien (**mi**) als eine Makrophagen-Zelle (**mp**). Diese liegt hier in der Wand einer Blutgefäßkapillare; sie ist auf die Aufnahme von Fremdstoffen über Endo- bzw. Phagocytose spezialisiert, dagegen nicht auf hohe metabolische und energetische Leistungen. Dementsprechend besitzt der Makrophage nur wenige, kleine Mitochondrien, wogegen seine speziellen Leistungen aus der Präsenz ausgeprägter Endocytose-Vesikel (**ev**) und Lysosomen (**ly**) abzulesen sind. Weitere Details: Golgi-Apparat (**go**), Mikrovilli (**mv**) der Hepatocyten (Leber-Epithelzellen), Zellkern (**zk**). Vergr. 13 000-fach. (Aufnahme: H. Plattner)

19.3 „Semiautonomie“: Mitochondriale DNA und Proteinsynthese

Welche Bedeutung ist der mtDNA und den **mitochondrialen Ribosomen** vom 70S-Typ zuzuschreiben? Nur ca. 0,01 % der gesamten DNA einer tierischen Zelle liegt extranukleär in Mitochondrien vor. Die ca. 10 µm lange, nackte, ringförmige **mtDNA** könnte in ihrer Gesamtheit bestenfalls ein Protein von ca. 3×10^4 Aminosäuren, also von einem MG von höchstens 3 000 000 kodieren. Dies ist weit weniger als man für die Summe der vielen mitochondrialen Proteinarten errechnen kann. Da das **mitochondriale Genom** (auch als Chondriom bezeichnet) für viele Organismen (z. B. Säugetiere) bereits voll sequenziert wurde, lässt sich eine genaue Bilanz angeben: Die mtDNA kodiert einen Teil der mitochondrieneigenen ribosomalen Proteine und rRNA, einen Teil ihrer tRNA, sowie einen Teil der Proteine der Innenmembran (NADH-Dehydrogenase, Cytochrom b, Cytochromoxidase, ATP-Synthase). Für weitere Angaben vgl. ▶ Tab. 26.2. Wohlgemerkt – von diesen komplexen Proteinen werden jeweils nur einzelne Untereinheiten von der mtDNA kodiert, die anderen Untereinheiten werden nach einer nukleären mRNA an freien Ribosomen im Cytosol translatiert und importiert. Untereinheiten von beiderlei Herkunft werden erst an der Innenmembran aneinander gefügt.

▶ **Die meisten Proteine stammen aus dem Cytosol.** Der Import von Proteinen aus dem Cytosol erfolgt über die **Kontaktstellen**, an denen die äußere und die innere randständige Mitochondrienmembran miteinander verbunden sind (▶ Abb. 19.9). Auf diesem Wege werden weiterhin die RNA- und DNA-Polymerasen (die das Mitochondrium benötigt, um mit seiner DNA überhaupt etwas anfangen zu können) importiert sowie alle Enzyme der mitochondrialen Matrix. Das Mitochondrium importiert also die meisten Proteine und, außer ATP, exportiert es nichts ins Cytosol. Die organelleigene DNA vermittelt damit je-

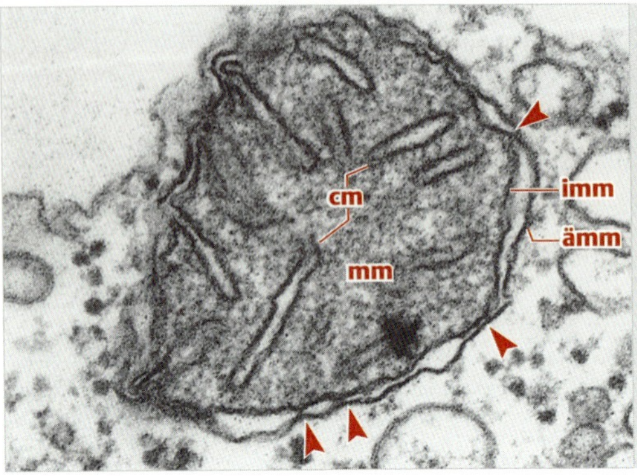

Abb. 19.9 Kontaktstellen. Zwischen innerer und äußerer Mitochondrien-Membran (**imm**, **ämm**) werden unter günstigen Bedingungen diese Kontakstellen sichtbar (Pfeilspitzen). **cm** = Cristae mitochondriales, **mm** = Mitochondrien-Matrix. Vergr. 70 000-fach. (Aufnahme: H. Plattner)

dem Mitochondrium zwar eine gewisse Autonomie (wie ein kleiner Staat in einem großen), genauer betrachtet aber ist jedes Mitochondrium bestenfalls mit einem halbautonomen „Staat im Staate" zu vergleichen, der eine extrem negative Handelsbilanz aufweist.

19.4 Biogenese

Der weitaus überwiegende Teil mitochondrialer Proteine, das sind an die 1000 (Hefe) bis 1500 (Mensch), wird vom Kern-Genom kodiert, an freien Ribosomen synthetisiert und in die Mitochondrien importiert, (vgl. ▶ Tab. 26.2). Der Import erfolgt an den Kontaktstellen zwischen äußerer und innerer Membran, wo **TOM**- und **TIM**-Proteine (**Translocase** outer/inner membrane) zusammenkommen ▶ Abb. 19.9. Der Import wird einerseits durch die **„β-Barrel"**-Strukturen (S. 127) der Translocase-Moleküle und anderseits durch Erkennung der am Importgut vorhandenen spezifischen **Zielsteuerungs-Sequenzen** (**„Targeting"**-Sequenzabschnitte) ermöglicht. Hinter jeder Passage einer der Mitochondrienmembranen wird ein Teil dieser Sequenzen abgespalten und so die jeweilige Membranpassage ermöglicht. Vergleichsweise ist der Anteil an Organell-autonom kodierten und translatierten Proteinen in Mitochondrien nur ca. 0.8 bis 1.5 %; s. auch Kap. 26 (S. 524).

Seit man erkannt hatte, dass Mitochondrien ein eigenes, spezifisches, wenn auch kleines Genom besitzen, war es nahe liegend anzunehmen, dass Mitochondrien immer nur aus ihresgleichen durch Teilung entstehen können. Dennoch hielten einige Forscher, nach allerdings umstrittenen, experimentellen Beobachtungen hartnäckig an der Hypothese fest, Mitochondrien könnten sich im Cytosol neu bilden (De-novo-Genese). Diese Hypothese stützte sich überwiegend auf Beobachtungen an Zellen der Bäcker- oder Bierhefe (*Saccharomy-*

ces cerevisiae), in denen unter O_2-Entzug Mitochondrien, wenn überhaupt, nur noch als strukturarme Promitochondrien zu beobachten sind. Pulsmarkierungsexperimente (S. 242) brachten jedoch den unumstößlichen Beweis gegen die Annahme einer De-novo-Genese, auch bei Hefezellen. In unserem Körper gibt es keine Entdifferenzierung zu Promitochondrien.

Dementsprechend sieht man in Ultradünnschnitten verschiedener Zellen, selten zwar, Mitochondrien, die sich offensichtlich in Teilung befinden (▶ Abb. 19.10). Dabei kommt es zunächst zu einer rundum fortschreitenden Einfaltung der Innenmembran, wobei die nun verdoppelte mtDNA und die Ribosomen auf die beiden Hälften aufgeteilt werden. Durch Einschnürung der Außenmembran werden beide Hälften schließlich getrennt (▶ Abb. 19.10).

Zellpathologie

Mitochondriopathien

Mitochondriopathien: Da sich Mitochondrien während der embryonalen Ausbildung einzelner Organe in diesen jeweils vermehrt teilen und dabei ihr eignes mitochondriales Genom (mtDNA) weitergeben, betreffen die im entsprechenden Entwicklungsabschnitt auftretenden Mutationen jeweils konkrete Organe. Neben der mtDNA kann auch die Kern-DNA betroffen sein, zumal hier die meisten mitochondrialen Proteine kodiert werden; vgl. auch Kap. 26.5 (S. 547). Betroffen sind insbesondere Skelett (*Skelettanomalien*), Nervensystem (*Neuropathien*), Muskulatur (*Myopathien*), Augen (*Ophthalmopathien*) etc., wo sie zu entsprechenden Anomalien führen. Damit ergibt sich ein Mosaikcharakter des Körpers mit teilweise normalen und teilweise defekten Mitochondrien. 2015 wurden in einem solchen Fall erstmals defekte Mitochondrien in einer menschlichen Eizelle im Rahmen einer **in-vitro-Fertilisation** durch gesunde Mitochondrien ersetzt.

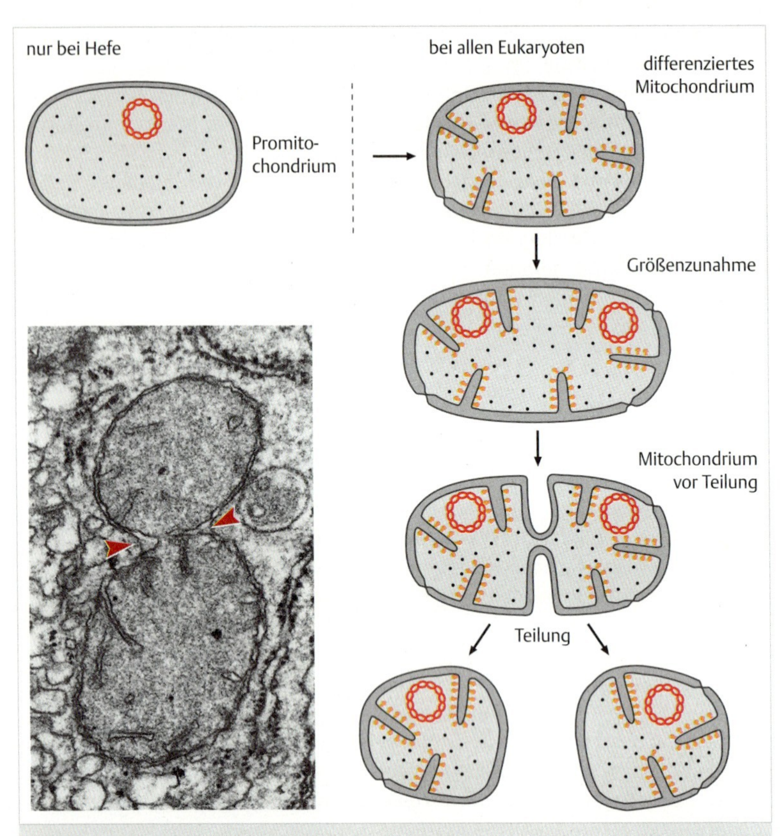

Abb. 19.10 Biogenese von Mitochondrien durch Teilung. Mitochondrien entstehen nie de novo, sondern immer durch Teilung aus ihresgleichen. Dabei werden mtDNA und Ribosomen auf die Tochtermitochondrien verteilt. Nur bei manchen niederen Eukaryoten, wie Hefezellen, können Mitochondrien zu Promitochondrien zurückgebildet werden (ähnlich Protoplastiden, vgl. Kap. 20.2) (S. 406). Diese sind verarmt an Innenstrukturen (Cristae) und entsprechenden Funktionen (Atmungskette etc.), können sich jedoch wieder zu vollwertigen Mitochondrien differenzieren. **Kleines Foto:** Die mitochondriale Innenmembran schnürt sich ein und die äußere folgt ihr (**Pfeilspitzen**), bis aus einem Mitochondrium zwei geworden sind. Vergr. 33 700-fach. (Aufnahme: H. Plattner)

▸ Literatur zum Weiterlesen

siehe www.thieme.de/go/literatur-zellbiologie.html

20 Chloroplasten – die „Solarenergie-Kollektoren“ der Pflanzenzelle

Zusammenfassung

Pflanzen können mithilfe ihrer Chloroplasten die Primärenergie des Sonnenlichts als chemische Energie binden. Dabei entsteht aus Kohlendioxid und Wasser nach der Formel

$$6CO_2 + 6H_2O + \text{Licht} \rightarrow C_6H_{12}O_6 + 6O_2$$

Glukose und Sauerstoff. Dieser als **Photosynthese** bzw. **(Kohlenstoff-)Assimilation** bezeichnete Prozess der Bildung von Glukose läuft in vielen Einzelstufen ab, die nur aus dem streng kompartimentierten Bau des Chloroplasten mit zwei Hüllmembranen, komplexen Innenmembranen und einem Stroma (Innenraum) verständlich sind. So erfolgt die **Lichtreaktion** an einem inneren Membransystem, welches das **Chlorophyll** birgt. Das dabei gebildete ATP und NADPH wird gänzlich in die Syntheseleistungen der **Dunkelreaktion** im Stroma des Chloroplasten investiert. Neben Glukose kann auch das Intermediärprodukt Glycerinaldehyd-3-Phosphat ins Cytosol abgegeben werden. Erst dort kann es über die Glykolyse und über den mitochondrialen Energiestoffwechsel zur ATP-Bildung ausgewertet werden. Auch die Pflanzenzelle „finanziert“ also ihre Energiebedürfnisse mithilfe von Glykolyse und oxidativer Phosphorylierung. Jedoch hat sie, im Gegensatz zur tierischen Zelle, über die Photosynthese die Möglichkeit, Glukose bzw. deren Vorläufer in den Chloroplasten selbst herzustellen. Chloroplasten sind nicht nur strukturell den Mitochondrien ähnlich, sie sind ebenfalls teilautonome Strukturen mit eigenem Genom und Translationsapparat. Auch sie vermehren sich durch Teilung. Jedoch zeigen Chloroplasten ein viel weitergehendes Differenzierungs-Spektrum. Vor dem Ergrünen einer Pflanze liegen sie als sehr einfach gebaute, kleine **Proplastiden** vor. In chlorophyllfreien Formen können sie aber auch entweder der Speicherung von Stärke (**Leukoplasten**) oder von bestimmten Blütenfarbstoffen dienen (**Chromoplasten**).

Nur die Zellen der grünen Pflanzen – von den Algen bis zu den höchstentwickelten Blütenpflanzen – besitzen Chloroplasten. Die grüne Farbe stammt vom **Chlorophyll** (Blattgrün), das die Voraussetzung bietet, Sonnenenergie aufzunehmen und in Form von chemischer Energie zu speichern. Der Wirkungsgrad, mit dem Primär- in Sekundärenergie umgewandelt wird, liegt mit ca. 15 % so hoch wie es nur die modernsten Solarzellen der Photovoltaik vermögen. Beide Systeme, das natürliche wie das künstliche, können unter opti-

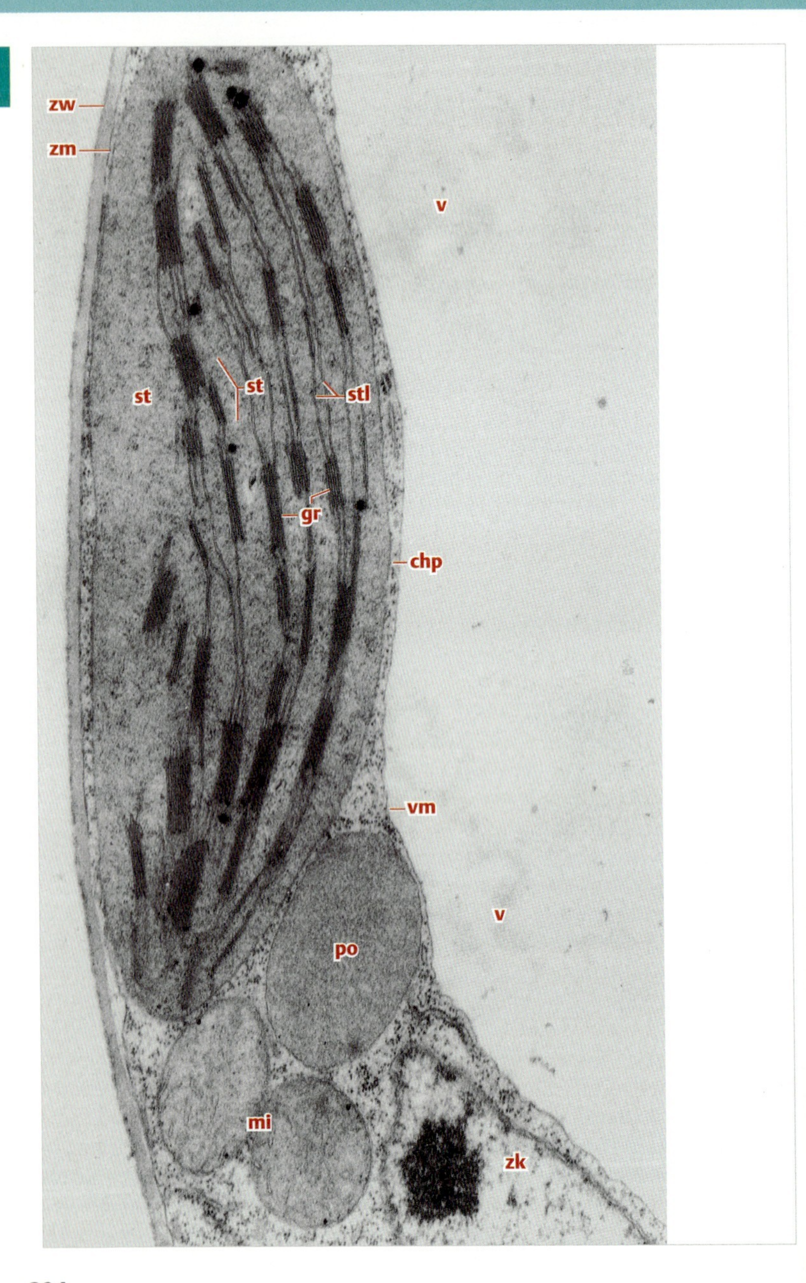
zw
zm
v
st
st
stl
gr
chp
vm
v
po
mi
zk

◂ **Abb. 20.1 „Portrait" eines Chloroplasten** (**chp**), in der typischen Assoziation mit einem Peroxisom (**po**) und Mitochondrien (**mi**). Alle drei Organellen sind mit dem Energiestoffwechsel der Pflanzenzelle befasst. So können Syntheseprodukte des Chloroplasten an das Cytosol abgegeben werden (vgl. Text), um im Cytosol (und in der Folge in Mitochondrien) oder in Peroxisomen weiterverarbeitet zu werden, in letzteren über Photorespiration. Vgl. hierzu Kap. 24 (S. 482). Am Chloroplasten erkennt man seine Membranumhüllung, obwohl äußere und innere Hüllmembran hier nicht aufgelöst werden können. Weiterhin erkennt man das Stroma (**st**), die Stromalamellen (**stl**) als flache, membranumhüllte Säcke sowie die aus Lamellenstapeln geformten Grana (**gr**). Es sind der Rand einer Vakuole (**v**) mit der Vakuolenmembran (**vm**), der Zellkern (**zk**), die Zellmembran (**zm**) und die Zellwand (**zw**) zu sehen. Objekt: Blatt der Bohne, *Phaseolus vulgaris*. Vergr. 33 000-fach. (Aufnahme: K. Mendgen, Konstanz)

malen Bedingungen sogar bis zu 30 % Energieausbeute erreichen. Mit der ersten, als **Lichtreaktion** bezeichneten Teilfunktion eng verquickt ist eine zweite Teilfunktion des Chloroplasten. Es handelt sich um die **Dunkelreaktion**, in der die (Kohlenstoff-)Assimilation stattfindet. Der gesamte Reaktionsablauf wird als Photosynthese bezeichnet. Die Pauschalformel für die Photosynthese ist wie folgt:

$$6CO_2 + 6H_2O + \text{Licht} \rightarrow C_6H_{12}O_6 + 6O_2$$

Es entsteht also aus CO_2 in Verbindung mit Wasser: Glukose und O_2. Allerdings verläuft diese Synthese im Chloroplasten über viele Zwischenstufen, die erst aus dem Bau des Chloroplasten verstanden werden können.

20.1 Bau und Funktion von Chloroplasten

Jede Pflanzenzelle kann über einen bis mehrere Chloroplasten verfügen (▸ Abb. 14.11, sowie ▸ Abb. 20.1 und ▸ Abb. 20.2). In nichtgrünen Pflanzenteilen fehlen sie oder sie existieren in abgewandelter, chlorophyllfreier Form (**Leukoplasten, Amyloplasten**), allerdings mit prinzipiell ähnlichem Grundaufbau. Chloroplasten mit all ihren Vorläufern und abgeleiteten Formen werden als **Plastiden** zusammengefasst.

▸ **Chloroplasten haben einen ähnlichen Aufbau wie Mitochondrien.** Um die Funktionsweise eines Chloroplasten zu verstehen, müssen wir uns zunächst mit seinem Aufbau befassen (▸ Abb. 20.2). Dieser ist dem eines Mitochondriums (S. 377) recht ähnlich: Auch ein Chloroplast besitzt eine doppelte Membranumhüllung mit **Kontaktstellen** zwischen der äußeren und der inneren randständigen Membran, die zwischen sich einen Außenraum abgrenzen. Der

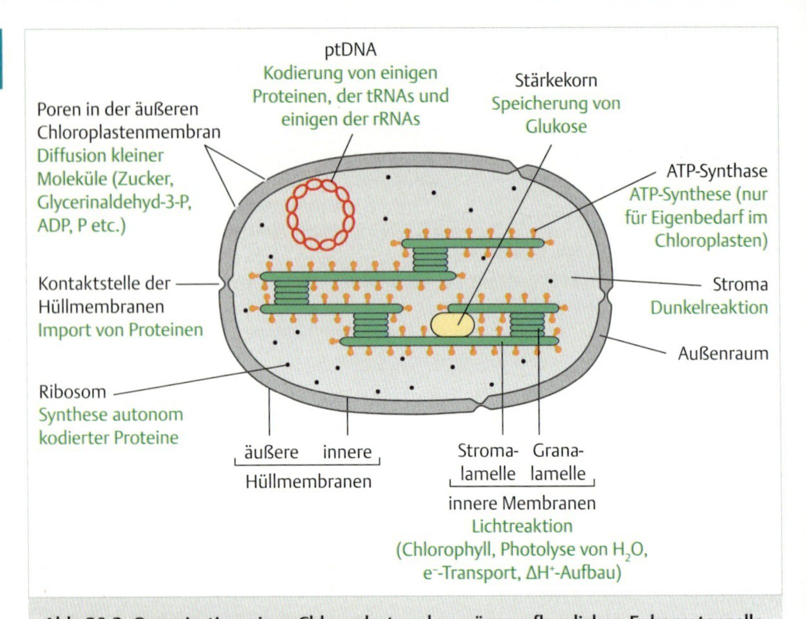

Abb. 20.2 Organisation eines Chloroplasten der grünen pflanzlichen Eukaryotenzelle. Schwarze Schrift: Strukturelle Organisation: Ein Chloroplast ist prinzipiell ähnlich gebaut wie ein Mitochondrium, denn er besitzt auch eine doppelte Membranumhüllung mit einem Zwischenraum und mit Kontaktstellen. Der Innenraum heißt hier Stroma, das auch 70S-Ribosomen und eine eigene Plastiden-DNA (ptDNA) beherbergt. Die Gliederung des Innenmembransystems, welches nach Abschluss der Differenzierung von der inneren Hüllmembran völlig „abgenabelt" ist, erscheint jedoch wesentlich komplexer als beim Mitochondrium. Quer durch das Stroma verlaufen die Stromalamellen, welche man sich als zusammengedrückte, d. h. flache, geschlossene Säcke vorstellen kann. Zwischen je zwei Stromalamellen liegen, wie Geldrollen aufgestapelt, Granalamellen – deutlich kleinere, flache Säcke. Sie sind durch parallele Ausfaltungen aus Stromalamellen entstanden. Beide Arten von Lamellen, Stroma- wie Granalamellen, enthalten Chlorophyll (Blattgrün), dem die Pflanze ihre grüne Farbe verdankt. **Grüne Schrift: Funktionelle Organisation:** Die Chlorophyll enthaltenden Stroma- und Granalamellen „fangen" Sonnenlicht ein und spalten H_2O (Photolyse des Wassers), gefolgt von Elektronen- und Protonentransport zum Aufbau eines Protonengradienten (H^+) und schlussendlich zur ATP-Synthese. Die bisher beschriebenen Vorgänge bezeichnet man als „Lichtreaktion". Ihre Produkte sind intensiv vernetzt mit dem Ablauf der „Dunkelreaktion" im Stroma. Ihr wichtigster Schritt ist die Kohlenstoff-Assimilation unter Bindung von CO_2 an Ribulose-1,5-bis-Phosphat. Das dazu notwendige Schlüsselenzym Rubisco (= Ribulose-1,5-bis-Phosphat Carboxylase) sitzt frei im Stroma. Die in der Dunkelreaktion entstehende Glukose kann in polymerer Form als Stärkekörner gespeichert werden. (Aufnahme: K. Mendgen, Konstanz)

innere plasmatische Raum wird bei Chloroplasten als **Stroma** bezeichnet. Das Stroma wird von reichlich ausgebildeten, parallel angeordneten, in sich geschlossenen Innenmembranen (**Lamellen**) durchzogen. Die Summe dieser Innenmembranen nennt man **Thylakoide**. Dabei sind lange, quer durch das Stroma verlaufende **Stromalamellen** zu beobachten, ebenso wie kurze, geldrollenartig übereinander liegende Lamellenstapel, die **Granalamellen**. Diese verdanken ihren Namen dem Unvermögen der frühen Zellbiologen, denen ja noch kein Elektronenmikroskop zur Verfügung stand, hier mehr als nur grüne Körnchen (**Grana**) auszumachen. Erst das Elektronenmikroskop erlaubte auch die Feststellung weiterer struktureller Details: Die Granalamellen entstehen aus den Stromalamellen als lokale, kurze, scheibchenförmige Auswüchse, von denen immer einige übereinander gestapelt werden. Weiterhin zeigte sich, dass die Stromalamellen in sich geschlossen sind, also keine Verbindung zum Außenraum eines Chloroplasten erkennen lassen (im Gegensatz zu den Pediculae cristae der Mitochondrien). Nach geeigneter Präparation lässt sich im Stroma ein knäueliges Aggregat von fädigem Material beobachten. Es handelt sich um die **chloroplasteneigene DNA**, die **ptDNA** (pt für Plastiden). Da Plastiden bis zu 30 % der gesamten DNA einer Pflanzenzelle enthalten können (also ein Vielfaches gegenüber Mitochondrien), lässt sich hier die organelleigene DNA besonders leicht beobachten. Zu den Translationsprodukten der ptDNA vgl. ▸ Tab. 26.2. Daneben finden sich auch im Stroma des Chloroplasten **70S-Ribosomen** von 23 nm Durchmesser. Es gibt also eine Reihe von Ähnlichkeiten mit den Mitochondrien. Lediglich das innere Membransystem ist anders gefaltet und es enthält das Chlorophyll. Und selbstverständlich vollbringen Chloroplasten völlig andere Aufgaben als Mitochondrien.

▸ **Die beiden Membranen sind unterschiedlich permeabel.** Entsprechend der relativ komplizierten strukturellen Gliederung sind die einzelnen Teilfunktionen im Chloroplasten aufgeteilt (▸ Abb. 20.2). Die Kontaktstellen zwischen der äußeren und der inneren randständigen Hüllmembran dienen dem Import von nukleär kodierten und an cytosolischen Ribosomen translatierten Proteinen. Ebenfalls wie bei Mitochondrien ist auch hier die äußere Membran permeabel für kleinere Moleküle, die innere jedoch ist wiederum strikt impermeabel. Die in ▸ Abb. 20.2 angegebenen funktionellen Aspekte sind im Detail in den ▸ Abb. 20.3 und ▸ Abb. 20.4 dargestellt. Wir versuchen nun, aus der strukturellen Gliederung des Chloroplasten seine Funktion zu verstehen. Wieder die Frage: Warum ist der Chloroplast so kompliziert gebaut?

Die beiden im Chloroplasten ablaufenden Teilreaktionen, Licht- und Dunkelreaktion, sind im Detail in ▸ Abb. 20.3 und ▸ Abb. 20.4 erläutert.

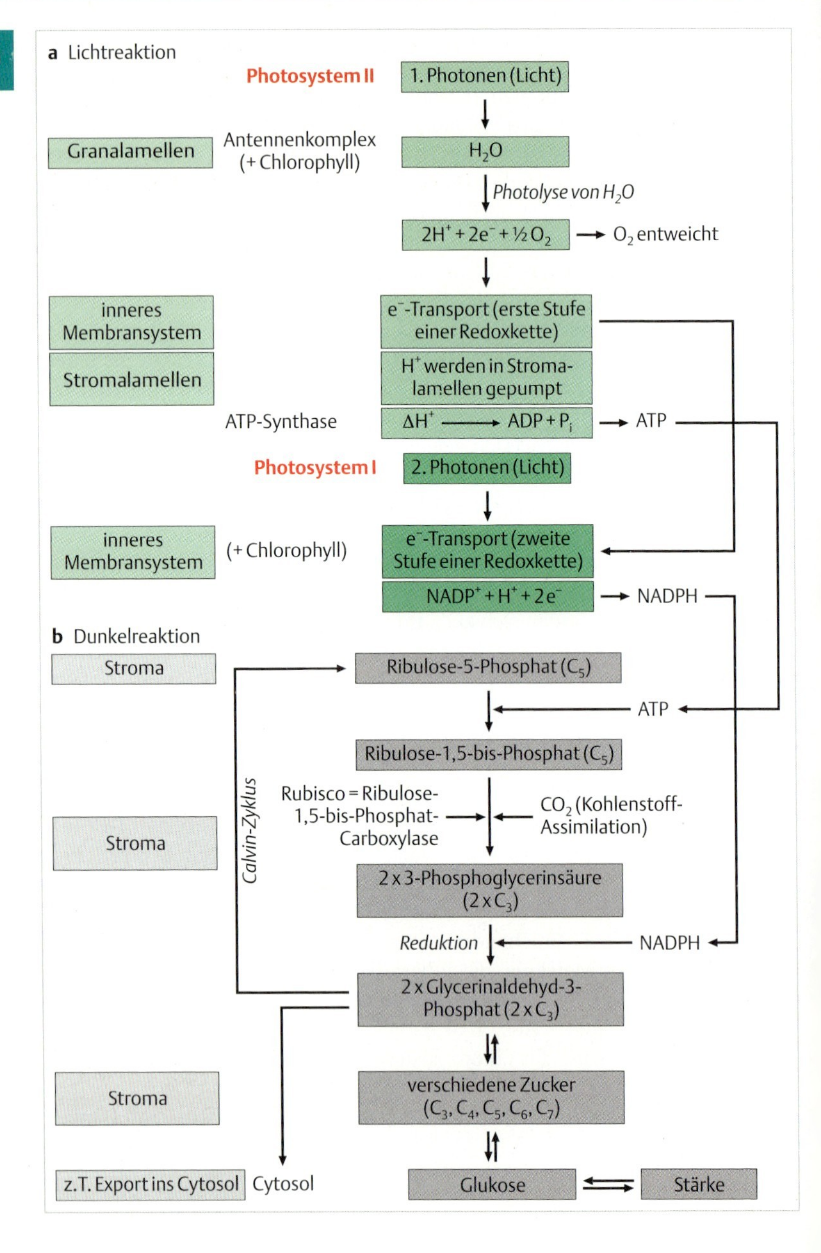

a Lichtreaktion
Photosystem II
1. Photonen (Licht)
Granalamellen
Antennenkomplex (+ Chlorophyll)
H_2O
Photolyse von H_2O
$2H^+ + 2e^- + \frac{1}{2} O_2$
O_2 entweicht
inneres Membransystem
e^--Transport (erste Stufe einer Redoxkette)
Stromalamellen
H^+ werden in Stromalamellen gepumpt
ATP-Synthase
$\Delta H^+ \longrightarrow ADP + P_i$
ATP
Photosystem I
2. Photonen (Licht)
inneres Membransystem
(+ Chlorophyll)
e^--Transport (zweite Stufe einer Redoxkette)
$NADP^+ + H^+ + 2e^-$
NADPH
b Dunkelreaktion
Stroma
Ribulose-5-Phosphat (C_5)
ATP
Ribulose-1,5-bis-Phosphat (C_5)
Calvin-Zyklus
Stroma
Rubisco = Ribulose-1,5-bis-Phosphat-Carboxylase
CO_2 (Kohlenstoff-Assimilation)
2 x 3-Phosphoglycerinsäure (2 x C_3)
Reduktion
NADPH
2 x Glycerinaldehyd-3-Phosphat (2 x C_3)
Stroma
verschiedene Zucker (C_3, C_4, C_5, C_6, C_7)
z.T. Export ins Cytosol
Cytosol
Glukose
Stärke

◂ **Abb. 20.3 Biochemische Prozesse in den Chloroplasten der grünen Pflanze.** Sie umfassen **a** die Lichtreaktion am Innenmembransystem des Chloroplasten und **b** die Dunkelreaktion im Stroma. Paradoxerweise wirkt im ersten Schritt der Lichtreaktio das Photosystem II, erst danach folgt Photosystem I. An einem Antennenkomplex von Photosystem II (mit Chlorophyll) wird Sonnenlicht „eingefangen". Es führt zur H_2O-Spaltung (Photolyse von Wasser). Molekularer Sauerstoff (O_2) entweicht. Elektronen (e^-) durchlaufen die erste Stufe einer Redoxkette (mit Cytochromen), Protonen (H^+) werden in das Lumen der Stromalamellen gepumpt. Ähnlich wie beim Mitochondrium wird der Abfluss der Protonen über eine ATP-Synthase zur ATP-Synthese genützt. Allerdings wird dieses ATP zur Gänze im Chloroplasten selbst benötigt, und zwar für die Dunkelreaktion. Weitere Photonen heben im Photosystem I (ebenfalls mit Chlorophyll und im Innenmembransystem) die Elektronen nochmals auf ein höheres Energieniveau, von welchem sie unter Reduktion von $NADP^+$abströmen. Das entstehende NADPH wird auch in die Dunkelreaktion eingespeist.
Zur Dunkelreaktion: Im Stroma wird Ribulose-5-Phosphat durch ATP zu Ribulose-1,5-bis-Phosphat phosphoryliert, daran wird CO_2 gebunden. Dieser Prozess der Kohlenstoff-Assimilation wird katalysiert durch das Schlüsselenzym Ribulose-1,5-bis-Phosphat-Carboxylase (Rubisco), das frei im Stroma sitzt. Das entstehende C_6-Molekül wird sofort in zwei Moleküle von 3-Phosphoglycerinsäure gespalten. Unter NADPH-Verbrauch wird diese zu Glycerinaldehyd-3-Phosphat reduziert. Dieses kann einerseits zum Teil ins Cytosol abgeführt und dort in die Glykolyse eingeschleust werden, andererseits kann es zur Synthese verschiedener Zucker verwendet werden. Das wichtigste Syntheseprodukt, die Glukose, kann im Chloroplasten als Stärke gespeichert, wieder in Glukose und Glycerinaldehyd-3-Phosphat mobilisiert und als solches ins Cytosol abgegeben werden. Die Dunkelreaktion ist eigentlich ein zyklischer Prozess (Calvin-Zyklus), indem ein Teil des Glycerinaldehyd-3-Phosphats in einem komplexen Prozess wieder zu Ribulose-5-Phosphat zurückgeführt wird.

▸ Die „Lichtantennen" auf den Lamellen haben einen hohen Wirkungsgrad.

Die **Lichtreaktion** ist auf Stroma- und Granalamellen verteilt, die beide Chlorophyll in ihren Membranen eingelagert haben. Um eine hohe Energieausbeute zu gewährleisten, muss das Chlorophyll mit einer Reihe anderer Komponenten kombiniert werden. Diese Molekülaggregate bilden eine wirksame „Lichtantenne", die im Extremfall sogar einzelne Photonen aufnehmen und energetisch nutzen kann. Eine höhere Wirksamkeit ist – allein nach den Gesetzen der Physik – nicht zu erreichen, denn ein Photon, also ein Lichtquant, ist die minimal existierende Lichtmenge! (Es ist daher nicht erstaunlich, dass mancherorts Pflanzenphysiologen mit Physikern auf dem Sektor der Solarenergie-Forschung zusammenarbeiten.) In einer Gefrierbruch-Replik sind solche Antennenkomplexe deutlich zu identifizieren (▸ Abb. 20.5).

Zusammenfassend lässt sich feststellen: Mit der Lichtaufnahme sind folgende Funktionen des inneren Membransystems des Chloroplasten gekoppelt ▸ Abb. 20.3, ▸ Abb. 20.4). Der erste Schritt heißt paradoxerweise **Photosystem II**.

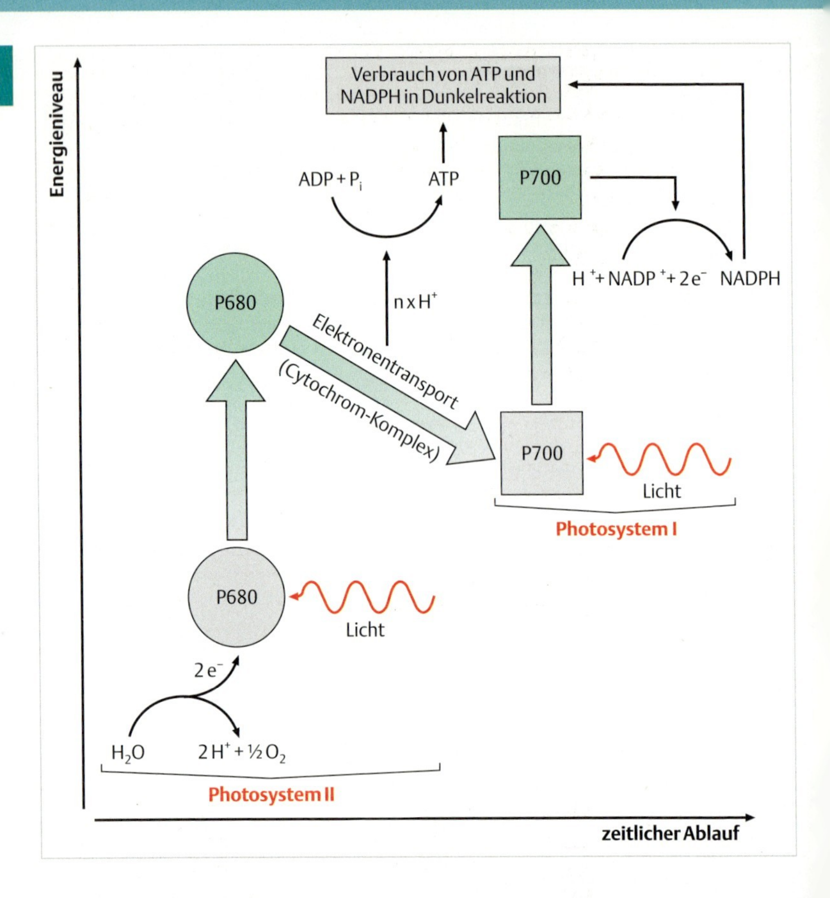

Hier führt die Lichtaufnahme zur Photolyse von Wassermolekülen. Daran schließt sich der **Transport von Elektronen** (e^-) über eine Cytochromkette an. Dies ist die Voraussetzung für den Aufbau eines **Protonengradienten** (H^+) – ähnlich Mitochondrien.

▸ **ATP wird mithilfe eines Protonengradienten synthetisiert.** Der H^+-Aufbau erfolgt dadurch, dass Protonen den Elektronen hinterherdiffundieren, sodass ein H^+-Transport in die geschlossenen Räume des inneren Membransystems erfolgt. Der H^+-Gradient ist seinerseits die Voraussetzung für die **Synthese von ATP**. Letztere erfolgt – wieder ähnlich den Mitochondrien – durch Abströmen der Protonen über die ATP-Synthase-Moleküle, die im inneren Membransystem integriert sind. Bis hierher gelten also die gleichen Gesetze wie wir sie als

◂ **Abb. 20.4 Z-Schema der Photosynthese.** Die Photosynthese beginnt mit dem Photosystem II. Dieses besteht aus einem Antennenkomplex, der neben Chlorophyll noch eine Reihe von Komponenten enthält. Dieser heißt P680-Komplex, weil er als Lichtabsorber mit maximaler Effizienz bei Einstrahlung von Licht mit einer Wellenlänge von 680 nm dient. Seine Aktivierung resultiert in der Hydrolyse von Wasser. Die dabei frei werdenden Elektronen (e^-) werden von P680 aufgenommen, das auf ein höheres Energieniveau angehoben wird (grau → grün).
Der zweite Schritt der Photosynthese besteht in einem Elektronentransport entlang eines Cytochrom-Komplexes. Das abfallende Energieniveau wird energetisch genutzt, indem gleichzeitig mit dem Elektronen-Fluß ein Protonen-Transport in die geschlossenen Säcke des Innenmembransystems des Chloroplasten in Gang gehalten wird. Die Bildung von ATP erfolgt dann wie in Kap. 19.2 (S. 377) für die Mitochondrien besprochen wurde. Der Abfluss der Protonen in das Stroma des Chloroplasten treibt eine ATP-Synthase am Innenmembransystem an (chemiosmotische Theorie).
Erst in einem dritten Schritt kommt das Photosystem I zum Zuge. Dieses enthält wiederum eine „Lichtantenne" mit Chlorophyll. Da die maximale Energetisierung durch Licht von 700 nm erfolgt, heißt dieser Komplex P700. Auch P700 gibt aus seinem energetisierten Zustand Energie ab, die hier aber zur Reduktion von $NADP^+$ zu NADPH genutzt wird. ATP und NADPH werden also im Anschluss an die Prozesse der Lichtreaktion gebildet. Beide Substanzen werden in der Dunkelreaktion verbraucht (vgl. ▸ Abb. 20.3). Erst in der Dunkelreaktion erfolgt die Bildung von Glycerinaldehyd-3-Phosphat und Glukose, mit denen die Pflanzenzelle ihre Energiebedürfnisse außerhalb des Chloroplasten bestreitet.

Abb. 20.5 Antennenkomplexe einer Chloroplasten-Membran im Gefrierbruch-Bild. Vergr. 122 000-fach. (Aufnahme: M. Lefort-Tran, M. Pouphile, Gif-sur-Yvette, und H. Plattner)

„**chemiosmotische Theorie**" bei den Mitochondrien kennen gelernt haben. Die anschließende **Dunkelreaktion**, die der **Kohlenstoff-Assimilation** dient (vgl. ▶ Abb. 20.3), erfolgt im Stroma. Die Ribulose-1,5-bis-Phosphat-Carboxylase (**Rubisco**) ist als Schlüsselenzym der CO_2-Assimilation nicht am inneren Membransystem integriert, sondern liegt frei im Stroma. Das Endprodukt der CO_2-Assimilation, die **Glukose**, wird teilweise sogar im Lichtmikroskop sichtbar, wenn eine Polymerisation zu Stärkekörnern im Stroma stattfindet. Soweit eine Kurzdarstellung, die wir nun vertiefen.

▶ Die Bildung der Glukose

Die Lichtreaktion liefert ATP und NADPH. Kehren wir noch einmal an den Ausgangspunkt der Photosynthese zurück. Das detaillierte Funktionsschema eines Chloroplasten in den ▶ Abb. 20.3 und ▶ Abb. 20.4 zeigt, dass allen anderen Schritten voraus das Photosystem II (und nicht das Photosystem I) der Lichtreaktion in Aktion tritt. Das Chlorophyll eines **Antennenkomplexes** nimmt Photonen auf, die dann in der Lage sind, Wassermoleküle in Protonen und Sauerstoff zu spalten. Dabei werden Elektronen frei:

$$2H_2O + \text{Licht} \rightarrow 4H^+ + 4\,e^- + O_2$$

Molekularer Sauerstoff (O_2) entweicht aus der Pflanze in die Atmosphäre. Die Elektronen werden von einem angehobenen Energieniveau herunter entlang einer **Redoxkette** über ein stetig abnehmendes Energieniveau transportiert (▶ Abb. 20.4). Die dabei beteiligten **Cytochrome** – andere als in der inneren Mitochondrienmembran – sind auch im Chloroplasten im inneren Membransystem lokalisiert und transportieren die Elektronen über den reversiblen Übergang von $Fe^{3+} \rightleftharpoons Fe^{2+}$. Die Protonen diffundieren den Elektronen hinterher, bis sie auch im Chloroplasten in den zu Hohlräumen geschlossenen Säcken des inneren Membransystems „gefangen" sind. Und wiederum gibt es nur den Ausweg, dass die Protonen durch H^+-Kanäle der **ATP-Synthase**-Moleküle zurück ins Stroma abfließen. So kann das Konzentrationsgefälle der **Protonen** (H^+) auch hier zur ATP-Produktion genutzt werden. Sogar der molekulare Aufbau dieser ATP-Synthase ist jenem der mitochondrialen im Prinzip recht ähnlich. Ein wesentlicher Unterschied sei jedoch noch einmal betont: Der Chloroplast exportiert dieses ATP nicht, sondern er investiert es zur Gänze, um den später folgenden Schritt der CO_2-Assimilation zu „finanzieren" (▶ Abb. 20.3).

Zunächst aber schließt sich an das Photosystem II das **Photosystem I** an (▶ Abb. 20.3, ▶ Abb. 20.4). Dieses ist ebenfalls im **inneren Membransystem** lokalisiert und enthält **Chlorophyll**, das Photonen aufnimmt. Die in der vorausgehenden Cytochromkette von System II energetisch abgefallenen Elektronen werden noch einmal auf ein höheres Energieniveau gehoben. Diese Elektronen vermögen, zusammen mit Protonen, $NADP^+$-Moleküle zu NADPH zu reduzieren. Das **$NADP^+$/ NADPH-System** unterscheidet sich von dem uns aus den Mitochondrien vertrauten durch eine Phosphorylierung des C2-Atoms der Adenin-gekoppelten Ribose; vgl. Formeln in Kap. 18.2 (S. 373). Der Ablauf ist folgendermaßen:

$$NADP^+ + H^+ + 2\,e^- \rightarrow NADPH$$

Die Reduktionsäquivalente aus Photosystem I können (wie das ATP aus Photosystem II) erst in der Dunkelreaktion zum Zug kommen (▶ Abb. 20.3).

Zusammenfassend können wir demnach festhalten, dass die Lichtreaktion eine zweistufige Vorbereitung zur Dunkelreaktion im Stroma ist, und zwar durch die Bereitstellung von ATP und von NADPH. Bei der Lichtreaktion werden also Elektronen durch den Lichteinfang am Chlorophyll zweimal auf ein hohes Energieniveau gehievt. Der Verlauf des Energieniveaus eines Elektrons sieht daher aus wie ein um 90° gekipptes Z (▶ Abb. 20.4), daher spricht man vom **Z-Schema der Photosynthese**.

Erst in der Dunkelreaktion wird Glukose gebildet. ▶ Abb. 20.3 zeigt einige weitere Details zum Ablauf der Dunkelreaktion. Diese verläuft zyklisch, d. h. das Ausgangsprodukt Ribulose-5-Phosphat (ein C_5-Körper) wird im **Calvin-Zyklus** stets nachgebildet. Zunächst wird Ribulose-5-Phosphat mittels ATP (aus der Lichtreaktion) zu Ribulose-1,5-bis-Phosphat aufphosphoryliert. Erst dann kann es als Substrat für das Schlüsselenzym der Dunkelreaktion dienen. Dieses Enzym ist die Ribulose-1,5-bis-Phosphat-Carboxylase (**Rubisco**). Seinen Namen erhielt es aufgrund der Fähigkeit, Kohlendioxid kovalent an Ribulose-1,5-bis-Phosphat zu binden. Dabei verwendet die Pflanze Kohlendioxid in gelöster Form, das in einem komplexen Gleichgewichtssystem vorliegt:

$CO_2 + H_2O$	$\rightleftharpoons$	H_2CO_3	$\rightleftharpoons$	$H^+ + HCO_3^-$	$\rightleftharpoons$	$2H^+ + CO_3^{2-}$
Kohlendioxid + Wasser		Kohlensäure		Bicarbonat-Ion		Carbonat-Ion

Auf diesem Wege steht dem Chloroplasten CO_2 stets zur Verfügung. Die Carboxylase der Chloroplasten hat demnach die umgekehrte Funktion wie die CO_2-freisetzenden Decarboxylasen der Mitochondrien. Da CO_2 in zelleigene Substanz integriert wird (letzten Endes in Glukose), wird der gesamte Vorgang als **Assimilation** bezeichnet. Der so gebildete C_6-Körper zerfällt in die zwei C_3-Körper der 3-Phosphoglycerinsäure, die mittels NADPH aus der Lichtreaktion zu zwei Molekülen Glycerinaldehyd-3-Phosphat reduziert werden. Dieses stellt eine Schlüsselsubstanz des pflanzlichen Stoffwechsels dar. Glycerinaldehyd-3-Phosphat kann einerseits über komplexe Schritte im Rahmen des Calvin-Zyklus in Ribulose-5-Phosphat zurückgeführt oder andererseits noch im Chloroplasten in Zucker verschiedener Kettenlänge umgewandelt werden. Da-

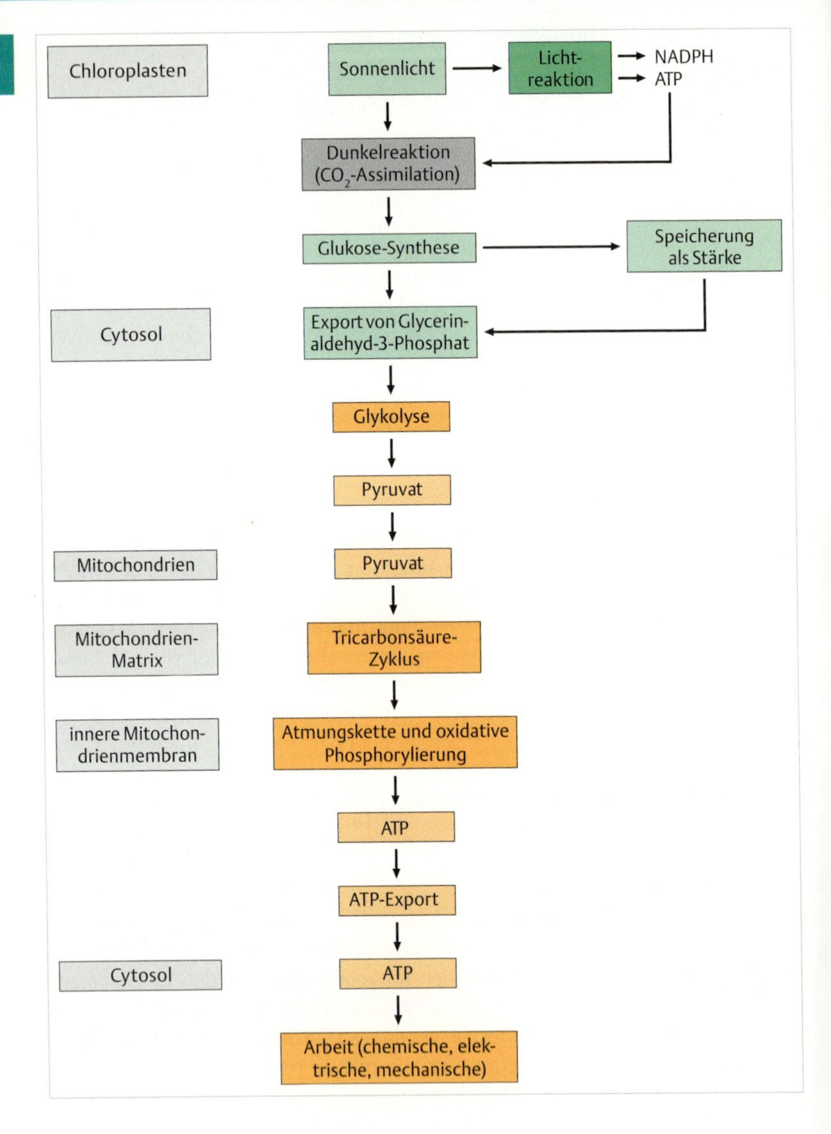

Chloroplasten
Sonnenlicht
Licht-
reaktion
NADPH
ATP
Dunkelreaktion
(CO_2-Assimilation)
Glukose-Synthese
Speicherung
als Stärke
Cytosol
Export von Glycerin-
aldehyd-3-Phosphat
Glykolyse
Pyruvat
Mitochondrien
Pyruvat
Mitochondrien-
Matrix
Tricarbonsäure-
Zyklus
innere Mitochon-
drienmembran
Atmungskette und oxidative
Phosphorylierung
ATP
ATP-Export
Cytosol
ATP
Arbeit (chemische, elek-
trische, mechanische)

◄ **Abb. 20.6 Energiekonservierung („Energiegewinnung") und Energieumsatz in Pflanzenzellen** in Kurzfassung. Zwar wird auch im Chloroplasten ATP gebildet (in der Lichtreaktion), jedoch wird dieses an Ort und Stelle (in der Dunkelreaktion) wieder verbraucht. Die Energieversorgung der Pflanzenzelle läuft also über den Export von anderen Syntheseprodukten des Chloroplasten, unter anderem Glycerinaldehyd-3-Phosphat. Dieses kann in die Glykolyse eingespeist werden, deren Endprodukt Pyruvat in den Mitochondrien weiter verwertet wird. Damit ist der weitere Energiestoffwechsel der Pflanzenzelle identisch mit dem der tierischen Zelle, abgesehen von der wichtigen Tatsache, dass die grüne Pflanzenzelle den „Brennstoff" Glukose selbst zu synthetisieren vermag.

bei ist die Bildung von Glukose und deren Kondensation zu polymerer **Stärke** besonders wichtig, die im Stroma als Körnchen sichtbar wird. Dieser „Trick" erlaubt es den Chloroplasten, große Mengen an Glukose zu speichern, ohne durch osmotische Belastung zu platzen.

▸ **Der Abbau ihrer selbst assimilierten Glukose liefert der Pflanze ihre Energie.** Wie sind Chloroplasten in die Gesamtfunktion der Pflanzenzelle eingebunden? ▸ Abb. 20.6 fasst dies zusammen. Sowohl Glukose, als auch das Glycerinaldehyd-3-Phosphat können ins Cytosol abgegeben werden. Im Cytosol kennen wir Glycerinaldehyd-3-Phosphat bereits als Zwischenstufe der Glykolyse (S. 370). Über diese kann Pyruvat gebildet und in den Mitochondrien (S. 377) weiter energetisch ausgebeutet werden, wie dies auch in tierischen Zellen erfolgt. Zwischenprodukte der Kohlenstoff-Assimilation können jedoch auch in den Peroxisomen der Pflanzenzelle ausgebeutet werden; vgl. Kap. 24.2.2 (S. 489).

An dieser Stelle sei noch einmal betont, dass die Pflanzenzelle nur indirekt von der Syntheseleistung ihrer Chloroplasten profitiert, nämlich erst auf dem Wege der Glykolyse und des oxidativen Energiestoffwechsels der Mitochondrien. Erst dabei wird das ATP für die verschiedenen energieverbrauchenden Prozesse der Zelle synthetisiert, wogegen das in Chloroplasten gebildete ATP zur Gänze für die „Finanzierung" der Photosynthese investiert wird. Demnach benötigt auch die Pflanzenzelle O_2 für ihre mitochondriale Zellatmung, obwohl sie den größten Teil des O_2, das bei der Photolyse des Wassers anfällt, an die Atmosphäre abgibt. Diese Zusammenhänge wurden bereits in ▸ Abb. 4.3 zusammengefasst.

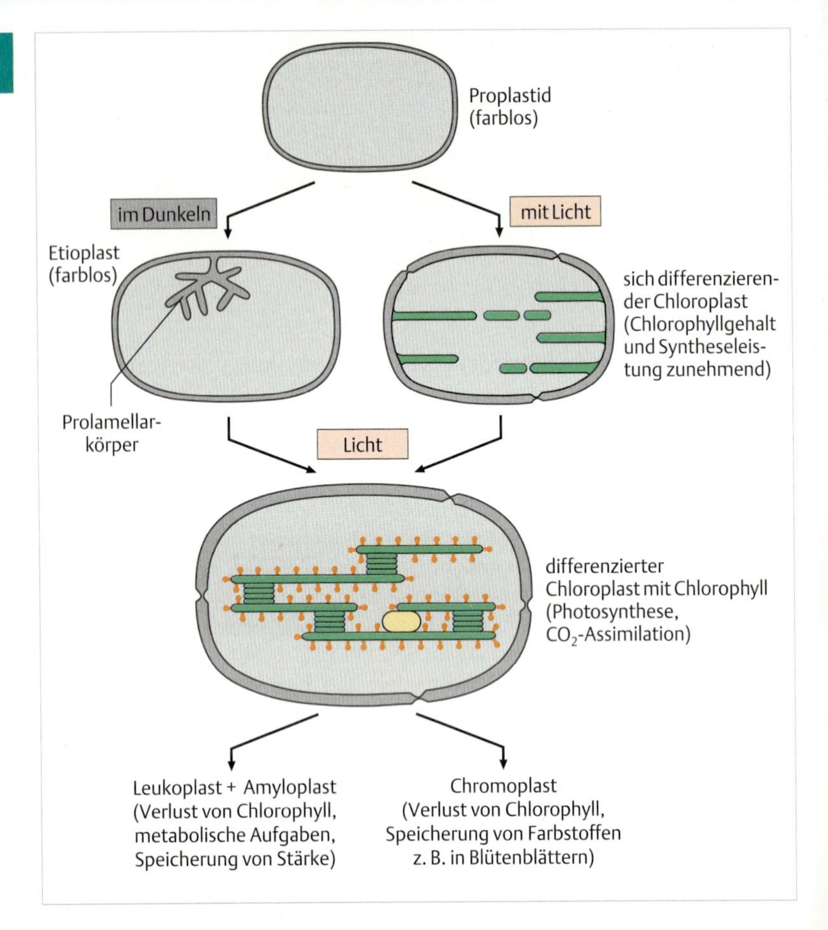

20.2 Biogenese von Chloroplasten

▸ **Chloroplasten entstehen durch Teilung und haben eine eigene DNA.** Wie Mitochondrien entstehen auch Chloroplasten immer durch **Teilung** aus ihresgleichen. Dies wird über ihre organelleigene DNA, die ptDNA, gewährleistet, deren Translationsprodukte der Ergänzung aus der cytosolischen Translation von kernkodierten Produkten bedürfen. Die ptDNA kodiert einige der Proteinketten des inneren Membransystems, darunter ein Teil der Cytochrome. Weiterhin kodiert die ptDNA organelleigene tRNA sowie einen Teil der Proteine

◂ **Abb. 20.7 Biogenese von Chloroplasten und von deren Derivaten** (Chloroplasten, Amyloplasten). Für kleine, chlorophyllfreie Proplastiden, die bereits eine doppelte Membranumhüllung aufweisen, gibt es zwei Differenzierungswege.
Im Dunkeln entwickeln sich reichliche Einfaltungen der Innenmembran. Dieser Prolamellarkörper der Etioplasten stellt einen Membranvorrat für die weitere Differenzierung dar, sobald die Zelle Licht „sieht". Wenn Licht sogleich verfügbar ist bilden sich unmittelbar parallele Einfaltungen der Innenmembran. Auf beiden Wegen geht die endgültige Differenzierung durch Ausbildung von Granalamellen und zunehmende Einlagerung von Chlorophyll in Stroma- und Granalamellen vonstatten, wodurch der Chloroplast seine volle Funktionsfähigkeit erlangt. Er kann sie aber auch zugunsten der Speicherung von Farbstoffen (Chromoplasten von Blütenblättern) oder bei extremer Speicherung von Stärke (Amyloplasten, Leukoplasten) verlieren. Beide Chloroplasten-Derivate sind frei von Chlorophyll.

und der rRNA der Ribosomen, die der Chloroplast in seinem Stroma besitzt. Weitere Details gibt die ▸ Tab. 26.2. Die organelleigenen Ribosomen werden gebraucht, um die Genprodukte der ptDNA zu translatieren.

Es werden keinerlei Translationsprodukte aus den Plastiden exportiert, dagegen wird sehr vieles an Translationsprodukten aus dem Cytosol importiert. Die meisten Genprodukte der Chloroplasten sind nukleär kodiert, müssen also importiert werden. Kaum eines der Innenmembran-Proteine wird komplett von ptDNA-Genen kodiert, sondern Peptidketten aus beiden Genomen werden kombiniert. Die Situation ist also jener bei Mitochondrien sehr ähnlich; s. Kap. 19.3 (S. 389). Dabei müssen durch Lichteinfall komplizierte Signale induziert werden, die die **Differenzierung** der farblosen und strukturell einfachen Vorläuferformen zu fertigen Chloroplasten anregen (▸ Abb. 20.7). Ein Chloroplast erhält ebenfalls viele Proteine, vergleichbar einem Mitochondrium, aus dem Cytosol geliefert, wo sie nach Kodierung im Kern an freien Ribosomen synthetisiert werden. Auch der Importmechanismus ist bei beiden Organellen ähnlich: Es sind „**Targeting**"-Sequenzen und „**β-Barrel**"-Proteine (S. 127), **TOC** und **TIC** (Translocase outer/inner chloroplast membrane), an den Kontaktstellen beteiligt. Vom Chloroplasten erfolgt eine besonders intensive Rückkoppelung zum Kerngenom, um eine koordinierte Expressionssteuerung zu gewährleisten.

Obwohl die Verhältnisse also prinzipiell wieder sehr ähnlich wie bei den Mitochondrien liegen, haben die Choroplasten eine noch weitergehende Autonomie bewahrt, wahrscheinlich weil sie erst später in der Evolution in die Pflanzenzellen gelangt sind als Mitochondrien (S. 537).

▸ **Chloroplasten brauchen Licht zur Differenzierung.** Wie differenziert sich ein Chloroplast aus seiner Vorläuferstruktur (▸ Abb. 20.7)? Ohne Licht kann ein Plastid als kleiner **Proplastid**, zwar mit ptDNA und doppelter Membranhülle, aber ohne ausgeprägtes inneres Membransystem existieren. Bei Lichteinfall beginnt die innere Membran ins Stroma einzusprossen. Es bilden sich Stromalamellen und später durch deren lokale Ausfaltungen übereinander liegende Granalamellen. Dabei werden zunehmend Chlorophyll und Cytochrome in das innere Membransystem eingebaut. Wird eine grüne Pflanze auf längere Dauer abgedunkelt, so verblasst sie. So **etiolieren** Gräser, wenn sie wochenlang im Garten unter einem Brett liegen, können aber schnell wieder grün werden. Diese Fähigkeit beruht darauf, dass die Chloroplasten der Pflanzenzelle auch ohne Lichtversorgung nicht ganz verloren gehen. Sie werden in diesem Fall nicht einmal zu ganz einfachen Proplastiden, sondern zu so genannten Etioplasten zurückgebildet. **Etioplasten** könnte man als rasch differenzierungsfähige Wartestadien bezeichnen. Ihre innere Randmembran bildet lokal reichlich verzweigte tubuläre Einfaltungen (im Lichtmikroskop als farbloses **Primärgranum** zu sehen), die als Lipidreserve dienen. Damit ist die rasche Proliferation des inneren Membransystems, mit der der Chloroplast unverzüglich „loslegen" kann, gewährleistet.

▸ **Chloroplasten können für andere Aufgaben umfunktioniert werden.** Chloroplasten können auch auf anderem Wege ent- oder umdifferenziert werden. In Speichergeweben, wie Kartoffelknollen, haben sie kein Chlorophyll und werden voll gestopft mit Stärkekörnern. Diese Umstände haben solchen Plastiden die Namen **Leukoplasten** bzw. **Amyloplasten** eingebracht. **Chromoplasten** dagegen haben zwar auch ihr Chlorophyll verloren, dafür speichern sie jedoch bunte Farbstoffe und bestimmen so die Farbe vieler Blüten. Ein Beispiel ist das leuchtende Gelb der Sumpfdotterblume *Caltha palustris*. Für andere Blütenfarben vgl. Kap. 14.4 (S. 307).

▸ **Literatur zum Weiterlesen**

siehe www.thieme.de/go/literatur-zellbiologie.html

21 Zellen im Gewebeverband – Zusammenhalt und Kommunikation

Zusammenfassung

Zellen sind in vielfacher Weise miteinander sowie mit der **extrazellulären Matrix** (Interzellularsubstanz) verbunden. An Zell-Zell-Verbindungen gibt es solche, die als ultrastrukturelle Membranspezialisierungen sehr auffällig sind. Dazu gehören tight junctions zur einseitigen Versiegelung der Interzellularräume, die Adhäsionsgürtel (**Gürteldesmosomen**) mit Cadherinen als integralen Membranproteinen und innenseitig ansetzenden Aktin-Filamenten sowie (**Punkt-)Desmosomen**, ebenfalls mit Cadherinen, aber in Assoziation mit Keratin-Filamenten. Synonym werden diese Komponenten des „**Verbindungskomplexes**" als Zonula occludens, Zonula adhaerens und Macula adhaerens bezeichnet. **Cadherine** sind Zelladhäsionsmoleküle (integrale Membran-Glykoproteine), welche Ca^{2+}-abhängig an ihresgleichen binden (homophile Bindung zwischen benachbarten Zellmembranen). Zwischen und außerhalb dieser festigenden Zell-Zell-Verbindungen sind gap junctions zur interzellulären Kommunikation lokalisiert.

Daneben unterhalten Zellen großflächige, jedoch strukturell weniger auffällige Verbindungen über **Zelladhäsionsmoleküle**, sowohl mit anderen Zellen, als auch mit Komponenten der extrazellulären Matrix. Diese enthält unter anderem Aggregate aus Hyaluronsäure und Proteoglykanen sowie elastische Fasern aus Elastin und mechanisch sehr feste Fasern aus Kollagen. Zahlreiche Verbindungen gewährleisten den Kontakt der Zellen mit diesen Komponenten der Matrix. Dazu gehören Kontakte über die integralen Membranproteine der Gruppe der Integrine, und zwar nicht nur an **Hemidesmosomen** (mit Keratin-Filamenten) und **Fokalkontakten** (mit Aktin-Filamenten), sondern auch an strukturell unauffälligen Zell-Matrix-Verbindungen. **Integrine** sind integrale Membran-Glykoproteine zur Bindung von einzelnen Matrixkomponenten. Integrine sind daher Rezeptoren für Matrixkomponenten; sie bilden heterophile Bindungen. Die Herstellung bzw. Lösung aller dieser Verbindungen ist bedeutsam nicht nur bei normalen Entwicklungsprozessen, sondern auch bei der Entstehung von Tumoren. Die Lösung solcher Verbindungen erlaubt die Freisetzung von metastasierenden Tumorzellen.

21.1 Zellen im Gewebeverband

Im vielzelligen Organismus sind Zellen zu Geweben und Gewebe zu Organen zusammengefügt. Ein **Gewebe** ist ein Verband gleichartiger Zellen von einer Art, meistens aber von mehreren Arten, mit typischer Anordnung und gemeinsamer Funktion. Mehrere Arten von Zellen sind in den meisten Fällen allein schon deshalb beteiligt, weil die meisten Gewebe von Blutgefäßen durchsetzt sind. Ein Extremfall ist das Knorpelgewebe, das allein Chondrocyten enthält und durch Diffusion ernährt wird. In manchen Geweben sind klare Bau- und Funktionseinheiten erkennbar („**Hist*i*one**“, nicht zu verwechseln mit Histonen). Beispiele sind das Leberläppchen und das Osteon des Knochengewebes. Der Begriff des Histions impliziert eine strukturelle und funktionelle Unterteilung mancher Gewebe bzw. die Tatsache, dass Gewebe meistens nicht völlig homogen gebaut sind. Durch Zusammenschluss mehrerer Gewebe entstehen Organe für komplexere Funktionsleistungen. Paradebeispiel hierfür ist unser Auge, in dem u. a. Gewebe für die Aufnahme und Verarbeitung von Lichtreizen (Retina, ein Epithel aus Sinnes- und Nervenzellen) und Gewebe für die Bündelung des Lichtes (Augenlinse) sowie weitere Gewebe miteinander kombiniert sind.

Es ist aber nicht selbstverständlich, dass Zellen überhaupt miteinander in Kontakt bleiben, und noch weniger, dass sie dies in „richtiger“ Anordnung tun. Dazu bedarf es einer Palette an Proteinen der Zelloberfläche, meist membranintegrierte Glykoproteine, die Glykokalyx (S. 133). Sie stellen spezifische Zell-Zell-Kontakte her. Cytoplasmaseitig kann strukturell eine Anknüpfung an Elemente des Cytoskeletts erfolgen, nämlich an Aktin- (S. 332) und Intermediär-Filamente (S. 347) und funktionell an Signaltransduktionswege; vgl. Kap. 6.5 (S. 142), Kap. 17.2 (S. 358) und Kap. 23.1 (S. 458).

Zellen sind vielfach von einer mehr oder weniger stark ausgebildeten zwischenzelligen Substanz umgeben (Interzellularsubstanz, **extrazelluläre Matrix**). Bei starker Ausprägung gesellen sich zu ihr auch Elemente des Bindegewebes, wie das Faserprotein Kollagen. Benachbarte Zellen besitzen dann an ihrer Oberfläche unter anderem auch integrale Bindeproteine für Kollagen (Kollagen-Rezeptor) und andere Zell-Matrix-Verbindungen.

Wie in ▸ Abb. 21.1 zusammengefasst, ist der Zusammenhalt von Zellen in Geweben gewährleistet durch

- Zell-Zell-Verbindungen
- Zell-Matrix-Verbindungen

Zwischen beiden gibt es insofern Gemeinsamkeiten, als manche Zell-Zell-Verbindung auch quasi halbiert auftreten und dann als Zell-Matrix-Verbindung fungieren kann.

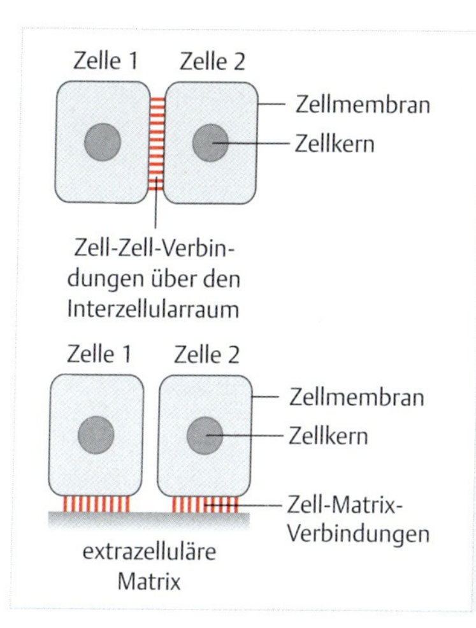

Abb. 21.1 Zusammenhalt von Zellen im Gewebe. Der Zusammenhalt der Zellen ist gewährleistet durch Zell-Zell- sowie durch Zell-Matrix-Verbindungen. Beide sind hier getrennt gezeichnet, können aber gleichzeitig am Zusammenhalt von Zellen im Gewebe mitwirken.

Im Folgenden sind strukturell auffällige Zell-Zell-Verbindungen und Zell-Matrix-Verbindungen zusammengestellt (▸ Abb. 21.2f.):

Undurchlässige Zell-Zell-Verbindungen. Tight junction (Schlussleiste, Zonula occludens). Diese Verbindungen dienen dem Abdichten des Interzellularraumes.

Haftverbindungen. Sie dienen der mechanischen Festigung (vgl. nachfolgende Punkte 1, 2) und der Deformierbarkeit (s. Punkt 1).

1. In Assoziation mit Aktin-Filamenten
- **Adhäsionsgürtel** (*adhesion belt*, Gürteldesmosom, Zonula adhaerens): zweiteilige Zell-Zell-Verbindung
- **Fokalkontakte** (*adhesion plaques*): Zell-Matrix-Verbindungen, die wie halbierte Gürteldesmosomen aussehen.

2. In Assoziation mit Intermediär-Filamenten vom Typ der Keratine
- (**Punkt-**)**Desmosom** (Macula adhaerens). Zweiteilige Zell-Zell-Verbindung
- **Hemidesmosom**: Zell-Matrix-Verbindung, die wie ein halbiertes Punktdesmosom aussieht.

3. In ultrastrukturell weniger auffälligen Zell-Zell- und Zell-Matrix-Verbindungen.
- Im Gegensatz zu den oben genannten Verbindungen sind hier die beteiligten Proteine nicht zu größeren dauerhaften Aggregaten geclustert, sondern flächig verteilt. Auch die Anbindung cytoskelettaler Filamente ist hier – obwohl vorhanden – im EM nicht so offensichtlich.

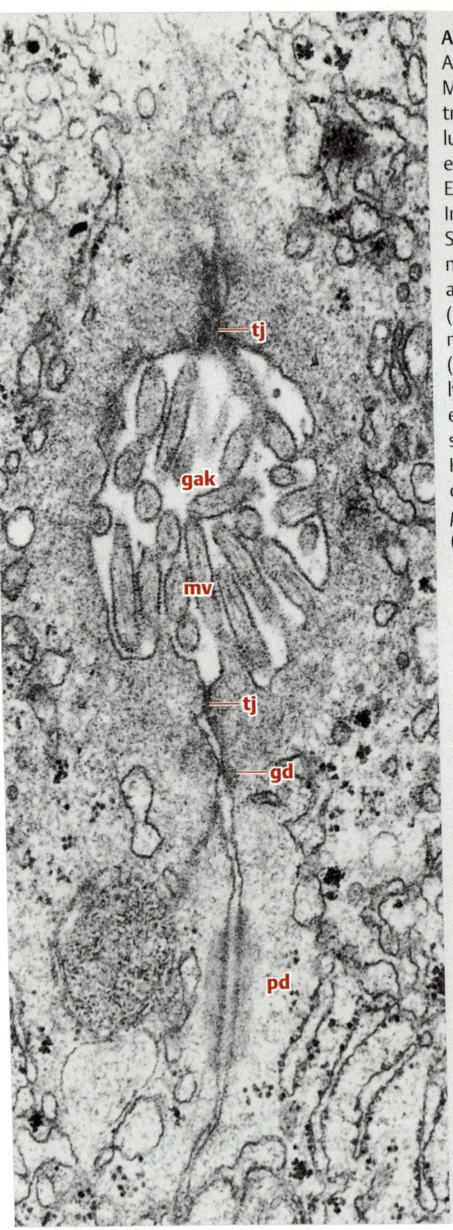

Abb. 21.2 Verbindungskomplex. An einer Gallenkapillare (**gak**, mit Mikrovilli, **mv**) lässt sich ihre Abtrennung vom restlichen Interzellulärraum durch *tight junctions* (**tj**) erkennen. Diese verhindern den Einstrom der Galle in die Blutbahn. In der weiteren Abfolge sind im Schnitt getroffen: ein Gürteldesmosom (**gd**) und ein wesentlich ausgedehnteres Punktdesmosom (**pd**). Beide sind von einer elektronendichten Masse flankiert, die (nach immuncytochemischen Analysen) jeweils Aktin bzw. Keratin enthalten. Die Kombination dieser strukturell auffälligen Zell-Zell-Kontakte nennt man den Verbindungskomplex (*junctional complex*). Vergr. 45 000-fach. (Aufnahme: H. Plattner)

Kommunizierende Verbindungen. Sie dienen der „interzellulären Kommunikation" durch Stoffaustausch.

1. Gap junctions:
- molekulare Tunnelproteine zum Austausch niedermolekularer Stoffe.

2. **Plasmodesmen**:
- einzige Zell-Zell-Verbindungen von Pflanzengeweben, die dem interzellulären Stoffaustausch dienen, ähnlich den gap junctions tierischer Gewebe.

3. **Chemische Synapsen**:
- setzen chemische Botenstoffe durch Exocytose (S. 269) frei, z. B. „chemische Kommunikation" zwischen einer Nervenendigung und eng benachbarter Muskel- oder Nervenzelle über Neurotransmitter-Freisetzung.

Wenn wir einmal von den Plasmodesmen der Pflanzen und den chemischen Synapsen absehen, so können in tierischen Geweben theoretisch alle aufgelisteten Zell-Zell-Verbindungen, sowie Fokalkontakte und Hemidesmosomen, nebeneinander vorkommen. Bei der Gewebebildung werden sie je nach funktionellen Bedürfnissen selektiv ausgebildet. Der besseren Übersichtlichkeit halber seien die einzelnen Komponenten zunächst getrennt dargestellt. ▶ Abb. 21.2 zeigt Beispiele im elektronenmikroskopischen Bild.

21.1.1 Tight junctions

Sie sind als „**Schlussleisten**" am resorbierenden Epithel des Dünndarms bereits histologisch im Lichtmikroskop deutlich erkennbar. Im Transmissions-EM erkennt man eine enge Annäherung benachbarter Zellmembranen (▶ Abb. 21.2). Appliziert man eine elektronendichte Salzlösung (z. B. Lanthan, La^{3+}) an einer Seite, so kann diese im Interzellularraum nur bis zu den *tight junctions* vordringen. Ähnlich dicht sind diese Zell-Zell-Verbindungen für physiologische Ionen oder gar für größere Moleküle.

Besonders aufschlussreich sind Gefrierbruch-Analysen (▶ Abb. 21.3). Sie zeigen, dass an *tight junctions* benachbarte Zellen durch eng aneinander gelegte, in langen und vielfach verzweigten Linien angeordnete integrale Proteine miteinander „vernietet" sind, wie das Schema in ▶ Abb. 21.4 zeigt.

Besonders prägnant sind *tight junctions* im Bereich der **Blut-Hirn-Schranke** ausgebildet, wo sie dazu beitragen, dass Substanzen aus dem Blutkreislauf nur unter strikter Kontrolle Zutritt zum Nervengewebe erlangen. Auch das Darmepithel besitzt ausgeprägte *tight junctions*, sodass Verdauungsenzyme den Körper nicht zersetzen und auch Nährstoffe nur unter strikter Kontrolle der molekularen Transportmechanismen in den Körper gelangen können; vgl. Kap. 6.2 (S. 115). Für die Integrität der *tight junctions* ist extrazelluläres Ca^{2+} erforderlich.

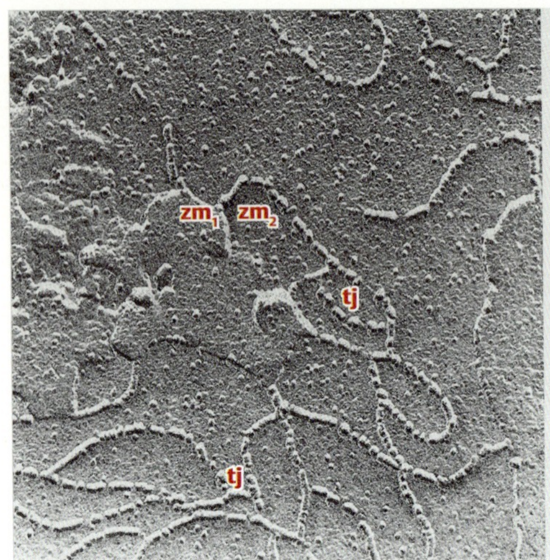

Abb. 21.3 Tight junction im Gefrierbruch. Hier liegen die Zellmembranen zweier Nachbarzellen (zm_1, zm_2) sehr eng aneinander. Dieser enge Zusammenschluss wird durch integrale Membranpartikel gewährleistet, die in verzweigten Reihen angeordnet sind und eine Art „Vernietung" beider Membranen bewerkstelligen (vgl. ▸ Abb. 21.4). Vergr. 67 700-fach. (Aufnahme: P. Pscheid, H. Plattner)

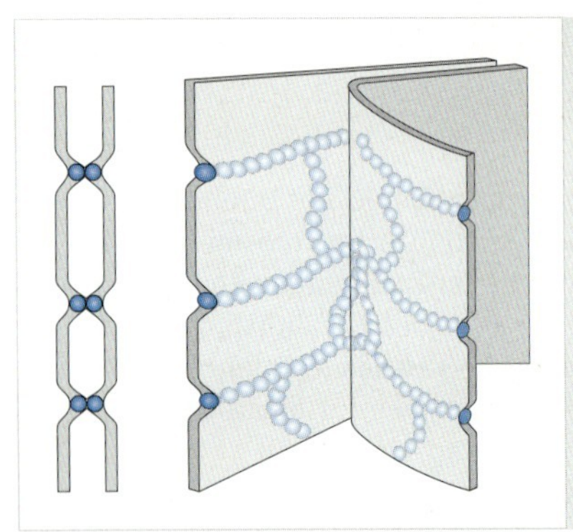

Abb. 21.4 Tight junctions. Schematische Darstellung der „Vernietung" benachbarter Zellmembranen durch Membranpartikel (vgl. ▸ Abb. 21.3). Links: Im Querschnitt sieht man die aneinander passenden Proteinpartikel. Rechts: Erst im Gefrierbruch (hier schematisch) zeigt sich die Anordnung der Partikel in verzweigten Reihen.

Das Äquivalent der *tight junctions* bei Invertebraten, von den primitivsten Metazoen (Schwämmen) angefangen, sind die **Leiter-Desmosomen**, die allerdings ein etwas anderes Aussehen haben. Das Errichten einer Permeabilitätsschranke war offensichtlich ein frühes „Anliegen" der Evolution.

21.1.2 Adhäsionsgürtel und Fokalkontakte

▸ **Adhäsionsgürtel.** Unterhalb der Schlussleisten folgt häufig eine als Adhäsionsgürtel bezeichnete Struktur (▸ Abb. 21.2, ▸ Abb. 21.5). Hier sind benachbarte Zellen durch gleichartige transmembranäre (integrale) Glykoproteine

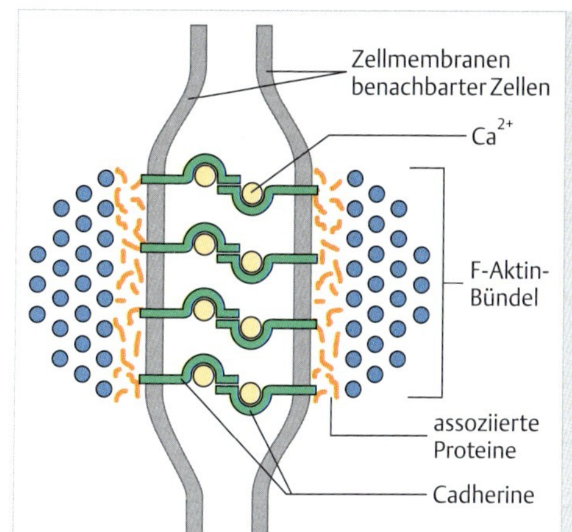

Abb. 21.5 Bau eines Adhäsionsgürtels (Gürteldesmosom). Die benachbarten Zellmembranen wahren einen deutlichen Abstand voneinander und enthalten hier Cadherine, die von beiden Seiten in den Interzellularraum vorragen, Ca^{2+} binden und über homophile Bindung miteinander verbunden sind. Innenseitig folgen membranassozierte Proteine, an die sich Bündel von Aktin-Filamenten flach anlagern.

vom Typ der **Cadherine** miteinander verhaftet, indem diese in den Interzellularspalt vorragen und in schleifenartigen Strukturen das bivalente Kation Ca^{2+} binden. Allgemein bezeichnet man als Cadherine jene membranintegrierten Glykoproteine, die Zell-Zell-Verbindungen unter Beteiligung von beidseitig gleichartigen Molekülen und unter Ca^{2+}-Einlagerung herstellen (▸ Abb. 21.5).

Die Bezeichnung Adhäsionsgürtel oder Gürteldesmosom kommt daher, dass diese Zell-Zell-Kontakte flächig, wie ein Gürtel, um die gesamte Zelle herumlaufen (▸ Abb. 21.7 und ▸ Abb. 21.8). Über zwischengelagerte, membranassoziierte Proteine sind **Aktin-Filamente** mit dem Gürteldesmosom verbunden (▸ Abb. 21.5). Mit den Aktin-Filamenten kann **Myosin** assoziiert sein, wodurch eine gewisse Kontraktilität erreicht wird.

▸ **Fokalkontakte.** Vom Adhäsionsgürtel ausgehend können Aktin-Filamente aber auch nach basal verlaufen, wo Epithelzellen über Fokalkontakte mit der extrazellulären Matrix in Verbindung treten. Diese, auch als **Adhäsionsplaques** bezeichneten Zell-Matrix-Verbindungen, zeigen im Transmissions-EM zwar einen ähnlichen Aufbau wie ein halbierter Adhäsionsgürtel, jedoch besitzen sie andersartige integrale Membran-Glykoproteine, die **Integrine** (▸ Abb. 21.6). Diese stellen Verbindungen mit Proteinen anderer Art (Nicht-Integrine) her, nämlich mit Komponenten der extrazellulären Matrix. Integrine kann man daher als heterophil bindende Rezeptoren für Matrixkomponenten bezeichnen. Jedes Integrin besteht aus zwei verschiedenen Untereinheiten (Heterodimer). Von besonderer Wichtigkeit sind dabei (i) die **Fibronectin-Rezeptoren** und (ii) die **Kollagen-Rezeptoren.** In ▸ Abb. 21.6 ist die Anbindung von Aktin-Filamenten an die Integrine eines Fokalkontaktes über assoziierte Proteine sehr verein-

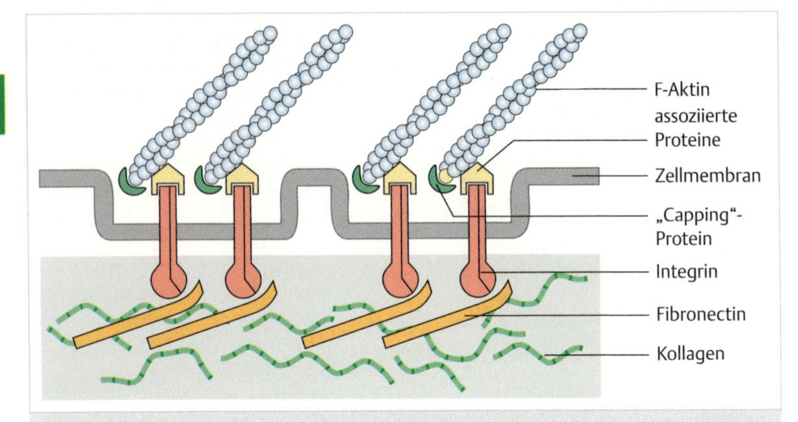

Abb. 21.6 Bau von Fokalkontakten (adhesion plaques). Diese dienen der Anheftung von Zellen an die extrazelluläre Matrix. Hier enthält die Zellmembran Integrine, die als Rezeptoren für Komponenten der Matrix dienen. Die hier gezeichneten Integrine dienen als Fibronectin-Rezeptoren. Innenseitig binden an den Integrinen, von denen ein jedes eigentlich aus zwei Untereinheiten besteht, Aktin-Filamente, jedoch nur durch Vermittlung von assoziierten Proteinen, deren komplexe Zusammensetzung aus verschiedenen Proteinen nicht gezeichnet ist. Die Aktin-Filamente sind außerdem durch ein „Capping"-Protein abgedeckt, um ihre weitere Polymerisation auf dieser Seite zu verhindern. Für ein detailierteres Schema vgl. den Molekularen Zoom (S. 462).

facht gezeichnet. In Wirklichkeit sind viel mehr Proteine beteiligt, siehe Molekularer Zoom (S. 462).

Auch Bindegewebszellen, die Fibroblasten, sind über Fokalkontakte im Bindegewebe verankert. Das Fibronectin, an dem sie haften, stellen sie selbst her und geben es über konstitutive Exocytose ab. Wenn eine Zelle, z. B. ein Fibroblast in der Kulturschale, beginnt, sich amöboid fortzubewegen, müssen diese Fokalkontakte gelöst werden; vgl. Kap. 17.2 (S. 358). Ähnliches geschieht, wenn Zellen zu Krebszellen entarten, wenn also die Kontakthemmung sowie die Teilungshemmung und somit die normale Integration im Gewebe aufgehoben werden; s. Kap. 6.4.1 (S. 138). Erst durch Lösen der Fokalkontakte kann es zum Auswandern von Krebszellen und somit zur **Metastasen-Bildung** in anderen Organen außerhalb des Primärtumors kommen. Fokalkontakte sind also reversible, dynamische Strukturen (vgl. ▸ Abb. 17.12).

Im Ensemble präsentieren sich Adhäsionsgürtel und Fokalkontakte wie in ▸ Abb. 21.7 dargestellt ist. Dabei ist berücksichtigt, dass auch jene Aktin-Filamente, welche aus den Mikrovilli einstrahlen (▸ Abb. 16.27), mit den Aktin-Filamenten des Adhäsionsgürtels über Intermediär-Filamente in Kontakt treten.

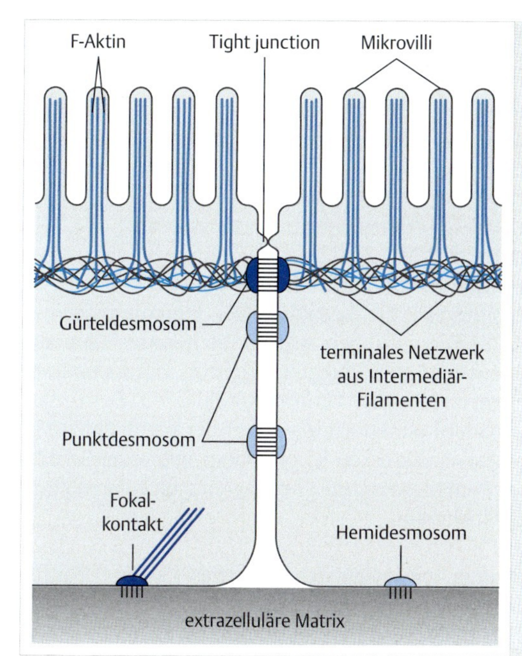

Abb. 21.7 Zuordnung von F-Aktin-Bündeln zu verschiedenen Spezialisierungen der Zellmembran in Epithelzellen. Aktin-Filamente (blau) liegen gebündelt vor in den Mikrovilli, sowie an den Gürteldesmosomen und ganz unten an Fokalkontakten. Dazwischen liegt das terminale Netzwerk aus Intermediär-Filamenten, sodass aus diesem Raum größere Organellen ausgeschlossen sind. Unterseits folgen Punkt- und Hemidesmosomen (vgl. ► Abb. 21.8). Den Abschnitt der Zellmembran mit den Mikrovilli, oberhalb der Tight junctions, bezeichnet man als apikal, den Rest als basolateral.

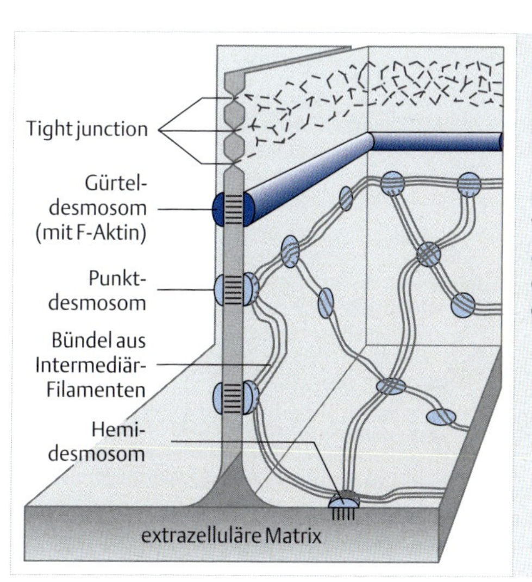

Abb. 21.8 Zuordnung von Bündeln aus Keratin-Filamenten zu Spezialisierungen der Zellmembran. Die Keratin-Filamente (grau) binden an Punkt- und Hemidesmosomen. Zum Vergleich mit ► Abb. 21.7 sind auch die anderen Strukturen des Verbindungskomplexes eingezeichnet.

21.1.3 Punktdesmosomen und Hemidesmosomen

Auffallend ist hierbei die strukturelle Ähnlichkeit mit Gürteldesmosomen und Fokalkontakten, obwohl die an der Bildung von Punkt- und Hemidesmosomen beteiligten Membranproteine sowie die assoziierten Filamente aus anderen Komponenten bestehen.

▶ **Punktdesmosomen.** Punktdesmosomen (neuerdings vereinfacht als „Desmosomen“ im engeren Sinn bezeichnet) können häufig unterhalb der Gürteldesmosomen beobachtet werden (▶ Abb. 21.2). Insbesondere hat sich aber die **Epidermis** der Haut (Deckepithel) auf die Ausbildung von Punktdesmosomen spezialisiert (vgl. ▶ Abb. 16.28). Die mit ihnen assoziierten **Keratin-Filamente** durchziehen diese Zellen kreuz und quer und gewährleisten somit eine hohe mechanische Festigkeit bei entsprechender Verformungsfähigkeit. Der Ansatz erfolgt nicht gürtelförmig, sondern punktförmig – daher der Name Punktdesmosomen (obwohl im Elektronenmikroskop so ein Punkt eher eine Scheibe darstellt). Die am Aufbau der Punktdesmosomen beteiligten molekularen Komponenten gehen aus ▶ Abb. 21.9 hervor.

▶ **Hemidesmosomen.** Die untersten Zellen der Epidermis (Stratum basale) treffen basal auf keine Nachbarzellen, sondern nur auf die Interzellularsubstanz des Bindegewebes. Hier bilden sich Hemidesmosomen. Hemidesmosom bedeutet, dass sich diese Zell-Matrix-Verbindung als halbes Desmosom präsentiert (griech.: hemi, halb). Hemidesmosomen sind aus **Integrinen** aufgebaut

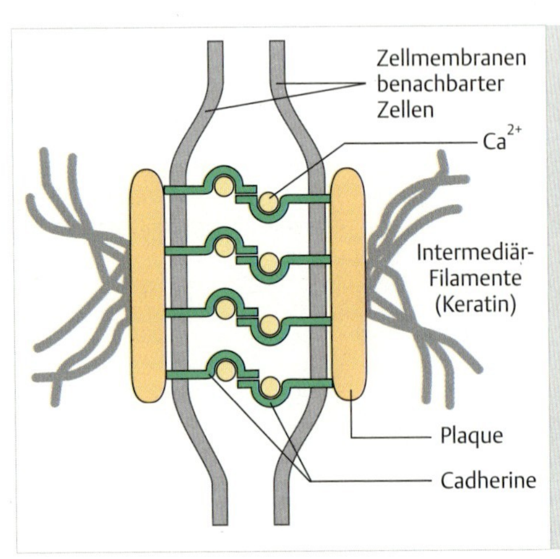

Abb. 21.9 Bau eines Punktdesmosoms. Die benachbarten Zellmembranen verlaufen in einem gewissen Abstand voneinander, denn hier ragen Cadherine in den Interzellulärraum vor, wo sie Schleifen mit Ca^{2+}-Brücken ausbilden. Die Anordnung ist also jener von Gürteldesmosomen sehr ähnlich (vgl. ▶ Abb. 21.5), jedoch sind hier andere Moleküle am Aufbau beteiligt. So bilden hier membranassoziierte Proteine eine Plaque-Struktur, an die sich Intermediär-Filamente aus Keratin anlagern.

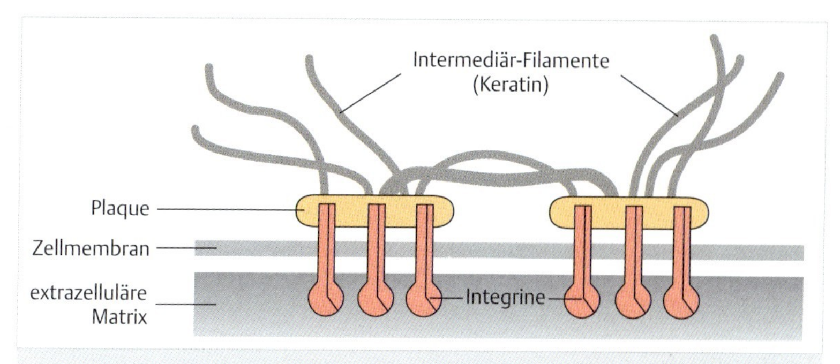

Abb. 21.10 Bau eines Hemidesmosoms. Hier vermitteln Integrine den Kontakt zur extrazellulären Matrix (ähnlich wie bei Fokalkontakten; vgl. ► Abb. 21.6). Innenseitig schließen sich assoziierte Proteine an, die hier einen Plaque bilden, an dem Intermediär-Filamente aus Keratin ansetzen (ähnlich wie bei Punktdesmosomen).

(vgl. ► Abb. 21.10). In ► Abb. 21.8 ist die Anordnung von Punkt- und Hemidesmosomen in Relation zu den vorhin besprochenen Zell-Zell-Verbindungen dargestellt.

Wie bei den Gürteldesmosomen liegen auch bei den Punktdesmosomen integrale Glykoproteine (**Cadherine**), innenseitig assoziierte Proteine und Filamente des Cytoskeletts vor, hier allerdings vom Typ der zu den Intermediär-Filamenten gehörenden **Keratin-Filamente**. Nur bei äußerlicher Betrachtung sind Hemidesmosomen halbierte Punktdesmosomen. Sie treten zwar über Keratin-Filamente mit diesen in Verbindung, die Hemidesmosomen enthalten jedoch Integrine (► Abb. 21.10).

21.2 Der Verbindungskomplex

Da *tight junctions*, Gürtel- und Punktdesmosomen häufig in dieser Reihung nacheinander angeordnet sind (vgl. ► Abb. 21.2), werden sie auch als Verbindungskomplex (*junctional complex*) zusammengefasst.

21.3 Zell-Zell-Verbindungen ohne assoziierte Filamente

21.3.1 Allgemeine Zell-Zell- und Zell-Matrix-Adhäsion

Dazu gehören alle jene Verbindungen, welche ultrastrukturell weniger auffällig als die vorhin besprochenen, aber nicht weniger wichtig sind. Oft können die beteiligten Komponenten nur über Immunmarkierung dokumentiert werden.

Häufig beobachtet man, wie Zellen einen relativ konstanten Abstand voneinander halten, z. B. in ▸ Abb. 4.17. Der Interzellularspalt birgt ein Reservoir an Ionen und Nährstoffen, die entlang der großen Fläche mit dem Zellinneren ausgetauscht werden. Über integrale Glykoproteine der Zellmembran werden die Erkennung von Nachbarzellen und deren spezifische Adhäsion gewährleistet. Über solche Moleküle können sogar Differenzierungsschritte induziert oder Zellbewegungen ausgelöst werden. Kurzum, auch dort, wo im EM keine morphologisch auffälligen Strukturen des Verbindungskomplexes zu sehen sind, gibt es molekulare Verbindungen zwischen den Zellen über verschiedenartige integrale Membran-Glykoproteine, die von beiden Seiten aus in den Interzellularraum oder zu einer mehr oder weniger stark ausgebildeten extrazellulären Matrix hinausragen. Dabei gibt es verschiedene Möglichkeiten (▸ Abb. 21.11):

1. Die Bindung erfolgt an einer Komponente der extrazellulären Matrix mittels einseitig herausragenden Integrinen (Allgemein: **Substrate *a*dhesion *m*olecules**, **„SAMs“**).
2. Die Bindung erfolgt über beidseitig aus den benachbarten Zellmembranen herausragende integrale Proteine. Darunter fallen mehrere Typen:

- **Cadherine** mit Ca^{2+}-abhängiger Bindung beidseitig gleichartiger Partner (homophile Bindung) wie in ▸ Abb. 21.5 und ▸ Abb. 21.9, jedoch ohne auffällige intrazelluläre Filamentbündel.
- **„CAMs“** (**cell *a*dhesion *m*olecules**) der Immunglobulin-(Ig-)Superfamilie (s. u.). Diese können homophile oder heterophile Bindungen eingehen, also mit gleichen oder ungleichen Partnern von CAMs binden.

Dieser in der Tat verwirrenden Nomenklatur liegen rasch fortschreitende molekulargenetische Strukturaufklärungen zugrunde.

Somit gibt es verschiedene Typen von „Zelladhäsionsmolekülen“ im weiteren Sinn. Mit ihren hydrophoben Domänen sind sie in der Zellmembran verankert, mit extrazellulär vorragenden glykosylierten Proteinketten zeigen sie gleichsam ihre Identitätskarte vor. Diese Funktionen gehören zu dem, was wir in Kap. 6.4 (S. 133) in einfacher Form als eine der Funktionen der Glykokalyx kennen gelernt haben: die Erkennungsfunktion.

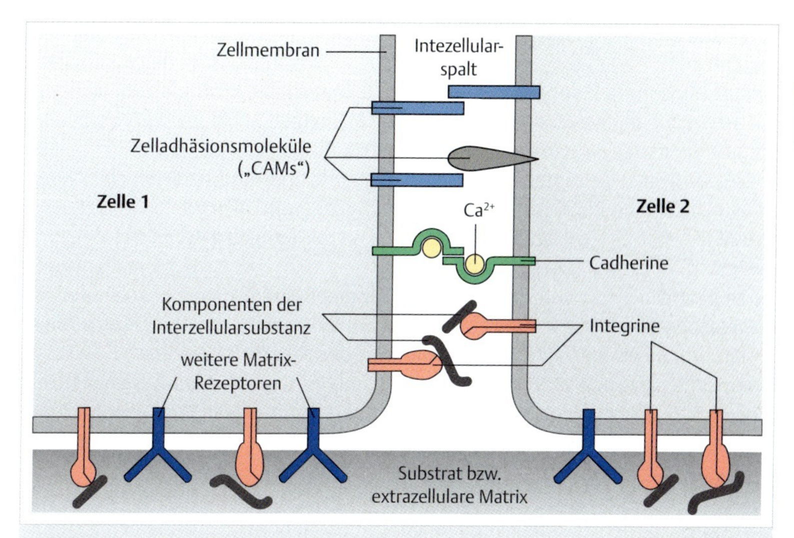

Abb. 21.11 Proteine als Zell-Zell-Verbindungen. Zellen können miteinander über integrale Membranproteine auf unterschiedliche Weise verbunden sein. Eine indirekte Verbindung besteht über Bindung von „SAMs" (Integrinen) mit Komponenten der extrazellulären Matrix, für deren einzelne Komponenten sie eine Rezeptorfunktion mit spezifischer Bindung ausüben. Eine direkte Verbindung besteht über Cadherine (homophile Bindung) oder über „CAMs" (homo- oder heterophile Bindungen); vgl. auch Kap. 21.5 (S. 415). Alle diese Verbindungen sind zumeist breitflächig über die Zelloberfläche verteilt, sodass sie ultrastrukturell nicht ins Auge springen.

In diesem Zusammenhang wollen wir einen Blick auf andere Glykoproteine werfen, deren Erkennungsfunktion geradezu sprichwörtlich ist: die Antikörper (S. 247), die „Profis" unter den Erkennungsmolekülen. Die Überraschung war groß, als mit Methoden der molekularen Genetik gezeigt werden konnte, dass einige Zelladhäsionsmoleküle Sequenz- und Strukturhomologien mit Antikörper-Molekülen (IgGs) aufweisen, nämlich die so genannten Ig-Domänen. Antikörper sind zwar Erkennungsmoleküle, aber keine Zelladhäsionsmoleküle. Aus evolutiver Sicht stellt sich daher die Frage, ob hier Genduplikation mit anschließender Diversifikation über Mutationen am Werk war; vgl. Kap. 26.4 (S. 541).

▸ **Neuronale und weitere Zell-Zell-Verbindungen.** Von außerordentlicher Bedeutung neben Cadherinen und Integrinen sind die **neuronalen Zelladhäsionsmoleküle** während der Entwicklung, von der frühesten Embryonalphase bis zur Verknüpfung korrekter Kontakte zwischen Neuronen. Die Expression neuronaler Zelladhäsionsmoleküle ändert sich während der Entwicklung und verläuft nach einem festgelegten genetischen Programm. Eines der neuronalen Zelladhäsionsmoleküle der Ig-Superfamilie bezeichnet man als das ***n**euronal **c**ell **a**dhesion **m**olecule* schlechthin („**NCAM**“). Aber auch im Nervengewebe kommt die ganze Palette der erwähnten Zelladhäsionsmoleküle vor.

Die Cadherine gehören – neben *gap junctions* und modifizierten *tight junctions* – wahrscheinlich mit zu den ursprünglicheren Zelladhäsionsmolekülen. Jedenfalls gibt es Ca^{2+}-abhängige Zell-Zell-Verbindungen bereits bei den primitivsten Metazoen (Porifera, Schwämme).

Zur Stabilisierung von Zell-Zell-Verbindungen können jedoch noch weitere Proteinspezies beitragen: die **Lektine**. Hier sei daran erinnert, dass Lektine meist oligomere, meist lösliche Proteine sind, mit der Fähigkeit, spezifische Glykosylierungs-Reste (Zucker) zu erkennen. Sie kommen wohl in allen Eukaryotenzellen vor. Unlösliche Zelloberflächen-Lektine beteiligen sich an der Zelladhäsion.

21.3.2 Gap junctions

Der Name, für den es kein gebräuchliches Äquivalent im Deutschen gibt, ist ungeschickt gewählt. Ironischerweise könnte man sagen, dass sie so heißen (*gap* = Spalt, *junction* = Verbindung), weil man an diesen Zell-Zell-Verbindungen fast keinen Interzellularspalt sehen kann (▸ Abb. 21.12). Benachbarte Zellen liegen hier so eng beieinander, dass ihre Zellmembranen mit Aggregaten oligomerer Membranproteine enge transmembranäre Tunnel von Zelle zu Zelle bilden können (▸ Abb. 21.13, ▸ Abb. 21.14).

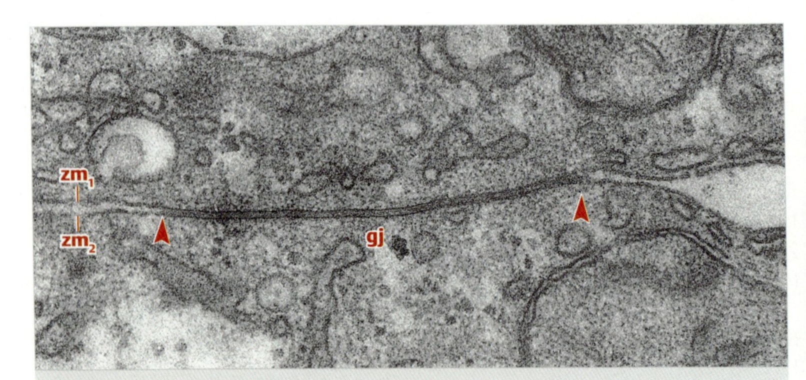

Abb. 21.12 Gap junction (gj) im Querschnitt. Hier legen sich die Zellmembranen zweier benachbarter Zellen (zm_1, zm_2) über eine weite Fläche (zwischen Pfeilspitzen) eng aneinander. Vgl. hierzu das Gefrierbruch-Bild (▸ Abb. 21.13) und die Schemazeichnung (▸ Abb. 21.14). Vergr. 53 500-fach. (Aufnahme: H. Plattner)

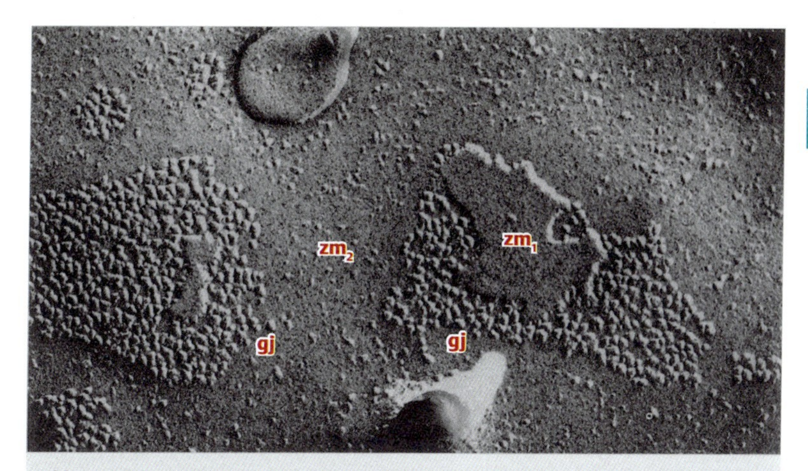

Abb. 21.13 Gap junctions im Gefrierbruch-Bild. Hier präsentieren sich *gap junctions* (**gj**) als dichtgepackte Membranpartikel in der Zellmembran der einen Zelle (**zm$_2$**); aber auch in dem nicht aufgebrochenen Fragment der Zellmembran einer darüberliegenden Zelle (**zm$_1$**) lässt sich die partikuläre Struktur erahnen. Dies entspricht der Anordnung von beidseitig zusammenpassenden Membranpartikeln, wie sie in ▶ Abb. 21.14 gezeigt wird. Vergr. 125 000-fach. (Aus Hülser, D. F., D. Paschke, J. Greule. In H. Plattner: Electron Microscopy of Subcellular Dynamics. CRC Press, Boca Raton 1989)

Sechs Untereinheiten aus **Connexin-Protein** (MG von 28 000 oder mehr) bilden ein **Connexon** und lassen im Zentrum einen ca. 1,5 nm breiten Tunnel frei (▶ Abb. 21.14). Hier können Wasser, Ionen, Zucker, Nukleotide, Aminosäuren, *second messenger* etc. durchtreten – bis zu einem MG von ca. 1600. Proteine bleiben damit ausgeschlossen.

Gap junctions können ziemlich wahllos zwischen den oben besprochenen Zell-Zell-Verbindungen, mit denen sie in keinem strukturellen oder funktionellen Zusammenhang stehen, eingestreut sein. Treten sie häufig auf, so kann leicht ein Stromfluss oder ein Austausch von Fluoreszenzfarbstoffen von Zelle zu Zelle beobachtet werden, wenn eine der Zellen injiziert wurde (▶ Abb. 21.15).

Gap junctions dienen somit der **ionalen** (**elektrischen**) und **metabolischen Koppelung** benachbarter Zellen, z. B. in Drüsengeweben. Diese „interzelluläre Kommunikation“ erleichtert die konzertierte Aktion benachbarter Zellen bei Stimulation. Im Herzmuskel dient die elektrische Koppelung der Muskelzellen der Synchronisation des Herzschlags. Allerdings könnten darin auch gewisse Gefahrenmomente stecken, denn steigt z. B. bei Verletzung einer Zelle ihre intrazelluläre Ca^{2+}-Konzentration auf letale Werte, so könnten auch ihre Nach-

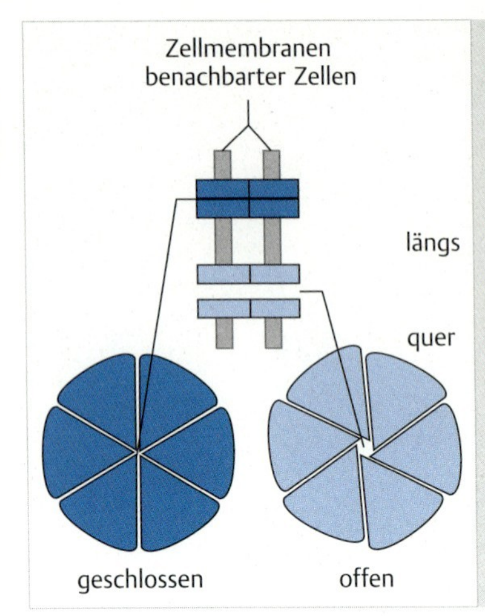

Abb. 21.14 Funktioneller Bau von gap junctions. Der untere Bildteil zeigt, dass jedes der Membranpartikel von ▶ Abb. 21.13 eigentlich aus 6 Untereinheiten besteht: ein Membranpartikel entspricht einem Connexon aus 6 Connexin-Proteinen. Diese Untereinheiten können gegeneinander so verschoben werden, dass ein Connexon in einem geschlossenen oder offenen Zustand vorliegt. Im letzteren Fall wird eine kleine hydrophile Pore gebildet. Im Längsschnitt (oberer Bildteil) sind jeweils Connexone der benachbarten Zellmembranen aneinander gedockt. Im offenen Zustand können auf diesem Wege Ionen und niedermolekulare Verbindungen zwischen den Zellen ausgetauscht werden (vgl. ▶ Abb. 21.15).

barzellen mit beeinträchtigt werden. Die Evolution hat insofern vorgesorgt, als dass ein abnormaler Anstieg von $[Ca^{2+}]_{i\ frei}$, über eine Konformationsänderung der Connexine in einem Connexon, einen Verschluss des Verbindungstunnels und damit eine Entkoppelung der Zellen bewirkt.

21.3.3 Plasmodesmen

Pflanzenzellen haben aufgrund ihrer dicken Zellwand eigene Kontaktstrukturen, die Plasmodesmen, entwickelt. Sie werden eingehend in Kap. 24.3.4 (S. 496) besprochen.

21.4 Zell-Matrix-Verbindungen im Rückblick

Vorhin wurden an Zell-Matrix-Verbindungen jene hervorgehoben, welche ultrastrukturell auffällig erscheinen und mit Aktin- oder Keratin-Filamenten assoziiert sind: **Fokalkontakte** und **Hemidesmosomen**. Wie erwähnt, beinhalten diese Integrine in gehäufter Form, die an Fokalkontakten insbesondere über Fibronectin-Rezeptoren verfügen. Jedoch wurden ebenfalls ungeclusterte Integrine, als Rezeptoren für weitere Komponenten der extrazellulären Matrix, erwähnt (vgl. ▶ Abb. 21.11, ▶ Abb. 21.19). Zusätzlich verankern **integrale Membran-Proteoglykane** die Zelle in der sie umgebenden Matrix. Um dies besser zu verstehen, werden wir uns im nächsten Abschnitt mit den Komponenten der extrazellulären Matrix genauer vertraut machen.

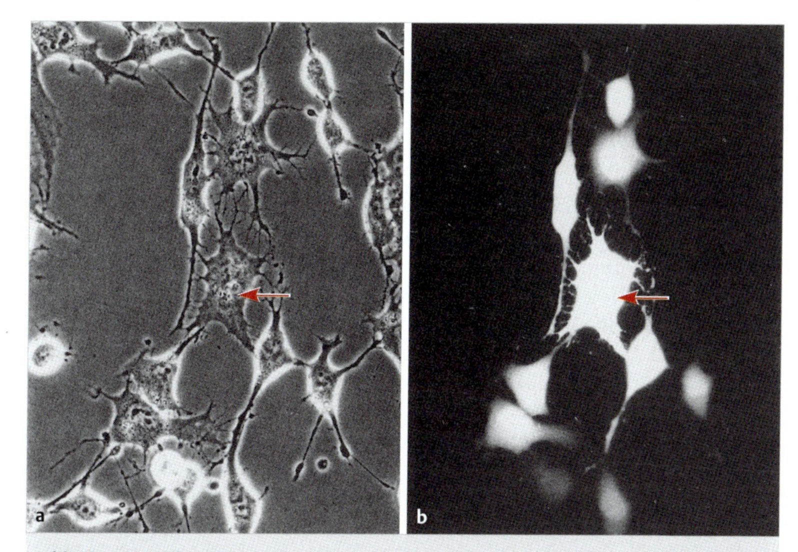

Abb. 21.15 Stoffaustausch über gap junctions. Von diesen Krebszellen in Zellkultur wurde nur die mittlere (Pfeil) mit einem Fluoreszenzfarbstoff injiziert. **a** Phasenkontrast-Bild, **b** Fluoreszenz-Bild. Innerhalb von wenigen Minuten lässt sich der Fluoreszenzfarbstoff mit einem gewissen Konzentrationsabfall auch in den Nachbarzellen nachweisen. Dieser interzelluläre Transport ist aber nur dann nachzuweisen, wenn die Zellen an ihren feinen Fortsätzen mittels *gap junctions* miteinander in Verbindung stehen, wie dies für diese Zellen in ▶ Abb. 21.13 gezeigt wurde. Vergr. 200-fach. (Aus Hülser, D. F., D. Paschke, J. Greule. In H. Plattner: Electron Microscopy of Subcellular Dynamics. CRC Press, Boca Raton 1989)

21.5 Die extrazelluläre Matrix (Interzellularsubstanz)

Im Folgenden klammern wir die Pflanzengewebe aus, die in Form einer mehr oder weniger stark ausgebildeten Zellwand auch eine Art Interzellularsubstanz besitzen. Die extrazelluläre Matrix kann bei tierischen Geweben verschieden stark ausgebildet sein – am stärksten bei Binde- und Stützgeweben (Knorpel, Knochen). Im Falle des **Knochengewebes** sind zur mechanischen Härtung Mineralsalze eingelagert, wie Calciumphosphate und Calciumcarbonat. Der üblichen Situation in Geweben kommt jedoch das **Knorpelgewebe** wesentlich näher, mit seinem Gehalt an wasserreicher gelartiger Grundsubstanz (hydratisiertes Gel) und mit fallweise eingelagerten Fasern. Als anderes Extrem ist das **Bindegewebe** zu nennen. Es ist besonders reich an Fasern und besteht neben vereinzelten Bindegewebszellen (Fibroblasten, Fibrocyten) ebenfalls überwiegend aus extrazellulärer Matrix. Diese ist am bescheidensten in jenen Geweben ausgebildet, wo sich Zellen eng aneinander legen und einen schmalen, ca. 30 nm breiten Interzellularraum bilden (vgl. ► Abb. 4.17). Zwischen diesen Extremen gibt es alle Übergänge.

► **Komponenten der extrazellulären Matrix.** Abgesehen von diesen speziellen Geweben umfasst die extrazelluläre Matrix in weniger spezialisierten Geweben folgende Komponenten: (i) Eine amorphe Grundsubstanz mit (a) Fibronectin und (b) Proteoglykanen; (ii) Faserproteine, darunter (a) Kollagen und fallweise (b) Elastin und (c) Fibrillin. Sowohl Kollagen als auch Fibronectin binden nicht nur an Integrine der Zellmembran sondern auch an Proteoglykane. Damit wird die extrazelluläre Matrix in sich gefestigt und die Anbindung des Zellverbandes gestärkt. Durch extra- und intrazellluläre Signale kann die Rezeptorfunktion der Integrine moduliert bis aufgelöst werden. Daraus ist zu ersehen, wie dynamisch diese zunächst statisch anmutende Einbindung von Zellen im Gewebeverband sein kann, zumal auch noch extrazelluläre Proteasen mit im Spiel sein können.

Hyaluronsäure ist ein sehr großes (MG bis zu 10^7), modifiziertes Polysaccharid mit vielen Carboxylgruppen ($-COO^-$), also mit negativen Überschussladungen. Dagegen sind der Hauptbestandteil der Proteoglykane mit langen Polysaccharidketten (Glykane) bestückte Proteine. Wie sie zu komplexen Makromolekülen zusammentreten wird im Molekularen Zoom (S. 431) gezeigt. Der Glykan-Anteil von Proteoglykanen kann aus verschieden stark modifizierten Zuckerresten bestehen und sie werden dann als **Glykosaminoglykane** (GAGs) oder **Mukopolysaccharide** bezeichnet. NB: Auch das „Rückgrat“ der Proteoglykane, die **Hyaluronsäure** (= **Hyaluronan**) ist von einem Zuckermolekül abgeleitet.

► **Die Extrazelluläre Matrix zeigt starke Wasserbindung.** Die GAGs enthalten zahlreiche freie Aminogruppen ($-NH_3^+$) und sie sind vielfach auch stark sulfatiert (SO_4^{2-}-Gruppen). Mit ihren positiven und/oder negativen Überschussladungen binden sowohl Hyaluronsäure als auch Proteoglykane viele Wassermoleküle, weil diese Dipolcharakter (S. 90) haben, sowie Ionen. Altersbedingte Veränderungen führen durch geringere Hydratation (Wasserbindung) zum Erschlaffen des Bindegewebes, etwa in der Haut, die dadurch immer faltiger wird. **Kollagen** gewinnt durch die parallele Aneinanderlagerung zahlreicher Einzelmoleküle beachtliche Faserdicke mit periodischer Streifung (65 nm) im Transmissions-EM (► Abb. 21.16). Durch Ausbildung von Faserbündeln mit unterschiedlicher Orientierung gewinnt die unter der Epidermis liegende Schicht (Corium) große mechanische Festigkeit und die Haut kann leicht und schadlos

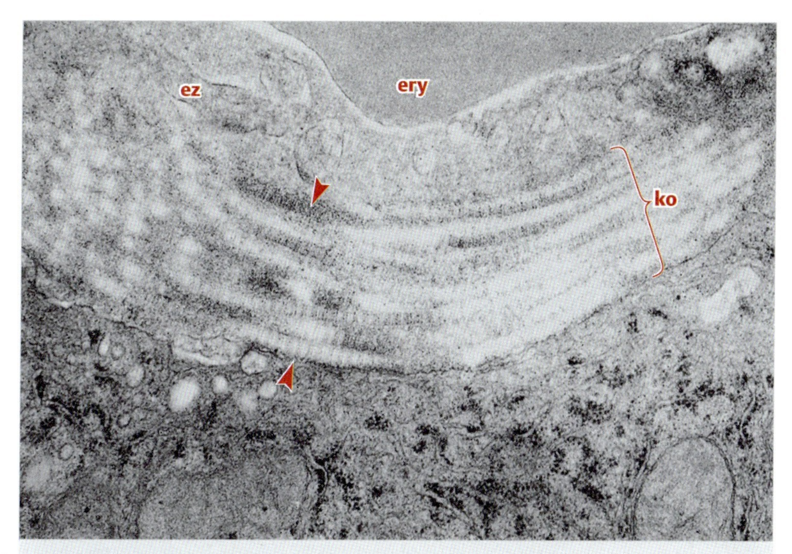

Abb. 21.16 Kollagen des Bindegewebes. Hier liegt ein Bündel aus Kollagen-Fasern (**ko**) zwischen einem Blutgefäß (**ez** = Endothelzelle, **ery** = Erythrocyt) und einer Gewebezelle (unten). Insbesondere im Bereich zwischen den Pfeilspitzen ist die feine periodische Querstreifung der Kollagen-Fasern erkennbar. Vergr. 24 000-fach. (Aufnahme: H. Plattner)

verschoben werden. Es ist jener Anteil von Tierhäuten, welcher zur Ledergewinnung verwertet wird, daher der Name Lederhaut (Corium). Im Gegensatz dazu bilden andere Bindegewebe-Fasern aus dem Protein **Elastin** ein vielfach quervernetztes, dreidimensionales Knäuelprotein von hoher Verformungsfähigkeit und Dehnbarkeit. Elastin ist besonders in der Wand der großen Blutgefäße ausgebildet, aber auch im elastischen Knorpel. Das Bindegewebe von Blutgefäßen, Haut und Gelenken wird zusätzlich durch das elastische Bindegewebsprotein **Fibrillin** verstärkt.

Es sei noch einmal betont, dass an vielen Stellen unseres Körpers, auch außerhalb der jeweils spezialisierten Binde- und Stützgewebe, die verschiedenen Komponenten der extrazellulären Matrix vorkommen. Zusätzlich sind viele Zellen, so auch die meisten Blutgefäße und Epithelien von einer diffusen, ca. 50 nm dicken **Basallamina** unterlagert. Sie enthalten u. a. die als **Lamin*ine*** (nicht Lamine) bezeichneten Proteine. Die auf der Basallamina aufsitzenden Zellen besitzen eigene Laminin-Rezeptoren, welche ebenfalls zu den Integrinen gehören.

Technik

Zellen in Kultur

Schon lange kann man Zellen aus Bindegewebe isolieren und in Kulturgläsern (in vitro) kultivieren. Mit anderen Zellen, wie Hepatocyten, war dies viel schwieriger und mit manchem Zelltyp will es immer noch nicht gelingen. Auch kann man Fibroblasten in vitro leicht zur Teilung und Vermehrung bringen – bei Hepatocyten funktioniert das nicht. Es bleibt hier bei **Primärkulturen** (Kultur von Zellen aus Organentnahme, ohne Vermehrung in vitro) (▸ Abb. 21.17). Der Zellbiologe kann also beim besten Willen nicht immer auf das Opfern von Versuchstieren verzichten.

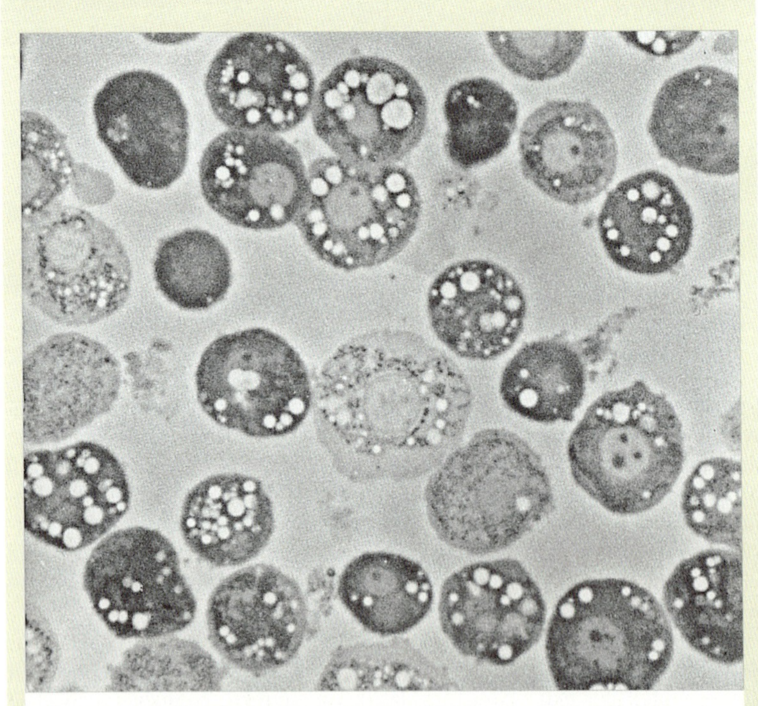

Abb. 21.17 Frisch isolierte Hepatocyten aus der Leber der Ratte. Diese Phasenkontrast-Aufnahme eines semidünnen Schnittes zeigt, dass diese Zellen gut aus dem Lebergewebe isoliert werden können und nur noch wenige Zellen aneinander hängen. Vergr. 500-fach. (Aufnahme: H. Plattner)

Doch wie kann man Zellen aus dem Gewebeverband bzw. aus Organen isolieren?

Die Antwort lässt sich aufgrund aller dargestellten Fakten über die Verbindungs- und Verankerungsmechanismen ableiten.

1. Erforderlich ist das Entfernen des extrazellulären Ca^{2+} (wegen der Ca^{2+}-abhängigen Bindung über Komponenten des Verbindungskomplexes, d. h. über Tight junctions und Cadherine). Hierzu setzt man so genannte **Ca^{2+}-Chelatoren** ein, wie Ethylenglykoltetraacetat (EGTA), dessen vier Acetat-(Essigsäure-) Reste insgesamt zwei Ca^{2+}-Ionen binden.
2. Es müssen sowohl die **Matrixkomponenten**, als auch das größte Faserprotein, das Kollagen, zerlegt werden. Dazu appliziert man Hyaluronidase und Kollagenase.
3. Es bedarf **proteolytischer Enzyme**, wegen der zahlreichen Protein-Protein-Wechselwirkungen. Das aber kann Schwierigkeiten bei zellbiologischen Analysen bereiten, denn Rezeptoren, Carrier, Kanäle etc. sollten intakt bleiben.

Zur Isolierung von Zellen werden Organe mit physiologischen Lösungen mit den genannten Zusätzen durchströmt (perfundiert), bis das Gewebe zerfällt (► Abb. 21.18). Die Kultur erfolgt meist auf geeigneten Trägermaterialien als Schicht einzelner Zellen (Monolayer-Kultur) in Plastikgefäßen (Petrischalen etc.), in welche man eine Kulturlösung (Kulturmedium) gießt. Diese enthält nicht nur wichtige Salze, Nährstoffe und Vitamine, sondern auch die jeweils erforderlichen Wachstumsfaktoren, auf welche die Zellen angewiesen sind. Binnen einiger Zeit können sich auch Rezeptoren, Carrier und Kanäle etc. wieder regenerieren, die beim Isolieren der Zellen ungewollt in Mitleidenschaft gezogen wurden. In (► Abb. 21.18) ist zu sehen, wie Hepatocyten sich spreiten und zunehmend eine geschlossene **Monolayer**-Kultur bilden. Sie sind nicht teilungsfähig. Fibroblasten können sich dagegen bis zu ca. 70-mal teilen, bis die Kulturen erschöpft sind.

Die Idee war attraktiv, Zellen mit uneingeschränkter Teilungsfähigkeit zu züchten. Mit Krebszellen gelingt dies, weil sie sich nicht an das strenge Gesetz der Teilungsinhibition halten; s. auch Kap. 6.4 (S. 140). Zu diesem „zügellosen" Wachstum kann man auch normale Zellen bringen, indem man sie chemisch oder durch Virusinfektion verändert, sodass sie sich wie Krebszellen verhalten („transformierte Zellen"). Eine weitere Möglichkeit besteht darin, dass man normale Zellen (z. B. Lymphocyten) mit Krebszellen fusioniert. Es entstehen hybride Zellen mit beiderlei Genom und fortwährender Teilungsfähigkeit (**Hybridoma**-Zellen). Nun lassen sich einzelne Zellen „herauspicken" und getrennt kultivieren. Wird dies mehrmals wiederholt, so entsteht durch Vermehrung jeweils ein **Klon** von Zellen mit identischem Genom. Im Falle der Lymphocyten wird dies zur Herstellung von monoklonalen Antikörpern (S. 250) ausgenützt.

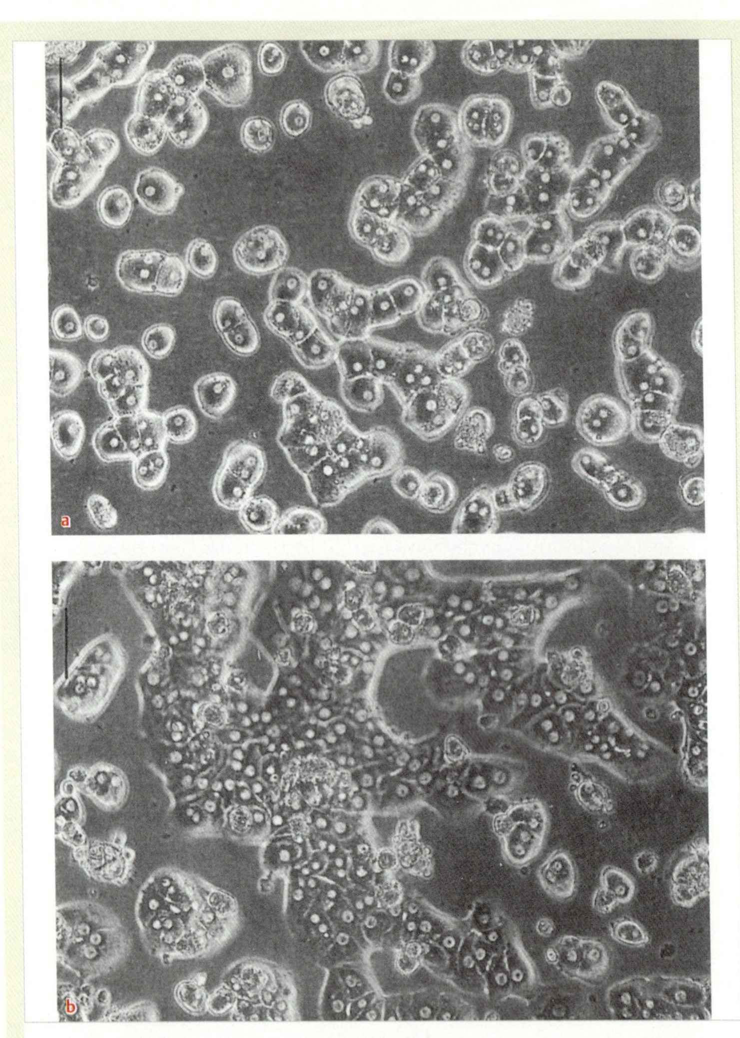

Abb. 21.18 Lebende Hepatocyten nach Isolierung aus der Rattenleber (Phasenkontrast-Aufnahmen). **a** Unmittelbar nach dem Ausstreuen sind die Zellen weniger dicht gelagert. **b** Binnen einiger Stunden spreiten sie sich hingegen so, dass sie einen fast flächendeckenden Rasen bilden, ohne übereinander zu wachsen (Monolayer-Kultur). Vergr. 200-fach, Striche = 50 µm. (Aufnahme: P. Pscheid, H. Plattner, Konstanz)

Stammzellenkultur. Die anspruchsvollste Möglichkeit ist derzeit auf die Kultur von Stammzellen ausgerichtet, mit dem Ziel, genetisch defekte Zellen im Organismus zu ersetzen. Dabei werden undifferenzierte, multipotente Zellen, eben „Stammzellen“ (vgl. ► Abb. 4.1), isoliert und in Kultur genommen, um sie entweder in vitro oder nach Implantation zur Differenzierung zu einem gewünschten Zelltyp (dessen Ausfall, z. B. bei der Parkinson-Krankheit zu Störungen führt) zu bringen. Zwar wird derzeit viel über die Problematik von embryonalen Stammzellen gesprochen, wie sie ausgehend von befruchteten Eizellen isoliert werden können. Jedoch hat sich Ende der 90er Jahre gezeigt, dass viele Gewebe (auch unser Gehirn), selbst im adulten Stadium noch Stammzellen besitzen, deren Aktivierung im Körper selbst – wenn sie gelingt – neue Perspektiven in der Medizin eröffnet.

Molekularer Zoom

Fest verankert, gut gestützt

Verankerung von Zellen an Komponenten der extrazellulären Matrix (ECM). ► Abb. 21.19a zeigt eine für verschiedene Gewebe typische Situation, ► Abb. 21.19b dagegen jene für Epithelien und Endothelien (Blutgefäße), also Gewebe zur Abdeckung nach außen oder innen. In ► Abb. 21.19a reichen die Transmembran-Proteine (**Integrine**, **Syndecan**) direkt an die Komponenten des Bindegewebes heran (**Kollagene** verschiedener Typen, **Fibronectin**, **Proteoglykane**). In ► Abb. 21.19b kontaktieren diese Transmembran-Proteine die Komponenten einer nur im EM sichtbaren **Basallamina** aus **Laminin** und aus der speziellen Kollagenform (Typ IV); darunter wird diese Basallamina von ähnlichen Komponenten wie in ► Abb. 21.19a unterlagert. Der gesamte den Zellen direkt anliegende ECM Komplex ist im Lichtmikroskop als „**Basalmembran**“ sichtbar. Kollagenfibrillen und Proteoglykane binden auch aneinander und stabilisieren so das Bindegewebe.

Die Proteoglykane sind sehr hochmolekulare Komplexe aus Proteinen und Polymeren aus Zuckern und Zuckerderivaten (**Hyaluronsäure** = **Hyaluronan**, **Keratansulfat**, **Chondroitinsulfat**, **Dermatansulfat** etc.). Das Inset nimmt aus der breiten Vielfalt an Proteoglykanen ein typisches Beispiel genauer unter die Lupe: Trivial ausgedrückt sehen Proteoglykane aus wie eine große Bürste, auf die kleine Bürstchen aufgesetzt sind. Der große Bürstenstiel ist ein Hyaluronsäure-Faden, der mit einer molekularen Masse von bis zu 20 MDa sehr groß bzw. lang sein kann, ja sogar zu den größten Biomolekülen gehört. Die aufgesetzten kleinen Bürstchen haben als Stiel ein „**Aggrecan Core-Protein**“ (Engl. core = Kern), an dem wie Bürstenborsten **Glykosaminoglykane** (= „GAGs“ = Mu-

copolysaccharide) aufgesetzt sind. Diese Bürstchen aus Aggrecan Core-Protein und GAGs nennt man **Aggrecane**. Die GAGs enthalten stark modifizierte Zuckerpolymere, die z. T. eine namengebende Aminogruppe ($-NH_2$ bzw. in protonierter Form $-NH_3^+$) oder Sulfatgruppe enthalten (SO_4^{2-}). Zu den GAGs gehören die erwähnten Keratansulfate sowie die jeweils gewebespezifischen Dermatan- und Chondroitinsulfate in Haut und Knorpel (Griech. Derma = Haut, Chondros = Knorpel). Ihre Überschussladungen können nicht nur Ionen und – wegen seines Dipol-Charakters – Wasser, sondern auch für die Entwicklung (Morphogenese) wichtige „Faktoren" (Proteine) binden.

Eine lokale Spezialisierung stellen die **Hemidesmosomen** zur besseren Verankerung von Epithelien dar (▶ Abb. 21.19c); sie binden über Integrine und weitere Proteine innenseitig **Keratinfasern**, welche Epithelien (z. B. Haut) sehr zug- und reißfest machen. Die spezielle Situation an Fokalkontakten wird in Kap. 23 (▶ Abb. 23.3) beschrieben.

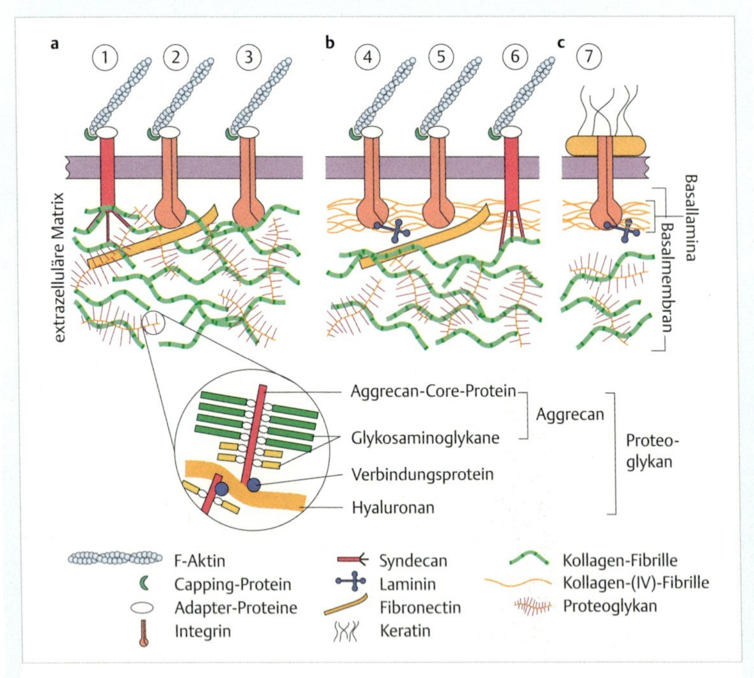

Abb. 21.19 Verankerung von Zellen an Komponenten der extrazellulären Matrix (ECM).

21.6 Chemische Synapsen

Diese wurden in Zusammenhang mit der getriggerten Exocytose von Neurotransmittern besprochen; vgl. Kap. 12.3.2 (S. 269).

Zellpathologie

CRASH Syndrom

(i) Defekte in neuronalen **Zell-Adhäsionsmolekülen** können die zusammenfassend als *CRASH Syndrom* bezeichneten Störungen, insbesondere des Zentralnervensystems, zur Folge haben. Die Akronym-Bezeichnung beinhaltet mehrere Störungen, welche mit diesem Syndromkreis einhergehen; am auffälligsten ist dabei ein **Hydrocephalus** (Wasserkopf). *Innenohr-Schwerhörigkeit*: Defekte Connexin-Moleküle können alternativ zu anderen Störungen die Ursache sein; vgl. Zellpathologie-Box (S. 348). (ii) Störungen in der **extrazellulären Matrix**. *Marfan-Syndrom*: defektes **Fibrillin** oder **Elastin** (Proteine extrazellulärer elastischer Bindegewebsfasern), führen zu stark überdehnbaren Gelenken, die dabei verletzt werden können. Als weitere Folge können *Aneurysmen* auftreten (Platzen von labilen Aussackungen von Blutgefäßen/Schlagadern; spontanes inneres Verbluten).

Mutationen in den **Kollagen**-kodierenden Genen können verschiedene Syndrome verursachen. Normalerweise werden je nach Gewebe verschiedene Isoformen von Kollagen getrennt kodiert, exprimiert und miteinander in 3-fach Helices (meist Heteromere) kombiniert, die sich zu Fibrillen und mikroskopischen Bündeln zusammenlagern. Dies setzt eine normale Struktur der Einzelmoleküle voraus, zumal sie auch noch miteinander vernetzt werden (vgl. unten). Das *Ehlers-Danlos-Syndrom* manifestiert sich in stark überdehnbarer und damit verletzbarer Haut, verursacht durch Mutationen im Haut-spezifischen Kollagen, das keine richtigen Stränge macht. Besonders gravierend kann die *Glasknochenkrankheit* (*Osteogenesis imperfecta*) sein: Mutationen im Knochen-spezifischen Kollagen können zu deren Bruch schon bei geringfügigem Anschlagen führen; die Störung kann evtl. mit Missbildung des Skelettes verbunden sein.

Die Kollagenfibrillen werden durch kovalente Vernetzung der Einzelmoleküle stabilisiert; dazu müssen zuerst Prolin-Reste unter Vermittlung von **Vitamin C** hydroxyliert (S. 313) werden. Fehlt dieses – wie so häufig den Seefahrern vor James Cook – resultiert die Vitamin-Mangelkrankheit *Skorbut*: Es treten Risse in der Haut, Blutungen und Infektionen auf – ein Beispiel für nicht-genetisch bedingte Schäden.

▸ **Literatur zum Weiterlesen**

siehe www.thieme.de/go/literatur-zellbiologie.html

22 Zellzyklus, Kernteilung und Zellteilung – der Lebenskreislauf einer Zelle

Zusammenfassung

Sowohl somatische Zellen (Körperzellen) als auch Geschlechtszellen können sich teilen. Damit das gesamte Erbmaterial an die Tochterzellen weitergegeben werden kann, muss zunächst die DNA-Menge verdoppelt werden. In der somatischen Zelllinie wird bei der Zellteilung ein diploider Chromosomensatz weitergegeben (mitotische Kernteilung, **Mitose**). Voraussetzung ist die Ausbildung einer Kernteilungsspindel. Nach ihrer Verdoppelung wandern die **Centriolen** in entgegengesetzte Richtungen und bilden zwischen sich die **Teilungsspindel** (Cytospindel) aus Mikrotubuli aus. Ein Teil der **Mikrotubuli** bindet am **Kinetochor/Centromer** der Chromosomen. Diese Kinetochor-Mikrotubuli schieben zunächst während der Prophase der Mitose die Chromosomen in die sog. **Äquatorialplatte** und trennen dann durch ihre Verkürzung (Depolymerisation) die **Chromatiden**, bis diese in der Telophase an den Spindelpolen getrennt vorliegen. Gleichzeitig werden die Pole durch Verlängerung (Polymerisation) von sog. Pol-Mikrotubuli auseinander geschoben. Erst dann werden die Tochterzellen, jede mit einem diploidem Kern, voneinander getrennt. Bei den Geschlechtszellen werden nach der DNA-Verdopplung die Chromosomen auf den haploiden Satz reduziert (Reduktionsteilung im Rahmen der **Meiose**). So kann bei der Verschmelzung einer männlichen mit einer weiblichen Geschlechtszelle eine diploide Zygote (befruchtetes Ei) entstehen, aus der sich durch viele Zellteilungen ein vielzelliger diploider Organismus bildet.

Von einer Teilung zur nächsten durchschreitet eine somatische Zelle folgende Stadien des **Zellzyklus**: Mitose → G1-Phase → S-Phase (Synthese von DNA) → G2-Phase → Mitose etc. Die meiste Zeit ihres Lebens verbringt die Zelle nicht mit der Zellteilung, sondern am längsten verweilt sie in der G1-Phase. Ihr Kern ist dann teilungsinaktiv („Ruhekern"). Dabei entfaltet sie aber ihre spezifischen Stoffwechselleistungen. Die zeitliche Abfolge dieser Stadien wird durch phasenspezifische Proteinkomplexe aus **Cyclinen** und cyclinaktivierten Proteinkinasen gesteuert.

22.1 Körperzellen (somatische Zellen)

Es ist sinnvoll, die speziellen Aspekte der Geschlechtszellen (S. 451) extra zu behandeln, weil hier in einem eigenen Teilungsschritt das Genom von diploid auf haploid reduziert werden muss.

22.1.1 Der Zellzyklus

Zellen verbringen im Allgemeinen die meiste Zeit in einem Stadium hoher metabolischer Aktivität. Abhängig vom Stoffwechselzustand, zeigen sie einen mehr oder weniger entwickelten Nukleolus. Da dabei die Chromosomen aber lichtmikroskopisch kaum erkennbar bleiben, spricht man vom „Ruhekern", obwohl gerade er viel mRNA bildet. Diese Phase der Zellen, in denen sie keine Teilungsaktivität zeigen, heißt **Interphase**. Sie wird unterbrochen von der Phase der Kernteilung (**Mitose**), die eng mit der nachfolgenden Zellteilung (**Cytokinese**) verquickt ist.

Die meisten unserer Körperzellen haben die Fähigkeit, sich zu teilen. Dies impliziert nicht nur, dass die Hälfte des Cytoplasmas, sondern auch jeweils ein kompletter Satz ihres Erbmaterials an die jeweils entstehenden zwei Tochterzellen weitergegeben wird. – Der Begriff „Tochterzellen" ist nicht wörtlich zu nehmen, weil jeweils weiblich oder männlich determinierte Zellen, also Zellen von Frau oder Mann ihren geschlechtsspezifischen diploiden Chromosomensatz vererben; vgl. Kap. 7.4 (S. 171). Nach der Teilung wachsen die Zellen wieder auf volle Größe heran.

Dieses Verfahren ist die Regel bei Eukaryoten. Nimmt man z. B. eine einzelne Algenzelle heraus, so kann man beobachten, wie sich eine Zelle in zwei Zellen teilt, diese teilen sich wiederum, sodass 2, 4, 8, 16… Tochterzellen entstehen (▸ Abb. 22.1).

▸ **Vor der Zellteilung wird die DNA verdoppelt.** Teilung impliziert vorausgehende Verdopplung der DNA. Diese erfolgt in der Synthese-Phase (S-Phase) des Zellzyklus, über dessen Ablauf ▸ Abb. 22.2 informiert. Im Mikroskop sind die Chromosomen in der **S-Phase** nicht als distinkte Strukturen sichtbar, das Durchlaufen der S-Phase ist jedoch mit speziellen Methoden nachweisbar. So zeigen UV-Absorption, DNA-Färbetechniken oder ^{3}H-Thymidin-Einbau kombiniert mit Autoradiographie eine DNA-Verdopplung an. Mit der letztgenannten Methode war die S-Phase sogar entdeckt worden, fast zeitgleich mit der Entdeckung der Doppelhelix-Struktur der DNA, die ein vertieftes molekulares Verständnis für ihre semikonservative Replikation vermitteln konnte. Was bisher besprochen wurde, ist Teil eines umfangreichen, komplexen Geschehens – des Zellzyklus, dessen Gesamtverlauf aus ▸ Abb. 22.2 hervorgeht. Der weitere Verlauf wird im Folgenden beschrieben.

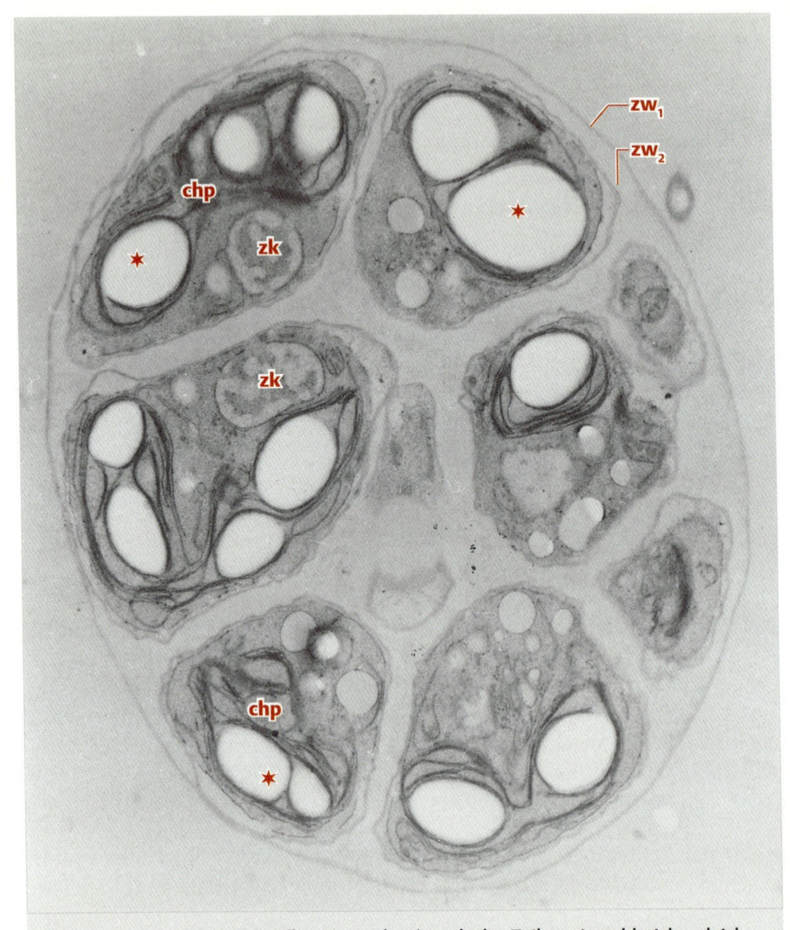

Abb. 22.1 Algenzelle (Chlorella pyrenoidosa) nach der Teilung in zahlreiche gleichartige Tochterzellen (äquale Teilung). Symbole: **chp** = Chloroplast mit Speicher-Kohlenhydrat (Sternchen), **zk** = Zellkern. Die Tochterzellen (mit Zellwand **zw_2**) sind zunächst kleiner als die Ausgangszelle, von deren Zellwand (**zw_1**) sie noch umhüllt sind, bevor sie freigesetzt werden und zu gleicher Größe heranwachsen. Vergr. 14 000-fach. (Aufnahme: W. M. Fischer, J. Klima, Innsbruck)

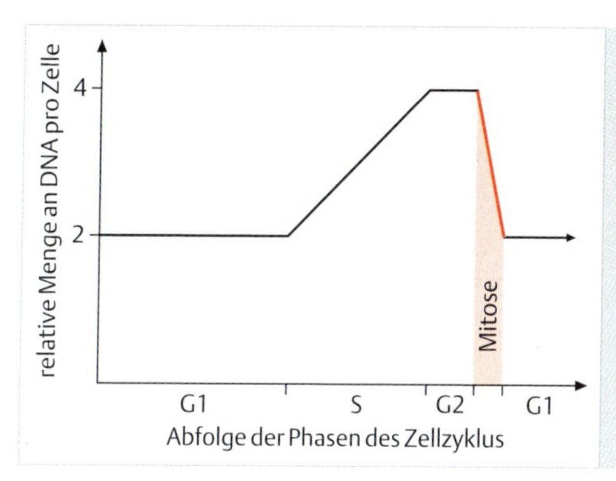

Abb. 22.2 Stadien des Zellzyklus. Für Details vgl. Text.

Es lässt sich nach der S-Phase nachweisen, dass die Chromosomen nun der Länge nach in zwei Chromatiden gespalten sind, die nur durch das gemeinsame Centromer verbunden sind (vgl. ▶ Abb. 7.7 und ▶ Abb. 7.10). Jede der Chromatiden wird vom einen bis zum anderen Ende von einer DNA-Doppelhelix durchzogen. Weil der Chromosomensatz **diploid** ist (Zahl der Chromosomen = 2 n), hat eine Zelle nach der S-Phase vier Sätze gleichartiger Gene (**Allele**). In dieser Phase äußerer Ruhe können Zellen einige Zeit verweilen; sie heißt **G2-Phase**, weil sie einen Zwischenraum (*gap* = Spalt) zwischen der S-Phase und der nachfolgenden Kernteilung bezeichnet. Erst in dieser wird das genetische Material nun wieder auf den doppelten Satz reduziert. Der Mechanismus, der dazu führt, ist die Mitose, ein weiterer Teilabschnitt des Zellzyklus.

▶ **Kernteilung.** Für die anstehende Kernteilung (**Mitose**) wird bereits zu Ende der G2-Phase Vorarbeit geleistet: In der *Prophase* rücken die „Zwillinge" eines Centriols auseinander, nachdem sie jeweils einen neuen Zwillingspartner gebildet haben. Jeweils ein solches (doppeltes) Centriol wandert nun in entgegengesetzte Richtungen, derweil sich die Kernmembran in Vesikel aufgelöst hat. In der *Metaphase* wird aus Mikrotubuli die Kernteilungsspindel aufgebaut (▶ Abb. 22.3, ▶ Abb. 22.4 und ▶ Abb. 22.5). Mit ihrer Hilfe werden die Chromosomen in der *Anaphase* in jeweils zwei Chromatiden zerlegt und je zwei identische Chromatiden den beiden Tochterzellen zugeordnet. Diese werden in der sich anschließenden Zellteilung voneinander getrennt. Damit hat jede Tochterzelle wieder einen diploiden Chromosomensatz.

Nun kann es geraume Zeit dauern, bis eine Zelle wieder in Teilungsaktivität übergeht. Die Zeit zwischen einer Mitose und einer neuerlichen S-Phase nennt man **G1-Phase** (▶ Abb. 22.2).

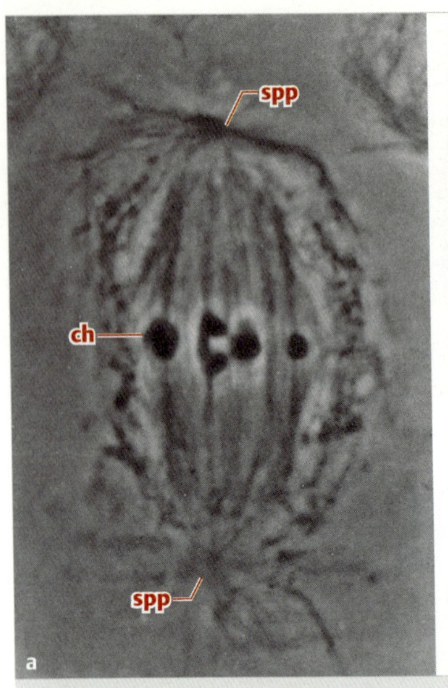

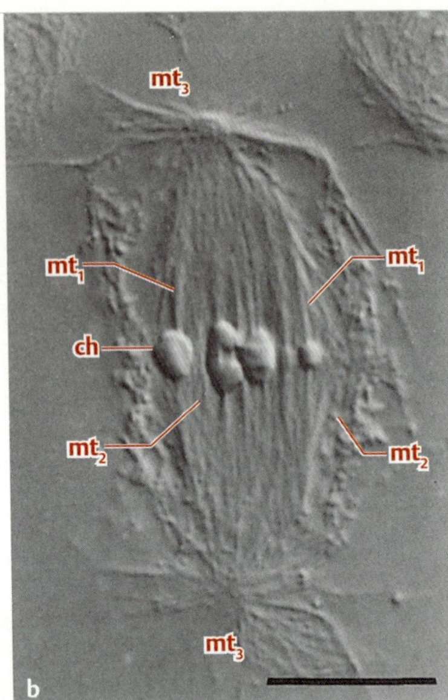

Abb. 22.3 Kernteilungsspindel während der Metaphase. a im Phasenkontrast und **b** im Interferenz-Kontrast. Beide Methoden erlauben es, an der lebenden Zelle die kondensierten Chromosomen (**ch**) in der Mitte der Teilungsspindel (Äquatorialplatte), ebenso wie die Mikrotubuli der Teilungsspindel, zu beobachten. Die Mikrotubuli strahlen von den Spindelpolen (**spp**) in alle Richtungen ab. Manche von ihnen setzen an den Chromosomen an (Kinetochor-Mikrotubuli, **mt_1**), andere bilden die Pol-Mikrotubuli (ohne Ansatz an Kinetochoren, **mt_2**). Die nach außen abstrahlenden Mikrotubuli stellen eine dritte Mikrotubuli-Population dar (Astral-Mikrotubuli, **mt_3**); sie haben mit der Positionierung der Teilungsspindel in der Zelle zu tun. Vergr. 2000-fach, Strich = 10 µm. (Aus Bastmeyer, M., D. G. Russel: J. Cell Sci. 87 (1987) 431)

▸ **Die Dauer des Zellzyklus kann in unterschiedlichen Zellen sehr variabel sein.** Die Dauer der einzelnen Schritte des Zellzyklus kann sehr variabel sein. In teilungsaktiven Darmepithelien (Kryptenzellen) kann der gesamte Zellzyklus ca. anderthalb Tage dauern. Die allermeisten Zellen unseres Zentralnervensystems teilen sich überhaupt nicht mehr – sie haben eine extrem lange G1-Phase. Ganz allgemein verweilen Zellen nach ihrer Differenzierung oder in den Ruhestadien von Samen und Knospen der Pflanzen in der G1-Phase. Die S-Phase erstreckt sich meist über wenige Stunden. Auch die G2-Phase währt zumeist nur einige Stunden. Ein Richtwert für die Dauer der Mitose liegt zwischen einer bis mehreren Stunden, wobei etwa die Hälfte für die Prophase benötigt wird. Meta- und Anaphase benötigen lediglich einige Minuten.

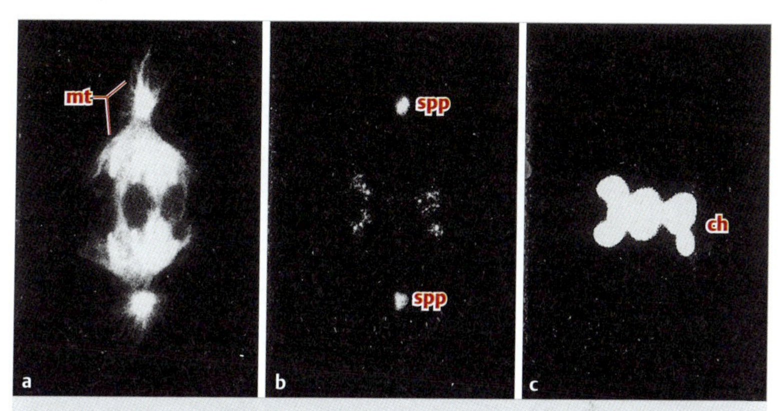

Abb. 22.4 Identifikation der Komponenten einer Teilungsspindel in der Metaphase mittels Fluoreszenzmikroskopie. a Lokalisierung von Tubulin mittels anti-Tubulin-Antikörpern. Wie in der strukturellen Analyse (▶ Abb. 22.3) ist das Abstrahlen von Mikrotubuli (**mt**) nicht nur zwischen den Spindelpolen, also zur Bildung der eigentlichen Teilungsspindel, sondern auch gegen die Zellperipherie hin zu beobachten. Die Chromosomen erscheinen als dunkle Flecken in der Mitte. **b** Immunfluoreszenz unter Einsatz von Antikörpern, die gegen Komponenten des MTOC an den Centriolen gerichtet sind (**spp** = Spindelpole). **c** Fluoreszenz-Affinitätsmarkierung der Chromosomen (**ch**) mit der „DAPI-Methode" (vgl. ▶ Abb. 7.11). Diese ist spezifisch für DNA, sodass die Chromosomen in der Äquatorialplatte selektiv aufleuchten. Vergr. 1100-fach. (Aufnahmen: M. Bastmeyer, Karlsruhe)

22.1.2 Die Teilungsspindel

Die (Kern-)Teilungsspindel ist die strukturell auffälligste Differenzierung im Laufe des Zellzyklus. Sie gewährleistet die gleichmäßige Verteilung des genetischen Materials auf die Tochterzellen. Daher wollen wir zunächst dieses Gebilde genauer unter die Lupe nehmen (▶ Abb. 22.3 bis ▶ Abb. 22.8). Die Teilungsspindel ist ein komplexes Aggregat aus Mikrotubuli und Mikrotubuli-Derivaten (**Centriolen**). Letztere dienen als **Mikrotubuli-Organisationszentren** (MTOC). Die Mikrotubuli der Kernteilungsspindel haben ihr Minus-Ende daher am Spindelpol.

▶ **Kinetochor-Mikrotubuli: Interaktion mit Chromosomen.** Vom Spindelpol aus strahlen mehrere Populationen von Mikrotubuli ab. Es sind dies u. a. die **Kinetochor-Mikrotubuli** und die Pol-Mikrotubuli (▶ Abb. 22.3 bis ▶ Abb. 22.8). Erstere setzen von beiden Spindelpolen her am Kinetochor eines Chromosoms an (vgl. ▶ Abb. 7.10). Die beiden Chromatiden eines Chromosoms werden bei

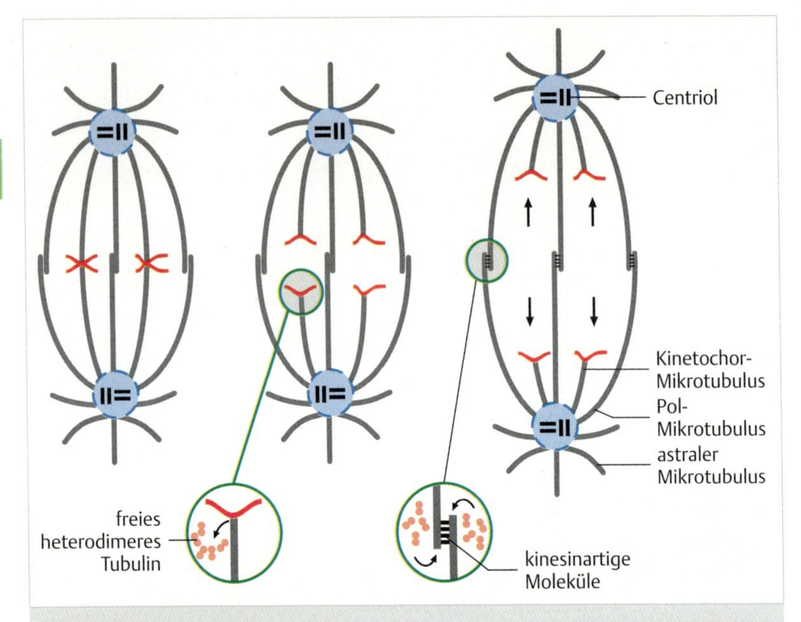

Abb. 22.5 Teilungsspindel und Aufteilung der Chromatiden bei der Mitose (Metaphase und Anaphase). Symbole: Mikrotubuli (grau), Chromatiden (rot), Centriolen (schwarz) mit angelagertem Material des MTOC (blau umrahmt).
Von links nach rechts: Die Teilungsspindel zeigt drei Populationen von Mikrotubuli, nämlich erstens die sich überlappenden Pol-Mikrotubuli, zweitens die am Kinetochor (in der Centromer-Region der Chromosomen) ansetzenden Kinetochor-Mikrotubuli und drittens die nach außen abstrahlenden Astral-Mikrotubuli.
Links: In der Metaphase sind die Chromosomen, die aus zwei am Centromer zusammenhängenden Chromatiden bestehen, in der Äquatorialplatte angeordnet.
Mitte: Während der Anaphase verkürzen sich die Kinetochor-Mikrotubuli durch „Abtropfen" von Tubulin-Molekülen am Plus-Ende (Mikrotubuli-Depolymerisation, Inset). Dabei werden die Chromatiden eines jeden Chromosoms getrennt.
Rechts: Ebenfalls in der Metaphase werden die Pol-Mikrotubuli verlängert, und zwar durch zwei Prozesse. An ihrem Überlappungsbereich werden die Pol-Mikrotubuli durch das Motorprotein Kinesin auseinander geschoben; gleichzeitig werden sie durch Anpolymerisieren weiterer Tubulin-Moleküle verlängert (Inset). Daneben verkürzen sich die Kinetochor-Mikrotubuli immer weiter. Durch das Zusammenwirken dieser Komponenten gelangt das genetische Material in der Telophase an die Spindelpole (nicht gezeigt).

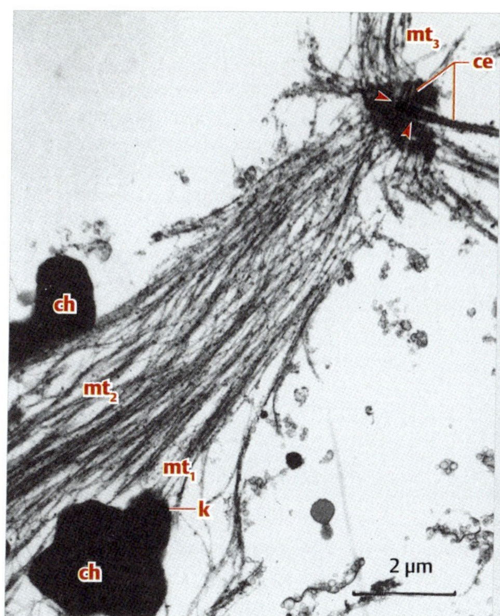

Abb. 22.6 Teilungsspindel im Transmissions-Elektronenmikroskop. Wesentlich deutlicher als im Lichtmikroskop (vgl. ▶ Abb. 22.3) ist hier wahrzunehmen, dass nur ein Teil der von einem Centriolen-Pärchen (**ce**) ausgehenden Mikrotubuli mit einem Chromosom (**ch**) in Kontakt treten (Kinetochor-Mikrotubuli, **mt_1**), im Gegensatz zu den Pol-Mikrotubuli (**mt_2**). Nach außen strahlen Astral-Mikrotubuli ab (**mt_3**). Der Kinetochor ist mit **k** gekennzeichnet. Vergr. 7 400-fach. (aus Bastmeyer, M., D. G. Russel: J. Cell Sci. 87 (1987) 431)

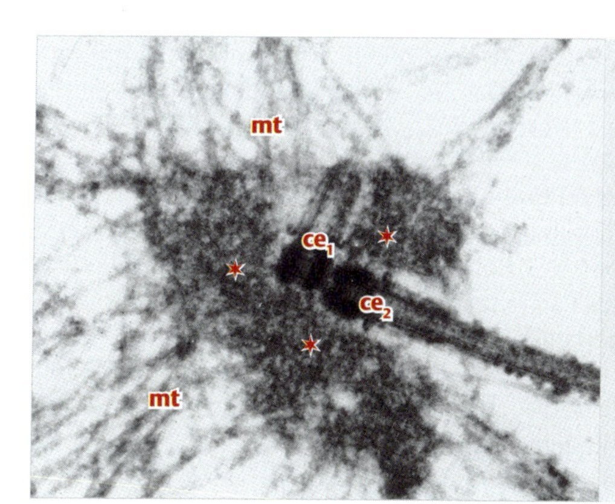

Abb. 22.7 Spindelpol im Transmissions-EM. Die einzelnen Centriolen stehen senkrecht aufeinander (**ce_1**, **ce_2**). Sie sind von amorphem Material umgeben (Sternchen), aus dem die Mikrotubuli (**mt**) abstrahlen. Das amorphe Material stellt also jenen Teil des MTOC dar, das in ▶ Abb. 22.4**b**, mittels Immunfluoreszenz identifiziert worden war. Vergr. 24 600-fach. (Aufnahme: M. Bastmeyer, Karlsruhe)

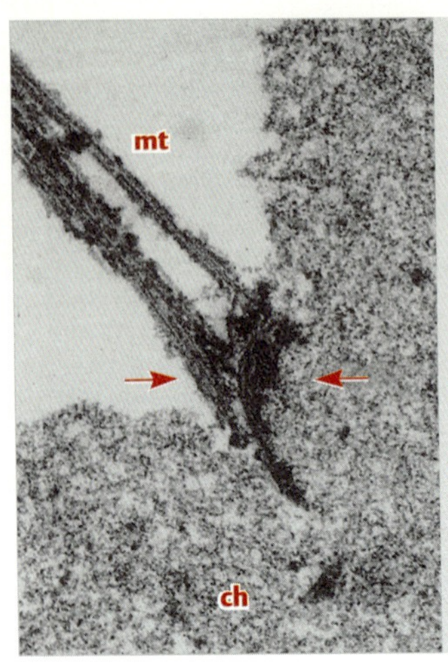

Abb. 22.8 Kinetochor im Transmissions-EM. Die Kinetochor-Mikrotubuli (**mt**) setzen am Kinetochor an. Dieses präsentiert sich als eng begrenzte Verdichtungszone (zwischen den Pfeilen) an einem anderweitig wenig strukturiert erscheinenden Chromosom (**ch**). Vergr. 40 000-fach. (Aufnahme: M. Bastmeyer, Karlsruhe)

der mitotischen Teilung, beim Übergang von der Metaphase in die Anaphase, voneinander getrennt und sie rücken entlang der Kinetochor-Mikrotubuli auseinander zum jeweiligen Pol der Teilungsspindel. Dies wird dadurch ermöglicht, dass sich die Kinetochor-Mikrotubuli durch Abgabe von Tubulin-Molekülen am Plus-Ende verkürzen. Ein Mikrotubulus kann an seinem Plus-Ende also sowohl schrumpfen als auch wachsen (durch Anlagerung von Tubulin-Molekülen); vgl. Kap. 16.2.1 (S. 323). Das Minus-Ende ist hingegen nach der Konvention jener Bereich eines Mikrotubulus, „wo sich nichts tut".

▸ **Pol-Mikrotubuli: keine Interaktion mit Chromosomen.** Die zweite Population von Mikrotubuli der Kernteilungsspindel, die **Pol-Mikrotubuli**, interagieren nicht mit den Chromosomen. Sie bilden dagegen eine Brücke von Pol zu Pol, indem je ein Mikrotubulus von einem Spindelpol mit einem Mikrotubulus vom anderen Spindelpol überlappt. Nun müssen die Chromatiden getrennt werden und es muss Platz geschaffen werden für zwei entstehende Tochterzellen. Dies wird wie folgt erreicht: Die Spindelpole werden auseinander getrieben, indem sich an den Plus-Enden der Pol-Mikrotubuli weitere Tubulin-Moleküle anlagern. Die Pol-Mikrotubuli nehmen also an Länge zu. Zusätzlich sind an der Überlappungszone **Kinesin-Moleküle** als Motorproteine am Werk, die die antiparallelen Pol-Mikrotubuli zusätzlich auseinander treiben. Diese Prozesse – Verkürzung der Kinetochor-Mikrotubuli und Verlängerung der Pol-Mikrotubuli – laufen so lange, bis die Tochtergenome die jeweiligen Spindelpole erreicht und eine neue Kernmembran erworben haben (Telophase).

▸ **Cytostatika hemmen die Ausbildung von Mikrotubuli.** Toxine, welche die Ausbildung dynamischer Mikrotubuli verhindern (vgl. Kap. 16.2.1) (S. 323), unterbinden auch die Bildung einer Teilungsspindel und damit die Zellteilung. Daher wirken sie als **Cytostatika**. Diese können für die Chemotherapie bei Krebs verwendet werden, um das schnelle Wachstum von Krebszellen zu stoppen; s. hierfür auch Kap. 23.2 (S. 464).

Mit dem Ende der Kernteilung wird die Teilungsspindel wieder aufgelöst und die Zellteilung eingeleitet. Das Centriol (als ein Pärchen in jeder Tochterzelle) kann nun wieder ein Cytozentrum in Nähe des Zellkerns ausbilden. Von hier werden erneut cytoplasmatische Mikrotubuli aufgebaut. Erst dann kann die richtige Positionierung der Organellen, wie die des Golgi-Apparates, wiederhergestellt und der Vesikelverkehr wieder aufgenommen werden; vgl. Kap. 16.2.2 (S. 325). In der Tat haben diese Prozesse während der Zellteilung ausgesetzt, weil das „Schienenmaterial" der Mikrotubuli und das „Organisationszentrum" (Centriol) für den Aufbau der Teilungsspindel gebraucht wurden.

▸ **Zellteilungsvorgänge: Zusammenfassung.** Wir sind uns nun über die „logistischen" Probleme einer Zellteilung und deren „mechanistische" Lösung klar geworden. Sie sind hier noch einmal zusammenfassend dargestellt, wobei die Vorgänge 2 bis 5 Bestandteil der Mitose sind:

1. DNA-Synthese in der S-Phase
2. Ausbildung einer Kernteilungsspindel
3. Trennung der Chromatiden in Verbindung mit
4. Verkürzung der Kinetochor-Mikrotubuli sowie
5. Streckung der Pol-Mikrotubuli.
6. Erst dann erfolgt die Trennung der wiederum diploiden Folgezellen voneinander (Zellteilung, Cytokinese).

Die ▸ Abb. 22.6, ▸ Abb. 22.7 und ▸ Abb. 22.8 zeigen die verschiedenen Mikrotubuli einer Teilungsspindel, ihren Abgang vom Centriol (▸ Abb. 22.6, ▸ Abb. 22.7) sowie den Ansatz der Kinetochor-Mikrotubuli an einem Chromosom in einer tierischen Zelle (▸ Abb. 22.8). Nachdem wir nun das wichtigste Instrumentarium der Mitose kennen, wollen wir uns dem Verlauf der Mitose mit allen ihren Stadien zuwenden.

22.1.3 Mitose und Cytokinese (Kern- und Zellteilung)

▶ **Prophase.** Der Eintritt in die Kernteilung ist von dramatischen mikroskopischen Veränderungen begleitet (▶ Abb. 22.9, ▶ Abb. 22.10). Das erste Zeichen bzw. geradezu das Kriterium für den Eintritt in die erste Phase der Mitose (**Prophase**), ist die beginnende **Kondensation der Chromosomen**, die dadurch erst in zunehmendem Maße sichtbar werden. Unter den Auslösemechanismen ist die **Phosphorylierung von verschiedenen Proteinen** zu nennen; vgl. Kap. 22.1.5 (S. 449). Jedes der Centriolenpärchen wandert in entgegengesetzte Richtung, um die Pole der Teilungsspindel festzulegen, die sich aber erst später bildet. Bei den höheren Pflanzen (die keine Centriolen besitzen) wird die Aufgabe eines MTOC von den amorphen Polkappen erfüllt. Der Nukleolus löst sich beim Übergang von der Prophase zur Metaphase auf.

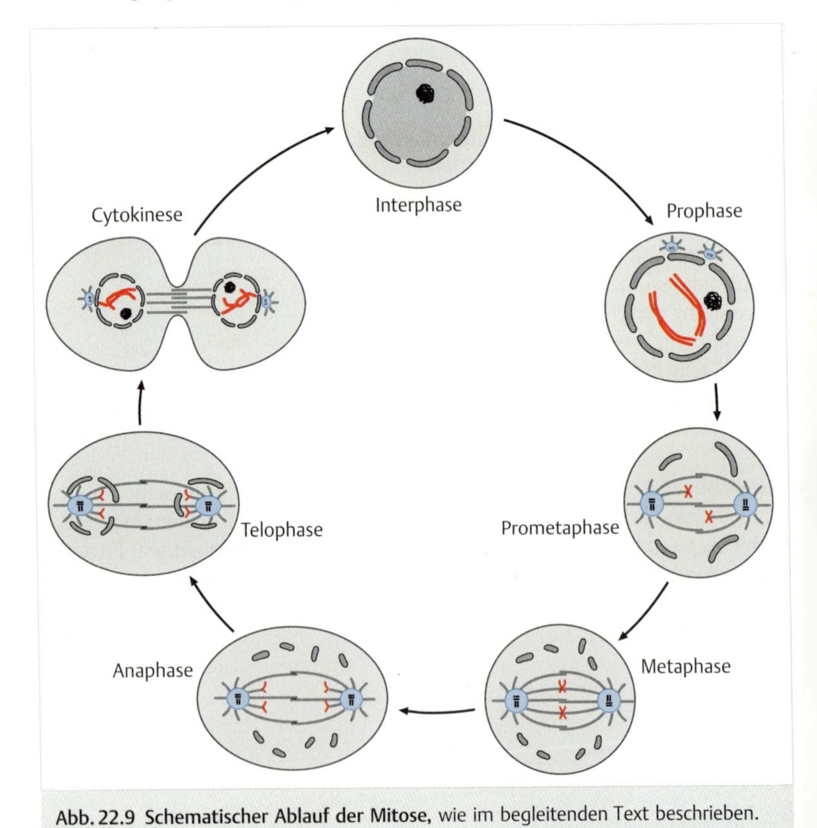

Abb. 22.9 Schematischer Ablauf der Mitose, wie im begleitenden Text beschrieben.

Was treibt die beiden Pole auseinander? Sorgfältige strukturelle Analysen zeigten, dass sich die von den Polen ausstrahlenden Mikrotubuli (**Polmikrotubuli**) teilweise überlappen. Im Überlappungsbereich werden die gegenläufigen Mikrotubuli durch das Motorprotein Kinesin auseinander geschoben, bis sie einander diametral entgegenstehen. Damit rücken die Pole der Kernteilungsspindel (**Spindelapparat, Mitosespindel**) auf maximale Distanz auseinander. Noch während dieser Prozess läuft, wird die Kernmembran aufgelöst. Die Chromosomen werden zunehmend kondensiert und immer deutlicher sichtbar. Damit ist die erste Phase der Mitose abgeschlossen – die Prophase.

Ein teilungsaktiver Kern ist während der Kernteilung, bereits ab der Prophase, nur „mit sich selbst beschäftigt" und die Syntheseleistungen der Zelle versiegen, wie schon das Schwinden des Nukleolus anzeigt. Auch der Vesikelverkehr im Cytoplasma kommt zum Erliegen, zum einen, weil nun alles „Schienenmaterial" der Mikrotubuli eingeholt wird (durch Depolymerisation), um eine zunehmend komplexe Teilungsspindel aufzubauen, zum anderen, weil wichtige Organellen, wie das raue Endoplasmatische Retikulum und der Golgi-Apparat, in Vesikel fragmentiert werden (Vesikulation). Dies wird zum Ende der Teilungsaktivität ihre annähernd gleichmäßige Aufteilung an die Tochterzellen erleichtern. Eine Neubildung dieser Organellen ist nicht möglich. Auch die Kernmembran ist bereits vesikuliert. Das Signal hierzu gibt die Phosphorylierung von Lamin, dem innenseitig angelagerten Protein aus der Gruppe der Intermediär-Filamente (S. 347). Erst jetzt werden die inzwischen vollkommen kondensierten Chromosomen frei beweglich, wogegen sie vorher an der Kernlamina angeheftet waren; s. Kap. 7 (S. 151).

▸ **Metaphase.** Der zweite Akt der Mitose heißt **Metaphase**. Von beiden Spindelpolen aus polymerisieren die **Kinetochor-Mikrotubuli**, die sich nicht überlappen. Wie von magischer Hand ordnen sich sämtliche Chromosomen im Mittelfeld der Zelle senkrecht zu den Mikrotubuli des Spindelapparates an und bilden so die Äquatorialplatte (**Metaphase-Platte**). In unserem molekular-mechanistischen Verständnis steckt hinter der „magischen Hand" folgender Mechanismus. Zunächst kommt ein Chromosom bzw. sein Kinetochor durch die Stoßbewegungen (Brownsche Molekularbewegung), denen alle kleinen Partikel unterliegen, zufällig mit einem Kinetochor-Mikrotubulus in Kontakt. Dort erfolgt dann die Bindung des Kinetochors gleich an mehrere Mikrotubuli. Eine ebensolche Bindung erfolgt dann zufällig an jene Kinetochor-Mikrotubuli, die vom anderen Pol her einstrahlen. Da diese Mikrotubuli auf statistisch gleiche Länge ausgebildet werden, kommen alle Chromosomen in der Äquatorialplatte zu liegen. Die Teilungsspindel ist nun perfekt. Sie ist ein bipolares Gebilde mit sich überlappenden Pol-Mikrotubuli und an den Kinetochoren endenden Kinetochor-Mikrotubuli. Sie alle strahlen von den Centriolen bzw. von den Polkappen

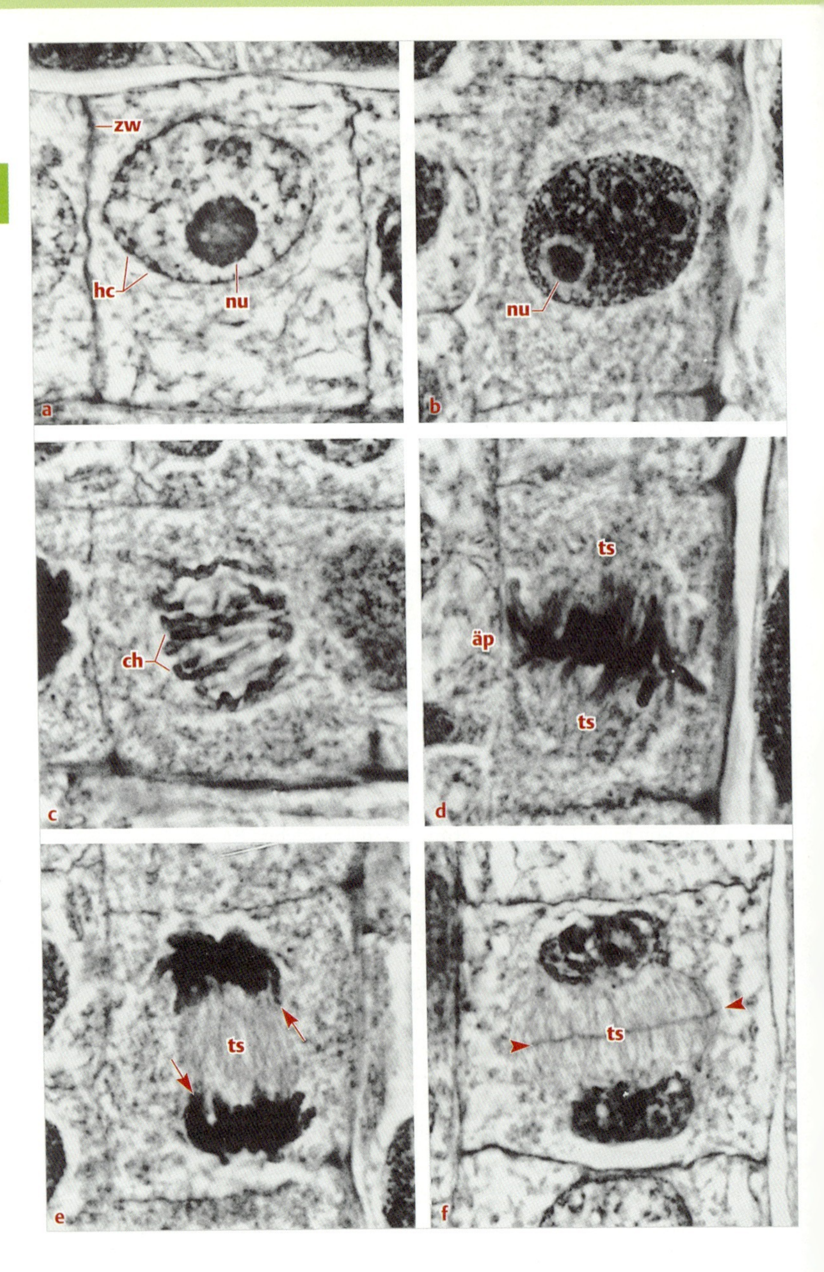
zw
hc
nu
a
nu
b
ch
c
ts
äp
ts
d
ts
e
ts
f

◀ **Abb. 22.10 Lichtmikroskopische Aspekte der Mitose:** Mitose-Figuren in einem histologischen Schnitt durch die Zwiebelwurzel. **a** In der Interphase sind deutlich der Rand des Zellkerns, dunkles Heterochromatin (**hc**) als kleine Schollen und der Nukleolus (**nu**) zu erkennen; **zw** = Zellwand. **b** Wird die frühe Prophase eingeleitet, so sind Nukleoli (nu) und Kernumgrenzung noch vorhanden; die Chromosomen sind erst teilweise kondensiert. **c** Erst in der späteren Prophase werden die Chromosomen (ch) durch vollständige Kondensierung in ihrer Gestalt erkennbar und die Kernmembran verschwindet. **d** In der Metaphase werden die Chromosomen durch die sich bildende Teilungsspindel (**ts**) in die Mitte gedrückt und bilden so die Äquatorialplatte (**äp**). **e** Spätes Stadium der Anaphase: Die Chromosomen wurden in je ein Chromatid längsgespalten (nicht sichtbar) und diese werden entlang der Teilungsspindel zu den Spindelpolen transportiert. Dieser Transport ist am Nachschleifen der Chromatid-Enden erkennbar (Pfeile). **f** In der Telophase ist der Transport der Chromatiden abgeschlossen. In der Mitte der Teilungsspindel bildet sich eine neue Zellwand (Phragmoplast, zwischen Pfeilspitzen), welche die beiden Tochterzellen zu trennen beginnt. Vergr. 1100-fach. (Aufnahmen: C. Braun, J. Hentschel)

aus, deren randständige Proteine als Mikrotubuli-Organisationszentrum (**MTOC**) dienen.

▶ **Anaphase.** Es folgt nun der dritte Akt der Mitose, die **Anaphase**. Der wichtige Schritt ist hierbei die Teilung der Centromeren eines jeden Chromosoms, dessen Chromatiden somit getrennt werden können. Bei der Trennung helfen zwei Mechanismen:

1. Die an den Spindelpolen verankerten Kinetochor-Mikrotubuli verkürzen sich durch langsame Depolymerisation.
2. Die Pol-Mikrotubuli dagegen verlängern sich, nicht nur durch Einlagerung von Tubulin-Molekülen, sondern auch durch Kinesin-vermitteltes Auseinandergleiten in ihrer Überlappungszone.

Der Zug von den Polen her wird nun sichtbar, indem die Centromeren immer weiter an die Spindelpole heranrücken, die Arme der Chromatiden (die wir nun nach ihrer Trennung wieder Chromosomen nennen können) werden nachgeschleift. Dies ist das typische Bild der Anaphase.

▶ **Telophase.** Der Schlussakt der Mitose ist die **Telophase**. Die Chromosomen haben den jeweiligen Spindelpol erreicht. Die Lamine werden wieder dephosphoryliert. Nach diesem Signal können die Vesikel der Kernmembran, an denen die Lamine anhaften, wieder miteinander verschmelzen. Sie schließen dabei die aus der Kernteilung hervorgegangenen Chromosomen in den neuen Kernen ein. Dabei werden Kernporen ausgespart, an denen wieder Porenkomplexe assembliert werden.

22.1.4 Die Cytokinese

Sozusagen als Nachspiel zur Kernteilung findet die Zellteilung statt (Cytokinese). Erst im Laufe der Cytokinese wird die Teilungsspindel komplett aufgelöst. Die Zellteilung gewährleistet, dass ein Organismus wächst, indem die Zahl seiner Zellen vermehrt wird. Bei jeder Teilung somatischer Zellen entstehen im Allgemeinen zwei gleich große Folgezellen (äquale Teilung). Sie übernehmen nicht nur ein Genom identischer Größe, sondern auch ungefähr die Hälfte der Organellen. Nur in Ausnahmefällen teilen sich die Kerne ohne nachfolgende Zellteilung. So entsteht ein großes vielkerniges Gebilde (**Plasmodium**), z. B. bei Schleimpilzen. Alternativ können einkernige Zellen miteinander verschmelzen (**Syncytium**), z. B. jeweils einige Dutzend Zellen im Skelettmuskel.

▸ **Tier- und Pflanzenzellen teilen sich unterschiedlich.** Tierische Zellen werden voneinander getrennt, indem der Zellkörper in der Mitte zwischen den nun geteilten Zellkernen durch einen kontraktilen **Teilungsring** aus Aktomyosin, wie eine Wespentaille, eingeschnürt wird; vgl. Kap. 16.3.2 (S. 342). So bildet sich eine rundum laufende **Teilungsfurche**, bis beide Zellen voneinander „abgenabelt" sind. Bei Pflanzen mit ihrer starren Zellwand musste eine andere Lösung gefunden werden. Hier akkumulieren viele kleine Golgi-Vesikel in der **Teilungsebene** (▸ Abb. 22.10) zum sog. **Phragmoplast**; durch Sekretionstätigkeit wird eine zunächst dünne Zellwand gebildet (**primäre Zellwand**), um die sich jeweils die Zellmembran durch Verschmelzung der Vesikel schließt; vgl. Kap. 24 (S. 482).

Fast immer läuft die Cytokinese bereits während der Telophase der Mitose an, während die Teilungsspindel bereits zu depolymerisieren beginnt. Da im Falle tierischer Zellen jede Folgezelle ein Centriolpärchen geerbt hat, kann dieses seine Funktion als Cytozentrum wieder aufnehmen, von dem aus cytoplasmatische Mikrotubuli auszustrahlen beginnen; im Falle pflanzlicher Zellen: Polkappen, vgl. Kap. 24.4 (S. 497). Wie auch bereits erwähnt, kann nun der Vesikelverkehr wieder aufgenommen werden, und die Folgezellen wachsen auf die ursprüngliche Größe heran.

Wir haben bisher nur wenige molekulare Steuermechanismen erwähnt, die während der Mitose zum Zug kommen. Gibt es so etwas wie eine Kontrolluhr, die das Signal zum Eintritt in die Mitose gibt? Derlei Kenntnisse würden nicht nur unser Grundlagenwissen erweitern, sondern sie wären auch – in Anbetracht der zügellosen Teilungsaktivität von Tumorzellen – von praktischer medizinischer Bedeutung. Die folgenden Steuermechanismen zeichnen sich ab.

22.1.5 Regulation des Zellzyklus

Über Jahrzehnte wurde ein mitoseauslösender Faktor gesucht. Heute weiß man von Analysen an Pilzen (Hefe *Saccharomyces cerevisiae*), Insekten (Fruchtfliege *Drosophila melanogaster*) und Säugetieren, dass alle Schritte des Zellzyklus von bestimmten Proteinen eingeleitet werden. Diese Proteine, die **Cycline**, können erst als Komplex mit anderen Proteinen aktiv werden. Dabei ist eines der Proteine eine **Proteinkinase** (**„Cyclin-*d*ependent *k*inase", cdk**), das andere ein Cyclin. Während bestimmter Phasen des Zellzyklus wird jeweils ein spezifisches Cyclin (z. B. Cyclin A, B, C ... F) gebildet. Nach jedem Stadium des Zellzyklus wird das jeweilige Cyclin durch Proteasomen wieder abgebaut und für jedes folgende Stadium wird ein anderes Cyclin neu gebildet. Ihrer cyclischen Synthese verdanken sie ihren Namen. ▶ Abb. 22.11 zeigt dieses Prinzip. Die Bildung des **Kinase-Cyclin-Komplexes** ist besonders gut für den Faktor bekannt, der die Mitose auslöst. Er wird jetzt mit der Abkürzung **MPF** belegt (**Mitose-Phase-Förderfaktor**, *maturation promoting factor*). Es bedarf einer weiteren Proteinkinase, die das im MPF enthaltene Kinase-Molekül phosphoryliert. Dieses verbindet sich mit einem Cyclin zu einem Komplex, dem MPF. Seine Aktivität erhält MPF jedoch erst, wenn er durch eine Phosphatase wieder teilweise dephosphoryliert wird. Erst jetzt liegt ein aktiver MPF vor. Dieser kann verschiedene Proteine phosphorylieren, die dann den Eintritt in die Mitose erlauben.

▶ **Es ist ein wahrhaft komplexer Prozess, aus einer Zelle zwei zu machen.** Abgesehen von diesen basalen Prozessen werden während der Mitose weit über 1000 Protein-kodierende Gene hochreguliert.

Für jeden Schritt des Zellzyklus kommen jeweils spezifische Proteinkombinationen zum Einsatz, die analog zu jenen sind, welche in ▶ Abb. 22.11 exemplarisch für den Übergang zur Mitose dargestellt sind. Es beteiligen sich demnach jeweils Stadium-spezifische **cdc**-(cell division cycle-)Proteine. Im Detail werden jeweils Stadium-spezifische **Cycline** und **cdk**-Proteine (cycline-dependent kinases) sowie **Phosphatasen** kombiniert. Dabei aktiviert das jeweilige Cyclin die jeweilige cdk. Für den Übergang in die Mitose-, G1-, S- bzw. G2-Phase des Zellzyklus sind also jeweils Kombinationen ähnlicher, aber jeweils Phasen-spezifischer Proteine erforderlich. So vermittelt cdk1 den Eintritt in die Mitose, dagegen cdk2 den in die S-Phase. Am Ende jeder Phase steht der Abbau des Phasen-spezifischen Cyclins durch **Proteasomen** (S. 368), so dass die Aktivierung erliegt.

Selbstredend ist die Kenntnis der Steuermechanismen des Zellzyklus, insbesondere der Mitose, von höchstem medizinischen Interesse, bilden sich Tumoren doch durch die zügellose Teilungsaktivität oft nur einer einzigen „ent-

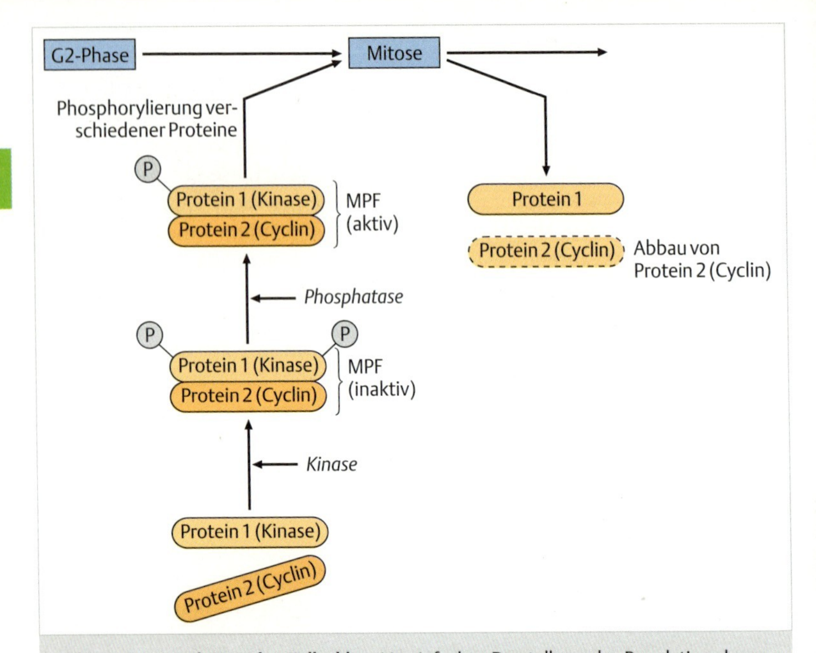

Abb. 22.11 Regulation des Zellzyklus. Vereinfachte Darstellung der Regulation der **Mitose.** Von unten nach oben: Zwei Proteine, wovon Protein 2 ein soeben kurz vor der Mitose gebildetes Cyclin ist, verbinden sich zu einem Heterodimer. Dabei wird Protein 1 (das selbst eine *cyclin*-dependent kinase, cdk, darstellt) durch eine Kinase mehrfach phosphoryliert. Das Heterodimer bildet nun einen – allerdings noch inaktiven – MPF (Mitose-Phase-Förderfaktor). Dieser erlangt seine Aktivität, indem er von einer Phosphatase teilweise dephosphoryliert wird. Nun besitzt das im aktiven MPF enthaltene Protein 1 seinerseits die Fähigkeit als Proteinkinase in Aktion zu treten und jene Proteine zu phosphorylieren, die den Ablauf der Mitose gewährleisten. Anschließend wird selektiv das Cyclin abgebaut.

gleisten“ Zelle; s. Kap. 23.2 (S. 464). Aber auch unter normalen Umständen zeigen insbesondere Epithelien (Deckgewebe) hohe Teilungsaktivität. So erneuert sich das Epithel unseres Magen-Darm-Traktes im Laufe des Lebens fast 5 000-mal, die Epidermis der Haut an die 1000-mal.

22.2 Geschlechtszellen

▶ **In der Meiose wird der Chromosomensatz halbiert.** Durch die Verschmelzung einer Samenzelle (Spermatozoon) mit einer Eizelle (Ovum) erfolgt die Befruchtung zur Zygote (befruchtete Eizelle). Dabei kommen zwei Chromosomensätze zusammen. Daher muss gewährleistet sein, dass jede der Geschlechtszellen nur einen haploiden Chromosomensatz mitbringt. Dies wird in einer **Reduktionsteilung**, im Rahmen eines als **Meiose** bezeichneten komplexen Vorgangs erreicht (▶ Abb. 22.12).

Die Meiose (Reifeteilung) umfasst zwei Kernteilungs- und Zellteilungsschritte, Meiose I und II (1. und 2. Reifeteilung). **Meiose I** beinhaltet die **Reduktionsteilung** (diploid → haploid). Die anschließende **Meiose II** ist einer Mitose ähnlich, nur dass hier ein haploider Chromosomensatz auf die Folgezellen verteilt wird. Da diese Aufteilung gleichmäßig erfolgt, bezeichnet man Meiose II auch als **Äquationsteilung**.

In der Meiose I wird das Erbgut neu kombiniert. In dieser Phase wird das genetische Material durchmischt. Die elterlichen Chromosomenpaare lagern sich eng aneinander, es bildet sich ein enger Kontakt (**Chiasma**) zwischen einzelnen Chromatiden homologer Chromosomen, sodass ganze Chromatiden-Abschnitte zwischen homologen Chromosomen väterlichen und mütterlichen Ursprungs wechselseitig ausgetauscht werden können (**crossing-over**). Durch diese Tatsache unterscheidet sich Meiose I wesentlich von der regulären Zellteilung. Die intensive Durchmischung des väterlichen und mütterlichen Erbgutes nennt man **Rekombination**. Sie kann durch neue Merkmalskombinationen zu besseren Überlebenschancen führen und hat sich aus evolutiver Sicht bewährt. Dies ist eine der möglichen Antworten auf die Frage: Wozu braucht die Natur Sex?

▶ **Meiose I.** Hierbei werden (im Gegensatz zur Mitose nicht Chromatiden sondern) Chromosomen getrennt, väterliche und mütterliche werden zufallsmäßig aufgeteilt. Die Stadien von Meiose I sind Prophase I, Metaphase I und Anaphase I.

Prophase I. Die Prophase I umfasst komplexe Detailschritte (vgl. Lehrbücher der Genetik). Sie wurden mit den ebenso altertümlichen wie hässlichen Namen Leptotän, Zygotän, Pachytän, Diplotän und Diakinese belegt. Diese Einteilung beruht auf folgenden lichtmikroskopischen Beobachtungen.

- Im **Leptotän** werden die Chromosomen als Strukturen im Lichtmikroskop gerade sichtbar (Beginn der Chromosomen-Kondensation).
- Im **Zygotän** lagern sich homologe Chromosomen in einer **Äquatorialplatte** parallel aneinander.

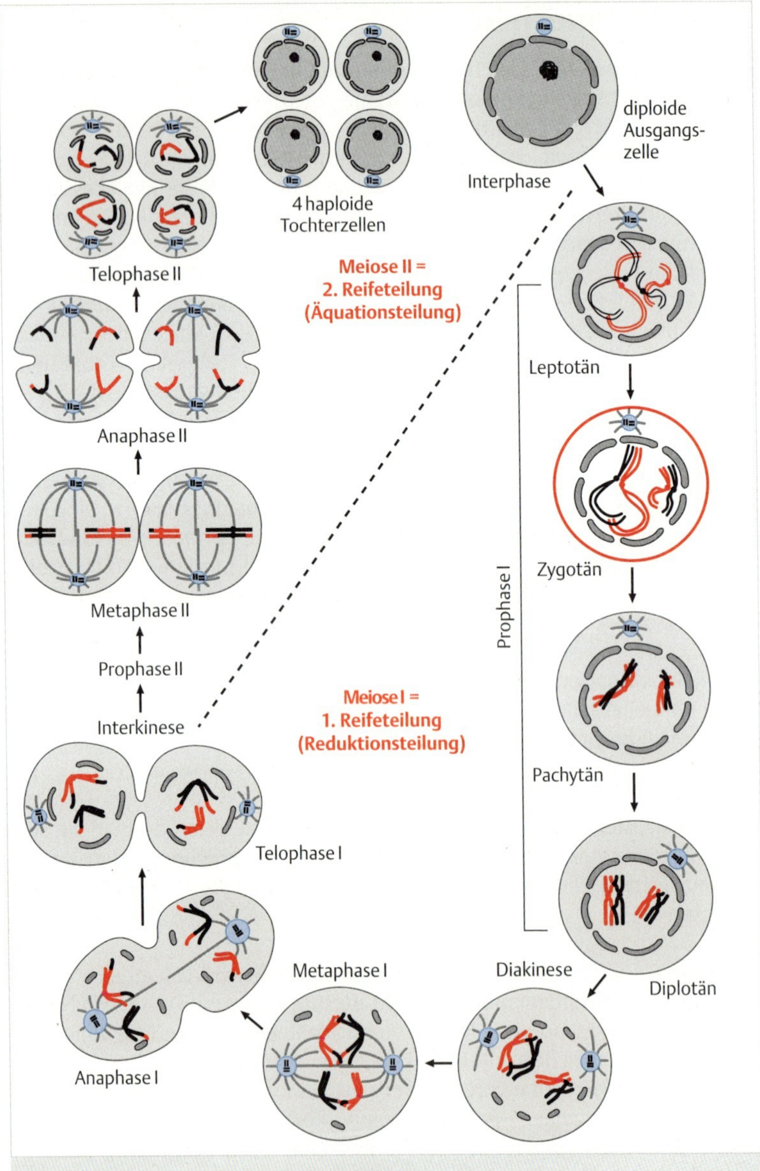

Abb. 22.12 Schematischer Verlauf der Meiose. Erklärung im Text.

- Erst ab dem **Pachytän** werden Details der Chromosomenstruktur, wie Chromatiden und Chromomeren, sichtbar (Abschluss der Chromosomen-Kondensation). Während des Pachytäns bilden sich **Chiasmen** zwischen Chromatiden homologer Chromosomen zur Einleitung des ***crossing-over***. Dieses Stadium dauert im Allgemeinen am längsten – meistens einige Tage.
- Im **Diplotän** wird das ***crossing-over*** abgeschlossen.
- Als **Diakinese** bezeichnet man den Übergang von Prophase I in Metaphase I. Hierbei beginnen die Centromeren homologer Chromosomen leicht auseinander zu rücken, jedoch bleiben die Endstücke der Chromosomenarme noch über Chiasmen untereinander verbunden.

Inzwischen hat sich die Kernmembran durch Vesikulation aufgelöst und die Spindelpole sind sichtbar geworden. Die mittleren Bereiche der Chromosomen mit dem Centromer, das hier die beiden Chromatiden zusammenhält, weichen noch weiter auseinander, während die äußeren Bereiche der Chromatiden homologer Chromosomen noch über Chiasmen miteinander in Verbindung bleiben. So präsentiert sich **Metaphase I**, also die Metaphase von Meiose I.

In **Anaphase I** ist eine komplette **Teilungsspindel** ausgebildet. Nun werden die Chiasmen getrennt und die Chromosomen mit den jeweils deutlich sichtbaren zwei Chromatiden wandern in die Richtung der Spindelpole.

Nun wäre eigentlich eine Telophase I fällig, aber früheren Forschern gefiel es, in Meiose I dieses Stadium mit dem Terminus **Interkinese** zu belegen. Dies bedeutet ein Stadium zwischen zwei Bewegungsabläufen – ein Zwischenstadium, das es allerdings in den meisten Fällen gar nicht gibt. Denn meistens setzen die Folgezellen unmittelbar zur Meiose II an.

▶ Meiose II. Zwar wurde in der Meiose I die Chromosomenzahl von 2 n auf n reduziert, jedoch besteht jedes Chromosom zu Ende von Meiose I noch aus zwei **Chromatiden**. Die Meiose II dient nun dazu, die Chromatiden zu trennen. Sie erinnert daher an eine Mitose, allerdings mit dem Unterschied, dass im Fall von Meiose II der Geschlechtszellen mit einem haploiden Chromosomensatz operiert wird (im Falle einer echten Mitose der somatischen Zellen dagegen mit einem diploiden Satz).

Insgesamt kann die Meiose bei Pflanzen wie bei Säugetieren in der Größenordnung von einigen Stunden bis Tagen durchlaufen werden, je nach Organismus. Beim Menschen sind die Verhältnisse sehr komplex (▶ Abb. 22.13).

▶ Äquale Zellteilungen bei der Bildung von männlichen Geschlechtszellen. Im **Hoden** teilen sich zunächst diploide Prospermatogonien mitotisch zu Spermatogonien A und diese zu Spermatogonien B. Erst bei der Teilung von Spermatocyten I zu Spermatocyten II erfolgt die Meiose; sie dauert ca. drei Wochen.

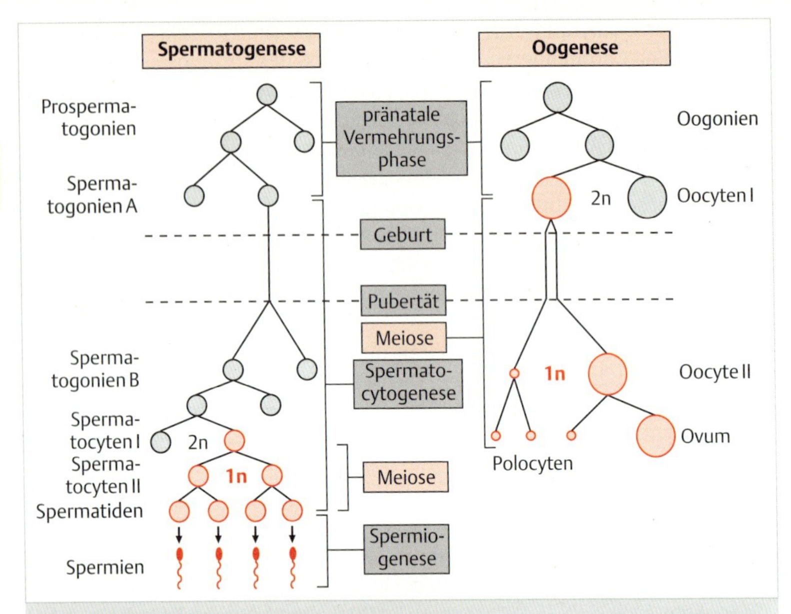

Abb. 22.13 Reifung von männlichen (links) und weiblichen (rechts) Geschlechtszellen beim Säugetier (Mensch). Die an der Reifeteilung beteiligten Differenzierungsstadien sind rot hervorgehoben. Dabei wird der diploide Chromosomensatz auf haploid reduziert (2n → n). Auffallend ist das Auftreten äqualer Zellteilungen im männlichen, dagegen inäqualer Zellteilungen im weiblichen Geschlecht. Dabei wird ein kleiner Polocyt (Polkörperchen) von der Eizelle abgetrennt. Die Eizelle benötigt ein umfangreicheres Cytoplasma, die Spermien dagegen sollen alle möglichst klein und flink sein. Weitere Erläuterungen im Text.

In Meiose II teilt sich jeder Spermatocyt II relativ rasch in zwei Spermatiden. Jede dieser Zellteilungen ist äqual, d. h. die Teilung resultiert in gleich großen Zellen. So entsteht eine große Zahl gleichartiger Zellen, aus denen erst durch weitere Differenzierung bewegungs- und befruchtungsfähige Spermatozoen (= „Spermien") entstehen (vgl. ▸ Abb. 17.8).

▸ Inäquale Zellteilungen bei der Bildung von weiblichen Geschlechtszellen. Im **Ovar** der Frau entstehen durch mitotische Teilung aus diploiden Oogonien zunächst Oocyten I. Diese Oocyten I treten nun in die erste meiotische Teilung (Reduktionsteilung) ein. Da dies zudem eine inäquale Zellteilung ist, entstehen auf diese Weise eine große Oocyte II und eine kleine Polzelle, die jedoch in engem Kontakt miteinander bleiben. Es wird sodann die Meiose II eingeleitet, aber nicht vollendet. Im Allgemeinen reift pro Monat eine solche Oocyte II zu einem Graafschen Follikel heran. Die Ovulation (Eisprung) entlässt eine 150 µm große Eizelle in den Ovidukt (Eileiter). Nur wenn die Eizelle auf ihrem Weg in den Uterus von einem Spermatozoon befruchtet wird, vollendet sie kurz vor Verschmelzung des weiblichen mit dem männlichen Kern die Meiose II und wird zum Reifei (Ovum). Dabei entsteht erneut eine kleine Polzelle. Da die während der Meiose I entstandene erste Polzelle sich auch noch einmal teilt, liegen am Ende der Meiose im weiblichen Geschlecht eine große Eizelle und drei kleine Polzellen ohne weitere Funktion vor. Die Verschmelzung von Ei- und Samenzelle führt wieder zu einem diploiden Chromosomensatz der Zygote, aus der durch zahllose Mitosen die große Zahl der Zellen unseres Körpers hervorgeht.

Eine hervorragende Übersicht über die Regulation von Mitose und Meiose bietet das im Online-Literaturverzeichnis angegebene Buch von **D. O. Morgan**.

Zellpathologie

Chromosomen-Anomalien

Chromosomen-Anomalien (Aneuploidie) sind gekennzeichnet durch überschüssige oder fehlende Chromosomen oder Abschnitte davon, die während der Zellteilung „hängen" bleiben. Es können die Autosomen oder die Geschlechtschromosomen betroffen sein. *Down Syndrom* (= *Mongolismus* als veraltete Bezeichnung): Trisomie von Chromosom 21, verbunden mit typischer („mongoloider") Lidfalte und verminderten geistigen Fähigkeiten. *Klinefelter Syndrom* (Aneuploidie der Geschlechtschromosomen, XXY). Dabei bestimmt XY zwar das Geschlecht auf männlich, aber das überzählige X-Chromosom bewirkt die ansatzweise Ausbildung einiger weiblichen körperlicher Merkmale und mentale Retardierung. *Ullrich-Turner Syndrom*: Ist nur ein X-Chromosom (ohne Y oder zweites X) pro Zelle vorhanden, so führt dies zu hoher pränataler Sterblichkeit (**Spontanabortus**) und reduzierter Ausbildung weiblicher Merkmale bei Überlebenden. Die Beispiele zeigen, wie wichtig die Balance der Chromosomen-Ausstattung zueinander für die normale Körperentwicklung ist.

▸ Literatur zum Weiterlesen

siehe www.thieme.de/go/literatur-zellbiologie.html

23 Zellen brauchen Signale zur Differenzierung – Krebs, Apoptose, Epigenetik, Stammzellen

Zusammenfassung

Sowohl bei den an Zellteilung und Differenzierung beteiligten Rezeptoren auf der Zelloberfläche als auch bei der von ihnen ausgelösten intrazellulären **Signaltransduktion** kann eine breite Vielfalt von Proteinen und Phosphorylierungsprozessen beteiligt sein. Es gibt dabei folglich viele Variationen von **Signaltransduktionskaskaden**, je nach Zelltyp, Differenzierungsstatus und Stimulus. Beispiele sind die Differenzierung von Blutzellen und Makrophagen oder jene verschiedener Zelltypen in einem Gewebe. Bei diesen Vorgängen kommt es durch Bindung eines Liganden (Wachstums- oder Differenzierungsfaktor) zunächst häufig zur **Dimerisierung des Rezeptors** bzw. seiner zuvor in der Zellmembran getrennt diffundierenden Untereinheiten. Typischerweise hat entweder der dimerisierte Rezeptor selbst eine Tyrosinkinaseaktivität („**Rezeptortyrosinkinasen**"), oder es assoziiert sich mit ihm eine Tyrosinkinase aus dem Cytosol („**rezeptorgekoppelte Tyrosinkinasen**"). In jedem Fall ist daran die sukzessive Interaktion weiterer Proteine gekoppelt, die ihrerseits zumeist auch reversibel phosphoryliert werden (**Phosphorylierungskaskaden**). Zu guter Letzt gelangen aktivierte Proteine der Signalkaskade in den Zellkern, wo sie die Aktivierung bestimmter Gene bewirken (z. B. über Aktivierung genspezifischer **Transkriptionsfaktoren**) oder den Ablauf einzelner Mitoseschritte beeinflussen.

Dabei können durch Fehlleistungen in verschiedenen Einzelschritten Krebszellen mit unkontrollierter Teilungsaktivität und ohne folgende Differenzierung entstehen. So kann Krebs durch spontane oder durch eine von („**onkogenen**") Viren verursachte Rezeptordimerisierung oder durch Daueraktivierung einzelner Proteine der Signalkaskade entstehen. Dazu gehört das **ras-Protein** und die Familie der **src-Kinasen**, die beide in solche Signalkaskaden eingebunden sein können. Wegen ihrer potenziell onkogenen (krebsbildenden) Aktivität werden solche Proteine als **Proto-Onkogene** bezeichnet. (Normalerweise sind es physiologische Glieder von Signalketten.) Fehlerhaft aktivierte Transkriptionsfaktoren sind weitere Beispiele, die gemäß ihrer zell- bzw. gewebespezifischen Expression eine entsprechend spezifische onkogene Wirkung entfalten können. Proteine, die normalerweise defekte/entartete Zellen an der Teilung hindern würden (**Tumorsuppressoren**), können ebenfalls durch Mutation ausfallen. Meistens kommen mehrere Fehlleistungen, mit dem Alter akkumulierend, zusammen, bis sich ein Tumor bildet. Eine letzte natürliche Möglichkeit, solche

Zellen zu beseitigen, ist die **Apoptose**, gefolgt von Phagocytose der Zellbruchstücke durch Makrophagen. Gewebe enthalten undifferenzierte Stammzellen zur weiteren Differenzierung bei Bedarf. Dies wird nach einem genetischen Programmm im Rahmen der Gewebedifferenzierung gesteuert. Das inaktive Stadium der Stammzellen wird durch verschiedene posttranslationale kovalente Modifikationen von Histonen bewirkt, insbesondere durch Methylierung und Acetylierung. Damit ist die DNA von spezifischen Genen weniger zugänglich für Transkriptionsfaktoren, die normalerweise ein Gen aktivieren würden. Es gibt in tierischen Geweben nicht nur embryonale Stammzellen, sondern auch adulte Stammzellen; ebenso gibt es Stammzellen bei Pflanzen (Meristeme). Auch aus Zellen mancher adulter Gewebe von Tieren können Stammzellen induziert werden – ein Aspekt, der eine neue Art von Gentherapie anpeilt.

Neben Genetik – Vererbung von Eigenschaften nach dem DNA Kode – gibt es noch die Epigenetik, also die Ausbildung von nicht im Genom festgelegten Merkmalen auf Grund von äußeren und inneren Faktoren (z. B. Hunger, Überernährung, Toxine, Stress), deren Weitergabe allerdings nur für eine Folgegeneration gewährleistet ist (z. B. dicke Kinder von „überernährten" Eltern). Zellen haben demnach ein Langzeit- und ein Kurzzeit-„Gedächtnis". Auch dabei spielen Histon-Modifikationen eine Rolle.

Die Entwicklung eines vielzelligen Organismus erfordert die Teilung und Differenzierung vorhandener Zellen, welche durch spezifische Signale koordiniert ausgelöst werden. Allein das blanke Weiterleben vorhandener Zellen bedarf der kontinuierlichen Einwirkung von **Überlebenssignalen**; bleiben diese aus, wird der **„programmierte Zelltod"** eingeleitet (**Apoptose**). Von Kapitel 6 (S. 108) wissen wir auch, dass lediglich Steroidhormone (und Schilddrüsenhormon) membrangängig sind. Sie treffen im Cytosol auf lösliche Rezeptorproteine, welche durch Bindung des jeweils spezifischen Steroidmoleküls aktiviert und so in den Zellkern transportiert werden. Da sie zusätzlich auch noch eine jeweils spezifische Bindestelle für bestimmte Gene besitzen (▸ Abb. 23.1), sind sie zur selektiven Aktivierung einzelner Gene in der Lage. Am auffallendsten waren diese Effekte beim Häutungshormon von Insekten (Ecdyson) zu beobachten, welches die komplizierte Metamorphose steuert. Das Prinzip gilt jedoch auch für Geschlechtshormone des Menschen, deren Balance die Expression der spezifischen Unterschiede steuert.

Wie bereits in Kap. 6 (S. 108) und Kap. 12 (S. 260) erwähnt, gibt es zahlreiche Botenstoffe, welche ihre Botschaft durch Bindung an einen Rezeptor an der Zellmembran übermitteln (Rezeptor-Ligand-Bindung = Rezeptoraktivierung). Dem muss, wegen der Undurchdringlichkeit (Beispiel: Proteohormone), eine intrazelluläre Signaltransduktion folgen. Dieses Prinzip betrifft auch viele

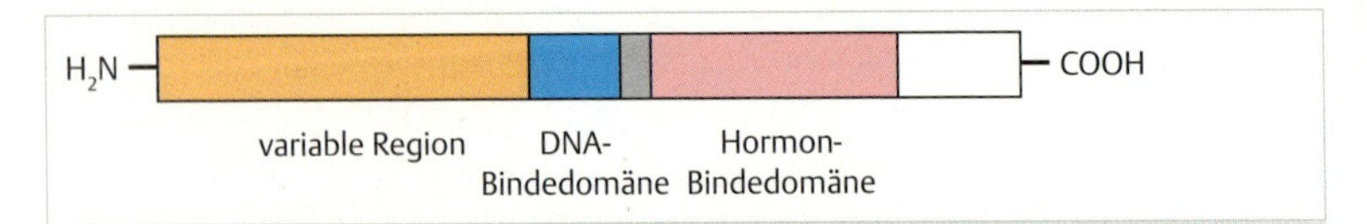

Abb. 23.1 Domänenstruktur von Rezeptoren für membrangängige Hormone, also Steroidhormone und das Schilddrüsenhormon. Diese cytosolischen Rezeptoren nehmen das jeweilige Hormon, nach seiner ungehinderten Passage durch die Zellmembran, in Empfang. Die Steroidhormonrezeptoren geleiten die Steroide durch die Kernporen in den Zellkern. Dazu ist eine für das jeweilige Hormon spezifische Bindedomäne (rot) erforderlich. Die DNA-Bindedomäne (blau) gewährleistet die spezifische Aktivierung bestimmter Gene. Nur beim Schilddrüsenhormon verweilt der Rezeptor an den zu aktivierenden Genen und erwartet dort das hineindiffundierende Hormon.

Wachstums- und Differenzierungsfaktoren, deren Name ja Programm ist und deren Effekte wir nun genauer betrachten wollen.

23.1 Verschiedene Zelloberflächenrezeptoren senden Signale in den Zellkern

Es gibt u. a. zwei wesentliche, große Gruppen solcher Rezeptoren: solche, bei denen die Rezeptormoleküle selbst **Tyrosinkinaseaktivität** ausüben, und jene, an welche getrennte Tyrosinkinasemoleküle angekoppelt werden. Tyrosinkinaseaktivität bedeutet, dass an einen Tyrosylrest eines Proteins eine Phosphatgruppe kovalent angehängt wird (= **Tyr-Phosphorylierung**). Dieses kann in manchen Fällen sogar durch das Kinasemolekül an sich selbst erfolgen (**Autophosphorylierung**).

23.1.1 Rezeptor-Tyrosinkinasen

Am weitesten verbreitet sind jene Rezeptortypen, die selbst Tyrosinkinaseaktivität ausüben (▶ Abb. 23.2). Diese sog. „**Rezeptortyrosinkinasen**" spielen bei zahlreichen Differenzierungsprozessen eine entscheidende Rolle. Solche Rezeptoren werden durch Rezeptordimerisierung über Ligandbindung aktiviert. Dabei kann Autophosphorylierung und/oder gegenseitige Phosphorylierung erfolgen. Beispiele sind die verschiedenen Wachstumsfaktoren. Dazu gehört der **epitheliale Wachstumsfaktor** (epithelial growth factor, EGF), der die Zellteilung in Epithelien stimuliert. Bindet der Ligand, so folgt der Dimerisierung die Rezeptorphosphorylierung. Dieser folgt die Bindung von nachgeordneten Proteinen an den cytosolischen Teil des Rezeptors, gefolgt von der Bindung des Ras-Proteins. Das **Ras-Protein** wurde entdeckt im Zusammenhang mit der Bildung von Karzinomen (epitheliale Tumoren, bei denen offensichtlich das epitheliale Wachstum überschießt). Das aktivierte Ras-Protein bindet das Raf-Protein, dieses wird selbst phosphoryliert und phosphoryliert dann das so genannte MEK-Protein, an welches sich die Phosphorylierung von MAP-Kinase anschließt. **MAP-Kinase** bedeutet „**M**itogen-**a**ktivierte **P**rotein-Kinase". Diese kann schlussendlich in den Zellkern gelangen und über Phosphorylierung von Transkriptionsfaktoren **Genaktivierung** und **Mitoseaktivität** einleiten. So wird der epitheliale Wachstumsfaktor seinem Namen gerecht. Es arbeiten auf diese Weise drei Kinasen hintereinander:

MAP-Kinase-Kinase-Kinase (= Raf) →
MAP-Kinase-Kinase (= MEK, **M**AP und **E**RK **K**inase) →
MAP-Kinase (= ERK, **e**xtracellular-signal **r**egulated **k**inase).

▶ **Rezeptor-Ligand-Bindung von außen aktiviert Gene im Zellkern.** Hier läuft also eine hierarchische Befehlskette ab, und zwar von der Zellperipherie an das Genom, in welchem dann bestimmte Gene aktiviert werden, deren Translationsprodukte für Wachstum bzw. Teilung und Differenzierung benötigt werden.

Was bedeutet in diesem Zusammenhang „Aktivierung"? Die verkürzte Darstellung in ▶ Abb. 23.2 soll wie folgt ergänzt werden. Der Rezeptor wird offensichtlich durch Ligandbindung und Dimerisierung innenseitig zu einer molekularen Strukturänderung (= Konformationsänderung) im (Sub-)Nanometer-Bereich gebracht und damit zur Ausübung einer Tyrosinkinaseaktivität befähigt. Das Ras-Protein trägt ein lipophiles Isoprenyl-Schwänzchen, mit dem es entlang der Zellmembran diffundiert. So trifft es auf die vor- und nachgeschalteten Proteine. Das Ras-Protein ist ein sog. „monomeres G-Protein" (**GTP-Bindeprotein = GTPase**). Erst nach Rezeptoraktivierung und im Kontakt mit den vorgeschalteten Proteinen gibt es GDP ab – im Austausch gegen GTP – und wird so aktiviert. Nun kommt als weiteres Protein das sog. Raf-Protein ins Spiel, welches nach Bindung an aktiviertes Ras-Protein eine Art Mittler für die Aktivierung weiterer Proteine über deren Phosphorylierung dient: MEK, welches seinerseits die MAP-Kinase (**= ERK**) im Rahmen einer **Phosphorylierungskaskade** aktiviert. Erst dann erfolgt durch spezifische Bindung im Zellkern die Mitoseaktivierung.

▶ **Hintereinander geschalteten Phosphorylierungen erzeugen eine Signalkaskade.** Summa summarum aktivieren die Rezeptortyrosinkinasen eine komplizierte Signalkaskade, mit mehreren hintereinander geschalteten Phosphorylierungen nicht nur von Tyrosyl-, sondern auch von Seryl- und Threonylresten. Aber es kommen noch weitere Komplikationen dazu. Das Ras-Protein muss normalerweise ja wieder ruhig gestellt werden. Dazu ist es in der Lage,

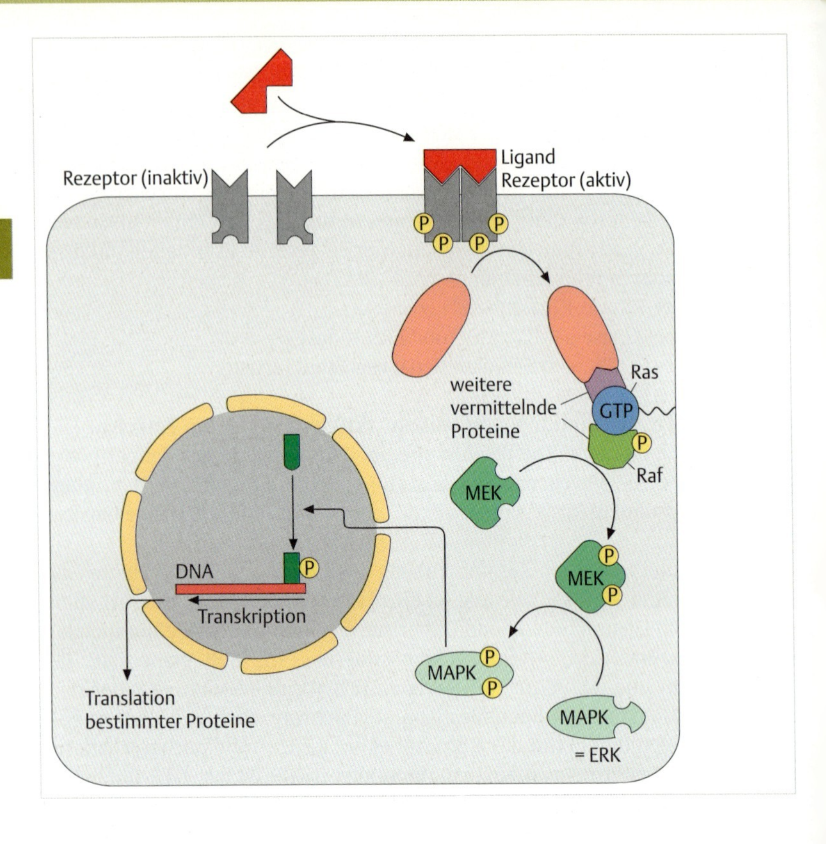

GTP zu GDP zu hydrolysieren, d. h. das Ras-Protein ist eine GTPase. Um diesen Effekt zu beschleunigen, bedarf es weiterer Aktivatoren, z. B. **GAP** (**G**-Protein **a**ktivierendes **P**rotein). Eine andere Komplikation kommt daher, dass die MAP-Kinase auch von Fokalkontakten her angesteuert werden kann (vgl. Molekularen Zoom) (S. 462) – ein sinnvoller Schritt, wenn man bedenkt, dass eine sich teilende Epithelzelle sich ja bei weiterer Proliferation vom Untergrund ablösen können muss. Des Weiteren können diese komplexen Prozesse von anderen Signaltransduktionskaskaden überlagert sein. Dazu gehört auch die Kinase vom Typ **Src** (sprich: sark). Da gibt es also viele Möglichkeiten, dass etwas schief laufen kann – davon handelt der Abschnitt 23.2 zum Thema Krebs (S. 464).

◂ **Abb. 23.2 Funktionsschema von Rezeptor-Tyrosinkinasen.** Die Bindung eines Liganden (z. B. epithelialer Wachstumsfaktor) induziert eine Rezeptordimerisierung, und diese aktiviert die Tyrosinkinase des cytosolischen Teils des Rezeptors. Der Rezeptor selbst ist also die Kinase. Somit vermögen die Rezeptoruntereinheiten sich selbst bzw. wechselseitig an Tyrosinresten zu phosphorylieren. Die weitere Signaltransduktion umfasst Schritte im Cytosol, an der Zellmembran und im Zellkern. Zunächst kommt es zur Wechselwirkung mit weiteren nachgeschalteten Proteinen und zur Wechselwirkung solcher Proteine mit dem monomeren GTP-Bindeprotein („G-Protein", GTPase) namens Ras. Es ist mit einem lipophilen Isoprenyl-Schwänzchen an der Innenseite der Zellmembran verankert und hat im aktiven Zustand GTP gebunden (was durch eines der vorgeschalteten Proteine vermittelt wird). Ras kann GTP zu GDP hydrolysieren, womit es nach getaner Arbeit (Weitergabe des Signals) entaktiviert wird. Des Weiteren schließen sich in der Kaskade Phosphorylierungsschritte an: Die Proteine Raf, MEK und schließlich die MAP-Kinase (= ERK) werden jeweils phosphoryliert. Die MAP-Kinase gelangt in phosphorylierter Form durch die Kernporen in den Kern, wo sie die Transkription bestimmter Gene einleitet und im Sinne des an der Zelloberfläche gebundenen Liganden (z. B. epithelialer Wachstumsfaktor) die Translation funktionstypischer Proteine bzw. die mitotische Teilungsaktivität einleitet.

23.1.2 Tyrosinkinase-gekoppelte Rezeptoren

Solche Rezeptoren haben selbst keine Kinaseaktivität, aber auf Aktivierung hin – wieder ist es die Ligandbindung – „fischen" sie sich eine Kinase aus dem Cytosol. Sie werden u. a. durch Faktoren aktiviert, welche die Differenzierung von Blutzellen einleiten. Das betrifft Leukocyten, inklusive Komponenten des Immunsystems. Als Aktivatoren dienen **Cytokine** ebenso wie **Interferon** (vgl. ▸ Abb. 8.12). Allgemein gilt: Cytokine sind Regulatoren der Proliferation und Differenzierung verschiedener Zelltypen; im speziellen Fall der Leukocyten heißen sie **Interleukine**. Interferon wird als Mittel gegen bestimmte Virusinfektionen bzw. Formen von Krebs eingesetzt. Zur Steuerung von Differenzierungsprozessen müssen sie natürlich auf den Kern einwirken, um ihn zur Transkription bestimmter Gene zu veranlassen.

Zu Beginn wird auch bei den Tyrosinkinase-gekoppelten Rezeptoren durch die Ligandbindung auf der Zelloberfläche wiederum – aus zwei zunächst in der Zellmembran getrennt vorliegenden Untereinheiten – ein vollständiger, reaktiver Rezeptor zusammengefügt (Rezeptordimerisierung). Dieses aktivierte Rezeptordimer bindet nun innenseitig Tyrosinkinasemoleküle, welche dann die Untereinheiten des Rezeptors und weitere cytosolische Proteine jeweils an einem Tyrosylrest phosphorylieren. Solche phosphorylierte Substratmoleküle setzen schließlich den jeweils zellspezifischen Differenzierungsprozess in Gang.

Auf ähnlichem Wege wird auch die Reifung von Erythrocyten aus Erythroblasten durch das **Erythropoetin** eingeleitet (Gr. poieo = ich mache). Da damit die Leistungsfähigkeit durch vermehrten O_2-Transport gesteigert wird und es gentechnisch („rekombinant") leicht herzustellen ist, wird es häufig als Dopingmittel eingesetzt. Es gibt für die Zukunft bereits Befürchtungen eines „molekularen Dopings" mittels Genmanipulation. Eine Eindickung des Blutes birgt aber erhebliche Gefahren.

23.1.3 Fokalkontakte ohne Rezeptorbindung

Die „**focal adhesion kinase**" (**FAK**) ist nach ihrem Vorkommen an Fokalkontakten benannt. Sie ist eine „Nicht-Rezeptor Tyrosin-Kinase", d. h. sie ist kein Rezeptormolekül der Zellmembran und auch nicht an einen eigentlichen Rezeptor gebunden. Sie vermittelt von den Fokalkontakten ausgehende Signale ins Innere der Zelle; s. Molekularen Zoom (S. 462). Dies betrifft die Organisation von **F-Aktin**, und damit Effekte auf die Kontraktilität und **Polarisierung** der Zellen (Längsstreckung), sowie die Steuerung der **Genexpression**. Damit ist die FAK ein wichtiges Steuerelement für die Bewegung der Zellen und ihrer Funktionalität, das allerdings auch zu Fehlsteuerungen bei Krebs führen kann.

Molekularer Zoom

Dynamische Verankerung und Mobilität, kein Widerspruch

Signalgebung von den Fokalkontakten ins Zellinnere. An den Fokalkontakten treten die Integrine als „Cluster" in Verbindung mit Komponenten der extrazellulären Matrix (ECM), wie **Kollagen**, **Proteoglykane** und **Fibronectin**. Diese ECM Komponenten werden teils von den Zellen mit den Fokalkontakten und teils von darunter liegenden Bindegewebszellen gebildet (Kollagen, Fibronectin). Dieses „Clustern" von Integrinen geht innenseitig einher mit der Anbindung von **F-Aktin**, was bei Beteiligung von Myosin zur Ausbildung kontraktiler „**Stressfasern**" (S. 340) führen kann. F-Aktin wird am Fokalkontakt einem schnellen De-/Re-Polymerisationszyklus durch Bedeckung mit einem „**Capping-Protein**" entzogen, durch **α-Aktinin** lateral stabilisiert und über **Adaptorproteine** wie **Calpactin** an die Integrine angebunden. An das Calpactin schließen sich Tyrosin-Kinasen, wie **FAK** (**focal adhesion kinase**) und **Src**, sowie weitere Proteinkinasen an, die über das monomere GTP-Bindeprotein (GTPase) namens **Ras** aktiviert werden können. Src und Ras sind durch Fettsäure-Schwänze an der Membran angeheftet. Mit beiden kommuniziert FAK, welche so Einfluss auf die Stabilität der Fokalkontakte und des Cytoskelettes, sowie über die nachgeordneten Protein-Kinasen namens **RAF**, **MEK** und **MAP-Kinase** (**ERK**) auf die Aktivität des

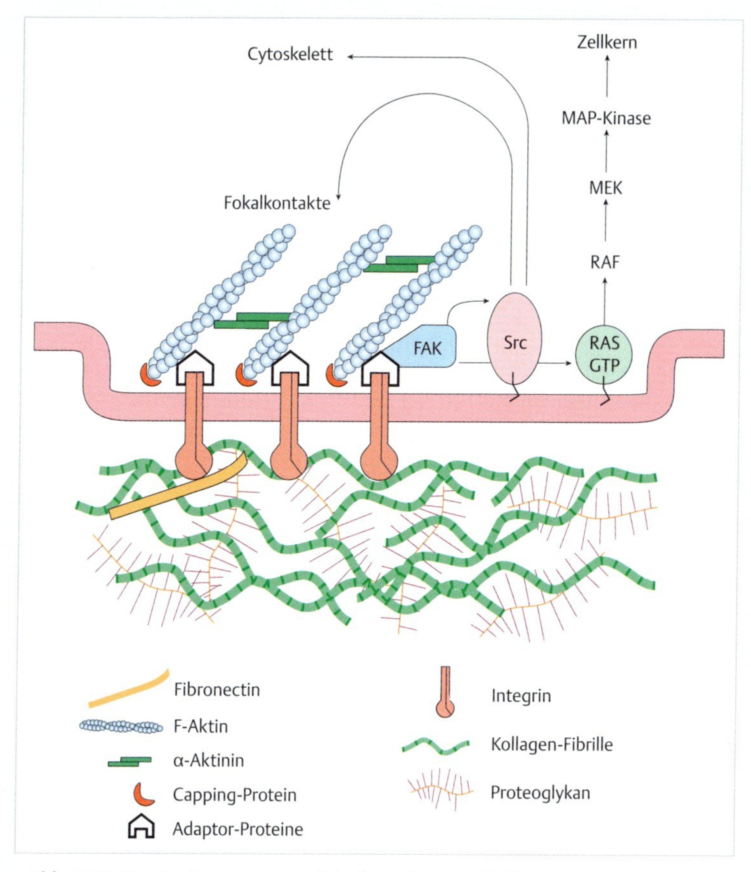

Abb. 23.3 Signalgebung von den Fokalkontakten ins Zellinnere.

Zellkerns (Genexpression) ausübt (▶ Abb. 23.3). Die Akronyme sind wie folgt abgeleitet: **RAF** (eine MAP-Kinase-Kinase-Kinase) = **ra**pidly growing **f**ibrosarcoma, **MEK** = **M**AP and **E**rk **k**inase, **MAP**-kinase (= Erk) = **m**itogen-**a**ctivated **p**rotein kinase (vgl. ▶ Abb. 23.2). (**Mitogene** sind Zellteilung anregende Proteine.) Dabei handelt es sich um hierarchisch agierende Kinasen mit dem Effekt der Signalverstärkung auf jeder Phosphorylierungsstufe. Wie der Name sagt, beteiligt sich die MAP-Kinase bei der Aktivierung der Mitose. In summa ist die Verankerung von Zellen am Bindegewebe über Fokalkontakte negativ korreliert mit der mitotischen Teilungsaktivität. Die Aufhebung dieses Zustandes, an der auch

Proteasen (z. B. Calpain) beteiligt sind, ist ein für die Entstehung von Krebszellen (wie Fibrosakome) und deren Verbreitung (Metastasierung) hochrelevanter Prozess.

23.2 Ausblicke auf das Phänomen Krebs

▸ **Unterschiedliche Entstehungsorte und Funktionsstörungen.** Wenn einer der besprochenen Detailprozesse gestört wird, kann sich fallweise eine Geschwulst (= **Tumor**), also eine Form Krebs entwickeln. (Bei Blutzellen handelt es sich um das Überhandnehmen von funktionsgestörten Zellen in diesem „flüssigen Gewebe".) Haben sich Tumoren aus Epithelgewebe gebildet, so nennt man sie ein **Karzinom** (z. B. Lungenkarzinom, Wucherungen der Endothelauskleidung von Blutgefäßen beim Kaposi-Syndrom im Zusammenhang mit AIDS, Cervix-Karzinom [vgl. unten] etc.). Verlassen Tumorzellen den Primärtumor, wo sie sich gebildet hatten, und werden „Ableger" in anderen Organen gebildet, so handelt es sich um Metastasen. Je nach ihrem Störungspotenzial bzw. den Heilungschancen spricht der Arzt von **benignen** oder **malignen Tumoren** verschiedenen Grades. Wesentlich für die Entstehung und Verbreitung von Tumorzellen ist die Aufhebung der **Kontakt**- und **Teilungsinhibition**. Siehe hierzu auch Kap. 6.4.1 (S. 138).

▸ **Die Steuerung gerät aus den Fugen.** Die Daueraktivierung von Rezeptoren, sei es mit oder ohne eigene Tyrosinkinaseaktivität, kann Krebs verursachen. So kann der Erythropoetinrezeptor durch Bindung eines bestimmten Virus dauerhaft dimerisiert bzw. aktiviert werden. Die Folge ist eine Art Blutkrebs (**Erythroleukämie**). Dasselbe gilt für die Daueraktivierung eines der Rezeptoren für Wachstumsfaktoren, z. B. des epithelialen Wachstumsfaktors. Unter den nachgeschalteten Prozessen kann aber wegen einer Mutation auch das **Ras-Protein** dauerhaft aktiviert sein und Krebs verursachen (onkogene Wirkung). Da dem Ras-Protein normalerweise zwar eine Funktion im normalen Zellgeschehen zukommt, nämlich die Steuerung der normalen Proliferation und Differenzierung, es aber leicht entarten kann, nennt man es ein **Proto-Onkogen**.

Beide Gruppen von Rezeptoren, solche mit angekoppelter und jene mit eigener Rezeptortyrosinkinase-Aktivität, können mit einem Mitglied der weitläufigen **Src-Kinase**-Familie gekoppelt sein. Sie interagieren z. B. mit Rezeptoren für Stimulatoren der Differenzierung weißer Blutkörperchen, den Interleukinen. Wiederum ist dem jeweiligen Src-Protein eine Reihe von Proteinen in komplexen Signaltransduktionskaskaden nachgeschaltet. Auch das **Src-Protein** ist in mutierter Form konstitutiv aktiv (daueraktiv) und kann so Krebs auslösen. Somit ist auch das Src-Protein ein Proto-Onkogen. Dies betrifft insbesondere eine

Form des Src-Proteins, das über bestimmte Viren (Rous-Sarkoma-Virus) eingeschleppt wird. In diesem Zusammenhang spricht man von **onkogenen Viren** – solche, die Krebs auslösen.

Es gibt an die sieben Kontrollinstanzen, die krebsartig entartete Zellen aufzuhalten und/oder abzutöten in der Lage sind (vgl. unten). Dazu müssen wir das Phänomen Krebs noch aus einem anderen Blickwinkel betrachten.

Was kann denn insgesamt Krebs auslösen? Neben spontanen Mutationen (ohne offensichtliche Ursachen) sind es Mutationen zufolge intensiver Bestrahlung mit kurzwelligem UV-Licht, Radioaktivität, freier Radikale (die auch durch ionisierende Strahlung und hartes UV gebildet werden), sowie verschiedener Chemikalien (aminosubstituierte Phenole, Teerfarbstoffe etc.) und eben zufolge der Infektion mit onkogenen Viren. Auch die hormonelle Grundsituation des Organismus spielt eine Rolle.

Eigentliche „Krebsgene" kommen auch ins Spiel. Dies betrifft beispielsweise nur einen sehr geringen Prozentsatz jener Frauen, welche an **Brustkrebs** – der Hauptursache letaler Krebsfälle bei Frauen – erkranken. Hier kann die Ursache in mutierten Genen mit dem Namen **BRCA** liegen, deren Translationsprodukt wahrscheinlich eine Kontrolle bei der DNA-Reparatur ausübt und somit als **Tumorsuppressor** funktioniert. Ebenfalls im weiblichen Geschlecht kann ein (für den männlichen Überträger harmloses) Papillomavirus mit einer gewissen Wahrscheinlichkeit ein **Cervix-**(Muttermund-)**Karzinom** auslösen. Aber auch die Männer kann es treffen: Der am häufigsten letale Tumor ist jener der Vorsteherdrüse am Abgang der Harnröhre unterhalb der Harnblase – das **Prostata-Karzinom**. Der Arzt versucht dann natürlich, derlei Tumoren, deren Ausbildung von der hormonellen Situation abhängt (z. B. Brust- und Prostata-Karzinom), durch reduzierte Versorgung mit den relevanten Sexualhormonen in Schach zu halten.

▸ **Die Teilungshäufigkeit als Angriffsmöglichkeit in der Krebs-Therapie.** Da sich Krebszellen besonders häufig teilen und sie dabei besonders empfindliche Stadien durchlaufen, bietet sich die Möglichkeit, sie mehr oder weniger selektiv abzutöten. Dieses kann einerseits durch gezielte Applikation ionisierender Strahlung (Radioaktivität oder Röntgenstrahlen), andererseits durch cytostatisch wirkende Mitosehemmer erfolgen (**Chemotherapie**); vgl. Kap. 16.2.1 (S. 324). Jene Gewebe, die schon im Normalfall häufig Teilungen durchlaufen, wie Darmepithelien und Epithelien des Haarbalges, kommen dabei nicht unbeschadet davon. Es resultieren Durchfall und Glatze. In den meisten Fällen werden mehrere therapeutische Möglichkeiten, darunter auch der chirurgische Eingriff, kombiniert, um den positiven Effekt zu maximieren und die Nebeneffekte zu minimieren.

▸ **Die Entgleisung normaler Regulationsprozesse führt zu Krebs.** Nun können wir uns an den bereits früher andiskutierten Blickpunkt zurückbegeben und uns fragen, wie denn die Zelle das normale Wachstum, d. h. ihre normale Proliferation und Differenzierung, regelt. Krebs ist ja doch die Entgleisung normaler Regulationsprozesse. Davon ist uns einiges bekannt, Neues kommt hinzu. Insgesamt spielen folgende Komponenten eine Rolle:

- Wachstumsfaktoren
- Rezeptoren für Wachstumsfaktoren
- Moleküle der intrazellulären Signaltransduktion
- Transkriptionsfaktoren (zum Ablesen von Genen)
- Proteine der Zellzyklussteuerung sowie
- DNA-Reparaturproteine und
- apoptoserelevante Proteine.

Die Letztgenannten bleiben noch zu kommentieren.

Die Aktivierung einzelner Gene kann – abgesehen von Transkriptionsfaktoren von verschiedenen **Genregulatorproteinen** gesteuert werden. Wieder einmal haben uns Fehlleistungen der Natur wichtige Details offenbart, als die molekulare Grundlage bestimmter Krebsarten aufgeklärt wurde. So wurde bei einem Krebs der Netzhaut (Retina) des Auges, also bei einem **Retinoblastom**, eine Mutation des sog. **Rb-Proteins** beobachtet (▸ Abb. 23.4). In normaler Ausbildung kontrolliert es bestimmte Gene, aber in mutierter Form ist es dazu nicht mehr fähig. So entsteht ein Retinoblastom. Das Rb-Gen wird daher auch als **Tumorsuppressor-Gen** bezeichnet.

▸ **Tumorsuppression.** Zu den Proteinen, welche in der Lage sind, sich nicht korrekt teilende Zellen im Zellzyklus anzuhalten, zählt auch das **p53-Protein.** Es ist ebenfalls ein Tumorsuppressor, indem es in normaler Form den Austritt aus der G1-Phase unterbindet. Ist es jedoch mutiert, so kann es aberrante (entartete Zellen wie Krebszellen) nicht mehr aufhalten, und sie teilen sich weiter. Es gibt Genkarten, auch von p53, mit Angabe der statistischen Häufigkeit von Mutationen über das gesamte Gen. Man darf sich keiner Illusion hingeben: Diese Karten sind übersät mit mehr oder weniger häufigen Mutationen, von denen wie bei einem Lotteriespiel die eine diesen, die andere jenen Menschen treffen kann. Zum Glück sind wir wegen des diploiden Chromosomensatzes weitgehend heterozygot, sodass eine normale Erbanlage eine defekte abdecken kann. Außerdem ist dies nur einer der Kontrollmechanismen, die Krebs aufhalten können. Ein weiteres Beispiel eines Tumorsuppressor-Gens ist **p21**; sein Translationsprodukt hemmt die cdk-Aktivität, ebenfalls in der G1-Phase (S. 437). So wird es gestörten Zellen schwer gemacht, die Teilung zu vollenden.

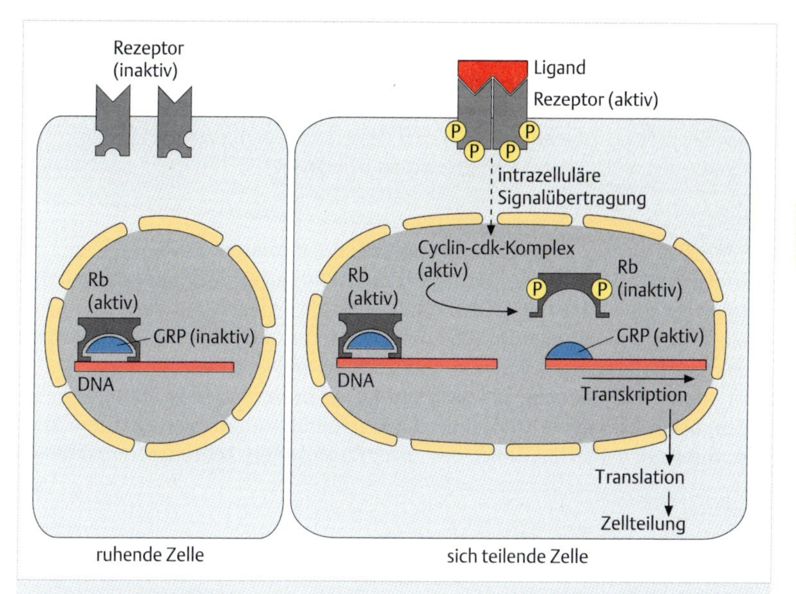

Abb. 23.4 Wirkungsweise eines Tumorsuppressors (Rb-Protein). Die Aktivierung bestimmter Rezeptoren an der Zelloberfläche kann die Mitoseaktivität einleiten (vgl. ▸ Abb. 23.2), zu deren Ablauf Cycline gebildet werden müssen. Bevor dieser Schritt freigegeben wird, wird durch ein Kontrollprotein mit dem Kurznamen Rb noch einmal „abgefragt", ob die Zelle hierzu geeignet und somit ein störungsfreier Ablauf der Mitose gewährleistet ist. In den meisten Fällen wird der Weg freigegeben: Das Rb-Protein wird durch eine cyclinabhängige Kinase (= *cyclin dependent kinase*, cdk) phosphoryliert. Erst dann löst sich der Klammergriff des Rb-Proteins vom entsprechenden Genregulatorprotein (GRP), sodass die Transkription dieses Gens eingeleitet wird. Das Rb-Protein ist nur eines von vielen Kontrollproteinen; es wurde zufolge einer Mutation entdeckt. Dann bildete sich eine Krebswucherung in der Retina, ein Retinoblastom – daher der Kurzname Rb. In normaler Ausprägung verhindert es die Tumorbildung durch Verhinderung der Teilung geschädigter Zellen – Rb ist ein Tumorsuppressor.

Zellpathologie

Entstehung von Krebs durch Mutationen in Kontrollproteinen

Unter den Genen der zahlreichen Signal-, Regulator- und Kontrollproteine kann es manningfaltige Störungen geben. So existieren regelrecht Landkarten für die Häufigkeit von Mutationen, etwa auf dem Gen des **p53-Proteins**. Allgemein gilt, (i) dass Mutationen in funktionell wichtigen Abschnitten oder solchen, welche die Interaktion mit Partnermolekülen vermitteln, besonders gravierende Folgen haben; (ii) dass kein Mensch vor solchen – oder vielen anderen – Spontanmutationen gefeit ist; (iii) dass im Falle von Mutationen der in diesem Kapitel beschriebenen Moleküle mit einer bestimmten Wahrscheinlichkeit im betroffenen Gewebe Krebs entstehen kann; (iv) dass dessen Abwehr mit zunehmendem Alter wegen abflachender Immunreaktion fehlschlägt.

Die Mechanismen der **DNA-Reparatur**, welche in diesem Zusammenhang zu erörtern wären, werden ausführlich in den Lehrbüchern der molekularen Genetik abgehandelt. Die BRCA-Gene sind hiefür ein Beispiel (vgl. oben). Die komplexen Wechselwirkungen verschiedener Faktoren, die bei der Ausbildung von Krebs eine Rolle spielen, sind in ▸ Abb. 23.5 zusammengefasst.

Ist alles schief gelaufen, aus welchem Grund auch immer, so können Krebszellen, bevor sie eine weitere Proliferation vollführen und Unheil stiften können, durch den Mechanismus des „**programmierten Zelltodes**“ entaktiviert

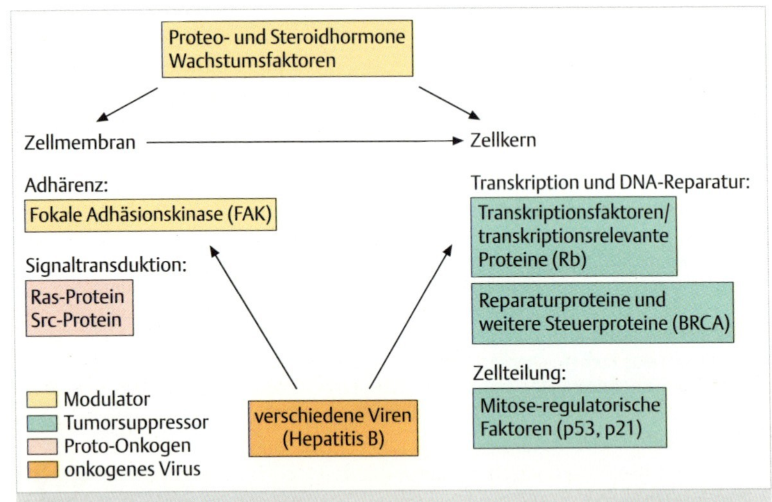

Abb. 23.5 Übersicht über Prozesse der Steuerung und Fehlsteuerung von Elementen der zellulären Signaltransduktion, welche zu Krebs führen können. Hierbei üben viele endogene Komponenten einen Einfluss aus: Modulatoren, Tumorsuppressoren sowie Proto-Onkogene. Obwohl sie zunächst alle Komponenten des normalen Zellgeschehens sind, können sie Störungen unterliegen und zur Ausbildung eines Tumors führen bzw. den Fortschritt der Tumorbildung nicht verhindern. Bis es dazu kommt, müssen meist einige Schritte fehl gelaufen sein. Dazu kommen noch exogene Störelemente wie onkogene Viren. Für weitere Details vgl. Text.

werden (**Apoptose**; vgl. nachfolgenden Abschnitt). Zellen, deren Oberfläche Anzeichen einer Entartung zeigen, werden vom Immunsystem erkannt und können so dem programmierten Zelltod zugeführt werden. Leider nimmt die Aktivität des Immunsystems mit zunehmendem Alter ab, sodass die Häufigkeit von Krebs entsprechend zunimmt. Nach einem übrigens streng kontrollierten Zelltod werden die entstehenden Zellfragmente von Makrophagen durch Phagocytose beseitigt.

23.3 Apoptose

Um im Gewebeverband zu überleben, muss eine Zelle permanent Signale aus ihrer Nachbarschaft empfangen („**Überlebenssignale**"). Ein Sichabkoppeln ist wohl ein Anzeichen „unsozialer Absichten", die für den Gesamtorganismus gefährlich werden könnten, sodass dann die Tötung einer solchen Zelle eingeleitet wird. Der sog. „**programmierte Zelltod**" (▸ Abb. 23.6) (vergleichbar mit dem freiwilligen Aus-dem-Leben-Scheiden eines unheilbar Kranken) wird in mehreren Instanzen streng überwacht. Die Zellen müssen mehrmals entsprechende Signale geben. Der programmierte Zelltod ist sogar für die normale Differenzierung von Geweben, z. B. für die richtige Verschaltung neu gebildeter Neurone im Gehirn, während der Frühentwicklung unabdingbar. Im Falle pathologischer Entgleisungen wie bei Krebs dient die Apoptose der Beseitigung potenziell gefährlicher Zellen.

Einer der ersten Schritte zur Apoptose ist die Freisetzung von Ca^{2+} aus dem endoplasmatischen Retikulum und der Einstrom von Ca^{2+} in die Mitochondrien. Im Cytosol steigt $[Ca^{2+}]_i$ auf toxisches Niveau an und **Cytochrom c** wird aus den Mitochondrien freigesetzt. Damit ist der Zelltod unausweichlich.

Auffallende biochemische Begleiterscheinungen der Apoptose sind (i) die **Fragmentierung der DNA** in Bruchstücke von 180 Basenpaaren oder einem Vielfachen davon, sowie (ii) die Aktivierung einer intrazellulären **Proteasekaskade**, die mit einem Anstieg der intrazellulären Ca^{2+}-Konzentration einhergeht. Die Aktivität von Proteasen, inklusive der für Apoptose typischen Caspasen, nimmt zu. Die Autophagie von degenerierenden Zellorganellen nimmt überhand. Die DNA-Fragmentierung zu definierten Bruchstücken erklärt sich aus der Größe der Nukleosomen (S. 166), zwischen denen die DNase gut schneiden kann. Im Elektrophoresegel wird dies als **DNA-Leiter** sichtbar.

Im Lichtmikroskop imponieren die zunehmend schollige und vielfach gelappte Struktur des Zellkerns sowie die Schrumpfung und der lappige Zerfall des Zellkerns in Fragmente und schließlich der Zerfall der Zellen (▸ Abb. 23.6). Die Bruchstücke werden zu guter Letzt von Makrophagen phagocytiert und intrazellulär abgebaut.

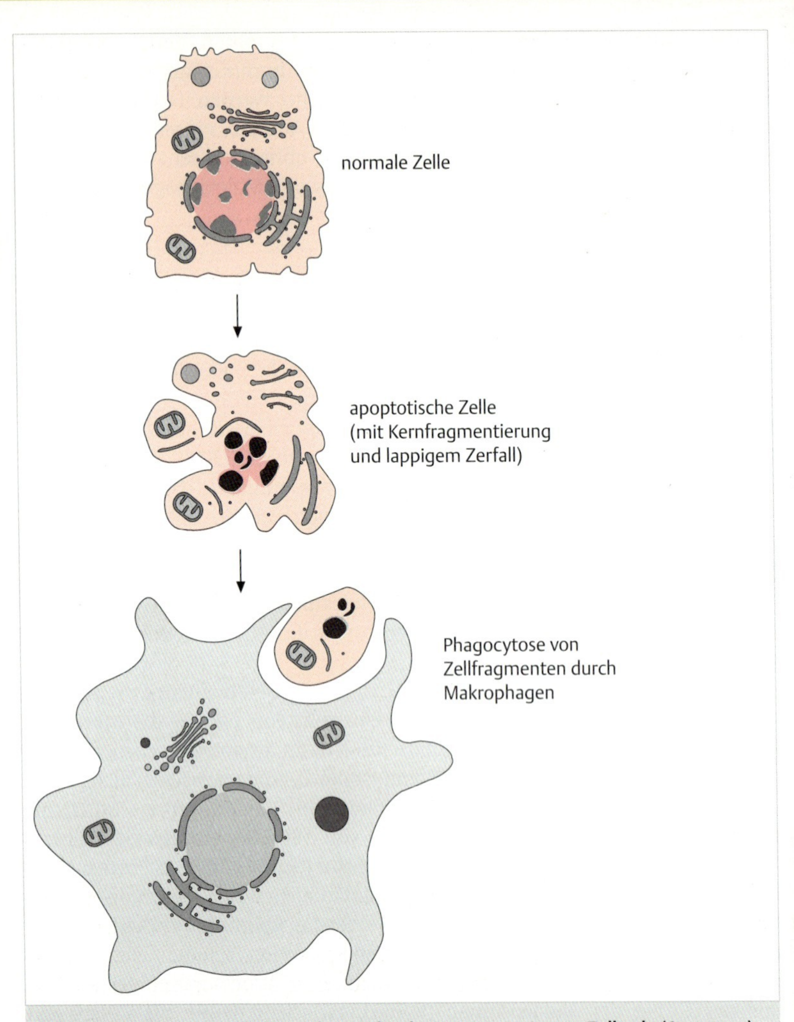

Abb. 23.6 Mikroskopische Charakteristika des programmierten Zelltods (Apoptose). Bis eine Zelle zum programmierten Tod freigegeben wird, muss eine komplizierte Checkliste durchlaufen werden. Dann kommt es – mikroskopisch sichtbar – zur Kondensation des Chromatins und zum lappigen Zerfall des Zellkerns und schließlich der Zellen. Die Zellfragmente werden über Phagocytose durch Makrophagen beseitigt.

Für die Vermeidung von Apoptose scheinen Knackpunkte die erfolgreiche DNA-Reparatur und die Vermeidung der apoptotischen Beseitigung im Falle einer (auch für Stammzellen unvermeidlichen) DNA-Schädigung zu sein. Dabei können mehrere Prozesse zusammenspielen: Zunächst ist es die erfolgreiche Reparatur von DNA-Schäden, dann eine Herabregulierung des **Tumorsuppressors p53**, der normalerweise die apoptotische Beseitigung von Zellen mit geschädigter DNA einleitet. Einerseits wird also die DNA-Reparatur forciert, wodurch die Zelle nicht mehr der Schadensbegrenzung durch Apoptose anheimgegeben ist, anderseits wird diese durch vermehrte Expression eines Anti-Apoptose Proteins (**BCL-2**) eingeschränkt. (Ob dieses Szenario generell für Stammzellen gilt, bleibt noch zu klären.) Jedenfalls haben Stammzellen auf Grund eines komplexen Überlebensprogrammes, das auch von der lokalen Umgebung abhängt, gute Chancen, ungestört im jeweiligen Gewebe zu überleben und langfristig – insbesondere über spezifische Transkriptionsfaktoren – zur Differenzierung in spezielle Zelltypen zur Verfügung zu stehen.

23.4 Epigenetik

Zunächst eine Begriffsbestimmung: Was bedeutet „Genom“? Es ist die Summe der Erbanlagen, also Protein-kodierende Gene („kodierende Gene“) plus nicht-Protein-kodierende Gene („nicht-kodierende Gene“). Letztere haben regulatorische Funktionen für die epigenetische, also der genetischen Steuerung aufgesetzten Regulation. Dabei modulieren epigenetische Prozesse kurzfristig und reversibel die strikten Programm-Vorgaben des Genoms nach endogenen und exogenen Bedingungen bei Protozoen, Pflanzen und Tieren. Hierbei wird die Nukleotid-Sequenz der DNA nicht verändert. Diese epigenetische Regulation der Genexpression kann durch **posttranslationale Modifikationen** (Methylierung, Acetylierung) von **Histon**-Proteinen erzielt werden, die ihrerseits die Zugänglichkeit von Protein-kodierenden DNA-Abschnitten bzw. deren Funktion regulieren (**Transkriptionsfaktoren** etc.; vgl. ▶ Abb. 23.7). Die Folge ist eine Modulation der Transkription von Messenger-RNA an Protein-kodierenden DNA-Abschnitten, jeweils in spezifischen Zelltypen des Körpers. Beide Komponenten, Genetik und Epigenetik, führen zur Expression von definierten Proteinen.

Ergänzung zur Nomenklatur: Werden die aktuell gebildeten Messenger-RNAs untersucht, spricht man vom **Transkriptom**, bei Analyse der Proteine ist es das **Proteom**. Werden einzelne Organellen, z. B. Mitochondrien, isoliert und untersucht, wird deren **Proteom** z. B. als **Chondriom** etc. bezeichnet. Weitere Beispiele sind **Ciliom**, **Sekretom** etc. Diese Transkriptome können sich natürlich bei Aktivierung, z. B. bei Neubildung von Cilien nach einer Deciliierung verändern. Dabei wird nicht nur die Organelle-spezifische mRNA, sondern es

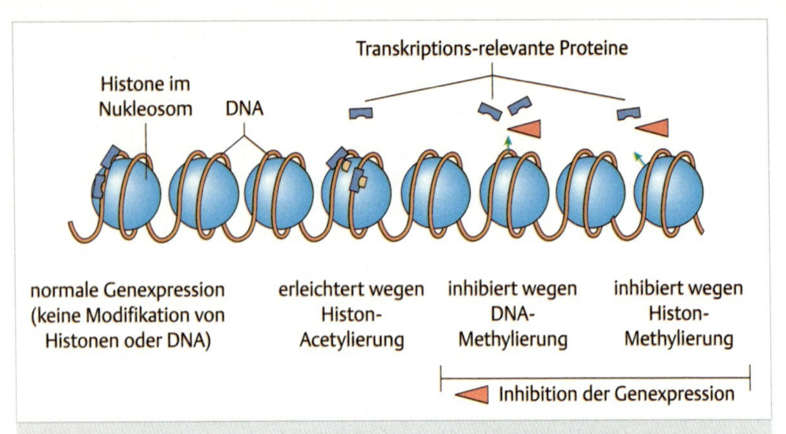

Abb. 23.7 Modulation der Genexpression. Es können distinkte Histone eines Nukleosoms durch posttranslationale Modifikation entweder acetyliert oder methyliert werden. Methylierung kann auch an distinkten Nukleotiden der DNA, z. B. Cytosin erfolgen. Diese Modifikationen sperren den Zugang von Proteinen, die für die Transkription notwendig sind, wie Transkriptionsfaktoren. Solche Modifikationen können durch Deacetylasen und Demethylasen rückgängig gemacht werden. Somit kann eine vorübergehende epigenetische Steuerung, etwa während Entwicklungsprozessen in ganz bestimmten Zellen, erzielt werden. Die gezeigten und weitere Modifikationen (außer Acetylierung) können zeit- und ortsvariabel auch gegenläufige Effekte bewirken.

werden oft unerwartete weitere mRNAs hochgefahren, deren Kodierungsprodukte (Proteine) somit einer Analyse zugänglich werden. Solche **Transkriptionsprofile** erstellt man durch Analyse in „Multiwell plates".

Die Bindung kurzkettiger RNA-Formen (dsRNA und siRNA) an verschiedene posttranskriptionelle Regulatoren ist eine weitere Möglichkeit der Zelle, epigenetische Effekte zu erzielen. Endogene epigenetische Steuerung ist essentiell für die Differenzierung von distinkten Zelltypen der Gewebe aus **Stammzellen** bei identischem Genom; s. Kap. 23.5 (S. 474). Unser ganzer Körper wird so nach einem endogenen Programm, in Wechselwirkung von Genetik und Epigenetik, entwickelt. Neben dem **Genom** als „Langzeitgedächtnis" haben Zellen also ein zweites „Gedächtnis", das **Epigenom** für die kurzfristige Anpassungsmöglichkeit an wechselnde Umwelteinflüsse. Auf der Negativseite epigenetischer Prozesse stehen unerwünschte Effekte von Lebensgewohnheiten, Toxinen, traumatischen Erlebnissen etc., wie z. B. Über- oder Unterernährung, Stress und Gewalteinwirkung verschiedener Art usw. Jedoch ist die Weitergabe wahrscheinlich weitgehend auf die Folgegeneration beschränkt („**transgenerationale Epigenetik**"), wogegen Effekte darüber hinaus oder gar eine genetische

Fixierung über Generationen nicht gesichert erscheint. Daher wird im Allgemeinen auch kein Beitrag zur Evolution angenommen. (Allerdings ist bekannt, dass manche DNA-Modifikationen fälschlich wie Mutationen gelesen werden.) Epigenetische Veränderungen können Krankheiten erzeugen oder beeinflussen, z. B. **Demenz**, darunter **Alzheimer**, **Fettleibigkeit** oder bestimmte Arten von Krebs – über die genetischen Komponenten hinaus; vgl. Kap. 23.4 (S. 471).

Prinzipiell verfügt ein Organismus also neben dem „**Genom**“ auch über ein „**Epigenom**“ für die kurzfristige Variation der Expression des Genoms durch epigenetische Effekte. Es handelt sich dabei um kovalente Modifikation (reversible Methylierung und Acetylierung etc.) von Chromatin-assoziierten Proteinen (Histone und weitere Proteine) sowie um Interferenz von verschiedenen kurzkettigen oder langkettigen **regulatorischen RNAs**, welche keine Messenger-RNAs (mRNA) sind und in den früher als „**junk DNA**“ bezeichneten DNA Abschnitten kodiert werden. Man spricht von **RNA Interferenz** (**RNAi**). Solche Moleküle oder Molekülmodifikationen werden unter exogenen oder endogenen Einflüssen für die epigenetische Steuerung der Genexpression gebildet. Für die Transkription distinkter (Protein-)kodierender Gene spielen **Transkriptionsfaktoren**, von denen Tausende zellspezifisch und zeitvariabel gebildet werden, eine große Rolle. Die Fähigkeit zur Bindung (aber auch zur Entfernung) von Transkriptionsfaktoren und weiterer regulatorischen Proteine ändert sich, sobald die Oberfläche des Chromatins durch epigenetische Prozesse verändert wird. Dieses kann nicht nur durch kovalente Modifikation von Histonproteinen sondern auch unter dem Einfluss verschiedener regulatorischer RNAs erfolgen.

Neben der Messenger-RNA (mRNA), welche den Kode von (Protein-) kodierenden Genen nach dem Schema Transkription → Translation weitergibt, gibt es die große Gruppe der **nicht-kodierenden RNAs** (**ncRNA**). Dazu gehören neben tRNA und rRNA (vgl. Kap. 7) (S. 151), welche als **strukturelle RNAs** zusammengefasst werden, noch viele regulatorisch tätige ncRNAs. Die Modulation der Genexpression durch diese ncRNAs kann durch eine Interferenz mit mRNA, deren Modifikation („RNA editing“) und evtl. deren Abbau oder einen Effekt auf das Spleißen und auf die Translation erfolgen.

Im Prinzip wird epigenetische Information durch „**Schreiber**/writers“ und „**Löscher**/erasers“ vermittelt, d. h. Modifikationen können bewirkt oder ausgelöscht werden, beispielsweise über Methyltransferase und Demethylase. Dabei kann es sich im Sinne funktioneller Änderungen jeweils um aktivierende oder inaktivierende Effekte handeln.

▶ **Krebs aus epigenetischer Sicht.** Neben bekannten Mechanismen zur Entstehung von Krebs auf der Grundlage von Defekten in der Protein-kodierenden DNA oder dem Einbau von DNA-Sequenzen aus **onkogenen** Viren (S. 513), spielen auch epigenetische Faktoren eine Rolle. Dabei fällt die Ähnlichkeit einzelner Aspekte von Krebszellen und von Stammzellen auf, insbesondere der entdifferenzierte Zustand von Krebszellen und der undifferenzierte Zustand von Stammzellen. Für die normale Entwicklung bedarf es epigenetischer Mechanismen, um adulte Stammzellen des Gewebes in diesem Zustand zu erhalten. Die Änderung von epigenetisch relevanten Randbedingungen kann einerseits die normale Entwicklung, wie oben dargelegt, oder andererseits die Entstehung von Krebszellen einleiten. Auch hier können wiederum kovalente Modifikationen, wie der **Methylierungs-**, **Acetylierungs-** und **Ubiquitinylierungs-**Zustand von **Histon**-Proteinen, Ummodellierung der Chromatinstruktur, aber auch Störungen in der MAPK Signaltransduktionskaskade (S. 456) und defekte DNA-Reparatur, beteiligt sein. Im Endeffekt kann die Inaktivierung einer repressiven Stelle in der DNA die normale Hemmung der Transkription aufheben, so dass Gene exprimiert werden, welche normalerweise stumm bleiben. Damit kann die gesamte Zellfunktion gestört und die Teilungsaktivität unkontrolliert ablaufen, so dass ein wucherndes Krebsgewebe entsteht. Ein wesentlicher Unterschied zwischen adulten Stammzellen und Krebszellen ist, dass erstere jeweils eine spezifische **Gewebenische** brauchen, z. B. die tief liegenden Zellen in Haarfollikeln, in Krypten des Darmepithels (▶ Abb. 23.8**b**) oder im Knochenmark etc., wogegen dies für Krebszellen offensichtlich nicht der Fall ist. Erst bei der Bildung von **Metastasen** werden wieder lokale, gewebespezifische Andockstellen benötigt; vgl. Kap. 6.4.1 (S. 139).

23.5 Stammzellen, deren Differenzierung und medizinische Zielsetzungen

Derzeit werden in die Erforschung von **Stammzellen** zur medizinischen Nutzung als Ersatz für kranke Zellen erhebliche Erwartungen gesetzt, seien es solche, die aus Embryonen oder andere, welche aus differenzierten Körpergeweben isoliert werden können (embryonale bzw. adulte Stammzellen); (vgl. ▶ Abb. 4.1). Die Probleme konzentrieren sich auf die räumlich-zeitliche Differenzierung, also auf die Induktion der Genexpressung für die Gewebe-spezifische Differenzierung und die Einnistung in das angestrebte Zielgewebe.

Krebs- und Stammzellen sind beide undifferenziert – die einen, weil sie aus der Differenzierung zurückfallen und die anderen, weil sie eine Differenzierung noch nicht erreicht haben. Der Einsatz von exogenen implantierten Stammzellen ist daher eine Gratwanderung, die nur erfolgreich sein kann, wenn das richtige genetische Programm am richtigen Ort aktiviert wird. Dazu ist wichtig zu wissen, welche Mechanismen eine Stammzelle „in der Schwebe“ halten.

23.5.1 Stammzellen und deren Differenzierung

Prinzipiell verläuft die Entwicklung eines Organismus entsprechend dem **genetischen Entwicklungsprogamm**. Auf der Basis von endogenen Bedingungen, die sich während der Entwicklung stets ändern, können vielfältige epigenetische Prozesse die Differenzierung von Stammzellen steuern. (Allerdings können Abweichungen auch zur Bildung von Krebszellen beitragen; vgl. Kap. 23.4). Epigenetische Effekte sind also zeitlich begrenzt, ja sogar reversibel, lage-, funktions- und zellspezifisch.

Ein wesentlicher Unterschied zwischen **Stammzellen**, die der normalen **Zellproliferation** (Vermehrung) dienen, und jenen, die sich als **Krebszellen** vermehren ist wie folgt: Stammzellen mit Krebseigenschaften teilen sich symmetrisch, d. h. aus einer Zelle werden jeweils zwei gleichartige Krebszellen. Bei der normalen Zellproliferation erfolgt die Teilung asymmetrisch, d. h. aus einer Stammzelle entstehen eine Stammzelle und eine sich differenzierende Körperzelle.

Die normalen Entwicklungsprozesse umfassen das folgende Repertoire (1–3) von Regulationsprozessen ▸ Abb. 23.7:

(1) Posttranslationale Modifikation von Histonen, wie **Methylierung** und **Demethylierung**, z. B. von Lysin 6 an Histon H3, also H3K6. Auch DNA kann methyliert werden. Ähnliches gilt für die **Acetylierung**. Diese Prozesse sind reversibel, so dass nicht nur Methyl- und Acetyltransferasen sondern auch Demethylasen und Deacetylasen beteiligt sind, die oft nur an bestimmten Positionen eines Histonmoleküls aktiv werden.

(2) Zu solchen Histon-modifizierenden Enzymen gibt es wiederum Regulatoren.

(3) Es gibt weitere Modifikationen, die die Stabilität von epigenetisch relevanten Proteinen steuern, wie **Ubiquitinylierung** und Deubiquitinylierung; vgl. Molekularer Zoom (S. 317) (▸ Abb. 15.5).

Als Folge dieser Modifikationen kann das Gefüge des Chromatins, d. h. seine lokale dreidimensionale Struktur gelockert oder verdichtet werden, so dass der Zugang von Faktoren, z. B. Transkriptionsfaktoren bzw. regulatorische RNA-Varianten, erleichtert oder erschwert wird. Dies ist möglich, weil Chromatin nicht durchgängig stereotyp nach ▸ Abb. 7.9 aus 30 nm-Fasern etc. aufgebaut ist, sondern davon oft mehr oder weniger abweicht.

Analoge Steuerungsmechanismen werden von regulatorischen RNAs erbracht, die einerseits mit der Bildung und andererseits mit dem weiteren Schicksal von Gen-spezifischer mRNA interferieren. Dazu gehören **dsRNA** (**double strand RNA**) vom Typ **siRNA** (**small interfering RNA**) und **miRNA** (**micro RNA**), die **ssRNA** (**single strand RNA**), sowie die „lange, nicht-kodierende RNA“ (**long non-coding RNA, lncRNA**) aus > 200 Nukleotiden. Einige können an spezifischen Genabschnitten ansetzen, das **Spleißen** von mRNA (▸ Abb. 7.4)

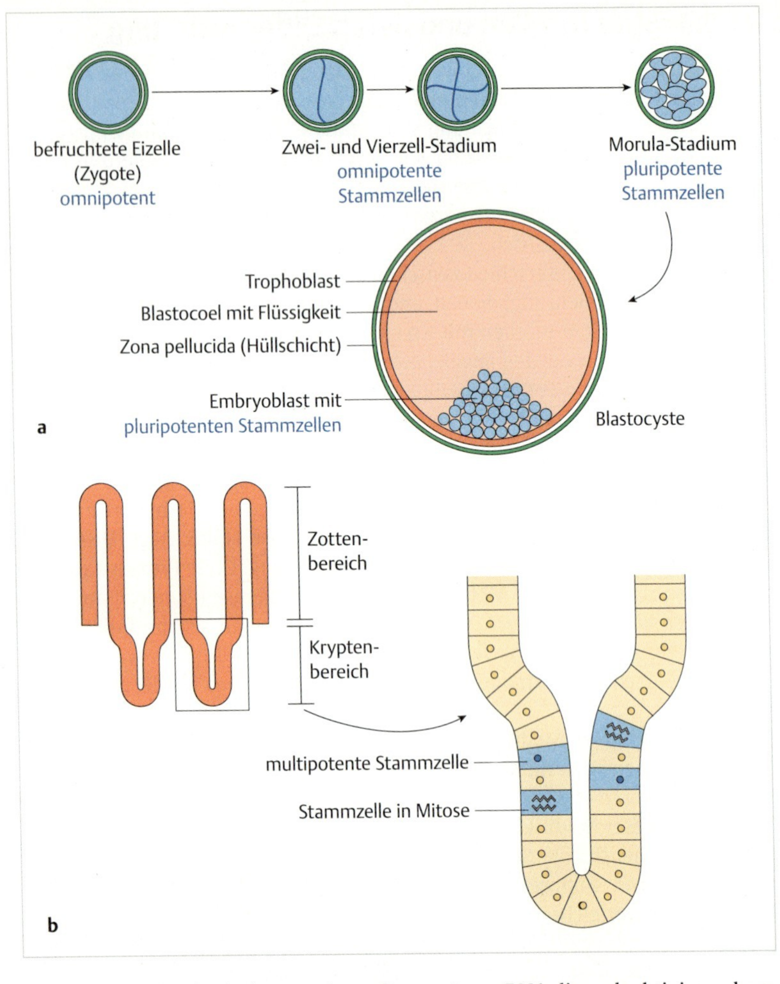

steuern oder durch Bindung an komplementäre mRNA diese deaktivieren bzw. dem Abbau zuführen. Allein über 6.500 miRNAs wurden kürzlich beschrieben, mit Tausenden noch nicht identifizierten Bindestellen. Alle diese RNAs werden in 60 % der „nicht-kodierenden" Bereiche der DNA kodiert. Diese ncDNA macht bei Säugern 98 % der gesamten DNA-Menge aus. Sie wurde früher abschätzig als „junk DNA" (Abfall aus der Evolution) bezeichnet, bekommt aber jetzt durch ihre regulatorisch tätigen Transkriptionsprodukte eine völlig neue Steuerfunktion zugewiesen.

◄ **Abb. 23.8 Stammzelldiffernzierung. a Entwicklung von Stammzellen aus der befruchteten Eizelle (Zygote).** Alle Stadien, von der Eizelle bis zur Blastozyste, sind von einer Hüllschicht, der Zona pellucida, umgeben. Die Zygote ist omnipotent (= totipotent), weil sich aus ihr alle Zellen eines Organismus bilden können. Nach der ersten und zweiten Zellteilung sind die Zellen ebenfalls noch omnipotent, sodass sich, wenn eine Zelle isoliert wird, aus dieser ein ganzer Organismus bilden kann (ebenso wie aus der verbleibenden Zellgruppe). Natürlicherweise tritt dies bei der spontanen Entwicklung eineiiger Zwillinge oder Vierlinge in Erscheinung. Mit zunehmenden Zellteilungen bildet sich die Blastozyste, die aus einer äußeren Zellhülle (Trophoblast, ein einschichtiges Epithel), einer Flüssigkeit-gefüllten Höhle (Blastocoel) und dem Embryoblasten besteht. Dieser ist ein Haufen von ca. 30 pluripotenten Stammzellen. Werden Zellen aus verschiedenen Teilungsstadien isoliert, so können diese zum Zwecke des diagnostischen oder therapeutischen Klonen verwendet werden (vgl. Text). Die gezeigten Stadien haben einen Durchmesser von ca. 0,1 bis 0,2 µm. **b Regeneration des einschichtigen Dünndarmepithels aus Stammzellen der Krypten an der Zottenbasis.** Die Oberfläche unseres Dünndarms ist zur Vergrößerung der resorbierenden Oberfläche in Zotten aufgefaltet. Jede Zotte verliert zur Spitze hin absterbende Zellen, die jedoch ausgehend von der Zottenbasis her (Kryptenhals) andauernd ersetzt werden. Hier befinden sich multipotente somatische Stammzellen mit hoher Teilungsaktivität, die alle Zelltypen des Darmepithels ersetzen können.

Auch mRNA kann fallweise modifiziert werden, am häufigsten durch Methylierung von Adenosin. Über Bindung an Ribonukleoprotein C wird das Spleißen, evtl. **alternatives Spleißen**, von mRNA und damit die Expression von Protein-**Isoformen** gesteuert; vgl. Kap. 7.1.1 (S. 157).

Ebenso kann DNA epigenetisch modifiziert werden, insbesondere durch Methylierung von Cytosin. Solche Methylierungsprozesse sind auch wichtig für die Regulation des Zellzyklus und für die Reparatur von DNA und sie sind auch ein Hauptfaktor bei der Zelldifferenzierung bis hinauf zum Menschen. Sie spielen auch eine Rolle bei epigenetischen Herausbildung von Kasten bei sozialen **Hymenopteren** (Hautflügler, wie **Bienen**). Hier wird der epigenetische Effekt durch die Verfütterung von Vorzugsnahrung (**Gelée royale**) an jene weibliche Biene bewirkt, die zur Königin auserkoren ist und Eierstöcke entwickeln kann.

Eine wesentliche Rolle bei der Steuerung epigenetischer Prozesse spielt die Heerschar von Transkriptionsfaktoren, welche in die zeitvariable, differentielle Expression von Genen eingebunden sind: variabel nach Art des Gens, der Einbettung einer Zelle im Gewebe und dem aktuellen Differenzierungszustand. Dieser Übergang wird, bei unveränderter Nukleotidsequenz der Gene (**Genom**) durch die vielfältigen epigenetischen Prozesse gesteuert (**Epigenom**).

Da die verschiedenen kovalenten Modifikationen und RNA-bedingte Effekte auf bestimmte Zelltypen bzw. deren Entwicklungsstadien beschränkt sein können, wird in einem breiteren Kontext verständlich, dass in 32 untersuchten Gewebetypen des Menschen nur ca. 45 % aller Gene überhaupt zur Expression kommen, obwohl alle Zellen dasselbe Genom besitzen. Der restliche Anteil von ca. 55 % der Gene ist ganz spezifischen Zelltypen oder bestimmten Differenzierungsstadien vorbehalten.

Die epigenetische Steuerung betrifft zunächst die Differenzierung der **embryonalen Stammzellen**, die sich aus der befruchteten Eizelle durch Teilung selbst erneuern und so ein mehrzelliges Stadium, die **Blastozyste**, bilden (▸ Abb. 23.8**a**). Die ersten Teilungsstadien sind noch, ebenso wie die befruchtete Eizelle (Zygote) omni-(toti-)potent. Durch weitere Differenzierung können die embryonalen Stammzellen zwar nicht mehr alle, jedoch immer noch zahlreiche verschiedene Zelltypen hervorbringen und werden daher als **pluripotente Stammzellen** bezeichnet. Wird eine Eizelle in vitro befruchtet (**in-vitro-Fertilisation**), so können solche Stammzellen einzeln entnommen und zur weiteren Entwicklung gebracht werden: Omnipotente Stadien zu einem ganzen Organismus, pluripotente Stadien zu definierten Gewebezellen (je nachdem, welche gewebespezifischen Aktivatoren zugegeben werden, z. B. Fibroblasten-Wachstumsfaktor für Bindegewebszellen, neurotrophe Faktoren für neuronale Zellen etc.).

Dagegen sitzen **adulte Stammzellen** innerhalb differenzierter Gewebe, und nur deren verschiedene Zelltypen ersetzen sie, wenn überalterte oder geschädigte Zellen absterben. Adulte Stammzellen sind also in ihren Differenzierungsmöglichkeiten stark eingeschränkt und werden daher „nur" als multipotent bezeichnet. Beispielsweise wird die Haut binnen ca. 3 Wochen von der Keimschicht (Stratum germinativum) her völlig erneuert (vgl. Kap. 16.4) (S. 347). Ähnliches gilt für Haarfollikel, aus denen Haare gebildet werden, für Blut-bildende Zellen (▸ Abb. 4.1), für Keimzellen sowie für unser Dünndarmepithel, das binnen 4 bis 5 Tagen aus den Stammzellen bestimmter Darmepithelbereiche (**Krypten**) stetig erneuert wird (▸ Abb. 23.8**b**). Ähnliches gilt für Zellen der **Meristemgewebe** und Wurzelspitzen der Pflanzen, vgl. ▸ Abb. 24.1. In all diesen Fällen werden epigenetische Effekte von der Umgebung der Nische ausgelöst, aus der die Zellen zunehmend ins differenzierte Gewebe abgedrängt werden.

23.5.2 Medizinische Zielsetzungen

Allein schon wegen der Steuerung der embryonalen Entwicklung und wegen der Aktivierung adulter Stammzellen im ausdifferenzierten, erwachsenen Organismus sind epigenetische Differenzierungsprozesse auch von medizinischem Interesse. Die Beeinflussung epigenetischer Mechanismen oder der Ersatz defekter Körperzellen durch Stammzellen bietet daher auch die Möglichkeit zur **regenerativen Medizin**. **Somatische Gentherapie** zeichnet sich als eine andere Möglichkeit ab; vgl. unten. Behandlungsziele sind, beispielsweise Diabetes, Bluterkrankheit oder die Immunabwehr usw. zu beeinflussen bzw. zu aktivieren.

Im Hinblick auf genetische Korrekturen sind Eingriffe in die Keimbahn beim Menschen in Deutschland tabu, sie sind es aber in manchen Staaten nicht mehr. Für Forschungszwecke sind sie in manchen Staaten erlaubt – eine Implantation in einen Mutterkörper für eine Schwangerschaft bleibt jedoch weltweit verboten, denn zu schwer wiegen die vielen Unsicherheiten in vielen Details und die Züchtung von „Menschen nach Maß" mit gewünschten Eigenschaften ist unethisch. Insbesondere die vielen Unbekannten im Bereich der Epigenetik wiegen schwer, seit man gesehen hat, dass es nicht allein beim Effekt eines bestimmten Gens bleibt, sondern dass auch der Kontext in der gesamten Kern-DNA relevant ist. Als Nebenaspekt sei erwähnt, dass diese Methodik für Züchtungen von Tieren mit besonderen Eigenschaften zulässig ist. Propagiert wurde z. B. die Züchtung von Kühen mit noch größerer Milchleistung. Dies bedeutet einen erheblich größeren Eingriff in die Funktionsweise von Zellen, Geweben und Organen als die klassische Züchtung, welche auf spontane Abweichungen vom Durchschnitt einer Spezies, gefolgt von Auslese, beruht.

Mehrfach wurde bereits auch am Menschen versucht, defekte Gene in somatischen Zellen (Körperzellen, also nicht-Keimzellen) durch „gene editing" (sogenannte Genmanipulation) zu reparieren (**somatische Gentherapie**) bzw. defekte Zellen zu ersetzen. Zunächst sei an die extrakorporale **in-vitro-Fertilisation** einer Eizelle erinnert. Daran kann sich in manchen Staaten – jedoch nicht in Deutschland - die Möglichkeit einer **pränatalen Diagnostik** anschließen. Dabei wird eine embryonale Stammzelle aus der frühen Blastozyste entfernt und beispielsweise über PCR auf genetische Störungen untersucht. Die verbleibenden Zellen können sich in vitro zu einem Vielzellstadium entwickeln, bis zur Implantation in einen weiblichen Organismus. In einem anderen Ansatz können einzelne, aus dem Embryoblasten entnommene pluripotente embryonale Stammzellen isoliert und zur Züchtung definierter Gewebe (vgl. oben) weiterverwendet werden. So kann man ein „Ersatzteillager" von embryonalen Stammzellen, mit dem Genom des Zellkern-Spenders, heranziehen. Wegen des Verschleißes menschlicher Keimzellen sehen sich solche Methoden aus ethischen Gründen erheblicher Kritik ausgesetzt.

Man kann aber auch den Zellkern aus voll ausdifferenzierten Körperzellen, z. B. Fibroblasten oder Hautzellen des Stratum germinativum, in eine entkernte Eizelle transferieren, die dann in vitro Blastozysten bildet. (Auch derlei Experimente sind am Menschen gesetzlich verboten.) Wird diese in ein Muttertier implantiert, so kann ein geklontes Tier heranwachsen. Ein Beispiel ist das Klonschaf **Dolly**. Seit kurzem können aber auch Gewebezellen zu Stammzellen umprogrammiert werden, und zwar durch Einschleusung mehrerer Gene. Allerdings ist offen, ob all diese **induzierten Stammzellen** alle Eigenschaften normaler Stammzellen haben. Schon Dolly ging es am Ende nicht gut. Neuerdings wird offenkundig, dass die ungenügende Kenntnis über die optimale Zusammensetzung der Nährlösung bei in-vitro-Fertilisation zu gravierenden Kreislaufproblemen im Erwachsenenstadium, auch beim Menschen, führen kann. Dies könnten epigenetisch bedingte Spätfolgen der in-vitro-Fertilisation sein, die offensichtlich unterschätzt wurden. Auch die Gefahr von Krebsbildung aus „menschengemachten" Stammzellen ist im Visier zu behalten.

Oft würde als Therapie die Reparatur eines einzigen Gens in spezifischen Körperzellen oder der Ersatz eines einzigen Zelltyps genügen. Ersteres trifft für das Bestreben zu, **Mukoviszidose** zu heilen; vgl. Zellpathologie-Box (S. 523). Hier versuchte man anfangs **Adenoviren** als Vektoren für das Einschleusen des korrekten Gens einzusetzen, weil diese an den Zellen des oberen Atemtraktes Rezeptoren vorfinden, um Genkonstrukte einzuschleusen. In zahlreichen Studien werden jetzt die viel flexibleren **Lentiviren** eingesetzt. Adeno-assoziierte Viren wurden bei Bluterkrankheit (gestörte Blutgerinnung, Hämophilie) und bei Retina-Erkrankungen erprobt. Solche Ansätze bleiben auf Zellen beschränkt, die von außen leicht zugänglich sind.

Manche Krankheiten sind epigenetisch (mit-)gesteuert oder können durch Beeinflussung epigenetischer Prozesse korrigiert werden – so wenigstens eine der Zielsetzungen derzeitiger Forschung. Soweit epigenetische Effekte bekannt und entsprechende Pharmaka verfügbar sind, ist eine der Zielsetzungen, Defekte pharmakologisch zu korrigieren. So spielt eine lncRNAs bei viralen Infektionen, z. B. bei **HIV** Infektion (Kap. 25) (S. 513) von **T-Lymphocyten**, eine Rolle. Eine **personalisierte Pharmakologie** allein auf der Basis des individuellen Genoms, das man sich jetzt für wenig Geld analysieren lassen kann, wird also nicht die letzte Entscheidungsgrundlage für die Medizin der Zukunft sein. Epigenetische Effekte sind immer noch viel schwerer einzuschätzen. Derzeit ist die Palette von Pharmaka, die relativ spezifisch Zielmoleküle der epigenetischen Steuerung beeinflussen können, noch beschränkt. Manche Wirkstoffe aus Pilzen, wie **Trichostatin** aus *Streptomyces platensis* sind bekannt für ihre Fähigkeit, Histon-Deacetylase zu hemmen. Ziel epigenetischer Einflussnahme ist es, spezifische Stammzellen eines Gewebes zu aktivieren oder fallweise zu deaktivieren, von kosmetischen Korrekturen (Haarwuchs, Verschlankung des Körpers) bis hin zur Heilung spezifischer Krankheiten.

Eine andere Möglichkeit ist die lokale Applikation gesunder Stammzellen, evtl. nach Reparatur körpereigener Stammzellen, die erst isoliert und nach Transfektion mit dem korrekten Gen re-implantiert werden. Dies gilt nicht nur für Zellen des hämatopoetischen Systems sondern auch für andere, von außen leicht zugängliche Zelltypen und Gewebe.

Epigenetische Mechanismen spielen auch bei **pathogenen Einzellern** eine Rolle. Darunter fallen **Trypanosomen** (Erreger der Afrikanischen **Schlafkrankheit**) und **Plasmodien** (Erreger der **Malaria**). Diese Zellen ersetzen unter epigenetischer Kontrolle ihre variablen Oberflächenantigene, welche GPI-verankerte Proteine (S. 218) sind, in so kurzen Zeitintervallen, dass der infizierte Körper mit der Bildung von Antikörpern nicht nachkommt. Es konnte auch deshalb das über Jahrzehnte angekündigte Ziel, einen Impfstoff zu entwickeln, noch nicht realisiert werden.

Ein weiteres Beispiel epigenetischer Entgleisung ist die fehlerhafte Faltung von **Prion**-Proteinen (S. 133), bei denen zwar die Pimärstruktur im Genom korrekt kodiert, die Tertiärstruktur jedoch falsch gefaltet bzw. umgefaltet wird. Aus der normalen zellulären Form, **PrP^c** (cellular prion protein), entsteht die pathogene Form, **PrP^{Sc}**, die bei Schafen das als **Traberkrankheit (Scrapie)** bekannt gewordene Krankheitsbild verursacht. Bei Schafen und Rindern sowie beim Mensch ruft PrP^{Sc} schwammartige Gehirnerkrankungen mit Störung der Bewegungskoordination und beim Menschen Demenz hervor. Beim Rind wird die Krankheit als „**Rinderwahnsinn**" bezeichnet. Wegen der Übertragbarkeit (durch Verzehr von PrP^{Sc} belastetem Fleisch) spricht man allgemein von **Transmissibler spongiformer Enzephalopathie, TSE**. Ganz allgemein können falsch gefaltete Proteine pathogene Wirkung entfalten (**Konformationskrankheiten**); vgl. auch Zellpathologie (S. 219).

► **Literatur zum Weiterlesen**

siehe www.thieme.de/go/literatur-zellbiologie.html

24 Besonderheiten der Pflanzenzelle – ein Vergleich mit tierischen Zellen

24

Zusammenfassung

Hier werden pflanzliche und tierische Zellen miteinander verglichen. Die „Grundausstattung" ist zwar dieselbe, jedoch verfügen die einen über manche Fähigkeit, die die anderen nicht besitzen. So können nur pflanzliche Zellen **Photosynthese** betreiben, weil nur sie Chloroplasten besitzen. Glukose dient beiden Arten von Zellen als „Brennstoff", denn beide vollbringen Glykolyse im Cytosol und oxidativen Energiestoffwechsel in Mitochondrien. Die höhere Pflanzenzelle besitzt jedoch auch eigene Stoffwechselwege, wie z. B. die **Photorespiration** und den **Glyoxylat-Stoffwechselweg**, wobei mehrere Organellen zusammenwirken. Auch der lysosomale Apparat bringt häufig eine besondere Differenzierung hervor, nämlich die große(n) **Vakuole**(n). Diese wirken als Wasserreservoir, halten den **Turgor** (Innendruck) aufrecht und dienen der Ablagerung von Substanzen, die für die Funktion der Pflanzenzelle nicht direkt wichtig sind (Mineralkristalle, Produkte des „sekundären Pflanzenstoffwechsels"). Erstaunlich ist der Besitz ähnlicher Komponenten der Signaltransduktion wie in tierischen Zellen, aber auch das Fehlen von Centriolen, Cilien und Flagellen. Die Kernteilungsspindel wird demnach ohne Centriolen, nur von Polkappen aus, ausgebildet. Besonders auffallend ist die starre Zellwand der Pflanzen. Im Gegensatz hierzu bilden tierische Gewebe viel komplexere Zell-Zell- und Zell-Matrix-Verbindungen aus und zeigen ein breiteres Differenzierungsspektrum. Ein weiterer Unterschied ist das Fehlen von Keratin (Intermediärfilamente bzw. Hornsubstanz) bei Pflanzenzellen. Diese können als Zell-Zell-Verbindungen sog. **Plasmodesmen** ausbilden: In eng umschriebenen Bereichen ist die Zellwand durchbrochen und die Zellmembranen benachbarter Zellen sind miteinander kontinuierlich verbunden, allerdings mit einer Einengung durch einen ER-Pfropf. In Analogie zu den *Gap junctions* tierischer Gewebe erlaubt dies eine interzelluläre Kommunikation – zwei völlig verschiedene evolutive Lösungen zum selben Problem.

24.1 Innere Organisation der Pflanzenzelle

Unter einer Pflanzenzelle kann man vieles verstehen – von der autotrophen Protistenzelle (Algen) bis zu den diversen Zelltypen der Blütenpflanzen (= Angiospermen). Hier werden (fast) nur letztere angesprochen. Als repräsentative „Pflanzenzelle" würde man am ehesten eine nicht speziell differenzierte Zelle aus dem Schwammgewebe (Parenchym) des Inneren eines Blattes (Mesophyll), dem Hauptort der Photosynthese, verstehen. Daneben besitzt eine Pflanze noch andere Organe (Stängel/Stamm, Wurzeln, Reproduktionsorgane) mit einer Reihe von mehr oder weniger differenzierten gewebespezifischen Zelltypen, deren Zahl bei Blütenpflanzen (Angiospermen) auf ca. 70 geschätzt wird. Das ist wesentlich weniger als die ca. 240 bei einem Säugetierorganismus, der in ein Mehrfaches an Zelltypen differenziert ist.

Das Hauptcharakteristikum der pflanzlichen Zelle ist ihr Gehalt an Chloroplasten oder von Derivaten derselben, die eigens in Kap. 20 (S. 393) besprochen wurden. Demnach haben Pflanzen drei Genome: Das **Kerngenom**, sowie jenes der Mitochondrien (**Chondriom**) und Chloroplasten (**Plastom**); vgl. Kap. 26 (S. 541).

24.1.1 Pflanzenzellen sind ähnlich organisiert wie tierische Zellen

Das Fehlen neuronaler Elemente, die Bewegungsunfähigkeit und die Ausbildung starker und starrer Stützgewebe (verholztes Gewebe) bei pflanzlichen Organismen könnten einen dazu verleiten, pflanzliche Zellen gegenüber tierischen als langweilig einzuschätzen. Diese Einschätzung würde weit daneben liegen – haben sie sich doch in der Evolution aus tierischen Zellen entwickelt (S. 524), unter Wahrung von deren Organellen, sogar bei Zugewinnung der **Chloroplasten** für eine energetisch unübertroffene Photosyntheseleistung. So erstaunt es auch nicht, dass Ribosomen aus Pflanzenzellen in vitro ohne weiteres die mRNA für Hämoglobin u. a. tierischer Proteine translatieren können. Einzelne Fähigkeiten bzw. die Synthese bestimmter Proteine (z. B. der klassischen cytoplasmatischen Intermediärfilamente) wurde zwar verloren, andere kamen jedoch hinzu und manche Organellen haben eine weitere Diversifikation erfahren (**Peroxisomen, Lysosomen/Vakuolen**). Besonders auffällig ist, dass die „extrazelluläre Matrix“ tierischer Gewebe durch eine **Zellwand** aus ganz anderen Komponenten ersetzt ist. Auch interzelluläre Kontakte sind von anderer Art und es ist faszinierend zu sehen, wie pflanzliche Gewebe in ihren Plasmodesmen ein funktionelles Analogon zu *gap junctions* tierischer Zellen entwickelt haben. Der Fortschritt des Genomprojektes „*Arabidopsis*/Ackerschmalwand“ (ein Kreuzblütler, *Cruciferae*) und der Vergleich von DNA- und Protein-Sequenzabschnitten bringt neuerdings Unerwartetes zu Tage: **Cadherine**, vielleicht auch **Integrine** in Pflanzenzellen!

▸ **Protonenpumpe statt Na^+/K^+-ATPase.** Wir haben für tierische Zellen die ubiquitäre Verbreitung der Na^+/K^+-ATPase (Na^+/K^+-Pumpe) besprochen, die bewirkt, dass $[K^+]_i > [K^+]_e$ bzw. $[Na^+]_i < [Na^+]_e$ ist und dass die tierische Zelle ein Ruhepontential von ca. –50 mV oder leicht darunter aufweist; vgl. Kap. 6.2

24

(S. 115). Pflanzenzellen stellen ihr inneres Milieu bevorzugt über eine **plasmalemmale H^+-ATPase** ein, die Protonen nach außen pumpt. (Das dazu notwendige ATP stammt auch in der Pflanzenzelle aus der Glykolyse und der mitochondrialen Zellatmung.) Dort bleiben die Protonen zwischen den Makromolekülen der Zellwand „getrappt". Durch die Ungleichverteilung der Protonen wird die pflanzliche Zellmembran energetisiert und der H^+-Rückfluss durch die Zellmembran wird zum sekundär-aktiven Transport anderer von der Zelle benötigter Stoffe ausgenützt. Zwar besitzen auch viele tierische Zellen eine H^+-ATPase in ihrer Zellmembran, ihre Tätigkeit ist dort jedoch im Allgemeinen viel weniger ausgeprägt als bei Pflanzenzellen.

▶ **Niedriges Ruhepotenzial.** Unerwartet ist zunächst (weil man in diesem Zusammenhang eher an Nerven- und Muskelzellen denkt), dass auch Pflanzenzellen ein elektrisches Potenzial über ihre Zellmembran aufweisen, ja dass ihr **Ruhepotenzial** wegen der starken innenseitigen Anreicherung von Chloridionen (Cl^-) sogar sehr ausgeprägt ist (von –150 mV bis zu –250 mV). Pflanzenzellen können fallweise ein **Aktionspotenzial** entwickeln, allerdings nur träge über einen bis zu 10 Sekunden langen Zeitraum, basierend auf einem depolarisierenden Cl^--Efflux und einem repolarisierenden K^+-Influx über die Zellmembran. So ein Aktionspotenzial tritt auf, wenn die Blattspreiten der Venusfliegenfalle (*Dionaea*, Sonnentaugewächse) binnen weniger als einer Sekunde zuschnappen um ein Insekt einzufangen, sowie bei den relativ schnellen Blattbewegungen der Mimose (Leguminosen). Damit einher gehen in einseitig angeordneten Zellen rasche Änderungen des **Turgors** und dieses bewirkt über die Volumenänderung solcher Zellen die für diese Pflanzen sprichwörtlich schnellen Reaktionen.

▶ **Aquaporine.** Tierische wie pflanzliche Zellen haben eigene Kanalproteine zum schnellen Transport von Wasser, die sog. **Aquaporine**. Diese sind nicht nur in der Zellmembran, sondern auch in der Membran der Vakuole angereichert, die ja dazu dient, Wasser zu speichern und einen gewissen Innendruck aufrecht zu erhalten; s. Turgor (S. 111). Vermittels der Aquaporine kann Wasser schnell durch Membranen durchtreten.

▶ **Signaltransduktion.** Erstaunlich ist, dass Pflanzenzellen über das gleiche System der intrazellulären **Signaltransduktion** verfügen können wie tierische Zellen, vielleicht auch mit Hydrolyse von $PInsP_2$ und Bildung von $InsP_3$, welches der Aktivierung von Ca^{2+}aus intrazellulären Speichern für die Signaltransduktion dient. Wenn eine Ranke der Zaunrübe (*Bryonia*) sich festzurrt, tritt dieses Phänomen in Aktion. Zumindest wird dies derzeit vermutet.

24.1.2 Die Pflanzenzelle im histologischen Bild

Zunächst erscheinen pflanzliche Gewebe und Zellen im histologischen Bild (▸ Abb. 24.1, ▸ Abb. 24.2) sehr verschieden von tierischen. ▸ Abb. 24.1 zeigt einen Längsschnitt durch eine Wurzelspitze mit einer Art zentraler Säule (mit wenig bzw. nicht kondensierten Kernen) und darum herumgeschichteten Zelllagen (mit verschieden kondensierten Kernen). Wo die Schichten unten konvergieren, liegen **Stammzellen** und eine lebhafte lokale Teilungsaktivität gewährleistet das schnelle Eindringen des Würzelchens in das Erdreich. Die Differenzierung solcher Stammzellen unterliegt dem Einfluss pflanzlicher Hormone wie **Auxin** (**Indolyl-3-Essigsäure**). Anders sehen die Zellen grüner Pflanzenteile aus (▸ Abb. 24.2), wo der Unterschied zu tierischen Zellen naturgemäß besonders deutlich ist. Dies liegt – abgesehen von der Präsenz von Zellwänden und von Chloroplasten – insbesondere an der optischen Dominanz von Vakuolen, welche das Cytoplasma oft auf kleine Stege zurück drängen. Sehen wir uns aber in der Pflanzenzelle genauer um, so entdecken wir (abgesehen von den Chloroplasten und ihrer Abkömmlinge) insgesamt mehr Ähnlichkeiten zur tierischen Zelle als Unterschiede.

So gibt es keine prinzipiellen Unterschiede in Ultrastruktur und Funktion von Zellkern, freien Ribosomen und rauem ER. Auch glattes ER kann sehr ausgeprägt sein. Der Golgi-Apparat kann bei Pflanzen wesentlich imposanter, aus bis zu über einem Dutzend Stapel umfassenden Diktyosomen aufgebaut sein. Hier wurde auch erstmals eine seiner Funktionen entdeckt: Synthese von Komponenten der Zellwand. Diese gelangen per Vesikeltransport über ungetriggerte (konstitutive) Exocytose über die Zellmembran nach außen. Dabei handelt es sich wie üblich um unauffällige, kleine Vesikel mit elektronenlichtem Inhalt. Konstitutive Sekretvesikel dieser Art dienen auch dem Einbau von neuen Komponenten in die Zellmembran, die ja in allen Zellen einer dauernden Regenerierung unterliegt. Insbesondere beim Auswachsen von Wurzelhärchen oder des Pollenschlauchs zur Befruchtung der Eizelle sieht man, neben zahlreichen Mikrotubuli und Mikrofilamenten, eine Vielzahl solcher Vesikel, deren konstitutive Exocytose die Zellmembranfläche vergrößert und dadurch den Pollenschlauch verlängert. Auch in der Pflanzenzelle gibt es „Gegenverkehr", der über Endocytosevesikel erfolgt. Darunter gibt es solche von der Art der *coated pits/vesicles*, d. h. mit einem cytoplasmaseitigen Belag aus Clathrin. In der Tat kann man die endocytotische Aufnahme von elektronendichten Markern beobachten, wenn man im Experiment vorher die Zellwand entfernt.

▸ **Mikrotubuli bilden das Cytoskelett.** In Pflanzenzellen sind Mikrotubuli dominante Elemente des **Cytoskelettes.** Sie haben aber eine weitgehend abweichende Sensitivität zu destabilisierenden Agentien (vgl. Kap. 16.2.1) (S. 323), sodass manche dieser Drogen als „Pflanzenschutzmittel" Einsatz finden. Im

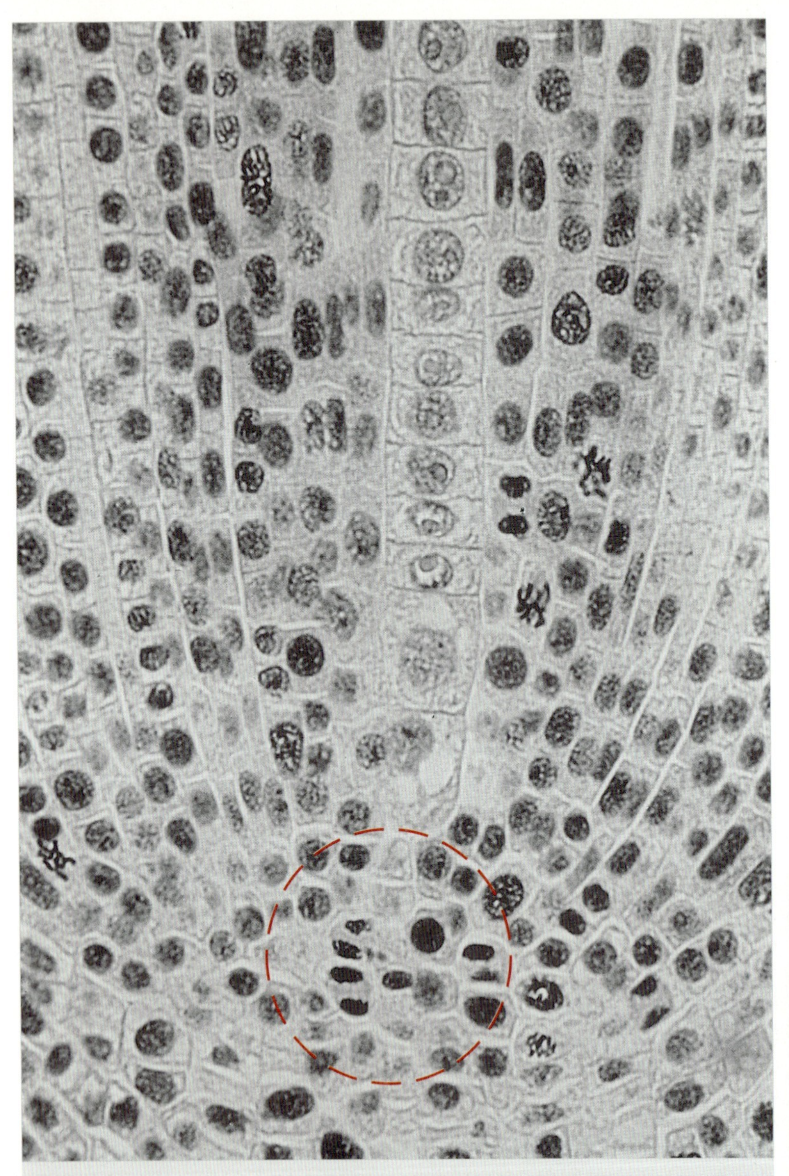

Abb. 24.1 Längsschnitt durch die Wurzelspitze der Küchenzwiebel. Im Kreis liegen Stammzellen; vgl. Text. Vergr. 400-fach. (Aufnahme C. Braun, J. Hentschel)

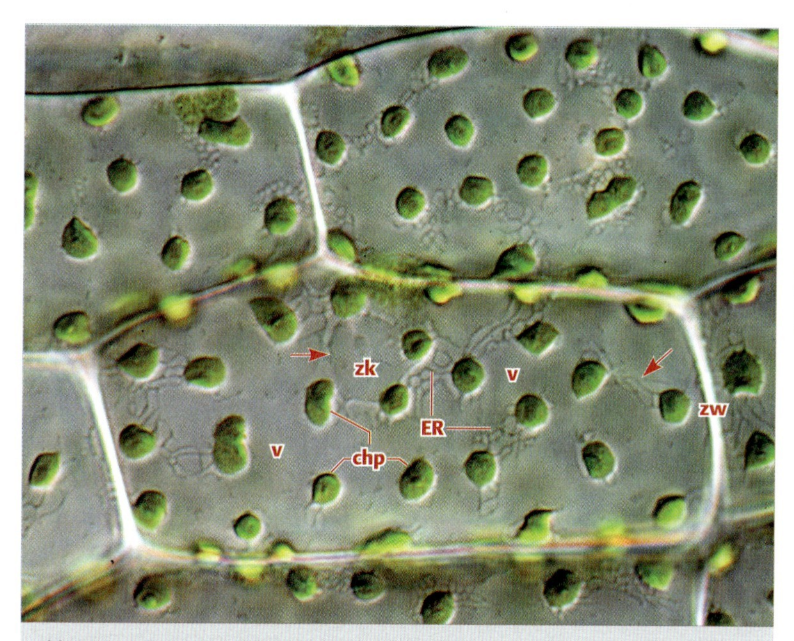

Abb. 24.2 Lichtmikroskopisches Bild pflanzlicher Zellen (Beispiel: Moosblättchen). **chp** = Chloroplasten, **v** = Vakuolen, **zk** = Zellkern, Pfeile weisen auf Cytoplasmastege mit **ER**. Vergr. 600-fach. (Aufnahme: G. Wanner, München)

Gegensatz hierzu haben Drogen, die Aktin-Filamente in Monomere zerlegen (Cytochalasine, vgl. Kap.16.2.1 (S. 323) sowie neuerdings Latrunculin A), denselben Effekt in tierischen und pflanzlichen Zellen. Von Intermediärfilamenten (S. 347) ist wenig bekannt, abgesehen von den Laminen der Kernlamina. Ob es sie bei Pflanzen überhaupt in nennenswerter Zahl gibt, darüber kann endgültigen Aufschluss vielleicht erst die weitere Evaluation des *Arabidopsis*-Genomprojektes und ein anschließendes „Proteomics"-Projekt bringen.

▸ **Stimulierte Exocytose spielt wohl kaum eine Rolle.** Seltener als in tierischen Zellen werden jedoch Vesikel mit elektronendichtem Inhalt beobachtet, die an Vesikel der stimulierten Exocytose (S. 269) zur Freisetzung von Hormonen aus tierischen Drüsenzellen erinnern und bei speziellen Pflanzenzellen z. B. der Sekretion von Verdauungsenzymen dienen (*Drosera*, Sonnentau). Dagegen sind die meisten Pflanzenhormone – für Wachstum, gerichtetes Wachstum und Differenzierung – lösliche niedermolekulare Verbindungen, die keinem paketierten Transport unterliegen. Darunter gibt es, wie bei tierischen Zellen auch, sogar Steroid-Hormone. **Ethylen** ($H_2C=CH_2$) ist ein weiteres, gasförmiges Hormon, das von reifen Früchten freigesetzt wird und dann benachbarte Früchte ebenfalls zum Reifen bringt.

► **Die Vakuole ist nicht nur eine pflanzliche „Mülltonne".** Auch Pflanzenzellen bedürfen einer „inneren Erneuerung", d. h. einzelne Zellkomponenten können einem lysosomalen Abbau zugeführt werden. Der Ursprung des lysosomalen Apparates liegt wiederum im Trans-Golgi-Netzwerk (TGN), von dem primäre Lysosomen abknospen. Das Endprodukt ist zumeist die große **Vakuole**, die in Ein- oder Mehrzahl die meisten Pflanzenzellen dominiert. Wie erwähnt, dient die Vakuole der Speicherung von Wasser und spielt eine wichtige Rolle beim Aufrechterhalten des osmotischen Druckes (Turgor) (S. 111). Auch die Membran der Vakuole ist, wie die Zellmembran, semipermeabel. Sie wird nach einer althergebrachten Nomenklatur als Tonoplast (vom Griechischen „tonos", die Spannung) bezeichnet. Die Vakuole kann aber auch der Akkumulation von Farbstoffen wie Anthocyan (S. 307) dienen. Darüber hinaus kann sie weitere Stoffe des sekundären Pflanzenstoffwechsels lagern, die durch Membranumhüllung vom Rest der Zelle wie in einer Mülltonne abgeschirmt und bei Zerstörung der Zelle freigesetzt werden. **Coffein** und **Opiate**, letztere werden in der Mohnpflanze (*Papaver somniferum*) durch enzymatische Auflösung der Zellwände in größere Hohlräume verteilt, sind Beispiele für solche Einbahnen pflanzlicher Syntheseleistungen, die für die direkte Funktion der Pflanzenzelle unerheblich, aber gegen Fressfeinde nützlich sein können. Bekanntlich haben sich menschliche Kultur und Unkultur jedoch auch über den Inhalt der pflanzlichen „Mülltonnen" hergemacht.

24.2 Die besondere Rolle von Peroxisomen bei Pflanzen

Der für Peroxisomen tierischer Zellen kaum mehr übliche Ausdruck microbodies (Singular *microbody*, was eigentlich „Kleinkörper" bedeutet) ist für pflanzliche Zellen noch durchaus üblich. Auch hier sind es Organellen mit einfacher Membranumhüllung und ziemlich homogenem Inhalt mit ca. 300 Proteinarten, welche (per-)oxidative Enzyme umfassen, darunter das Leitenzym, die **Katalase**; vgl. (S. 316) und Molekularen Zoom (S. 317). Diese vermag das Zellgift H_2O_2 in H_2O ⅓ O_2 (das sich zu O_2 vereinigt) zu spalten. An pflanzlichen *microbodies* kann man zwei Grundtypen unterscheiden:

1. **Glyoxisomen** (oder Glyoxysomen), die durch Mobilisierung von Lipid-Vorräten über β-Oxidation von Fettsäuren dem Sämling beim **Auskeimen** helfen. (Wir erinnern uns, dass diese in tierischen Zellen in der Mitochondrien-

matrix und nur in geringerem Umfang in Peroxisomen lokalisiert ist); vgl. Kap. 19.2 (S. 386). In der Pflanzenzelle sind allein diese Organellen für die β-Oxidation von Lipiden zuständig; dabei werden die Vorräte an Fetten bzw. fetten Ölen in den Kotyledonen (Keimblättern) mancher Samen dem Stoffwechsel zugeführt.
2. „Eigentliche Peroxisomen", die man kurz **Peroxisomen** nennt. Ihre Zusatzaufgabe besteht in der **Photorespiration**.

24.2.1 Biogenese

Wie bei der tierischen Zelle blieb die Biogenese bis in die jüngste Zeit umstritten. Sicher ist, dass die meisten – wahrscheinlich alle – Proteine mit freien Ribosomen im Grundplasma synthetisiert werden. Dann werden sie auf Grund bestimmter Signalabschnitte („Targeting-Sequenzen") durch Rezeptor-Proteine der peroxisomalen Membran erkannt und in das Organell importiert. Die in jüngster Zeit revitalisierte Hypothese, dass auch ein Vesikelfluss vom rauen ER ohne Golgi-Passage gewisse Komponenten beisteuern könnte, findet nun generelle Akzeptanz. Aber es ist auch bei Pflanzen für den **Biosyntheseweg** überwiegend Sprossung aus vorhandenen Peroxisomen und Erweiterung durch Einbau von molekularen Komponenten anzunehmen. Manche vermuten, dass beim Ergrünen der jungen Pflanze die **Glyoxisomen** in eigentliche **Peroxisomen** umgewandelt werden. Da jedoch die Glyoxisomen bei den meisten Pflanzen nur in den Keimblättern (vgl. unten) vorkommen, müssen sich in den nachfolgend ausgebildeten Blättern (Primär- und Sekundärblätter) die Peroxisomen wahrscheinlich unabhängig ausbilden. Für Glyoxisomen gibt es kein Äquivalent in tierischen Zellen, und diese können nicht mit vergleichbarer Effizienz Fettvorräte abbauen wie die Pflanzenzellen.

24.2.2 Funktion

▸ **H_2O_2-Entgiftung.** Wie die tierische Zelle, so hat auch die Pflanzenzelle Bedarf an der Inaktivierung von toxischem H_2O_2, ja sogar noch in vermehrtem Maße. Dieses reichert sich u. a. im Zusammenhang mit der Photorespiration (▸ Abb. 24.4) bzw. bei der anschließenden Oxidation der Glykolsäure zu Glyoxylat an, die in den Glyoxisomen stattfindet, die ja auch die Katalase als Leitenzym aller peroxisomaler Organellen beherbergen. Hier läuft auch der namengebende Glyoxylat-Zyklus ab (▸ Abb. 24.3). Das **Glyoxylat** ist ein zentraler Metabolit der Microbodies und kann in Glyoxisomen bzw. Peroxisomen auf verschiedenem Wege gebildet werden: (i) im Rahmen des Glyoxylat-Zyklus nach Spaltung von **Isocitrat** (C_6) in Succinat (C_4) + Glyoxylat (C_2); (ii) aus **Glykolat**, das im Chloroplasten-Stroma im Zuge der Photorespiration durch Spaltung aus Ribulose-1,5-bis-Phosphat (C_5) in 3-Phosphoglycerat (C_3)+(Phospho-)Glykolat (C_2) hergestellt wird. Diese für die Pflanzenzelle wichtigen Prozesse sollen nun genauer besprochen werden.

▸ **Mobilisierung von Lipiden und Glyoxylat-Zyklus** (▸ Abb. 24.3). Die in *lipid bodies* (oder „**Oleosomen**") gespeicherten Fettstoffe werden durch Lipasen in Glycerin und Fettsäuren zerlegt. Letztere weisen immer geradzahlige C-Ketten auf. Sie werden in Glyoxisomen exportiert und dort im Rahmen eines β-oxidativen Abbaues von Fettsäuren zu Acetyl-Resten zerkleinert (C_2), die durch Bindung an Coenzym A (CoA) aktiviert sind. Dieser Prozess läuft genau so ab wie in ▸ Abb. 19.3 für die Mitochondrien-Matrix tierischer Zellen gezeigt wurde. Acetyl-CoA wird dann an zwei Stellen in den **Glyoxylat-Zyklus** der Glyoxisomen eingespeist. (i) In einem Schritt wird aus Oxalacetat → Isocitrat und in einem anderen Schritt (ii) aus Glyoxylat → Malat gebildet, aus welchem in der Folge wiederum Oxalacetat regeneriert wird. Durch Spaltung von Isocitrat entsteht (neben dem namengebenden Glyxoylat) Succinat (C4), das in das Grundplasma abgegeben, von Mitochondrien aufgenommen und im Tricarbonsäure-Zyklus energetisch ausgebeutet wird. Dabei entstehendes Malat kann ins Cytosol (Grundplasma) abgegeben und über Oxalacetat und Bildung von Phosphoenolpyruvat zur Synthese von Zuckern dienen.

▸ **Photorespiration** (▸ Abb. 24.4). Unter Umständen kann für die grüne Pflanze die ungenügende Verfügbarkeit von CO_2, bei relativ hohem O_2-Druck, zum Problem werden (z. B. wegen toxischer Oxidationsprozesse). Dazu hat sie in der Evolution ein metabolisches „Ventil" erfunden, welches zwar energetisch ungünstig, für das Überleben aber wichtig ist. (Die spezielle Problemlösung von „C_4-Pflanzen" lassen wir außer Acht). Hierbei kann das Enzym „**Rubisco**", das normalerweise als Ribulose-1,5-bisphosphat-Carboxylase die Bindung von CO_2 bewirkt, als Oxygenase tätig werden. Im Endeffekt entsteht dann aus Ribulose-1,5-bisphosphat **Phosphoglykolsäure**, welche zu **Glykolat** dephosphoryliert und an Peroxisomen abgegeben wird. Hier wird Glykolat unter O_2-Verbrauch und H_2O_2-Bildung zu **Glyoxylat** oxidiert (2 H-Atome werden entfernt). H_2O_2 wird von der Katalase in $H_2O + \frac{1}{3}\ O_2$ zerlegt und O_2 entweicht. Aus dem Glyoxylat entsteht durch Übertragung einer Aminogruppe (**Transaminierung**) von der Aminosäure Serin die Aminosäure **Glycin**. Diese wird an Mitochondrien abgegeben, in deren Matrix **Serin** regeneriert werden kann, vgl. Formeln (S. 93). Serin wird wiederum in das Peroxisom exportiert. Nach seiner Verwendung zur Glycinbildung entsteht **Hydroxypyruvat** und aus diesem **Glycerat**, das wiederum an die Chloroplasten abgebenen und in den **Calvin-Zyklus** eingespeist wird.

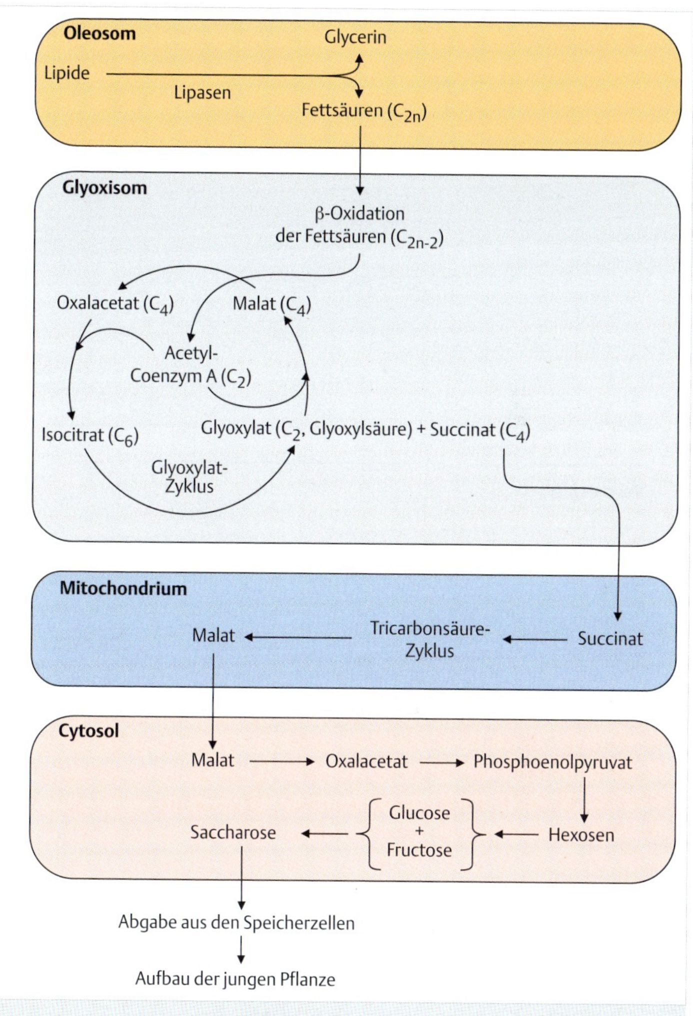

Abb. 24.3 Zusammenspiel zwischen Glyoxisomen (Glyoxylat-Zyklus), Oleosomen, Mitochondrien und Cytosol bei der Mobilisierung von Lipid-Speichertropfen. Das Schema ist im Text unter „Glyoxylat-Zyklus“ genauer erklärt.

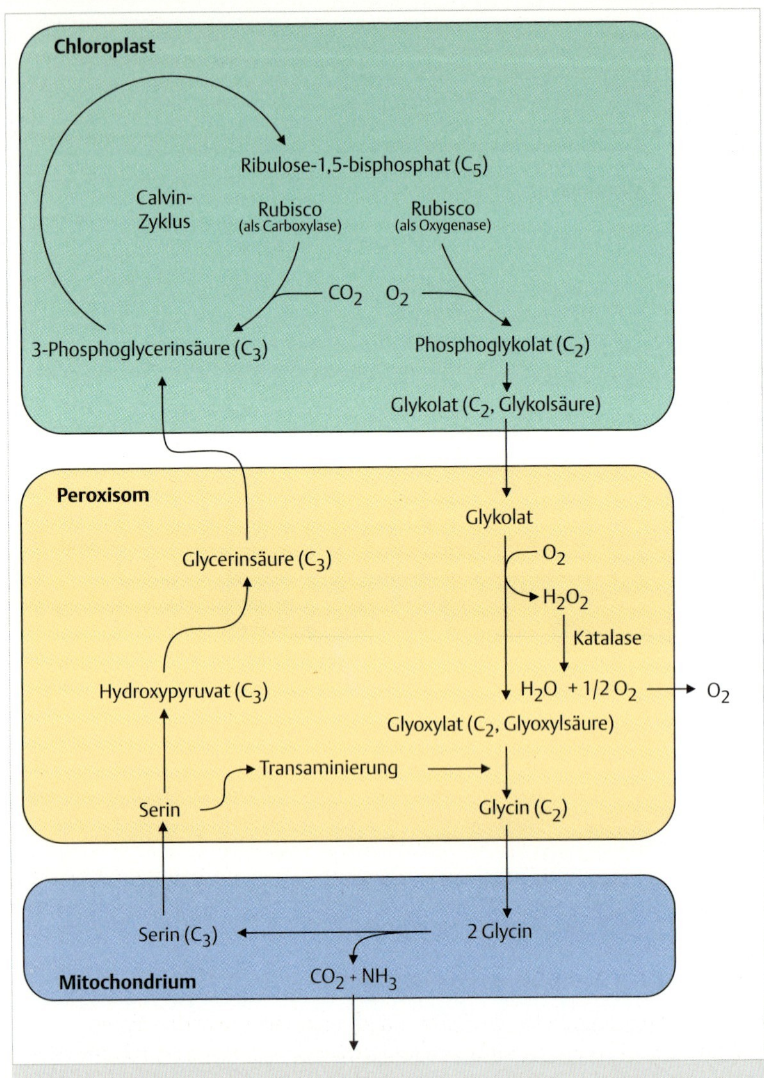

Abb. 24.4 Zusammenspiel zwischen Chloroplasten, Peroxisomen und Mitochondrien beim Ablauf der Photorespiration. Das Schema ist im Text unter „Photorespiration" genauer erläutert.

▸ Funktionelles Wechselspiel zwischen Peroxisom, Chloroplast und Mitochondrium. Photorespiration besagt, dass gleichzeitig photosynthetisch CO_2 gebunden und O_2 abgegeben wird. Sie dient wohl der Entlastung des Photosynthese-Apparates, aus dem der Schlüsselmetabolit teilweise abgezogen und oxidativ weiter verarbeitet werden kann. Durch die Einbindung der Syntheseleistungen der Mitochondrien-Matrix vermehrt sich auch die Verfügbarkeit von Aminosäuren für die Pflanze. In diesem komplizierten Stoffwechselweg sind also z.T. zyklische Prozesse in drei Organellen zusammengeschaltet. Diese funktionelle Verquickung der verschiedenen Organellen macht es verständlich, warum man im elektronenmikroskopischen Bild einer grünen Zelle häufig einen Chloroplasten mit einem Mitochondrium und einem Peroxisom assoziiert sieht, (vgl. ▸ Abb. 20.1). Diese strukturelle „Dreiheit" reflektiert das enge funktionelle Wechselspiel dieser Kompartimente. Es ist dies ein exzellentes Beispiel dafür, dass Bau und Struktur der Zelle sich wechselseitig bedingen. Will man die Zelle verstehen, so muss man daher beides kennen.

Dabei kann das Grundplasma nicht nur als – möglichst kurze – Diffusionsstrecke beteiligt sein; über seine „Shuttle-Systeme" (S. 379) kann das Mitochondrium Metaboliten für die Glykolyse und die Neubildung von Zuckern (Glukoneogenese) abgeben. Die assimilatorisch aktiven grünen Pflanzenteile geben zumeist Saccharose, ein Disaccharid aus Glukose und Fruktose, zum Transport in die übrigen Pflanzenorgane ab.

24.3 Die Zellwand

Die der Zellmembran der Pflanzenzelle aufgelagerte Zellwand besteht aus drei Schichten: der dünnen **Mittellamelle** sowie der jeweils viel dickeren **Primär-** und **Sekundärwand**. Die chemischen Komponenten sind polymere Kohlenhydrate (Polysaccharide) (S. 103), darunter Pektine, Hemizellulose und Zellulose sowie Proteine, die jeweils auf verschiedenen Biosynthesewegen angeliefert und in jeweils unterschiedlichen Mengenanteilen in den einzelnen Schichten deponiert werden (▸ Abb. 24.5).

24.3.1 Chemische Bestandteile

Unter den Polysacchariden der Zellwand unterscheidet man drei Typen

1. **Pektine** sind Polysaccharide, deren saure (negativ geladene) Gruppen fähig sind, Ca^{2+} und Mg^{2+} zu binden. Diese Ionenbrücken können leicht gelöst und neue gebildet werden, wie dies beim Wachstum erforderlich ist, sodass Pektine ein hydrophiles, dehnbares Gel darstellen. Demensprechend ist dies auch die dominante Komponente der nach der Zellteilung als erster gebildeten Zellwandstruktur, der Mittellamelle.

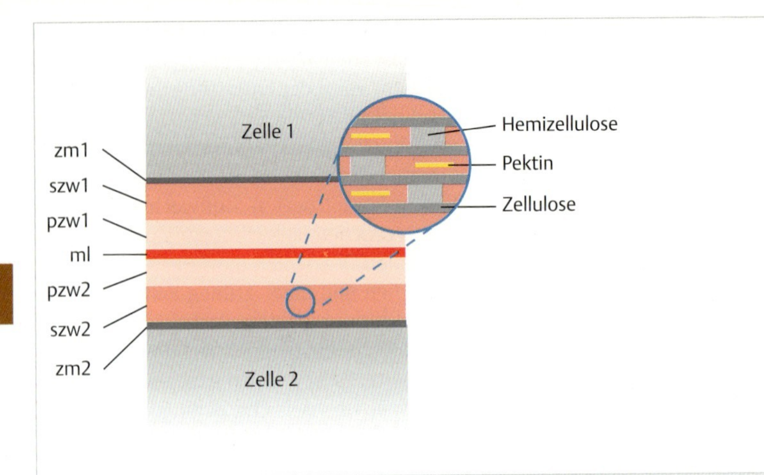

Abb. 24.5 Schematische Darstellung der Pflanzenzellwand, die in der Regel aus einer einheitlichen, zentralen Mittellamelle (**ml**) und den primären (**pzw**) sowie den sekundären Zellwänden (**szw**) besteht. Der sekundären Zellwand schließen sich die jeweiligen Zellmembranen (**zm**) benachbarter Zellen an. Das Inset zeigt selektiv die Anordnung von drei dominierenden Komponenten der Zellwand. Davon wird die Zellulose als fädiges Makromolekül von Synthesemolekülen (integrale Zellmembranproteine) synthetisiert und dabei direkt in die Zellwand hineingebaut. Pektin und Hemizellulose gelangen durch konstitutive Exocytose in die Zellwand, wo sie zwischen den Zellulosemolekülen eingelagert werden.

2. **Hemizellulosen** sind Polymere aus Pentosen (C_5-Zucker) und Hexosen (C_6-Zucker).
3. Mit zunehmender Dicke der Zellwand nimmt der Anteil an **Zellulose** zu. Sie ist ein Polymer aus 1,4-β-glykosidisch verbundenen Glukosemolekülen (vgl. Kap. 5.4) (S. 103), die in paralleler Anordnung Mikrofibrillen bilden, die ihrerseits parallel, über Kreuz oder schraubig angeordnet sein können und dadurch eine hohe Reißfestigkeit pflanzlicher Zellwände bzw. Gewebe bewirken können.

Der Anteil des als **Extensin** bezeichneten Proteins in der Zellwand liegt bei $<10\%$. Es ist stark glykosyliert ($>50\%$), reich an Lysinresten (daher basisch) und seine Prolinreste sind hydroxyliert. (Dieses ist in frappierender Ähnlichkeit mit dem Kollagen der extrazellulären Grundsubstanz tierischer Gewebe; wahrscheinlich erfolgt auch die Hydoxylierung von Extensinen im ER.) Die kovalente Verknüpfung einzelner Extensinketten führt zu einer gewissen Starrheit bzw. mechanischen Festigkeit.

24.3.2 Biosynthese und Schichtaufbau

Die Zellwand wird durch Auflage immer weiterer Schichten (**Appositionswachstum**) von der Zelle weg verdickt (▸ Abb. 24.5). Auf diese Weise wird die Mittellamelle immer weiter von der Zellmembran weggeschoben. Im Folgenden seien die biogenetischen Schritte kurz charakterisiert.

- In der **Mittellamelle** dominieren die flexiblen **Pektine**, sodass sie relativ flexibel ist. Sie ist auch die Hauptkomponente der Zellplatte, wie sie bei der Zellteilung (S. 497) gebildet wird. Diese Komponenten kommen über Vesikelfluss – letztendlich aus dem rauen ER über den Golgi-Apparat – an die Zellmembran.
- Die **Primärwand** leitet sich ebenfalls hauptsächlich aus Komponenten der konstitutiven Exocytose ab, darunter wiederum **Pektine** und **Extensinproteine**; daneben wird bis zu 15 % **Zellulose** eingelagert, indem Aggregate von Zellulose Polymerase-Molekülen („Rosetten“; vgl. Kap. 12.2) (S. 266) beim Durchtritt durch die Zellmembran Glukosemoleküle linear vernetzen (analog zur Synthese von Hyaluronan tierischer Gewebe). Je mehr Zellulose und Extensin eingelagert werden, umso steifer und fester wird die Primärwand.
- Diese beiden Komponenten dominieren dann in der **Sekundärwand**; zumal Zellulose kann bis zu < 95 % Mengenanteil erreichen, sodass über die Sekundärwand große mechanische Festigkeit erreicht wird.

Falls ein Gewebe verholzt, so tritt noch eine weitere Komponente in der Zellwand auf, das **Lignin**. Es entsteht in der Zellwand verholzender Teile aus Vernetzung von Phenoxy-Monomeren (C_6-Ring mit OH-Gruppe), an denen eine kurze C-Kette hängt (mit einer Kohlenstoffdoppelbindung). Unter dem Einfluss von Peroxidasen in der Zellwand werden Phenoxyradikale gebildet, deren Reaktivität zur Polymerisation zu riesigen Makromolekülen mit der bekannten Festigkeit führen. (Das zugrunde liegende Polymerisationsschema erinnert sehr an jenes, das die Polymerchemie für Plexiglas beschreibt.) Im Endeffekt besteht dann Holz zu ungefähr je einem Drittel aus Lignin, Hemizellulosen und Zellulose.

24.3.3 Transport von Wasser in der Zellwand

Die Zellwand bildet ein riesiges extrazelluläres Kompartiment, das in seiner Gesamtheit als **Apoplast** bezeichnet wird. Die hydrophilen Komponenten der Zellwand sind in der Lage, Wasser reversibel zu binden. Daher erfolgt ein großer Anteil des Wassertransportes durch den Pflanzenkörper außerhalb der Zellen über den Apoplast.

24.3.4 Sonderbildungen

▶ **Plasmodesmen.** Auch für pflanzliche Gewebe besteht das Bedürfnis der „Harmonisierung“ von benachbarten Zellen. Pflanzen haben es schwer, benachbarte Zellen und Gewebe zu „harmonisieren“ (Strukturen à la *gap junctions*, zu deren Ausbildung sich zwei Zellen schon sehr nahe kommen müssen, können nicht gebildet werden). Höhere Pflanzen haben ihre eigene „Problemlösung“ gefunden. Punktuell ist die dicke Zellwand, deretwegen Nachbarzellen sich nicht direkt berühren können, unterbrochen. An solchen Stellen läuft die Zellmembran von einer Zelle zur anderen über, sodass tunnelartige Verbindungen entstehen (▶ Abb. 24.6 und ▶ Abb. 24.7). Diese nennt man **Plasmodesmen** (griech.: desmos = Band; Singular Plasmodesmos), weil sie ein „Plasmaband“ zweier Zellen durch die Zellwand hindurch bilden. Da dieser Tunnel aber sehr breit ist (~ 50 nm), wäre die Diffusionsbarriere für den interzellulären Stoffaustausch zu wenig selektiv, hätte die Evolution nicht einen weiteren „Trick“ erfunden. Wie ein Korken im Flaschenhals steckt ein Pfropfen aus Phospholipiden in Form eines kollabierten Membranvesikels des Endoplamatischen Retikulums in den Plasmodesmen und erlaubt nur den langsamen, kontrollierten Austausch molekularer Komponenten.

▶ **Casparystreifen.** Eine weitere Sonderbildung interzellulärer Verbindungen ist der **Caspary-Streifen** (▶ Abb. 24.8). Seiner Funktion nach erinnert er an die tight junctions (S. 413). In der Tat dient er, als lokale Bildung in speziellen Geweben der Wurzel, der Abdichtung von Zellgruppen von der Durchleitung von Wasser und Mineralsalzen über den Apoplasten, sodass hier der kontrollierte

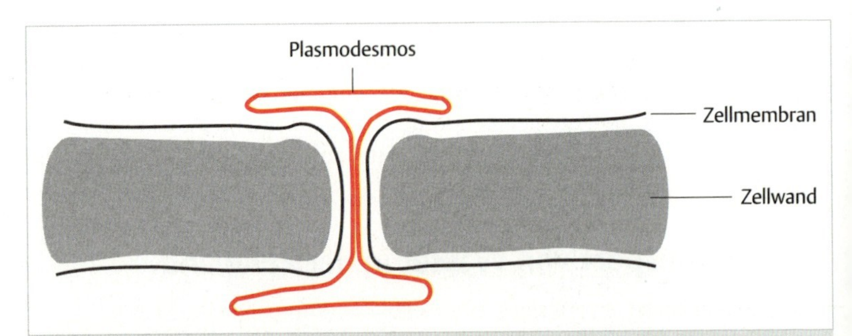

Abb. 24.6 Plasmodesmen als Strukturen für interzelluläre Kommunikation bei Pflanzen. Hier stehen die Nachbarzellen in kontinuierlicher Verbindung, d. h. die Zellwand ist unterbrochen und die Zellmembranen sind miteinander verschmolzen. Der so gebildete Verbindungskanal ist durch ein kollabiertes Vesikel des Endoplasmatischen Retikulums eingeengt.

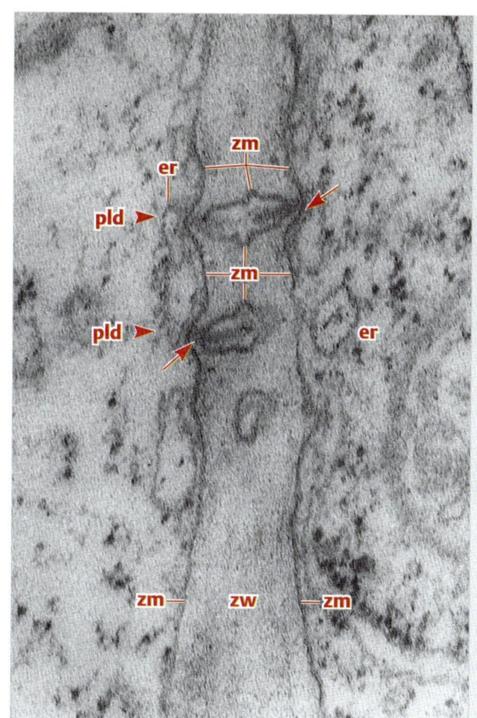

Abb. 24.7 Plasmodesmen als Zell-Zell-Verbindungen bei Pflanzen. (Objekt: Leitbündel aus der Wurzelhaube – Koleoptile – der Gerste, *Hordeum vulgare.*) An jedem Plasmodesma (**pld**) ist die Zellwand (**zw**) zwischen zwei benachbarten Zellen unterbrochen und die Zellmembranen (**zm**) beider Zellen stehen miteinander in einer kanalartigen Verbindung (vgl. ▸ Abb. 24.6). Pfeile weisen auf den Phospholipidpfropfen, ein Derivat des Endoplasmatischen Retikulums (**er**), der die Passage für den interzellulären Stofftransport einengt. Vergr. 120 000-fach. (Aufnahme: K. Mendgen, Konstanz)

Durchfluss durch die so ausgestatteten Zellen hindurch, ohne Bypass über den Apoplasten, erzwungen wird. Der Caspary-Streifen wird durch lokale Einlagerung extrem hydrophober Komponenten (**Suberin**, die Substanz von Korken) in einem kleinen Abschnitt der Zellwand gebildet. Dem liegt also ein völlig anderes Prinzip der Isolation zu Grunde als wir von tierischen Geweben her kennen (vgl. ▸ Abb. 24.8).

24.4 Zellteilung und Differenzierung bei Pflanzen

▸ Keimzellen entstehen durch Meiose und können sehr unterschiedliche Morphologien haben. Wie bei tierischen Zellen gibt es auch bei pflanzlichen sowohl eine mitotische als auch eine meiotische Zellteilung (S. 434), indem bei ersterer identische Abkömmlinge mit einem diploiden Chromosomensatz, bei letzterer dagegen im Rahmen einer Reduktionsteilung solche mit einem haplo-

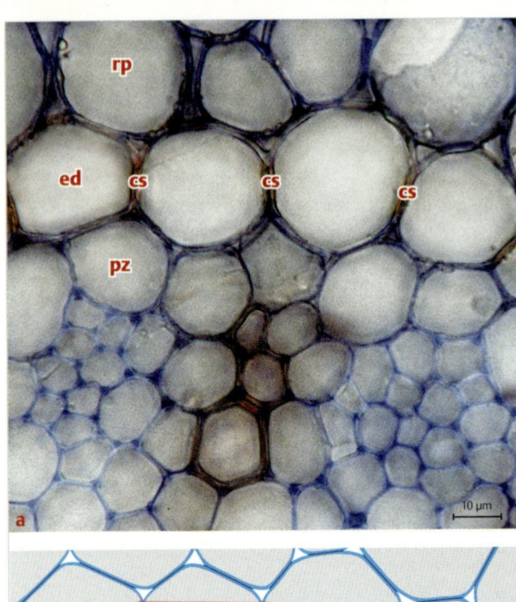

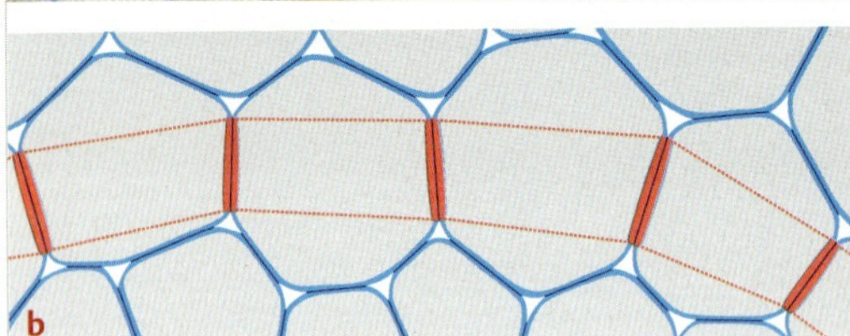

Abb. 24.8 Caspary-Streifen. **a** Lichtmikroskopische Aufnahme eines Wurzelquerschnitts von *Clivia nobilis* aus dem bereich des Zentralzylinders. **b** Schematische Darstellung der Endodermis aus (**a**) mit Casparyschem Streifen (punktiert). **ed** Endodermis; **cs** Caspary-Streifen; **rp** Rindenparenchym; **pz** Perizykel. (Mit freundlicher Genehmigung von Gerhard Wanner, München)

iden Chromosomensatz gebildet werden. (Wir lassen den oft sehr variablen Generationswechsel von haploiden und diploiden Formen, **Haplonten** und **Diplonten**, bei niederen Pflanzen außer acht.) In einer Blüte können weibliche Anlagen neben männlichen vorkommen, das sind Fruchtknoten und Staubgefäße, die den Pollen als männliche Keimzellen freisetzen. Alternativ können die Geschlechter auf verschiedene Blüten aufgetrennt sein. Die Geschlechtsbestimmung bei Blütenpflanzen kann auf verschiedenen Mechanismen beruhen – Geschlechtschromosomen sind nur eine der Möglichkeiten.

Während bei niederen Pflanzen noch Spermatozoiden (entsprechend den Spermatozooen der Tiere) in einem Wassertropfen an die Eizelle heranschwimmen müssen, brauchen dies die Angiospermen nicht mehr. Hier wächst ein Pollenschlauch aus und dringt so durch das Gewebe der weiblichen Anlagen zur Eizelle vor, damit ihre Kerne verschmelzen können. Weibliche und männliche Geschlechtszellen bzw. deren Kerne sind haploid, durch die Befruchtung entsteht ein diploider „Embryo“ und daraus durch fortgesetzte mitotische Teilungen die fertige diploide Pflanze.

▸ Blütenpflanzen bilden ihre Teilungsspindel von entgegengesetzten Polkappen aus. Die Zellen von Angiospermen besitzen kein Centriol. Ähnliches gilt nur für einen Teil der Gymnospermen (z. B. Nadelhölzer = Coniferen), wogegen andere Gymnospermen (Cycaspalmen = Palmfarne, Gingkobäume) schwimmfähige Spermatozoiden mit einem Kranz aus Geißeln und dementsprechend auch Basalkörper aufweisen. Da **Basalkörper** Äquivalente von Centriolen darstellen, bilden solche Zellen auch ihre Kernteilungsspindel von zwei einander entgegen liegenden Centriolen aus. Bei den Blütenpflanzen hingegen bildet sich die Teilungsspindel von zwei diffusen **Polkappen** aus, die γ-Tubulin enthalten und als **MTOCs** (S. 330) dienen. Solche MTOCs liegen auch an der Peripherie der Zelle, von wo aus cytoplasmatische Mikrotubuli organisiert werden.

▸ Bei der Zellteilung entsteht die neue Wand aus dem Phragmoplasten. Auch die **Cytokinese** zeigt bei den höheren Pflanzen Besonderheiten. Die Ebene der Zellteilung wird schon vor der Prophase, also vor Beginn der Mitose, durch einen Gürtel von Mikrotubuli, der um die Mutterzelle peripher herumläuft, festgelegt. Dieser Gürtel sind die einzigen kortikalen Mikrotubuli, die von den zahlreichen ursprünglich in der Teilungsspindel vorhandenen Mikrotubuli während der Teilung übrig bleiben. (In nichtteilungsaktiven Pflanzenzellen sind nämlich überall zahlreiche Mikrotubuli parallel zur Zellwand angeordnet.) Wird dieses Präprophase-Band experimentell verschoben, so führt dies nachfolgend auch zu einer Umorientierung der Teilungsebene. Die Teilungsspindel besteht bei Pflanzen aus Kinetochor- und Polmikrotubuli. Ansonsten sei für den Verlauf der Kernteilung auf Kap. 22 (S. 434) verwiesen.

Bei Abschluss der Kernteilung tritt bei Pflanzen eine weitere auffällige Sonderbildung auf, die bereits im Lichtmikroskop erkennbar ist, der **Phragmoplast** (▸ Abb. 22.10). Dieser besteht (i) aus kurzen, parallel und senkrecht zur Teilungsebene angeordneten Mikrotubuli, welche noch aus der Teilungsspindel übrig geblieben sind, (ii) aus angelagerten Golgi-Feldern, von denen (iii) zahlreiche Vesikel abgehen, die miteinander fusionieren und dabei (iv) aus ihrem Inhalt die neue Zellwand und (v) die beiden neuen Zellmembranen ausbilden. Diese neue Zellwand, welche zunächst sehr fein ist und noch nicht die übliche Dicke einer Zellwand aufweist, wurde ebenfalls mit einem eigenen Namen belegt: die **Zellplatte**. (Bei niederen Pflanzen, wie Algen, wächst die neue Zellwand dagegen wie eine Irisblende vom Rand her nach innen vor.) Einen Teilungsring mit Aktomyosin, welcher durch Kontraktion die „Töchter" tierischer Zellen trennt, gibt es bei Pflanzen nicht.

▸ Samen brauchen Nährgewebe als Starthilfe. Pflanzengewebe – das sind auch **Samen**. Da Zoologen und Botaniker darunter etwas Verschiedenes verstehen, sei zunächst einer Begriffsverwirrung vorgebeugt. Die Zoologen verstehen darunter die haploiden männlichen Keimzellen (**Spermatozoen = Spermien = Samenzellen**), die mit ihrer Geißel an die ebenfalls haploide Eizelle heranschwimmen und diese durch Verschmelzung zu einer diploiden Zygote befruchten. In der Botanik versteht man unter „Samen" eine befruchtete Eizelle mit Nährgewebe und Hüllgeweben verschiedener Art, die häufig zu mehreren zu einem komplexen Fruchtgebilde zusammengefügt werden. Die Nährgewebe, die dem pflanzlichen Embryo im Samen als Starthilfe beim Auskeimen mitgegeben werden, können weniger (Orchideen) oder mehr, und dabei unterschiedliche Reservestoffe enthalten. So können sie in ihren Zellen Fetttropfen (lipid bodies, z. B. in Rapssamen) oder Vesikel mit Proteinvorräten enthalten (protein bodies). Letzteres ist besonders ausgeprägt bei Samen der Leguminosen (Erbsen, Bohnen), deren zwei Hälften eigentlich embryonale Blätter darstellen und als Keimblätter bzw. Kotyledonen bezeichnet werden. Sie enthalten vielfach auch Lektine (S. 254), von denen einige Fanatiker der Rohkostwelle ihre Giftigkeit im Rohzustand und demnach ihre Funktion als Fraßschutz ungewollt wiederentdeckt haben. Protein-Speichervesikel entstehen entweder auf dem klassischen Weg über raues ER und Golgi-Apparat oder aber aus dem rauen ER ohne nachweisbare Golgi-Passage.

▸ **Stammzellen liefern den Nachschub für verholzende und absterbende Zellen.** Es bürgert sich zunehmend ein, auch bei Pflanzenzellen von „Stammzellen" zu sprechen. So bewahren sich auch pflanzliche Organismen undifferenzierte Zellen mit der Fähigkeit großer Teilungsaktivität und nachfolgender Differenzierung. Solche Zellen bilden z. B. das **Kambium**, aus dem zwei eng aneinander liegende „Ferntransport"-Systeme gebildet werden. Das Kambium liegt bei holzigen Gewächsen zwischen dem Holzgewebe und dem Bast der Rinde, bei krautigen Pflanzen zwischen dem **Xylem** und dem **Phloem** eines Leitbündels. Die dem Transport von Wasser und gelösten Nährsalzen aus der Wurzel nach oben dienenden Elemente sind im Holz/Xylem-Gewebe gebündelt, die der Weiterleitung von organischen Syntheseprodukten aus den Blättern dienenden Elemente im Bast/Phloem vereinigt. Im Holzteil verschmelzen absterbende Zellen ihrer Länge nach zu langen, mit dick verholzter Wand bestückten Leitungen (**Tracheen**), die einen effizienten Ferntransport von Wasser und Mineralsalzen aus den Wurzeln erlauben. Kapillare Kohäsion und aktiver Transport im Wurzelbereich treiben diese Nährstoffe mit dem Wasserstrom nach oben, wo zusätzlicher Sog durch die Transpiration von Wasser entsteht. Im Rahmen der Differenzierung von Kambiumzellen entsteht bei Bäumen nach außen hin der Bast und die Borke. Die Zellen des Bastes leben, bis seine Zellen mit fortschreitender Teilungsaktivität zur Oberfläche hin abgeschoben und verkorkt werden und als Borke absterben. Damit besteht eine frappierende

Ähnlichkeit mit unserer Haut, deren Zellen vom Stratum germinativum (das bedeutet eigentlich Keimschicht) bis zum toten Stratum corneum (= Hornschicht) weiter geschoben werden, von wo sie abschuppen. Weitere undifferenzierte Gewebe mit hoher Teilungs- und Differenzierungsfähigkeit, die man als **Meristeme** bezeichnet, sind an verschiedenen Stellen der Pflanze positioniert.

▸ **Wachstum.** Wachstum bedeutet bei Pflanzen zweierlei: Streckungswachstum (Streckung durch Wasseraufnahme in einem sekundär-aktiven Prozess) und Teilungswachstum. Es beginnt mit dem Keimen eines Samens. Sie können im Extremfall über Jahrzehnte ruhen. (Keimende Getreidekörner aus Pharaonengräbern sind jedoch wahrscheinlich ein Märchen.) Erst durch Aufnahme von Wasser werden Pflanzensamen aktiviert, gefolgt von der Aufnahme von Nährsalzen, weiterer Aufnahme von Wasser etc. All dies erfolgt über die Wurzelhärchen – lateral gedehnte Epithelzellen mit einem enormen Streckungsvermögen von 10 % pro Minute! Wie beim raschen Auswachsen des Pollenschlauches sind auch hier zahlreiche kleine, aus dem Golgi-Apparat abgeschnürte Sekretvesikel im Spiel. Sie dienen nicht nur der Vergrößerung der Zellmembran, sondern auch der Sekretion von Schleimstoffen für das leichtere Hineingleiten in das Erdreich.

▸ **Ionenbalance.** Die Pflanzenzelle braucht bestimmte Ionen, genau so wie die tierische Zelle, um ihr „**inneres Milieu**“ einzustellen. Dies betrifft die Herstellung des **Ruhepotenzials**, des richtigen **osmotischen Drucks**, sowie ganz allgemein die richtige **Ionenbalance**; spezifische Ionen werden für spezifische Zellfunktionen gebraucht, z. B. Ca^{2+} als *second messenger*, Mg^{2+} als Bestandteil von Chlorophyll etc. Sulfat (SO_4^{2-}), Nitrat (NO_3^-) und Phosphat (PO_4^{3-}) müssen als Nährsalze aufgenommen werden, damit die Pflanze Aminosäuren bzw. Proteine und Nukleotide etc. synthetisieren kann. In einzelnen Fällen kann es für die Zelle wichtig sein, „zu viel des Guten“ wieder loszuwerden. So vermeiden manche Pflanzen im Cytosol einen Überschuss an Ca^{2+}, das ja vermittels geringfügiger Konzentrationsänderungen als *second messenger* dienen soll, indem sie es als unlösliches Calciumoxalat in **Kristallvakuolen** abspeichern.

24.5 Unerwartete Fähigkeiten der Pflanzenzelle

Wer hätte sich von einer Pflanzenzelle eine derartige Vielfalt von Fähigkeiten erwartet?

- Die Fähigkeit pflanzlicher Ribosomen zur Übersetzung von beliebiger mRNA aus menschlichen Zellen,
- Aktomyosin als kontraktiles Protein, welches ausgeprägte intrazelluläre Bewegungsprozesse (Plasmaströmung) erlaubt,

- Entwicklung eines Aktionspotenzials,
- Durchführung von Exo- und Endocytoseprozessen,
- Prozesse der Zellstreckung, bei Pollenschläuchen und Wurzelhärchen, nach Prinzipien, die denen der amöboiden Bewegung tierischer Zellen nicht unähnlich sind: massive Exocytose von unscheinbaren sekretorischen Vesikeln, Ca^{2+}-Signale und Ansammlung von Aktin und Mikrotubuli an der Spitze,
- Substanztransport über so weite Strecken, von der Wurzel bis zu den Blättern, wie dies auch bei sehr hohen Bäumen zur Ernährung erforderlich ist, des Weiteren die Fähigkeit,
- über lange Strecken hinweg durch Hormone Wachstum und Differenzierung zu steuern, und zwar
- unter Beteiligung von Hormonrezeptoren und einer Signaltransduktion, mit Einbindung von GTP-Bindeproteinen und vermutlich $InsP_3$- sowie Ca^{2+}-vermittelten Signalen,
- in der Energiekonservierung bei der Photosynthese über eine lange Entwicklungszeit alle technischen Erfindungen buchstäblich in den Schatten zu stellen, was die Effizienz betrifft,
- eine interzelluläre Kommunikation durchzuführen (Plasmodesmen als Analoga zu *gap junctions*),
- Zelladhäsionsproteine, wie Cadherine und vermutlich Integrine, auszubilden (deren Rolle allerdings noch spezifiziert werden muss), und schließlich
- mit dem Inhalt ihrer „Abfalltonnen" (Vakuolen) Fressfeinde abzuwehren, denen man zunächst ein höheres Organisationsniveau zuschreiben würde.
- Die Pflanzenzelle enthält sogar völlig unvermutete Gene – um ein Beispiel zu nennen: das Gen für Retinoblastom, das wir in Kap. 23 (S. 466) als Tumor-Suppressor-Gen kennengelernt haben. Ein weiteres Beispiel ist das Ca^{2+}-Bindeprotein **Calmodulin**, das bei Tieren u. a. die neuronale Aktivität steuert, aber auch für die Pflanzenzelle wichtig ist.

▶ **Pflanzen haben manches vergessen, dafür vieles dazugelernt.** Die ▶ Tab. 24.1 fasst zusammen, was Pflanzenzellen im Laufe der Evolution „vergessen" und was sie neu „dazu gelernt" haben. Ohne Zweifel hat die Selektion auch hier für eine Optimierung der für den Funktionsablauf notwendigen Komponenten gesorgt und überflüssiges Material eliminiert. Dazu mögen auf der Minusseite eine Vielzahl von Intermediärfilamenten, auf der Plusseite die Fähigkeit zur Synthese von Zellulose gezählt werden. Für manche Probleme wurden alternative Lösungen entwickelt, so die **Plasmodesmen** an Stelle der *gap junctions* und die Polymerisation von Zucker zu **Stärke** anstatt zu Glykogen wie bei Tieren. In beiden Fällen ist der „Trick" derselbe, nämlich die Speicherung großer Stoffmengen für die Energieversorgung unter Wahrung eines problemlosen osmotischen Druckes.

Tab. 24.1 Komponenten von Zellen und Geweben der Pflanzen*) im Vergleich zu Tieren

Komponente	Tiere	Pflanzen
Zellkern mit allen Komponenten inkl. Nukleolus, Chromosomen etc.	+	+
Kernteilungsspindel	+	+
– Centriol	+	– „Polkappen“ als MTOCs für Spindelbildung
– Pol- u. Kinetochor-Mikrotubuli	+	+
Cytosol mit Glykolyse	+	+
Raues ER	+	+
– „Core“-Glykosylierung	+	+
– Ca^{2+}-Speicherung	+	+
Glattes ER	+	+
„Shuttle“-Vesikel	+	+
Golgi-Apparat	+	+ Synthese von Komponenten der Zellwand (analog zur Synthese von Komponenten der extrazellulären Matrix bei Tieren)
Lysosomen	+	+
– „tertiäre“ Lysosomen	+	+ als große Vakuole für Speicherung von Wasser und Ablage von Salzkristallen (zumeist ohne weitere Nutzung) und Endprodukten des „sekundären Pflanzenstoffwechsels“ (wie Coffein, Opiate etc., z. T. zum Schutz gegen Fressfeinde) sowie bestimmte Farbstoffe (z. B. Anthocyan); Einspeisung von autophagen Komponenten möglich (Abbau)
Sekretvesikel		
– konstitutive	+	+ zur Erneuerung von Komponenten der Zellmembran und der Zellwand
– stimulierte	+	?
Endocytose inkl. *coated vesicles*	+	+ zur Erneuerung von Komponenten der Zellmembran; experimentell nachweisbar an „Protoplasten“, d. h. nach Abbau der Zellwand
Peroxisomen		
– „normale“ Formen	+	+ Photorespiration (Aufnahme von Glykolat zur weiteren Verstoffwechselung im Anschluss an die Prozesse in den benachbarten Mitochondrien)
– Sonderformen	–	+ Glyoxisomen als eine für Pflanzen typische Form zur Mobilisierung von Lipiden in Speichergewebe (Keimblätter, mit „Glyoxylatzyklus“)

Tab. 24.1 Fortsetzung

Komponente	Tiere	Pflanzen
Ca^{2+}-Speicher mit Ca^{2+}-Pumpe, Ca^{2+}-Bindeproteinen u. Kanälen	+	+
Mitochondrien	+	+
Cytoskelett		
– Mikrotubuli	+	+
– Motorproteine		
– Dynein	+	+
– Kinesin	+	+
– Mikrofilamente (Aktomyosin)	+	+ oft kortikal angeordnet, für Plasmaströmung
– Intermediärfilamente		
– Lamine (Zellkern)	+	+
– cytoplasmatische (Keratin etc.)	+	– bisher nicht nachgewiesen
Mikrotubuli-Derivate		
– Basalkörper	+	–
– Cilien	+	–
– Flagellen	+	–
– Centriol	+	–
Centrin	+	+
Lipidtropfen	+	+
Glykogen	+	–
Chloroplasten u. Derivate	–	+
Zellmembran	+	+
– Ionenpumpen, z. B. Na^+/K^+-ATPase etc.	+	+
– Carrier u. Ionenkanäle	+	+
– Integrine	+	+/– (Vorkommen noch unsicher)
– Cadherine	+	+ nachgewiesen in Genomanalysen; dienen wahrscheinlich für Zell-Zell-Kontake vor Ausbildung einer Zellwand
– *tight junctions*	+	– jedoch gibt es in Wurzeln spezielle Bildungen (Caspary'scher Ring), die der Abdichtung gegen benachbarte Zellen dienen (vgl. Text)

Tab. 24.1 Fortsetzung

Komponente	Tiere	Pflanzen
– Adhäsionsgürtel (Gürteldesmosomen)	+	–
– (Punkt-)Desmosomen	+	–
– Hemidesmosomen	+	–
– Fokalkontakte	+	–
– *gap junctions*	+	– jedoch übernehmen Plasmodesmen eine vergleichbare Funktion („interzelluläre Kommunikation" zwischen Nachbarzellen). Über Plasmodesmen können sich aber auch pflanzliche Viren von Zelle zu Zelle verbreiten
Extrazelluläre Matrix	+	– eine z. T. analoge Funktion hat die Zellwand
– Glykosaminoglykane, Hyaluronsäure, Kollagen u. a. Faserproteine	+	–
Zellwand	–	+ mit viel Zellulose (Glukosepolymer), geringem Proteinanteil, evtl. Lignin (Holz) etc.
Chloroplasten, mit Sonderformen (Amylo- u. Leukoplasten)	–	+
– Stärke	–	+ als Speicherform der Glukose (vgl. Glykogen im Cytosol tierischer Zellen)
Zellteilung		
– Teilungsring mit Aktomyosin (Einschnürung)	+	–
– Abtrennung durch Vesikelverschmelzung	–	+ Phragmoplastbildung

▸ **Blütenpflanzen haben nicht weniger Gene als wir Menschen.** Wie viel an Genen in Blütenpflanzen vorhanden ist, hat das *Arabidopsis*-Genomprojekt offenbart. Es hat viele Forscher erschreckt, indem es eine nur geringfügig geringere Anzahl an Genen als das Humane Genomprojekt erbracht hat. Eine zukünftige Analyse könnte zeigen, dass manche Gene im Laufe der Evolution der höheren Pflanzenzelle nur nicht mehr exprimiert werden oder aber umfunktioniert worden sind. So können etwa manche Leguminosen **Leg-Hämoglobin** synthetisieren – Moleküle, die dem roten Blutfarbstoff unserer Erythrocyten ähnlich sind. Umgekehrt wurde wiederholt festgestellt, dass Seescheiden (Ascidien, die als Chorda-Tiere zum Verwandtschaftskreis der Wirbeltiere, Vertebrata, zählen) **Zellulose** zu synthetisieren vermögen. Da Pflanzen, einmal angekeimt, nicht mehr ihren Standort wechseln können, ist die Bewältigung von osmotischem Stress besonders wichtig. Die Ca^{2+}/**Calmodulin**-aktivierte Protein Phosphatase 2B (**Calcineurin**), von der die Blütenpflanzen jedoch nur das Gen für eine der zwei Untereinheiten behalten haben, dient der Steuerung von Ionenkanälen zur Stressbewältigung.

▸ **Autotrophie schafft Unabhängigkeit auch ohne Bewegung.** Der auffallendste Unterschied zwischen pflanzlichen und tierischen Organismen besteht in der Fähigkeit zur **Autotrophie** der einen, und dem Vorkommen eines neuronalen Systems und der Fähigkeit zu weitreichenden Bewegungen der anderen. Dabei darf jedoch nicht übersehen werden, dass Pflanzenzellen im Prinzip ebenfalls jene Elemente enthalten, die der Neurotransmission und der Muskelkontraktion zu Grunde liegen, nämlich einerseits Sekretvesikel, SNAPs, SNAREs, GTPasen (vgl. Kap. 12.3) (S. 269), Mikrotubuli als Transportschienen und Motorproteine und andererseits Aktin und Myosin, sowie Ca^{2+}-Speicher und Signaltransduktion.

▸ **Sex – einmal anders.** Centriole bzw. Basalkörper von Cilien und Flagellen wurden für die Pflanzenzelle in der Kreidezeit vor über 150 Millionen Jahren überflüssig, indem die Befruchtung über einen auswachsenden Pollenschlauch, also unabhängig von einem Wassertropfen für anschwimmende Spermatozoiden umgestaltet wurde. Fast zeitgleich mit der Entwicklung geschlossener Samenanlagen und Befruchtung über den Pollenschlauch bei Pflanzen verlegten die Tiere, mit der Entwicklung der Säugetiere, die Keimesentwicklung nach innen. Je geringer die Abhängigkeit von den variablen Umweltbedingungen ist, umso besser lässt es sich eben überleben. Dieses gilt für die Angehörigen beider Organismenreiche.

24.6 Tierische und pflanzliche Zelle im Rückblick – ein Vergleich

Trotz prinzipiell gleichen Aufbaus, zeigen beide Arten von Eukaryotenzellen doch wesentliche Unterschiede. Dies betrifft insbesondere ihre Energetik. Nur die Pflanzenzelle besitzt **Chloroplasten** (S. 393) und damit die Fähigkeit zur Ausnutzung des Sonnenlichtes (**Primärproduktion**). In den Chloroplasten kann Glukose in Form von Stärkekörnern gespeichert werden. Tierische Zellen dagegen entnehmen Glukose und andere Nahrungsstoffe anderen Organismen. Sie speichern Glukose im Cytosol in Form von Glykogen.

▸ **Manche Algen können auch wie Tiere leben.** Bei manchen Algenzellen (*Euglena*) können die Chloroplasten durch Antibiotikabehandlung eliminiert werden (▸ Abb. 24.9). Sie verlieren damit ihre Autotrophie, können aber heterotroph durch Zusatz organischer Nährstoffe ernährt werden. Diese speziellen Algenzellen sind damit in der Lage, sowohl tierische als auch pflanzliche Form anzunehmen.

Mitochondrien und andere Organellen sind pflanzlichen und tierischen Zellen gemeinsam. Prinzipiell gilt dies auch für die Lysosomen, denn diesen entspricht bei Pflanzen die Vakuole (S. 307).

▸ Eine starre Zellwand verhindert komplexe Zell-Zell-Verbindungen. Wesentliche Unterschiede ergeben sich aus der relativ starren **Zellwand** pflanzlicher Gewebe. Sie unterbindet praktisch jede Exocytose außer der konstitutiven Exocytose zur Biogenese der Zellmembran und von Komponenten der Zellwand. Die Zellwand unterbindet scheinbar auch die ausgeprägten Endocytoseprozesse, die man bei tierischen Zellen häufig beobachtet. Entfernt man aber durch enzymatische Verdauung (Cellulasen) die Zellwand, so kann man an pflanzlichen Protoplasten Endocytoseprozesse mit Markern sichtbar machen.

Dagegen verhindert eine Zellwand unterschiedlicher Dicke (▸ Abb. 20.1 und ▸ Abb. 24.7) definitiv die Ausbildung derart komplexer **Zell-Zell-Verbindungen**, wie wir sie für tierische Gewebe in Kap. 21 (S. 409) kennen gelernt haben. Dies gilt nicht nur für die Vielfalt spezifischer Zell-Erkennungsmoleküle, sondern auch für ultrastrukturell sichtbare Details des Verbindungskomplexes (*junctional complex*). Einen solchen besitzen Pflanzengewebe nicht. Auch *gap junctions* fehlen ihnen. An ihrer Stelle hat die Pflanze Plasmodesmen ausgebildet, deren Struktur jedoch völlig anders geartet ist. Die wesentlichen Unterschiede zwischen tierischen und pflanzlichen Zellen und Geweben sind in ▸ Tab. 24.1 und ▸ Abb. 24.10 zusammengefasst.

▸ Zellen der Blütenpflanzen haben weder Mikrovilli noch Cilien oder Flagellen. Der Pflanzenzelle fehlen auch Mikrovilli und fast ausnahmslos auch Cilien und Flagellen. Lediglich männliche Geschlechtszellen, von den Algen bis zu einigen nacktsamigen Samenpflanzen (Gymnospermen, im Gegensatz zu den „bedecktsamigen" Blütenpflanzen, Angiospermen) können sich sehr wohl mittels mehr oder weniger langer Flagellen fortbewegen. Bei der pflanzlichen Befruchtung kommen ebenfalls Zell-Zell-Erkennungsmoleküle zum Zug. Den Angiospermen und einem Teil der Gymnospermen, wie den Nadelhölzern (Koniferen), fehlt jedoch die Fähigkeit zur Flagellenbildung, weil sie weder Basalkörper noch Centriolen besitzen. Dementsprechend wird bei diesen Pflanzen ein Pollenschlauch ausgebildet, welcher der haploiden Eizelle mit dem sie befruchtenden haploiden Kern entgegen wächst.

▸ Pflanzliche Zellen sind nicht so spezialisiert wie tierische Zellen. Pflanzliche Zellen erreichen auch nie den Grad an Spezialisierung, den tierische Zellen

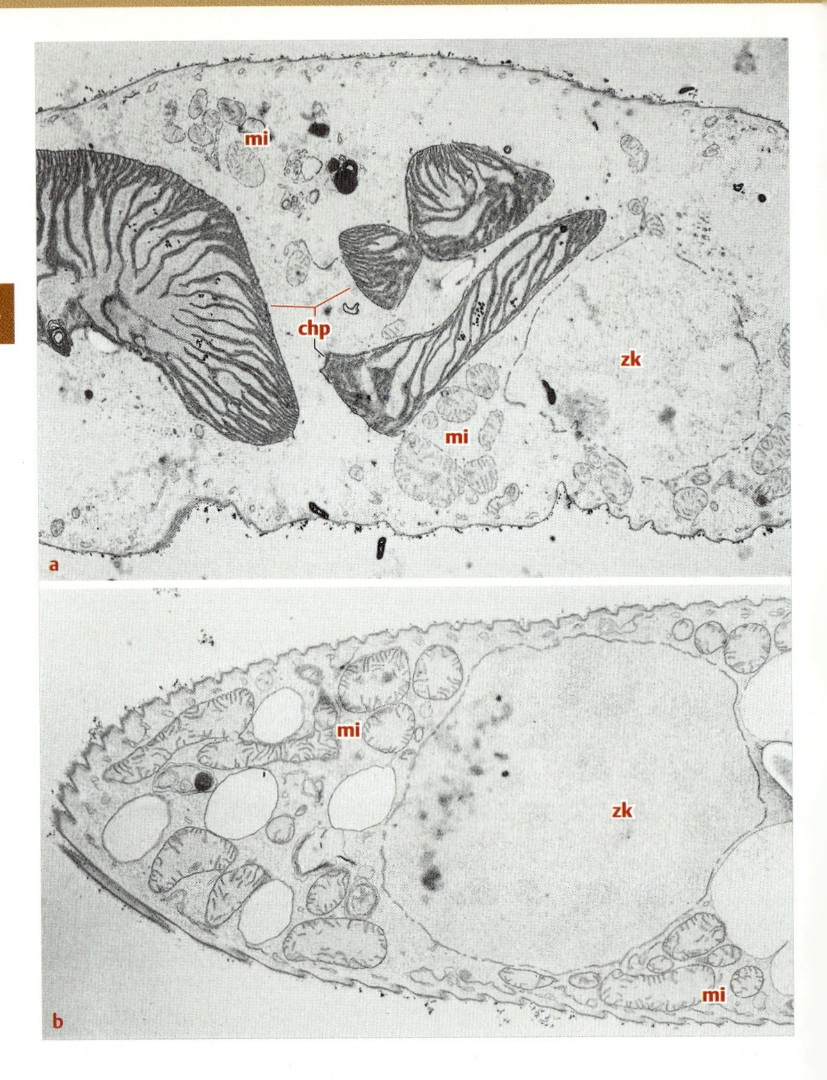

erreichen und die Zahl an Zelltypen ist wesentlich geringer. Denken wir nur an das neuronale System für Wahrnehmung und Weiterleitung von Reizimpulsen und deren Umsetzung in Muskelzellen. Wenn die sprichwörtliche Mimose ihre Fiederblättchen zusammenzieht, so beruht dies auf einem ganz anderen Mechanismus (plötzlicher Turgorabfall). Dabei besitzt die Pflanzenzelle sogar ein

◂ **Abb. 24.9 Die Algen-Zelle *Euglena*, einmal als pflanzliche (a) und einmal als tierische Zelle (b) gezüchtet. a** *Euglena* besitzt normalerweise Chloroplasten (**chp**), mit denen sie als Pflanze, also photoautotroph ohne Zufuhr organischer Nahrung gedeiht. Daneben besitzt sie wie jede Pflanzenzelle auch Mitochondrien (**mi**), allerdings nur wenige kleine. **b** Durch Antibiotikabehandlung wurden die Chloroplasten eliminiert und *Euglena* in eine tierische Zelle verwandelt. Als heterotropher Organismus ist sie nunmehr auf die Zufuhr organischer Nahrung angewiesen, für deren energetische Verwertung sie als Kompensation zahlreichere und größere Mitochondrien besitzt.
Der Vergleich der „zwei Gesichter der *Euglena*“ belegt, daß eine pflanzliche Zelle, zusätzlich zu ihren Chloroplasten, auch über die „Grundausstattung“ der tierischen Zelle verfügt. **zk** = Zellkern. Vgr. 6900-fach. (Aufnahmen: H. Plattner)

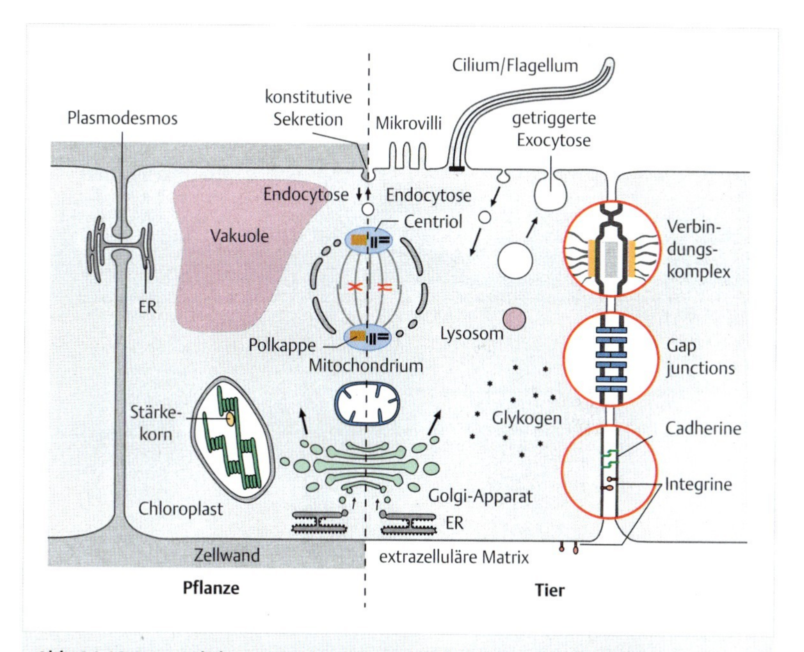

Abb. 24.10 Wesentliche Unterschiede zwischen höheren pflanzlichen und tierischen Zellen. Für Erläuterungen s. Text. In der Mitte sind beiden Zellarten gemeinsame Strukturen gezeichnet, wie der Zellkern mit Teilungsspindel und Chromosomen, Endoplasmatisches Retikulum, konstitutive Sekretvesikel und Mitochondrien.

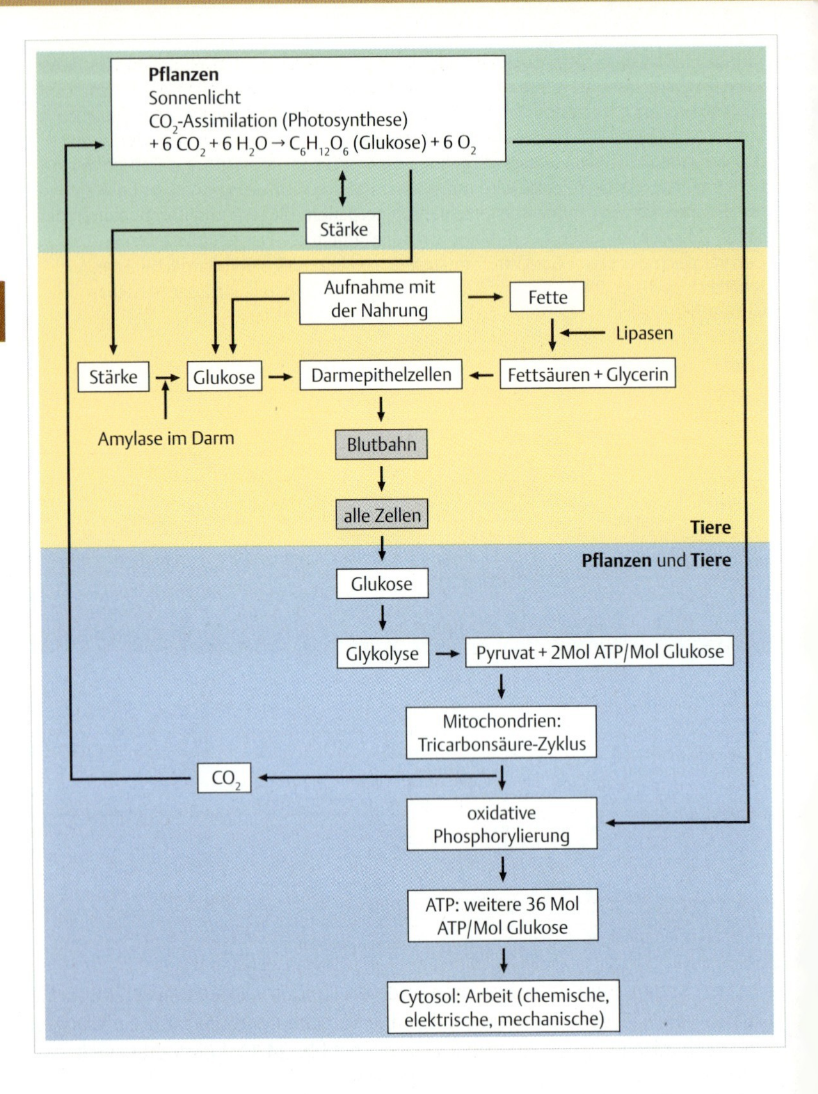

Aktomyosinsystem wie tierische Zellen, insbesondere Muskelzellen. Sie kann es aber nur für intrazelluläre Bewegungen, z. B. für eine Protoplasmaströmung einsetzen. Nachdem man zahlreiche Ionenkanäle, Pumpen und andere Transportproteine an tierischen Zellen einer ausführlichen elektrophysiologischen und molekularen Charakterisierung zugeführt hatte, werden nun in zuneh-

◂ **Abb. 24.11 Zusammenhänge zwischen dem Energiestoffwechsel der grünen Pflanzen und der Tiere.** Aminosäuren und Nukleotide etc. sind hier außer Acht gelassen. Den grün unterlegten Teil des Stoffwechsels gibt es nur bei Pflanzen, den blau unterlegten Teil bei Tieren und Pflanzen, der gelb unterlegte Teil dient der Aufnahme pflanzlicher Produkte in den Tierkörper. Jede tierische Zelle lebt letztendlich von der Syntheseleistung der grünen Pflanzenzelle. Glukose wird mit der Nahrung im Darm aufgenommen. Stärke und Fette werden vor der Aufnahme enzymatisch gespalten. Glukose und Komponenten der Fette gelangen nur über die „strenge Kontrolle" durch die Darmepithelzellen in die Blutbahn, über welche sie an alle Körperzellen gelangen. Der Abbau der Glukose findet zunächst über die Glykolyse im Cytosol statt. Pyruvat und Fettsäuren werden in den Tricarbonsäure-Zyklus eingespeist und die oxidative Phosphorylierung in den Mitochondrien ermöglicht im Endeffekt die Umsetzung in die Energie-Speicherform des ATP. ATP verlässt das Mitochondrium und kann überall in der tierischen und pflanzlichen Zelle als Energielieferant jede Art von Arbeit „finanzieren". Fazit: Nur Pflanzenzellen sind zur Primärproduktion befähigt, d. h. die primäre Energie des Sonnenlichts zu binden (grün unterlegt). Beide, tierische und pflanzliche Zellen, können über Glykolyse und mitochondrialen Stoffwechsel ATP gewinnen (blau unterlegt).

mendem Maße auch an pflanzlichen Zellen ähnliche molekulare Komponenten nachgewiesen.

▸ **Ohne grüne Pflanzen gibt es kein tierisches Leben.** Wie in Kap. 20 (S. 393) beschrieben wurde, vermag nur die grüne Pflanzenzelle die Energie des Sonnenlichtes in Form chemischer Energie zu binden. In den Chloroplasten erfolgt die Speicherung in Form von Stärkekörnern. Aus der Pflanzenzelle kann Saccharose an die restliche Pflanze abgegeben werden. Davon lebt nicht nur die autotrophe Pflanze selbst, sondern auch der Rest der Eukaryotenwelt. In ▸ Abb. 24.11 werden diese Zusammenhänge zusammengefasst. So nehmen wir als heterotrophe Organismen mit pflanzlicher Nahrung Fette, Proteine (nicht eingezeichnet) und Stärke bzw. Glukose auf. Im Verdauungstrakt werden die Fette durch Lipase und Stärke durch Amylase gespalten. Erst die molekularen Komponenten werden von den Epithelzellen des Darmes aufgenommen, dann über die Blutbahn im Körper verteilt und von unseren Körperzellen verwertet. Aus dem Abbau von Kohlenhydraten und von Lipiden kann chemische Energie in Form von ATP gebildet werden, um alle verschiedenen Syntheseleistungen und mechanische Arbeit zu „finanzieren". ▸ Abb. 24.11 beinhaltet auch den Kreislauf von O_2 und CO_2; vgl. Kap. 4.1 (S. 61).

▸ **Nicht-grüne Pflanzen.** Manche Pflanzen haben das Chlorophyll ihrer Chloroplasten verloren. Daher sind sie, wie wir selbst, auf die Zufuhr von organischer Nahrung angewiesen, die von Pflanzen (oder Bakterien) synthetisiert wurde. Solche heterotrophe Pflanzen sind farblose Schmarotzer (wie *Oroban-*

che = Sommerwurz) oder Fäulnisbewohner (Saprophyten). In ▸ Abb. 24.9 wurde gezeigt, dass dieser Übergang von Autotrophie in Heterotrophie auch experimentell nachvollzogen werden kann. Dies ist nur möglich, weil die Pflanzenzelle, zusätzlich zu den Chloroplasten, auch über das „Standardrepertoire“ der tierischen Zelle verfügt, also Glykolyse im Cytosol und oxidativen Stoffwechsel in den Mitochondrien vollbringen kann.

▸ Literatur zum Weiterlesen

siehe www.thieme.de/go/literatur-zellbiologie.html

25 Viren – Komplexe aus Nukleinsäuren und Proteinen

Zusammenfassung

Viren sind nicht lebendig, sie sind lediglich komplexe Aggregate von Makromolekülen: Sie enthalten Nukleinsäuren als Informationsspeicher (analog zum Genom der Zellen), Proteine sowie eine Hülle aus Protein (**Capsid**) oder aus einer Lipidmembran mit eingelagerten Proteinen. Das virale Genom kann aus ein- oder doppelsträngiger DNA oder RNA bestehen. In manchen Fällen wird es in das Genom der Wirtszelle integriert, wo es lange Zeit latent-unauffällig vorhanden sein kann, bis es gegebenenfalls aktiviert wird. Dies betrifft **Retroviren** (z. B. HI-Viren, HIV, umgangssprachlich „HIV-Viren"), deren RNA-Genom durch eine virale **Reverse Transkriptase** in DNA umgeschrieben wird. Viren haben keinen eigenen Stoffwechsel und sind darauf angewiesen, während ihres Entwicklungszyklus, d. h. für ihre Vermehrung, wenigstens zeitweise in echten Zellen zu parasitieren, nämlich in Bakterien (**Bakteriophagen**), Pflanzenzellen oder tierischen Zellen. Sie können harmlos-irrelevant bis hochgradig pathogen (HI-Virus) oder krebserregend sein (**onkogene Viren**).

Das Interesse der Zellbiologen an Viren ist vielfältig. Zum einen parasitieren sie in Zellen, vom Bakterium bis zum Menschen, und können dabei pathogene bis letale Effekte ausüben. Damit haben sie zum anderen aber auch die Möglichkeit eröffnet, verschiedene zelluläre Funktionen und deren Entgleisung, z. B. bei der Ausbildung von Krebszellen, aufzuklären. Darüber hinaus verwendet man Abschnitte viraler Genome als **Vektoren** für den Einbau und die Weiterverwendung von Genen echter Zellen. Vergleiche dazu Kap. 8.3 (S. 191). Dieses geschieht nicht nur in der molekularbiologischen Grundlagenforschung, sondern auch in der pharmazeutischen Industrie und bei der sich entwickelnden somatischen Gentherapie (wogegen Eingriffe in die Keimbahn gesetzlich verboten bleiben).

25.1 Verschiedene Arten von Viren

▶ Tab. 25.1 präsentiert verschiedene Beispiele von Viren.

Tab. 25.1 Übersicht über einige wichtige Viren

Name des Virus	virales Genom	Hülle	Wirtszellen	Effekte
Bakteriophagen	1-/2-str. DNA	Capsid	Bakterien	Lyse
Tabakmosaikvirus	1-str. RNA	Capsid	Pflanzen	Schädigung
Influenza	1-str. RNA	Membran	human	Grippe
Rhinovirus	1-str. RNA	Capsid	human	Schnupfen
Rabies	1-str. RNA	Membran	human	Tollwut/letal
Poliomyelitis	1-str-RNA	Capsid	human	Kinderlähmung
HI-Virus	1-str. RNA	Membran	human	Immunschwäche AIDS, evtl. letal
SARS-Viren	1-str. RNA	Membran	Geflügel, neu: human	SARS (vgl. Text), oft letal
Hepatitis B	2-str. DNA	Membran	human	Serum-Hepatitis, evtl. Leberkarzinom
Adenovirus	2-str. DNA	Capsid	human	pathogen
Pocken	2-str. DNA	Membran	human	ausgerottet
Herpes	2-str. DNA	Membran	human	pathogen
Papillomavirus	2-str. DNA	Capsid	human	evtl. onkogen

▶ **Bakteriophagen.** Diese sind Viren, die Bakterien befallen. Sie besitzen als Genom zumeist eine 1- oder 2-strängige DNA, die von Proteinen abgedeckt ist. Nach ihrer Vermehrung in Bakterien führen sie deren Lyse herbei, wobei sie freigesetzt werden. Besonders die DNA von **λ–Phagen** (λ = Lambda) wird in der Molekularbiologie als Vektor für Fremd-DNA eingesetzt; vgl. Kap. 8.3 (S. 191).

▶ **Pflanzliche Viren.** Unter pflanzlichen Viren ist das **TMV** (Tabakmosaikvirus) am bekanntesten. Schon vor langer Zeit beobachtete man einen phytopathogenen Effekt, für den man kein Bakterium verantwortlich machen konnte. Aus Zentrifugationsstudien schloss man in den 30er-Jahren auf ein neuartiges, makromolekulares, infektiöses Agens, das dann auch als eines der ersten Objekte im Elektronenmikroskop abgebildet werden konnte. Das TMV enthält eine Spirale aus 1-strängiger RNA, die durch Proteine überlagert wird.

▶ **Viren, die uns Menschen gefährlich werden können.** ▶ Tab. 25.1 enthält des Weiteren humanspezifische Viren, aber für viele gibt es tierische Äquivalente. In der Tat ist der gelegentliche Übertritt von anderen Wirtsspezies auf

نحن أعضاء اللجنة العالمية للاشهاد الرسمى باستئصال الجدرى نشهد بأنه قد تم إستئصال الجدرى من العالم.

WE, THE MEMBERS OF THE GLOBAL COMMISSION FOR THE CERTIFICATION OF SMALLPOX ERADICATION, CERTIFY THAT SMALLPOX HAS BEEN ERADICATED FROM THE WORLD.

NOUS, MEMBRES DE LA COMMISSION MONDIALE POUR LA CERTIFICATION DE L'ÉRADICATION DE LA VARIOLE, CERTIFIONS QUE L'ÉRADICATION DE LA VARIOLE A ÉTÉ RÉALISÉE DANS LE MONDE ENTIER.

我们，全球扑灭天花证实委员会委员，证实扑灭天花已经在全世界实现。

МЫ, ЧЛЕНЫ ГЛОБАЛЬНОЙ КОМИССИИ ПО СЕРТИФИКАЦИИ ЛИКВИДАЦИИ ОСПЫ, НАСТОЯЩИМ ПОДТВЕРЖДАЕМ, ЧТО ОСПЫ В МИРЕ БОЛЬШЕ НЕТ.

NOSOTROS, MIEMBROS DE LA COMISION MUNDIAL PARA LA CERTIFICACION DE LA ERRADICACION DE LA VIRUELA, CERTIFICAMOS QUE LA VIRUELA HA SIDO ERRADICADA EN TODO EL MUNDO.

Genève, le 9 décembre 1979

Abb. 25.1 Dokument der WHO (*World Health Organization*) vom 9. Dezember 1979, in welchem die Ausrottung der Pocken offiziell deklariert wurde. Um das Auftreten eines allerletzten Falles sicherzustellen, wurde weltweit ein finanziell sehr attraktives Preisausschreiben veranstaltet. Und dieser allerletzte Fall (der übrigens überlebte) war ein Koch im Lande Somalia.

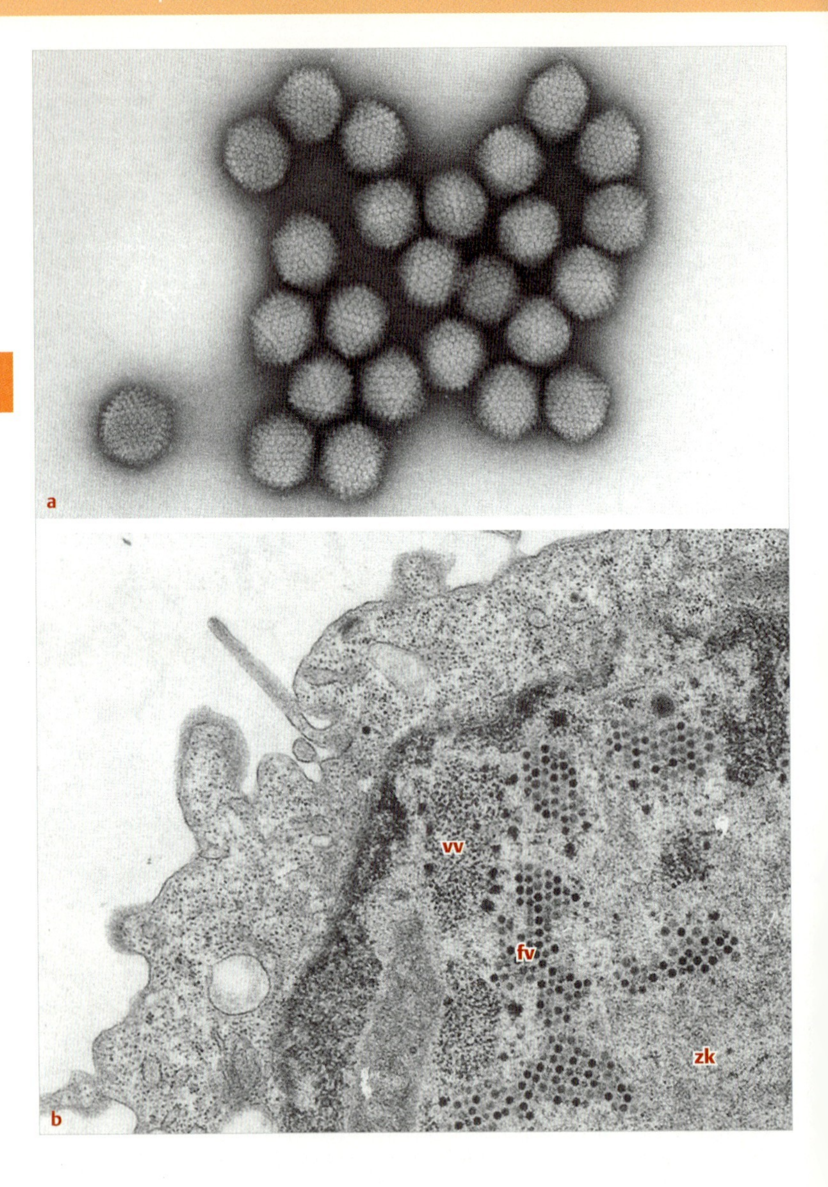
a
b
vv
fv
zk

◂ **Abb. 25.2 Elektronenmikroskopische Bilder von Adenoviren, a** dargestellt im isolierten Zustand mithilfe des Negativkontrastverfahrens (S. 50) bzw. **b** im Zellkern einer infizierten Zelle im Ultradünnschnitt. In **a** sind Details der Capsidoberfläche dieser „nackten" Viren sichtbar, deren äußerste Schicht aus quasi-kristallin angeordneten Proteinen besteht. In **b** sind innerhalb des Zellkernes (**zk**) fertige Viruspartikel zu sehen (**fv**) sowie Vorstufen (**vv**), die ihre Capsidhülle noch nicht assembliert haben. Vergr. **a** 155 000-fach bzw. **b** 16 000-fach. (Präparate und Aufnahmen: H. R. Gelderblom, Robert Koch-Institut, Berlin)

den Menschen ein sehr aktuelles Thema. Aktuelle Beispiele sind **HI-**, Geflügelgrippe- und **SARS-Viren**. Für Erstere wird die Herkunft von afrikanischen Affen (Meerkatzen) vermutet; Letztere haben ursprünglich nur Vögel (Hühner) heimgesucht, verursachten jedoch zu Beginn des 21. Jahrhunderts eine potenziell tödliche („schwere akute") Lungenentzündung beim Menschen (**SARS** = *severe acute respiratory syndrome*). In letzter Zeit hat sich das **Zika Virus** besonders in Brasilien ausgebreitet; es übt in der frühen Schwangerschaft einen **teratogenen** Effekt aus (Missbildung des Kindes, u. a. Mikrocephalie). Ebenso gravierend waren die durch das **Ebola**-Virus verursachten Epidemien in West-Afrika; dieses Virus bewirkt eine sehr hohe Letalitätsrate und es musste eine weltweit abgestimmte Bekämpfungsaktion eingeleitet werden, um eine **Pandemie** auch außerhalb Afrikas zu vermeiden. Beide Virus-Arten sind **einzelsträngige RNA-Viren** (single stranded RNA, ssRNA). Die Spannweite humanrelevanter Viren reicht von 1-strängigen RNA- zu 2-strängigen DNA-Viren, von solchen mit Capsid zu solchen mit Lipidmembran als Hülle, von irrelevanten bis zu hochgradig pathogenen oder **onkogenen** (Krebs auslösend).

Das humanpathogene Pockenvirus ist berühmt geworden, weil es nach einer konzertierten globalen Aktion von der WHO (*World Health Organization*) zu Ende des Jahres 1979 für ausgerottet erklärt werden konnte (▸ Abb. 25.1).

25.2 Aufbau

▸ **Viren sind entweder „nackt" oder haben eine Membranhülle.** Liegt lediglich eine Proteinhülle vor (**Capsid**), fehlt also eine Membranhülle aus Lipiden, so spricht man von **„nackten" Viren**. Beispiele sind Bakteriophagen und – aus dem humanen Bereich – Adenoviren (▸ Abb. 25.2). Die andere Art von Viruspartikeln, die ganz außen eine **Membranhülle** haben, zeigen um ihr Genom herum ebenfalls eine Proteinumhüllung, die auch als **Nukleocapsid** bezeichnet wird. Beispiele sind Herpes – sowie HI-Viren (▸ Abb. 25.3). Letztere verursachen die Immunschwäche **AIDS** (*acquired immuno-deficiency syndrome*).

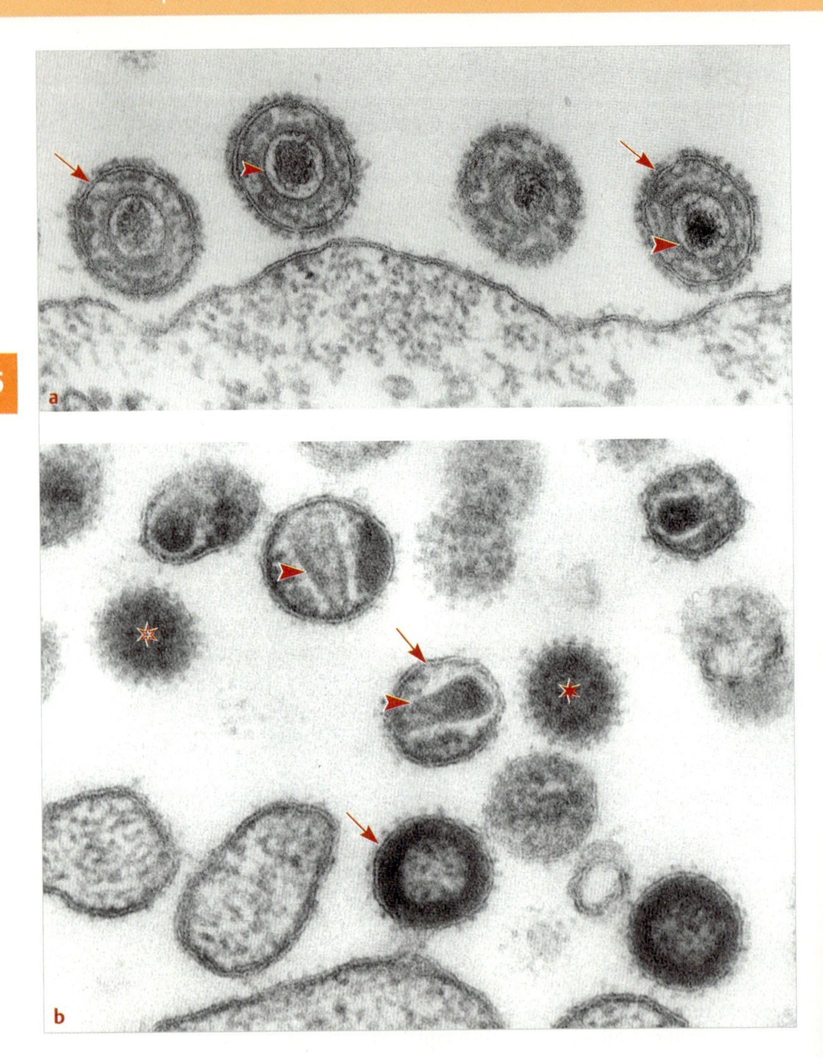

Man kann Viren auch als Self-assembly-Systeme betrachten. Nackte Viren können einen richtiggehenden Minikristall darstellen, von denen sich viele zu größeren Kristallen zusammenfügen lassen – ganz im Gegensatz zu irgendeiner lebenden Zelle. Aber auch in die Lipidhülle der membranumhüllten Viren sind Proteine integriert; zumeist sind es Glykoproteine.

◂ **Abb. 25.3 Elektronenmikroskopische Aufnahmen von membranumhüllten Viren im Ultradünnschnitt, a** Herpesviren, **b** HI-Viren. **a** Am unteren Bildrand ist die Zellmembran der Wirtszelle erkennbar, von der die Viruspartikel abknospen. Die mediane Schnittlage lässt deutlich die Hüllmembran (Pfeil c) mit einer außenseitig angelagerten Schicht aus Proteinen erkennen sowie das Nukleocapsid (Pfeilspitze), welches das virale Genom (hier: DNA) enthält. **b** HI-Viren mit Hüllmembran (Pfeil) und eingelagerten Proteinen, sowie dem Nukleocapsid (Pfeilspitze) um das virale Genom (hier: RNA). Der Oberflächenbesatz mit Proteinen ist besonders gut an schleifend angeschnittenen Viruspartikeln erkennbar (Stern). Gezeigt sind HI-Viren in unterschiedlichen Reifestadien nach Freisetzung von der Wirtszelle (CD4-positiver Lymphocyt). Funktionell unreife Viruspartikel zeigen „Schussscheiben"-Struktur und sind noch nicht infektiös. Erst die Umlagerung der Innenproteine mit vollendeter Nukleocapsidbildung führt zu infektiösen Viruspartikeln. Vergr. **a** 90 000-fach, **b** 140 000-fach. (a H. R. Gelderblom, Robert Koch-Institut, Berlin (unveröffentlicht), b aus Gelderblom, H. R., E. H. S. Hausmann, M. Özel, G. Pauli, M. A. Koch: Virology 156 (1987) 171)

▸ **Viren infizieren ihre Wirtszellen über spezifische Oberflächenstrukturen.** Mithilfe seiner Oberflächenproteine kann ein Virus an spezifische Oberflächenkomponenten einer bestimmten Wirtszelle andocken. Da diese oft nur in bestimmten Zelltypen vorkommen, wird auf diese Weise eine zellspezifische Infektion eingeleitet (gefolgt von der Internalisierung der Viruspartikel). So dockt das **Influenzavirus** an Neuraminsäure (S. 104) an, das HI-Virus dagegen an den CD4-Rezeptor von T-Lymphocyten (sodass durch den Befall die Immunantwort geschwächt wird). Gegen zahlreiche Arten von Viren konnte man **Antikörper** gewinnen, welche solche Erkennungs-/Andocksignale auf der Oberfläche eines Virus erkennen, abdecken und daher funktionslos machen können. Solche Antikörper kann man als Impfstoffe verwenden – Beispiel: Poliomyelitis, aber noch viele andere. Leider sind aber nicht alle Erkennungssignale genügend immunogen (= geeignet zur Antikörperherstellung). Das spezifische Andocken nach einem Rezeptor-Ligand-Prinzip erklärt auch, warum viele Viren nur ganz spezifische Zelltypen infizieren können. Beispiele sind Rhinoviren in der Nasenschleimhaut, Adenoviren im Atemtrakt, Lentiviren im Zentralnervensystem und eben HI-Viren.

▸ **Viren können sehr unterschiedliche Größen haben.** Auch was die Größe betrifft, sind Viren sehr heterogen. Wegen ihrer submikroskopischen Größe ist dies ein klassisches Einsatzgebiet der Elektronenmikroskopie. Kleine Viren können einen Durchmesser von < 20 nm haben. Zu den kleinen Viren gehören u. a. die **Papillomaviren**, zu den größten die **Pockenviren** mit ~ 300 nm Durchmesser (womit sie größer sind als die kleinsten Bakterien). Dementsprechend sind auch die Genome von sehr unterschiedlicher Größe, von etwa über 1,5 Kilobasen (kB) bis zu einigen 100 kB. Die Zahl der im viralen Genom mitgebrach-

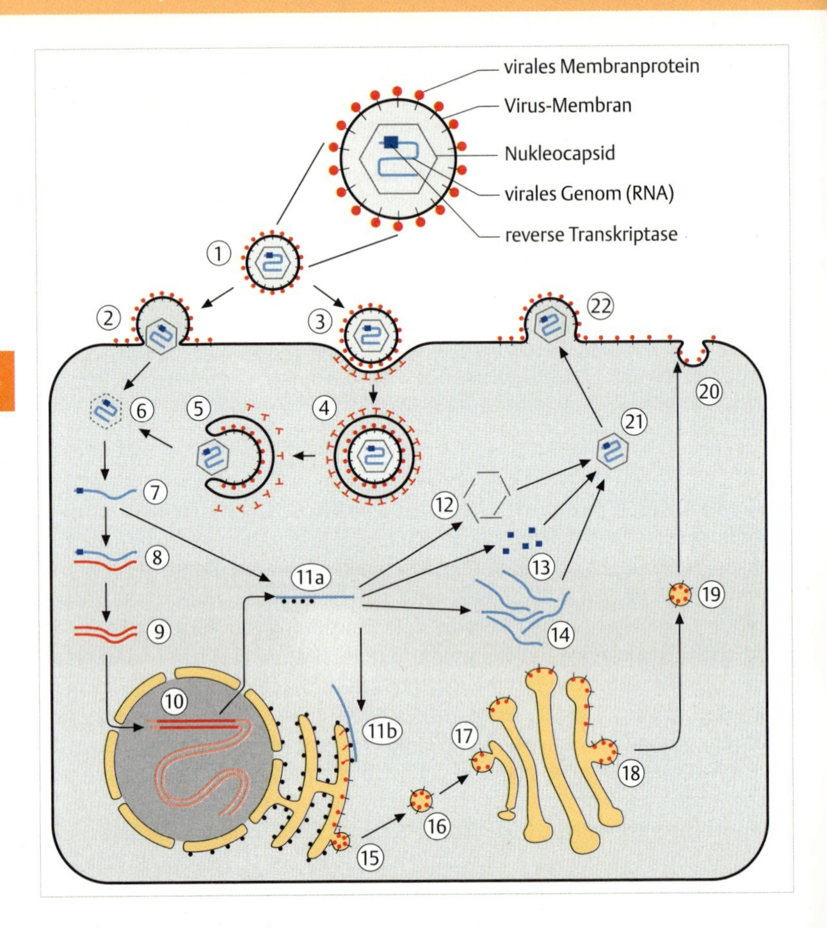

ten Gene kann ebenfalls entsprechend unterschiedlich sein. So hat das Poliomyelitisvirus nur 8 Gene, das Pockenvirus dagegen ~ 400. (Letzteres übersteigt die Größe eines theoretisch geforderten Minimalgenoms, mit welchem eine Bakterienzelle vermutlich auskommen könnte.)

25.3 Der Weg des Virus durch die Wirtszelle

▸ **Bei der Infektion wird das Virus auf verschiedene Art in die Wirtszelle aufgenommen.** Es gibt verschiedene Aufnahmewege für Viren in die Zelle. (i) **Nackte Viren**, also solche ohne Lipidmembran, werden über coated pits endocytiert (S. 282) und durch Ruptur aus Endocytosevesikeln freigesetzt. Oder aber

◂ **Abb. 25.4 Biogenetischer Weg von membranumhüllten Retroviren (z. B. HIV).** Ist ein solches Virus auf eine Wirtszelle getroffen, an der es andocken kann, so stehen ihm zwei Eingangstore offen: Es kann sein Nukleocapsid (mit RNA-Genom und Reverser Transkriptase) durch Fusion mit der Zellmembran freisetzen (**1→2→6**). Das gesamte Viruspartikel kann aber auch durch clathrin vermittelte Endocytose (S. 282) in die Zelle eindringen (**3→4**); die physiologische Ansäuerung dieses Vesikels bewirkt die Fusion der Virusmembran mit jener des Endosoms (**4→5**), sodass auch auf diesem Wege das Nukleocapsid freigesetzt wird (**5→6**). Die sodann freie RNA (**7**) wird auf zwei Wegen eingesetzt: Durch die Reverse Transkriptase wird sie in komplementäre DNA umgeschrieben (**8**), es wird ein DNA-Doppelstrang gebildet (**9**), gefolgt von dessen Integration im Genom der Wirtszelle (**10**); dort kann sie über Jahre latent, also inaktiv, verweilen. Wird sie jedoch aktiviert, bildet sie RNA (**11a**), die jener entspricht, die ursprünglich in die Wirtszelle eingeschleust wurde und die bei akut verlaufender Infektion ohne Umweg über den Zellkern sofort translatiert werden kann (**7→11a**). Jene RNA, welche zur Synthese von Glykoproteinen der Virushülle dient, wird am rauen ER translatiert (**11b**). Nichtglykosylierte Proteine werden an freien Ribosomen abgelesen; sie umfassen Proteine des Nukleocapsids (**12**) und die Reverse Transkriptase (**13**), welche zusammen mit neu gebildeter bzw. vermehrter viraler RNA (**14**) zu einem Nukleocapsid vereinigt werden (**21**). Parallel hierzu werden die Komponenten der viralen Hüllmembran vom rauen ER zur peripheren Glykosylierung durch den Golgi-Apparat geschleust (**15→18**), von wo Vesikel abknospen (**19**), die durch ungetriggerte Exocytose (S. 266) in die Zellmembran der Wirtszelle eingebaut werden (**20**). Von innen her lagern sich die Nukleocapside an, und die Viruspartikel können durch Abknospen freigesetzt werden (**22**).
Jene Viren, die keine Retroviren sind (weil sie keine Reverse Transkriptase besitzen), vermehren sich ähnlich, jedoch vollziehen sie nicht die Schritte 8 bis 10. Ihre RNA wird sofort weiter verwendet zur Herstellung neuer Viruspartikel. Dies gilt z. B. für den Tollwuterreger.

ihre Hüllproteine bewirken eine lokale Perforation der Zellmembran, so daß das virale Genom auf diesem Wege ins Cytosol gelangen kann. Neu gebildete Viruspartikel verlassen die Zelle durch deren Zerstörung (**lytische Infektion**; s. u.). (ii) **Membranumhüllte Viren** dagegen operieren mit subtileren Mechanismen. Sie können auf zwei Wegen in die Wirtszelle eindringen (▸ Abb. 25.4). Sie können mit der Zellmembran fusionieren und so das virale Genom ins Cytosol entlassen; dieses ist der dominierende Aufnahmeweg von HI-Viren. Alternativ können membranumhüllte Viren auch über Endocytose internalisiert werden. Die Ansäuerung des Vesikels führt zu einer Konformationsänderung eines viralen Hüllproteins (z. B. Hämagglutinin von Influenzavirus), das dann die Fusion mit der Vesikelmembran und die Freisetzung des Genoms im Inneren der Wirtszelle herbeiführt. Nach ihrer Vermehrung verlassen die membranumhüllten Viren ihre Wirtszelle durch **Abknospung** (s. u.).

▸ **In der Wirtszelle wird das virale Genom repliziert.** Wie mit dem internalisierten viralen Genom in der Wirtszelle weiter verfahren wird, hängt davon ab, ob es sich um DNA- oder um RNA-Viren handelt. Im Falle von DNA-Viren kann die DNA naturgemäß sofort zur Transkription und zur Translation viraler Proteine eingesetzt werden. Virale RNA dagegen kann entweder direkt „abgeschrieben" werden, oder sie wird in DNA umgeschrieben. Dazu bedarf es einer sog. **Reversen Transkriptase** und die entsprechenden Viren nennt man **Retroviren**. Dazu gehört das HI-Virus (▸ Abb. 25.4), das die Reverse Transkriptase gleich selbst mitbringt. Sein Genom wird auf diese Weise in jenes der Wirtszelle integriert, wo es lange Zeit unauffällig verweilen, dann aber aktiviert werden kann.

Jedoch verfahren nicht alle RNA-Viren so. Beispielsweise haben Rabiesviren (Erreger der Tollwut) keine Reverse Transkriptase. Sie sind daher keine Retroviren. Ihr Genom wird nicht in jenes der Wirtszelle integriert, sondern es dient der sofortigen Herstellung neuer Viruspartikel.

Da die Beschreibung der intrazellulären Wege der vielen anderen Viren den Rahmen dieses Buches sprengen würde, sei hier auf die im Online-Literaturverzeichnis aufgeführte weiterführende Literatur verwiesen (z. B. der Übersichtsartikel von Novoa et al. 2005).

▸ **Die Freisetzung der Viren erfolgt entweder über Zelllyse oder Abknospung.** Viruspartikel ohne Lipidhülle (aber mit Capsidhülle) werden tief im Inneren der Zelle, eventuell auch im Zellkern (▸ Abb. 25.2**b**, ▸ Abb. 25.4) assembliert, und sie können erst durch Zerfall der infizierten Zelle freigesetzt werden (**lytische Infektion**). Handelt es sich um membranumhüllte Viren, so verläuft der Weg anders: Enthält das fertige **Virion** Glykoproteine, so muss ihre mRNA an Ribosomen binden und an das ER angedockt werden, in dessen Lumen die Glykosylierung stattfinden kann – es sind eben die Spielregeln der Wirtszelle zu beachten, will man sich diese gefügig machen. Im Endeffekt wird das vielfach replizierte virale Genom innenseitig an die Zellmembran angelagert, wo über ungetriggerte (= konstitutive) Exocytose auch die Membrankomponenten angeliefert werden. Neue Viruspartikel bilden sich dann durch **Abknospung**, also durch einen Prozess, welcher der apokrinen Sekretion (S. 264) ähnelt.

Zellpathologie

Viren als Ursache für Krebserkrankungen und als „Heilsbringer“
Viren können sog. **Onkogene** verschiedener Art in die Wirtszellen einschmuggeln, deren Umbildung in Krebszellen sie verursachen können. Die Wirtszellen besitzen nämlich in ihrer normalen Proteinausstattung äquivalente, aber nicht pathogene Formen, sog. **Proto-Onkogene**. Die eingeschmuggelten viralen Äquivalente sind jedoch mit Fehlern behaftet, welche die normalen Regulationsprozesse unterlaufen. Solche virale Onkogene/Proto-Onkogene sind die Proteine vom Typ ras (ein monomeres G-Protein), src (eine Proteinkinase), sowie fos, jun und myc (Transkriptionsfaktoren). Siehe dazu auch Kap. 23.2 (S. 464).

Der Mensch wird von Viren aus 21 Familien heimgesucht. Neben den vielen viralen Erkrankungen geht jeder fünfte Krebsfall auf Viren zurück.

Versuche, Viren in entschärfter Form als Zelltyp-spezifische Fährboote zum Einschleusen defekter Gene einzusetzen, haben lange Zeit enttäuschend wenig Erfolg gebracht. Die Überlegung war, dass man die Organ-Spezifität bestimmter Viren ausnützen könnte. So hatte man versucht, Adenoviren wegen ihrer Bindung an Epithelzellen des Atemtraktes bzw. Lentiviren wegen ihrer Affinität zu neuronalen Zellen bei Mukoviszidose (S. 219) bzw. bei der Parkinsonschen Krankheit (S. 370) einzusetzen. Erst in den letzten Jahren wurden entscheidende Fortschritte erzielt, wie im Kap. 23.5.2 (S. 478) dargestellt ist.

25

▸ Literatur zum Weiterlesen
siehe www.thieme.de/go/literatur-zellbiologie.html

26 Evolution der Zelle – oder: wie das Leben lernte zu leben

Zusammenfassung

Unter den reduzierenden Bedingungen der **Uratmosphäre** haben sich im Laufe einer präbiotischen Evolution die Bausteine des Lebens entwickelt. Aus den **Probionten** (ohne die Fähigkeit zur identischen Replikation) haben sich vor ca. 3,8 bis 3,5 Milliarden Jahren die ersten Urzellen gebildet (**Progenot**). Die Szenarien, insbesondere zur Entwicklung der Frühformen des Lebens, sind weitgehend hypothetisch, da sie experimentell nicht nachgestellt werden können. Sie werden demensprechend im Detail immer wieder neu diskutiert. Eine Hypothese nimmt an, dass ursprünglich RNA als kodierendes Molekül verwendet wurde; eine andere postuliert sich überlagernde **Hyperzyklen** zur Amplifikation von kodierenden Elementen einerseits und proteingesteuerten „ausführenden" Zyklen andererseits.

Die **Prokaryoten** differenzierten sich in Archae- und Eubakterien. Die **Archaebakterien** könnten (hypothetisch) durch Kompartimentierung ihrer DNA die Grundlage für die Entwicklung der Eukaryotenzelle gebildet haben. Nach der **Symbiose-Hypothese** wurden **Eubakterien** mit oxidativem Stoffwechsel als **Endosymbionten** aufgenommen, zunächst um den in der Atmosphäre ansteigenden cytotoxischen Sauerstoff zu entgiften, dann aber auch, um höhere ATP-Ausbeute im Anschluss an die Glykolyse zu erzielen. Photosynthetisch aktive **Cyanobakterien**, obwohl zu den ältesten echten Zellen gehörend, wurden erst später als Endosymbionten aufgenommen. So entstanden die Chloroplasten. Nach dieser Hypothese ist also vermutlich zunächst die tierische und später die pflanzliche Eukaryotenzelle entstanden.

Diesen Vorstellungen entsprechen folgende Befunde:

- Ähnlichkeiten der Archaebakterien mit Eukaryoten;
- teilweise Autonomie von Mitochondrien und Chloroplasten;
- das Genom der Plastiden ist noch wesentlich umfangreicher als jenes der Mitochondrien; aus beiden Organellen wurde während der Evolution zunehmend DNA in den Zellkern verlagert.

26.1 Präbiotische Evolution

Zu Anfang stellen wir einen kurzen Steckbrief für die erste Zelle zusammen:

- Merkmal: selbstreplizierende Struktureinheit
- Ort: Urozean, vielleicht dessen Randbereich oder „weiße Raucher"
- Zeit: vor 3,8 Milliarden Jahren
- Spurensicherung: Mikrofossilien mit datiertem Alter, unterstützt durch Extrapolation von molekularbiologischen Zusammenhängen; vgl. transfer-RNAs zur Zeit der ersten Zellen (S. 530).
- Beweise zum Hergang des Geschehens: nur Indizien

Was wissen wir über die Entstehung der Zelle? Damit stellen wir die Frage nach der Entstehung des Lebens überhaupt. Lange Zeit erschien diese Frage schier unergründlich; sie war nur den Mythen und den Offenbarungsreligionen zugänglich. Ein wissenschaftlicher Nachvollzug des globalen „Experiments Leben" ist nicht möglich, neues Leben aus der Retorte wird es wohl nie geben, und zwar aus mehreren miteinander zusammenhängenden Gründen:

1. Wir haben es, auch bei der einfachsten Bakterienzelle, mit einem hochkomplexen und dabei fein geregelten System zu tun. Ihr Genom umfasst den Informationsgehalt eines dicken Buchs.
2. Jede Zelle ist – auch in evolutiver Hinsicht – ein offenes System, welches sich über Jahrmilliarden in stetem Wechselspiel auf die Umwelt eingestellt hat, wobei diese ihrerseits einem steten, nicht wiederholbaren Wandel unterlag.
3. Ein Heer von allgegenwärtigen Mikroorganismen würde zersetzend über alles herfallen, was sich je an ungeschütztem – also nicht in die gegenwärtige Umwelt angepasstem – Leben, in irgendwelchen Vorstufen bilden könnte.

▸ **Präbiotische Evolutionsforschung bleibt immer nur Hypothese.** Zumindest für diesen Zweig der Evolutionsforschung gibt es also keine direkte experimentelle Überprüfbarkeit, keine Möglichkeit zur Falsifikation. Daraus müssten wir zunächst zwangsweise ableiten, dass die Frage nach der Entstehung und weiteren Evolution der Zelle wissenschaftlich nicht zu behandeln sei. Allerdings erscheint es wissenschaftlich vertretbar, so viele Fakten wie möglich zu sammeln und diese zu einem hypothetischen Szenario – wie es gewesen sein könnte – zusammenzufügen, wohl wissend, dass alles nur eine Hypothese ist und bleiben wird.

Um welche Fakten kann es sich hierbei handeln? Dazu müssen wir uns vergegenwärtigen, dass weder neue Himmelskörper noch neue Organismen aus dem Nichts kommen. Wenn es so eine **„creatio ex nihilo"** nicht gibt – zumindest das Leben betreffend – so stehen die Chancen nicht so schlecht, dass wir an rezenten Organismen Spuren ihrer Evolution finden könnten. Um den

Schlüssel zur Evolution der Zelle zu finden, müssen wir Erkenntnisse der Astronomie, Geologie, Paläontologie (Fossilkunde) ebenso ins Kalkül ziehen wie jene der Mikrobiologie, Molekulargenetik und Zellbiologie. Dabei arbeitet jede dieser Sparten wiederum mit einem weitgespannten Repertoire an Methoden.

▸ **Minimalkriterien des Lebens.** Unsere erste Frage wird die Minimalkriterien des Lebens betreffen. Wie im Kap. 4.1 (S. 55) dargelegt wurde, verstehen wir unter Leben zunächst eine Struktureinheit, welche komplexer organisiert ist als ihre Umgebung und zur identischen Selbstvermehrung (Replikation) befähigt ist. Aber bereits die höhere Komplexität widerspricht den Gesetzen der Thermodynamik. Um es kurz auf den Punkt zu bringen: Keine Kerze dieser Welt zieht spontan soviel Energie an, dass sie von selbst zu brennen anfinge. Dasselbe gilt für Gradienten von Stoffkonzentrationen. Also muss schon für frühe Organismen (**Eobionten** oder **Probionten**) irgendeine Grenzfläche postuliert werden, deren Rolle später eine echte Zellmembran hätte übernehmen können. Die in so einem Zellvorläufer enthaltenen Substanzen, Ionen und Moleküle, könnten zunächst keine anderen als jene des umgebenden Mediums gewesen sein. (Sogar menschliche Zellen sind noch auf Ionen und Spurenelemente angewiesen, wie sie im Meerwasser vorkommen.) Wären also die ersten Probionten im Meer entstanden, so hätten diese Systeme nichts anderes enthalten können, als je im Meer enthalten war. Erst dann könnten sich bei Erreichen einer selektiven Permeabilität der Grenzfläche Stoffgradienten einstellen. Selektive Absorption (s. u.) und **Self-assembly-Prozesse** könnten dazu beigetragen haben. Ein System dieser Art würde an Effizienz und Beständigkeit gewinnen, wenn es in der Lage wäre, Energie von außen aufzunehmen, zu konservieren und für komplexere Bedürfnisse und Fähigkeiten wieder zu mobilisieren. Wir hätten es dann mit einem Gebilde zu tun, welches sowohl in stofflicher als auch in energetischer Hinsicht ein offenes System im Fließgleichgewicht wäre. Jedes einzelne dieser Gebilde wäre wieder zerfallen, wie es spontan entstanden war – wie eine Seifenblase.

▸ **Ohne Speicherung von Information kein Leben.** Um über dieses „Seifenblasen"-Stadium hinauszukommen, musste ein Mechanismus zur Speicherung von Information eines Bauplanes und zur identischen Replikation dieses Bauplanes gefunden werden. Dabei denkt man sofort an DNA, wahrscheinlich aber nicht ganz zu Recht, wie wir sogleich sehen werden. Unabhängig von der Art des Informationsspeichers impliziert das Kriterium der identischen Replikation aus evolutiver Sicht auch das unvermeidliche Auftreten gelegentlicher Abweichungen (**Mutationen**) und den Kampf eines jeden Organismus einer jeden Spezies (eines Gen-Pools) um das Dasein im Wettbewerb mit anderen Organismen bzw. Spezies. Im Jahre 1859 hatte es der Engländer **Charles Darwin** in seinem Buch „On the Origin of Species" ungefähr so formuliert: Organismen entwickeln sich zu immer höherer Komplexität durch Variation (heute würden wir in den meisten Fällen sagen: durch **Mutation**) und Selektion. **Selektion** aber setzt Wettbewerb voraus und dieser lässt nur die unter den gegebenen Umweltbedingungen am besten geeigneten Organismen überleben. Unausgesprochen steht dahinter immer die Begrenztheit der verfügbaren Ressourcen (z. B. Nährstoffe). Falls dieses der Motor gewesen wäre, der schon die frühesten Evolutionsschritte, die Entstehung der ersten Zelle angetrieben hätte, stellt sich als nächstes die Frage: Wer stand im Wettbewerb mit wem und um welche Ressourcen?

Wir müssen uns nun also Klarheit darüber verschaffen, welche Umweltbedingungen damals geherrscht haben mochten, als das Leben entstand. Ein kurzer Exkurs in die Entstehungsgeschichte unseres Planeten ist angesagt.

▸ **Die Uratmosphäre enthielt noch keinen freien Sauerstoff.** Über das Alter des Kosmos streiten sich die Astronomen nun wieder intensiver als noch in den 80er Jahren, als man mit 15 Milliarden Jahren seit dem Urknall eine recht fixe Vorstellung hatte. Abwechselnde Perioden von Entstehen und Vergehen, ein „oszillierender Kosmos" steht derzeit aber ebenso zur Debatte. Nach Entstehen unseres Sonnensystems vor ca. 10 Milliarden Jahren bildete sich unser Planet Erde vor etwa 4,5 Milliarden Jahren. Es dauerte wohl einige Millionen Jahre, bis sich ein Urkontinent (Pangaea) von einem Urozean getrennt hatte. Beide waren noch dampfend heiß und im Ozean lösten sich Salze aus dem sich verfestigenden Gestein. Zieht man eine Reihe von Betrachtungen und unsere Kenntnisse über die Planeten Saturn und Jupiter nebst ihren Monden zum Vergleich heran, so war die Uratmosphäre mit einiger Sicherheit reduzierend. Sie enthielt keinen freien Sauerstoff, dafür aber sicherlich H_2O-Dampf und vielleicht CO_2 und reduzierende Gase, wie NH_3 (Ammoniak), CH_4 (Methan), H_2S (Schwefelwasserstoff) und H_2 (molekularen Wasserstoff). Diese Gase finden sich heute noch bei vulkanischer Tätigkeit, welche damals enorm gewesen sein muss. Dazu kamen elektrische Entladungen und Gewitter. Radioaktive Strahlung drang von innen, kosmische Strahlung und UV-Strahlung drangen massiv von außen auf die Oberfläche. „Und die Erde ward wüst und leer", wie es in der Genesis heißt. War das der Nährboden für das zarte Pflänzchen Leben? Das harsche Klima damals, vor ca. 3,8 Milliarden Jahren, war aller Wahrscheinlichkeit nach sogar die Voraussetzung dafür, dass sich Leben überhaupt bilden konnte.

▸ **In einer Ursuppe entstehen die Bausteine des Lebens.** Im Jahre 1953, als **J. Watson** und **F. Crick** die Doppelhelix-Struktur der DNA entdeckten, erregte eine weitere Arbeit einiges Aufsehen: die Doktorarbeit des US-Amerikaners

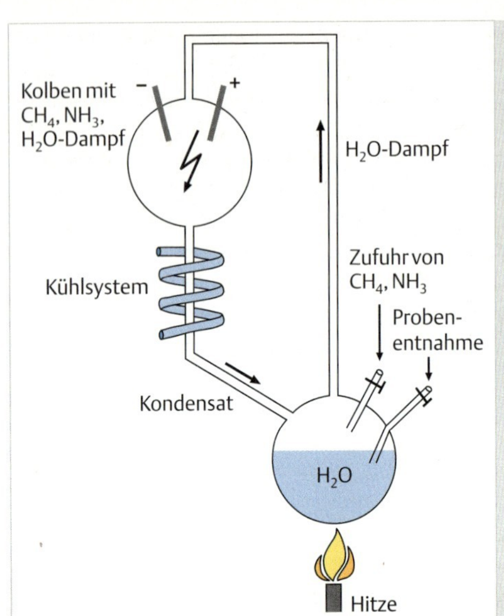

Abb. 26.1 Versuchsanordnung von S. Miller zur Simulation der Bildung von Bausteinen des Lebens (1. Stufe der präbiotischen Evolution). Unter reduzierenden Bedingungen, ähnlich der Uratmosphäre, mit elektrischen Entladungen (oder Einstrahlung energiereicher Strahlung), lassen sich biologisch interessante chemische Verbindungen durch Kondensation (Kühlsystem) in einem Wasserbad nachweisen. Es wird angenommen, dass dieses in ähnlicher Weise auch im warmen Urozean stattfand (Ursuppe).

Stanley Miller. Er stellte die Bedingungen der Uratmosphäre in einem teilweise mit Wasser gefüllten Glaskolben nach und setzte sie elektrischen Entladungen aus (▸ Abb. 26.1). Von Zeit zu Zeit entnahm er Proben aus seinem „Labor-Ozean“ für die chemische Analyse. Das Ergebnis war verblüffend: Er fand eine Vielzahl an organischen Verbindungen, darunter nicht nur Aminosäuren, sondern auch proteinartige Verbindungen. Man nennt diese **Proteinoide**, weil sie nicht immer die typische Säure-Amid-Bindung (Peptidbindung) aufwiesen. Welch ein unerwarteter Erfolg in Anbetracht der Schlüsselrolle der Proteine! Soll doch um die Jahrhundertwende der Evolutionsforscher **Ernst Haeckel** zum Entdecker der Proteine, **Emil Fischer**, gesagt haben: „Wenn ihr Chemiker erst Eiweiße machen könnt, dann krabbelt es!“ Warum es aber in Millers Retorte nicht zu „krabbeln“ anfing, haben wir uns bereits eingangs vergegenwärtigt. Da es zu Anfang keine destruktiven Mikroorganismen gegeben hatte, konnten sich organische Verbindungen im Urozean anreichern. Man spricht auch von **„Ursuppe“**. Heute meint man, dass es ein eher „dünnes Süppchen“ war, mit nur Bruchteilen von Prozent an gelöstem organischen Material. Manche vermuten daher, dass es einer lokalen Anreicherung bedurfte, z. B. in porösem Gestein an submarinen Thermalquellen (S. 529).

Bald wurden auch andere Szenarien im Experiment durchgespielt, etwa mit trockener Erhitzung, um dem Geschehen auf dem Festland oder im Randbereich des Meeres Rechnung zu tragen. Auf diese Weise konnte man eine Reihe weiterer organischer Verbindungen erzeugen: Komponenten von **Lipiden**, verschiedene **Zucker**, aber auch **Purin**- und **Pyrimidin-Basen**. Da Phosphat ohnehin im Meerwasser gelöst ist, hatte man die wichtigsten Bausteine des Lebens in der Hand. Nun galt es – und es gilt immer noch –, zu überlegen, wie die oben genannten Kriterien des Lebens realisiert werden konnten: Umgrenzung, Komplexität, Energiegewinnung, identische Replikation, Umsetzung der genetischen Information in Effektoren (Proteine), begleitet von Mutation und Selektion.

▸ **Entstehung von Grenzflächen.** Grenzflächen können sich auf einfachem Wege, z. B. durch **Selbstaggregation** von Lipiden bilden, wie wir im Kap. 6 über „Biomembranen" gesehen haben. Einige Mikrometer große Vesikel lassen sich aber auch aus Proteinoiden herstellen, in diesem Fall mit einer proteinartigen Grenzfläche. Solche Gebilde (**Sphäroide**) können gelöstes Material einschließen. Für die höhere Komplexität gegenüber der Umgebung, also die Anreicherung von Stoffen, gibt es ebenfalls Modellvorstellungen: Die Grenzflächen bestimmter, relativ häufiger Mineralien (Silikate, Kieselsäure-Derivate; Pyrit, FeS_2) vermögen eine Reihe von organischen Verbindungen durch Adsorption anzureichern, wenn diese nur geringfügige Ladungen aufweisen. Durch selektive Wechselwirkung mit dem Kristallgitter können sogar Stereoisomere selektiv angereichert werden.

Durch Einschluss solcher Adsorbate in Sphäroide hätten vermutlich ziemlich definierte Gebilde mit Membranbegrenzungen geformt werden können. An adsorbierten Molekülen wären denkbar: Nukleotide (vielleicht bereits ATP), Polynukleotide (und zwar am ehesten RNA, wie wir gleich sehen werden), Aminosäuren, Proteinoide und selbstverständlich verschiedene Salze bzw. Ionen. Es ist das Zeitalter der „**chemischen Evolution**", einer Selektion von Molekülen in zunächst noch variablen Struktureinheiten. Es ist die Zeit, „der einfachsten Erscheinung des Lebens und jener Natur, die nicht einmal verdiente, tot genannt zu werden, weil sie unorganisch war", wie **Thomas Mann** in seinem Roman „Der Zauberberg" schreibt. Alle Angaben zu diesem präbiotischen Lotteriespiel sind hypothetisch, also wie immer ohne Gewähr.

▸ **Weiße Raucher.** Neuerdings wird noch eine andere „Brutstätte" für die Entstehung der ersten Zellen forciert: hydrothermale Schlote vom Typ der „weißen Raucher". Es sind heiße Quellen, die an tektonischen Störungen am Meeresboden austreten; anders als die früher diskutierten „schwarzen Raucher" haben sie jedoch eine gemäßigte Temperatur von ca. 70 °C. Aus ihnen entströmen Schwefel- und Eisen-haltige Lösungen und Gase, unter denen H_2 und CH_4 dominieren. An diesen Quellen lagert sich silikathaltiges Sintermaterial ab, in dessen ausgeprägten Poren von einigen Mikrometern Größe sich Verbindungen von einer gewissen Komplexität bilden und anreichern können. Dieser Prozess hätte einst für die Entstehung von Leben relevant sein können. Bei der Umwandlung der silikathaltigen Porenwände in Serpentin werden Protonen freigesetzt, sodass das Porenlumen sauer ist, im Gegensatz zum umgebenden Meerwasser. Dieser H^+-Gradient hätte präbiotisch als Energiequelle dienen können. Eisensulfide an den Porenwänden hätten in einer frühen Phase der Lebensentstehung selektive Adsorptionsprozesse und katalytische Tätigkeit entfalten können, bevor Vorläufer von Zellen von einer Membran umhüllt und reproduktionsfähig wurden. Einige der für die präbiotische Evolution relevanten, in „weißen Rauchern" beobachteten Syntheseschritte lassen sich noch an bestimmten rezenten Bakterien beobachten. Selbstverständlich ist auch dieses Szenario zur Entstehung der ersten Zellen hypothetisch.

Die ▸ Abb. 26.2 fasst den umstehenden Text spekulativ zusammen.

26.2 Die ersten Zellen

▸ **Abgrenzung, identische Selbstvermehrung.** Eine Struktureinheit, wie in ▸ Abb. 26.2 dargestellt, kann man als eine für die Entstehung einer echten Zelle notwendige Vorstufe betrachten (Probiont). Ein **Probiont** hätte also eine strukturelle Umgrenzung der einen oder anderen Art gehabt, welche die selektive Anreicherung von Stoffen ermöglichte. Größe, Form und Inhalt wären vielleicht noch variabel gewesen. In den 90er Jahren konnte die autokatalytische *self assembly* von Nukleotiden erreicht werden, wenn sie an geeignete Trägermoleküle gekoppelt wurden. Der entscheidende Schritt wurde damit eingeleitet: die Fixierung aller dieser Merkmale durch einen abrufbaren Informationsspeicher (Genom). Erst jetzt könnten wir eine echte, wenn auch zunächst sehr primitive Zelle (Progenot, Urzelle), mit der Fähigkeit zur identischen Selbstvermehrung annehmen. Erst jetzt konnte der Wettbewerb um die Ressourcen einsetzen: Das Startzeichen für die Evolution durch Mutation und Selektion war gegeben, auf der Basis von Zufall und Notwendigkeit. So sah es der französische Nobelpreisträger (1965) **Jacques Monod** in seinem Buch „Le hazard et la nécessité" (Zufall und Notwendigkeit).

▸ **Wer war zuerst da, DNA, RNA oder Proteine.** Die Universalität des genetischen Kodes auf der Basis der DNA ist bestechend. Sie impliziert möglicherweise eine einmalige Entstehung, also den monophyletischen Ursprung der Zelle. Das „**zentrale Dogma**" der Molekularbiologie des Informationsflusses von DNA in Richtung Proteine (und nicht umgekehrt) ist ein weiterer Eckpunkt bei der Evolution der Zelle. Vergleiche dazu Kap. 4 (S. 55) und Kap. 7 (S. 151). Ungeklärt bleibt jedoch, wie das Leben die Übersetzung (Translation) in die

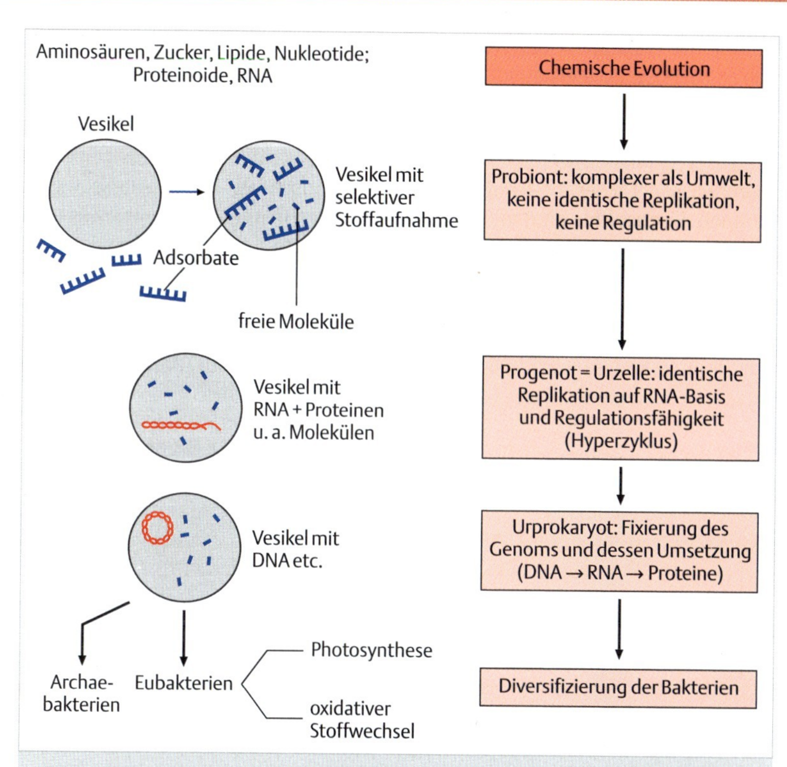

Abb. 26.2 Hypothetische 2. Stufe der präbiotischen Evolution. Aus Lipiden und/oder Proteinoiden können sich spontan Vesikel bilden. Chemisch aktive organische Materialien können selektiv an manchen Mineralien adsorbiert und in Vesikeln eingeschlossen werden. Vermutlich hat ein derartiger Probiont auf unbekannte Weise den Übergang zur Urzelle (Progenot) geschafft. Dabei könnte er gewisse Eigenschaften in einem Genom auf RNA-Basis fixiert haben; dessen Transkriptionsprodukte könnten nach der Hyperzyklus-Hypothese (vgl. ▶ Abb. 26.3) über Rückkoppelungsprozesse zu erhöhter Effizienz geführt haben. Erst in einem weiteren Schritt dürfte der Übergang zu einem Genom mit DNA und RNA für die verschiedenen Aufgaben bei der Translation (mRNA, tRNA, rRNA) erfolgt sein. Schließlich erfolgte die Differenzierung in Archae- und Eubakterien, wobei zunächst Formen mit photosynthetischer Aktivität und erst später solche mit oxidativem Stoffwechsel herausgebildet wurden.

Sprache der Proteine gelernt hat, denn nicht nur jede Replikation, sondern auch jede Translation benötigt wiederum Proteine, die ihrerseits nur durch Transkription und Translation unter Beteiligung von Nukleinsäuren gebildet werden können; vgl. dazu Kap. 9 (S. 208). Hier stellt sich in der Evolutionsforschung die Frage nach der Henne und dem Ei oder in anderen Worten: Was gab es zuerst, die „Legislative“ (Genom) oder die „Exekutive“ (Proteine)?

Es war ein großes Glück, als zu Anfang der 80er Jahre im Einzeller *Tetrahymena* (Protozoa) die **Ribozyme** entdeckt wurden. Sie vermitteln uns eine hypothetische Modellvorstellung, wie Legislative und Exekutive zunächst in einer Molekülspezies hätten vereint sein und später, im Laufe der Evolution, aufgetrennt werden können. Ribozyme stellen eine relativ kurze Kette von RNA dar, die teilweise einsträngig ist, teilweise aber in sich überlagernden Schleifen gepaart sein kann (ähnlich wie in tRNA). Besonders faszinierend ist, dass Ribozyme die Umlagerung und Verlängerung der eigenen Molekülstruktur zu katalysieren vermögen. Sie sind also gleichzeitig **Informationsträger** für ihre dynamisch-variable Eigenstruktur und agieren wie Enzyme als **Biokatalysatoren** für diese ihnen eigene Dynamik; daher der Name Ribozyme.

▸ **Hyperzyklus-Hypothese zur Selbstvermehrung von Molekülen.** Auf einer folgenden Stufe der Evolution könnten Proteine die Selbstvermehrung der Moleküle beschleunigt haben. Hierzu hat der deutsche Nobelpreisträger (1967) **Manfred Eigen**, basierend auf dem Vermehrungszyklus von RNA-Viren, seine **Hyperzyklus-Hypothese** entwickelt (▸ Abb. 26.3): Die Transkription führt zur Translation von Proteinen (Polymerasen), die in großer Stückzahl nicht nur die Replikation des Genoms, sondern auch die Transkription ankurbeln. Nach dieser Modellvorstellung hätte sich erst allmählich, während der fortschreitenden Evolution, der Übergang zu der stabileren DNA als Informationsspeicher, den verschiedenen RNA-Formen als Zwischenträger der Information und den Proteinen als Biokatalysatoren vollzogen. Der tRNA kommt hierbei eine Schlüsselrolle zu, weil sie nicht nur mit ihrem Antikodon-Bereich den Kode auf der mRNA, sondern im gegenüberliegenden Bindungsbereich auch die entsprechende Aminosäure erkennen muss; s. auch Kap. 9 (S. 214). Darauf wird gleich zurückzukommen sein.

▸ **Homologieuntersuchungen von Genen geben Auskunft über die Frühzeit des Lebens.** Vergleicht man nun den molekularen Aufbau einer bestimmten Molekülsorte in Organismen von verschiedenem evolutivem Alter, so zeigt sich eine progressive Änderung der ihr zugrunde liegenden Genstruktur. Die **Sequenzhomologie** einzelner Gene ist viel größer, je enger verwandt die verglichenen Organismen sind. So lässt sich sogar die Mutationsrate eines Gens ermitteln, d. h. die Häufigkeit einer Mutation in einem definierten Zeitabschnitt.

Früher hatte man nur die Möglichkeit, Aminosäuresequenzen zu vergleichen. Zwar konnte man bereits auf diese Weise ganz gut nachvollziehen, was die vergleichende Fossilkunde an verwandtschaftlichen Zusammenhängen postuliert hatte (etwa beim Vergleich des Cytochrom c), jedoch waren die Da-

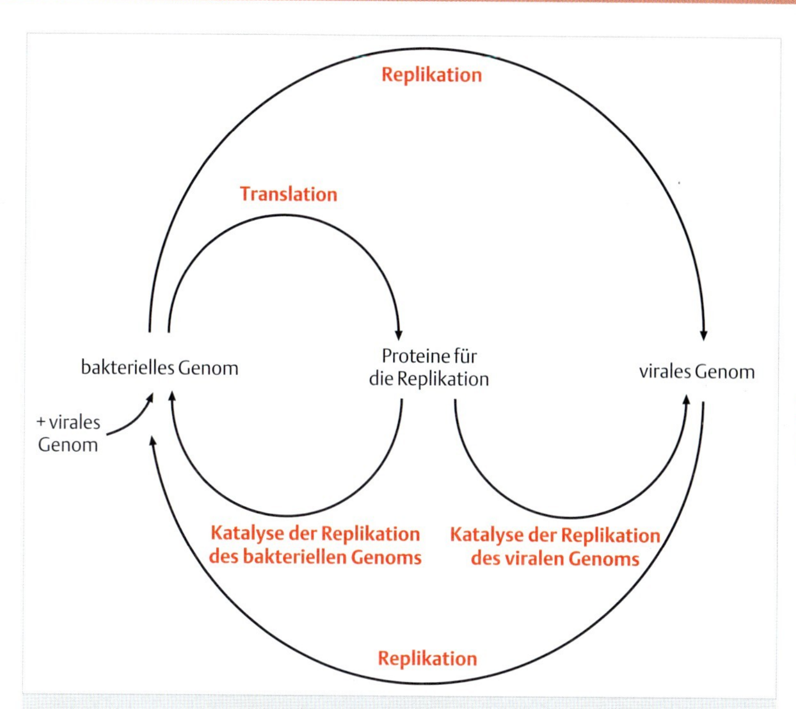

Abb. 26.3 Hyperzyklus-Hypothese (nach M. Eigen). Als Modell dient die Replikation des Genoms von Viren in einem Bakterium. Das bakterielle Genom steuert zunächst die Translation von bakteriellen Proteinen; darunter sind auch die für die Replikation des bakteriellen Genoms notwendigen Proteine (DNA-Polymerase etc.). Diese katalysieren aber nicht nur die Replikation des bakteriellen Genoms, sondern auch jene des viralen Genoms. Dessen Replikation wird dadurch aufgeschaukelt. Nach einer Modellvorstellung könnte die Ausbildung derartiger Hyperzyklen die biologische Evolution in der Anfangsphase angetrieben haben. Dabei könnten zunächst Ribozyme (RNA mit katalytischen Eigenschaften) das genetische Material gebildet haben, das Proteine mit Rückkoppelungseffekten kodiert haben könnte. Beim Übergang zu einem DNA-basierten Genom hätte RNA eine zweite regulatorische Schleife bilden und in der Folge die heutigen Aufgaben bei der Translation übernehmen können (mRNA, tRNA, rRNA).

ten wegen der Degeneration (Redundanz) des genetischen Kodes nicht so genau wie die Daten von Nukleotidsequenzen, welche die heutige Molekulargenetik bereitzustellen vermag.

Analysen dieser Art führten bis an den Ursprung des Lebens zurück. Mit der Extrapolation aller für tRNAs verfügbaren Daten zeigte **M. Eigen**, dass es ursprünglich wahrscheinlich nur drei Typen von tRNAs gegeben hat, die Aminosäuren von jeweils ähnlichem Charakter transferierten. Besonders faszinierend aber ist, dass die Extrapolation auf den Nullpunkt ein Alter von 3,5 Milliarden Jahren ergibt. Es entspricht in etwa dem Alter der ältesten fossilen Zellen, mit denen wir uns nun befassen wollen.

▸ **Photosynthese-treibende Cyanobakterien gibt es schon seit ca. 3,5 Milliarden Jahren.** Wo sollte man nach den ältesten **Fossilien** suchen? Zunächst nur in **Sedimentgesteinen**, aber nicht in kristallinem Urgestein, denn nur bei der Ablagerung von Sedimenten können Organismen mitsedimentieren. Allerdings dürfen solche Sedimentgesteine (Quarzite etc.) nicht durch hohe Drücke und Temperaturen verändert worden sein. In Gesteinsschliffen von solchen nichtmetamorphen Sedimenten fand man Strukturen, deren Größe im Mikrometerbereich liegt und die durchwegs an Bakterienzellen erinnern. Beispiele sind die auf ca. 3,8 bzw. 2,7 Milliarden Jahre datierten Mikrofossilien *Isuasphaera issua* oder *Archaeosphaeroides barbertonensis* aus Grönland bzw. Südwestafrika. Ein Alter von 3,5 Milliarden Jahren wurde für die ältesten Cyanobakterien ermittelt. Diese sind besonders leicht nach folgenden Merkmalen zu identifizieren:

1. Sie bilden Zellketten und sind so von nichtbiogenen Aggregaten leicht zu unterscheiden, obwohl nur bei rezenten Formen in Abständen andersartige Zellen (Heterocysten) auftreten (▸ Abb. 26.4).
2. Sie scheiden konzentrische Lagen aus $CaCO_3$ aus, die im Dünnschliff eine charakteristische Struktur zeigen.

Abb. 26.4 Zellketten aus Cyanobakterien der Spezies Anabaena. In einigem Abstand treten große Heterocysten auf. Solche Zellketten, allerdings ohne Heterocysten, wurden bereits in 3,5 Milliarden Jahre alten Fossilien gefunden (Stromatolithe), sodass die „Erfindung" der Photosynthese auf diese Zeit zurückgehen dürfte. Erst sehr viel später dürften ähnliche Formen als Endosymbionten in die Eukaryotenzelle aufgenommen und in Chloroplasten transformiert worden sein. Vergr. 400-fach. (Aus Wolk, C. P., A. Ernst, J. Elhai: In Bryant, D. A.: The molecular biology of cyanobacteria. Kluwer Academic Publications, Dordrecht 1994)

3. So bilden sie noch heute metergroße buckelartige Kalkstöcke (**Stromatolithe**) im Uferbereich tropischer Meere.
4. Es ist verblüffend, dass die Struktur dieser fossilen Gebilde praktisch identisch ist mit jenen rezenter Stromatolithe, wie man sie auf den Bermudas oder in der Haifischbucht in Australien vorfindet.

Der biogene Ursprung von Fossilien kann mittels der Relation der Kohlenstoff-Isotope ^{12}C zu ^{13}C sichergestellt werden, denn das leichtere Isotop wird nur in biologischem Material angereichert. (Nicht zu verwechseln mit der ^{14}C-Methode, die zur Altersbestimmung für Zeiträume bis zu ca. 20 000 Jahren eingesetzt werden kann.) So konnte man mit einiger Sicherheit feststellen, dass das Alter dieser ältesten Zellen in fossilen Stromatolithen ca. 3,5 Milliarden Jahre beträgt. Da Cyanobakterien photosynthetisch aktiv sind, entspricht dies auch dem Zeitraum, seit welchem Zellen zur Energiekonservierung bzw. zu Photosynthese/ Kohlenstoff-Assimilation befähigt sind.

26.3 Das Problem mit dem Sauerstoff

Die **Uratmosphäre** war praktisch O_2-frei (< 0,1 %). Da die Photosynthese O_2 freisetzt, hätte sich ein steter Wandel von der reduzierenden Uratmosphäre in eine oxidierende, O_2-haltige Atmosphäre vollziehen müssen. Die Photolyse des Wassers durch ionisierende Strahlung und UV-Licht hätte ein übriges beitragen müssen. Dennoch glaubt man, dass der O_2-Gehalt der Atmosphäre erst später anstieg (▸ Abb. 26.5) und erst vor ca. 2 Milliarden Jahren 1 % erreichte (**sekundäre Atmosphäre**). In der heutigen **tertiären Atmosphäre** liegt der O_2-Gehalt bei 21 %. Der Grund für den verzögerten Anstieg könnte sein, dass O_2 bei der Oxidation offenliegender Eisenlagerstätten verbraucht wurde. Man weiß, dass in jener Epoche die großen Lagerstätten der „Bändereisenerze" (Eisenoxide) gebildet wurden, wie z. B. an der Grenze USA-Kanada im Bereich der „Großen Seen". Andere Befunde aus dem Anfang der 90er Jahre besagen allerdings, dass derlei Ablagerungen auch biogen durch Eisenbakterien entstanden sein könnten. Im Allgemeinen aber herrscht Übereinstimmung, dass der atmosphärische freie O_2-Gehalt erst in der zweiten Halbzeit unseres Planeten, also ab der Zeit vor 2 Milliarden Jahren, auf über 1 % angestiegen sei.

▸ **UV-Bestrahlung bildet Radikale und zerstört die „neuen" Moleküle.** Die Radiochemie hat gezeigt, dass in wässrigen Lösungen, besonders in Gegenwart von gelöstem Sauerstoff, bei Bestrahlung mit ionisierender Strahlung oder mit UV-Licht, **Radikale** gebildet werden, z. B. $OH^{\cdot}$, $O^{\cdot}$ etc. Die Symbole stehen für Atome und Moleküle mit freien Valenzen, die sehr instabil sind und sich leicht zu Peroxiden wie H_2O_2 (Wasserstoffperoxid) umsetzen. Peroxide sind sehr re-

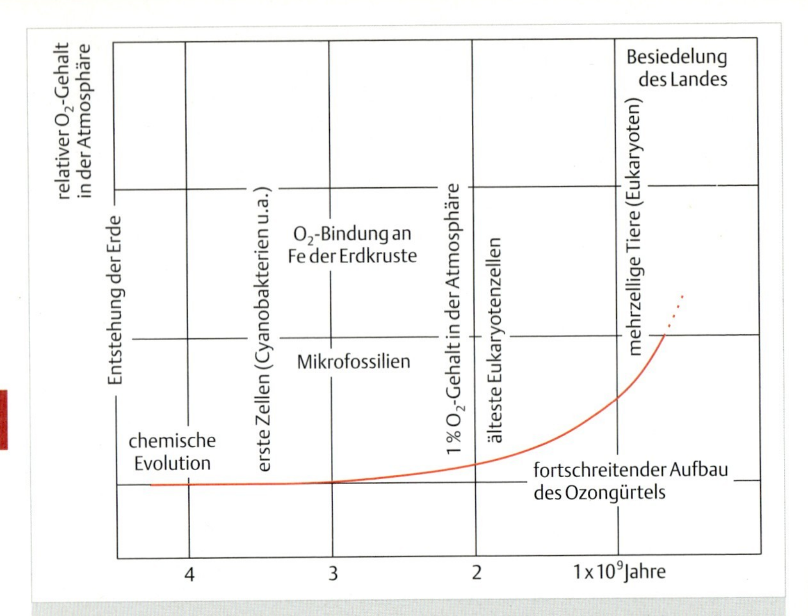

Abb. 26.5 Tendenzielle Zunahme von O_2 in der Atmosphäre. Ausgehend von den reduzierenden Bedingungen der Uratmosphäre müsste eigentlich das frühe Erscheinen der photosynthetisch aktiven Cyanobakterien zu einem raschen Anstieg des O_2-Gehaltes in der Atmosphäre geführt haben. Dass dies nicht so war, mag an der Bindung von O_2 an Eisenmineralien in diesem Abschnitt der Erdgeschichte gelegen haben (Bildung der Bändereisenerze, Fe-Oxid, Rost). Die auf > 3 bis 2 Milliarden Jahre datierten Mikrofossilien dürften also weitgehend anaerob gelebt haben. Erst vor ca. 2 Milliarden Jahren dürfte der O_2-Gehalt der Atmosphäre auf über 1 % angestiegen sein. Seitdem wurde stetig ein Ozongürtel (O_3) aufgebaut, dessen schützende Wirkung erst die Vergrößerung des Genoms der Eukaryotenzelle ermöglicht haben dürfte. Zu einer nicht genau bekannten Zeit hat sich der O_2-Gehalt bei 21 % eingependelt (nicht dargestellt). Über den Kurvenverlauf wird noch diskutiert: Anstatt der hier gezeigten konkaven Form könnte der Anstieg auch nach einer konvexen Kurve erfolgt sein. Mehrzellige Eukaryoten, Tiere und Pflanzen, kamen später und besiedelten das Land.

aktiv und vermögen organische Moleküle, auch Makromoleküle wie DNA, zu verändern. Diese indirekte Strahlenwirkung ist die dominierende Komponente bei Strahlenschäden. Es ist anzunehmen, dass in der Frühphase derlei Prozesse einerseits die Evolution über Mutationen angetrieben, andererseits aber auch die Bildung komplexerer stabiler Genome behindert haben (eben durch zu häufige Mutationen). Unter den Bedingungen der Uratomosphäre, bei O_2-Gehalten unter 0,1 %, konnte die UV-Strahlung ungehindert auf die Erdoberfläche aufprallen. Erst als der O_2-Gehalt auf 1 % anstieg, also vor ca. 2 Milliarden Jahren hat sich wahrscheinlich in höheren atmosphärischen Schichten allmählich ein Schutzschild aus **Ozon** (O_3) aufgebaut hat, sodass UV zunehmend herausgefiltert wurde und sich das Genom ungestört vergrößern konnte. Der **Sauerstoff** war also ursprünglich mitnichten der große „Freund und Förderer" des Lebens – im Gegenteil, er war eher ein Zellgift. Die Zelle musste im Laufe der Evolution erst lernen, O_2 zu entgiften.

► **Die Erfindung der Sauerstoffentgiftung führt zur Energiegewinnung.** Die Evolution hat dazu eine ganze Palette von Enzymen entwickelt, welche zumeist mit einem Fe-Atom ausgestattet sind, nämlich **Peroxidasen, Katalasen** und **Superoxid-Dismutasen**. Sie sind in der Lage, Peroxide abzubauen. Oft ist das Fe-Atom in einer Häm-Gruppe integriert, wie sie auch im Hämoglobin der Erythrocyten und in den Cytochromen der mitochondrialen Innenmembran vorkommt. Im letzteren Fall hat die Zelle die Entgiftung von O_2 so gründlich vorangetrieben, dass sie den ursprünglichen Nachteil zu einem entscheidenden Vorteil umgemünzt hat. Wie wir in Kap. 19 (S. 376) gesehen haben, bringt die Nutzung von O_2 bei der oxidativen Phosphorylierung eine 18-fache Energieausbeute gegenüber dem O_2-freien Ablauf der Glykolyse. So haben bereits manche Bakterien den Tricarbonsäure-Zyklus, die Atmungskette mit Cytochromen und eine daran gekoppelte oxidative Phosphorylierung „erfunden".

Solche Formen von Bakterien besitzen in ihrer Zellmembran Cytochromketten und ATP-Synthase-Moleküle. Der H^+-Gradient, den sie entlang der Zellmembran aufbauen, kann nach außen nicht abdiffundieren, weil wenigstens eine weitere Hüllschicht dies verhindert. Vergleiche dazu Kap. 4.2.1 (S. 66). ATP wird über einen Protonen-Einstrom durch eine membranständige ATP-Synthase gebildet. Die Bakterien zeigen also genau jenes Funktionsmuster, welches wir von den Mitochondrien des Eucyten her kennen. Unter den Bakterien gibt es aber nicht nur Stoffwechselformen, die funktionell einem Mitochondrium, sondern auch solche, die einem Chloroplasten ähnlich sind. Es gibt also **heterotrophe** oder **autotrophe** Formen. Im Falle autotropher Bakterien sind häufig reichliche Einfaltungen der Zellmembran ausgebildet; s. Kap. 4.2.2 (S. 67). So besteht eine prägnante Ähnlichkeit zwischen Chloroplasten und Cyanobakterien einerseits und Mitochondrien und den rezenten farblosen Purpurbakterien andererseits (► Abb. 26.6).

► **Eukaryoten funktionierten Bakterien zu Mitochondrien und Chloroplasten um.** Vieles deutet darauf hin, dass die Eukaryotenzelle ursprünglich nur über die energetisch kaum interessanten Entgiftungswege für O_2 verfügte, etwa in Form von Katalase in Peroxisomen (S. 316) und von cytosolischer Superoxid-Dismutase. Wahrscheinlich hat sie sich erst später oxidative Bakterien

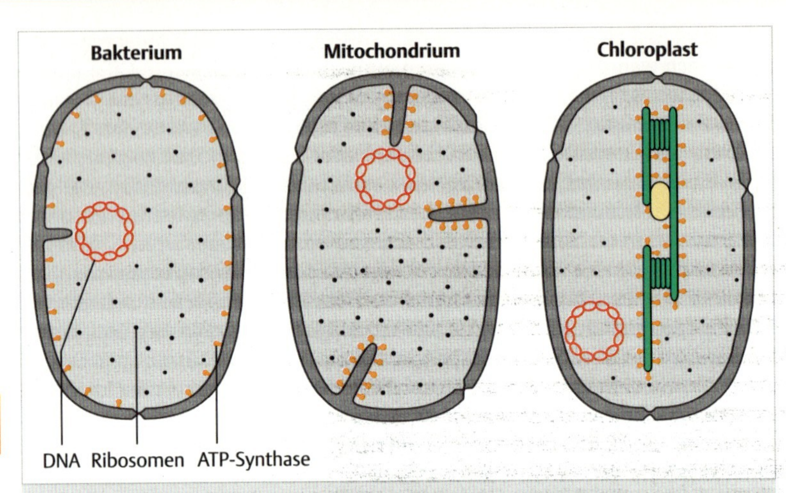

Abb. 26.6 Strukturelle und funktionelle Ähnlichkeit von Bakterien, Mitochondrien und Chloroplasten. Sie alle haben eine histonfreie, zirkuläre DNA und relativ kleine Ribosomen. Manche Bakterien enthalten Cytochrome und ATP-Synthase in ihrer Zellmembran verankert. Wie bei den beiden Organellen nutzt die ATP-Synthase einen H^+-Gradienten zum Antrieb der ATP-Bildung. Im Falle solcher Bakterien erlauben äußere Hüllschichten den Aufbau eines „Stausees" von Protonen, im Falle der beiden Organellen wird dies durch die Präsenz einer äußeren Hüllmembran ermöglicht. Wie bei Chloroplasten gibt es auch bei photosynthetisch aktiven Bakterien Membraneinfaltungen zum „Stauen" von Protonen (nicht gezeichnet), vgl. ▶ Abb. 4.7. Diese und weitere Ähnlichkeiten unterstützen die Symbiose-Hypothese zum Ursprung beider semiautonomer Organellen.

als nützliche „Haustiere" einverleibt – zum wechselseitigen Nutzen (**Symbiose**; ▶ Abb. 26.7). In ähnlicher Weise könnten aus Cyanobakterien abgeleitete photosynthetisch aktive Bakterien aufgenommen und in Chloroplasten transformiert worden sein (**„Symbiose-Hypothese"** der Evolution von Mitochondrien und Chloroplasten; s. u.). Der erste Schritt war die Bildung von Mitochondrien aus Bakterien mit oxidativem Stoffwechsel. Dies diente nicht nur der Beseitigung von anfallendem O_2, sondern er brachte auch einen enormen Vorteil in der Energieversorgung. Der zweite Schritt war die Aufnahme photosynthetisch aktiver Bakterien als Chloroplasten. Dies führte zur Bindung von CO_2, das beim Stoffwechsel der Mitochondrien anfällt, und zur Bereitstellung von noch mehr O_2, das inzwischen ja geradezu nützlich geworden war.

Die energetische Situation der Eukaryotenzelle wurde also auf zwei Stufen verbessert:

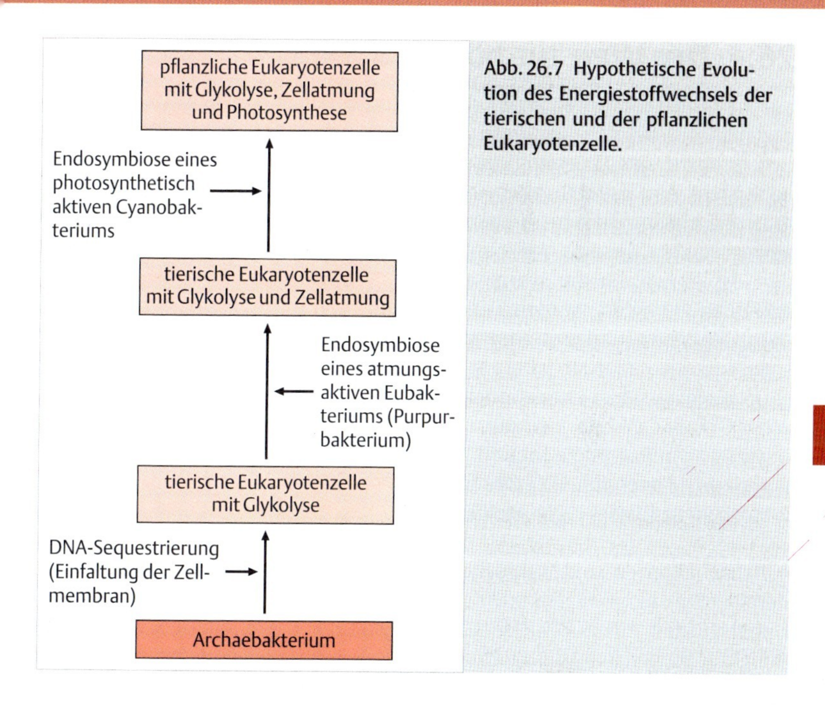

Abb. 26.7 Hypothetische Evolution des Energiestoffwechsels der tierischen und der pflanzlichen Eukaryotenzelle.

1. durch die „Domestikation“ von O_2-verbrauchenden Bakterien, also bei der Entstehung von Mitochondrien;
2. später die Nutzung des Sonnenlichts als Primärenergie, und zwar durch „Domestikation“ von Bakterien mit der Fähigkeit zur Photosynthese.

Beides, der oxidative Stoffwechsel und die Photosynthese, sind also „Erfindungen“, die die Eukaryotenzelle nicht selbst gemacht hat. Vielmehr handelt es sich um „Erfindungen“ von prokaryotischen „Gastarbeitern“. Die „Symbiose-Hypothese“ wird unter Kap. 26.5 (S. 547) weiter vertieft.

Der O_2-Gehalt der Atmosphäre konnte nun ohne viel Gefahr für die weitere Evolution ansteigen, er konnte sogar ausgebeutet und zum Selektionsvorteil aller aeroben Organismen umgemünzt werden. Je mehr der O_2-Gehalt anstieg, umso mehr entwickelte sich in den letzten 2 Milliarden Jahren auch der Ozon-Schutzschild. Erst die damit stark abnehmende Strahlenbelastung erlaubte die Evolution größerer Genome.

26.4 Der Weg zur höheren Zelle

Vor 1,8 Milliarden Jahren lässt sich aus Mikrofossilien das Auftauchen der Eukaryotenzelle belegen. Von der Evolution einiger ihrer Komponenten, die mit dem Problem des Sauerstoffs zusammenhängen, war soeben die Rede, aber noch nicht vom Zellkern. Wie wir im Kap. 7 (S. 151) sahen, war eine strukturelle Abgrenzung eines beim Übergang Prokaryot → Eukaryot auf ein Vielfaches anwachsenden Genoms wohl unabdingbar. Gleichzeitig musste die Effizienz der Maschinerie für die Synthese eines viel umfangreicheren Repertoires an Proteinen gesteigert werden. Gibt es Kandidaten im Kreise der Prokaryoten, die als Vorläufer für diesen Funktionswandel infrage kämen?

Bereits seit den 70er Jahren war es möglich, kleinere RNA-Spezies zu sequenzieren. In seiner Pionierarbeit hatte der US-Amerikaner **Carl R. Woese** die 16S-rRNA ausgewählt, weil diese in der kleinen Untereinheit der Ribosomen nicht nur von Bakterien, sondern in ihrem Gegenstück, der 18S-rRNA, auch in der kleinen Untereinheit cytosolischer Ribosomen der Eukaryoten vorkommt. Außerdem hat dieses rRNA-Molekül eine überschaubare Größe.

▸ Achaebakterien sind wahrscheinlich Vorfahren der „höheren Zellen". Innerhalb der Bakterien erkannte man plötzlich zwei Gruppen mit tiefgreifenden Unterschieden: eine Gruppe der allseits vertrauten Bakterienarten, welche nun **Eubakterien** genannt wurden (egal ob Gram-positiv oder -negativ), und eine Gruppe von **Archaebakterien** mit erstaunlichen Eigenschaften. Archaebakterien sind nur von extremen Biotopen her bekannt. Sie leben unter methanhaltigen, extrem sauren (pH bis $\leq 1{,}0$) oder heißen Bedingungen bis $> 100\,°C$ (Methanbakterien, acidophile und thermophile Bakterien) oder in extrem salzhaltigen Medien (halophile Bakterien). Man fühlt sich unmittelbar an die harschen Bedingungen der frühen Evolution erinnert. Sie sind chemo-, aber nicht photoautotroph. Ihre Ribosomen sind zwar vom 70S-Typ, jedoch ähneln der Mechanismus der Transkription und Translation sowie die daran beteiligten Proteine mehr jenen der Eukaryoten als denen der Eubakterien. Die Translation ist unempfindlich auf manche bakterienaktive Antibiotika. Manche Archaebakterien haben **Introns** in ihrem Genom, ganz wie das Eukaryoten-Genom. Auch die für das Spleißen der prä-mRNA in funktionelle mRNA erforderlichen Spleißosomen wurden in Archaebakerien gefunden. Überdies sind bereits Archaebakterien – wie die Eukaryoten – im Besitz von vergleichbaren **Proteasomen**. So liegt der Schluss nahe, dass Archaebakterien die Vorfahren der „höheren Zelle" sein könnten. Die Abgrenzung eines Zellkerns kann man sich so vorstellen, dass sich die Zellmembran eingefaltet und dabei das Genom in einem eigenen Kompartiment, dem Zellkern, umhüllt hat (▸ Abb. 26.8).

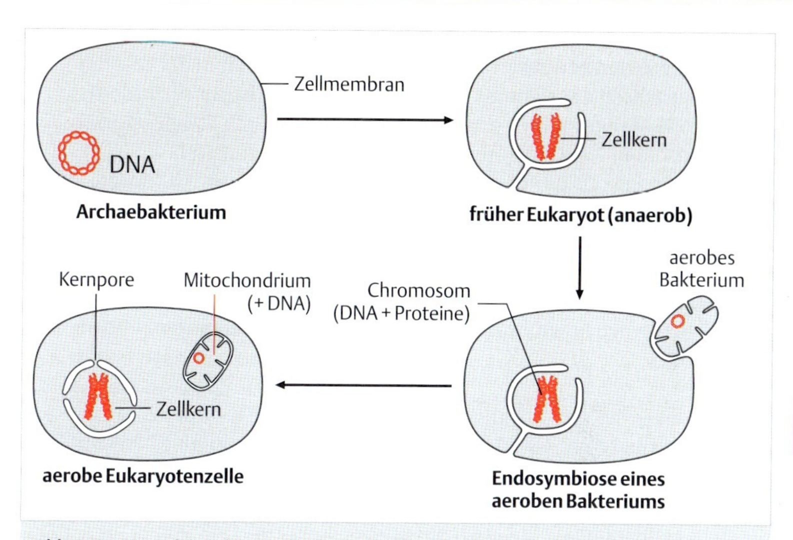

Abb. 26.8 Hypothetische Entwicklung des Kern-Genoms und der Mitochondrien mit ihrem als Chondriom bezeichneten Genom (= mtDNA). Der Zellkern mit dem Kern-Genom könnte sich durch Sequestrierung des Genoms von Archaebakterien und dessen Aufteilung in lineare Koppelungsgruppen (Chromosomen) gebildet haben. (Erst im Laufe der Evolution hätte das Kern-Genom einen vielfachen Umfang erreicht.) Analog zu den Mitochondrien könnten später die Chloroplasten mit ihrer als Plastom bezeichneten ptDNA durch Aufnahme von photosynthetischen Bakterien entstanden sein (nicht dargestellt).

▸ **Ein größeres Genom bringt Entwicklungmöglichkeiten.** Zusammenfassend lässt sich folgende hypothetische Abfolge für die Evolution der immer komplexer werdenden Eukaryotenzelle entwickeln (▸ Abb. 26.8). Ein Archaebakterium erlangt ein vergrößertes Genom. Dieses wird durch Einfaltung der Zellmembran vom Rest des Cytoplasmas weitgehend abgetrennt. Diese Einfaltung ist notgedrungen doppelschichtig und die Abtrennung ist nicht vollständig – es entsteht die doppelte Kernmembran mit Kernporen. Introns stellen vielleicht ein Reservoir von DNA für weitere Differenzierungsprozesse bereit. Das relativ stabile Genom kann weiter anwachsen, weil es durch den zunehmenden Ozonschild geschützt ist. Die DNA wird weiter vermehrt, etwa durch Aufnahme von Genen für eubakterielle Transporter und Enzyme zur Aufnahme und zunächst glykolytischen Verwertung von Zucker usw. Das Genom wurde durch Gen-Duplikationen vergrößert, wobei die Duplikate zu neuen Genen mutieren konnten. Dieser Mechanismus der genetischen Diversifikation konnte durch die molekulare Genetik vielfach belegt werden. Ein größeres Genom erlaubt eine immer komplexere strukturelle und funktionelle Differenzierung. Komplexere Zellen bewähren sich durch höhere Plastizität in der Selektion.

Das Anwachsen des Genoms machte mehrfach Umbauten erforderlich:

1. Die große Menge an DNA pro Zellkern erforderte deren Stabilisierung in **Nukleosomen**, wofür die Histone erfunden werden mussten.
2. Die meterlange DNA musste in kleinere Kopplungsgruppen (**Chromosomen**) zerlegt werden.
3. Die **Kernteilungsspindel** musste erfunden werden – Hand in Hand mit der Entwicklung des Cytoskeletts.
4. Transkription und Translation mussten voneinander räumlich abgekoppelt werden. Die **Kernmembran** proliferierte durch Ausstülpungen in Form des rauen ER.

Mit zunehmender Entwicklung der Eukaryotenzelle geriet die Zahl der Gene und Genprodukte um ein Vielfaches umfangreicher als in einer Prokaryotenzelle. Im reichhaltigen Sortiment der zahllosen Bakterienspezies finden sich vereinzelt noch heute hier und dort Vorläufer für einzelne Zellkomponenten, die man gemeinhin als Eukaryoten-spezifisch einstuft (z. B. Aktin- und Tubulin-Homologe, Proteinkinasen etc.). Während der Evolution wurden wohl verschiedentlich Komponenten aus verschiedenen Bakterienspezies in das generelle Repertoire der Eukaryotenzelle, z. B. über Transposons, übernommen. Es gab nun Spielraum für die Ausbildung weiterer Organellen, wie den ganzen Apparat für Export und Import von Substanzen. Golgi-Apparat, sekretorische und endocytotische Vesikel sowie Lysosomen wurden ebenso „erfunden" wie die Vielfalt des Cytoskeletts. Die Zellen erlangten höhere Reaktivität durch spezifische Oberflächen-Rezeptoren und intrazelluläre Signaltransduktion.

▸ **Ca^{2+} als intrazellulärer Botenstoff (second messenger) – seine Herkunft und Abregulierung.** Zunächst ist festzuhalten, dass Ca^{2+} eigentlich ein schweres Zellgift ist, weil es mit Phosphaten und phosphatreichen Verbindungen, auch mit ATP, unlösliche Verbindungen macht und sie so deaktiviert. Daher hat die Eukaryoten-Zelle früh in der Evolution einen Weg gefunden, mit sehr geringen sowie lokal und zeitlich begrenzten Ca^{2+}-Signalen an verschiedenen Stellen der Zelle, von der Plasmamembran bis in den Zellkern, solche Signale zu setzen. Dies hat mehrere Vorteile: Einerseits, dass nicht alle Ca^{2+}-abhängigen Prozesse in der gesamten Zelle aktiviert werden und andererseits, dass die Herabregulierung, z. B. über Ca^{2+}-Pumpen (Ca^{2+}-ATPasen), wenig Energie verbraucht. Daher gilt für die intrazelluläre Ca^{2+}-Regulation: Hohe Effizienz bei geringem Energieaufwand. Die Zelle hat also in der Evolution – wie beim Sauerstoff – einen gravierenden Nachteil zu einem beträchtlichen Vorteil umgekehrt. Dies war wiederum eine Voraussetzung für die Evolution von Eukaryoten-Zellen mit ihrer komplexen Innenstruktur (Endomembran-System). Allerdings müssen zur Freisetzung von Ca^{2+} in Membranen an strategischen Orten der Zelle Ca^{2+}-Kanäle eingebaut sein, welche die Ca^{2+}-Ionen sehr lokal und oft in einer geringen Zahl von etwa hundert Molekülen oder weniger freisetzen.

In der Zellmembran kommen verschiedene Arten von Ca^{2+}-Influx-Kanälen vor. Manche hängen von der elektrischen Spannung bzw. deren Änderung ab. Beispielsweise gibt es spannungsabhängige Ca^{2+}-Kanäle in den Cilien von Protozoen der Gruppe Ciliaten. Depolarisierung führt zum Einstrom von ca. 500 Ca^{2+}-Ionen, die binnen ca. 50 Millisekunden eine Schlagumkehr der Cilien einleiten, welche innerhalb von ca. 10 Sekunden wieder abebbt. Damit können diese schwimmfähigen Zellen Hindernissen ausweichen. Interessanterweise hat sich dieser Typ von Ca^{2+}-Kanälen bis zum Menschen gehalten, wo er in Neuronen allerdings einem völlig anderen Prozess dient, nämlich der „long term-potentiation", also dem Lernprozess, durch Steuerung des Vesikelverkehrs.

Innerhalb der Zelle gibt es Ca^{2+}-Efflux-Kanäle verschiedener Art. Häufig sind es sogenannte **Inositol-1,4,5-trisphosphat-Rezeptoren** (**IP_3-Rezeptoren**). IP_3 wird kurzfristig aus **Phosphatidylinositol-4,5-bisphosphat** (**PIP_2**), das in Membranen enthalten ist, durch die Aktivität von **Phospholipase C** (**PLC**) hergestellt (S. 146). IP_3 ist somit ein metabolischer Aktivator von bestimmten Ca^{2+}-Kanälen. In Muskelzellen, speziell in deren Sarkoplasmatischem Retikulum, dominieren die sogenannten **Ryanodin-Rezeptoren** (**RyR**). Sie werden durch das pflanzliche Alkaloid Ryanodin (aus dem Weidengewächs Ryania) aktiviert – in höheren Dosen allerdings auch deaktiviert. Erst vor kurzem fand man, dass unter physiologischen Bedingungen die RyR-Typ-Ca^{2+}-Kanäle durch einen endogenen Metaboliten, nämlich **cADPR** (**cyclisches Adenosindiphosphoribose**), aktiviert wird. cADPR wird aus **NAD^+** (**Nicotinamidadenindinukleotid**) (S. 373) gebildet. Weitere Ca^{2+}-Kanäle werden durch cyclische Nukleotide, wie cAMP oder cGMP, aktiviert.

Als Ca^{2+}-Speicher dienen viele intrazelluläre Vesikel, für deren Fusion übrigens auch Ca^{2+} benötigt wird, und ganz besonders das ER. Diese Ca^{2+}-Speicher können Ca^{2+} auch wieder entaktivieren, indem sie es in primär oder sekundär aktiven Transportprozessen wieder aufnehmen und somit aus dem Verkehr ziehen. Am schnellsten funktioniert die Abregulierung aber durch Bindung an Ca^{2+}-Bindeproteine, die (i) spezielle Ca^{2+}-Bindestellen oder – einfacher – (ii) eine hohe Zahl an negativ geladenen Aminosäureresten (saure Aminosäuren wie Glutaminsäure) enthalten. Beispiele für (i) sind **Calmodulin** und **Parvalbumin** im Cytosol bzw. für (ii) **Calreticulin** im ER.

Diese Vielfalt an chemisch und topologisch distinkten Aspekten erlaubt es der Zelle, zahlreiche Prozesse auf der Basis von Ca^{2+}-Signalen zu regulieren. Dieses reicht von der Zelloberfläche (Änderung der Zellform, Kriech- und

Schwimmbewegung), über die Fusion von intrazellulären Vesikeln verschiedener Art (z. B. Fusionen im Bereich Endosom-Phagosom-Lysosom), die Fusion von Exocytose-Vesikeln mit der Zellmembran, bis hin zur Regulation der Gentranskription (über Ca^{2+}-sentsitive Regulatoren) und der Zellteilung (Cytokinese). Auch Mitochondrien können sehr rasch Ca^{2+} aufnehmen und wieder abgeben. Hier kann ein Ca^{2+}-Impuls die oxidative Phosphorylierung und damit die Energieversorgung der Zelle stimulieren.

Nicht nur die Signaltransduktion, sondern auch neue Stoffwechselwege wurden entwickelt. Es entwickelten sich neue Arten der Lokomotion (amöboide Bewegung, Cilien, Flagellen). Viele dieser Fähigkeiten sind bereits bei **Protozoen** realisiert, z. B. eine Ca^{2+}/Calmodulin-aktivierte Protein-Phosphatase, Typ **Calcineurin**, wie sie beim Menschen für Immunantwort und Lernprozesse im Einsatz ist. Auch manche **Zell-Adhäsionsmoleküle** (**Cadherine**) wurden nachweislich bereits vor der Vielzelligkeit „erfunden" und standen dann zur Verfügung.

▸ **Oxidative Bakterien als „Dauergäste" bringen den energetischen Durchbruch.** Der ganze Aufwand konnte erst „finanziert" werden, als oxidative Bakterien als „Dauergäste" (**Endosymbionten**) in Form der Mitochondrien aufgenommen worden waren. Die „Einheitswährung" blieb das ATP. Sowohl das O_2- als auch das Nahrungsangebot stiegen mit der Entwicklung pflanzlicher Eukaryoten, also mit Aufnahme photosynthetischer Bakterien als Endosymbionten (Chloroplasten), noch um ein Weiteres global an. Die Evolution treibt sich nun eigendynamisch selbst weiter – sie dauert bis heute an (▸ Abb. 26.9).

▸ **Das Genom als Baukasten für die Evolution.** Abgesehen von der Aufnahme neuer Genome (Symbionten) wurde die Evolution der Zelle durch mehrere kooperative Mechanismen weiter getrieben. Ganze Genome oder Teile davon wurden in einzelnen Organismen, z. T. mehrmals, dupliziert; dies lässt sich vom Einzeller (z. B. *Paramecium*) bis zu verschiedenen Blütenpflanzen und Vertebraten belegen. Der **Duplikation** folgte die **Diversifikation**, mit der Übernahme neuer Funktionen durch ein verändertes (mutiertes) Gen bzw. des entsprechenden Genproduktes – natürlich im Rahmen der unvermeidlichen Funktionsprobe durch die **Selektion**. Duplizierte Genabschnitte wurden vielfach aber auch wie Bauklötze (**Module**) in verschiedenen Genen zum Einsatz gebracht. Viele Proteine haben dementsprechend einen modularen Bau, d. h. sie enthalten ähnliche Abschnitte, die fallweise einem Funktionswechsel unterliegen. Dazu kommt noch die Erfindung funktionell besonders wichtiger Strukturabschnitte (**Domänen**), die sich in sehr ähnlicher Form in verschiedenen Proteinen finden. Es wurde also nicht jedesmal alles neu „erfunden". Daher sticht auch nicht das Negativargument, es könnten sich ja auch elektronische

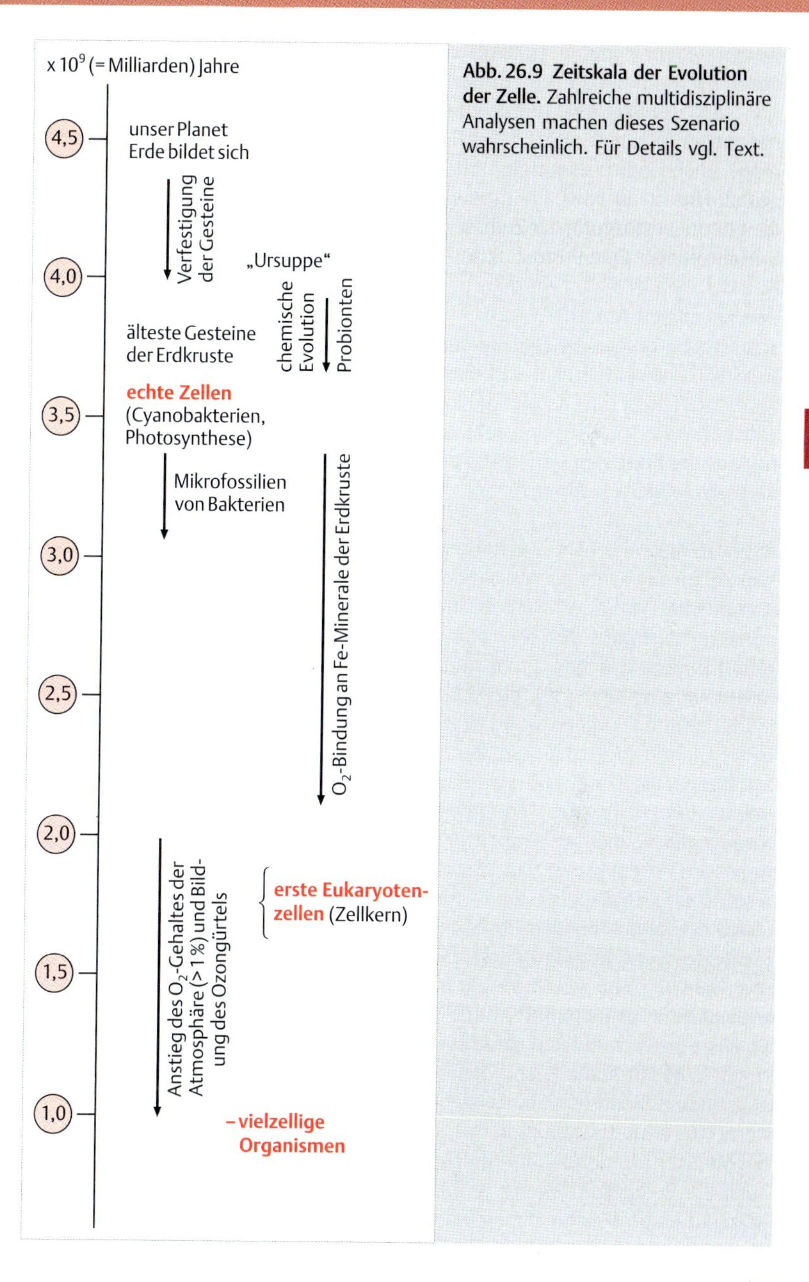

Abb. 26.9 Zeitskala der Evolution der Zelle. Zahlreiche multidisziplinäre Analysen machen dieses Szenario wahrscheinlich. Für Details vgl. Text.

Bauteile nicht spontan sinnvoll verschalten. Das Bild wird noch vielfältiger durch die zahlreichen **posttranslationalen Modifikationen**, welche die Funktion oder das Schicksal (Positionierung in der Zelle, Lebensdauer) von Proteinen beeinflussen können. Überdies können aus jedem Gen – so wurde für menschliche Zellen ermittelt – im Durchschnitt zwei bis acht Spleiß-Varianten „geschneidert" werden, die überwiegend der Feinabstimmung an die Anforderungen in bestimmten Zelltypen dienen. Beispielsweise arbeiten die **Spleiß-Varianten** der Ca^{2+}-Pumpe von Calciumspeichern, wie sie in verschiedenen Muskeltypen gebildet werden, mit unterschiedlicher Leistung, entsprechend den jeweiligen Anforderungen. Ähnliche Unterschiede zeigen auch die nichtspleißbaren Isoformen. Die zunehmende vierdimensionale Vernetzung (räumlich = 3D, und zeitlich) hat die Zelle sich zu einem Puzzlespiel höchster Komplexität entwickeln lassen. Man denke allein an die über 1500 Rezeptoren und an Tausende von Transkriptionsfaktoren (s. Kap 23.4) (S. 471), die wir größtenteils nur aus der humanen Genom-Entschlüsselung, jedoch nur in geringem Umfang als reale Proteine kennen.

► **Vielzelligkeit geht mit erhöhter Komplexität einher.** Auch die Gesamtzahl von Zellen pro Organismus nahm im Laufe der Evolution zu, ebenso wie die Komplexität von deren Interaktion. So hat der Nematode (Fadenwurm) *Caenorhabditis elegans* 302 Neurone (Zellkonstanz) und ca. 6 000 Synapsen, der *Homo sapiens* dagegen allein im Cortex seines Großhirns 10^{10} Neurone und insgesamt eine unvergleichlich höhere Zahl von 10^{14} Synapsen.

Diese Komplexität entstand aus sehr viel einfacheren Vorläufern. Vor 0,8 Milliarden Jahren begegnen wir den ersten vielzelligen Organismen. Die für den zwischenzelligen Kontakt erforderlichen Oberflächen-Proteine beanspruchen einen weiteren Teil des Genoms. Das Genom bleibt in allen Zellen eines Organismus gleich, aber das sequenzielle „Abrufen" einzelner Gene nach einem genetischen Programm gewährleistet die Differenzierung eines vielzelligen Organismus in spezialisierte Zellen mit jeweils optimierter Effizienz. Diese wird durch den zunehmenden Einfluss der Epigenetik verstärkt; vgl. Informationsdichte des Genoms während der Evolution (► Tab. 26.3).

► **Sexualität als Rekombinations-Vorteil.** Schon bei Bakterien gibt es sexuelle Prozesse in Form des Austauschs von DNA-Stücken, die sogenannte Konjugation (S. 74). Auch die Eukaryotenzelle ist prinzipiell zwar nicht auf Sexualität angewiesen, profitiert aber von der Verschmelzung zweier Zellen bzw. ihrer Kerne durch Rekombination von genetischem Material und durch Abdecken nachteiliger Mutationen im diploiden Chromosomensatz. Freilich musste dazu auch die Reduktionsteilung „erfunden" werden, sonst würde sich ja das Genom mit jeder Verschmelzung von zwei Zellen verdoppeln.

▸ **Die Evolution findet auch heute noch statt.** All dies musste die Eukaryotenzelle bei „laufendem Betrieb" realisieren – „wegen Umbau geschlossen" gab es nicht. Vielleicht ist deshalb nicht jede Lösung technisch perfekt. Die Evolution musste auch auf zellulärem Niveau Kompromisse schließen. Im „Bestreben" nach Optimierung läuft die Evolution der Zelle immer noch weiter. Dieser Aspekt impliziert für die Evolutionsforschung eine große Chance: Spuren der Evolution können wir bis in unsere eigenen Zellen hinein verfolgen. Um das zu beleuchten, wollen wir uns noch einmal den Mitochondrien zuwenden. Da für Chloroplasten ein ähnlicher evolutiver Werdegang anzunehmen ist, wollen wir beide Organellen vergleichend betrachten.

26.5 Die Symbiose-Hypothese auf dem Prüfstand

Vorhin wurde die Aufnahme und „Domestikation" von Eubakterien mit der Fähigkeit zur oxidativen Phosphorylierung als Mitochondrien, und von photosynthetisch aktiven Eubakterien als Chloroplasten skizziert; vgl. dazu Kap. 26.3 (S. 535). Das innere Membransystem des Organells entspräche somit einer bakteriellen Zellmembran, die äußere Organellenmembran wäre ein Abkömmling der Oberflächenmembran der Zelle selbst.

Diese „Symbiose-Theorie" sollte besser als „Symbiose-Hypothese" bezeichnet werden, weil ihre Aussage – wie so vieles in der Evolutionsforschung – sich einer experimentellen Überprüfung entzieht. Sie hat ihre eigene Evolution durchgemacht. Ausgehend von der gewagten, kühnen Spekulation, über weitgehende Akzeptanz, verfiel sie zeitweise der Lächerlichkeit, bis sie neuerdings glänzend bestätigt wurde.

Das Postulat eines endosymbiontischen Ursprungs wurde erstmals bereits um die 19./20. Jahrhundertwende erhoben. (Übrigens hat **Richard Altmann** in einer entsprechenden Publikation erstmals Osmiumtetroxid als Fixans verwendet.) Beide Organellen, **Mitochondrien** und **Chloroplasten**, ähneln den Bakterien in Form und Größe. Besonders bei Chloroplasten assoziiert man grüne Bakterien. Den langen Weg der Mitochondrien von den atmungsaktiven Partikeln **Warburg's** bis zu ihrer strukturellen Identifikation haben wir in Kap. 19 (S. 376) nachgezeichnet. Die alte Hypothese wurde wieder attraktiv, als man DNA in Chloroplasten und in Mitochondrien entdeckt hatte (ptDNA, mtDNA). Diese beiden Organellen mit doppelter Membranumhüllung wurden daher als „autonome Organellen", ihr Genom als Chondriom bzw. als Plastom bezeichnet.

▸ **Mitochondrien und Chloroplasten sind nur noch semiautonom.** Die **DNA** von Mitochondrien und Chloroplasten liegt in der Matrix bzw. im Stroma, sie ist im Allgemeinen ringförmig (mit *einem* Replikationsstartpunkt, *origin of replication*), sie hat keine Histone gebunden und ist überdies frei von Introns. Ein Mitochondrium hat häufig an die 10, ein Chloroplast bis zu 100 Kopien derselben DNA. Diese stellt ca. 1 bzw. 10 % (bis zu 30 %) der gesamten DNA einer tierischen bzw. pflanzlichen Zelle. Wegen der Identität der multiplen DNA-Kopien besagt dies jedoch nichts über die Zahl der autonom kodierten Genprodukte. Ein DNA-Ring eines Leber-Mitochondriums hat einen Umfang von ca. ≥ 5 µm, jener eines Chloroplasten ist etwa 10-mal länger. Das organelleigene Genom entspricht im Allgemeinen einem Gehalt an 10 bis 20 bzw. 100 bis 200 Kilobasenpaaren (kbp). In Mitochondrien des Menschen sind es 16,5 kbp. Der Informationsgehalt ist dementsprechend nur ca. 1/100 000 des Kern-Genoms. Würde die gesamte autonome DNA in Protein umgesetzt, so ergäbe dies nur einen Bruchteil der zahlreichen Proteinspezies, welche ein Mitochondrium für seine komplexen Funktionen benötigt. So häuften sich die Evidenzen, dass ein Großteil der Genprodukte aus dem Cytoplasma importiert wird. In die umgekehrte Richtung gibt es keinen Transport von Genprodukten. Dasselbe gilt für Chloroplasten. Mitochondrien und Chloroplasten sind demgemäß bestenfalls als semiautonome Organellen „mit extrem negativer Handelsbilanz" zu betrachten, denn sie importieren die meisten Genprodukte und exportieren nur ihre „Währung", ATP.

▸ **Mitochondrien und Chloroplasten enthalten Ribosomen vom Eubakterien-Typ.** Beide Organellen verfügen über den enzymatischen Apparat (Polymerasen etc.), um ihre DNA selbst zu replizieren und in mRNA (welche die Organellen nie verlässt) zu transkribieren, sowie alles, was für die Translation erforderlich ist. Hierfür enthalten sie eigene Ribosomen in ihrer Matrix bzw. im Stroma. Diese Ribosomen sind vom kleinen 70S-Typ, wie wir ihn von Eubakterien her kennen, und sie enthalten den bakteriellen Ribosomen sehr ähnliche rRNA- und Protein-Spezies. Unter anderem enthält die kleine Untereinheit eine 16S-rRNA, entsprechend der in Eubakterien. Die organelleigene Proteinsynthese ist unempfindlich auf Cycloheximid, kann aber durch das Antibiotikum Chloramphenicol gehemmt werden (▸ Tab. 26.1). Sie beginnt mit **N-Formyl-Methionin** und nicht mit Methionin, wie an den freien Ribosomen des Cytosols, und an jenen des rauen ER. Diese Kriterien entsprechen ebenfalls den Verhältnissen bei Eubakterien und stehen im Gegensatz zur Proteinsynthese im Cytosol der Eukaryotenzelle. Ebenfalls wie bei Bakterien fehlt der inneren Membran beider Organellen das **Cholesterin**.

Tab. 26.1 Ähnlichkeiten zwischen Eubakterien und autonomen Organellen (Mitochondrien bzw. Chloroplasten) im Vergleich zum Rest der Eukaryotenzelle

Kriterium	Eubakterien	autonome Organellen	Rest der Eukaryotenzelle
DNA			
– Form	ringförmig, ohne Histone		linear in Chromosomen (mit Histonen)
– Replikation	ein Startpunkt		viele Startpunkte
Ribosomen	70S (ohne 5,8S-rRNA)		80S (mit 5,8S-rRNA)
Proteinsynthese	Start: N-Formyl-Methionin		Start: Methionin
– Sensitivität auf Antibiotika	empfindlich auf Chloramphenicol, unempfindlich auf Cycloheximid		empfindlich auf Cycloheximid, nicht auf Chloramphenicol
3-OH-Steroide	fehlen	fehlen im inneren Membransystem	vorhanden

▶ **Es gibt viele Indizien für die Entwicklung von Mitochondrien und Chloroplasten aus Eubakterien.** Diese Häufung von Gemeinsamkeiten zwischen Mitochondrien und Chloroplasten einerseits und Eubakterien andererseits (▶ Tab. 26.1) ist eine starke Stütze für die Symbiose-Hypothese. Dazu kommen noch beträchtliche **Sequenzhomologien** bei der rRNA und bei manchen Proteinen sowie die Tatsache, dass es Bakterien von jeweils entsprechendem Stoffwechseltyp in freier Natur gibt. Es muss aber klargestellt werden, dass es auch hier einen direkten Nachvollzug des „Experiments Evolution“ nicht gibt – weder kann man Mitochondrien oder Chloroplasten zellfrei züchten, noch kann man heute entsprechende Bakterien in eine Eukaryotenzelle einschleusen, um sie intrazellulär zu „domestizieren“. Es verging eine viel zu lange Zeit, seit sich diese Symbiose in der Evolution eingependelt hat. Beide Organellen haben im Laufe der Evolution wohl das meiste ihrer Kompetenzen an das Kern-Genom abgegeben. Dieser „Hang zum Zentralismus“ ging mit einem DNA-Transfer einher, in der Art, wie man es gelegentlich mit **Transposons** (mobile DNA-Abschnitte) beobachtet.

Diese Annahme wird dadurch gestützt, dass beim Pilz *Neurospora* ein solcher Gentransfer aus Mitochondrien in den Zellkern während bestimmter Entwicklungsabschnitte beobachtet wird, obwohl das die Ausnahme ist. Auch beobachtet man in freier Natur, wie sich manche Eukaryotenzellen symbiontische Bakterien einverleiben – sie werden endocytiert, dann aber nicht lysosomal abgebaut. Dazu lassen sich entsprechende Modellfälle anführen: Die in Tümpeln heimischer Wälder lebende Amöbe (Protozoa = Einzeller) *Pelomyxa palustris* der Mitochondrien fehlen, vermochte in der Evolution dieses Defizit durch

Aufnahme energieliefernder Bakterien zu korrigieren. Manche Cryptophyten (Einzeller, Flagellaten) nahmen im Laufe der Evolution einen anderen, und zwar photosynthetisch aktiven Einzeller (eine Rotalge) auf und kompensierten so das Fehlen eigener Plastiden. Eine Liste von weiteren Beispielen offenbart, dass manche dieser Endosymbionten noch getrennt lebensfähig, andere jedoch bereits in totale Abhängigkeit von ihrer Wirtszelle geraten sind. Auch für die Verhinderung des lyosomalen Abbaus gibt es einen Modellfall: Phagozytierte Tuberkulose-Bakterien (*Mycobacterium tuberculosis*) vermögen die Fusion mit Lysosomen zu hemmen und so dem Abbau zu entgehen, genauso wie es für die bakteriellen Vorläufer von Mitochondrien und Chloroplasten gefordert wird. (Gerade das war lange Zeit die Problematik der Tuberkulose-Therapie.)

▶ Tab. 26.2 fasst zusammen, was die organelleigene DNA höherer Tiere und Pflanzen jeweils in Mitochondrien und Chloroplasten kodiert. Daraus erkennt man folgende Gesetzmäßigkeiten.

- An Proteinen werden fast nur solche der Innenmembranen kodiert. Darunter sind Schlüsselenzyme des organelltypischen Stoffwechsels.
- Meistens werden nur einzelne Untereinheiten von solchen Proteinen kodiert bzw. entsprechende mRNAs gebildet.

Tab. 26.2 Genprodukte aus der DNA von Mitochondrien und Chloroplasten

Genprodukt	Kodierung in Mitochondrien	Kodierung in Chloroplasten
Proteine		
– äußere Membran	keine	keine
– Außenraum	keine	keine
– Matrix	keine (Import von Enzymen inkl. DNA- und RNA-Polymerasen sowie ribosomale Proteine)	keine Enzyme (außer Untereinheiten der RNA-Polymerase), jedoch zahlreiche ribosomale Proteine Rubisco (größere Untereinheit)
– Innenmembran	NADH-Dehydrogenase (teilweise) Cytochrom c-Oxidase (teilweise) Cytochrom b (teilweise) ATP-Synthase (Hefezellen: 2 Proteine des Basisteils für die Membranverankerung; Mensch: 1 solche Untereinheit)	Teile von Photosystem I und II Teile der Cytochromkette ATP-Synthase (2 Untereinheiten des Basis- und 4 des Kopfteils)
RNAs	mRNAs für obige Proteine, alle tRNAs, zwei rRNA-Typen	mRNAs für obige Proteine tRNAs, rRNAs

- Darüber hinaus erzeugen die Organellen einen Teil der für die Translation erforderlichen Moleküle, wie tRNAs, rRNAs und fallweise ribosomale Proteine. Der autonom kodierte Anteil ist bei Mitochondrien deutlich geringer als bei Chloroplasten.
- Die Schlüsselenzyme der Replikation und Transkription, die DNA- und RNA-Polymerasen, entstammen bei Mitochondrien ausnahmslos und bei Chloroplasten überwiegend dem Kern-Genom.

Allein aus den Angaben für beide Organellen in ▸ Tab. 26.2 lässt sich schließen, dass Mitochondrien älter als Chloroplasten sein müssen (vgl. unten), weil letztere noch viel mehr Autonomie besitzen.

▸ Anhand von Sequenzanalysen kann man einen Stammbaum der Eukaryotenzelle aufstellen. Um den Ablauf der Evolution weiter aufzuklären, wurden Cytochrome und andere Enzyme beider „autonomen Organellen" mit jenen verschiedener Bakterien verglichen. Dazu kam die Sequenzanalyse der 16S- bzw. 18S r-RNA und schließlich ab den 80er Jahren die Sequenzanalyse des Genoms dieser Organellen in einzelnen Spezies. Daraus ergaben sich folgende Schlussfolgerungen.

- Mitochondrien sind älter als Chloroplasten. Ihnen entsprechen am ehesten „schwefelfreie" **Purpurbakterien**. Vorläufer dieser Art wurden vermutlich vor ca. 1,8 bis 1,5 Milliarden Jahren als Endosymbionten aufgenommen. Durch **Gentransfer** wurde ein zunehmender Anteil des Organell-Genoms in das Kern-Genom der Eukaryotenzelle integriert.
- Als Vorläufer-Äquivalent der Chloroplasten kann man am wahrscheinlichsten **blaugrüne Bakterien**, Verwandte der Cyanobakterieni, annehmen. Obwohl **Cyanobakterien** zu den ältesten Zellen gehören (s. dazu auch Kap. 26.2) (S. 530), erfolgte ihre Aufnahme in die pflanzliche Zelle erst sehr viel später, und zwar nachdem die Eukaryotenzelle bereits ihre Mitochondrien erworben hatte. Der Transfer von DNA in das Kern-Genom ist hier weniger fortgeschritten als bei Mitochondrien.
- Die pflanzliche Eukaryotenzelle ist also jünger als die tierische.
- Zwischen Chondriom und Plastom gab es keinen Genaustausch.

Daraus lässt sich der prinzipielle Ablauf der Evolution der Eukaryotenzelle in ▸ Abb. 26.10 ableiten. Die Symbiose-Hypothese wird durch einige weitere Ähnlichkeiten zwischen Mitochondrien und Chloroplasten einerseits und Eubakterien andererseits gestützt (▸ Tab. 26.1).

Autonom kodierte Genprodukte sitzen immer noch an den Schlüsselstellen der organelltypischen Funktionen. So wird die für die Endoxidation verantwortliche Cytochrom c-Oxidase der Mitochondrien-Innenmembran zur Gänze, die für die CO_2-Bindung an Ribulose-1,5-bis-Phosphat verantwortliche Ribu-

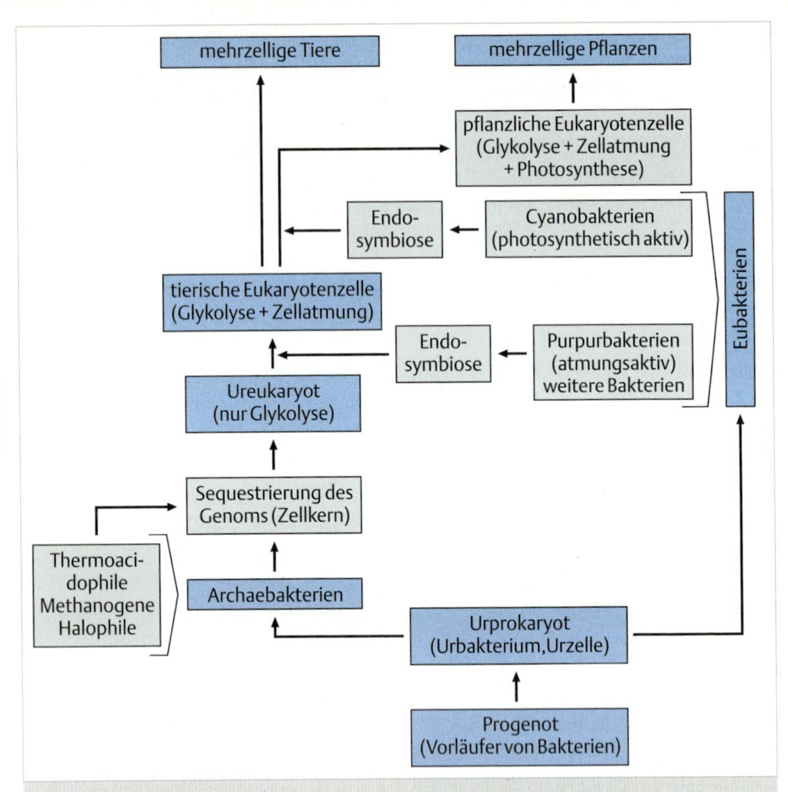

Abb. 26.10 Zusammenfassung der hypothetischen Abfolge in der Evolution der tierischen und der pflanzlichen Eukaryotenzelle aus den verschiedenen bakteriellen Vorläufern. Für weitere Details vgl. Text.

lose-1,5-bis-Phosphat-Carboxylase (**Rubisco**) des Chloroplasten-Innenraumes etwa zur Hälfte (eine Untereinheit) und die in beiden Membrantypen verankerte ATP-Synthase zu variablen Anteilen organellautonom kodiert. Dabei ist mit fortschreitender Evolution offensichtlich die DNA für eine zunehmende Anzahl von Untereinheiten der ATP-Synthase in den Zellkern abgegeben worden (vgl. ► Tab. 26.2).

Die US-Amerikanerin **Lynn Margulis** hat das Verdienst, die Symbiose-Hypothese revitalisiert zu haben. Ihr Versuch, diese auf andere Organellen (insbesondere Cilien, Flagellen und Kernteilungsspindel) zu erweitern, findet jedoch keinerlei konkrete Unterstützung.

26.6 Wie ging die Evolution der Zelle weiter?

Ein Teil der höheren Pflanzen, die Koniferen (Nadelhölzer) und die Blütenpflanzen, haben sogar die Fähigkeit zur Ausbildung von **Centriolen**, **Basalkörpern**, **Cilien** und **Flagellen** verloren. An ihrer Kernteilungsspindel haben sie nur noch amorphe Polkappen. Dieses ging mit der Ausbildung einer Art innerer Befruchtung über einen Pollenschlauch einher. Die männlichen Gameten brauchen nicht mehr in einem Wassertropfen anzuschwimmen. Wie die Entwicklung der Blütenpflanzen wurde auch die Evolution der Säugetiere in der Kreidezeit (vor 150 bis 65 Millionen Jahren) forciert. Die Säugetierzellen haben derartige evolutive Neuerungen jedoch nicht mitgemacht, sie behielten Centriolen und Cilien und ihre Spermatozoen schwimmen immer noch nach dem „altmodischen" Prinzip des Geißelschlages an die Eizelle heran.

▶ **Auf zellulärem Niveau schreitet die Evolution stetig weiter.** Bei Säugetieren wird das **mitochondriale Genom** nur mütterlicherseits weitergegeben (maternale, nicht mendelnde Vererbung). Aus diesem Grunde und wegen des einfachen Baus (ohne Introns) und der geringen Größe wird das Chondriom häufig für Verwandtschaftsanalysen ethnischer Gruppen und zur ethnischen Zuordnung von Mumien herangezogen. Der letzte prominente Fall dieser Art ist der Tiroler Eismann „Ötzi". (Er erwies sich als „echter Europäer".) In weltweiten Analysen des Chondrioms zeigte sich, dass die Evolution auf zellulärem Niveau in der Tat stetig fortschreitet.

▶ **Informationsdichte des Genoms während der Evolution.** Selbstverständlich beansprucht ein zunehmender Grad an Komplexität mit fortschreitender Evolution eine zunehmende Menge an Information. Aber ist denn (wie man lange Zeit annahm) die Menge an DNA pro Zelle die Grundlage für die während der Evolution zunehmende Komplexität? Aus ▶ Tab. 26.3 erschließen sich einige molekulare Prinzipien. (i) Unbestritten verfügt die eukaryotische Zelle über eine wesentlich größere DNA-Menge als die prokaryotische. Dies bedarf jedoch einiger Zusatzbemerkungen. Die Summe verschiedener bakterieller Genome würde überraschend viele Gene für Funktionen aufzeigen (z. B. für Protein Phosphorylierung, Homologe cytoskelettaler Elemente etc.), die man gewöhnlich nicht den Bakterien zuschreibt. Nur sind diese Teilfunktionen auf viele Spezies verteilt, wogegen bei den Eukaryoten eine Summe basaler Prozesse schon sehr früh in der Evolution festgelegt wird. So wurden bereits vor dem Übergang zu den **Vielzellern** die **Signaltransduktion** mittels verschiedener **Phosphorylierungsprozesse** und **Zelladhäsionsmoleküle** „erfunden" – Voraussetzungen für die weitere Evolution zu den Vielzellern hin. (ii) Dann zeigt ▶ Tab. 26.3 aber auch noch, dass die Zahl der Gene während der Eukaryoten-

Tab. 26.3 Größe des Kern-Genoms der Zelle mit fortschreitender Evolution (abgerundete Zahlen aus verschiedenen Publikationen ab 2005)

Organismsus	Basenpaare	Protein-kodierende Gene	Gene mit Introns	durchschnittliche Introngröße (bp)	Zahl der Introns/Gen	%-Anteil an Protein-kodierenden Genen
Bakterien	$>10^6$ bis $>10^7$	500 bis $>10^3$	–	–	–	90
Protozoen:						
Paramecium	80×10^6	39 500	80 %	25	3	85
Dictyostelium	35×10^6	13 000	70	145	1	61
Algen: *Chlamydomonas*	120×10^6	14 500	90	375	7	16
Blütenpflanzen: *Arabidopsis*	125×10^6	26 000	80	170	4	24
Fadenwürmer: *Caenorhabditis*	100×10^6	19 500	95	450	5	6
Fliegen: *Drosophila*	180×10^6	12 000	78	1 560	3	13
Säugetiere: *Mensch*	$3\,000 \times 10^6$	22 500	85 %	3 350	3 bis 8	1,2

Evolution kaum zunimmt. Sogar das Gegenteil kann vereinzelt beobachtet werden: Bei *Paramecium* ist die hohe Anzahl an Protein-kodierenden Genen das Ergebnis mehrerer **„Gesamt-Genom Duplikationen"**, wobei insbesondere die rezenteste noch keine Zeit zur Differenzierung dieser Doppel- oder Mehrfachgene hatte. Manche gehen verloren, ältere „Duplikate" können sich weiter differenzieren, wenn auch langsam. Bis dies der Fall ist, können sie der **Gen-Amplifikation** dienen (vermehrte Zahl identischer oder sehr ähnlicher Transkripte bzw. Proteine). Die Evolution vieler unserer Kulturpflanzen, wie Getreide, beruht auf diesem Prinzip. (iii) Die meisten Gene von Eukaryoten besitzen Introns, und zwar in ähnlicher Zahl (Spalte 3 und 5 in ▸ Tab. 26.3), aber ihre Gesamt-DNA (Zahl der Basenpaare) nimmt während der Evolution enorm zu. Den Extremfall stellt ein bestimmtes **Zelladhäsionsmolekül** dar, dessen Gen derartig viele Introns besitzt, dass daraus theoretisch 38 000 **Spleißvarianten** möglich wären. Es wurde inzwischen experimentell ermittelt, wieviele davon die Zelle tatsächlich realisiert, und es ist dies klar eine der Grundlagen für zunehmende Komplexität. Dagegen kann man beispielsweise an *Paramecium* kaum alternativen Spleißvorgänge beobachten. (iv) Der Anteil an nicht-

Protein-kodierenden Genen nimmt während der Evolution enorm zu, d.h. die **„Kodierungsdichte“** nimmt ab, von 90% bei Bakterien und 85% beim Einzeller *Paramecium* auf 1,2% beim Menschen. Bis vor kurzem hat man diesen Anteil der Kern-DNA abfällig als **„junk DNA“** (Engl. junk = Abfall) bezeichnet, die sich im Laufe der Evolution angesammelt habe – in sträflicher Missachtung des Ökonomieprinzips der Evolution. Neuerdings tummeln sich die Molekularbiologen in diesem „junk“-Paradies und entdecken höher geordnete Steuermechanismen der Genexpression und damit den Schlüssel zu unserer eigenen humanen Komplexität. Aus den Protein-kodierenden DNA-Abschnitten wurden beim Menschen an die 6.500 Transkriptionsfaktoren, das sind fast 30% der Gene, identifiziert, aber bisher nur geringfügig funktionell aufgeklärt. Die Zunahme des „nicht-(Protein-)kodierenden“ Anteils am Genom spiegelt also die zunehmende epigenetische Steuerung, die nicht nur eine kurzzeitige Anpassung binnen einer Generation und ihrer Folgegeneration sondern auch die Differenzierung von Stammzellen ermöglicht; s. Kap. 23 (S. 456). Die Zelle verfügt also quasi über ein Langzeitgedächtnis (Genom) und ein Kurzzeitgedächtnis (Epigenom).

▸ **Das Leben resultiert aus einem Zusammenspiel vieler Faktoren.** Bei aller Faszination über die molekularen Mechanismen sollten die globalen Zusammenhänge der Stoffkreisläufe im Laufe der Evolution nicht übersehen werden. Die **Biosphäre** steht in stetem Wechselspiel mit der Atmosphäre. Seit fast 2 Milliarden Jahren hat sich der Ozonschild entwickelt und die Oberflächentemperatur unseres Planeten wird wesentlich durch einen adäquaten CO_2-Gehalt (0,03%) mitbestimmt. Welche Beiträge hierzu tierische und pflanzliche Zellen liefern, haben wir bereits in Kap. 4 (S. 55) skizziert. Insofern hängt alles Leben an einem relativ empfindlichen Gleichgewicht, das aus der Summe der Aktivitäten aller Zellen über den Zeitlauf der Evolution resultiert.

▸ **Literatur zum Weiterlesen**

siehe www.thieme.de/go/literatur-zellbiologie.html

Sachverzeichnis

A

B

C

D

E

F

G

H

I

J

K

L

M

N

O

P

Q

R

S

T

U

V

Das Standardwerk der Mikrobiologie – aktuell und umfassend

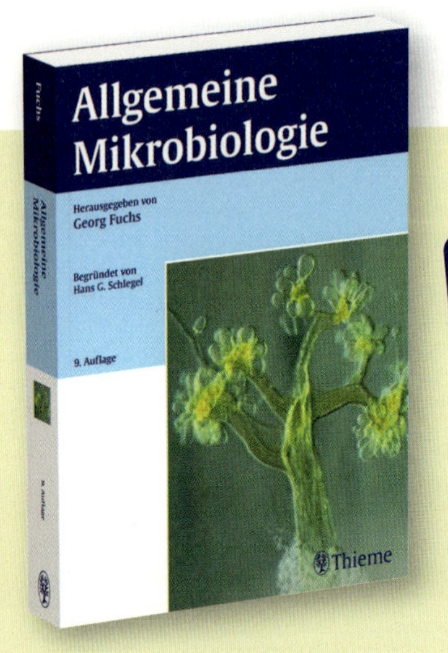

Thermodynamische Grundlagen des Stoffwechsels und Vokabularium mit Fachausdrücken

Allgemeine Mikrobiologie
Fuchs
2014. 9., vollst. überarb. u. erw. Aufl.
732 S., 750 Abb., kart.
ISBN 978 3 13 444609 8
64,99 € [D]
66,90 € [A]

Alles, was du zur Mikrobiologie im Studium wissen musst:

- Mikroorganismen im Überblick
- Allgemeiner Zellstoffwechsel mit Biosynthesen und Abbau organischer Verbindungen
- Genetik, Molekularbiologie und die Biotechnologie mit Informationen zu Fermentationstechnik und Lebensmittelbiologie
- Ökologie, Symbiose, Antagonismus
- Biogeochemie und marine Mikrobiologie
- Einführung in die medizinische Mikrobiologie und Infektionskrankheiten

Preisänderungen und Irrtürmer vorbehalten. Versandkostenfreie Lieferung innerhalb Deutschlands. Bei Lieferungen außerhalb [D] werden die anfallenden Versandkosten weiterberechnet. Georg Thieme Verlag KG, Sitz und Handelsregister: Stuttgart, HRA 3499, phG: Dr. A. Hauff.

Versandkostenfreie Lieferung innerhalb Deutschlands!

Telefonbestellung: 0711/8931-900
Faxbestellung: 07 11 / 89 31-901
Kundenservice @thieme.de

www.thieme.de
Georg Thieme Verlag KG
Rüdigerstr. 14
70469 Stuttgart

Vollständig und aktuell – die molekulare Genetik für dein Studium

[Dieser bewährte Klassiker bietet das gesamte Grundwissen der molekularen Genetik]

Molekulare Genetik
Nordheim/Knippers
2015. 10. Aufl.
568 S., 620 Abb., kart.
ISBN 978 3 13 477010 0
64,99 € [D]
66,90 € [A]

- Komplett überarbeitet und unter Mitarbeit eines neuen jungen Autorenteams auf den neuesten Stand der Forschung gebracht
- Text und Abbildungen sind noch übersichtlicher geworden
- Ein neues konsequentes Farbkonzept hilft dir, dich noch besser zu orientieren
- „Zusatzinformationen" in separaten Boxen ermöglichen dir den Blick über den „Tellerrand"

Versandkostenfreie Lieferung innerhalb Deutschlands!

Telefonbestellung: 0711/8931-900

Faxbestellung: 0711/89 31-901

Kundenservice @thieme.de

www.thieme.de

Georg Thieme Verlag KG
Rüdigerstr. 14
70469 Stuttgart

Alles, was du über die Botanik wissen musst

[Allgemeine und molekulare Botanik – umfassend und hochaktuell]

Allgemeine und molekulare Botanik
Nover/Weiler
2008.
928 S., 900 Abb., kart.
ISBN 978 3 13 147661 6
64,99 € [D]
66,90 € [A]

Das Buch fürs gesamte Biologie-Studium – vom Bachelor-Studium bis zu Master und Promotion.

Es gründet sich auf das seit Jahrzehnten bewährte Lehrbuch von Wilhelm Nultsch, wurde aber von den beiden Autoren in großen Teilen komplett neu verfasst und insbesondere im Hinblick auf die molekularen Grundlagen der Lebensprozesse stark erweitert. Das Buch ist damit hochaktuell und spiegelt die modernen Pflanzenwissenschaften so wider, wie sie in einer zeitgemäßen Hochschulausbildung vermittelt werden.

Preisänderungen und Irrtümer vorbehalten. Versandkostenfreie Lieferung innerhalb Deutschlands. Bei Lieferungen außerhalb [D] werden die anfallenden Versandkosten weiterberechnet. Georg Thieme Verlag KG, Sitz und Handelsregister: Stuttgart, HRA 3499, phG: Dr. A. Hauff.

Versandkostenfreie Lieferung innerhalb Deutschlands!

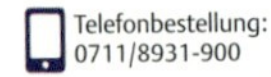
Telefonbestellung: 0711/8931-900

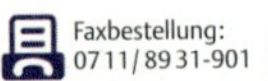
Faxbestellung: 0711/89 31-901

Kundenservice @thieme.de

www.thieme.de

Georg Thieme Verlag KG
Rüdigerstr. 14
70469 Stuttgart

Dieses bewährte Standardwerk umfasst alle Teildisziplinen der Zoologie

[Inhaltlich erweitert und komplett aktualisiert!]

Zoologie
Wehner/Gehring
2013. 25. Aufl.
792 S., 1200 Abb., kart.
ISBN 978 3 13 367425 6
64,99 € [D]
66,90 € [A]

Die integrierende Gesamtdarstellung der Zoologie stellt die grundlegenden Fragestellungen und wesentlichen Konzepte der Zoologie in ausgewogener Tiefe und einheitlichem Stil dar.

Die 25. Auflage folgt dabei dem bewährten Konzept:

- Eine großzügige farbige Bebilderung veranschaulicht die Inhalte
- Zusatztexte zu historischen Entwicklungen, Forschungsbeispielen und anderen Themen
- Das ausführliche Glossar erleichtert dir das Nachschlagen wichtiger zoologischer Fachbegriffe

Versandkostenfreie Lieferung innerhalb Deutschlands!

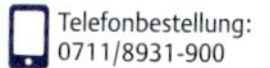
Telefonbestellung: 0711/8931-900

Faxbestellung: 0711/8931-901

Kundenservice @thieme.de

www.thieme.de

Georg Thieme Verlag KG
Rüdigerstr. 14
70469 Stuttgart